Flacon laveur 	Papier tournesol 
Jeu de masses 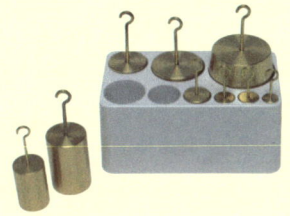	Plaque chauffante 
Lames et lamelle 	Spatule 
Lunettes de sécurité 	Support universel, anneau et pince universelle
Microscope 	
Mortier et pilon 	Thermomètre 
Pipettes 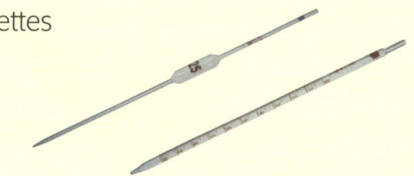	Vase à trop-plein 

EXPLORATIONS

SCIENCE et TECHNOLOGIE • **1er cycle du secondaire**

Inés Escrivá • Denis Pinsonnault • Mary Zarif
Avec la collaboration de **Sophie Blais** • **Isabelle Leduc** • **Claude Malenfant**
Sous la direction de **Trân Khanh-Thanh**

Manuel **B**

GRAFICOR
CHENELIÈRE ÉDUCATION

Explorations
Science et technologie, 1er cycle du secondaire

Manuel B

Inés Escrivá, Denis Pinsonnault, Mary Zarif, Trân Khanh-Thanh

© 2006 Les Éditions de la Chenelière inc.

Édition : Annie Fortier
Coordination : Claire Campeau, Marielle Champagne
Révision linguistique : Ginette Gratton
Correction d'épreuves : Renée Bédard
Maquette intérieure : Infoscan Collette, Québec
Infographie : Infoscan Collette, Québec ; Dessine-moi un mouton
Recherche iconographique : Marie-Chantal Laforge, Patrick St-Hilaire

GRAFICOR
CHENELIÈRE ÉDUCATION

7001, boul. Saint-Laurent
Montréal (Québec)
Canada H2S 3E3
Téléphone : (514) 273-1066
Télécopieur : (514) 276-0324
info@cheneliere.ca

Tous droits réservés.

Toute reproduction, en tout ou en partie, sous quelque forme et par quelque procédé que ce soit, est interdite sans l'autorisation écrite préalable de l'Éditeur.

ISBN 2-89242-993-5

Dépôt légal : 2e trimestre 2006
Bibliothèque et Archives nationales du Québec
Bibliothèque et Archives Canada

Imprimé au Canada

1 2 3 4 5   ITIB   10 09 08 07 06

Nous reconnaissons l'aide financière du gouvernement du Canada par l'entremise du Programme d'aide au développement de l'industrie de l'édition (PADIÉ) pour nos activités d'édition.

Gouvernement du Québec – Programme de crédit d'impôt pour l'édition de livres – Gestion SODEC.

Remerciements

L'Éditeur remercie les consultantes et consultants suivants pour leur expertise pédagogique et leur collaboration extraordinaire à la réalisation de cet ouvrage : Denis Fyfe et Brigitte Loiselle, Centre de développement pédagogique pour la formation générale en science et technologie ; Annie Huberdeau, directrice adjointe, C.S. de la Rivière-du-Nord ; André De Lafontaine, enseignant, C.S. du Chemin-du-Roy.

Pour un travail de révision scientifique réalisé avec expertise et grande générosité, l'Éditeur remercie les personnes et les organismes suivants : Philippe Angers, ing., Service des infrastructures, transport et environnement – Station d'épuration des eaux usées ; Jocelyne Blouin, météorologue ; Bertrand Brassard, M. Sc., coordonnateur du service éducatif, Musée minéralogique et minier de Thetford Mines ; Daniel Borcard, Ph. D. Sc., Université de Montréal ; Michel Caillier, doctorat de spécialité en pédologie, Université Laval ; Pierre Chastenay, M. Sc., Planétarium de Montréal ; André Chulak, Site d'enfouissement BFI Canada ; Concept Naval Réjean Desgagnés inc. ; Marc Constantin, Ph. D. Sc., Université Laval ; Marie-Lorraine Côté, technicienne en travaux pratiques, C.S. de Montréal ; Hélène Crevier, M. Sc. ; Daniel Dufort, M. ing., chef de division, Usine Atwater, Ville de Montréal ; Serge Gaudard, M.A., conservateur, Musée minéralogique et minier de Thetford Mines ; Dominic Goulet, ing. jr ; Éric Guadagno, M. Sc., Université de Montréal ; Renée Gaudette, horticultrice, Jardin botanique de Montréal ; André Laperrière, ing., Laboratoire des technologies de l'énergie de Shawinigan – Institut de recherche d'Hydro-Québec ; Serge Laurendeau, Agence de l'efficacité énergétique ; Richard Martel, Ph. D. Sc., Université de Montréal ; Michel Nepveu ; Pierre Payment, Ph. D. Sc., INRS – Institut Armand-Frappier ; Lucie St-Germain, technicienne en travaux pratiques, C.S. de la Seigneurie-des-Mille-Îles ; Jean-Paul Viaud, conservateur, Exporail Musée ferroviaire canadien ; François Wesemaël, Ph. D. Sc., Université de Montréal.

Pour un travail d'évaluation réalisé avec beaucoup de soin et pour leurs commentaires avisés sur la collection, nous tenons à remercier tout particulièrement Diane Beaulieu, enseignante, C.S. des Découvreurs ; Nadine Demuy, enseignante, C.S. de la Rivière-du-Nord ; Caroline Dubé, enseignante, C.S. de la Seigneurie-des-Mille-Îles ; Martin Dubé, enseignant, C.S. de la Seigneurie-des-Mille-Îles ; Martin Dugas, enseignant, C.S. de Montréal ; Nathalie Flamand, enseignante, C.S. de la Rivière-du-Nord ; Mélanie Fortin, enseignante, C.S. de la Capitale ; Guillaume Gobeil, enseignant, C.S. au Cœur-des-Vallées ; Myriam Larue, conseillère pédagogique, C.S. de la Seigneurie-des-Mille-Îles ; André Hardy, enseignant, C.S. des Trois-Lacs ; Mélanie Payant, enseignante, C.S. des Affluents ; Mélanie Plante, enseignante, C.S. des Premières-Seigneuries.

Pour leur généreuse participation aux séances de photos, l'Éditeur remercie les élèves suivants : Catherine Boily, Alexandre Chenel, Joanie Corbey, François Côté Paquet, Jean-Philippe d'Aoust, Kevin Del Tejo-Sanchez, Gensom Dos Goncalves, Amélia Gontero, Fajana Haque, Anne Lafortune-Rabbat, Valérie Laniel, Carolane Lortie, Stéphanie Lovato, Maxime Michaud, Juan Sebastian Millán Gómez, Myriam Montreuil, Tanfwiq Rahimuddin, Dimitri Rateau Valcin, Charles Hugo St-Hilaire, Raphaëlle St-Pierre Damini, Sylvia Tran et Vivianne Tran.

Table des matières

L'organisation du manuel VIII

1re partie Les modules

Module 1
La diversité des écosystèmes: une richesse .. 2

Exploration 1 Le terrarium: un écosystème
en miniature 4
    Activité 1 Tout le monde a un nom .. 6
        *Les insectes: des caractéristiques
étonnantes* 7
    Activité 2 À la chasse 10
    Activité 3 Faites comme chez vous! ... 13
    Activité 4 Une vie d'insecte 15
        Le cycle de vie des insectes 16
    Activité 5 Des observations
hebdomadaires 17
    Activité 6 Microscopiques et primitifs .. 18
    Activité 7 Des interrelations multiples .. 19
    Activité synthèse Un rapport
de recherche 21

Exploration 2 La forêt: un écosystème
grandeur nature 22
    Activité 1 La forêt dans ma vie 24
    Activité 2 Les forêts du monde 25
        La répartition des forêts du monde .. 26
    Activité 3 Qui habite ici? 28
    Activité 4 Pour ne pas perdre le nord .. 29
        *Le nord magnétique et le nord
géographique* 30
    Activité 5 Nourrir les oiseaux 31
    Activité 6 Identifier les arbres 33
        L'arbre, cet inconnu 34
    Activité 7 À la découverte de l'arbre .. 35
    Activité 8 Une usine à oxygène 36
    Activité 9 Une variété de coloris 38
        La chromatographie 40
    Activité synthèse Je raconte la forêt .. 41

Mes découvertes 42

Projet du module 1 Mon premier emploi 43

Module 2
L'équilibre de la planète 44

Exploration 1 Le cycle de l'eau 46
    Activité 1 Les mouvements de l'eau .. 48
    Activité 2 L'évaporation
et la transpiration 49
    Activité 3 Des données
inquiétantes 51
    Activité 4 La condensation 53
    Activité 5 Les mouvements
de l'atmosphère 55
    Activité 6 Pourquoi tant
de différences? 57
        *L'effet d'une chaîne de montagnes
sur les précipitations* 58
    Activité 7 Le mouvement de l'eau
dans le sol 59
        Après la pluie, que devient l'eau? ... 61
    Activité synthèse Un cahier spécial .. 62

Exploration 2 Le vélo, c'est écolo 63
    Activité 1 Le monde des leviers 65
    Activité 2 Se propulser à bicyclette .. 68
    Activité 3
        Le corps humain:
une machine performante 70
        Chacun son rythme 71
    Activité 4 Une planète bien fragile ... 72
        Les gaz à effet de serre 73
    Activité synthèse La bicyclette:
mode d'emploi 74

Exploration 3 Inventer ses solutions 75
    Activité 1 Le défi des trombones 77
    Activité 2 Le principe d'Archimède ... 79
    Activité 3 Le chavirement,
on s'en sort! 81
    Activité 4 Garder le cap 83
    Activité synthèse Le vent dans
les voiles 85

Mes découvertes 87

Projet du module 2 Du besoin naît l'invention 88

Avant-propos

Explorations t'invite à poursuivre la découverte de différents univers de la science et de la technologie. Tout comme le manuel précédent, celui-ci te propose d'explorer le monde animal, les plantes, la matière et la technologie.

Lorsque tu as réalisé les activités du Manuel A, tu as sans doute compris pourquoi il faut étudier la science et la technologie à l'école. Ainsi, faire de la science te permet d'entrer en contact avec une démarche de pensée et d'action qui s'est élaborée tout au long de l'histoire. Dans le cadre de cette démarche, tu peux développer ta curiosité et ton goût de savoir et de comprendre. Cela te donne accès à une vision du monde étonnante. Par exemple, tu as appris que l'Univers est en expansion, que l'eau est une ressource qu'il faut préserver, qu'il existe des solutions pour freiner les changements climatiques, que les ressources de la planète ne sont pas illimitées.

Lorsque tu effectueras les activités du Manuel B, tu constateras tes progrès en science et en technologie. Ainsi, tu verras que ton intérêt pour la nature a grandi et que ton sens de l'observation s'est développé. Tu as plus de facilité à décrire des phénomènes scientifiques ou technologiques et à les communiquer à tes camarades. Tu sais résoudre des problèmes en suivant une démarche précise de raisonnement et d'expérimentation. Graduellement, tu t'inscris dans la démarche même que les scientifiques ont façonnée et appliquée dans leur quête de connaissances. Cette année, tu aborderas des sujets tout aussi fascinants, entre autres le milieu de vie semi-aquatique et le cycle de l'eau. Tu réaliseras également des activités captivantes, telles que la conception d'un jeu-questionnaire sur le développement de la vie ou le lancement d'un parfum que tu auras toi-même fabriqué.

Explorations te propose un apprentissage qui te permettra de faire activement de la science au lieu de seulement en parler. Cette collection t'amènera peut-être à poursuivre une carrière scientifique. Que ce soit le cas ou non, tu auras acquis des compétences et une expérience d'apprentissage que tu pourras utiliser dans d'autres domaines du savoir. Au nom de toute l'équipe, je souhaite que cet ouvrage t'aide à vivre en harmonie avec ce monde merveilleux que tu partages avec les autres êtres vivants.

Le directeur de la collection *Explorations*,
Trân Khanh-Thanh

Module 3
L'aventure des êtres vivants 90

Exploration 1 Un développement fascinant 92
- Activité 1 Se reproduire et évoluer ... 94
  - *Le berceau de la vie* 95
- Activité 2 Les cellules sexuelles 96
- Activité 3 L'extraction de l'ADN 97
- Activité 4 Déjà la puberté! 99
- Activité 5 Le cycle de la vie 100
- Activité synthèse Notre histoire 101

Exploration 2 Pour un corps en santé 102
- Activité 1 Dis-moi ce que tu manges... 104
- Activité 2 *Le Guide alimentaire canadien* 105
- Activité 3 Une salive surprenante 107
- Activité 4 Manger pour vivre 109
  - *Un survol de l'appareil digestif* 110
- Activité 5 La porte d'entrée de la cellule 111
- Activité 6 La technologie qui nous alimente 113
- Activité synthèse À la belle étoile ... 115

Exploration 3 Défense d'entrer! 116
- Activité 1 Une MTS? Quelle MTS? ... 118
- Activité 2 À la vitesse de l'éclair ... 119
- Activité 3 Un bébé maintenant? 120
- Activité synthèse Le défi d'informer .. 121

Mes découvertes 122

Projet du module 3 C'est ma vie 123

Module 4
La création d'un parfum 124

Exploration 1 Le sol, une ressource inestimable ... 126
- Activité 1 Les sols sont-ils tous identiques? 128
- Activité 2 À quoi servent les sols? ... 130
  - *Les différents types de sol* 131
- Activité 3 Un sol assoiffé 132
- Activité 4 Trop de sels dans le sol? .. 134
  - *Les sels minéraux et le sol* 136
- Activité 5 Le monde des roches 137
- Activité 6 Les minéraux 138
  - *Qu'est-ce qui se cache sous la terre?* 140
- Activité synthèse Des fleurs et un pot 141

Exploration 2 Des solutions aux mélanges 142
- Activité 1 Préparer des mélanges 144
- Activité 2 Hétérogène ou homogène? .. 146
  - *Les mélanges hétérogènes* 148
- Activité 3 Séparer des mélanges 149
  - *Extraire l'essence des plantes aromatiques par la distillation* 150
- Activité 4 Les mélanges au quotidien ... 151
- Activité synthèse Caché dans un mélange 152

Exploration 3 Un parfum, c'est plein de bons sens! 154
- Activité 1 As-tu du flair? 156
  - *Les parfums du monde* 158
- Activité 2 Prendre soin de son nez .. 159
  - *La perception des odeurs* 160
- Activité 3 Un sondage sur le terrain .. 161
- Activité 4 Extraire la fine fleur 162
- Activité 5 La naissance d'un parfum .. 164
  - *La musique d'un orgue à parfums* .. 165
- Activité 6 Une chaîne de production des odeurs 166
- Activité synthèse Le parfum: l'œuvre d'un nez 167

Mes découvertes 168

Projet du module 4 Lancer un nouveau parfum 169

2ᵉ partie L'encyclo 170

L'univers matériel 172

Section 1 Les propriétés de la matière 174
  Les propriétés non caractéristiques de la matière 175
  Les propriétés caractéristiques de la matière 188

Section 2 Les transformations de la matière 190
  Les changements physiques : des transformations réversibles 191
  Les changements chimiques : des transformations radicales 193
  La conservation de la masse : rien ne se perd, rien ne se crée 194
  Les substances pures et les mélanges 195

Section 3 L'organisation de la matière 202
  L'atome : du visible à l'invisible 203
  Les éléments : des atomes différents 204
  La molécule : un assemblage d'atomes 209

L'univers vivant 212

Section 1 La diversité de la vie 214
  Les espèces 216
  L'habitat : dis-moi qui tu es et je te dirai où tu habites 224
  L'évolution : pour s'adapter aux changements 235

Section 2 La reproduction des êtres vivants 238
  La reproduction asexuée ou sexuée 240
  La reproduction chez les végétaux 240
  La reproduction chez les animaux 250
  La reproduction chez les êtres humains 257

Section 3 Le maintien de la vie 276
  Les caractéristiques du vivant 277
  La cellule 277
  Deux fonctions vitales de la cellule 284

La Terre et l'espace 286

Section 1 Les caractéristiques générales de la Terre 288
  La structure interne de la Terre 290
  La biosphère 291
  L'atmosphère : une enveloppe protectrice 292
  L'hydrosphère : la distribution de l'eau sur la Terre 298
  La lithosphère 302

Section 2 Les phénomènes géologiques 312
  La Terre en mouvement 313
  Les volcans : la colère du Vulcain 322
  Les séismes : quand la Terre tremble 325
  L'orogenèse : la formation des montagnes 328
  L'érosion 329
  Le cycle de l'eau 332
  Les vents : le choix d'Éole 334
  Les manifestations naturelles de l'énergie 340

Section 3 Les phénomènes astronomiques 344
  La lumière 345
  La loi de la gravitation universelle 351
  La naissance du système solaire 352
  La Terre 359
  La Lune 368

L'univers technologique 372

Section 1 L'ingénierie 374
La démarche technologique 376
Le cahier des charges 378
Les schémas technologiques 382
La gamme de fabrication 385
La matière première, le matériau et le matériel : trois termes à ne pas confondre 386

Section 2 Les systèmes technologiques 388
Les systèmes 389
Les fonctions mécaniques élémentaires 392
Les transformations de l'énergie 395

Section 3 Les mouvements et les forces 404
Les types de mouvements 406
Les effets d'une force 410
Les machines simples 412
La transmission du mouvement 419
La transformation du mouvement 423

3ᵉ partie La boîte à outils 426

Outil 1 Comment travailler en toute sécurité 428

Outil 2 Comment appliquer la démarche expérimentale 430

Outil 3 Comment appliquer la démarche technologique 433

Outil 4 Comment mener une recherche documentaire 436

Outil 5 Comment communiquer efficacement 438

Outil 6 Comment présenter des résultats scientifiques 440

Outil 7 Comment tracer des schémas 446

Outil 8 Comment concevoir un modèle 450

Outil 9 Comment représenter un objet à échelle réduite 451

Outil 10 Comment utiliser les instruments d'observation 452

Outil 11 Comment se servir des instruments de mesure 457

Outil 12 Comment utiliser des instruments de technologie 461

Glossaire et index 464

Sources 475

Répartition des concepts prescrits pour le 1ᵉʳ cycle 477

L'organisation du manuel

Le manuel de l'élève comprend trois parties :

- **1re partie**   Les modules
- **2e partie**   L'encyclo
- **3e partie**   La boîte à outils

1re partie   Les modules

QUATRE MODULES | 11 explorations

Phase de préparation

Chaque module est indépendant. Il n'est donc pas nécessaire de les aborder dans l'ordre où ils apparaissent.

Le *sommaire* indique le titre de chaque exploration.

Les *pages d'ouverture du module* proposent une mise en situation qui prépare aux activités du module et à la réalisation du projet.

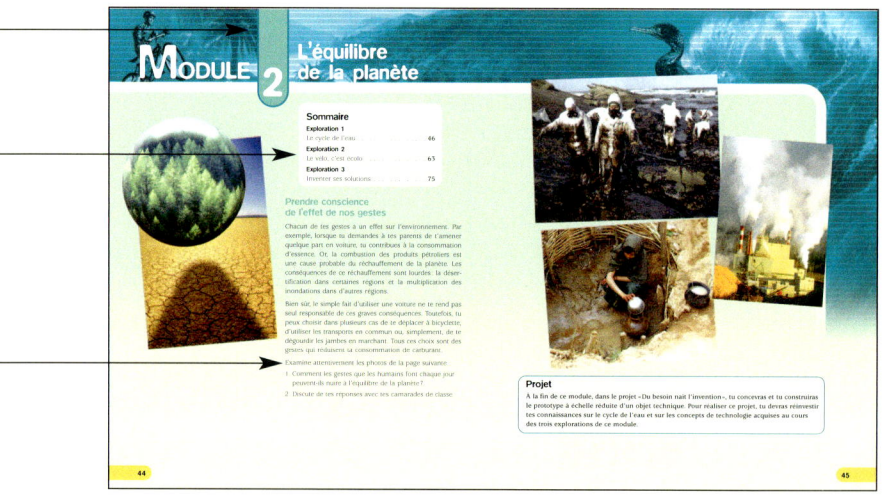

Chaque exploration commence par une mise en situation qui prépare aux activités de l'exploration et à la réalisation de l'activité synthèse.

Concepts clés de l'exploration
Une liste présente les concepts abordés au cours de l'exploration.

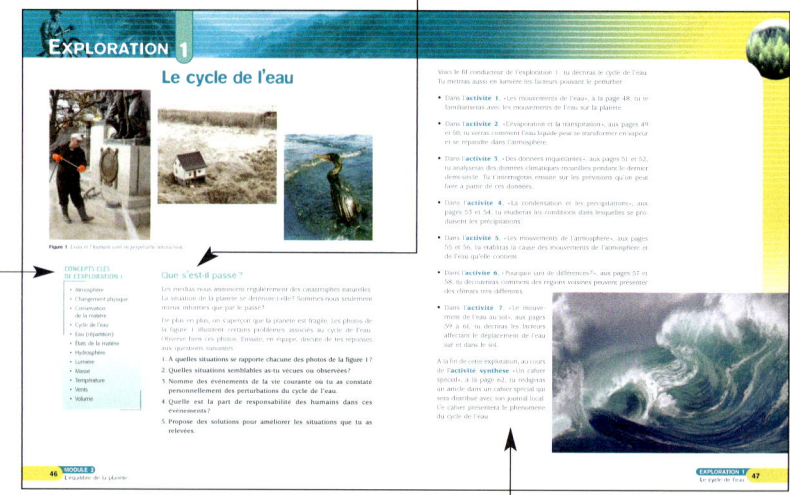

Cette page présente le sujet à l'étude (le fil conducteur) et décrit les activités à réaliser au cours de l'exploration, y compris l'activité synthèse.

Phase de réalisation

Le *type d'activité* est indiqué à côté du numéro de l'activité. Il y a cinq types d'activité : communication, expérimentation, interprétation, recherche et technologie.

Protocole
Ce pictogramme indique que le protocole de l'expérience est disponible sous forme de fiche reproductible.

Le *boomerang* renvoie à **L'encyclo** ou à **La boîte à outils**. L'information qu'on y retrouve sert à la réalisation des activités des modules.

Histoire scientifique
Cette rubrique présente un personnage ou un événement ayant marqué l'évolution de la science et de la technologie.

Les définitions en marge permettent de comprendre le sens des mots en bleu dans le texte. Ces définitions sont reprises dans le glossaire, à la fin du manuel.

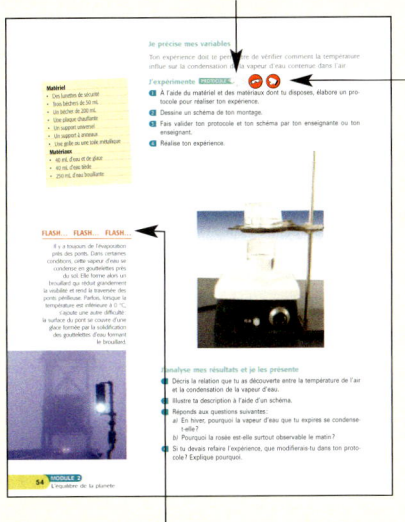

Ces symboles signalent un danger potentiel ou indiquent une mesure de sécurité. Leur signification se trouve dans La boîte à outils.

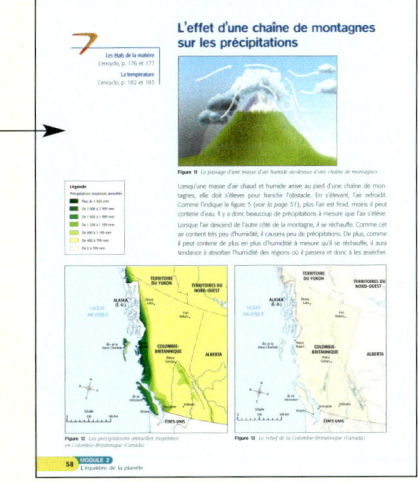

Cette page propose un complément d'information nécessaire à la réalisation d'une activité.

Flash
Cette rubrique présente un fait intéressant ou une anecdote qui a marqué l'actualité scientifique ou technologique.

Enrichissement
Cette rubrique propose une activité complémentaire qui comporte un défi intéressant.

Vers l'activité synthèse ou **Vers le projet**
Cette rubrique précise comment l'activité en cours peut être utile à la réalisation de l'activité synthèse ou du projet.

L'organisation du manuel **IX**

Phase d'intégration et de réinvestissement

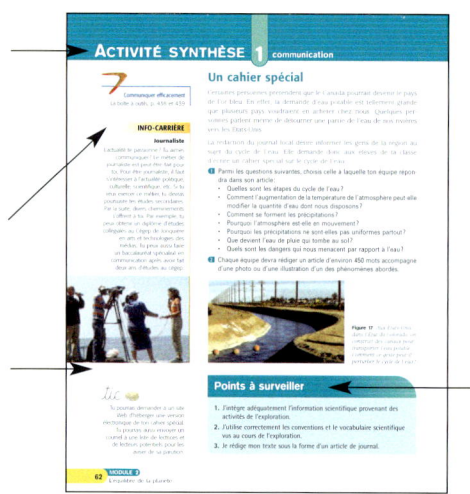

Activité synthèse
Cette activité permet de mettre en pratique les connaissances acquises et les compétences développées au cours de l'exploration.

Info-carrière
Cette rubrique décrit un métier lié au domaine de la science et de la technologie.

TIC
Cette rubrique suggère le recours à une technologie de l'information et de la communication : traitement de texte, tableur, Internet, projecteur, etc.

Points à surveiller
Cet encadré indique les critères qui pourraient être utilisés à des fins d'évaluatution.

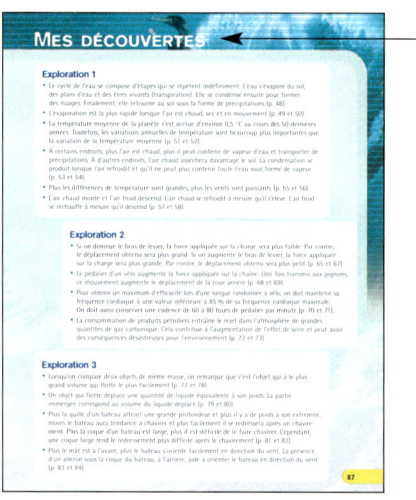

Mes découvertes
Cette page propose un résumé des connaissances abordées dans le module.

Projet du module
Le projet favorise l'intégration et le réinvestissement des connaissances acquises et des compétences développées tout au long du module.

Concepts clés du module
Cette liste énumère les concepts abordés dans le module.

Points à surveiller
Cet encadré indique les critères qui pourraient être utilisés à des fins d'évaluation.

X L'organisation du manuel

2ᵉ partie — L'encyclo
LES QUATRE UNIVERS DU PROGRAMME

Un court texte et un organigramme présentent le contenu de chaque univers.

Le **Survol** résume le contenu de la section.

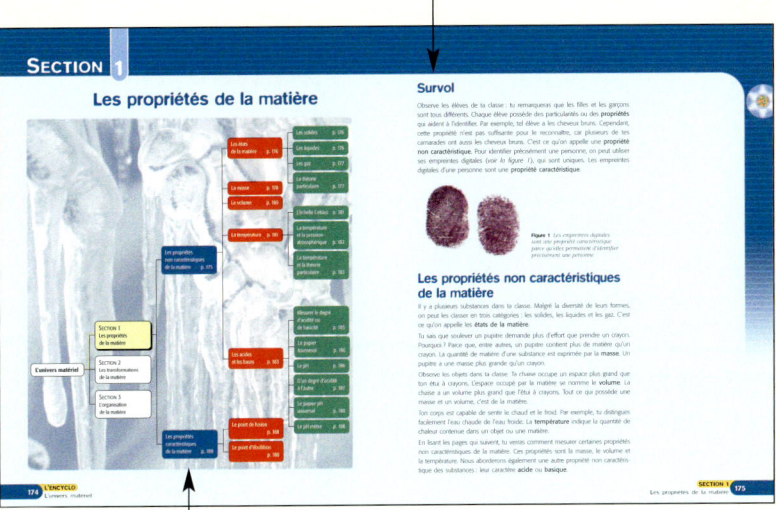

Un organigramme indique toutes les notions à l'étude dans la section.

Je vérifie ce que j'ai retenu
Cette rubrique permet de réviser les connaissances abordées.

3ᵉ partie — La boîte à outils
DES STRATÉGIES ET DES TECHNIQUES

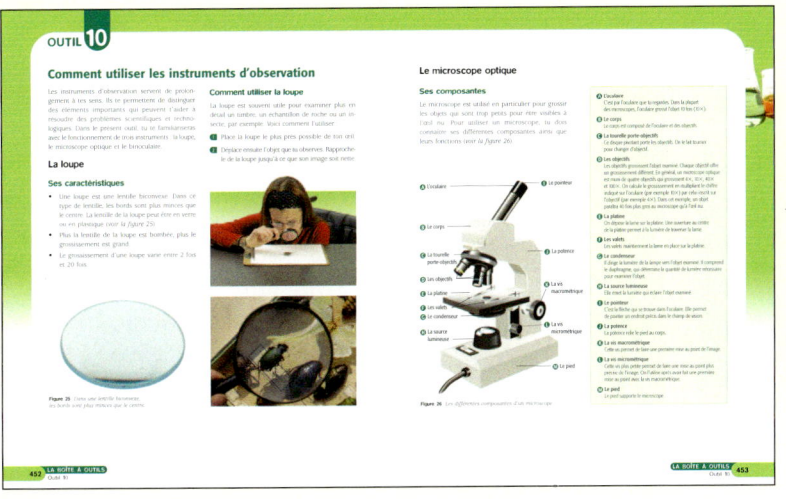

Les outils présentent des stratégies et des techniques utiles en science et en technologie.

L'organisation du manuel **XI**

MODULE 1 — La diversité des écosystèmes :

Sommaire

Exploration 1
Le terrarium : un écosystème
en miniature 4

Exploration 2
La forêt : un écosystème
grandeur nature 22

Des richesses à partager

En 2002, plus de 44 millions de personnes étrangères ont visité le Canada. Ces personnes ont dépensé en moyenne 518 $ chacune durant leur séjour. Au Québec, le nombre de personnes venues des autres provinces a dépassé les cinq millions. En outre, on estime à plus de 40 millions le nombre de voyages de toutes sortes à l'intérieur de la province. Dans l'ensemble du Canada, l'industrie touristique génère plus de 585 000 emplois.

Chacune des régions du Québec offre une grande variété d'écosystèmes.

1. Connais-tu quelques écosystèmes qui se trouvent dans ta région ?
2. Quel intérêt ces écosystèmes pourraient-ils avoir pour des touristes ?

une richesse

Suppose que ta région désire bénéficier davantage des retombées touristiques. Le bureau touristique régional a justement publié cette offre d'emploi dans le journal local.

Offre d'emploi

Conceptrice ou concepteur publicitaire

La conceptrice ou le concepteur publicitaire sera responsable de la publicité et du marketing entourant l'industrie touristique de la région. Cette personne s'occupera particulièrement du secteur de l'environnement. Elle devra gérer les campagnes de publicité écrites, radiophoniques et télévisuelles.

Compétences requises
- Maîtriser les technologies de l'information et de la communication
- Maîtriser la langue française

Avantages
- Salaire de base et avantages sociaux
- Voiture fournie
- Allocation de dépenses pour visiter les attraits touristiques de la région
- Ordinateur portable

Exigence

Les candidates et les candidats intéressés devront présenter un document publicitaire portant sur un écosystème régional. Le document sera diffusé sous forme électronique. Il peut s'agir d'une bande vidéo, d'une émission de radio ou de télévision, d'un site Web, d'un scénario, etc.

Projet

À la fin de ce module, dans le cadre du projet « Mon premier emploi », tu devras répondre à l'exigence indiquée dans l'offre d'emploi : faire découvrir un écosystème à l'aide d'un document publicitaire sous la forme électronique de ton choix. Les deux explorations de ce module te permettront d'approfondir tes connaissances sur un écosystème semi-aquatique et sur la forêt.

EXPLORATION 1

Le terrarium : un écosystème en miniature

Un milieu de vie sous observation

Peut-être as-tu déjà tenté d'élever des insectes dans un bocal ou un terrarium. Si oui, tu sais qu'il ne suffit pas de placer des insectes et de la terre dans un contenant pour qu'ils survivent. Que leur faut-il d'autre ?

1. D'après toi, quels sont les besoins des insectes et des petits animaux ?
2. Comment leur milieu naturel subvient-il à leurs besoins ?
3. Comment un milieu de vie artificiel pourrait-il répondre à ces besoins ?
4. Supposons que tu installes quelques êtres vivants dans un terrarium.
   a) Lesquels seront encore là au bout de quelques semaines ? Pourquoi ?
   b) Que voudrais-tu apprendre grâce à l'observation de ce milieu de vie reconstitué ?

CONCEPTS CLÉS DE L'EXPLORATION 1

- Acidité et basicité
- Adaptations physiques et comportementales
- Caractéristiques du vivant
- Cellules végétales et animales
- Constituants cellulaires visibles au microscope
- Espèce
- Habitat
- Modes de reproduction chez les animaux
- Niche écologique
- Taxonomie
- Types de sols

MODULE 1
La diversité des écosystèmes : une richesse

Voici le fil conducteur de l'exploration 1 : tout au long de cette exploration, tu poursuivras une expérience. Tu suivras donc les étapes de la démarche expérimentale. Tu devras reconstituer un **écosystème semi-aquatique** à l'aide d'un **terrarium**. Pendant quelques semaines, tu y élèveras des êtres vivants de petite taille : plantes, vers, insectes, amphibiens, etc. Cela te permettra de réaliser des observations et des découvertes surprenantes sur ce milieu de vie.

- Dans l'**activité 1**, « Tout le monde a un nom », aux pages 6 à 9, tu découvriras les caractéristiques des insectes et tu apprendras à les identifier.

- Dans l'**activité 2**, « À la chasse », aux pages 10 à 12, tu captureras des insectes et des petits animaux adaptés à un écosystème semi-aquatique.

- Dans l'**activité 3**, « Faites comme chez vous ! », aux pages 13 et 14, tu reconstitueras l'écosystème de tes spécimens.

- Dans l'**activité 4**, « Une vie d'insecte », aux pages 15 et 16, tu effectueras une recherche documentaire sur l'un des insectes de ton terrarium et tu le présenteras à tes camarades de classe.

Observer un terrarium

- Dans les activités 5 à 7, tu observeras des phénomènes qui se déroulent dans ton écosystème artificiel, puis tu les analyseras.
    - Au cours de l'**activité 5**, « Des observations hebdomadaires », à la page 17, tu rempliras chaque semaine une fiche d'observation.
    - Au cours de l'**activité 6**, « Microscopiques et primitifs », à la page 18, tu observeras des êtres vivants microscopiques.
    - Au cours de l'**activité 7**, « Des interrelations multiples », aux pages 19 et 20, tu déduiras de tes observations les interrelations qui se déroulent dans ton terrarium.

À la fin de cette exploration, au cours de l'**activité synthèse** « Un rapport de recherche », à la page 21, tu présenteras tes résultats de recherche et d'analyse, de même que l'ensemble de tes découvertes, dans un rapport.

Écosystème semi-aquatique
Un ensemble écologique formé par un rivage et une étendue d'eau peu profonde, de même que tous les êtres vivants qui y habitent.

Terrarium
Une installation dans laquelle on reproduit un écosystème afin d'y élever de petits êtres vivants.

Attention !
Si on manque d'espace pour utiliser un terrarium par équipe, on peut opter pour un seul terrarium pour toute la classe.

ACTIVITÉ 1 interprétation

Tout le monde a un nom

FLASH... FLASH... FLASH...

Il y a plusieurs millions d'années, des insectes volants ou rampants ont été engloutis dans de la résine de pin et d'épicéa. Cette résine, fossilisée et durcie au fil du temps, est devenue de l'ambre. Les scientifiques peuvent ainsi étudier des spécimens parfaitement préservés d'espèces disparues.

Si le lion est le roi de la jungle, les insectes sont sans contredit les rois de la Terre! Les insectes sont apparus sur Terre il y a environ 400 millions d'années. Ils représentent aujourd'hui 75 % des espèces animales connues. Cela en fait le groupe d'animaux le plus diversifié de la planète.

Être ou ne pas être... un insecte

Toutes les petites bêtes ne sont pas des insectes, même si on le croit souvent. Cette activité t'aidera à mieux connaître les caractéristiques des insectes. Ainsi, lorsque tu observeras les petits animaux de ton terrarium, tu sauras lesquels sont des insectes.

1. Lis le texte « Les insectes: des caractéristiques étonnantes », aux pages 7 à 9.
2. Indique si chacun des spécimens de la figure 1 est un insecte. Justifie tes réponses.

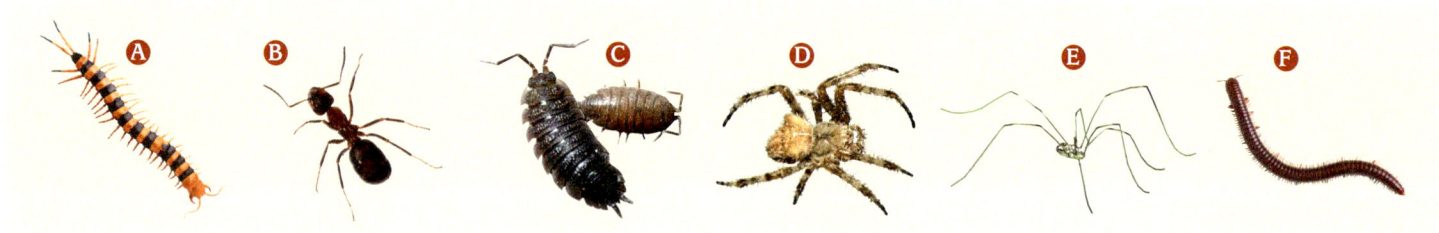

Figure 1 *Ces petites bêtes sont-elles des insectes ?*

Comment utiliser une clé d'identification

Tu sais maintenant distinguer les insectes des autres invertébrés. Une clé d'identification t'aidera à aller plus loin. Elle te permettra d'identifier les animaux que tu captureras. La clé d'identification est un outil qui présente une série de choix entre deux énoncés. Ces énoncés concernent d'abord des caractéristiques générales, puis des caractéristiques de plus en plus spécifiques. À la fin du processus, tu peux identifier un spécimen.

1. Ton enseignante ou ton enseignant te remettra une clé d'identification et t'expliquera comment l'employer. Écoute bien ses explications.
2. À l'aide de cette clé, identifie chacun des spécimens que te présentera ton enseignante ou ton enseignant.
3. Conserve précieusement ta clé d'identification. Elle te sera utile pour réaliser la prochaine activité.

Les insectes : des caractéristiques étonnantes

Les insectes sont des invertébrés appartenant à la classe des arthropodes. Les invertébrés ne possèdent pas de squelette interne. La surface du corps des arthropodes est rigide, afin de protéger et de supporter leurs organes internes. C'est pourquoi on dit qu'ils possèdent un squelette externe (aussi appelé « exosquelette »). On trouve les insectes partout, des déserts aux lacs glacés. Ils sont adaptés à tous les milieux.

Le corps des insectes

Les insectes présentent des formes, des couleurs et un grand nombre d'adaptations différentes. Toutefois, le corps des adultes est presque toujours composé de trois parties : une tête munie d'antennes, un thorax et un abdomen. Le thorax porte trois paires de pattes et, souvent, deux paires d'ailes. D'ailleurs, le mot latin *insectum* veut dire « coupé », « sectionné ».

Tableau 1 *Les caractéristiques des principales parties du corps d'un insecte*

Partie	Caractéristiques
La tête	Elle porte les yeux, une paire d'antennes et l'appareil buccal.
Le thorax	Il est composé de trois segments portant chacun une paire de pattes. Les deuxième et troisième segments portent aussi les ailes, lorsqu'il y en a.
L'abdomen	Il contient une partie de l'appareil digestif et de l'appareil respiratoire, le cœur et les organes reproducteurs.

HISTOIRE SCIENTIFIQUE

Georges Brossard est un passionné d'entomologie et un collectionneur d'insectes. En 1990, lui et Pierre Bourque, alors directeur du Jardin botanique de Montréal, ont fondé l'Insectarium de Montréal. Ce dernier est devenu le plus grand insectarium en Amérique et l'un des plus grands du monde. Chaque année, environ 400 000 personnes viennent admirer les 4 000 spécimens en exposition. On peut aussi observer une centaine d'espèces vivantes et… déguster des insectes. En été, on peut se promener dans des jardins conçus pour attirer les insectes. La collection scientifique de l'Insectarium compte 140 000 spécimens d'insectes.

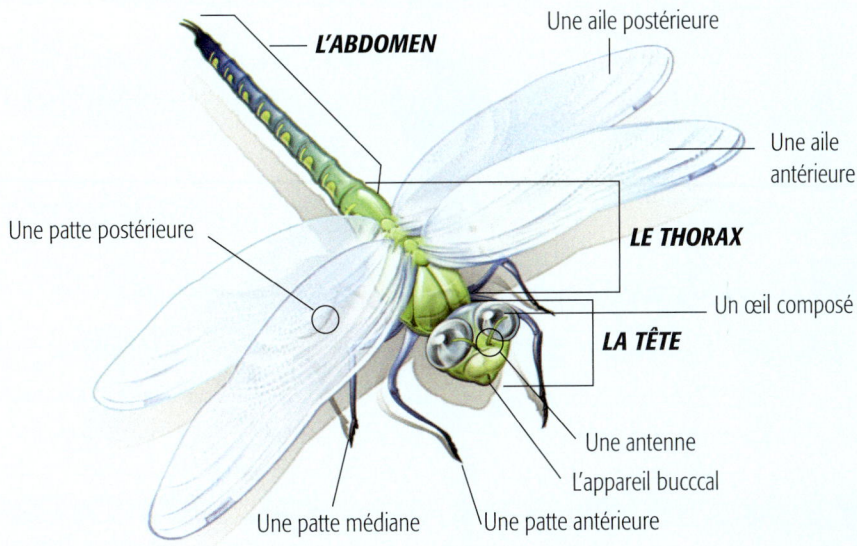

Figure 2 *Les principales parties du corps d'un insecte (ici, la libellule)*

Un appareil buccal adapté au régime alimentaire

Les scientifiques ont constaté que l'appareil buccal des différentes espèces d'insectes est adapté à leur régime alimentaire (*voir le tableau 2*).

Tableau 2 *Les types d'appareils buccaux chez les insectes*

Espèce	Type d'appareil buccal		Régime alimentaire
La sauterelle	Broyeur		La sauterelle se nourrit de brins d'herbe.
Le moustique	Piqueur-suceur		La femelle moustique pique pour aspirer le sang de sa proie et offrir une réserve de nourriture à ses œufs.
Le papillon	Suceur		Le papillon se nourrit de nectar.
La mouche	Suceur-lécheur		La mouche a une alimentation liquide : nectar des fruits, jus des viandes, etc.
L'abeille	Suceur-lécheur		L'abeille se nourrit de nectar.

Mille yeux pour mieux voir

Les insectes peuvent posséder deux sortes d'yeux : des yeux simples et des yeux composés. La tête de la mouche de la figure 3 mesure seulement 2 mm de long. À droite, grossies 240 fois, on voit les facettes d'un de ses deux yeux composés. Les yeux composés des insectes sont parfois formés de milliers de facettes. Chaque facette correspond à un petit organe de la vue. Plusieurs insectes ont en plus, au sommet de la tête, deux ou trois petits yeux simples ou ocelles. Ceux-ci sont des capteurs de lumière et non de véritables organes de la vue.

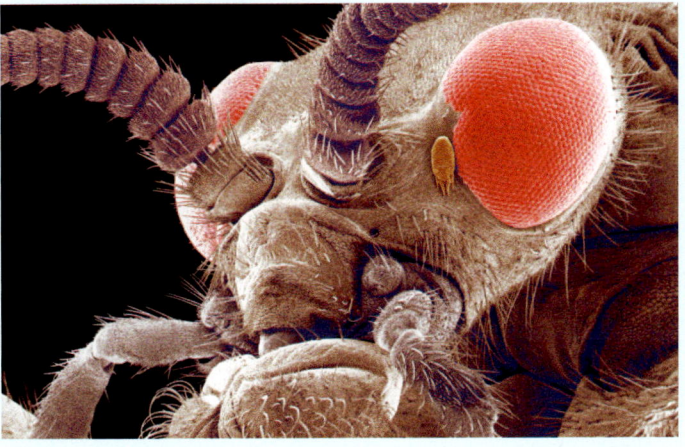

a) Une tête de mouche photographiée au microscope électronique

b) Gros plan d'un œil composé et de ses multiples facettes

Figure 3 *Les yeux composés d'une mouche*

Des pattes adaptées aux modes de déplacement

a) Les pattes en forme de Z permettent de fuir rapidement en faisant des bonds. Exemple : la sauterelle.

b) Grâce à ces pattes, l'insecte qui visite les fleurs peut récolter le pollen. Celui-ci reste collé aux poils. Exemple : l'abeille.

c) Ces pattes sont parfaites pour marcher sur les plantes et y grimper. Leurs extrémités sont munies de coussinets (en plus des griffes) servant de ventouses. Exemple : la mouche.

d) Ces pattes permettent à l'insecte de nager grâce à de longues soies qui agissent comme des rames. Exemple : le dytique.

Figure 4 *Les adaptations des pattes des insectes*

La taxonomie
L'encyclo, p. 217

L'habitat
L'encyclo, p. 224

Les niches écologiques
L'encyclo, p. 232 à 234

La démarche expérimentale
La boîte à outils, p. 430 à 432

ACTIVITÉ 2 expérimentation

À la chasse

Au cours de cette activité, tu devras capturer les êtres vivants qui occuperont ton terrarium. Dans l'activité suivante, tu reconstitueras leur habitat.

J'observe

Bien que tu ne les voies pas, il y a souvent autour de toi des invertébrés et de petits vertébrés (tels les amphibiens et les reptiles). Le tableau 3 présente des animaux qui conviennent à un terrarium semi-aquatique. Tu pourras capturer ces animaux plus facilement si tu connais leur abri et leurs habitudes de vie. En effet, cette connaissance te permettra de mettre au point des pièges efficaces.

Tableau 3 *Quelques animaux vivant dans un écosystème semi-aquatique*

	Groupe	Description	Exemples
Invertébrés	Les vers	Leur corps est formé d'anneaux.	Le ver de terre
	Les mollusques	Ils ont un corps mou et vivent en milieu humide. Ils se déplacent grâce à un pied musculaire. Certains, comme les escargots, ont un corps mou protégé par une coquille.	L'escargot, la limace
	Les arthropodes	Ils ont un squelette externe rigide et des membres articulés.	Les insectes, les myriapodes (par exemple le mille-pattes), les arachnides (par exemple l'araignée), les crustacés (par exemple le cloporte)
Vertébrés	Les amphibiens	Ils ont le sang froid et respirent en partie par la peau. Ils vivent sur terre et dans l'eau. Leurs larves sont aquatiques.	La grenouille, la salamandre
	Les reptiles	Ils ont le sang froid et se déplacent en rampant. Leurs membres sont souvent très petits ou absents. Ils pondent des œufs et leur peau est recouverte d'écailles.	La couleuvre, le lézard

Je me questionne

1. «Quels sont les abris et les habitudes de vie des animaux qui vivent dans un écosystème semi-aquatique?»
2. «Quels pièges devrais-je utiliser pour attraper une grande variété de petits animaux pour mon terrarium?»

FLASH... FLASH... FLASH...

Au Biodôme de Montréal, on a reconstitué avec succès quelques milieux de vie. Tu peux y visiter quatre écosystèmes de l'Amérique: la forêt tropicale, la forêt boréale, le Saint-Laurent marin et le monde polaire. Tu peux également suivre ces écosystèmes au fil des saisons.

Je précise mes variables

1. Tu devras :
   - capturer des petits animaux vivant dans différentes niches écologiques d'un habitat : sous les roches, dans la terre, sur les arbres, sur les fleurs et la végétation, dans l'eau, etc. ;
   - capturer des petits animaux **diurnes** et **nocturnes** ;
   - préparer des pièges adaptés aux animaux que tu veux attraper ;
   - installer tes pièges et les vider au moins deux fois par jour.
2. Tout au long de ta chasse, porte une attention particulière aux habitudes de vie des animaux que tu captures : abri, régime alimentaire, etc.

Diurne
Qui est actif le jour.

Nocturne
Qui est actif la nuit.

J'expérimente   PROTOCOLE

1. Dresse la liste du matériel et des matériaux dont tu disposes (en classe et à la maison) pour constituer tes pièges.

2. Élabore un protocole. Tu dois décrire comment tu utiliserais différents pièges pour attraper des animaux :
   - nocturnes ;
   - diurnes ;
   - qui passent la majorité de leur temps en vol ;
   - qui vivent dans le sol ;
   - qui vivent dans l'eau ;
   - qui sont des consommateurs ;
   - qui sont des décomposeurs.

3. Discute de tes idées avec tes camarades de classe. Choisis les pièges que tu utiliseras.

ENRICHISSEMENT

Rédige le cahier des charges de tes pièges. Imagine que tu dois les remettre à une entreprise qui veut fabriquer et commercialiser tes pièges.

FLASH... FLASH... FLASH...

Les scientifiques estiment qu'il existe un milliard d'insectes pour chaque être humain sur la Terre ! Parfois, on assiste à des manifestations spectaculaires de cette abondance. Ce fut le cas en 1931, au Maroc. Il s'est formé un nuage de sauterelles représentant une masse totale de 70 000 à 80 000 tonnes. Cette nuée s'est abattue sur une surface de seulement 1 000 m². L'Afrique de l'ouest a été victime de ce fléau en 2005. Cela a causé des famines et des ravages sur des milliers de kilomètres carrés.

4 Trace un schéma pour chacun de tes pièges. Indique clairement le matériel et les matériaux dont tu auras besoin.

5 Fais valider ta liste de matériel et de matériaux, tes choix de pièges et tes schémas par ton enseignante ou ton enseignant.

6 Organise ta chasse. En plus des animaux, tu devras récolter les éléments suivants :
- assez d'humus pour remplir le fond de ton terrarium ;
- quelques végétaux avec leurs racines (de la mousse, du trèfle, du gazon, etc.) ;
- un abri (une roche, un morceau de bois, des feuilles mortes, une branche de sapin, etc.).

7 Familiarise-toi avec la fiche d'observation et d'identification de la figure 5, ci-dessous. Tu devras en effet en remplir une pour chaque spécimen capturé.

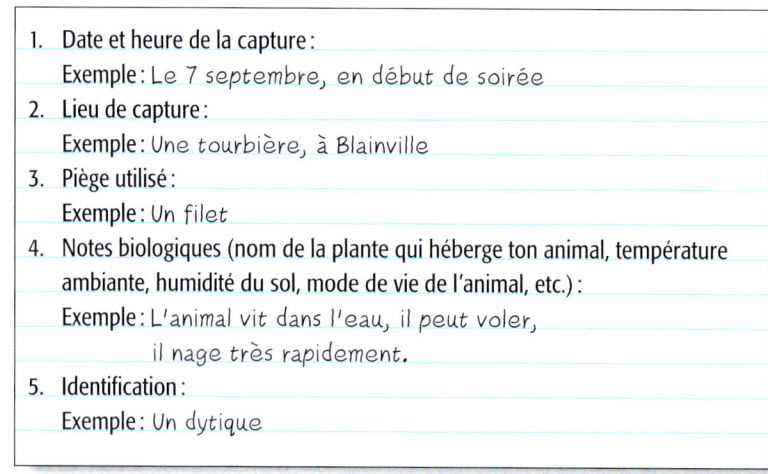

Figure 5 *Un modèle de fiche d'observation et d'identification*

8 Rassemble ton matériel.

9 Prépare tes pièges.

10 Pars à la chasse.

11 En attendant que le terrarium soit prêt, garde tes animaux dans un bocal ou une boîte contenant de la nourriture et laissant passer l'air.

J'analyse mes résultats et je les présente

1 Sur le terrain, réponds aux questions 1 à 4 d'une fiche d'observation comme celle de la figure 5 pour chaque spécimen capturé.

2 Au retour de ta chasse, identifie chaque animal (question 5) à l'aide de la clé d'identification dont tu t'es servi dans l'activité « Tout le monde a un nom », à la page 6.

3 Certains pièges étaient-ils plus efficaces que d'autres ? Lesquels ? Pourquoi, selon toi ?

4 Si tu devais refaire cette expérience, que modifierais-tu dans ton protocole ? Explique pourquoi.

ACTIVITÉ 3 expérimentation

Faites comme chez vous !

J'observe

Souvent, les biologistes reconstituent des habitats ou modélisent des phénomènes pour les étudier. Au fil des siècles, cette méthode leur a permis de mieux comprendre la nature. Ainsi, on a pu mettre en place des mesures afin de protéger certaines espèces vivantes et les ressources de la planète. Ton terrarium est un modèle d'écosystème semi-aquatique. Les éléments de ton modèle devront correspondre aussi fidèlement que possible aux éléments naturels. Par exemple, tu devras reproduire les habitats de tes petits locataires afin qu'ils occupent les mêmes niches écologiques qu'en milieu naturel. De même, la composition du sol devra permettre la circulation de l'air et de l'eau, la croissance des plantes, le camouflage des animaux et l'absorption des odeurs.

Les niches écologiques
L'encyclo, p. 232 à 234

Les types de sols
L'encyclo, p. 307 à 310

La démarche expérimentale
La boîte à outils, p. 430 à 432

Je me questionne

1. « Quelles caractéristiques du milieu naturel dois-je reproduire dans mon terrarium ? »
2. « Comment vais-je reconstituer chacune de ces caractéristiques ? »

Je précise mes variables

1. Ton terrarium doit modéliser un écosystème semi-aquatique. Tu dois donc tenir compte :
   - de la composition du sol ;
   - de la présence d'abris ou de cachettes ;
   - de l'alimentation des êtres vivants qu'il contient.
2. Tu dois pouvoir associer chaque partie de ton terrarium à un élément du milieu naturel.

J'expérimente

Matériel
- Un grand récipient transparent à fond étanche ou un aquarium
- Un couvercle
- Un petit récipient
- Un thermomètre
- Une petite pelle
- Un vaporisateur

Matériaux
- Du gravier
- Du charbon de bois
- Du sable
- De l'humus prélevé en milieu naturel
- De l'eau
- De la ouate
- Un bout de ficelle

Légendes : Un couvercle ; Un thermomètre suspendu ; Un grand récipient ; De l'humus ; Du sable ; Du charbon de bois ; Du gravier ; Des petits animaux ; Des végétaux ; Un petit récipient (zone aquatique)

Figure 6 *Les parties d'un terrarium semi-aquatique*

EXPLORATION 1
Le terrarium : un écosystème en miniature

INFO-CARRIÈRE

Entomologiste

Les insectes te passionnent? L'entomologie est peut-être faite pour toi! Les entomologistes de profession sont à l'emploi du ministère de l'Agriculture du Québec, de l'Insectarium de Montréal ou sont associés à des groupes de recherche. Pour exercer ce métier, tu devras d'abord poursuivre des études scientifiques au collégial. Ensuite, tu devras obtenir le titre de biologiste à l'université. Enfin, il te faudra te spécialiser en entomologie au cours d'études de deuxième cycle. Les entomologistes amateurs acquièrent leurs connaissances en s'informant sur les sujets qui les intéressent. Plusieurs réussissent à travailler comme préposées ou préposés entomologistes, comme techniciennes ou techniciens à l'élevage des insectes ou comme guides.

Vers l'activité synthèse

Note la méthode que tu as utilisée pour construire ton terrarium ainsi que le rôle de chacune des couches de sol. Tu feras l'analyse finale de tes observations et leur présentation dans l'activité synthèse «Un rapport de recherche».

Protocole proposé

Voici un exemple de protocole pour réaliser cette expérience. Tu peux aussi en proposer un autre.

1. Indique le nom des membres de ton équipe sur votre grand récipient.
2. Dispose les couches de gravier et de charbon comme le montre la figure 6, à la page précédente.
3. Choisis l'emplacement de la zone aquatique. Dépose-y le petit récipient.
4. Dispose ensuite la couche de sable. Reproduis de petits reliefs sur le sable avec tes doigts. Ajoute maintenant l'humus.
5. Sème des graines de gazon ou de trèfle. Plante tes végétaux.
6. Arrose la zone terrestre et remplis le bassin d'eau à moitié. Ne mets pas trop d'eau dans le bassin afin d'éviter que tes pensionnaires s'y noient.
7. Suspends le thermomètre à l'aide de la ficelle.
8. Ajoute de la nourriture et de l'eau (des quartiers de pomme, de l'avoine, de la ouate humide, etc.).
9. Dépose tes animaux dans ton terrarium. Ferme rapidement le couvercle.
10. Chaque semaine, récolte de nouveaux spécimens. Ajoutes-en le plus possible pour maintenir l'équilibre des êtres vivants dans ton terrarium. En effet, le milieu étant très petit, les carnivores (prédateurs) manqueront rapidement de nourriture (proies). À toi de trouver le mets favori de chacun!

Attention!

À partir de maintenant, observe l'évolution de ton terrarium en intervenant le moins possible. Limite-toi à:
- arroser le terreau légèrement au besoin;
- donner de la nourriture à tes carnivores;
- ajouter des êtres vivants.

J'analyse mes résultats et je les présente

1. À l'aide de tes connaissances, indique le rôle des couches de gravier, de charbon de bois, de sable et d'humus dans ton terrarium.
2. Observe les phénomènes qui se déroulent dans ton écosystème miniature pendant quelques semaines. Les activités 5 à 7 (*voir les pages 17 à 20*) guideront tes observations.
3. Remplis la fiche d'observation hebdomadaire que te donnera ton enseignante ou ton enseignant. Tu trouveras les consignes concernant cette fiche à l'activité 5, «Des observations hebdomadaires», à la page 17.
4. Si tu devais refaire cette expérience, que modifierais-tu dans le protocole? Explique pourquoi.

ACTIVITÉ 4 recherche
Une vie d'insecte

Tu connais le nom courant de tous les spécimens de ton terrarium. Tu vas maintenant faire une recherche documentaire sur l'un de tes insectes.

1. Choisis un insecte en suivant les consignes de ton enseignante ou de ton enseignant.
2. Pour en savoir plus sur le cycle de vie de ton insecte, lis le texte «Le cycle de vie des insectes», à la page suivante.
3. Fais une recherche documentaire pour te renseigner sur:
   - le nom scientifique (en latin) de ton insecte;
   - sa description physique (taille, yeux, antennes, appareil buccal, ailes, pattes);
   - sa niche écologique (habitat, abri, régime alimentaire, prédateurs, structure sociale, rôle dans la nature);
   - ses caractéristiques sexuelles et son cycle de vie;
   - les adaptations qu'il présente;
   - ses signes particuliers.
4. Consigne les résultats de ta recherche sur la fiche de recherche que te remettra ton enseignante ou ton enseignant.
5. Prépare une affiche ayant la silhouette de ton insecte.
6. Colle ta fiche de recherche au verso de ton affiche.

La reproduction chez les animaux
L'encyclo, p. 250 à 256

Mener une recherche documentaire
La boîte à outils, p. 436 et 437

Tu pourrais faire ta recherche à l'aide d'une encyclopédie ou d'une base de données sur cédérom. Tu pourrais aussi télécharger des images ou des photos pour illustrer ton affiche. N'oublie pas de mentionner tes sources.

Vers l'activité synthèse

Conserve ta fiche de recherche sur ton insecte. Elle te sera utile quand tu rédigeras ton rapport de recherche.

Figure 7 *La métamorphose du machaon*

Le cycle de vie des insectes

Les insectes ont des **cycles de vie** très variés : de quelques jours à quelques années. Durant cette période, ils subissent une série de transformations. Celles-ci sont parfois spectaculaires, comme la **mue** et la **métamorphose**.

Deux types de métamorphoses

La plupart des insectes (85 %) subissent une métamorphose complète. Autrement dit, les larves sont si différentes des adultes qu'il est souvent difficile de les associer. Lorsqu'une larve se transforme en nymphe puis en adulte, elle subit une métamorphose complète. Si la larve se transforme en adulte sans passer par le stade de la nymphe, on parle de métamorphose incomplète.

Cycle de vie
L'ensemble des stades de développement d'une espèce, de la conception à la mort.

Mue
Un phénomène pendant lequel certains animaux renouvellent leur carapace, leur squelette externe, leurs cornes, leur plumage, leur poil, etc. La mue peut se produire à différents moments au cours du cycle de vie, selon les animaux.

Métamorphose
Un changement de forme, de nature ou de structure chez un animal. C'est une transformation tellement importante que ce dernier n'est plus reconnaissable.

Tableau 4 *Les étapes des deux types de métamorphoses des insectes*

Métamorphose complète	Métamorphose incomplète
Étape 1 : L'œuf L'œuf est issu de la rencontre entre un gamète mâle et un gamète femelle.	**Étape 1 : L'œuf** L'œuf est issu de la rencontre entre un gamète mâle et un gamète femelle.
Étape 2 : La larve La larve grandit par une suite de mues. Sa seule activité est de se nourrir pour se développer.	**Étape 2 : La larve** La larve ressemble déjà beaucoup à l'adulte. Cependant, elle ne possède pas d'ailes. Elle se développe en subissant plusieurs mues successives.
Étape 3 : La nymphe L'insecte s'enferme généralement dans un cocon. Ses organes se réorganisent. Il devient une nymphe (aussi appelée chrysalide chez les papillons). C'est la phase de métamorphose proprement dite.	
Étape 4 : L'adulte (ou imago) Une fois la métamorphose terminée, l'enveloppe de la nymphe s'ouvre pour libérer l'insecte adulte. Celui-ci est maintenant capable de se reproduire.	**Étape 3 : L'adulte (ou imago)** Les ailes de l'adulte se forment au cours de la dernière mue. Il ne grandira plus. Il est sexuellement mature.

FLASH… FLASH… FLASH…

L'éphémère est un insecte unique ! Après sa vie aquatique, la larve gagne la surface de l'eau, mue et se transforme en individu ailé. L'éphémère est le seul insecte qui possède des ailes fonctionnelles avant d'avoir atteint l'âge adulte. On l'appelle à ce moment « subimago » ou parfois « préadulte ».

ACTIVITÉ 5 expérimentation

Des observations hebdomadaires

J'observe

Tes spécimens sont maintenant bien installés dans ton terrarium. Cela ne veut pas dire qu'ils sont à l'abri de tous les dangers! En effet, certains seront dévorés. D'autres mourront de mort naturelle à cause d'un cycle de vie très court. De plus, il est possible que tu voies apparaître des animaux que tu ne croyais pas avoir capturés. Quoi qu'il en soit, des découvertes t'attendent. Tu dois donc être à l'affût de tout ce qui se déroule dans ton terrarium. Cette activité te permettra d'approfondir un volet de la démarche scientifique: la cueillette de données à partir d'observations. Tu analyseras tes données lors de l'activité 7, « Des interrelations multiples », à la page 19.

Je me questionne

1. « Quelles sont les conditions physiques qui règnent dans mon terrarium ? »
2. « Quelles sont les relations entre les êtres vivants de mon terrarium ? »
3. « Comment le nombre de mes spécimens varie-t-il ? »

Je précise mes variables

Tu dois recueillir de l'information concernant:
- les conditions physiques dans ton terrarium : humidité, température, pH, etc. ;
- les relations des êtres vivants entre eux et avec leur milieu.

J'expérimente

Protocole proposé

1. Prends connaissance de la fiche d'observation hebdomadaire que te remettra ton enseignante ou ton enseignant.
2. Utilise le même matériel pour chacune de tes observations.
3. Une fois par semaine, remplis une fiche d'observation hebdomadaire en suivant les étapes suivantes :
   - mesure les conditions physiques dans ton terrarium ;
   - observe l'ensemble des éléments de ton terrarium ;
   - note le plus grand nombre possible de changements qui se sont produits ;
   - note aussi ce qui n'a pas changé ;
   - dresse l'inventaire des êtres vivants visibles dans ton terrarium.
4. Fais valider ta première fiche d'observation hebdomadaire par ton enseignante ou ton enseignant.

Le pH
L'encyclo, p. 186 et 187

Le pH mètre
L'encyclo, p. 188

Les niches écologiques
L'encyclo, p. 232 à 234

La démarche expérimentale
La boîte à outils, p. 430 à 432

FLASH... FLASH... FLASH...

À diamètre égal, le fil de soie produit par l'araignée est cinq fois plus résistant que l'acier. Il est plus extensible que le nylon et il est biodégradable. Aucune autre fibre ne possède les mêmes caractéristiques. Produit en grande quantité, ce fil pourrait servir dans la fabrication de gilets pare-balles, de fil à suture et de lignes à pêche. La toile de l'araignée suscite beaucoup d'intérêt.

Matériel
- Un pH mètre de sol
- Un thermomètre de sol
- Un hygromètre
- Un thermomètre à alcool à immersion partielle

Matériau
- Une fiche d'observation hebdomadaire

EXPLORATION 1
Le terrarium : un écosystème en miniature

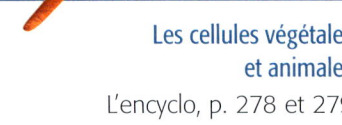

Les cellules végétales et animales
L'encyclo, p. 278 et 279

La démarche expérimentale
La boîte à outils, p. 430 à 432

Le microscope
La boîte à outils, p. 453 et 454

Matériel
- Un microscope
- Deux lames de verre
- Une lame creuse
- Une lamelle
- Un compte-gouttes
- Une boîte de Petri

Matériaux
- Du ruban adhésif
- Un bout de ficelle

ACTIVITÉ 6 expérimentation

Microscopiques et primitifs

J'observe

Tu sais déjà que tous les êtres vivants, sans exception, sont constitués de cellules. Les animaux et les végétaux sont pluricellulaires, c'est-à-dire qu'ils sont formés d'un assemblage de cellules ayant des fonctions propres. Toutefois, plusieurs êtres vivants sont unicellulaires, c'est-à-dire qu'ils sont constitués d'une seule cellule. Les unicellulaires et certains pluricellulaires sont tellement petits qu'il faut un microscope pour les observer.

Je me questionne

« Y a-t-il dans mon terrarium des êtres vivants visibles seulement au microscope ? »

Je précise mes variables

1. Cette expérience devrait te permettre d'observer à l'aide d'un microscope ce que tu ne vois pas à l'œil nu dans ton terrarium.
2. Tu devras aussi noter tes observations sous forme de schémas.

J'expérimente

Protocole proposé

Voici un exemple de protocole pour réaliser cette expérience.

1. À l'aide de la ficelle et du ruban adhésif, suspends une lame de microscope dans ton terrarium.
2. Place une lame de microscope sur le sol de ton terrarium.
3. Dépose la lame creuse dans le bassin d'eau de ton terrarium.
4. Laisse les lames deux ou trois jours dans leur position.
5. Retire les lames. Observe attentivement chacune d'elles en les mettant directement sur le plateau du microscope. Tu dois recouvrir la lame creuse d'une lamelle.
6. Dépose un peu de terre dans la boîte de Petri. Observe-la au microscope.

J'analyse mes résultats et je les présente

1. Décris les phénomènes les plus intéressants que tu as vus à l'aide d'un schéma.
2. Tente d'identifier les êtres vivants que tu as observés.
3. Si tu devais refaire cette expérience, que modifierais-tu dans le protocole ? Explique pourquoi.

ACTIVITÉ 7 interprétation
Des interrelations multiples

Au cours de l'activité 5, «Des observations hebdomadaires», tu as rempli tes fiches d'observation. Tu as pu constater que les êtres vivants interagissent entre eux ainsi qu'avec leur milieu. Ces **interrelations** sont liées à l'alimentation, à la vie en société ou à la reproduction. Ainsi, la grenouille qui se baigne dans le bassin interagit avec l'eau du bassin. Dans cette activité, tu devras établir le plus grand nombre possible d'interrelations.

Les niches écologiques
L'encyclo, p. 232 à 234

Le diagramme linéaire
La boîte à outils, p. 444

Interrelation
Une relation étroite entre deux éléments du même milieu. Ces éléments peuvent être vivants ou non vivants.

1. Consulte tes fiches d'observation hebdomadaire. Elles te permettront d'analyser les interrelations entre les différents éléments de ton terrarium.
   - Dresse l'inventaire de tous les êtres vivants et de tous les éléments non vivants de ton terrarium que tu as répertoriés à un moment ou à un autre.
   - Construis un réseau de classification des composantes du terrarium en suivant le modèle de la figure 8. Ce genre de réseau est un outil pour organiser tes observations.

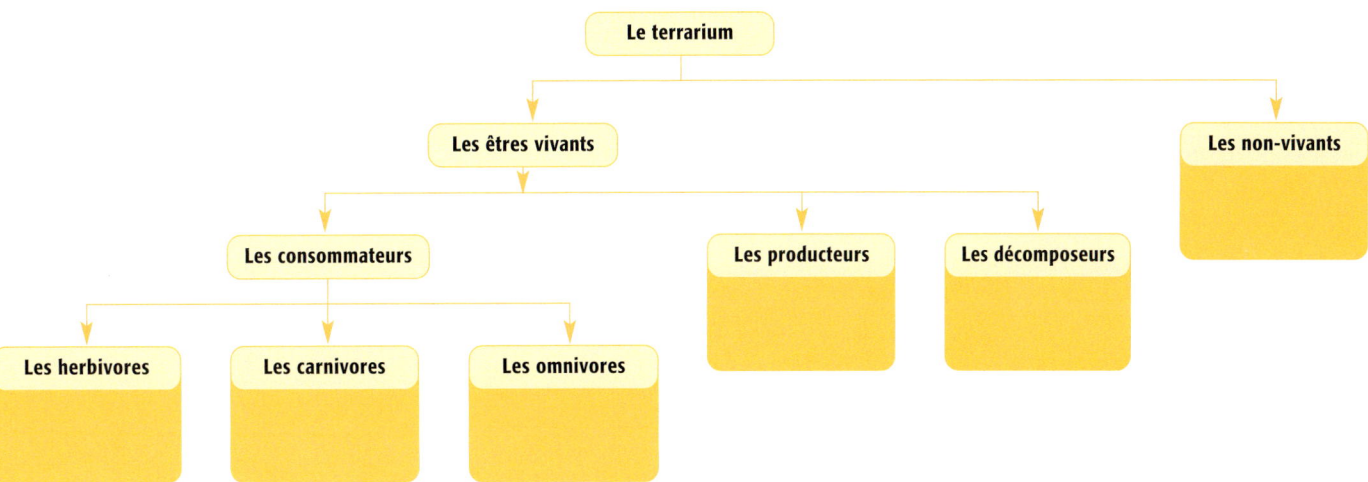

Figure 8 *Un modèle de réseau de classification des composantes d'un terrarium*

2. À l'aide de tes connaissances, détermine le rôle que les éléments suivants jouent dans la vie des êtres vivants de ton terrarium : l'air, l'eau, le sol et la lumière.

EXPLORATION 1
Le terrarium : un écosystème en miniature

FLASH... FLASH... FLASH...

Le ver de terre est un des animaux terrestres les plus importants. En se déplaçant dans le sol, il aère la terre. Les racines des plantes peuvent donc se développer plus facilement. Le ver de terre digère la matière organique. Il la rejette ensuite sous forme d'excréments riches en éléments nutritifs. En fait, les vers de terre produiraient plus de 36 tonnes d'excréments par hectare de terre chaque année. Ils servent aussi de nourriture à plusieurs animaux, dont les oiseaux. Ils pourraient même constituer une excellente source de protéines pour les humains… au besoin !

3 Énumère les interrelations observées dans ton terrarium en suivant le modèle du tableau 5, ci-dessous.

Tableau 5 *Les interrelations entre les êtres vivants d'un terrarium*

Les interrelations alimentaires (ce qu'il mange, par qui il est mangé, etc.)	Les interrelations sociales	Les interrelations reproductives
Ex. : La grenouille se nourrit de criquets. Elle est mangée par les décomposeurs.	Ex. : Le criquet et la sauterelle sont en compétition pour la nourriture.	Ex. : Le papillon s'accouple avec un autre papillon.

4 Construis une chaîne alimentaire. Essaie d'avoir le plus de maillons possible (minimum de quatre).

5 Prépare un tableau indiquant les températures de l'air dans la classe et dans le terrarium ainsi que les pH du sol notés sur tes fiches d'observation.

6 Présente les données consignées dans la question précédente dans deux diagrammes linéaires : un pour la température en classe et dans ton terrarium, et un autre pour le pH du sol.

Vers l'activité synthèse

Conserve précieusement les schémas, les tableaux, les diagrammes et les fiches d'observation hebdomadaire des activités 5 à 7. Fais ressortir les renseignements que tu juges les plus importants. Cela te sera utile quand tu rédigeras ton rapport de recherche.

ACTIVITÉ SYNTHÈSE 1 — interprétation et communication

Un rapport de recherche

Au cours de leurs recherches, les scientifiques réalisent des expériences ou des activités puis notent leurs observations. Vient ensuite la présentation des résultats, des observations et des conclusions dans un rapport ou un article scientifique. C'est la démarche que tu as suivie tout au long de cette exploration. Tu dois maintenant présenter tes résultats dans un rapport. Ce rapport devrait pouvoir rendre compte de ton travail dans le journal scientifique de ton école, s'il y en avait un.

1 Ton rapport de recherche devra comprendre, dans l'ordre :
- une page de présentation ;
- une table des matières ;
- une introduction (elle présente ton travail) ;
- une description de la méthode que tu as utilisée pour construire ton terrarium (activité 3).

2 Rédige ensuite une section d'analyse des résultats où l'on trouvera, également dans l'ordre :
- une description de l'habitat que tu as voulu reconstituer (activité 2) ;
- les fiches d'observation et d'identification de tes spécimens (activité 2) ;
- ta fiche de recherche sur un insecte de ton choix (activité 4) ;
- tes fiches d'observation hebdomadaire (activité 5) ;
- les schémas de tes observations au microscope (activité 6) ;
- ton réseau de classification des composantes du terrarium (activité 7) ;
- ton tableau des interrelations des êtres vivants du terrarium (activité 7) ;
- ta chaîne alimentaire (activité 7) ;
- tes deux diagrammes linéaires (activité 7) ;
- les réponses aux questions d'analyse que ton enseignante ou ton enseignant te remettra.

3 Prépare une conclusion. Celle-ci doit répondre à la question suivante : « Qu'as-tu appris grâce à l'observation de ce milieu de vie reconstitué ? »

Communiquer efficacement
La boîte à outils, p. 438 et 439

Tu pourrais te servir d'un traitement de texte et d'un logiciel de graphisme pour présenter ton rapport de recherche.

Points à surveiller

1. Je tire des conclusions à partir de mes observations et des données que j'ai obtenues.
2. J'inclus toutes les observations et tous les documents pertinents à mon rapport.
3. Je présente mes résultats sous différentes formes (tableaux, diagrammes, schémas).
4. Je respecte les règles de présentation propres à la science et à la technologie.

Vers le projet

Les écosystèmes semi-aquatiques ont des caractéristiques particulières. Celles-ci peuvent attirer des touristes qui s'intéressent à l'écologie et à l'environnement. Comment pourrais-tu exploiter ces caractéristiques lorsque tu réaliseras le projet du module, « Mon premier emploi » ?

EXPLORATION 1
Le terrarium : un écosystème en miniature

EXPLORATION 2

La forêt : un écosystème grandeur nature

Une famille d'arbres

C'est après avoir traversé une plaine brûlée de soleil que je les rencontre.

Ils ne demeurent pas au bord de la route à cause du bruit.

Ils habitent les champs incultes, sur une source connue des oiseaux seuls.

De loin, ils semblaient impénétrables. Dès que j'approche, leurs troncs se desserrent.

Ils m'accueillent avec prudence. Je peux me reposer, me rafraîchir, mais je devine qu'ils m'observent et se défient.

Ils vivent en famille, les plus âgés au milieu et les petits, ceux dont les premières feuilles viennent de naître, un peu partout, sans jamais s'écarter.

Ils mettent longtemps à mourir, et ils gardent les morts debout jusqu'à leur chute en poussière.

Ils se flattent de leurs longues branches, pour s'assurer qu'ils sont tous là, comme des aveugles.

Ils gesticulent de colère si le vent s'essouffle à les déraciner.

Source : Jules Renard, *Histoires naturelles*, 1896.

Jules Renard parle des arbres avec beaucoup de respect. En effet, les arbres comptent dans leurs rangs les êtres vivants les plus grands de la Terre. Ce sont aussi les êtres qui vivent le plus longtemps. Quant aux forêts, ce sont de vastes écosystèmes où sont réunis des centaines ou des milliers d'arbres. On les a longtemps perçues comme des endroits peu accessibles, parfois sacrés.

1. Que t'apprend ce texte sur la vie des arbres ?
2. Quelle est l'utilité de la forêt dans ta vie ?
3. D'après toi, les forêts qui t'entourent sont-elles bien protégées ? Explique ta réponse.
4. L'étude de la forêt peut-elle t'enseigner quelque chose ? Quoi, par exemple ?

Voici le fil conducteur de l'exploration 2: tu t'intéresseras tour à tour aux forêts du monde, à la forêt québécoise puis aux arbres qui t'entourent. Tu verras ensuite deux événements marquants dans la vie d'un arbre.

- Dans l'**activité 1**, «La forêt dans ma vie», à la page 24, tu t'interrogeras sur ce que la forêt t'apporte et sur la façon dont on peut la protéger.

- Dans l'**activité 2**, «Les forêts du monde», aux pages 25 à 27, tu verras que les diverses adaptations des arbres engendrent de nombreux types de forêts.

- Dans l'**activité 3**, «Qui habite ici?», à la page 28, tu dresseras un inventaire des habitants d'une forêt et tu dessineras le schéma d'un réseau alimentaire.

- Dans l'**activité 4**, «Pour ne pas perdre le nord», aux pages 29 et 30, tu apprendras comment fonctionne une boussole.

- Dans l'**activité 5**, «Nourrir les oiseaux», aux pages 31 et 32, tu construiras une mangeoire pour une espèce d'oiseau. Cette espèce trouvera ainsi plus facilement de la nourriture et tu pourras facilement l'observer.

De la forêt à l'arbre

- Dans les activités 6 et 7, tu apprendras à identifier les arbres et à en connaître quelques secrets.
  - Au cours de l'**activité 6**, «Identifier les arbres», aux pages 33 et 34, tu construiras un herbier.
  - Au cours de l'**activité 7**, «À la découverte de l'arbre», à la page 35, tu effectueras une recherche pour bien connaître un arbre de ton choix.

- Dans l'**activité 8**, «Une usine à oxygène», aux pages 36 et 37, tu découvriras une réaction chimique essentielle à la vie: la photosynthèse.

- Dans l'**activité 9**, «Une variété de coloris», aux pages 38 à 40, tu verras comment les feuilles changent de couleur à l'automne.

Depuis la nuit des temps, la forêt inspire des contes, de la poésie et des tableaux aux artistes du monde. Dans cette exploration, tu remarqueras que chacune des activités est introduite par une œuvre artistique. À la fin, au cours de l'**activité synthèse** «Je raconte la forêt», à la page 41, tu devras créer un récit d'aventures illustré mettant en vedette un homme ou une femme qui a choisi de vivre de la forêt.

CONCEPTS CLÉS DE L'EXPLORATION 2

- Acidité et basicité
- Adaptations physiques et comportementales
- Air (composition)
- Cahier des charges
- Caractéristiques du vivant
- Érosion
- Espèce
- Gamètes
- Habitat
- Intrants et extrants (énergie, nutriments, déchets)
- Modes de reproduction chez les végétaux
- Molécule
- Niche écologique
- Organes reproducteurs
- Photosynthèse et respiration
- Population
- Reproduction asexuée ou sexuée
- Schéma de construction
- Schéma de principe
- Taxonomie

ACTIVITÉ 1 interprétation
La forêt dans ma vie

FLASH... FLASH... FLASH...

La déforestation peut avoir des conséquences néfastes en cas de catastrophe naturelle. En 2004, en Haïti, il y a eu de graves inondations. Celles-ci auraient pu causer beaucoup moins de dégâts, par exemple moins de glissements de terrain, si le sol n'avait pas été fragilisé par la déforestation.

Quand mon amie viendra par la rivière,
Au mois de mai, après le dur hiver,
Je sortirai, bras nus, dans la lumière
Et lui dirai le salut de la terre...

Vois, les fleurs ont recommencé,
Dans l'étable crient les nouveaux-nés,
Viens voir la vieille barrière rouillée
Endimanchée de toiles d'araignée.

Les bourgeons sortent de la mort,
Papillons ont des manteaux d'or,
Près du ruisseau sont alignées les fées
Et les crapauds chantent la liberté. (bis)

Source: Félix Leclerc, *L'hymne au printemps*, paroles et musique de Félix Leclerc.

Dans cet extrait de *L'hymne au printemps* de Félix Leclerc, on assiste à l'éveil de la nature. La forêt est précieuse pour les humains. Cependant, aujourd'hui, la forêt et ses habitants sont en danger. Dans cette activité, tu vas puiser dans tes connaissances pour relever les bienfaits des arbres et de la forêt. Tu décriras aussi les menaces qui pèsent sur cet écosystème. Ensuite, tu proposeras des solutions pour chacune de ces menaces.

1 Dresse une liste des usages qu'on peut faire des arbres et de la forêt et des avantages que cela nous procure.

2 Reproduis le tableau 6.

3 Remplis ce tableau à l'aide de tes connaissances. Pour y arriver, tu dois:
- dresser une liste des menaces qui pèsent sur la forêt;
- proposer des solutions que tu pourrais mettre en pratique si tu étais au pouvoir dans ton pays;
- proposer des gestes concrets pour lutter contre ces menaces.

Vers l'activité synthèse

Quelles menaces pèseront sur la vie du personnage de ton récit d'aventures? Quelles solutions ton héroïne ou ton héros appliquera-t-il pour survivre?

Tableau 6 *Comment protéger la forêt menacée*

Menaces	Solutions	
	Si j'étais au pouvoir	Gestes concrets
Ex.: Incendies dus à la négligence.	Ex.: Je mènerais des campagnes de sensibilisation.	Ex.: Éviter d'allumer des feux en forêt.

ACTIVITÉ 2 interprétation
Les forêts du monde

> – Mais ce ne pourrait être que par la Vieille Forêt! s'écria Fredegar, horrifié. Tu n'y songes pas. C'est tout aussi dangereux que les Cavaliers Noirs.
>
> – Pas tout à fait, dit Merry. Cela paraît une solution très désespérée, mais je pense que Frodon a raison. C'est la seule façon de partir sans être immédiatement suivis. Avec de la chance, nous pourrions prendre une avance considérable.
>
> – Mais vous n'avez aucune chance dans la Vieille Forêt, objecta Fredegar. Personne n'y a jamais de chance. Vous vous perdrez. On n'entre pas là-dedans!
>
> *Source*: J. R. R. Tolkien, *Le Seigneur des anneaux, I. La communauté de l'anneau*, 1954-1956.

L'érosion
L'encyclo, p. 329

La forêt dont discutent les personnages du *Seigneur des anneaux* est très différente des forêts du Québec. En effet, les forêts sont très diversifiées. C'est d'ailleurs grâce à cette diversité que les forêts sont adaptées à presque tous les milieux terrestres. Certaines espèces d'arbres résistent au gel ou au poids de la neige. D'autres supportent la sécheresse, les pluies abondantes ou les sels marins. D'autres encore s'accommodent de toutes sortes de sols, de différents taux d'acidité, etc. Toutes ces adaptations ont produit les types de forêts qu'on trouve à la surface du globe.

INFO-CARRIÈRE

Garde de parc

Les gardes de parc de Parcs Canada ont la responsabilité de faire respecter les lois et d'assurer la sécurité du public. Ces gardes effectuent aussi des recherches scientifiques et environnementales. En outre, ces personnes s'occupent de tout ce qui touche à l'environnement dans le parc: prévention et extinction des incendies, gestion de l'environnement et des urgences, protection de la faune et de la flore. Si ce métier t'intéresse, tu dois obtenir un baccalauréat dans une discipline liée aux ressources naturelles (biologie, environnement, foresterie, etc.), puis tu dois suivre une formation donnée par la Gendarmerie royale du Canada et par Parcs Canada.

1. Observe bien la carte de la répartition des forêts du monde qui se trouve aux pages 26 et 27.
2. Choisis deux types de forêts représentées.
   a) D'après toi, quelles sont les conditions (chaleur, humidité, luminosité) qui favorisent l'existence de ces deux types de forêts?
   b) Nomme deux espèces d'arbres qu'on trouve dans ces deux types de forêts.
3. Réponds aux questions suivantes:
   a) Quels types de forêts y a-t-il au Canada?
   b) Quels types de forêts y a-t-il au Québec?
   c) Il y a sur la carte des endroits où il n'y a aucune forêt. Quelles sont les conditions climatiques dans ces endroits?
   d) D'après toi, est-ce que des végétaux poussent dans ces endroits? Explique ta réponse.
   e) Quel serait selon toi l'impact de la disparition d'une forêt (par exemple, à la suite d'une coupe à blanc)?

EXPLORATION 2
La forêt: un écosystème grandeur nature

La répartition des forêts du monde

☐ *La forêt boréale ou taïga*
(900 millions d'hectares)

☐ *La forêt tropicale et subtropicale*
*(1 000 millions d'**hectares**)*

Hectare
Une unité de mesure de la superficie équivalant à 10 000 m².

☐ *La forêt tempérée*
(250 millions d'hectares)

LÉGENDE
- ☐ Forêt tropicale et subtropicale
- ☐ Forêt tempérée
- ☐ Forêt boréale ou taïga
- ☐ Savane arborée
- ☐ Forêt méditerranéenne

▢ *La savane arborée*
(450 millions d'hectares)

▢ *La forêt méditerranéenne*
(80 millions d'hectares)

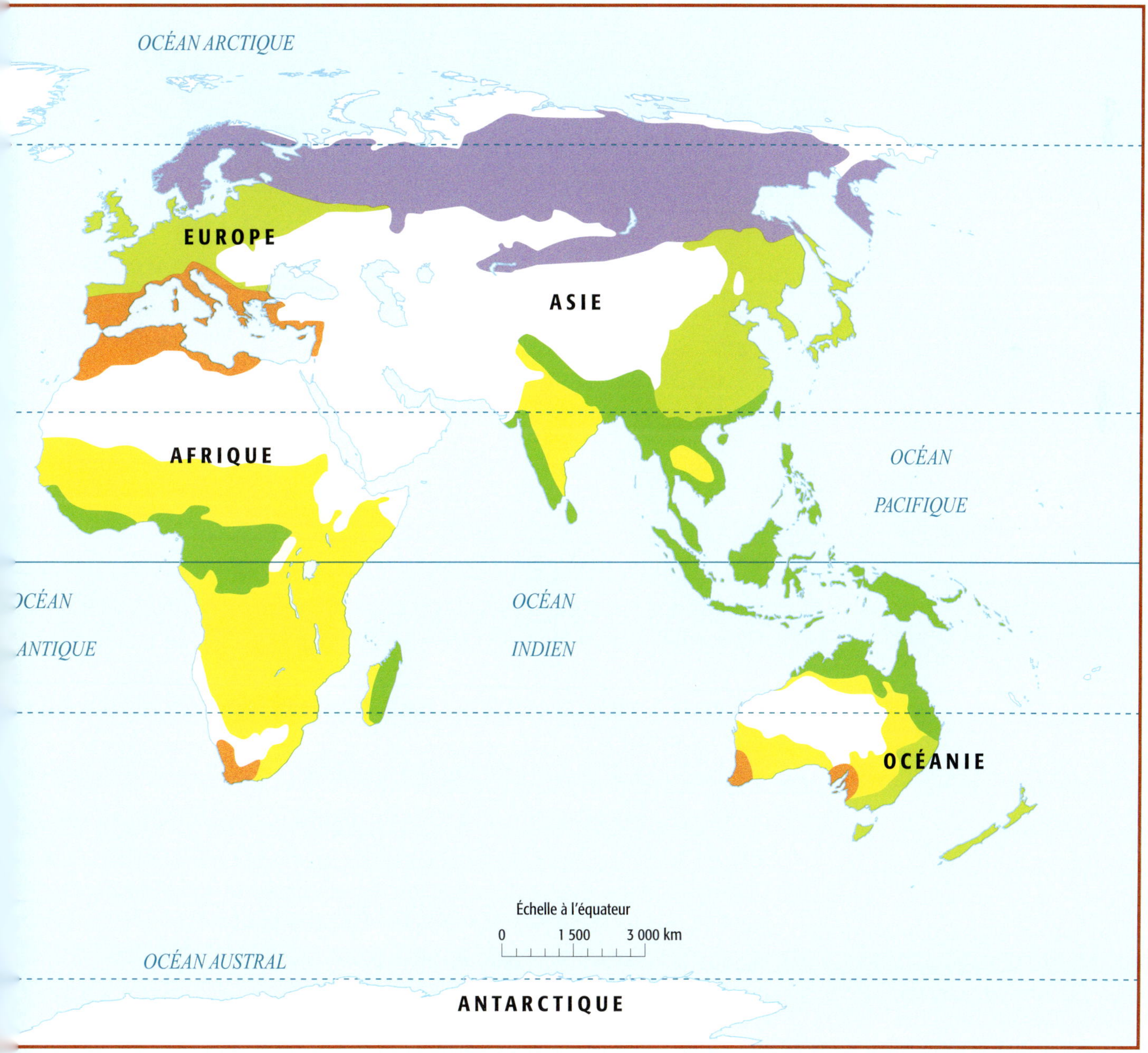

EXPLORATION 2
La forêt : un écosystème grandeur nature

ACTIVITÉ 3 interprétation

Qui habite ici ?

Les niches écologiques
L'encyclo, p. 232 à 234

Une population
L'encyclo, p. 234

Marc-Aurèle Fortin, *Sous les ormes*, 1928.

Comme tu peux le constater en regardant la peinture de Marc-Aurèle Fortin, l'été, au Québec, est la saison de l'abondance. Il y a de la nourriture à profusion. Les arbres profitent au maximum de la **photopériode** et les sols regorgent de matière organique. C'est d'ailleurs en été qu'on trouve le plus grand nombre d'habitants dans la forêt.

Photopériode
La durée de la période de luminosité par rapport à la période d'obscurité. La photopériode varie selon la latitude et la saison. Elle règle la période d'activité des êtres vivants.

Les écologistes dressent régulièrement l'inventaire des êtres vivants d'un habitat. L'observation des êtres vivants leur permet de connaître les comportements des différentes espèces et leurs interactions. Cela les aide aussi à mieux cerner les facteurs qui peuvent menacer les habitants de la forêt.

Dans cette activité, tu feras l'inventaire des êtres vivants d'une érablière pendant l'été en observant une image détaillée de cet écosystème typique du Québec. Tu reconstitueras aussi un réseau alimentaire.

1 Observe l'image que te fournira ton enseignante ou ton enseignant. Identifie le plus d'espèces animales et végétales possible.

2 Indique le régime alimentaire de chaque espèce animale identifiée.

Vers l'activité synthèse

Conserve ton inventaire et ton réseau alimentaire. Ils te serviront pour la rédaction de ton récit d'aventures.

3 Construis un réseau alimentaire qu'on pourrait observer dans un tel habitat.

4 Compare ton réseau alimentaire à celui de tes camarades de classe. Corrige-le au besoin.

ACTIVITÉ 4 technologie
Pour ne pas perdre le nord

La marâtre conduisit les enfants au fin fond de la forêt, plus loin qu'ils n'étaient jamais allés. On y refit un grand feu et la femme dit :

– Restez là, les enfants. Quand vous serez fatigués, vous pourrez dormir un peu. Nous allons couper du bois et, ce soir, quand nous aurons fini, nous viendrons vous chercher.

À midi, Grethel partagea son pain avec Hansel qui avait éparpillé le sien le long du chemin. Puis ils dormirent et la soirée passa sans que personne ne revînt auprès d'eux. Ils s'éveillèrent au milieu de la nuit, et Hansel consola sa petite sœur, disant :

– Attends que la lune se lève, Grethel, nous verrons les miettes de pain que j'ai jetées ; elles nous montreront le chemin de la maison.

Quand la lune se leva, ils se mirent en route. Mais de miettes, point. Les mille oiseaux des champs et des bois les avaient mangées.

Source : Jacob Grimm et Wilhelm Grimm, « Hansel et Grethel », dans *Contes d'enfants et du foyer*, 1812.

Lorsqu'on décide d'explorer la forêt pour y observer différentes espèces, il faut s'assurer, avant de partir, de pouvoir rentrer chez soi ! Il existe différentes manières de retrouver son chemin. Bien sûr, on peut marquer son trajet, comme Hansel et Grethel. Mais, tu t'en doutes, il existe des moyens plus sûrs pour ne pas se perdre. Pour s'orienter, le moyen le plus simple et le plus fiable est la boussole. Avant de s'en servir, il est important d'en connaître le fonctionnement. Dans la présente activité, tu te familiariseras avec la boussole.

Le schéma de principe
L'encyclo, p. 382

La démarche technologique
La boîte à outils, p. 433 à 435

ENRICHISSEMENT

Tu ne possèdes pas de boussole ? Tu peux quand même repérer le nord à l'aide d'une montre, de la position des ombres, de l'étoile polaire ou de n'importe quelle autre étoile. Mets-toi dans la peau des anciens explorateurs. Découvre et expérimente chacun de ces moyens d'orientation.

1. Lis le texte « Le nord magnétique et le nord géographique », à la page suivante.
2. Observe attentivement la boussole que te remettra ton enseignante ou ton enseignant.
3. Déplace ta boussole autour d'un aimant droit (qui symbolise la Terre). Observe le mouvement de l'aiguille.
4. Décris le fonctionnement de la boussole à l'aide d'un schéma de principe.

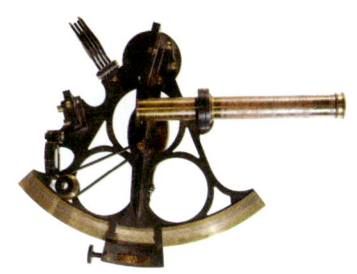

EXPLORATION 2
La forêt : un écosystème grandeur nature

Le nord magnétique et le nord géographique

Un aimant est un objet qui produit un champ magnétique. Les aimants possèdent deux pôles : un pôle Nord et un pôle Sud. Les pôles contraires s'attirent, tandis que les pôles semblables se repoussent.

La Terre elle-même est un immense aimant, parce qu'une roche magnétique, la magnétite, est présente dans son noyau. On peut comparer la planète à un aimant parce qu'elle possède deux pôles magnétiques (appelés nord magnétique et sud magnétique), et que son champ magnétique est semblable à celui d'un **aimant droit**. Une boussole est aussi un aimant puisque son aiguille est aimantée et produit un champ magnétique. En géographie, on définit le nord magnétique par la position indiquée par le pôle Nord de l'aiguille aimantée de la boussole.

Le nord magnétique n'est pas situé exactement au même endroit que le nord géographique (*voir la figure 9*). En effet, le nord géographique possède une position fixe, car il correspond à l'axe de rotation de la Terre sur elle-même. Au contraire, l'emplacement du nord magnétique varie d'une année à l'autre. Actuellement, le nord magnétique se trouve à 1 900 km du nord géographique, en direction du Canada. La différence d'angle entre ces deux nords est appelée « déclinaison magnétique ».

Aimant droit
Un aimant qui a la forme d'un barreau. Il existe aussi des aimants en forme de fer à cheval, de cercle, etc.

S'ORIENTER DANS LE TEMPS

▶ **1269**
Petrus Peregrinus constate que les pôles contraires d'un aimant s'attirent.

▶ **1302**
Flavio Gioia perfectionne la boussole et l'utilise systématiquement dans ses voyages. Il passa longtemps pour l'inventeur de la boussole auprès d'autres navigateurs qui n'en avaient jamais vu.

▶ **1934**
Le Britannique Robert Watson-Watt définit le principe du radar moderne.

▶ **1960**
Les États-Unis mettent en service le premier système de navigation par satellite (ancêtre du GPS).

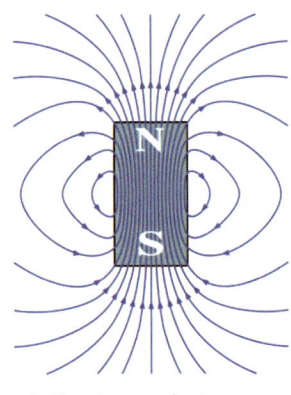

a) Un aimant droit

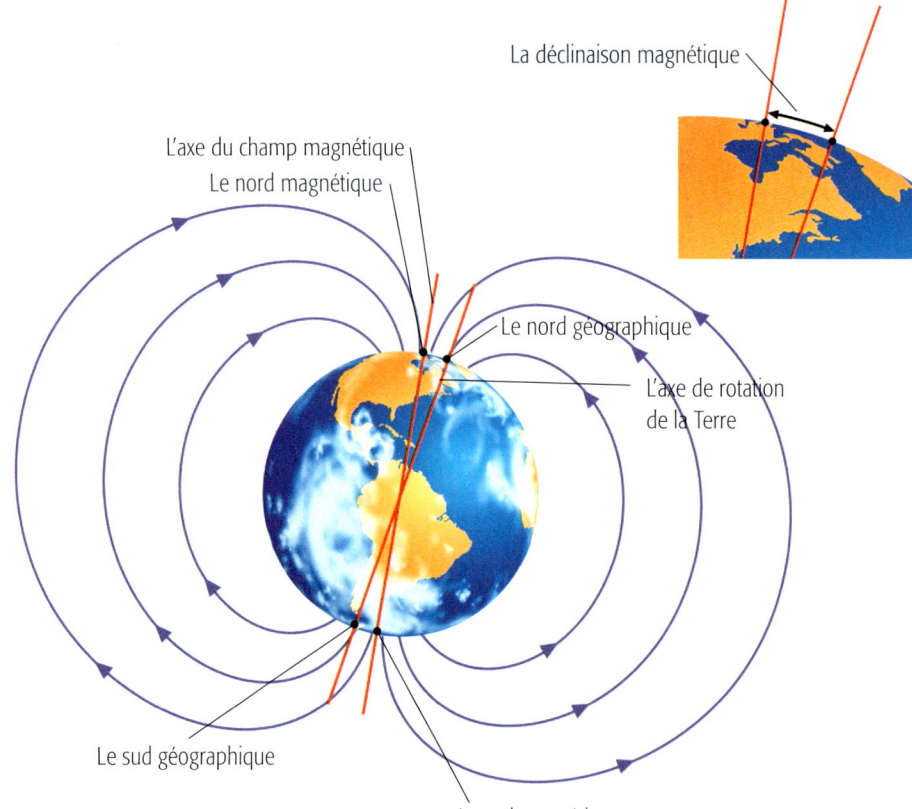

b) Le champ magnétique terrestre

Figure 9 *La Terre est semblable à un aimant droit.*

ACTIVITÉ 5 technologie
Nourrir les oiseaux

Le schéma de construction
L'encyclo, p. 383

La démarche technologique
La boîte à outils, p. 433 à 435

Paysage d'automne dans les Laurentides, peintre inconnu, vers 1860.

FLASH... FLASH... FLASH...

Toutes les deux secondes, une forêt de la même taille qu'un terrain de football est détruite. Près de 80 % des grandes forêts sont aujourd'hui disparues. Celles qui restent sont menacées par la pollution et, surtout, par l'exploitation forestière, qui souhaite répondre à la demande mondiale de papier et de bois.

L'hiver, au Québec, les oiseaux doivent s'armer de patience pour trouver leur nourriture. La nature est dépouillée, le sol est recouvert d'un manteau de neige et les jours sont courts. Pourtant, les oiseaux ont besoin de plus de nourriture pour affronter le froid. Tu peux leur faciliter la tâche en construisant des mangeoires. Celles-ci doivent être adaptées aux espèces qui passent l'hiver dans ta région. Le meilleur moment pour installer une mangeoire est l'automne, quand la nourriture se fait plus rare. Il est préférable de laisser ensuite la mangeoire en place toute l'année, car les oiseaux s'habitueront à sa présence.

1. Prends connaissance du cahier des charges, à la page suivante.
2. Choisis l'espèce d'oiseau pour laquelle tu construiras une mangeoire.
3. Fais une brève recherche pour connaître les habitudes alimentaires et l'anatomie de l'oiseau que tu as choisi. Comment adapteras-tu ta mangeoire à ses besoins ?
4. Dessine le schéma de construction de ta mangeoire.
5. Présente les caractéristiques de ta mangeoire à ton enseignante ou à ton enseignant. Explique en quelques lignes comment tu l'as adaptée pour tenir compte des caractéristiques de l'espèce d'oiseau que tu as choisie.
6. Construis ta mangeoire.
7. Installe ta mangeoire dans un endroit approprié. Ajoutes-y la nourriture préférée de ton oiseau.
8. Évalue l'efficacité de ta construction.

Vers le projet

Les circuits dans lesquels les gens observent des oiseaux et leurs mangeoires sont des attractions touristiques intéressantes. Les mangeoires que tu as faites au cours de cette activité pourraient t'être utiles pour réaliser le projet de ce module.

EXPLORATION 2
La forêt : un écosystème grandeur nature

ENRICHISSEMENT

La faune de la forêt laisse de nombreux indices de sa présence. Tu peux observer les empreintes, les excréments, les abris, les marques sur l'écorce des arbres, etc. Tu peux aussi écouter les sons. C'est ainsi que tu en apprendras le plus sur les habitants de la forêt. Reconstitue le régime alimentaire du hibou en analysant les boulettes de déjection qu'il laisse sur le sol. Ton enseignante ou ton enseignant t'indiquera comment faire.

Cahier des charges

Nature et fonction de l'objet

Une mangeoire permettant à une espèce d'oiseau de s'alimenter durant la saison hivernale.

Fabrication

Sur le plan **physique**, l'objet doit être fabriqué avec des matériaux peu coûteux.

Sur le plan **technique**, l'objet doit être :
– construit avec des matériaux robustes ;
– adapté aux conditions d'utilisation à l'extérieur, c'est-à-dire résistant à l'humidité, au vent et au froid ;
– facile à remplir de nourriture ;
– adapté à l'espèce d'oiseau choisie ;
– mobile ;
– léger ;
– à l'épreuve des prédateurs, par exemple les chats ;
– à l'épreuve des animaux qui convoiteraient la nourriture, par exemple les écureuils.

Utilisation

Sur le plan **humain**, l'objet doit être :
– esthétique ;
– facile à entretenir et à remplir ;
– facile à installer.

Sur le plan **environnemental**, l'objet doit être fabriqué avec des matériaux :
– sans danger pour l'environnement ;
– réutilisés, dans la mesure du possible.

ACTIVITÉ 6 interprétation
Identifier les arbres

Qu'est-ce que cet arbre a de particulier? Bien sûr, cette sculpture ressemble peu aux arbres de la forêt. Observer les arbres nous aide à les connaître, ce qui est utile pour se repérer en forêt, par exemple. Dans cette activité, tu apprendras à reconnaître certaines espèces d'arbres. Tu monteras un **herbier** avec des feuilles que tu auras récoltées et fait sécher. Tu devras ensuite les identifier à l'aide de critères précis.

Les espèces
L'encyclo, p. 216 à 221

Herbier
Une collection de plantes séchées, aplaties et classées qu'on peut conserver et étudier.

Armand Vaillancourt,
Arbre d'acier, sculpture en acier, 1965.

Première partie: la récolte et le séchage des feuilles

1. Récolte des feuilles d'arbre peu humides, bien vertes, bien développées et sans indices de maladies.
2. Respecte les consignes suivantes au moment de ta cueillette:
   - Tes feuilles doivent provenir d'arbres et non d'arbustes.
   - Cueille des feuilles provenant d'au moins 10 espèces d'arbres différentes.
3. Fais sécher tes feuilles selon les consignes que te donnera ton enseignante ou ton enseignant.

Seconde partie: le montage de l'herbier

Une fois tes feuilles bien sèches, tu peux les identifier. Assemble aussi ton herbier.

1. Lis le texte «L'arbre, cet inconnu», à la page suivante.
2. À l'aide de colle en bâtonnet, fixe soigneusement chaque feuille de ton herbier sur un papier blanc épais.
3. Avec la documentation que te remettra ton enseignante ou ton enseignant, trouve l'espèce d'arbre à laquelle chaque feuille appartient.
4. Sous chaque feuille, note les renseignements pertinents en suivant le modèle de la figure 9, à la page suivante. Les schémas que te montrera ton enseignante ou ton enseignant t'aideront aussi.
5. Fabrique une couverture originale pour ton herbier.

ENRICHISSEMENT
Trouve une méthode de calcul pour estimer la hauteur d'un arbre près de chez toi. Fais ton estimation sans grimper sur l'arbre!

Tu pourrais préparer un herbier électronique en numérisant les feuilles que tu as ramassées.

Vers l'activité synthèse
Le personnage de ton récit d'aventures devra savoir identifier les arbres. Tu peux dès maintenant choisir ceux qu'il rencontrera parmi les espèces de ton herbier.

EXPLORATION 2
La forêt: un écosystème grandeur nature

L'arbre, cet inconnu

Vivace
Un plante vivace vit plus de deux ans.

Ligneuse
Une substance ligneuse est compacte et fibreuse. Cette substance forme la racine, la tige et les branches de certains végétaux dont les arbres et les arbustes.

Un arbre est une plante **vivace** et **ligneuse**. Il est constitué d'organes ayant chacun une fonction précise : la tige, les branches, les racines, les feuilles, les fleurs, les fruits, etc. Comme tout être vivant, l'arbre naît, grandit, se reproduit, vieillit et meurt.

Pour identifier un arbre, on peut tenir compte de :

- sa hauteur à l'âge adulte ;
- sa silhouette ;
- la couleur de ses rameaux et de son écorce ;
- la forme de son tronc ;
- les caractéristiques de ses feuilles ;
- ses fleurs, ses fruits et ses graines ;
- ses bourgeons, etc.

Il est courant d'identifier un arbre à l'aide de ses feuilles.

Tableau 7 *Les parties de la feuille utiles à l'identification d'un arbre*

Partie	Description	Caractéristiques possibles	
Le limbe	La partie aplatie de la feuille reliée au pétiole	• simple, composé ; • étroit (chez les conifères) ; • large (chez les feuillus) ;	• de forme cordée, arrondie, ovale, oblongue, triangulaire.
Le rameau	La petite branche sur laquelle les feuilles poussent	• opposé ;	• alterne.
Le lobe	Chacune des divisions du limbe, séparées par un sinus plus ou moins profond	• absent ; • arrondi ;	• denté.
Le sinus	Une échancrure plus ou moins profonde séparant deux lobes	• absent ; • peu profond ;	• profond.
Les aiguilles ou les écailles	Les feuilles à limbe étroit que portent les conifères	• isolées ;	• groupées en faisceaux.

Type d'arbre : Feuillu
Type de limbe et position sur le rameau : Simple, opposée
Forme : De trois à cinq lobes
Contour : Denté
Type de lobe et de sinus : Lobe denté, sinus profond
Date de la récolte : Le 25 septembre
Identification
Nom commun : Érable à sucre
Nom latin : Acer saccharum

Type d'arbre : Conifère
Type d'aiguille : Isolé
Forme : Étroite
Date de la récolte : Le 25 septembre
Identification
Nom commun : Épinette blanche
Nom latin : Picea glauca

Figure 10 *Un modèle de présentation des feuilles dans un herbier*

ACTIVITÉ 7 recherche
À la découverte de l'arbre

Depuis trois ans, il plantait des arbres dans cette solitude. Il en avait planté cent mille. Sur les cent mille, vingt mille était sortis. Sur ces vingt mille, il comptait encore en perdre la moitié, du fait des rongeurs ou de tout ce qu'il y a d'impossible à prévoir dans les desseins de la Providence. Restaient dix mille chênes qui allaient pousser dans cet endroit où il n'y avait rien auparavant.

Source : Jean Giono, *L'homme qui plantait des arbres*, 1953.

Les adaptations liées à l'alimentation
L'encyclo, p. 227 à 229

La reproduction asexuée ou sexuée
L'encyclo, p. 240

La reproduction chez les végétaux
L'encyclo, p. 240 à 249

Mener une recherche documentaire
La boîte à outils, p. 436 et 437

L'homme qui plantait des arbres est une nouvelle dont est tiré un film d'animation illustré par Frédéric Back. Comme le mentionne l'extrait présenté, chaque semence ne deviendra pas un arbre mature. Pour se développer, l'arbre doit passer par plusieurs stades.

Avant de reboiser un territoire, tu dois, tout comme le personnage de Jean Giono, te renseigner sur les différents stades de développement des arbres. Il te faut aussi connaître le rôle de chacune des parties de l'arbre.

1. Choisis un arbre parmi les espèces qui se trouvent dans ton herbier.
2. Effectue une recherche documentaire sur ton arbre. Tu dois connaître :
   - la germination de ses graines ;
   - sa croissance ;
   - la formation de ses fruits ;
   - la dispersion de ses graines ;
   - son cycle annuel ;
   - ses adaptations hivernales ;
   - les parasites et autres bestioles qui nuisent à cet arbre ;
   - le nom de ses gamètes et de ses organes reproducteurs ;
   - le climat et le sol auxquels il est adapté.
3. Complète ta recherche en précisant le rôle de certaines parties de ton arbre : les racines, l'écorce, les feuilles, la tige et son intérieur, les fruits, les graines et les bourgeons. Note tes réponses dans un tableau.
4. Joins les données que tu as réunies au cours de cette activité à ton herbier. Ces données feront partie de l'introduction de ton herbier. Celle-ci doit également comprendre une présentation générale du contenu de l'herbier.
5. Relie les pages et la couverture de ton herbier.

FLASH... FLASH... FLASH...

Pour estimer l'âge d'un arbre, on peut prélever une carotte dans son tronc. Une carotte est un échantillon cylindrique allant de l'écorce de l'arbre jusqu'à son centre. On compte ensuite sur la carotte le nombre d'anneaux de croissance. Pour estimer l'âge d'un sapin, tu peux aussi compter le nombre de couronnes de branches. Chaque couronne représente une année. Ajoute ensuite deux ou trois années parce que les couronnes des premières années ne laissent pas de traces.

EXPLORATION 2
La forêt : un écosystème grandeur nature

Les caractéristiques du vivant
L'encyclo, p. 277

Les intrants et les extrants
L'encyclo, p. 280

Deux fonctions vitales de la cellule
L'encyclo, p. 284 et 285

La composition de l'atmosphère
L'encyclo, p. 293

ACTIVITÉ 8 expérimentation

Une usine à oxygène

La Cigale, ayant chanté
Tout l'été,
Se trouva fort dépourvue
Quand la bise fut venue :
Pas un seul petit morceau
De mouche ou de vermisseau.
Elle alla crier famine
Chez la Fourmi sa voisine,
La priant de lui prêter
Quelque grain pour subsister
Jusqu'à la saison nouvelle.

Source: Jean de La Fontaine, «La cigale et la fourmi», dans *Fables*, Livre I, Fable 1.

ENRICHISSEMENT

Au printemps, on peut extraire de l'érable une sève sucrée. Ce phénomène est lié à la photosynthèse. Renseigne-toi sur la manière dont cette sève est récoltée puis transformée en sirop.

J'observe

Contrairement à la cigale et à la fourmi, les arbres fabriquent leur propre nourriture. Ils s'en font des réserves tout au long de l'été sous forme de sève. C'est en été que l'ensoleillement est le plus profitable aux arbres parce qu'ils sont couverts de feuilles matures. En effet, ce sont les feuilles qui effectuent la photosynthèse, c'est-à-dire la réaction chimique qui permet aux arbres de fabriquer leur nourriture. L'été est également la saison où la végétation rejette le plus de dioxygène dans l'atmosphère, grâce à la photosynthèse.

Je me questionne

1. «Comment l'eau circule-t-elle dans les plantes?»
2. «Comment puis-je démontrer que les plantes dégagent du dioxygène?»
3. «Quel gaz de l'atmosphère favorise la croissance des plantes?»

J'expérimente

1. Tu assisteras aux trois démonstrations suivantes:
   - la transpiration d'une plante;
   - la photosynthèse d'une plante aquatique;
   - les facteurs de croissance d'une plante.
2. Observe les figures 11 à 13, à la page suivante. Elles t'aideront à te familiariser avec le montage de chaque démonstration.
3. Observe les résultats obtenus au cours de chaque démonstration.

MODULE 1
La diversité des écosystèmes: une richesse

Figure 11 *La transpiration d'une plante*

Figure 12 *La photosynthèse d'une plante aquatique*

Figure 13 *Les facteurs de croissance d'une plante*

J'analyse mes résultats et je les présente

1. Réponds aux questions suivantes. Elles concernent la première démonstration.
    a) D'où provient l'eau qui apparaît sur les parois du sac?
    b) Est-ce que toutes les parties de la plante rejettent de l'eau? Laquelle en rejette le plus?
    c) Selon toi, quel est le rôle de la transpiration chez la plante?

2. Réponds aux questions suivantes. Elles se rapportent à la deuxième démonstration.
    a) Quelles sont les conditions nécessaires à l'apparition de bulles dans l'eau?
    b) Quel gaz est libéré au cours de cette expérience? Comment peut-on l'identifier?

3. Réponds aux questions suivantes. Elles concernent la troisième démonstration.
    a) Dans quelles conditions les plantes ont-elles été placées?
    b) Quelle plante semble la plus en santé? Pourquoi?
    c) Quel est le facteur qui favorise le plus la croissance des plantes?

4. Reproduis le schéma de la figure 14. Complète-le à l'aide de tes connaissances.

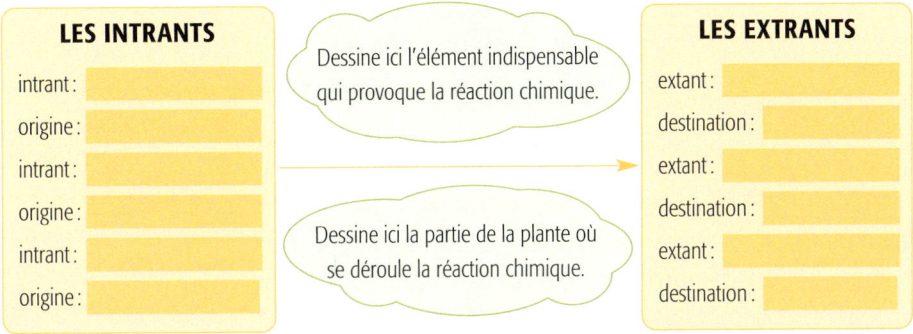

Figure 14 *La réaction chimique de photosynthèse*

5. Selon toi, quelles sont les ressemblances et les différences entre la photosynthèse et la respiration d'une plante?

ACTIVITÉ 9 expérimentation

Une variété de coloris

7 La démarche expérimentale
La boîte à outils, p. 430 à 432

Dans les érables d'or et les érables rouges
Comme de précieux joyaux les feuilles bougent,
Et les rameaux légers font sur l'horizon pur
Des losanges de ciel et des carreaux d'azur.

La montagne, en octobre, est somptueuse et douce.
Un désir d'air sylvestre et de beauté m'y pousse.
J'adore la nuance et le fin coloris.
L'arbre m'est un plaisir constant : je l'ai compris.

Source : Albert Lozeau, « Dans la montagne ».

J'observe

Quand tu penses à la nature en automne, tu imagines sans doute les magnifiques couleurs des arbres, comme le fait Albert Lozeau dans son poème. Mais t'es-tu déjà demandé quels sont les principes scientifiques à la base de ce phénomène ?

Je me questionne

« D'où viennent les couleurs des feuilles en automne ? Est-ce que c'est le pigment qui donne la couleur verte qui change ? Ou bien est-ce que les autres couleurs sont présentes toute l'année mais sont cachées par la couleur verte ? »

Je précise mes variables

Pigment
Une matière présente dans divers tissus ou organes et qui leur donne une coloration.

Ton expérience doit te permettre d'observer les **pigments** présents dans une feuille verte d'épinard.

J'expérimente PROTOCOLE

1. Lis le texte « La chromatographie », à la page 40.
2. Voici deux indices pour t'aider à établir ton protocole :
   - la chromatographie est un procédé qui permet de séparer des substances chimiques sur un support comme un papier, une membrane ou un gel ;
   - l'alcool permet d'extraire les pigments colorés d'une purée d'épinards et de sable.
3. À l'aide de la liste partielle de matériel et de matériaux, élabore un protocole qui te permettra de réaliser une expérience pour répondre aux questions de la section « Je me questionne ».
4. Complète ta liste de matériel et de matériaux.

Matériel
- Des lunettes de sécurité
- Une boîte de Petri
- Un mortier
- Un pilon
- Une paire de ciseaux

Matériaux
- 5 g de feuilles d'épinard frais
- 30 mL de sable
- 25 mL d'alcool
- Un papier filtre coupé en deux

MODULE 1
La diversité des écosystèmes : une richesse

5. Dessine un schéma de ton montage.
6. Fais valider ton protocole, ta liste de matériel et de matériaux ainsi que ton schéma par ton enseignante ou ton enseignant.
7. Réalise ton expérience.

J'analyse mes résultats et je les présente

1. Dessine ta moitié de papier filtre après la chromatographie.
2. Réponds aux questions suivantes :
   a) De quelle couleur étaient les feuilles au départ ?
   b) Quelles couleurs as-tu observées sur le papier filtre après la chromatographie ?
   c) Les couleurs sont-elles disposées dans un ordre précis ? Compare tes résultats avec ceux des autres équipes.
3. Réponds aux questions de la section « Je me questionne ».
4. Lis l'extrait d'article « Un phénomène exceptionnel », à la page suivante. Il parle de la coloration tardive des feuilles en 2002.
5. Quels sont les facteurs qui déclenchent la coloration des feuilles à l'automne ?
6. Discute de tes découvertes avec tes camarades de classe.
7. Si tu devais refaire cette expérience, que modifierais-tu dans ton protocole ? Explique pourquoi.

FLASH... FLASH... FLASH...

Certains séquoias de l'Ouest américain et canadien et certains eucalyptus australiens sont âgés de plus de 1 000 ans. Ils peuvent dépasser 100 mètres de haut et peser jusqu'à 1 000 tonnes. Imagine ! L'éléphant, le plus gros animal terrestre, mesure 4 mètres de haut et pèse environ 10 tonnes. Quant au rorqual bleu, le plus gros animal marin, il mesure 40 mètres et pèse environ 100 tonnes.

Vers l'activité synthèse

Assure-toi d'être capable de décrire le rôle des parties de l'arbre (activité 7). Tu dois aussi pouvoir définir les réactions chimiques de photosynthèse et de respiration (activité 8). En outre, tu dois pouvoir expliquer les changements de couleurs qui surviennent chez les feuillus à l'automne (activité 9). Tous ces phénomènes sont importants pour la vie sur Terre. Ils influent également sur le mode de vie de ton personnage.

EXPLORATION 2
La forêt : un écosystème grandeur nature

La molécule
L'encyclo, p. 209 et 210

La chromatographie

Chaque type de molécules d'une substance pure possède une masse caractéristique. Par exemple, une molécule d'eau est plus légère qu'une molécule de sucre raffiné. La chromatographie utilise cette propriété pour séparer les différentes molécules d'une substance. Ainsi, on peut dissoudre des molécules dans un liquide, un peu comme le sel qu'on met dans l'eau. Ensuite, on trempe dans ce liquide un support solide, tel un papier filtre. Le papier absorbe le liquide graduellement. Les molécules dissoutes grimpent également sur ce support. Cependant, plus elles sont lourdes, moins elles grimperont rapidement. Si ces molécules sont des pigments, différentes couleurs apparaîtront peu à peu sur le support.

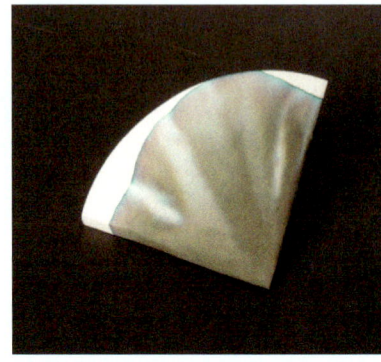

Figure 15 *La chromatographie d'un échantillon d'encre de chine noire*

FLASH... FLASH... FLASH...

Les incendies de forêt sont très destructeurs. Ils représentent un danger pour les animaux et les gens qui travaillent dans la forêt ou qui habitent tout près. Mais savais-tu qu'ils aident les forêts à se renouveler? Certains arbres, comme le pin gris, ne peuvent se reproduire que grâce au feu. Celui-ci fait ouvrir leurs cônes, ce qui libère leurs graines.

Un phénomène exceptionnel

Pierre Gingras

Nos arbres feuillus ont décidé de rompre avec la tradition cette année. Ils sont nombreux à avoir oublié, semble-t-il, que l'automne, il faut se départir de ses feuilles. [...] Même le changement de coloris ne s'est pas fait normalement. [...] Il faut rappeler que contrairement à la croyance populaire, ce n'est pas le gel qui amorce le processus de coloration et la chute des feuilles au cours de l'automne. [...] Si un gel hâtif se produit, c'est même le contraire qui arrive : les feuilles se recroquevillent, deviennent brunes et tombent rapidement.

Le changement de coloris est surtout attribuable à la modification de la photopériode, de même qu'à l'alternance de nuits fraîches et de jours chauds et ensoleillés, comme cela se produit habituellement à partir de la mi-août. Ce qui explique aussi que les changements de coloris se produisent en même temps partout au Québec, même si un autre mythe tenace laisse croire le contraire.

Source : La Presse, le 9 novembre 2002.

ACTIVITÉ SYNTHÈSE 2 communication

Je raconte la forêt

Communiquer efficacement
La boîte à outils, p. 438 et 439

Tu pourrais créer un diaporama électronique pour présenter ton récit d'aventures. Ton diaporama pourrait comporter des photos, des illustrations et, peut-être même, une animation.

Voici la dernière activité de cette exploration. Dans le cadre d'un récit d'aventures, tu vas utiliser tes nouvelles connaissances sur un écosystème particulier : la forêt.

1. Tout en racontant l'histoire d'un homme ou d'une femme qui a choisi de vivre de la forêt, tu devras décrire :
   - les caractéristiques de la forêt et du climat dans lesquels ton histoire se déroule ;
   - le cycle annuel des arbres ;
   - les particularités des arbres ;
   - les animaux que ton héroïne ou ton héros côtoie ;
   - comment ton personnage s'oriente en forêt ;
   - les ressources de la forêt qui permettent à ton personnage de vivre ;
   - les menaces qui pèsent sur ces ressources et les solutions apportées par ton personnage.
2. Tu devras aussi illustrer ton récit d'aventures.

HISTOIRE SCIENTIFIQUE

En 1541, Francisco de Orellana et son équipage traversent une immense forêt en Amérique latine. Leur périple dure un an et demi. Au cours de leur voyage, les explorateurs espagnols risquent de mourir de faim. Ils racontent qu'ils ont été attaqués par de grandes femmes qu'ils nomment **Amazones**, comme les guerrières de la mythologie grecque. Francisco de Orellana a ensuite donné ce nom à l'Amazone, le fleuve qui traverse la forêt équatoriale du Brésil.

Points à surveiller

1. Je décris certains phénomènes naturels qui se déroulent dans la forêt.
2. Je décris les ressources qui peuvent être utilisées par mon personnage, les menaces pour cet écosystème et les mesures de protection que mon personnage peut prendre.
3. J'utilise de l'information scientifique et technologique provenant de l'ensemble des activités de l'exploration.
4. J'utilise correctement le vocabulaire appris au cours de l'exploration.
5. J'adapte ma communication au style littéraire d'un récit d'aventures, au public cible et aux conventions d'usage.

EXPLORATION 2
La forêt : un écosystème grandeur nature

Mes découvertes

Exploration 1

- Une clé d'identification est très utile pour identifier une espèce. Il en existe pour différents groupes d'êtres vivants comme les insectes, les invertébrés ou les arbres (p. 6).
- Les insectes sont des arthropodes dont le corps se divise en trois parties : la tête, le thorax et l'abdomen. La tête porte les antennes. Le thorax porte trois paires de pattes et, souvent, deux paires d'ailes (p. 7).
- On peut se servir d'un terrarium pour reconstituer un écosystème en miniature (p. 13 et 14).
- Les êtres vivants sont adaptés à leur environnement et à leur mode de vie de diverses manières (p. 15).
- Le cycle de vie des insectes comporte une métamorphose complète ou incomplète (p. 16).
- Pour qu'un écosystème soit en équilibre, on doit y trouver des producteurs, des consommateurs (herbivores et carnivores) et des décomposeurs (p. 17 à 20).
- Dans le terrarium, la température est plus élevée que dans la classe. C'est à cause de la respiration des êtres vivants et parce que le terrarium est un petit milieu de vie (p. 17 à 20).
- De la buée se forme sur les parois du terrarium. Cela indique que les espèces qui y vivent expirent de la vapeur d'eau et transpirent. C'est aussi parce que l'eau du bassin s'évapore (p. 17 à 20).

Exploration 2

- Plusieurs facteurs menacent la forêt. Pour préserver cet écosystème indispensable à plusieurs points de vue, il faut que les gouvernements et les individus agissent (p. 24).
- Les végétaux sont adaptés aux conditions climatiques variées de la Terre (p. 25 à 27).
- La forêt est un écosystème qui abrite des populations d'êtres vivants provenant de plusieurs classes animales et végétales (p. 28).
- La boussole est un instrument efficace pour s'orienter en forêt (p. 29 et 30).
- Les arbres peuvent être classés selon les principes de taxonomie en tenant compte par exemple de la forme et de la disposition de leurs feuilles (p. 33 et 34).
- Les feuilles sont de véritables usines de production d'oxygène. Grâce à la photosynthèse, elles utilisent le gaz carbonique de l'air pour fabriquer la nourriture nécessaire à la plante. Le dioxygène, un extrant de cette réaction chimique, est alors libéré dans l'air. Voilà pourquoi on dit que les plantes vertes sont les poumons de la Terre (p. 36 et 37).
- Les cellules végétales respirent elles aussi (p. 36 et 37).
- La coloration des feuilles à l'automne est due à la diminution de la photopériode, donc à la diminution de la photosynthèse. La chlorophylle est alors détruite et les pigments cachés dans la feuille toute l'année deviennent visibles. Toutefois, la coloration rouge résulte d'une réaction plus complexe (p. 38 à 40).

PROJET DU MODULE 1 communication

Mon premier emploi

Au début de ce module, à la page 3, tu as pris connaissance d'une offre d'emploi. Le bureau touristique de ta région cherche une conceptrice ou un concepteur publicitaire. Les deux explorations du module t'ont permis de mieux connaître deux écosystèmes : le milieu semi-aquatique et la forêt. Tu vas maintenant présenter un écosystème de ton choix afin d'appuyer ta candidature pour cet emploi.

Communiquer efficacement
La boîte à outils, p. 438 et 439

1. Choisis la manière dont tu présenteras l'écosystème de ton choix : une émission de radio ou de télévision, un site Web, des diapositives projetées à l'ordinateur, une vidéo, un scénario, etc.

2. Traite des aspects suivants dans ton document publicitaire :
   - les caractéristiques de l'écosystème choisi (emplacement, aspect visuel, éléments naturels présents) ;
   - ses habitants (végétaux, animaux, humains) ;
   - les menaces qui pèsent sur lui ;
   - les mesures de protection qu'on peut appliquer ;
   - les bienfaits qu'il procure aux êtres vivants qui l'habitent.

CONCEPTS CLÉS DU MODULE 1

- Acidité et basicité
- Adaptations physiques et comportementales
- Air (composition)
- Cahier des charges
- Caractéristiques du vivant
- Cellules végétales et animales
- Constituants cellulaires visibles au microscope
- Érosion
- Espèce
- Gamètes
- Habitat
- Intrants et extrants (énergie, nutriments, déchets)
- Modes de reproduction chez les végétaux
- Molécule
- Niche écologique
- Organes reproducteurs
- Photosynthèse et respiration
- Population
- Reproduction asexuée ou sexuée
- Schéma de construction
- Schéma de principe
- Taxonomie
- Types de sols

Points à surveiller

1. Je démontre que je comprends les phénomènes naturels qui se déroulent dans l'écosystème présenté et qui l'affectent.
2. Je présente l'information retenue en respectant les conventions et le vocabulaire scientifique et technologique vus au cours du module.
3. J'utilise les technologies de l'information et de la communication pour répondre à l'offre d'emploi.
4. Je mène à terme la réalisation de mon projet.
5. Je tiens compte des destinataires et des conventions de la langue française dans la présentation de mon message publicitaire.

MODULE 2 — L'équilibre de la planète

Sommaire

Exploration 1
Le cycle de l'eau 46

Exploration 2
Le vélo, c'est écolo 63

Exploration 3
Inventer ses solutions 75

Prendre conscience de l'effet de nos gestes

Chacun de tes gestes a un effet sur l'environnement. Par exemple, lorsque tu demandes à tes parents de t'amener quelque part en voiture, tu contribues à la consommation d'essence. Or, la combustion des produits pétroliers est une cause probable du réchauffement de la planète. Les conséquences de ce réchauffement sont lourdes : la désertification dans certaines régions et la multiplication des inondations dans d'autres régions.

Bien sûr, le simple fait d'utiliser une voiture ne te rend pas seul responsable de ces graves conséquences. Toutefois, tu peux choisir dans plusieurs cas de te déplacer à bicyclette, d'utiliser les transports en commun ou, simplement, de te dégourdir les jambes en marchant. Tous ces choix sont des gestes qui réduisent ta consommation de carburant.

Examine attentivement les photos de la page suivante.

1. Comment les gestes que les humains font chaque jour peuvent-ils nuire à l'équilibre de la planète ?
2. Discute de tes réponses avec tes camarades de classe.

Projet

À la fin de ce module, dans le projet « Du besoin naît l'invention », tu concevras et tu construiras le prototype à échelle réduite d'un objet technique. Pour réaliser ce projet, tu devras réinvestir les connaissances que tu as acquises sur le cycle de l'eau et sur les concepts de technologie, au cours des trois explorations de ce module.

EXPLORATION 1

Le cycle de l'eau

Figure 1 *L'eau et l'humain sont en perpétuelle interaction.*

CONCEPTS CLÉS DE L'EXPLORATION 1

- Atmosphère
- Changement physique
- Conservation de la matière
- Cycle de l'eau
- Eau (répartition)
- États de la matière
- Hydrosphère
- Lumière
- Masse
- Température
- Vents
- Volume

Que s'est-il passé ?

Les médias nous annoncent régulièrement des catastrophes naturelles. La situation de la planète se détériore-t-elle ? Sommes-nous seulement mieux informés que par le passé ?

De plus en plus, on s'aperçoit que la planète est fragile. Les photos de la figure 1 illustrent certains problèmes associés au cycle de l'eau. Observe bien ces photos. Ensuite, en équipe, discute de tes réponses aux questions suivantes :

1. À quelles situations se rapporte chacune des photos de la figure 1 ?
2. Quelles situations semblables as-tu vécues ou observées ?
3. Nomme des événements de la vie courante où tu as constaté personnellement des perturbations du cycle de l'eau.
4. Quelle est la part de responsabilité des humains dans ces événements ?
5. Propose des solutions pour améliorer les situations que tu as relevées.

Voici le fil conducteur de l'exploration 1 : tu décriras le cycle de l'eau. Tu mettras aussi en lumière les facteurs pouvant le perturber.

- Dans l'**activité 1**, «Les mouvements de l'eau», à la page 48, tu te familiariseras avec les mouvements de l'eau sur la planète.

- Dans l'**activité 2**, «L'évaporation et la transpiration», aux pages 49 et 50, tu verras comment l'eau liquide peut se transformer en vapeur et se répandre dans l'atmosphère.

- Dans l'**activité 3**, «Des données inquiétantes», aux pages 51 et 52, tu analyseras des données climatiques recueillies pendant le dernier demi-siècle. Tu t'interrogeras ensuite sur les prévisions qu'on peut faire à partir de ces données.

- Dans l'**activité 4**, «La condensation et les précipitations», aux pages 53 et 54, tu étudieras les conditions dans lesquelles se produisent les précipitations.

- Dans l'**activité 5**, «Les mouvements de l'atmosphère», aux pages 55 et 56, tu établiras la cause des mouvements de l'atmosphère et de l'eau qu'elle contient.

- Dans l'**activité 6**, «Pourquoi tant de différences?», aux pages 57 et 58, tu découvriras comment des régions voisines peuvent présenter des climats très différents.

- Dans l'**activité 7**, «Le mouvement de l'eau au sol», aux pages 59 à 61, tu décriras les facteurs affectant le déplacement de l'eau sur et dans le sol.

À la fin de cette exploration, au cours de l'**activité synthèse** «Un cahier spécial», à la page 62, tu rédigeras un article dans un cahier spécial qui sera distribué avec ton journal local. Ce cahier présentera le phénomène du cycle de l'eau.

L'hydrosphère
L'encyclo, p. 298 et 299

Le cycle de l'eau
L'encyclo, p. 332

La démarche expérimentale
La boîte à outils, p. 430 à 432

FLASH... FLASH... FLASH...

En moyenne, une particule d'eau séjourne :

- de 1 500 à 200 000 ans dans les glaciers ;
- 2 500 ans dans l'océan ;
- 1 400 ans dans les eaux souterraines ;
- 17 ans dans les lacs ;
- 1 an dans le sol ;
- 16 jours dans les rivières ;
- 9 jours dans l'atmosphère.

Vers l'activité synthèse

Retiens tes réponses. Elles te seront utiles pour écrire ton article, dans l'activité synthèse de cette exploration.

ACTIVITÉ 1 interprétation

Les mouvements de l'eau

Figure 2 *Le barrage Daniel-Johnson, sur la rivière Manicouagan, dans le nord du Québec*

Les allées et venues de l'eau

Parfois, il pleut ou il neige. Cela fait varier le niveau d'eau des lacs et des rivières. Certaines parties de la planète sont très sèches. D'autres sont très humides. De temps à autres, le cycle de l'eau semble se perturber. Il se produit alors des catastrophes, comme tu l'as vu dans l'ouverture de l'exploration (*voir la page 46*). Les mouvements de l'eau sont complexes.

1 Lis d'abord le texte « Le cycle de l'eau », à la page 332 de L'encyclo.

2 Réponds aux questions suivantes :
   a) Lorsqu'il ne pleut pas pendant plusieurs jours, d'où vient l'eau qui coule dans les rivières ?
   b) Les fleuves se déversent continuellement dans les océans. Pourquoi le niveau d'eau des océans est-il stable ?
   c) D'où vient l'eau de source qu'on trouve en montagne ?

Les conséquences de nos gestes

Déjà, il y a plus d'un million d'années, les ancêtres des êtres humains fabriquaient des outils. Les gens développent continuellement des technologies pour satisfaire leurs besoins. Leurs réalisations, tel le barrage de la figure 2, ont des conséquences sur l'environnement.

1 Réponds aux questions suivantes :
   a) Quelles conséquences la construction d'un barrage peut-elle avoir sur le cycle de l'eau ?
   b) Quelles autres réalisations et quels gestes peuvent modifier le cycle de l'eau ?
   c) Comment pourrions-nous aborder ce sujet à l'aide de la démarche expérimentale ?

2 Discute de tes réponses avec tes camarades de classe.

ACTIVITÉ 2 expérimentation
L'évaporation et la transpiration

J'observe

L'eau peut s'évaporer. C'est un changement physique. Toutefois, l'eau ne s'évapore pas toujours aussi rapidement (*voir les figures 3 et 4*). L'**évaporation** et la **transpiration** sont deux composantes essentielles du cycle de l'eau. En effet, elles permettent à l'eau liquide présente au sol, dans les plantes, dans les animaux et dans la mer d'atteindre l'atmosphère sous forme gazeuse.

Les états de la matière
L'encyclo, p. 176 à 178

Les changements physiques
L'encyclo, p. 191 et 192

La démarche expérimentale
La boîte à outils, p. 430 à 432

Tracer des schémas
La boîte à outils, p. 446 à 448

La balance
La boîte à outils, p. 457

Figure 3 L'été, le sol sèche très rapidement.

Figure 4 L'automne, le sol reste humide longtemps.

Évaporation
Le processus par lequel l'eau passe de l'état liquide à l'état gazeux.

Transpiration
La libération de vapeur d'eau par un être vivant.

FLASH... FLASH... FLASH...

Aux États-Unis, dans l'État de la Louisiane, on a voulu faciliter le transport du pétrole par bateau. On a donc détourné des cours d'eau et asséché des milieux humides à l'embouchure du fleuve Mississippi. On a ainsi ouvert un large passage à la navigation. C'est par cette ouverture qu'une vague gigantesque a pu pénétrer dans la ville de la Nouvelle-Orléans, le 29 août 2005. Cette vague était engendrée par l'ouragan Katrina. La rupture d'une digue a causé une inondation catastrophique.

Je me questionne

« Quels sont les facteurs qui influent sur la vitesse d'évaporation de l'eau ? »

Je précise mes variables

Ton expérience doit te permettre d'évaluer l'effet des facteurs suivants sur la vitesse d'évaporation de l'eau :

- la température ;
- la vitesse du vent ;
- l'humidité de l'air.

EXPLORATION 1
Le cycle de l'eau

Matériel
- Quatre éponges ou pièces de tissu absorbant
- Un cylindre gradué
- Un bécher ou un verre de montre
- Une balance
- Un ventilateur
- Une lampe de bureau
- Un thermomètre
- Un chronomètre
- Une cloche ou un grand contenant de verre

Matériau
- De l'eau

J'expérimente PROTOCOLE

1. À l'aide du matériel et du matériau dont tu disposes, élabore un protocole pour réaliser cette expérience.
2. Fais valider ton protocole par ton enseignante ou ton enseignant.
3. Réalise ton expérience.

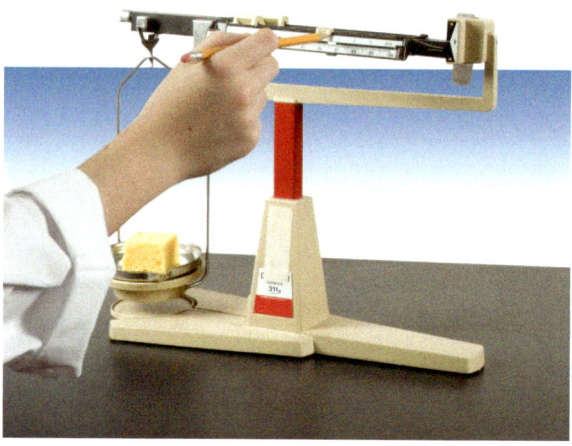

ENRICHISSEMENT

À l'aide des résultats que tu as obtenus, explique comment fonctionne un sèche-cheveux.

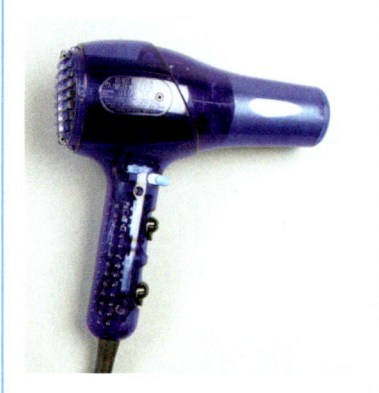

J'analyse mes résultats et je les présente

1. Décris comment les facteurs que tu as étudiés influent sur la vitesse d'évaporation de l'eau.
2. Illustre tes explications à l'aide d'un schéma.
3. Trouve un exemple montrant ces facteurs à l'œuvre dans la vie courante.
4. Comment t'y prendrais-tu pour refaire cette expérience avec des plantes ?
5. Pourquoi, sous un climat chaud et sec, les feuilles des plantes sont-elles épaisses ?
6. Présente les résultats de ton expérience à tes camarades de classe.
7. Si tu devais refaire l'expérience, que modifierais-tu dans ton protocole ? Explique pourquoi.

Vers l'activité synthèse

Retiens tes observations. Elles te seront utiles pour rendre compte de tes travaux dans l'activité synthèse de cette exploration.

MODULE 2
L'équilibre de la planète

ACTIVITÉ 3 interprétation
Des données inquiétantes

Les leçons du passé

La figure 5 montre comment la température mondiale moyenne a varié entre 1948 et 2002. Comme tu l'as appris dans l'activité précédente, la température influe sur la capacité de l'atmosphère à assécher de grandes quantités d'eau ou à les transporter (*voir la figure 6 à la page suivante*). Comment la variation de la température touche-t-elle le climat ? Cette activité t'aidera à mieux comprendre cette situation.

> **Le volume**
> L'encyclo, p. 180
>
> **Le plan cartésien**
> La boîte à outils, p. 441
>
> **Le diagramme linéaire**
> La boîte à outils, p. 444

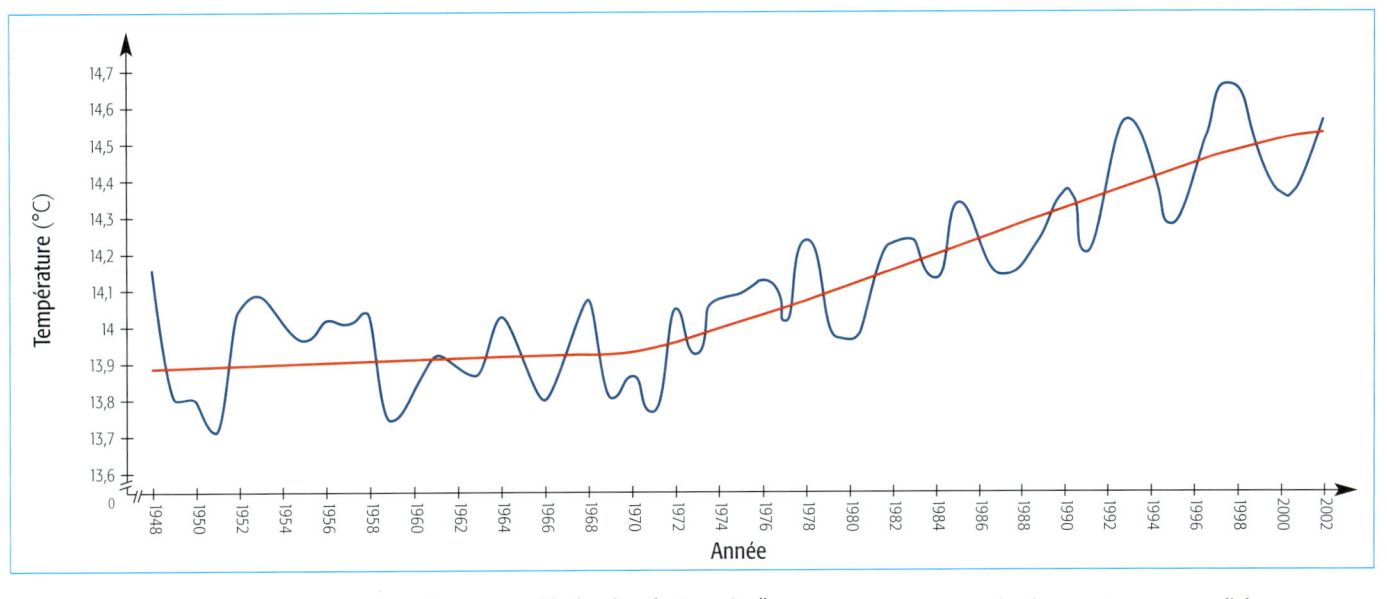

Sources : Climatic Research Unit, Université d'East Anglia, R.-U. et Goddard Institute for Space Studies.

— Courbe des températures mondiales moyennes
— Courbe la mieux ajustée

Figure 5 *L'évolution des températures mondiales moyennes pour la période 1948-2002*

1 Observe la figure 5 puis réponds aux questions suivantes :
  a) Explique dans tes mots ce que représente chacune des deux courbes que montre le diagramme.
  b) De quelle façon la température mondiale moyenne a-t-elle évolué de 1948 à 2002 ?

EXPLORATION 1
Le cycle de l'eau

FLASH... FLASH... FLASH...

Les macareux huppés nichent en grand nombre dans l'île Triangle. Cette île est située à 40 km au large de la côte de la Colombie-Britannique. En 1998, lors d'un été particulièrement chaud, un grand nombre d'oisillons ont été retrouvés morts. Comment expliquer un tel phénomène? Les macareux se nourrissent de sébastes, de lançons et de balous japonais. Or ces espèces de poissons sont normalement abondantes près de l'île Triangle au moment de la reproduction des macareux. Un écart de quelques degrés dans la température de l'eau a éloigné ces poissons de la région de l'île Triangle pendant une période critique. Les oisillons nés en 1998 sont donc morts de faim.

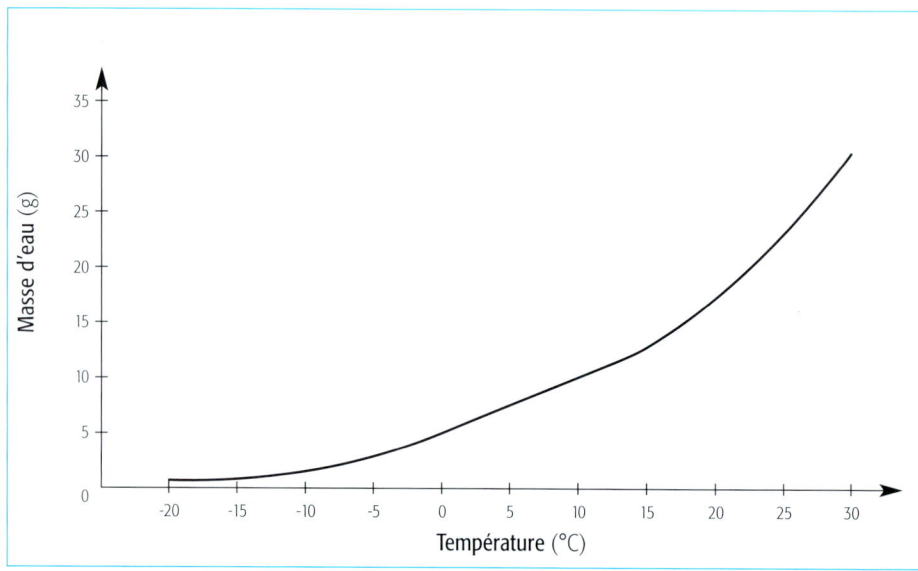

Figure 6 *La masse d'eau maximale sous forme gazeuse que peut contenir un volume de un mètre cube (m^3) d'air en fonction de la température*

2 Observe la figure 6 puis réponds aux questions suivantes:
   a) L'hiver, lorsque la température extérieure descend jusqu'à –20 °C, quelle est la masse maximale d'eau que peut contenir 1 m^3 d'air?
   b) L'été, lorsque la température extérieure atteint 30 °C, quelle est la masse maximale d'eau que peut contenir 1 m^3 d'air?
   c) Pourquoi les vêtements étendus sur une corde à linge sèchent-ils plus vite au cours d'une journée chaude?
   d) Les plus grandes tempêtes de neige se produisent le plus souvent lorsque la température se situe à quelques degrés seulement au-dessous du point de congélation. Comment expliques-tu ce phénomène?

Des prévisions pour demain

Les scientifiques élaborent des modèles théoriques pour expliquer des phénomènes connus. Par la suite, on peut utiliser ces modèles pour faire des prédictions. Ainsi, à partir de ce que tu comprends du passé, tu peux tenter des prédictions. Tu pourras ensuite évaluer ta compréhension selon la justesse de tes prédictions.

En tenant compte des renseignements fournis par les figures 5 et 6, réponds aux questions suivantes:
   a) Quelle évolution du climat prévois-tu au cours des 50 prochaines années?
   b) Des spécialistes affirment que le réchauffement de la planète pourrait entraîner des sécheresses et des inondations. Comment les figures 5 et 6 permettent-elles de justifier ces craintes?
   c) Quelles observations personnelles pourraient te laisser croire que le climat de la planète se réchauffe?

ACTIVITÉ 4 expérimentation
La condensation

La démarche expérimentale
La boîte à outils, p. 430 à 432

Tracer des schémas
La boîte à outils, p. 446 à 448

a) La rosée

c) Le brouillard

b) Le givre

Figure 7 Trois exemples de condensation au niveau du sol : la rosée, le givre et le brouillard.

J'observe

Lorsque tu sors un contenant de verre du réfrigérateur, des gouttelettes d'eau apparaissent à sa surface. Le matin, en hiver, le pare-brise de l'auto est souvent couvert de givre.

Je me questionne

« Quel est le lien entre la **condensation** de la vapeur d'eau et la température de l'air ? »

Condensation
Le passage de l'eau de l'état gazeux à l'état liquide ou solide. La rosée, le givre et la pluie en sont des exemples.

EXPLORATION 1
Le cycle de l'eau

Je précise mes variables

Ton expérience doit te permettre de vérifier comment la température influe sur la condensation de la vapeur d'eau contenue dans l'air.

J'expérimente

1. À l'aide du matériel et des matériaux dont tu disposes, élabore un protocole pour réaliser ton expérience.
2. Dessine un schéma de ton montage.
3. Fais valider ton protocole et ton schéma par ton enseignante ou ton enseignant.
4. Réalise ton expérience.

Matériel
- Des lunettes de sécurité
- Trois béchers de 50 mL
- Un bécher de 200 mL
- Une plaque chauffante
- Un support universel
- Un support à anneaux
- Une grille ou une toile métallique

Matériaux
- 40 mL d'eau et de glace
- 40 mL d'eau tiède
- 250 mL d'eau bouillante

FLASH... FLASH... FLASH...

Il y a toujours de l'évaporation près des ponts. Dans certaines conditions, cette vapeur d'eau se condense en gouttelettes près du sol. Elle forme alors un brouillard qui réduit grandement la visibilité et rend la traversée des ponts périlleuse. Parfois, lorsque la température est inférieure à 0 °C, s'ajoute une autre difficulté : la surface du pont se couvre d'une glace formée par la solidification des gouttelettes d'eau formant le brouillard.

J'analyse mes résultats et je les présente

1. Décris la relation que tu as découverte entre la température de l'air et la condensation de la vapeur d'eau.
2. Illustre ta description à l'aide d'un schéma.
3. Réponds aux questions suivantes :
   a) En hiver, pourquoi la vapeur d'eau que tu expires se condense-t-elle ?
   b) Pourquoi la rosée est-elle surtout observable le matin ?
4. Si tu devais refaire l'expérience, que modifierais-tu dans ton protocole ? Explique pourquoi.

ACTIVITÉ 5 expérimentation
Les mouvements de l'atmosphère

J'observe

Au cours de l'activité précédente, tu as découvert le lien entre la température et la condensation. Comment ce lien s'applique-t-il à l'ensemble de l'atmosphère? En ce qui concerne la température, tu sais que certains endroits, par exemple une surface asphaltée, s'échauffent beaucoup lorsque le soleil les éclaire. Par contre, d'autres endroits, comme la forêt, s'échauffent beaucoup moins. Lorsque le soleil est couché, la température du sol baisse.

Je me questionne

1. « Le réchauffement inégal du sol pendant le jour pourrait-il être à l'origine des mouvements de l'atmosphère et de certaines **précipitations**? »
2. « Qu'est-ce qui cause les mouvements atmosphériques, c'est-à-dire le vent? »

Je précise mes variables

Au cours de cette expérience, tu devras simuler les mouvements atmosphériques à l'aide d'un récipient contenant de l'eau. Ta simulation devra te permettre d'observer l'effet des facteurs suivants sur le mouvement de l'eau:

- la température;
- l'altitude.

Les couches de l'atmosphère et la troposhère
L'encyclo, p. 294

Les vents
L'encyclo, p. 334 à 337

La démarche expérimentale
La boîte à outils, p. 430 à 432

Tracer des schémas
La boîte à outils, p. 446 à 448

Précipitations
L'ensemble des formes que prend l'eau pour retourner au sol: pluie, neige, grêle, grésil ou verglas.

Figure 8 *La vitesse du vent varie beaucoup. Le vent peut parfois être très violent.*

J'expérimente

Matériel
- Des lunettes de sécurité
- Un plat en pyrex
- Quatre verres de polystyrène
- Du colorant alimentaire
- Un compte-gouttes

Matériaux
- 500 mL d'eau bouillante
- 500 mL d'eau glacée
- De l'eau tiède

Protocole proposé

Voici un exemple de protocole pour réaliser cette expérience. Tu peux aussi en proposer un autre.

1. Remplis deux verres de polystyrène d'eau bouillante.
2. Remplis deux verres de polystyrène d'eau glacée.
3. Place le plat de pyrex sur les quatre verres comme le montre la figure 9.
4. Verse environ 5 cm d'eau tiède dans le plat de pyrex. Ces 5 cm d'eau représentent les 10 premiers kilomètres de l'atmosphère. On appelle cette couche la troposphère. C'est là que se produisent les phénomènes météorologiques.
5. Ajoute quelques gouttes de colorant alimentaire dans l'eau du plat de pyrex juste au-dessus d'un des deux verres contenant de l'eau bouillante.
6. Observe le déplacement du colorant alimentaire. Il simulera la façon dont l'air se déplace lorsqu'il est réchauffé par le sol.
7. Mets quelques gouttes de colorant alimentaire dans l'eau du plat de pyrex juste au-dessus d'un des deux verres contenant de l'eau glacée.
8. Observe le déplacement du colorant alimentaire. Il simulera la façon dont l'air se déplace lorsqu'il est refroidi par le sol.

Figure 9 *Un simulateur des mouvements atmosphériques*

J'analyse mes résultats et je les présente

1. Réponds aux questions suivantes :
   a) D'après les résultats que tu as obtenus, y a-t-il selon toi un lien entre le réchauffement inégal du sol pendant le jour et les mouvements atmosphériques ? Si oui, explique ce lien.
   b) Y a-t-il un lien entre la température, les mouvements atmosphériques et le déclenchement des précipitations ?
2. Sur un schéma représentant ton simulateur, illustre les mouvements atmosphériques produits par la brise de terre et la brise de mer.
3. Discute de tes résultats avec tes camarades de classe.
4. Si tu devais refaire cette expérience, comment modifierais-tu le protocole ? Explique pourquoi.

ACTIVITÉ 6 interprétation
Pourquoi tant de différences ?

Figure 10 *Les montagnes Rocheuses*

Observe la figure 10. Au pied des montagnes, la température est suffisamment élevée pour que les arbres poussent. Toutefois, certains sommets demeurent enneigés toute l'année.

Dans l'activité 2, « L'évaporation et la transpiration », aux pages 49 et 50, tu as appris que l'air pouvait contenir une masse maximale d'eau sous forme de vapeur. Tu as aussi vu que cette quantité dépend de la température de l'air.

1. Lis le texte « L'effet d'une chaîne de montagnes sur les précipitations », à la page suivante.

2. Réponds aux questions suivantes :
   a) Comment expliques-tu la présence de neige sur le sommet de certaines montagnes ?
   b) Peut-on prévoir beaucoup de précipitations du côté de la chaîne de montagnes d'où vient le vent ?
   c) Peut-on prévoir beaucoup de précipitations du côté de la chaîne de montagnes où va le vent ?

3. Observe les cartes des figures 12 et 13, à la page suivante. Sur ces cartes, le vent dominant souffle de l'ouest vers l'est. Quel lien y a-t-il entre le relief et les précipitations observées sur la carte ?

4. Discute de tes réponses avec tes camarades de classe.

La troposphère
L'encyclo, p. 294

ENRICHISSEMENT

Les deux versants de l'île Gran Canaria, dans l'Atlantique, présentent des paysages très différents. Pourtant, Gran Canaria est une île montagneuse circulaire de moins de 50 kilomètres de diamètre. Fais une recherche pour expliquer cette situation.

Vers l'activité synthèse

Retiens tes réponses. Elles te permettront de documenter l'article de journal que tu écriras dans l'activité synthèse de l'exploration, « Un cahier spécial ».

EXPLORATION 1
Le cycle de l'eau

L'effet d'une chaîne de montagnes sur les précipitations

Les états de la matière
L'encyclo, p. 176 et 177

La température
L'encyclo, p. 182 et 183

Figure 11 *Le passage d'une masse d'air humide au-dessus d'une chaîne de montagnes*

Lorsqu'une masse d'air chaud et humide arrive au pied d'une chaîne de montagnes, elle doit s'élever pour franchir l'obstacle. En s'élevant, l'air refroidit. Comme l'indique la figure 5 (*voir la page 51*), plus l'air est froid, moins il peut contenir d'eau. Il y a donc beaucoup de précipitations à mesure que l'air s'élève.

Lorsque l'air descend de l'autre côté de la montagne, il se réchauffe. Comme cet air contient très peu d'humidité, il causera peu de précipitations. De plus, comme il peut contenir de plus en plus d'humidité à mesure qu'il se réchauffe, il aura tendance à absorber l'humidité des régions où il passera et donc à les assécher.

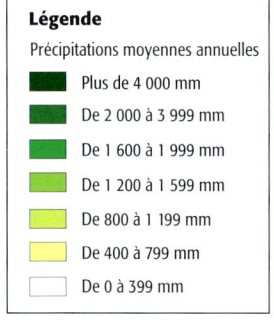

Légende
Précipitations moyennes annuelles
- Plus de 4 000 mm
- De 2 000 à 3 999 mm
- De 1 600 à 1 999 mm
- De 1 200 à 1 599 mm
- De 800 à 1 199 mm
- De 400 à 799 mm
- De 0 à 399 mm

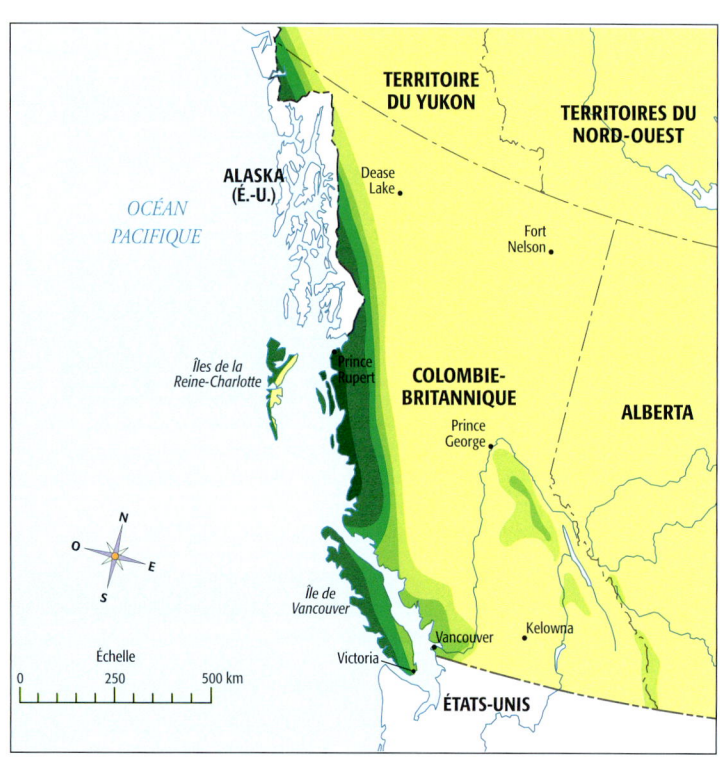

Figure 12 *Les précipitations annuelles moyennes en Colombie-Britannique (Canada)*

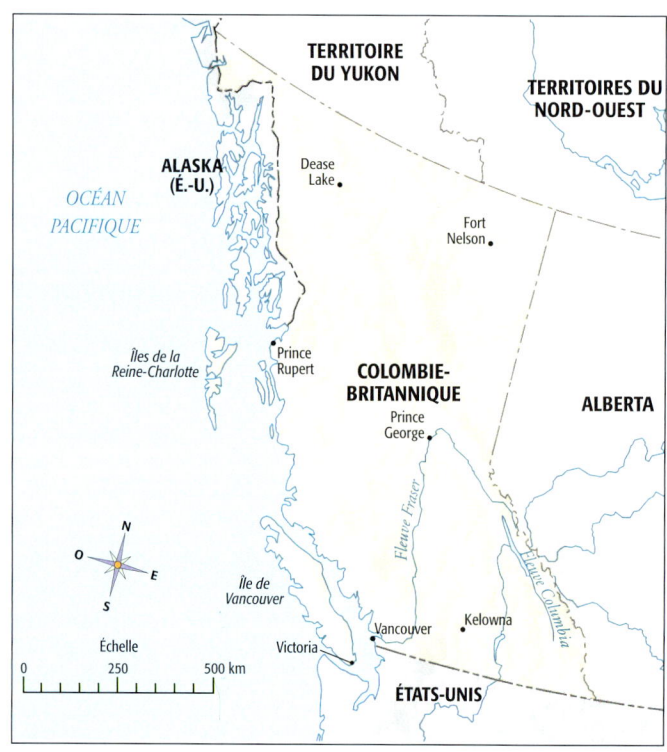

Figure 13 *Le relief de la Colombie-Britannique (Canada)*

ACTIVITÉ 7 expérimentation

Le mouvement de l'eau dans le sol

L'eau potable
L'encyclo, p. 300 et 301

La démarche expérimentale
La boîte à outils, p. 430 et 432

Tracer des schémas
La boîte à outils, p. 446 à 448

J'observe

Lorsque le sol contient une trop grande quantité d'eau, il perd sa **cohésion**. Des glissements de terrain peuvent alors se produire.

Figure 14 *Un glissement de terrain*

Je me questionne

« Où va l'eau de pluie lorsqu'elle disparaît de la surface du sol ? »

Cohésion
La force qui maintient ensemble les particules d'une substance.

Je précise mes variables

Ton expérience doit te permettre de vérifier l'effet des facteurs suivants sur le déplacement de l'eau dans le sol :

- le type de sol ;
- le relief du sol.

J'expérimente PROTOCOLE

Protocole proposé

Voici un exemple de protocole pour réaliser cette expérience. Tu peux aussi en proposer un autre.

1. Lis le texte « Après la pluie, que devient l'eau ? », à la page 61.
2. Place une couche de gravier de 3 cm au fond du récipient.
3. Enfonce une paille dans le gravier. Tout en maintenant la paille, dépose une couche d'argile de 3 cm sur le gravier.
4. Ajoute de l'argile afin de façonner une colline qui traverse toute la largeur du récipient. Tasse bien l'argile avec tes mains.
5. Enfonce une paille dans la colline d'argile jusqu'à la moitié de l'épaisseur de la couche d'argile.
6. Dépose une couche de sable sur l'argile de façon à former une pente d'environ 6 cm à l'endroit le plus épais et d'environ 3 cm à l'endroit le plus mince.

Matériel
- Un récipient transparent (aquarium, bol en verre, plat en plastique transparent, etc.)

Matériaux
- Trois pailles
- Trois brochettes en bois
- Du sable fin
- De l'argile
- Du gravier
- De l'eau

EXPLORATION 1
Le cycle de l'eau

FLASH... FLASH... FLASH...

L'eau souterraine est souvent la seule source d'eau potable disponible pour la population des pays en voie de développement. Toutefois, pour y avoir accès, il faut creuser un puits. La construction d'un puits ne représente pas une grosse somme. Pourtant, plusieurs villages n'ont pas les moyens de s'en payer un.

Nappe phréatique
Une étendue d'eau souterraine, formée par l'infiltration des eaux de pluie, qui peut alimenter des puits, des sources et des cours d'eau.

Vers le projet

Retiens toute l'information que tu as recueillie. Elle t'aidera à expliquer la construction d'un appareil transformant l'eau salée en eau douce dans le projet du module, « Du besoin naît l'invention ». Cet appareil permettra de réduire l'impact des changements climatiques.

7 Enfonce une paille dans la partie la plus épaisse de la couche de sable.

8 Place une brochette à l'intérieur de chaque paille.

9 Indique à quel phénomène réel correspond chacun des matériaux de ton modèle.

10 Verse lentement de l'eau du côté le plus élevé.

Figure 15 *Une simulation des mouvements de l'eau dans le sol*

11 À l'aide des brochettes, vérifie le niveau de l'eau dans chaque paille. Note tes résultats dans un tableau.

12 Cesse de verser de l'eau lorsque tu observes une couche d'eau d'environ 1 cm à l'endroit le moins élevé de ton récipient.

J'analyse mes résultats et je les présente

1 À l'aide d'un schéma, explique pourquoi le niveau de l'eau n'est pas le même dans chaque paille.

2 À l'aide d'un schéma, explique comment l'eau qui a disparu sous la surface peut réapparaître en surface à un autre endroit.

3 Discute de tes résultats avec tes camarades de classe.

4 Réponds aux questions suivantes :
   a) D'où provient l'eau des puits ?
   b) Comment le sol emmagasine-t-il l'eau ?
   c) Que se passerait-il si on extrayait de la nappe phréatique plus d'eau qu'elle n'en reçoit ?
   d) Comment l'eau se rend-elle de la nappe phréatique à la rivière ?
   e) Que devient l'eau de pluie qui tombe au sol ?

5 Si tu devais refaire cette expérience, que modifierais-tu dans ton protocole ? Explique pourquoi.

Après la pluie, que devient l'eau ?

Après la pluie, une certaine quantité d'eau retourne dans l'atmosphère par transpiration ou par évaporation. C'est ce que tu as appris au cours de l'activité 2, « L'évaporation et la transpiration », aux pages 49 et 50. Mais que devient l'eau qui demeure au sol ? Cette eau peut circuler de deux façons : par ruissellement ou par infiltration.

Une partie de l'eau coule à la surface du sol par ruissellement. L'eau peut aussi pénétrer dans un système de canalisation pour finalement se retrouver dans les lacs et les rivières. Cette eau fera monter le niveau des cours d'eau de façon temporaire. Ensuite, cette eau ne sera plus présente dans cette région. Elle ne pourra donc pas être utilisée pendant une période sèche. Toutefois, on pourrait s'en servir si on a prévu des systèmes, tels des barrages, permettant de l'accumuler.

L'autre partie de l'eau s'infiltre dans le sol pour atteindre la nappe phréatique. Elle sera donc disponible pendant la prochaine période sèche grâce aux puits. Comme cette eau s'écoule très lentement, elle contribuera à garder le niveau de l'eau plus bas dans les cours d'eau lorsqu'il pleut. De même, pendant les périodes sèches, elle maintient le niveau de l'eau plus élevé.

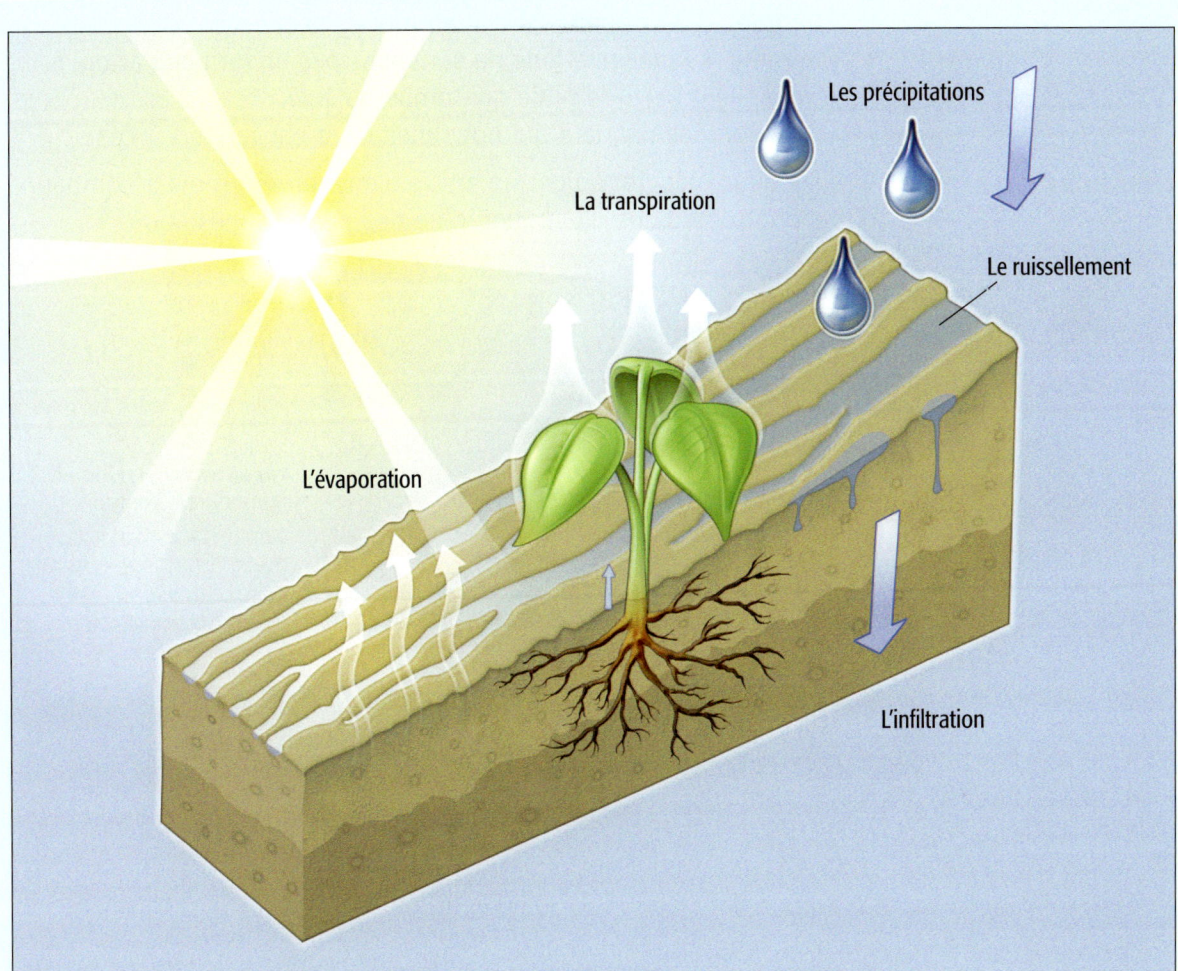

Figure 16 *Après la pluie, l'eau voyage de différentes façons.*

ACTIVITÉ SYNTHÈSE 1 communication

Communiquer efficacement
La boîte à outils, p. 438 et 439

INFO-CARRIÈRE

Journaliste

L'actualité te passionne? Tu aimes communiquer? Le métier de journaliste est peut-être fait pour toi. Pour être journaliste, il faut s'intéresser à l'actualité politique, culturelle, scientifique, etc. Si tu veux exercer ce métier, tu devras poursuivre tes études secondaires. Par la suite, divers cheminements s'offrent à toi. Par exemple, tu peux obtenir un diplôme d'études collégiales au Cégep de Jonquière en arts et technologies des médias. Tu peux aussi faire un baccalauréat spécialisé en communication après avoir fait deux ans d'études au cégep.

Un cahier spécial

Certaines personnes prétendent que le Canada pourrait devenir le pays de l'or bleu. En effet, la demande d'eau potable est tellement grande que plusieurs pays voudraient en acheter chez nous. Quelques personnes parlent même de détourner une partie de l'eau de nos rivières vers les États-Unis.

La rédaction du journal local désire informer les gens de la région au sujet du cycle de l'eau. Elle demande donc aux élèves de ta classe d'écrire un cahier spécial sur le cycle de l'eau.

1. Parmi les questions suivantes, choisis celle à laquelle ton équipe répondra dans son article:
   - Quelles sont les étapes du cycle de l'eau?
   - Comment l'augmentation de la température de l'atmosphère peut-elle modifier la quantité d'eau dont nous disposons?
   - Comment se forment les précipitations?
   - Pourquoi l'atmosphère est-elle en mouvement?
   - Pourquoi les précipitations ne sont-elles pas uniformes partout?
   - Que devient l'eau de pluie qui tombe au sol?
   - Quels sont les dangers qui nous menacent par rapport à l'eau?

2. Chaque équipe devra rédiger un article d'environ 450 mots accompagné d'une photo ou d'une illustration d'un des phénomènes abordés.

Figure 17 *Aux États-Unis, dans l'État du Colorado, on construit des canaux pour transporter l'eau potable. Comment ce geste peut-il perturber le cycle de l'eau?*

tic

Tu pourrais demander à un site Web d'héberger une version électronique de ton cahier spécial. Tu pourrais aussi envoyer un courriel à une liste de lectrices et de lecteurs potentiels pour les aviser de sa parution.

Points à surveiller

1. J'intègre adéquatement l'information scientifique provenant des activités de l'exploration.
2. J'utilise correctement les conventions et le vocabulaire scientifique vus au cours de l'exploration.
3. Je rédige mon texte sous la forme d'un article de journal.

EXPLORATION 2

Le vélo, c'est écolo

Un vélo en cadeau

Imagine que tu aies reçu récemment un vélo en cadeau. Tu peux maintenant te déplacer plus vite qu'à pied tout en faisant de l'exercice. De plus, à bicyclette, tu peux rouler sans utiliser de carburants qui produisent des gaz à effet de serre. Ainsi, tu ne nuis pas au cycle de l'eau ni à l'équilibre de la planète.

Imagine maintenant que tu aies fait une grande randonnée à vélo avec des copines et des copains. Tu as parcouru les collines des environs. À deux reprises, tu as dû marcher à côté de ta bicyclette. Tu étais à bout de souffle et tes jambes te faisaient mal. Comment pourrais-tu t'y prendre pour que ce soit plus facile?

1. À bicyclette, comment peux-tu plus facilement :
   a) effectuer de longues randonnées?
   b) monter des côtes?
   c) pédaler contre le vent?
2. À part l'utilisation de la bicyclette, nomme deux autres façons de favoriser l'équilibre de la planète.
3. Discute de tes réponses avec tes camarades de classe.

CONCEPTS CLÉS DE L'EXPLORATION 2

- Adaptations physiques et comportementales
- Composantes d'un système
- Effets d'une force
- Fonctions mécaniques élémentaires
- Machines simples
- Mécanismes de transformation du mouvement
- Mécanismes de transmission du mouvement
- Système (fonction globale, intrants, procédés, extrants, contrôle)
- Transformation de l'énergie
- Types de mouvements

Voici le fil conducteur de l'exploration 2 : tu analyseras les sous-systèmes qui composent la bicyclette et tu étudieras certains aspects du corps humain. Cela te permettra d'utiliser ce moyen de transport avec le maximum d'efficacité. Ainsi, tu pourras contribuer à l'équilibre de la planète en évitant de brûler du carburant pour tes déplacements.

- Dans l'**activité 1**, «Le monde des leviers», aux pages 65 à 67, tu examineras comment les leviers peuvent nous faciliter la vie.

- Dans l'**activité 2**, «Se propulser à bicyclette», aux pages 68 et 69, tu analyseras le fonctionnement des composantes d'une bicyclette.

- Dans l'**activité 3**, «Le corps humain : une machine performante», aux pages 70 et 71, tu découvriras quelles conditions permettent à ton corps de fournir un effort de longue durée.

- Dans l'**activité 4**, «Une planète bien fragile», aux pages 72 et 73, tu verras pourquoi l'utilisation d'une bicyclette peut contribuer à l'équilibre de la planète.

Bien utiliser un vélo, ça s'apprend. À la fin de l'exploration, au cours de l'**activité synthèse** «La bicyclette : mode d'emploi», à la page 74, tu rédigeras, en équipe, un guide à l'usage des cyclistes qui débutent. Tu y présenteras les avantages de la bicyclette pour la personne qui l'utilise et pour l'environnement.

ACTIVITÉ 1 expérimentation

Le monde des leviers

Un vélo comporte plusieurs leviers. Avant d'étudier certaines composantes du vélo et leur fonctionnement, examinons d'abord un levier plus simple.

J'observe

Un tire-bouchon traditionnel sert à agripper solidement un bouchon et à offrir une poignée à la main qui le retire de la bouteille. Le tire-bouchon de sommelier comporte en plus un levier. Ce dernier permet de réduire l'effort à fournir pour retirer le bouchon.

> **Le levier**
> L'encyclo, p. 413 et 414
>
> **Comment les machines simples nous facilitent-elles la vie ?**
> L'encyclo, p. 417 et 418
>
> **La démarche expérimentale**
> La boîte à outils, p. 430 à 432
>
> **Le diagramme linéaire**
> La boîte à outils, p. 444
>
> **Le dynamomètre**
> La boîte à outils, p. 458
>
> **Utiliser des instruments de technologie**
> La boîte à outils, p. 461 à 463

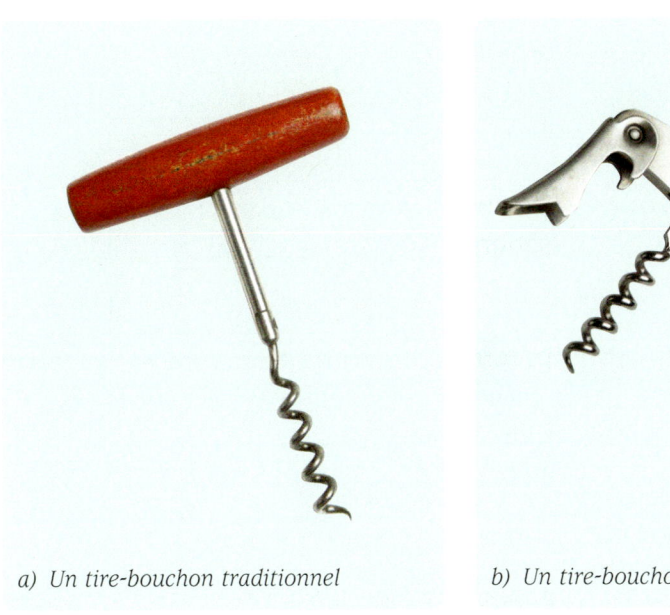

a) Un tire-bouchon traditionnel   b) Un tire-bouchon de sommelier

Figure 18 *Deux types de tire-bouchons*

Je me questionne

«Pourquoi est-il plus facile de retirer le bouchon d'une bouteille de vin à l'aide d'un tire-bouchon de sommelier qu'à l'aide d'un tire-bouchon traditionnel?»

Je précise mes variables

1. Ton expérience doit te permettre de comparer l'effort nécessaire pour retirer le bouchon d'une bouteille de vin à l'aide d'un tire-bouchon traditionnel et d'un tire-bouchon de sommelier.
2. Tu dois construire un simulateur modélisant un tire-bouchon de sommelier.
3. Ton simulateur devra te permettre de calculer le gain mécanique.

EXPLORATION 2
Le vélo, c'est écolo

J'expérimente

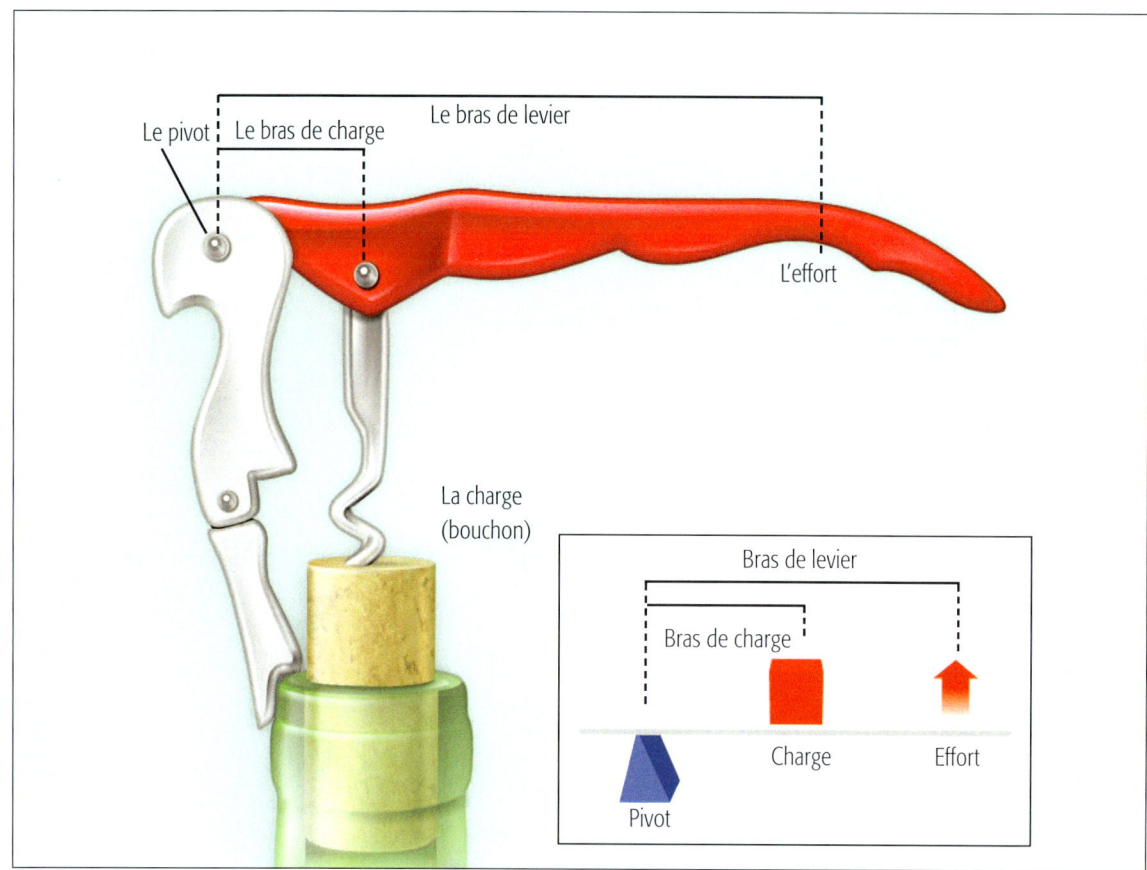

Figure 19 Un tire-bouchon de sommelier agit à la façon d'un levier inter-résistant.

Matériel
- Une chignole ou une perceuse
- Des mèches
- Une scie à dos et une boîte à onglets
- Un marteau
- Un dynamomètre (gradué de 0 à 5 N)
- Un dynamomètre (gradué de 0 à 30 N)
- Un mètre
- Un étau
- Des lunettes de sécurité

Matériaux
- Un clou de 6,35 cm (2,5 pouces)
- Deux œillets
- Un morceau de bois d'environ 2,5 cm sur 5 cm (1 pouce sur 2 pouces) et d'environ 50 cm de long

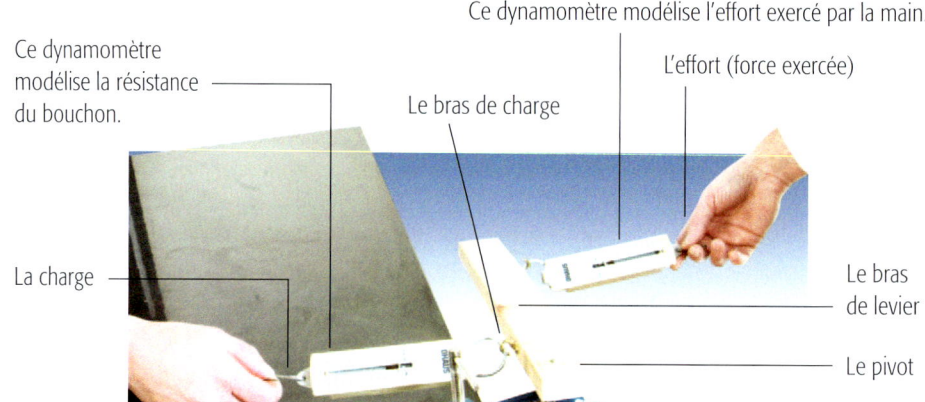

Figure 20 Le simulateur du tire-bouchon de sommelier

Protocole proposé

Voici un exemple de protocole pour réaliser cette expérience. Tu peux aussi en proposer un autre.

1. Observe les figures 19 et 20.
2. Construis ton simulateur en suivant le modèle de la figure 20. Peut-être devras-tu modifier les mesures pour tenir compte du matériel et des matériaux dont tu disposes?
3. Place-toi en équipe de deux. Le premier élève doit maintenir immobile le dynamomètre le plus près du pivot en le tenant fermement dans sa main. Pendant ce temps, l'autre élève doit tirer sur le dynamomètre le plus éloigné du pivot.
4. Dans un tableau, note les mesures indiquées par chacun des dynamomètres en newtons. Fais au moins trois essais différents.
5. Calcule le gain mécanique à l'aide de la formule suivante :

$$\text{Gain mécanique} = \frac{\text{Force de résistance (dynamomètre modélisant le bouchon)}}{\text{Force exercée (dynamomètre modélisant la main)}}$$

J'analyse mes résultats et je les présente

1. Présente à ton enseignante ou à ton enseignant un rapport contenant les éléments suivants :
   a) un diagramme linéaire représentant le gain mécanique, c'est-à-dire montrant la force de résistance en fonction de la force exercée ;
   b) une explication du fonctionnement du tire-bouchon de sommelier.
2. Réponds à la question de la section « Je me questionne ».
3. Quels autres outils fonctionnent selon le même principe que le tire-bouchon de sommelier ?
4. Si tu devais refaire cette expérience, que modifierais-tu dans le protocole ? Explique pourquoi.

ENRICHISSEMENT

Pourquoi est-il plus facile de transporter un enfant dans une brouette que de le porter dans ses bras ? Explique ce phénomène par le principe du levier. Accompagne ton explication d'un schéma.

Figure 21 *Plusieurs parties du corps peuvent être utilisées comme des leviers.*

Le schéma de principe
L'encyclo, p. 382

Les systèmes technologiques
L'encyclo, p. 388 à 391

Les fonctions mécaniques élémentaires
L'encyclo, p. 392 à 394

La bielle et la manivelle
L'encyclo, p. 424

L'analyse d'objets techniques
La boîte à outils, p. 433 et 434

Dérailleur
La composante d'une bicyclette qui permet à la chaîne de passer d'un pignon à un autre ou d'un plateau à un autre.

HISTOIRE SCIENTIFIQUE

L'Allemand **Karl Friedrich Drais** a inventé la draisienne en 1817. Cette ancêtre de la bicyclette est munie de deux roues. En 1861, Pierre Michaud ajoute des pédales sur la fourche de la roue avant.

ACTIVITÉ 2 technologie

Se propulser à bicyclette

Au cours de l'activité précédente, tu as vu que les leviers peuvent réduire l'effort nécessaire pour effectuer un mouvement. Dans la présente activité, tu te serviras de cette connaissance pour analyser comment la bicyclette utilise l'énergie de ton corps pour effectuer un déplacement.

À quoi sert le système de propulsion de la bicyclette?

En plus d'être un loisir, la bicyclette est un moyen de transport écologique. En effet, son utilisation n'entraîne aucune production de gaz à effet de serre.

1. À quoi servent les manettes des dérailleurs (*voir la figure 22*)?
2. Localise le pivot, la charge, l'effort, le bras de levier et le bras de charge de chacun des leviers suivants (*voir la figure 23 à la page suivante*):
   a) Le levier que le pédalier forme avec chacun des plateaux d'une bicyclette.
   b) Le levier que la roue arrière forme avec chacun des pignons.
3. Que doit-on faire quand on veut gravir une pente raide?
4. Que doit-on faire lorsqu'un fort vent nous pousse dans le dos?

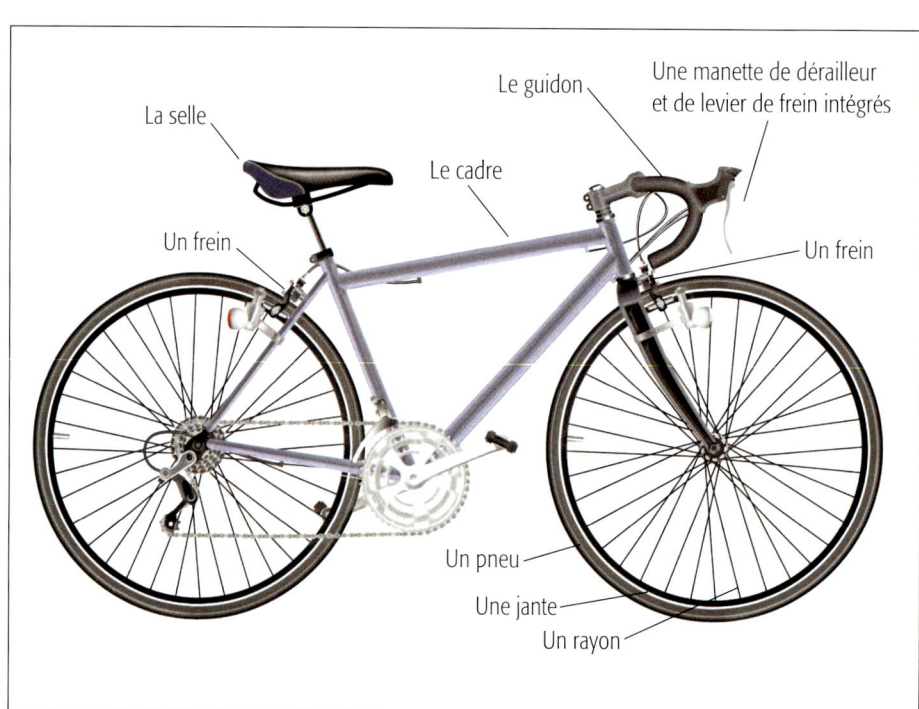

Figure 22 *Les principales parties d'une bicyclette*

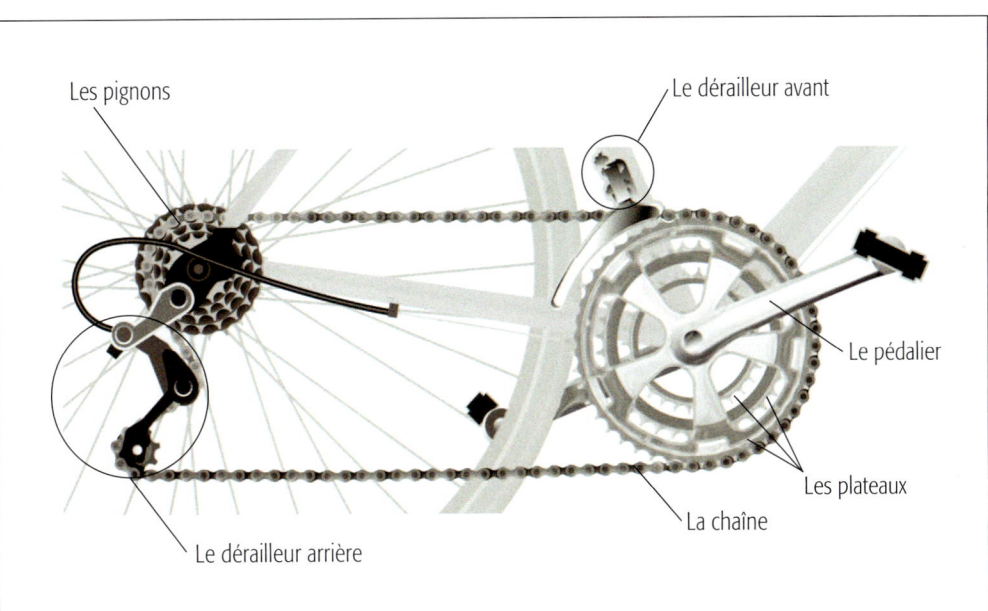

Figure 23 *Les composantes du système de propulsion de la bicyclette*

Comment fonctionne le système de propulsion de la bicyclette?

La bicyclette comporte un assemblage de machines simples qui utilisent l'énergie chimique fournie par la ou le cycliste pour produire un déplacement.

1. Observe les différentes composantes du système de propulsion d'une bicyclette (*voir la figure 23*).
   a) Nomme les composantes de ce système mécanique.
   b) Indique les intrants de ce système.
   c) Indique les extrants de ce système.

2. Réponds aux questions suivantes:
   a) Explique comment les leviers du pédalier augmentent la force appliquée sur la charge.
   b) Explique comment les pignons (qui fonctionnent comme les leviers) augmentent le déplacement.
   c) Décris les différentes transformations que subit le mouvement à partir du déplacement de tes jambes sur le pédalier jusqu'à la rotation de la roue arrière.

3. Trace un schéma de principe illustrant comment le mouvement des jambes permet la rotation des roues.

4. Explique la fonction mécanique élémentaire des dérailleurs.

Comment le système de propulsion est-il construit?

1. Indique les liaisons des composantes du système de propulsion.
2. Décris le rôle de chacune des liaisons.

ENRICHISSEMENT

Observe les deux manettes de dérailleur sur ton vélo. Essaie toutes les combinaisons possibles. Note dans un tableau les développements obtenus, c'est-à-dire la distance parcourue par une bicyclette lorsque le pédalier fait un tour complet. Comment la force que tu dois appliquer aux pédales pour obtenir ces développements varie-t-elle? Quelle relation peux-tu établir entre la force appliquée par tes jambes et le développement obtenu?

Vers l'activité synthèse

Conserve tes réponses. Elles t'aideront à rédiger ton guide explicatif, dans l'activité synthèse de cette exploration.

Activité 3 interprétation

Le corps humain : une machine performante

Tu sais maintenant que la bicyclette est une machine qui utilise l'énergie de ton corps. Elle te permet de te déplacer plus rapidement et avec moins d'effort qu'à pied. Certaines personnes sont plus fortes que d'autres. Nous verrons dans cette activité qu'il est important de connaître ses capacités et d'en tenir compte quand on se sert d'une bicyclette.

Figure 24 *Ce triathlète s'entraîne en vue de remporter une épreuve comportant trois parties : la course à vélo, la course à pied et la natation.*

Le tableau
La boîte à outils, p. 440

Le diagramme linéaire
La boîte à outils, p. 444

ENRICHISSEMENT

Geneviève pèse 50 kg. Lorsqu'elle roule à bicyclette à la vitesse de 15 km/h, elle brûle environ 20 kJ d'énergie par minute. Si elle mange un hamburger comportant une galette de bœuf haché de 100 g et une tranche de fromage, elle assimile 2 000 kJ d'énergie. Calcule combien de temps Geneviève doit pédaler pour dépenser toute cette énergie.

Tu pourrais te servir d'un tableur pour construire ton diagramme linéaire.

Vers l'activité synthèse

Retiens tes réponses. Tu pourras t'en servir pour expliquer comment on peut se servir plus efficacement de son vélo. Ces explications feront partie du guide que tu rédigeras au cours de l'activité synthèse de cette exploration.

Connais tes forces

1. Lis d'abord le texte « Chacun son rythme », à la page suivante.
2. À l'aide de la formule standard, calcule la fréquence cardiaque maximale des personnes de 10 à 70 ans. Effectue le calcul pour chaque tranche d'âge qui est un multiple de cinq (par exemple 10, 15, 20, etc.). Note tes résultats dans un tableau.
3. Avec la formule standard, calcule la fréquence cardiaque correspondant à 85 % de la fréquence maximale des personnes de 10 à 70 ans. Effectue le calcul pour chaque tranche d'âge qui est un multiple de cinq. Note tes résultats dans un tableau.
4. Utilise les données de ton tableau pour construire un diagramme linéaire.

Petit train va loin

1. Quelle est la meilleure façon de rouler longtemps à bicyclette sans s'épuiser ?
2. Que devrais-tu faire si ta fréquence cardiaque est trop élevée alors que ta cadence est bonne ? Indique de quelle façon ta vitesse changera.
3. Que devrais-tu faire pour augmenter ton effort sans modifier ta cadence ? Indique de quelle façon ta vitesse changera.

Chacun son rythme

Le cœur bat à un rythme qui varie en fonction de l'âge et de la condition physique de chaque personne. C'est ce qu'on appelle la fréquence cardiaque. Les **kinésiologues** conseillent aux personnes qui veulent maintenir un effort soutenu de ne pas excéder une fréquence cardiaque correspondant à 85 % de leur fréquence maximale. En laboratoire, les kinésiologues peuvent évaluer très précisément la fréquence cardiaque maximale d'une personne. Toutefois, tu peux obtenir ta fréquence cardiaque maximale approximative à l'aide de cette formule standard :

$$\text{Fréquence cardiaque maximale : } 220 - \text{âge}$$

Par exemple, si tu as 13 ans, tu peux calculer ta fréquence cardiaque maximale de la manière suivante :

$$\text{Fréquence cardiaque maximale : } 220 - 13 = 207$$

Ton cœur peut donc battre jusqu'à 207 fois par minute. Toutefois, tu ne pourrais pas maintenir ce rythme longtemps. Ce serait trop épuisant. Pour pouvoir maintenir un rythme longtemps, tu ne devrais pas dépasser 85 % de cette valeur. Ainsi, si tu as 13 ans, ta fréquence cardiaque ne devrait pas dépasser la valeur suivante pendant une randonnée à bicyclette :

$$\text{Fréquence cardiaque à ne pas dépasser} = 207 \times \frac{85}{100} = 176$$

Selon les kinésiologues, les cyclistes sont efficaces lorsque les mouvements de leurs jambes suivent une certaine **cadence**. Par exemple, les cyclistes de compétition doivent maintenir une cadence d'environ 90 à 100 tours de pédalier par minute. Ce n'est pas vraiment une randonnée confortable. Lorsque tu utilises la bicyclette comme moyen de transport, ta cadence devrait se situer entre 60 et 80 tours par minute. De cette façon, tu utiliseras plus efficacement ton **énergie** pour te déplacer. L'entraînement amène des adaptations physiques. Ainsi, plus tu t'entraînes, plus ton corps devient fort et endurant.

Kinésiologue
Une personne qui veille à promouvoir des habitudes de vie saines et à prévenir les problèmes de santé. Ce spécialiste prescrit par exemple des activités physiques pour améliorer et maintenir la santé et la performance physique.

Cadence
En cyclisme, c'est le nombre de tours de pédalier par minute.

Énergie
C'est ce qui est utilisé pour produire un travail. Par exemple, la nourriture fournit aux humains de l'énergie pour s'activer. L'énergie se mesure en joules dans le système international d'unités.

FLASH... FLASH... FLASH...

Il n'est pas facile de mesurer sa fréquence cardiaque tout en pédalant. Toutefois, certains indices peuvent t'aider à déterminer si ton pouls est trop élevé. Par exemple, tu peux essayer de soutenir une conversation pendant l'effort. Si tu es incapable de parler de façon continue, c'est parce que ta fréquence cardiaque est probablement assez élevée pour que tu ne puisses plus soutenir ce rythme très longtemps.

ACTIVITÉ 4 recherche
Une planète bien fragile

La recherche documentaire
La boîte à outils, p. 439 et 440

Figure 25 L'inondation de Prague (République tchèque) en 2002

Figure 26 En Asie centrale, la mer d'Aral s'est asséchée. Cette mer est située à la frontière du Kazakhstan et de l'Ouzbékistan.

Tu pourrais te joindre à un groupe de discussion dans Internet pour trouver des gestes concrets pour réduire ta production de gaz à effet de serre. N'oublie pas de tenir compte des règles de courtoisie dans Internet, autrement dit de la «nétiquette».

Dans l'activité 3 de l'exploration précédente, «Des données inquiétantes» (voir les pages 51 et 52), tu as analysé un diagramme illustrant l'évolution des températures moyennes entre 1948 et 2002. Tu as aussi vu lors de cette activité que l'augmentation de la température moyenne de la planète pourrait provoquer des catastrophes écologiques:

- des régions pourraient s'assécher à cause d'une plus grande évaporation (voir la figure 26);
- des inondations pourraient survenir parce que la capacité de l'air à transporter de l'eau augmente (voir la figure 25);
- des phénomènes météorologiques plus violents pourraient avoir lieu parce que l'augmentation de la température libère davantage d'énergie.

1 Lis le texte «Les gaz à effet de serre», à la page suivante. Tu verras une des causes possibles des changements climatiques observés.

2 Fais une recherche documentaire afin de répondre aux questions suivantes:
   a) Quels gestes pourrais-tu faire dès maintenant pour réduire ta production personnelle de gaz à effet de serre? Nommes-en au moins cinq.
   b) Pourquoi dit-on qu'utiliser la bicyclette contribue à résoudre les problèmes environnementaux?

Vers l'activité synthèse

Retiens les résultats de ta recherche. Ils t'aideront à expliquer comment la bicyclette peut contribuer à préserver l'équilibre de la planète. Tu utiliseras ces renseignements quand tu écriras ton guide d'utilisation du vélo, dans l'activité synthèse de cette exploration.

Les gaz à effet de serre

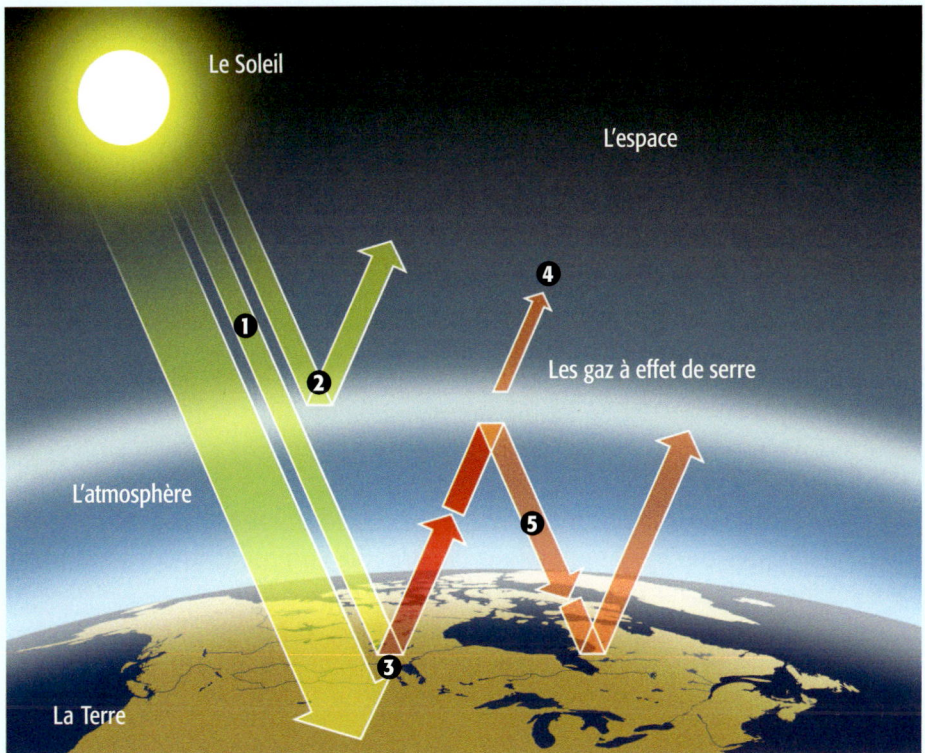

La lumière
L'encyclo, p. 345 à 350

❶ Une partie des rayons solaires traverse l'atmosphère terrestre et atteint le sol.

❷ Une partie des rayons solaires est réfléchie par l'atmosphère vers l'espace.

❸ L'énergie des rayons solaires réchauffe le sol. Celui-ci émet des rayons infrarouges (chaleur) vers l'atmosphère.

❹ Une partie des rayons infrarouges traverse l'atmosphère et atteint l'espace.

❺ Le reste des rayons infrarouges est emprisonné dans l'atmosphère par les gaz à effet de serre.

Figure 27 *Le phénomène de l'effet de serre*

Regarde bien la figure 27. Elle montre ce qui arrive aux rayons solaires lorsqu'ils atteignent la Terre. Certains gaz de l'atmosphère, dont le gaz carbonique (CO_2) et la vapeur d'eau (H_2O), peuvent empêcher les rayons infrarouges de retourner dans l'espace. Ce phénomène permet de maintenir la surface de la Terre à une température suffisamment élevée pour que la vie s'y développe. On appelle ce phénomène l'effet de serre.

Comme tu le sais probablement, la combustion du pétrole et du charbon libère dans l'atmosphère de grandes quantités de gaz carbonique. Par conséquent, l'effet de serre augmente et la température moyenne à la surface de la Terre s'accroît.

Tous les pays doivent prendre des mesures énergiques pour réduire la production de gaz à effet de serre. Autrement, des organismes tel Environnement Canada prévoient que les températures à la surface de la planète changeront considérablement d'ici le milieu du 21e siècle, comme l'illustre la figure 28. Pour en arriver à ces prévisions, les scientifiques ont dû utiliser deux types de données. Les températures moyennes de la période de 1975 à 1995 ont été calculées à l'aide de données mesurées directement sur le terrain. Ces mesures sont donc fiables. Toutefois, on a estimé les températures moyennes pour la période de 2040 à 2060. La fiabilité des données obtenues est donc moins grande.

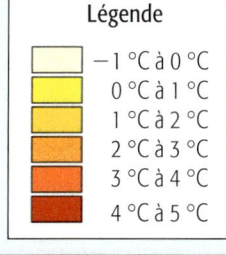

Légende
- −1 °C à 0 °C
- 0 °C à 1 °C
- 1 °C à 2 °C
- 2 °C à 3 °C
- 3 °C à 4 °C
- 4 °C à 5 °C

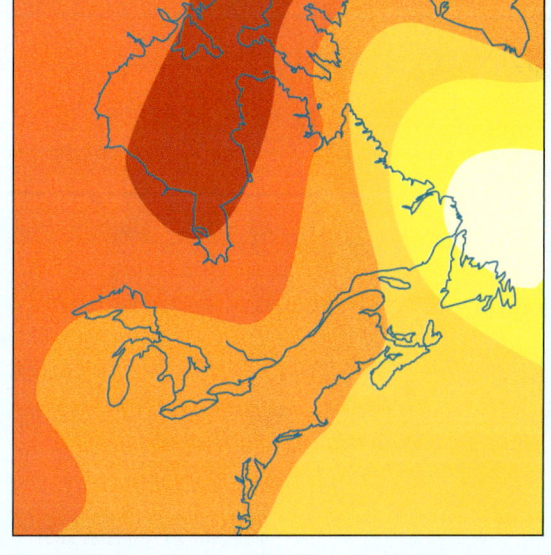

Figure 28 *Les changements de température entre les températures moyennes pour la période 1975-1995 et les températures moyennes estimées pour la période 2040-2060 (en °C)*

EXPLORATION 2
Le vélo, c'est écolo

ACTIVITÉ SYNTHÈSE 2 communication

Communiquer efficacement
La boîte à outils, p. 438 et 439

La bicyclette : mode d'emploi

Utiliser une bicyclette semble assez simple. Toutefois, si on veut parcourir de longues distances, il faut avoir certaines connaissances. Cela permet de rouler en faisant un minimum d'efforts. Beaucoup de gens préfèrent se servir de l'automobile pour se déplacer. Malheureusement, la consommation d'essence que cet usage entraîne a des conséquences désastreuses pour la planète. Grâce à nos choix, nous pouvons contribuer à l'équilibre de la planète.

1. Avec l'aide des membres de ton équipe, rédige un guide à l'usage des cyclistes qui débutent. Dans ton guide, tu devras :
   - décrire le fonctionnement du système de propulsion d'une bicyclette à l'aide d'un schéma de principe ;
   - expliquer avec au moins une illustration comment le corps humain arrive à fournir un effort de longue durée ;
   - donner des instructions claires permettant aux cyclistes qui débutent de bien utiliser leur bicyclette tout en respectant leur condition physique ;
   - énumérer des arguments pour convaincre les gens de voyager à bicyclette plutôt qu'avec un moyen de transport consommant du carburant.

2. Ton guide devra faire une dizaine de pages. Il devra aussi comprendre :
   - une couverture attrayante ;
   - une introduction.

INFO-CARRIÈRE

Médecin de famille

Tu aimes les sciences ? Tu t'intéresses à la santé des gens ? As-tu déjà pensé à étudier la médecine ? Pour être médecin, il faut avoir une excellente capacité de synthèse et d'analyse. On doit aussi posséder un bon sens de l'observation. Pour devenir médecin, tu devras terminer tes études secondaires puis poursuivre au cégep. Par la suite, tu étudieras à l'université pendant quatre ou cinq ans pour obtenir un doctorat en médecine.

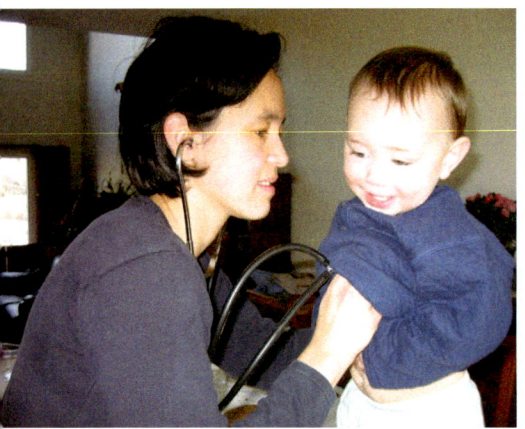

Points à surveiller

1. Je décris clairement le fonctionnement d'une bicyclette.
2. J'explique comment l'utilisation de la bicyclette peut contribuer à préserver l'équilibre de la planète.
3. J'utilise correctement le vocabulaire scientifique et technologique vus au cours de l'exploration.
4. Je garde un esprit critique par rapport à l'information recueillie tout au long de l'exploration.
5. Je rédige un guide conforme aux règles de présentation.

EXPLORATION 3

Inventer ses solutions
Une histoire de génie

L'invention d'objets techniques a souvent bouleversé l'histoire de notre espèce. Imagine ce que serait ta vie si la roue n'existait pas! Les êtres humains butent parfois contre des problèmes apparemment insurmontables. Heureusement, leur ingéniosité leur a souvent permis de trouver des solutions. Par exemple, grâce à la boussole, on peut s'orienter en mer par temps couvert.

De nombreuses inventions bouleversent encore aujourd'hui notre quotidien. Le monde qui t'entoure est différent de celui qu'ont connu tes parents à ton âge. Pense, par exemple, à l'arrivée du courrier électronique et au développement du réseau Internet. Il n'est donc pas surprenant que les parents demandent souvent à leurs enfants comment fonctionnent ces nouvelles technologies!

De tout temps, les humains ont fait face à des obstacles qui leur semblaient infranchissables. Encore aujourd'hui, nous avons un grave problème: le fragile équilibre de la planète est menacé par nos actions.

CONCEPTS CLÉS DE L'EXPLORATION 3

- Cahier des charges
- Effets d'une force
- Fonctions mécaniques élémentaires
- Gamme de fabrication
- Gravitation universelle
- Masse
- Mécanismes de transmission du mouvement
- Schéma de construction
- Schéma de principe
- Volume

1. En équipe, réponds aux questions suivantes:
    a) Qu'est-ce qui caractérise une invention?
    b) Qu'est-ce qui incite les gens à inventer quelque chose?
    c) Nomme un problème pour lequel une solution demeure à inventer.
    d) Certaines inventions pourraient-elles nuire à l'équilibre de la planète? Si oui, nommes-en une et décris les conséquences de son utilisation.
2. Discute de tes réponses avec tes camarades de classe.

Figure 29 *L'ingéniosité de l'être humain*

Voici le fil conducteur de l'exploration 3 : tu te mettras dans la peau des personnes qui ont surmonté de nombreux obstacles pour mettre au point leurs inventions. Ainsi, en réalisant tes propres expériences, tu verras comment les humains ont relevé les défis reliés au transport sur l'eau.

- Dans l'**activité 1**, « Le défi des trombones », aux pages 77 et 78, tu découvriras le principe de la flottabilité.

- Dans l'**activité 2**, « Le principe d'Archimède », aux pages 79 et 80, tu analyseras la flottabilité plus en profondeur.

- Dans l'**activité 3**, « Le chavirement, on s'en sort ! », aux pages 81 et 82, tu étudieras les caractéristiques qui permettent à un bateau de se redresser après avoir chaviré.

- Dans l'**activité 4**, « Garder le cap », aux pages 83 et 84, tu apprendras comment concevoir un bateau pouvant maintenir sa direction par lui-même.

À la fin de l'exploration, dans l'**activité synthèse** « Le vent dans les voiles », aux pages 85 et 86, tu devras faire appel à ton ingéniosité pour concevoir et construire un petit bateau. Ce bateau devra être capable de transporter une cargaison dans des conditions bien précises. Les découvertes que tu feras tout au long de l'exploration te permettront de concevoir ta solution.

HISTOIRE SCIENTIFIQUE

Au début du 20e siècle, entre les Îles-de-la-Madeleine et le continent, la navigation était impossible en hiver. En fait, elle cessait de la fin du mois de décembre jusqu'au début du mois de mai. Le seul mode de communication entre les îles et le continent était le télégraphe. Le 6 janvier 1910, le bris d'un câble sous-marin isola complètement les Madelinots et les Madeliniennes. Les gens ont alors inventé leur propre solution. Le 2 février 1910, ils ont lancé un petit bateau contenant leur courrier. La coque de ce bateau était formée d'un baril. Le bateau a touché les côtes de la Nouvelle-Écosse dans la nuit du 12 février.

Figure 30 *Un chantier naval*

ACTIVITÉ 1 expérimentation
Le défi des trombones

Figure 31 *Au XVIIe siècle, les explorateurs voyageaient en canot.*

Les premiers colons de la Nouvelle-France ont adopté le canot comme moyen de transport. Cette embarcation relativement légère permet de transporter des charges très lourdes. De plus, elle est écologique, tout comme le vélo. Tu peux aussi concevoir un bateau. Mais tu dois d'abord connaître le principe de la flottabilité.

J'observe

Lorsque je dépose une pièce de bois dans l'eau, elle flotte. Par contre, lorsque je dépose un clou dans l'eau, il coule.

Je me questionne

1. « Qu'est-ce qui fait que certains objets flottent sur l'eau tandis que d'autres coulent ? »
2. « Est-ce qu'un objet qui flotte sur l'eau flotte également sur n'importe quel autre liquide ? »

Je précise mes variables

1. Ton expérience doit te permettre de découvrir le principe de la **flottabilité**. Pour connaître ce principe, tu devras examiner les facteurs suivants :
   - le volume de l'objet que tu veux faire flotter ;
   - la masse de l'objet que tu veux faire flotter ;

Le volume
L'encyclo, p. 180

La masse
L'encyclo, p. 178 et 179

La démarche expérimentale
La boîte à outils, p. 430 à 432

Tracer des schémas
La boîte à outils, p. 446 à 448

Flottabilité
La capacité d'un objet à flotter. La flottabilité résulte de l'effet de deux forces : le poids de l'objet (force dirigée vers le bas) et la poussée de l'eau sur l'objet (force dirigée vers le haut).

EXPLORATION 3
Inventer ses solutions

Matériel
- Des lunettes de sécurité
- Un récipient (bécher, plat en pyrex, etc.)
- Des trombones
- Une balance
- Un cylindre gradué

Matériaux
- 200 mL d'eau
- 200 mL d'alcool
- 25 g de pâte à modeler

- le rapport $\dfrac{\text{masse}}{\text{volume}}$ de l'objet que tu veux faire flotter ;
- le volume du liquide sur lequel l'objet doit flotter ;
- la masse du liquide sur lequel l'objet doit flotter ;
- le rapport $\dfrac{\text{masse}}{\text{volume}}$ du liquide sur lequel l'objet doit flotter.

2. Avec de la pâte à modeler, tu devras construire un objet capable de flotter à la fois sur l'eau et sur l'alcool.

J'expérimente PROTOCOLE

1. À l'aide du matériel et des matériaux dont tu disposes, élabore un protocole pour réaliser cette expérience.
2. Fais valider ton protocole par ton enseignante ou ton enseignant.
3. Façonne ton objet.
4. Tente de faire flotter ton objet sur l'eau.
5. Détermine le nombre maximum de trombones que ton objet peut porter tout en flottant. Comme c'est souvent le cas en science, tu devras probablement faire plusieurs essais.
6. Refais ton expérience en remplaçant l'eau par le même volume d'alcool.

J'analyse mes résultats et je les présente

1. Explique en tes mots le principe de la flottabilité.
2. Trace un schéma pour accompagner ton explication.
3. Indique le nombre maximum de trombones que ton bateau a pu porter :
   - sur l'eau ;
   - sur l'alcool.
4. Lorsque tu as remplacé l'eau par de l'alcool, la flottabilité de ton objet a-t-elle changé ? Si oui, explique cette différence.
5. Discute de tes résultats avec tes camarades de classe.
6. Si tu devais refaire cette expérience, que modifierais-tu dans ton protocole ? Explique pourquoi.

ENRICHISSEMENT

Un sous-marin peut flotter sur l'eau comme un bateau ou s'enfoncer pour naviguer sous l'eau. Trouve comment l'équipage d'un sous-marin arrive à modifier la flottabilité de ce véhicule.

Vers l'activité synthèse

Au cours de l'activité synthèse de cette exploration, tu devras concevoir un bateau respectant les contraintes d'un cahier des charges. Assure-toi de bien comprendre le principe de la flottabilité. Tu en auras besoin pour construire la coque de ton bateau.

ACTIVITÉ 2 expérimentation

Le principe d'Archimède

Tu sais déjà que notre planète exerce une force d'attraction sur tous les objets qui se trouvent à sa surface. Lorsqu'on suspend un objet à un dynamomètre, on peut mesurer avec quelle force la Terre attire cet objet. Cette force correspond au poids de l'objet. Il est important de tenir compte du poids lorsqu'on conçoit un bateau.

Les effets d'une force
L'encyclo, p. 410 et 411

La loi de la gravitation universelle
L'encyclo, p. 351

La démarche expérimentale
La boîte à outils, p. 430 à 432

Le tableau
La boîte à outils, p. 440

Le dynamomètre
La boîte à outils, p. 458

Le cylindre gradué
La boîte à outils, p. 459 et 460

J'observe

Dans l'eau, on se sent plus léger. Tout se passe comme si l'eau exerçait sur nous une force qui s'opposait à la gravité et qui nous soulevait.

Je me questionne

1. « Quelle force l'eau exerce-t-elle sur les objets qui y sont plongés ? »
2. « Des liquides différents exerceront-ils la même force que l'eau sur les objets qui y sont plongés ? »

Je précise mes variables

Ton expérience doit te permettre :
- de mesurer la force qui s'oppose au poids d'un objet dans deux liquides différents ;
- de découvrir le lien entre cette force et le poids du liquide déplacé ;
- d'expliquer ce qui permet à un objet de flotter.

J'expérimente

Protocole proposé

Voici un exemple de protocole pour réaliser cette expérience. Tu peux aussi en proposer un autre.

1. À l'aide du dynamomètre, mesure le poids de chacun des objets de la liste de matériel ci-contre (liège, bois, etc.) en newtons. Utilise les élastiques pour fixer chaque objet au dynamomètre.
2. Inscris tes résultats dans un tableau.
3. Mesure maintenant le poids du bécher vide et du plateau. Le plateau sert à suspendre le bécher au dynamomètre.
4. Réalise le montage de la figure 32, à la page suivante.
5. Remplis à ras bord le vase à trop-plein.
6. Place le bécher vide sous le bec du vase à trop-plein.
7. Suspends un objet dans le liquide. Dans ton tableau :
   - note la force donnée par le dynamomètre ;
   - indique si l'objet flotte.

Matériel
- Des lunettes de sécurité
- Un objet en liège
- Un objet en paraffine
- Un objet en cuivre
- Un objet en plomb
- Un objet en bois
- Un dynamomètre (gradué de 0 à 5 N)
- Un cylindre gradué
- Un vase à trop-plein
- Un bécher
- Un support universel
- Un plateau

Matériaux
- Du fil synthétique (ligne à pêche)
- Des bandes élastiques
- De l'eau
- De l'alcool

EXPLORATION 3
Inventer ses solutions

FLASH... FLASH... FLASH...

Heureusement pour les poissons, la glace flotte sur l'eau. Si ce n'était pas le cas, la glace coulerait au fond de l'eau dès qu'elle se forme. Rapidement, toute l'eau du lac gèlerait. Les poissons n'auraient plus d'eau libre pour nager pendant l'hiver et ils mourraient.

ENRICHISSEMENT

Comment un gilet de sauvetage empêche-t-il une personne de s'enfoncer dans l'eau ?

Vers l'activité synthèse

Retiens les découvertes que tu as faites dans cette activité. Elles t'aideront à assurer la flottabilité de ton bateau dans l'activité synthèse de cette exploration.

8. Calcule la poussée exercée par l'eau sur l'objet. Sers-toi de la formule suivante. Note le résultat dans ton tableau.

$$\text{Poussée de l'eau} = \text{Poids de l'objet} - \text{Force indiquée sur le dynamomètre lorsque l'objet est dans l'eau}$$

9. Calcule le poids de l'eau recueillie dans le bécher. Sers-toi de la formule suivante. Note le résultat dans ton tableau.

$$\text{Poids de l'eau déplacée} = \text{Poids de l'eau, du bécher et du plateau} - \text{Poids du bécher vide et du plateau}$$

10. Répète les étapes 4 à 8 avec les autres objets.
11. Refais l'expérience en utilisant l'alcool à la place de l'eau.

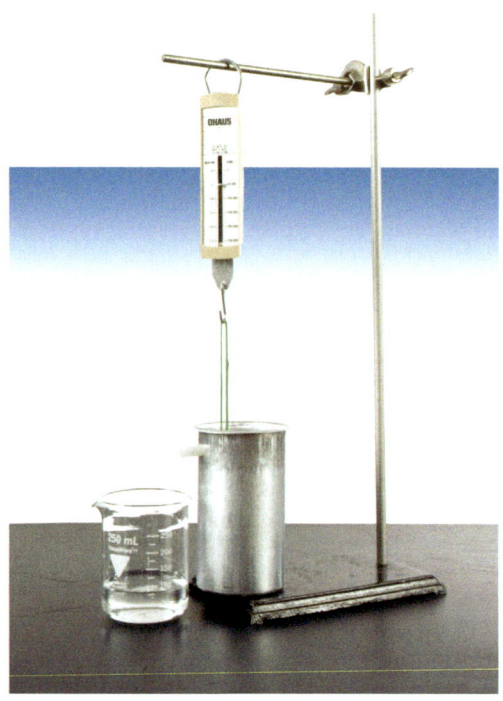

Figure 32 *Ce montage permet de mesurer la poussée d'un liquide sur un objet et de recueillir le liquide déplacé.*

J'analyse mes résultats et je les présente

1. Explique en tes mots la force exercée par différents liquides sur des objets qui y sont plongés.
2. Illustre ton explication à l'aide d'un schéma.
3. Discute de tes résultats avec tes camarades de classe.
4. Si tu devais refaire cette expérience, que modifierais-tu dans le protocole ? Explique pourquoi.

ACTIVITÉ 3 expérimentation

Le chavirement, on s'en sort !

Parfois, il suffit d'une fausse manœuvre, d'une grosse vague ou d'un coup de vent pour faire chavirer une embarcation. Il faut donc bien comprendre le principe de la stabilité pour concevoir un bateau capable de maintenir son équilibre.

Figure 33 *Le chavirement d'un voilier*

J'observe

Certains bateaux chavirent facilement. D'autres sont très stables. Après avoir chaviré, certains bateaux se redressent spontanément. D'autres sont très difficiles à redresser.

Je me questionne

« Que dois-je faire pour construire un bateau qui chavirera difficilement et qui se redressera facilement si un chavirement se produit ? »

Je précise mes variables

Ton expérience doit te permettre de découvrir :
- comment la forme de la **coque** influe sur la stabilité d'un bateau ;
- comment la répartition des charges dans un bateau peut modifier sa stabilité ;
- quelle est la fonction mécanique élémentaire de la **quille**.

Les fonctions mécaniques élémentaires
L'encyclo, p. 392 à 394

La transmission du mouvement
L'encyclo, p. 419 à 422

La démarche expérimentale
La boîte à outils, p. 430 à 432

Le dynamomètre
La boîte à outils, p. 458

HISTOIRE SCIENTIFIQUE

La forme de la quille ne garantit pas à elle seule la stabilité d'un voilier. **Gerry Roufs**, un Montréalais, a péri dans l'Antarctique en janvier 1997. Il participait à la course autour du monde en solitaire du Vendée Globe avec dix-sept autres personnes. Le voilier de deux autres concurrents, Tony Bullimore et Thierry Dubois, a chaviré. Ils ont échappé de justesse à la mort. Les critères de stabilité des voiliers pour de telles courses sont maintenant plus sévères.

Coque
La surface extérieure d'un bateau et sa charpente. On y fixe des équipements tels le mât, la quille et le gouvernail.

Quille
La pièce plane et lourde fixée sous un voilier.

EXPLORATION 3
Inventer ses solutions

Matériel
- Un pistolet à colle chaude
- Une poinçonneuse pour matériau mou
- Un couteau à lame rétractable
- Un étau
- Un dynamomètre
- Un jeu de masses
- Un rapporteur d'angles
- Une règle

Matériaux
- Du polypropylène ondulé
- Une tige de bois de 1 cm de diamètre
- Un clou à toiture de 3 pouces (7,5 cm)
- Du fil synthétique (ligne à pêche)
- Des bâtonnets de colle

FLASH... FLASH... FLASH...

Ce voilier est très difficile à faire chavirer. De plus, il se redresse spontanément s'il chavire. Observe bien la forme de sa quille.

Vers l'activité synthèse

Retiens tes résultats et tes réponses. Tu t'en serviras pour construire un bateau stable et pouvant se redresser en cas de chavirement.

J'expérimente PROTOCOLE

1. Prends connaissance du matériel et des matériaux dont tu disposes ainsi que de la figure 34.
2. Élabore un protocole pour réaliser cette expérience.
3. Fais valider ton protocole par ton enseignante ou ton enseignant.
4. Construis ton prototype.
5. Réalise ton expérience.

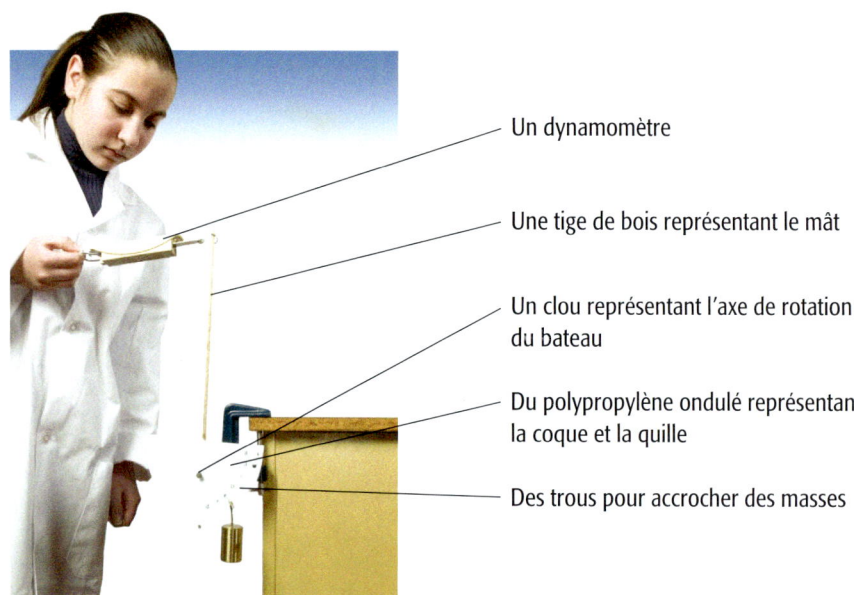

Figure 34 *Le montage de cette expérience*

J'analyse mes résultats et je les présente

1. Décris la forme idéale que devrait avoir la coque d'un bateau pour qu'il puisse se redresser après un chavirement.
2. Décris comment tu disposerais des charges pour que ton bateau se redresse spontanément après un chavirement.
3. Réponds aux questions suivantes :
   a) Comment la direction et la vitesse du vent qui frappe une voile peuvent-elles faire chavirer un bateau ?
   b) Comment les vagues peuvent-elles faire chavirer un bateau ?
4. Décris la forme idéale que devrait avoir la quille d'un bateau pour qu'il soit difficile à faire chavirer et pour qu'il se redresse facilement en cas de chavirement.
5. Discute de tes résultats avec tes camarades de classe.
6. Si tu devais refaire cette expérience, que modifierais-tu dans ton protocole ? Explique pourquoi.

ACTIVITÉ 4 expérimentation et technologie

Garder le cap

Lorsqu'on laisse tomber une fléchette d'une hauteur suffisante, la pointe touche toujours le sol en premier. Une girouette pointe toujours dans la direction d'où vient le vent. Un leurre tiré par une pêcheuse ou un pêcheur s'oriente automatiquement dans la bonne direction. Qu'est-ce que ces phénomènes ont en commun ? Tu répondras à cette question au cours de cette activité. La réponse t'aidera à concevoir un bateau capable de maintenir sa direction, c'est-à-dire son cap, par lui-même.

Le schéma de construction
L'encyclo, p. 383

La gamme de fabrication
L'encyclo, p. 385

La démarche expérimentale
La boîte à outils, p. 430 et 432

La démarche technologique
La boîte à outils, p. 433 et 435

Figure 35 *Le leurre permet d'attirer les poissons.*

J'observe

Pour naviguer efficacement, c'est-à-dire pour faire avancer un bateau dans la direction désirée, il faut maîtriser les forces en jeu. Dans le cas d'un voilier, le vent exerce une force qui pousse la voile vers l'avant. Le mât transmet cette force de la voile à la coque. Par contre, l'eau exerce une force qui tire le bateau vers l'arrière.

Je me questionne

« Comment puis-je me servir des forces exercées par le vent et par l'eau pour faire avancer mon bateau dans la même direction que le vent ? »

Je précise mes variables

Ton expérience doit te permettre :
- de simuler les forces exercées par le vent et par l'eau sur un bateau ;
- de déterminer le meilleur endroit où placer le mât afin que le bateau s'oriente correctement pour naviguer par vent arrière ;
- de trouver comment utiliser le frottement de l'eau pour orienter le bateau dans la bonne direction tout en le freinant le moins possible.

ENRICHISSEMENT

On a longtemps cru qu'on pouvait naviguer à la voile seulement lorsque le vent venait de l'arrière du bateau. À présent, on peut avancer à l'aide des voiles quelle que soit la direction du vent. Fais une recherche documentaire pour trouver comment on s'y prend pour naviguer en sens inverse du vent.

EXPLORATION 3
Inventer ses solutions

J'expérimente PROTOCOLE

1. À l'aide du matériel et des matériaux dont tu disposes, élabore une gamme de fabrication pour construire le prototype de la figure 36.
   - Perce quatre trous dans ton prototype. Ces trous devront te permettre de fixer le panneau de polypropylène ondulé à l'aide d'un boulon. Tu pourras ainsi déterminer l'emplacement idéal de la quille.
   - Plante 12 clous sur ton prototype. Tu y attacheras le fil avec lequel tu tireras ton prototype sur l'eau. Tu pourras ainsi déterminer l'emplacement idéal du mât.

2. Fais valider ta gamme de fabrication par ton enseignante ou ton enseignant.
3. Fabrique ton prototype.
4. Élabore un protocole pour réaliser cette expérience.
5. Fais valider ton protocole par ton enseignante ou ton enseignant.
6. Réalise ton expérience.

Matériel
- Des lunettes de sécurité
- Un pistolet à colle chaude
- Une chignole ou une perceuse
- Un jeu de mèches
- Un boulon de 2 pouces (5 cm)
- Deux écrous
- Un couteau à lame rétractable
- Un plat en pyrex
- Une clé appropriée aux écrous
- Une clé à molette

Matériaux
- Une planche de contreplaqué de 8 cm sur 4 cm
- 12 clous de finition de 1 pouce (2,5 cm)
- Du fil synthétique (ligne à pêche)
- Une pièce de polypropylène ondulé d'environ 4 cm sur 2 cm
- De l'eau

Les 12 clous modélisent les différents emplacements possibles du mât. Ils sont numérotés de 1 à 12 sur le morceau de contre-plaqué.

Le polypropylène ondulé modélise la quille.

a) Vue de côté

Les quatre trous modélisent les différents emplacements possibles de la quille. Ils sont identifiés par les lettres A à D sur le morceau de contre-plaqué.

Le fil modélise la force exercée par le vent sur les voiles.

b) Vue de dessus

Figure 36 *Le prototype de cette expérience*

J'analyse mes résultats et je les présente

1. Indique à quel endroit tu devrais fixer le fil afin que ton prototype puisse maintenir son cap. Explique ton choix.
2. Décris comment tu devrais t'y prendre pour que le frottement de l'eau oriente ton bateau sans trop le ralentir. Explique ta réponse.
3. Discute de tes résultats avec tes camarades de classe.
4. À la suite de cette discussion, localise la position idéale du panneau de polypropylène ondulé et celle du fil sur ton prototype.
5. Si tu devais refaire cette expérience, que modifierais-tu dans ton protocole? Explique pourquoi.

Vers l'activité synthèse

Retiens tes résultats. Ils t'aideront à concevoir un bateau qui maintiendra son cap dans l'activité synthèse de cette exploration.

ACTIVITÉ SYNTHÈSE 3 technologie

Le vent dans les voiles

L'état de la planète est de plus en plus préoccupant. En effet, plusieurs facteurs menacent son équilibre. Cependant, chaque fois qu'ils se heurtent à un problème, les humains essaient de trouver des solutions même s'ils n'y arrivent pas toujours. Tu devras toi aussi, avec ton équipe, concevoir une solution écologique au problème que représente le transport d'une charge.

1. Prends connaissance des contraintes du cahier des charges, à la page suivante.
2. Dresse un inventaire du matériel et des matériaux dont tu auras besoin.
3. Dessine le schéma de construction de ton bateau.
4. Élabore la gamme de fabrication.
5. Prépare un protocole de mise à l'essai de ton bateau.
6. Fais approuver ta liste de matériel et de matériaux, ton schéma de construction, ta gamme de fabrication ainsi que ton protocole par ton enseignante ou ton enseignant.
7. Construis ton bateau.
8. Mets ton bateau à l'essai. Ajuste-le au besoin.
9. Prépare un rapport à l'intention de ton enseignante ou de ton enseignant. Ton rapport devra contenir les éléments suivants :
   - un schéma de principe expliquant la fonction des systèmes suivants de ton bateau : la flottabilité, le redressement après un chavirement et le guidage ;
   - ton schéma de construction ;
   - ta gamme de fabrication ;
   - ton protocole de mise à l'essai ;
   - le rapport des résultats obtenus pendant la mise à l'essai ;
   - le rapport des modifications effectuées après la mise à l'essai.

Les schémas technologiques
L'encyclo, p. 382 à 384

La gamme de fabrication
L'encyclo, p. 385

La démarche technologique
La boîte à outils, p. 433 et 435

FLASH... FLASH... FLASH...

Dans la nuit du 14 au 15 avril 1912, le *Titanic* coula à 640 km au sud de Terre-Neuve. Il traversait l'Atlantique pour la première fois. Des 2 224 personnes à bord, 1 500 périrent. Les concepteurs de ce navire croyaient pourtant qu'il ne pouvait pas couler à cause de ses 16 compartiments étanches.

Points à surveiller

1. Je construis un bateau répondant à toutes les contraintes du cahier des charges.
2. J'explique clairement la fonction de chacun des systèmes de mon bateau.
3. J'utilise correctement l'information scientifique et technologique vue au cours de l'exploration pour améliorer les performances de mon bateau.
4. Je contribue de façon adéquate au travail de mon équipe.

INFO-CARRIÈRE

Technicienne ou technicien en architecture navale

Tu aimes travailler avec des ordinateurs et des logiciels de pointe? Tu as le souci de la précision? Ce travail pourrait t'intéresser. Pour exercer ce métier, tu devras poursuivre tes études secondaires et t'inscrire ensuite à l'Institut maritime du Québec, à Rimouski. Tu y suivras un programme de trois ans.

Tirant d'air
La hauteur d'un bateau au-dessus du niveau de l'eau.

Tirant d'eau
La hauteur d'un bateau en dessous du niveau de l'eau.

Cahier des charges

Nature et fonction de l'objet
Un bateau capable de transporter une charge de 150 g composée de clous de finition de 4 cm de long.

Fabrication
Sur le plan **physique**, le bateau doit être capable :
- de se redresser après un chavirement ;
- de reprendre sa route dans la même direction que le vent ;
- de remonter à la surface après avoir plongé sous la surface de l'eau ;
- de garder sa charge au sec en tout temps ;
- de se déplacer sans intervention humaine après son lancement.

Sur le plan **technique**, le bateau doit :
- mesurer entre 8 cm et 12 cm de long ;
- avoir un **tirant d'air** maximum de 10 cm ;
- avoir un **tirant d'eau** maximum de 3 cm ;
- avoir une largeur maximum de 8 cm ;
- être propulsé par le vent.

Utilisation
Sur le plan **humain**, le bateau doit être esthétique.

Sur le plan **environnemental**, le bateau doit être construit avec des matériaux réutilisés.

MODULE 2
L'équilibre de la planète

Mes découvertes

Exploration 1

- Le cycle de l'eau se compose d'étapes qui se répètent indéfiniment. L'eau s'évapore du sol, des plans d'eau et des êtres vivants (transpiration). Elle se condense ensuite pour former des nuages. Finalement, elle retourne au sol sous la forme de précipitations (p. 48).
- L'évaporation est la plus rapide lorsque l'air est chaud, sec et en mouvement (p. 49 et 50).
- La température moyenne de la planète s'est accrue d'environ 0,5 °C au cours des 50 dernières années. Toutefois, les variations annuelles de température sont beaucoup plus importantes que la variation de la température moyenne (p. 51 et 52).
- À certains endroits, plus l'air est chaud, plus il peut contenir de vapeur d'eau et transporter de précipitations. À d'autres endroits, l'air chaud asséchera davantage le sol. La condensation se produit lorsque l'air refroidit et qu'il ne peut plus contenir toute l'eau sous forme de vapeur (p. 53 et 54).
- Plus les différences de température sont grandes, plus les vents sont puissants (p. 55 et 56).
- L'air chaud monte et l'air froid descend. L'air chaud se refroidit à mesure qu'il s'élève. L'air froid se réchauffe à mesure qu'il descend (p. 57 et 58).

Exploration 2

- Si on diminue le bras de levier, la force appliquée sur la charge sera plus faible. Par contre, le déplacement obtenu sera plus grand. Si on augmente le bras de levier, la force appliquée sur la charge sera plus grande. Par contre, le déplacement obtenu sera plus petit (p. 65 et 67).
- Le pédalier d'un vélo augmente la force appliquée sur la chaîne. Une fois transmis aux pignons, ce mouvement augmente le déplacement de la roue arrière (p. 68 et 69).
- Pour obtenir un maximum d'efficacité lors d'une longue randonnée à vélo, on doit maintenir sa fréquence cardiaque à une valeur inférieure à 85 % de sa fréquence cardiaque maximale. On doit aussi conserver une cadence de 60 à 80 tours de pédalier par minute (p. 70 et 71).
- La consommation de produits pétroliers entraîne le rejet dans l'atmosphère de grandes quantités de gaz carbonique. Cela contribue à l'augmentation de l'effet de serre et peut avoir des conséquences désastreuses pour l'environnement (p. 72 et 73).

Exploration 3

- Lorsqu'on compare deux objets de même masse, on remarque que c'est l'objet qui a le plus grand volume qui flotte le plus facilement (p. 77 et 78).
- Un objet qui flotte déplace une quantité de liquide équivalente à son poids. La partie immergée correspond au volume du liquide déplacé (p. 79 et 80).
- Plus la quille d'un bateau atteint une grande profondeur et plus il y a de poids à son extrémité, moins le bateau aura tendance à chavirer et plus facilement il se redressera après un chavirement. Plus la coque d'un bateau est large, plus il est difficile de le faire chavirer. Cependant, une coque large rend le redressement plus difficile après le chavirement (p. 81 et 82).
- Plus le mât est à l'avant, plus le bateau s'oriente facilement en direction du vent. La présence d'un aileron sous la coque du bateau, à l'arrière, aide à orienter le bateau en direction du vent (p. 83 et 84).

PROJET DU MODULE 2 technologie

7 La démarche technologique
La boîte à outils, p. 433 et 435

CONCEPTS CLÉS DU MODULE 2

- Adaptations physiques et comportementales
- Atmosphère
- Cahier des charges
- Changement physique
- Composantes d'un système
- Conservation de la matière
- Cycle de l'eau
- Eau (répartition)
- Effets d'une force
- États de la matière
- Fonctions mécaniques élémentaires
- Gamme de fabrication
- Gravitation universelle
- Hydrosphère
- Lumière
- Machines simples
- Masse
- Mécanismes de transformation du mouvement
- Mécanismes de transmission du mouvement
- Schéma de construction
- Schéma de principe
- Système (fonction globale, intrants, procédés, extrants, contrôle)
- Température
- Transformation de l'énergie
- Types de mouvements
- Vents
- Volume

Du besoin naît l'invention

Comment la population d'une région entourée d'eau de mer pourrait-elle obtenir de l'eau potable localement? Voilà le défi que tu devras relever. Tu vas concevoir et construire le prototype d'un appareil pouvant transformer l'eau salée en eau douce. Une telle invention pourrait être utile, par exemple, en Thaïlande, qui est située au bord de la mer. Cela permettrait à ce pays de produire de l'eau potable localement.

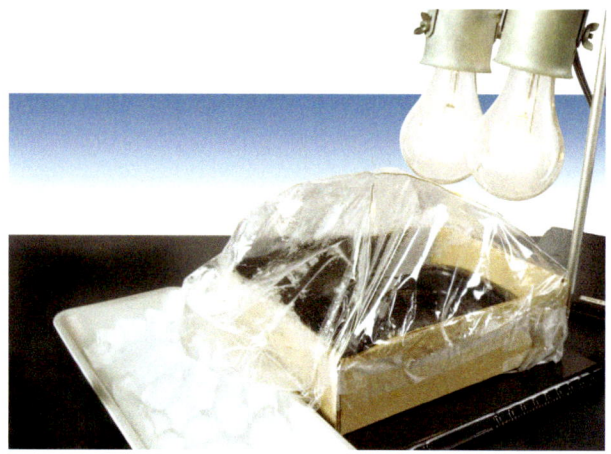

1. Prends connaissance du cahier des charges et de la figure 38, à la page suivante.

2. Lorsque l'eau s'évapore de l'océan, elle ne contient presque pas de sel. Comment pourrais-tu imiter ce phénomène pour fabriquer ton appareil?

3. Conçois et construis ton appareil en utilisant la démarche technologique. Tu peux t'inspirer du schéma de la figure 38 à la page suivante.

4. Tu devras remettre à ton enseignante ou à ton enseignant un rapport contenant les éléments suivants:
   - un schéma de principe de ton appareil;
   - un schéma de construction de ton appareil;
   - une gamme de fabrication de ton appareil;
   - un protocole de mise à l'essai;
   - un rapport des résultats obtenus pendant la mise à l'essai;
   - un rapport des modifications effectuées après la mise à l'essai.

Points à surveiller

1. Je conçois un objet technique répondant aux contraintes du cahier des charges.
2. Je propose une solution qui protège l'équilibre de la planète.
3. Je mets mon prototype à l'essai et j'utilise les résultats de ma mise à l'essai pour l'améliorer
4. J'utilise des méthodes de travail efficaces pour élaborer ma démarche technologique.

Cahier des charges

Nature et fonction de l'objet
Un appareil capable de produire au moins 5 mL d'eau douce à l'heure à partir d'eau salée grâce à un éclairage puissant.

Fabrication
Sur le plan **physique**, l'appareil doit :
– être formé de matériaux résistants à la **corrosion** ;
– être étanche ;
– pouvoir dessaler de l'eau contenant au moins 3,5 g de sel par 100 mL d'eau.

Sur le plan **technique**, l'appareil doit :
– avoir un volume maximum d'environ 60 cm sur 30 cm sur 30 cm ;
– recueillir l'eau douce automatiquement dans un bassin de collecte.

Utilisation
Sur le plan **humain**, l'appareil doit :
– permettre l'ajout d'eau salée ;
– permettre la récolte d'eau douce ;
– être facile à entretenir.

Sur le plan **environnemental**, l'appareil doit être construit avec le plus de matériaux réutilisés possible.

Corrosion
Une réaction chimique provoquant la destruction progressive d'un objet. Par exemple, l'oxygène et le fer réagissent ensemble pour provoquer la rouille en présence d'air ou d'eau.

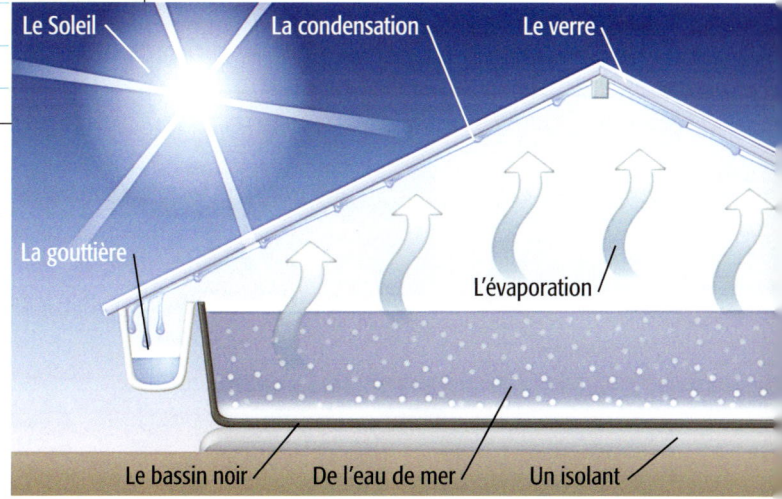

Figure 38 *Ce schéma montre la méthode mexicaine pour dessaler l'eau de mer. Le bassin noir absorbe la lumière du soleil. L'eau de mer contenue dans le bassin noir s'échauffe et son évaporation est rapide. Le verre, quant à lui, n'absorbe pas la lumière du soleil. Il est donc plus froid que le bassin noir. L'eau s'y condense puis coule jusqu'à la gouttière. L'ensemble repose sur un matériau isolant.*

MODULE 3 — L'aventure des êtres vivants

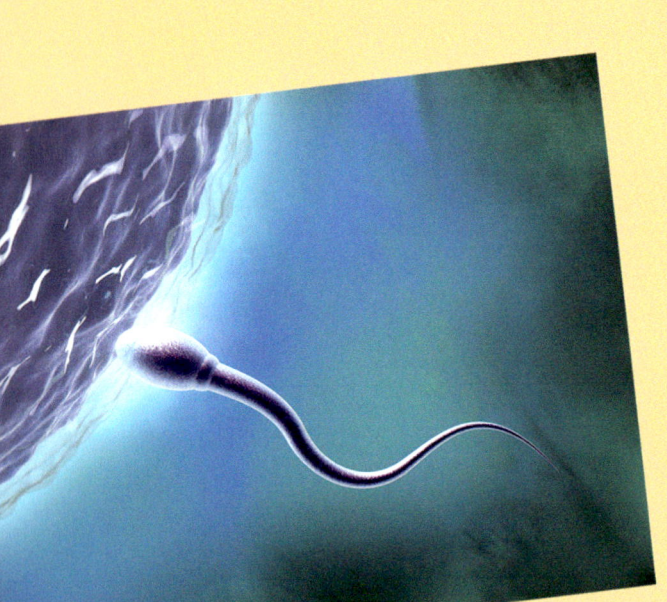

Sommaire

Exploration 1
Un développement fascinant 92

Exploration 2
Pour un corps en santé 102

Exploration 3
Défense d'entrer ! 116

Ainsi va la vie

Tu possèdes déjà des connaissances sur la vie animale et végétale. Mais il te reste encore beaucoup à apprendre sur la vie humaine. Le développement des êtres humains, de la conception à la mort, est en effet très complexe. Observe la photo ci-dessous. Participe ensuite à une discussion autour des questions suivantes :

1. À quoi ressemblerais-tu si les gènes de tes parents s'étaient combinés autrement à ta conception ?
2. Ton développement aurait-il pu être différent si ta mère avait eu d'autres habitudes pendant sa grossesse ?
3. Si tu décidais de ne manger que des substituts de repas, obtiendrais-tu tout ce dont ton corps a besoin ?
4. Comment ta vie changerait-elle si tu devenais père ou mère dès maintenant ?

Télé-vie développe une nouvelle émission : un jeu-questionnaire qui s'intitulera « C'est ma vie ». Chaque semaine, ce jeu-questionnaire traitera d'un thème lié au développement des êtres vivants. Le concept de l'émission n'est pas tout à fait au point. La direction de Télé-vie cherche des personnes pour travailler à la conception de ce jeu. Elle a décidé d'organiser un concours pour trouver ces personnes. À quoi ressemblerait ton propre jeu-questionnaire sur le développement humain ?

CONCOURS
C'est ma vie

- Pour participer au concours, il faut présenter un concept de jeu-questionnaire.
- Les questions doivent amener la personne qui joue à imaginer ce qui se passerait si un aspect de sa vie était modifié.
- Les questions doivent porter sur les trois thèmes suivants :
  - les stades du développement humain ;
  - les conditions nécessaires à un développement sain (telle une bonne alimentation) ;
  - la sexualité (par exemple, les MTS et la contraception).
- Les participantes et les participants devront soumettre leur jeu-questionnaire à une mise à l'essai.

Projet

À la fin de ce module, dans le cadre du projet « C'est ma vie », tu participeras au concours de Télé-vie en préparant un jeu-questionnaire. Les trois explorations de ce module te permettront d'approfondir les trois thèmes du concours. Tu mettras ton jeu à l'essai avec tes camarades de classe.

EXPLORATION 1

Un développement fascinant

CONCEPTS CLÉS DE L'EXPLORATION 1

- Adaptations physiques et comportementales
- Caractéristiques du vivant
- Cellules végétales et animales
- Constituants cellulaires visibles au microscope
- Espèce
- Évolution
- Fécondation
- Gamètes
- Gènes et chromosomes
- Grossesse
- Modes de reproduction chez les animaux
- Organes reproducteurs
- Reproduction asexuée ou sexuée
- Stades du développement humain

D'où viennent les bébés ?

Le texte ci-dessous présente un extrait de livre pour enfants. Il a été écrit par un jeune de ton âge afin d'expliquer les stades du développement humain.

1. D'après-toi, y a-t-il des renseignements qui manquent ? Y a-t-il des éléments qui sont faux parce qu'ils ont été trop simplifiés ?
2. Réécris le texte de cet extrait afin de le corriger.
3. Suppose que tu désires toi aussi expliquer le développement humain à un enfant d'environ huit ans.
   a) Que devrais-tu savoir au sujet du développement humain, de la conception à la naissance ? de la naissance jusqu'à la mort ?
   b) Comment présenterais-tu ce sujet à un jeune enfant ?

Un homme et une femme ont une relation sexuelle.

Le sperme de l'homme se mélange à un ovule dans le ventre de la femme. L'ovule grandit et devient un bébé.

Quand le bébé n'a plus de place dans le ventre de la mère, il sort. On peut alors savoir si c'est un garçon ou une fille.

Voici le fil conducteur de l'exploration 1 : tu découvriras les stades du développement humain, de la formation des cellules sexuelles jusqu'à la mort.

- Dans l'**activité 1**, « Se reproduire et évoluer », aux pages 94 et 95, tu te rappelleras les concepts d'évolution et d'adaptation ainsi que les différents modes de reproduction des êtres vivants.

Pourquoi ai-je les yeux de mon père ?
- Dans les activités 2 et 3, tu verras certains éléments à l'œuvre dans la transmission des caractères génétiques.
    - Au cours de l'**activité 2**, « Les cellules sexuelles », à la page 96, tu examineras des gamètes au microscope.
    - Au cours de l'**activité 3**, « L'extraction de l'ADN », aux pages 97 et 98, tu extrairas et tu observeras l'ADN des cellules de ta joue.

- Dans l'**activité 4**, « Déjà la puberté ! », à la page 99, tu approfondiras tes connaissances sur les organes reproducteurs des humains.

- Dans l'**activité 5**, « Le cycle de la vie », à la page 100, tu découvriras les stades du développement humain.

À la fin de cette exploration, au cours de l'**activité synthèse** « Notre histoire », à la page 101, tu expliqueras le développement humain dans un petit livre illustré destiné à des élèves de troisième année du primaire.

EXPLORATION 1
Un développement fascinant

ACTIVITÉ 1 interprétation et communication
Se reproduire et évoluer

Les espèces
L'encyclo, p. 216

L'évolution
L'encyclo, p. 235

La sélection naturelle
L'encyclo, p. 235

La mutation des gènes
L'encyclo, p. 236

La reproduction chez les animaux
L'encyclo, p. 250 à 256

Figure 1 *La diversité de l'espèce humaine*

Observe la diversité de l'espèce humaine sur la figure 1. Certes, les différences entre les êtres humains ne sont pas aussi grandes que celles qui existent entre les animaux ou entre les végétaux. Cependant, l'*Homo sapiens* n'est sur Terre que depuis environ 400 000 ans. Cela peut te paraître long mais, en réalité, c'est bien peu de temps pour qu'apparaisse une telle diversité. En comparaison, la vie est apparue sur Terre et elle s'y développe depuis environ 3,5 milliards d'années.

L'*Homo sapiens* ne comptait que quelques dizaines de milliers d'individus il y a 100 000 ans. Comment cette espèce a-t-elle pu devenir si nombreuse? Comment les individus en sont-ils arrivés à montrer autant de différences? Tu pourras répondre à ces questions à la fin de cette activité.

ENRICHISSEMENT

Crée une bande dessinée, une banderole ou une affiche pour présenter l'évolution et la diversification d'une espèce actuelle depuis 100 000 ans.

1. Résume en quelques phrases ce que tu connais sur chacun des sujets suivants:
   - l'évolution des espèces;
   - la sélection naturelle;
   - les modes de reproduction chez les animaux.

2. Lis le texte «Le berceau de la vie», à la page suivante. Il te renseignera sur l'âge de la Terre et sur l'évolution de la vie.

3. Participe à une discussion avec tes camarades de classe. Tente d'expliquer comment l'espèce humaine s'est développée au cours des 100 000 dernières années. Explique aussi pourquoi, selon toi, il y a autant de différences d'un individu à l'autre (*voir la figure 1*).

Le berceau de la vie

La Terre est âgée d'environ 4,5 milliards d'années. Imagine que cette période soit équivalente à 12 heures *(voir la figure 2)*. Ainsi, notre planète apparaît à 0 heure. Les premières formes de vie simples voient le jour à 2 h 45 *(voir le tableau 1)*. La faune est maintes fois renouvelée, comme en témoignent les changements de 10 h 25 à 10 h 37. Les dinosaures apparaissent à 11 h 19 et s'éteignent à 11 h 48. L'espèce humaine apparaît 24 secondes avant midi (si on considère le premier *Homo*, qui voit le jour il y a environ 2,5 millions d'années). L'être humain moderne (*Homo sapiens*) apparaît il y a environ 400 000 ans. Cela représente seulement deux secondes avant midi! Juste avant la fin de cette période de 12 heures se trouve une toute petite période de 1/20e de seconde. C'est dans cette courte période que s'entassent les 6 000 dernières années de notre civilisation.

Tableau 1 *Quelques grands événements du développement de la vie*

Date	Événement
1 h 33	Les premières roches datées (il y a 4,016 milliards d'années)
2 h 45	Les premières cellules (il y a 3,8 milliards d'années)
4 h 37	Les cyanobactéries (algues primitives) (il y a 2,8 milliards d'années)
10 h 25	La faune d'Édiacara (il y a 600 millions d'années)
10 h 36	La faune tommotienne (il y a 530 millions d'années)
10 h 37	La faune de Burgess (il y a 525 millions d'années)
De 11 h 19 à 11 h 48	Les dinosaures (apparus il y a 230 millions d'années et disparus il y a 66 millions d'années)
11 h 24	Les mammifères (il y a 200 millions d'années)
11 h 58	Les hominidés (il y a 6 millions d'années)
11 h 59 min 36 s	Le premier *Homo* (il y a 2,5 millions d'années)
11 h 59 min 58 s	L'*Homo sapiens* (il y a 400 000 ans)

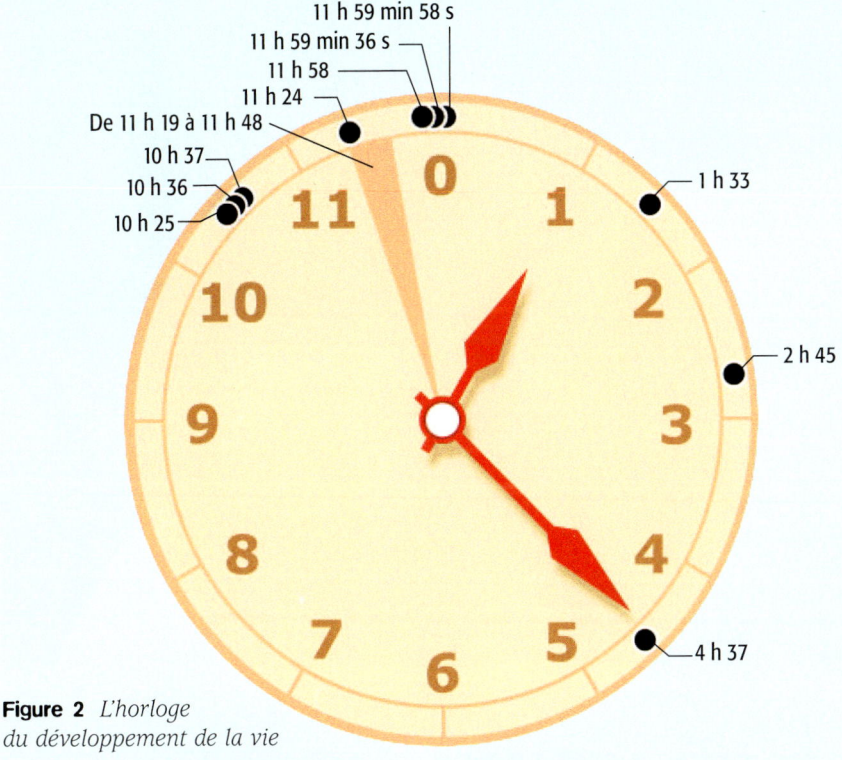

Figure 2 *L'horloge du développement de la vie*

▲ *La faune tommotienne*

▲ *La faune d'Édiacara*

▲ *La faune de Burgess*

ACTIVITÉ 2 interprétation

Les cellules sexuelles

As-tu déjà observé des cellules animales et végétales au microscope? Si oui, tu as constaté que ces deux types de cellules ont des parties communes. Tu as aussi vu que la cellule végétale possède certaines parties supplémentaires. La perpétuation des espèces et l'évolution sont assurées par la reproduction. Dans cette activité, tu observeras les deux cellules humaines nécessaires à la reproduction sexuée: le **gamète** mâle et le gamète femelle.

La cellule
L'encyclo, p. 277 à 279

Le microscope
La boîte à outils, p. 453

Gamète
Une cellule reproductrice mâle (spermatozoïde) ou femelle (ovule) qui peut s'unir à une autre cellule semblable du sexe opposé, par le processus de la fécondation.

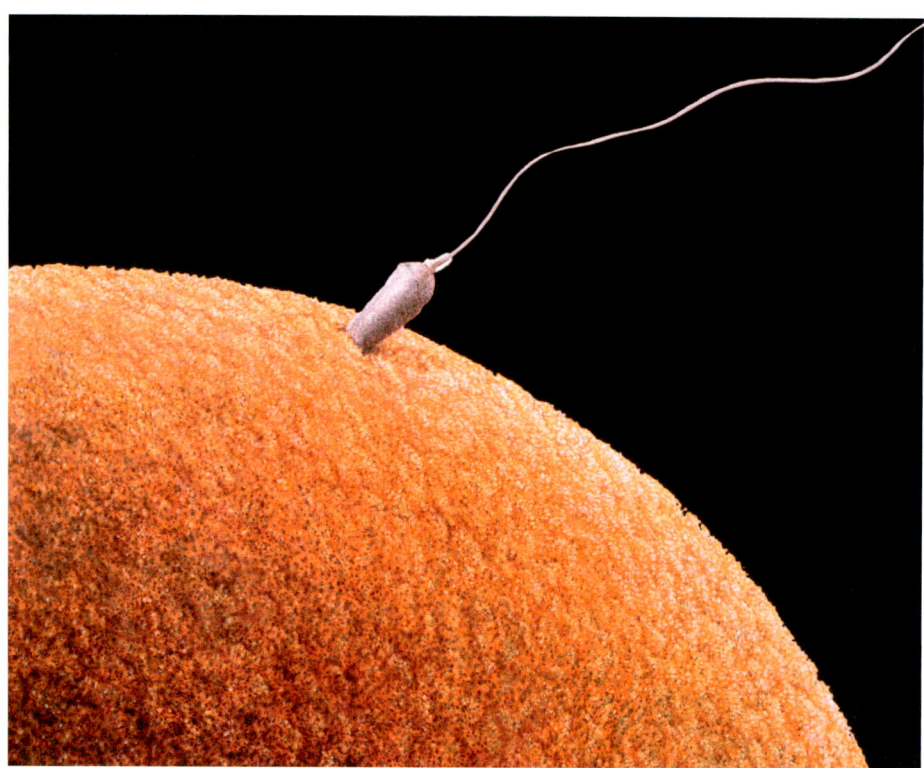

Figure 3 *Un spermatozoïde qui pénètre dans un ovule*

1. Utilise un microscope pour observer les lames préparées que te remettra ton enseignante ou ton enseignant. Ces lames contiennent des cellules animales, plus précisément des gamètes mâles et femelles.

2. Illustre chacune des observations que tu as faites au microscope. Précise le grossissement utilisé.

3. Réponds aux questions suivantes:
   a) Comment se nomme chacune des cellules observées?
   b) Quelles parties propres aux cellules animales as-tu observées dans chaque cellule?
   c) As-tu observé des parties qu'on ne trouve pas dans une cellule animale typique? Si oui, essaie de les nommer.

4. Sur tes schémas, nomme chaque partie identifiée.

Vers l'activité synthèse

Conserve précieusement tes schémas et tes notes sur les cellules sexuelles. Tu pourras intégrer ces renseignements dans ton petit livre, au cours de l'activité synthèse «Notre histoire».

ACTIVITÉ 3 expérimentation
L'extraction de l'ADN

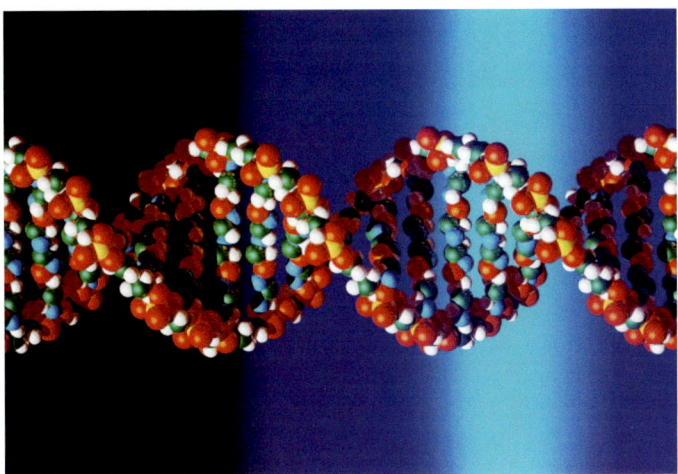

J'observe

Le noyau cellulaire dirige les activités de la cellule et renferme son matériel génétique. Ce matériel génétique apparaît comme de longues chaînes d'acide désoxyribonucléique (ADN) en forme de double hélice. La transmission de l'information contenue dans l'ADN est essentielle à la production de nouvelles cellules, à la reproduction des individus et à l'évolution des espèces.

Je me questionne

« Comment puis-je extraire et observer l'ADN de mes propres cellules ? »

Je précise mes variables

Ton expérience devra te permettre d'extraire l'ADN des cellules de ta joue et de l'observer à l'aide d'un microscope.

J'expérimente

Protocole proposé

Voici le protocole qui te permettra de réaliser cette expérience.

1. Ajoute 15 g de sel de table à l'eau de source.
2. Referme la bouteille d'eau de source. Mélange le contenu de la bouteille jusqu'à ce que le sel soit complètement dissous. L'eau est maintenant salée.
3. Verse 45 mL de cette eau salée dans un verre de plastique.
4. Gargarise-toi et rince bien les parois de tes joues avec les 45 mL d'eau salée. Recrache l'eau dans le bécher de 250 mL.
5. Trempe l'agitateur dans le savon à vaisselle et ajoute doucement une goutte de savon au contenu du bécher.

Les chromosomes et les gènes
L'encyclo, p. 236 et 237

La démarche expérimentale
La boîte à outils, p. 430 à 432

Le microscope
La boîte à outils, p. 453

HISTOIRE SCIENTIFIQUE

Rosalind Elsie Franklin (1920-1958) a projeté sur une pellicule photographique un faisceau de rayons X ayant traversé de l'ADN et a ainsi obtenu des clichés de l'ADN. À partir de ces clichés, James Watson et Francis Crick ont déduit que la molécule d'ADN avait la forme d'une double hélice. En 1962, ils ont obtenu le prix Nobel de médecine pour le modèle qu'ils avaient proposé.

Matériel
- Un verre de plastique
- Un bécher de 250 mL
- Un cylindre gradué de 250 mL
- Un compte-gouttes
- Un agitateur
- Un microscope
- Une lame de microscope
- Une lamelle

Matériaux
- 500 mL d'eau de source en bouteille
- 15 g de sel de table (NaCl)
- 125 mL d'alcool
- Du colorant alimentaire bleu
- Du savon à vaisselle liquide incolore

EXPLORATION 1
Un développement fascinant

LA GÉNÉTIQUE DANS LE TEMPS

▶ **1859**
Charles Darwin propose une théorie de l'évolution.

▶ **1865**
Gregor Mendel énonce les lois fondamentales de l'hérédité.

▶ **1869**
Friedrich Miescher isole l'ADN pour la première fois.

▶ **1953**
Franklin, Watson et Crick découvrent que l'ADN a la structure d'une double hélice.

▶ **1973**
Premier clonage d'un gène animal

▶ **1982**
Premier mammifère transgénique. Sur la photo, un souriceau porte une protéine fluorescente verte extraite d'une méduse.

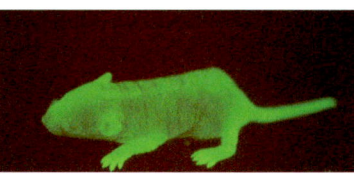

▶ **2003**
Les scientifiques terminent le décodage de l'ADN humain. Celui-ci contient 30 000 gènes.

ENRICHISSEMENT

Que font les spécialistes du domaine génétique depuis qu'ils ont terminé de décoder l'ADN humain? Fais une recherche documentaire pour découvrir les plus récents développements de ce secteur en pleine ébullition. Renseigne-toi également sur les enjeux éthiques et sociaux liés à ces découvertes.

6 Mélange deux ou trois fois seulement, et doucement. Il doit y avoir le moins de mousse possible.

7 Mesure 125 mL d'alcool à l'aide du cylindre gradué.

8 Ajoute deux gouttes de colorant alimentaire à l'alcool et mélange bien.

9 À l'aide du compte-gouttes, fais glisser l'alcool sur la paroi du bécher. Incline le bécher d'environ 20 degrés afin que l'alcool se dépose sur son contenu mais ne s'y mélange pas. Verse suffisamment d'alcool pour former une couche d'environ 2 cm sur l'eau.

10 Observe les brins d'ADN qui se regroupent dans la couche d'alcool.

11 Retire l'ADN à l'aide du compte-gouttes et dépose-le sur une lame de microscope. Dépose une lamelle dessus en suivant les instructions de ton enseignante ou de ton enseignant.

12 Observe ton ADN au microscope.

13 Dessine ce que tu observes au microscope.

J'analyse mes résultats et je les présente

1 Tu as utilisé différents produits pour réaliser cette expérience. D'après-toi, à quoi sert:
- le sel (NaCl)?
- le savon?
- l'alcool?

2 Selon toi, comment pourrais-tu observer encore plus en détail la structure en double hélice de l'ADN?

3 Comment modifierais-tu le protocole si tu devais refaire cette expérience? Explique pourquoi.

4 De quelle façon l'observation de l'ADN a-t-elle marqué l'histoire des sciences?

5 «L'ADN est la structure qui permet l'évolution des espèces.» Effectue une brève recherche documentaire pour te renseigner à ce sujet.

6 Prépare un résumé de ta recherche.

ACTIVITÉ 4 recherche et communication
Déjà la puberté!

La plupart des espèces animales atteignent un stade de maturité sexuelle au cours de leur cycle de vie. À partir de ce moment, elles peuvent se reproduire et transmettre leur matériel génétique. Chez l'être humain, ce stade correspond à la **puberté**. Dès le début de la puberté, des changements physiques et psychologiques se produisent. Cette activité te permettra de découvrir ces changements.

1. Avec tes camarades de classe, discute des changements physiques et psychologiques observables pendant la puberté.
2. Prends en note les changements trouvés. Assure-toi d'avoir compris l'anatomie des organes reproducteurs et les changements associés à la puberté.
3. Choisis une des parties de ton système reproducteur en respectant les consignes de ton enseignante ou de ton enseignant.
4. Effectue une brève recherche documentaire pour connaître le rôle et le fonctionnement de cette partie anatomique.
5. Rédige une fiche d'information. Celle-ci doit contenir une illustration et un résumé de ce que tu as trouvé.
6. Consulte les fiches des autres élèves.
7. Pour vérifier tes connaissances, reproduis et annote les schémas que ton enseignante ou ton enseignant te remettra.

La reproduction chez les êtres humains
L'encyclo, p. 257 à 261

L'adolescence et la puberté
L'encyclo, p. 271

Mener une recherche documentaire
La boîte à outils, p. 436

Communiquer efficacement
La boîte à outils, p. 438 et 439

Puberté
Une étape du développement sexuel où un ensemble de modifications préparent le corps humain à la reproduction.

Vers l'activité synthèse
Assure-toi de bien comprendre les changements qui s'opèrent lors de la puberté. Cela te sera utile lors de l'activité synthèse de cette exploration.

La grossesse
L'encyclo, p. 262 à 267

La naissance
L'encyclo, p. 268

Les stades
du développement humain
L'encyclo, p. 269 à 271

ACTIVITÉ 5 interprétation

Le cycle de la vie

Comme tu l'as vu à l'activité précédente, le corps humain est prêt à se reproduire dès le début de l'adolescence. La reproduction sexuée commence par l'union des cellules sexuelles, c'est-à-dire la fécondation. Il s'ensuit une série de divisions cellulaires.

Poursuis maintenant ton étude du développement humain, de la grossesse à la vieillesse. Ton enseignante ou ton enseignant a disposé dix stations autour de la classe. Chacune d'entre elles contient de l'information sur le développement humain.

Figure 4 *Différents stades du développement de l'être humain*

ENRICHISSEMENT

Certains facteurs ont contribué à l'augmentation de l'espérance de vie au Canada depuis 100 ans. Fais une recherche documentaire sur ce sujet. Indique où se situe le Canada sur l'échelle mondiale quant à l'espérance de vie.

Vers l'activité synthèse

Choisis dès maintenant les éléments de ta fiche synthèse que tu intégreras dans ton petit livre, lors de l'activité synthèse « Notre histoire ».

1. Prends connaissance de la fiche synthèse que ton enseignante ou ton enseignant te remettra. Celle-ci te servira à noter ce que tu apprendras à chaque station.

2. Fais le tour des dix stations en respectant les consignes de ton enseignante ou de ton enseignant.

3. À chacune des stations, prends le temps :
   - de lire l'information disponible ;
   - d'observer les modèles ou les schémas, s'il y a lieu ;
   - de remplir la partie appropriée de ta fiche synthèse.

4. Place-toi en équipe. Compare ta fiche synthèse avec celles des autres membres de ton équipe.

ACTIVITÉ SYNTHÈSE 1 communication

Notre histoire

Au cours de cette exploration, tu as acquis de nombreuses connaissances sur le développement humain. Tu dois maintenant vulgariser ces connaissances dans un petit livre illustré. Tu pourras ainsi les transmettre aux élèves d'environ huit ans d'une école primaire.

La démarche technologique
L'encyclo, p. 376 et 377

Communiquer efficacement
La boîte à outils, p. 438 et 439

FLASH... FLASH... FLASH...

Chaque seconde, le corps humain produit près de 50 millions de nouvelles cellules. Chaque cellule contient environ deux mètres d'ADN. Mis bout à bout, l'ADN que le corps fabrique en une heure couvrirait plus que la distance de la Terre au Soleil.

1. Ton petit livre devra comprendre une page couverture illustrée et un titre accrocheur.
2. Ton petit livre raconte l'histoire de la vie. Il doit donc:
   - expliquer les modes de reproduction chez les animaux en général;
   - résumer l'évolution des espèces vivantes;
   - nommer les parties de la cellule animale et décrire leur rôle;
   - exposer brièvement ce qu'on trouve dans le noyau de la cellule;
   - décrire les organes reproducteurs et les cellules sexuelles humaines (gamètes);
   - expliquer chaque stade du développement humain.
3. Tu dois mettre au moins une photo, une illustration ou un schéma en lien avec ton texte sur chaque page.
4. Tu dois rédiger un plan sommaire visant la mise en marché de ton petit livre. Souviens-toi que la mise en marché est une étape de la démarche technologique.

Tu pourrais utiliser un logiciel de mise en pages pour réaliser ton petit livre. Révise ton texte à l'aide d'un correcteur grammatical. Tu pourrais aussi numériser les photos ou les illustrations que tu as choisies. Puis, tu pourrais les insérer dans ton petit livre. N'oublie pas d'indiquer tes sources.

Points à surveiller

1. Je décris et j'explique clairement des phénomènes complexes.
2. J'utilise de l'information scientifique provenant de l'ensemble des activités de l'exploration.
3. J'utilise un langage scientifique approprié et des éléments visuels attrayants pour des enfants d'environ huit ans.
4. Je coopère avec les autres membres de mon équipe pour la réalisation du travail.

Vers le projet

Tu connais mieux l'organisation de la cellule, la reproduction et le développement humain. Tu pourras intégrer tes nouvelles connaissances dans le jeu-questionnaire que tu créeras dans le cadre du projet du module « C'est ma vie ».

EXPLORATION 2

Pour un corps en santé

CONCEPTS CLÉS DE L'EXPLORATION 2

- Acidité et basicité
- Cahier des charges
- Changements chimiques et physiques
- Composantes d'un système
- Gamme de fabrication
- Matériau
- Matériel
- Molécule
- Osmose et diffusion
- Respiration
- Schéma de construction
- Schéma de principe
- Stades du développement humain
- Système (fonction globale, intrants, procédés, extrants, contrôle)

Attention !

Propose dès maintenant un menu. À la fin de cette exploration, tu le modifieras à la lumière de tes nouvelles connaissances.

Autour d'un feu de camp

Lorsque tu rencontres tes amis, tu as parfois l'occasion de partager des aliments ou des repas, que ce soit à la maison ou ailleurs. Au cours de l'exploration précédente, tu as appris des choses sur le développement de l'être humain. Dans cette exploration, tu aborderas un aspect important de notre développement : l'alimentation.

1. De manière générale, quels facteurs font partie d'un mode de vie sain ?
2. Les réunions entre amis sont souvent une occasion de faire la fête. Que penses-tu du choix alimentaire des jeunes de la photo dans un tel contexte ?
3. Comment décrirais-tu une alimentation qui comble tes besoins quotidiens ?
4. Quelles conséquences tes choix alimentaires peuvent-ils avoir sur l'économie locale ? sur l'agriculture du pays ? sur l'environnement ? sur la société à l'échelle mondiale ?

Imagine que ton école organise un camp de fin d'année d'une durée de quatre jours. Les élèves sont divisés en équipes. Chaque équipe doit planifier ses repas. Tu as la responsabilité de préparer un menu. Ton menu devra permettre à tous les membres de ton équipe de répondre à leurs besoins alimentaires. Il devra aussi leur procurer suffisamment d'énergie pour réaliser les activités offertes au camp.

Voici le fil conducteur de l'exploration 2: tu découvriras ce qu'est une alimentation équilibrée et pourquoi tu dois bien te nourrir. De plus, tu verras les conséquences de tes choix alimentaires sur ta santé.

- Dans l'**activité 1**, «Dis-moi ce que tu manges…», à la page 104, tu te renseigneras sur le menu hebdomadaire typique des membres de ton équipe.

- Dans l'**activité 2**, «*Le Guide alimentaire canadien*», aux pages 105 et 106, tu en apprendras plus sur un guide qui t'aidera à planifier tes menus et tes activités physiques.

- Dans l'**activité 3**, «Une salive surprenante», aux pages 107 et 108, tu analyseras l'action de ta salive sur les aliments et son rôle dans la digestion.

- Dans l'**activité 4**, «Manger pour vivre», aux pages 109 et 110, tu comprendras que tes cellules ont besoin d'aliments sains pour bien fonctionner.

- Dans l'**activité 5**, «La porte d'entrée de la cellule», aux pages 111 et 112, tu apprendras comment les aliments se rendent jusqu'aux cellules.

- Dans l'**activité 6**, «La technologie qui nous alimente», aux pages 113 et 114, tu concevras un objet technique lié à l'alimentation.

À la fin de cette exploration, au cours de l'**activité synthèse** «À la belle étoile», à la page 115, tu modifieras le menu que tu as proposé pour le camp scolaire. Dans ce menu, tu devras tenir compte des besoins des membres de ton équipe et des recommandations du *Guide alimentaire canadien*. Tu donneras aussi des conseils en matière d'alimentation.

EXPLORATION 2
Pour un corps en santé

ACTIVITÉ 1 interprétation

Dis-moi ce que tu manges...

INFO-CARRIÈRE

Diététiste-nutritionniste

Les diététistes-nutritionnistes travaillent dans le domaine de la santé. Ces personnes ont un intérêt marqué pour les aliments. Elles possèdent aussi des habiletés dans les relations interpersonnelles et en communication. Elles doivent être prêtes à suivre une formation continue pour être au fait des dernières découvertes scientifiques dans le domaine de l'alimentation. Pour exercer cette profession, tu dois obtenir un diplôme d'études collégiales en sciences de la nature. Tu dois faire ensuite un baccalauréat spécialisé en nutrition. Une formation technique en diététique offerte au collégial permet aussi de travailler dans ce domaine.

En général, ce sont les parents qui ont la responsabilité de nourrir leur famille. Cependant, les demandes et les goûts des jeunes influent sur les aliments que les parents choisissent. Dans cette activité, tu prendras conscience de ce qui compose habituellement ton menu hebdomadaire. Tu découvriras aussi la variété des aliments que consomment les autres membres de ton équipe.

1. Pendant deux jours, note tous les aliments que tu consommes. Tu dois choisir une journée de fin de semaine et une journée de classe. Note aussi avec soin la quantité de chaque aliment que tu as mangée. Inscris avec le plus de détails possible la composition des repas prêts à servir et des repas pris au restaurant, s'il y a lieu.

2. Note tes préférences ou tes particularités alimentaires, s'il y a lieu (allergies, végétarisme, règles religieuses, goûts liés au pays d'origine, etc.).

3. Place-toi en équipe selon les consignes de ton enseignante ou de ton enseignant.

4. Demande aux membres de ton équipe de te fournir leur liste d'aliments consommés et donne-leur la tienne. Note les préférences et les particularités de chaque membre.

5. Utilise tes connaissances actuelles pour répondre aux questions suivantes:
   a) Quelles améliorations apporterais-tu à ton menu hebdomadaire? Pourquoi?
   b) Quelles conséquences une mauvaise alimentation peut-elle avoir sur la santé?

Vers l'activité synthèse

Conserve ta liste et celle des membres de ton équipe. Ces documents t'aideront à formuler des recommandations qui tiendront compte des goûts des élèves dans l'activité synthèse « À la belle étoile ».

ACTIVITÉ 2 interprétation
Le Guide alimentaire canadien

La première version du *Guide alimentaire canadien* a été publiée en 1942. C'était l'époque de la Seconde Guerre mondiale et du rationnement. Le *Guide* visait à prévenir les carences alimentaires et à améliorer la santé des gens au Canada. Depuis, à la suite des découvertes scientifiques, le *Guide* a été mis à jour et transformé à sept reprises. Cependant, son but est toujours le même : aider les gens à bien choisir ce qu'ils mangent.

1. Ton enseignante ou ton enseignant te remettra un exemplaire du *Guide alimentaire canadien*. Lis-le. Observes-en tous les détails : les couleurs, les exemples d'aliments, les exemples de portions, les conseils, etc.

2. Reproduis le tableau suivant. Remplis-le en te servant du *Guide*.

> **ENRICHISSEMENT**
>
> Compare les sept versions du *Guide alimentaire* publiées depuis 1942. Quelles sont les ressemblances? Quelles sont les différences? Es-tu capable de les situer dans leur contexte historique?

Tableau 2 *Profil d'une alimentation saine à l'adolescence*

Groupes alimentaires	Exemples d'aliments	Choix recommandés pour mon groupe d'âge et pour mon sexe	Conseils et trucs du *Guide alimentaire canadien*

EXPLORATION 2
Pour un corps en santé

ENRICHISSEMENT

Certains pays ont adopté une présentation de forme pyramidale pour formuler leurs recommandations en matière d'alimentation. Analyse une de ces pyramides avec l'aide de ton enseignante ou de ton enseignant.

3 Réponds aux questions suivantes :
   a) Quels renseignements la présentation visuelle du *Guide* te donne-t-elle ?
   b) Que dit le *Guide* à propos des huiles et des graisses ? de l'équilibre énergétique et du poids santé ? de l'activité physique ? des boissons ?
   c) Comment peut-on apprêter les aliments afin de diminuer leur teneur en matières grasses ? Indique au moins quatre façons.
   d) Est-ce que les aliments classés dans la catégorie « Autres aliments » sont mauvais pour la santé ?
   e) Est-ce que les besoins nutritionnels sont identiques pour tout le monde ? Pourquoi ?
   f) Quels trucs le *Guide* nous donne-t-il pour nous aider à le suivre ? Nommes-en au moins cinq.
   g) Quels trucs le *Guide* nous donne-t-il pour nous aider à faire l'épicerie ? Nommes-en au moins trois.
   h) D'après toi, comment peut-on évaluer le nombre de portions de chaque groupe alimentaire lorsqu'on consomme un mets composé de plusieurs aliments (par exemple une pizza) ?
   i) Quelle information les étiquettes nutritionnelles qui se trouvent sur les aliments nous donnent-elles ?

4 Compare la grosseur des portions recommandées à des quantités que tu connais. Par exemple, 15 mL de beurre d'arachide est l'équivalent du volume de ton pouce.

Vers l'activité synthèse

Assure-toi d'avoir bien compris les recommandations du *Guide alimentaire*. Elles te seront utiles pour modifier ton menu pour le camp, dans l'activité synthèse de l'exploration.

5 Reprends la liste d'aliments que tu as dressée à l'activité précédente, « Dis-moi ce que tu manges... ».
   a) Évalue-la en fonction des recommandations du *Guide alimentaire* (nombre de portions de chaque groupe, respect des conseils, etc.). Fais attention de bien vérifier les portions.
   b) Quelles recommandations du *Guide alimentaire* pourraient s'appliquer à ce que tu as mangé pendant les deux jours analysés ?

6 Discute de l'ensemble de tes réponses avec les autres élèves de ta classe.

Figure 5 *À quel groupe alimentaire appartiennent les aliments qui apparaissent sur les photos ?*

ACTIVITÉ 3 expérimentation
Une salive surprenante

J'observe

Chaque jour, tu consommes des aliments solides et liquides. Imagine que ton dernier repas consistait en un sandwich et un verre de jus d'orange. Que devient le sandwich dans ton corps? Que devient le jus d'orange? Note ta réponse, car nous y reviendrons plus tard. La digestion est un processus complexe qui permet à ton corps, avec l'aide de la respiration cellulaire, d'obtenir l'énergie nécessaire pour réaliser ses activités.

Les acides et les bases
L'encyclo, p. 183 et 184

Le papier tournesol
L'encyclo, p. 186

Les changements physiques et chimiques
L'encyclo, p. 191 et 193

La démarche expérimentale
La boîte à outils, p. 430 à 432

Le tableau
La boîte à outils, p. 440

Je me questionne

1. « Comment les aliments sont-ils transformés au cours de la digestion ? »
2. « Comment puis-je observer l'action de la salive sur les aliments ? »

Je précise mes variables

Ton expérience doit te permettre :
- de différencier le goût d'un biscuit salé avant et après l'avoir mastiqué pendant une minute ;
- d'observer les changements physiques et chimiques qui se déroulent dans ta bouche. Tu feras cette démonstration en mélangeant de la salive à de la purée de pommes de terre. Tu laisseras ensuite la purée reposer pendant 10 minutes ;
- de démontrer le rôle de la salive dans ces changements. Pour ce faire, tu observeras ce qui arrive lorsqu'on ajoute de la salive à de l'amidon pur ;
- de déterminer si la salive est acide ou basique.

J'expérimente

Avant de proposer un protocole, rappelle-toi que l'iode a la propriété de colorer l'amidon en bleu foncé. L'amidon est un sucre complexe qu'on trouve entre autres dans les céréales, dont le blé et le maïs. Il y a aussi de l'amidon dans certains légumes comme les pommes de terre, et dans plusieurs fruits, comme les bananes.

Matériel
- Une bouteille compte-gouttes
- Une boîte de Petri

Matériaux
- Des craquelins salés (un par élève)
- Six languettes de papier tournesol
- De l'amidon
- De l'iode
- Un cure-dent
- De la purée de pommes de terre
- De la salive

1. À l'aide du matériel et des matériaux dont tu disposes, propose un protocole qui te permettra de réaliser cette expérience. Tu peux lire les questions de la section « J'analyse mes résultats et je les présente » pour guider ta démarche.
2. Fais valider ton protocole par ton enseignante ou ton enseignant.
3. Réalise ton expérience.

J'analyse mes résultats et je les présente

1. Prépare un tableau pour y inscrire tes résultats et tes descriptions.
2. Réponds aux questions suivantes :
   a) Comment le goût des craquelins change-t-il après la mastication ? Décris ce changement dans ton tableau.
   b) Comment l'aspect des craquelins change-t-il après la mastication ? Décris cet aspect dans ton tableau.
   c) Comment la purée de pommes de terre change-t-elle d'aspect après un contact de 10 minutes avec la salive ? Décris cet aspect dans ton tableau.
3. La composition chimique des craquelins a changé après la mastication. Quelle preuve as-tu de ce changement ?
4. La salive est-elle acide ou basique ? Selon toi, est-ce le cas de toutes les substances sécrétées par le corps en vue de la digestion ?
5. Quelles transformations chimiques et physiques la pomme de terre a-t-elle subies au cours de cette expérience ?
6. Si tu devais refaire cette expérience, que modifierais-tu dans ton protocole ? Explique pourquoi.

ENRICHISSEMENT

Reprends la liste d'aliments que tu as préparée à l'activité 1, « Dis-moi ce que tu manges... ». Calcule (en kJ) si ce que tu as mangé au cours d'une journée correspond aux besoins énergétiques d'une personne de ton âge. Pour y arriver, demande l'aide de ton enseignante ou de ton enseignant.

ACTIVITÉ 4 interprétation

Manger pour vivre

Depuis le début de cette exploration, tu as pris connaissance de nombreuses recommandations relatives à l'alimentation. Tu sais que tu dois choisir tes aliments avec soin. Mais manger est aussi un acte important sur le plan social : c'est l'occasion de retrouver ceux qu'on aime, de se détendre, de discuter, de s'ouvrir aux habitudes alimentaires des autres nations, etc. Manger fait donc partie d'un ensemble d'activités.

Tu as appris au cours de l'activité précédente que la digestion commence dans la bouche. Qu'arrive-t-il ensuite aux aliments que tu consommes ? Que deviennent les éléments nutritifs que tu absorbes ? Comment ton organisme les utilise-t-il ? C'est ce que tu découvriras dans cette activité.

La respiration cellulaire
L'encyclo, p. 285

1. Une des réactions chimiques qui se déroulent dans tes cellules est la respiration cellulaire. Pour te rafraîchir la mémoire sur cette réaction, réponds aux questions suivantes :
   a) D'où proviennent les intrants de cette réaction ?
   b) D'après toi, par quel moyen ces intrants se rendent-ils jusqu'à la cellule ?
   c) À part les éléments nutritifs, que doit-il y avoir dans la cellule pour que la respiration cellulaire se déroule bien ?
   d) Qu'est-ce qui pourrait nuire à l'entrée de cet autre intrant dans la cellule ?

2. Lis le texte « Un survol de l'appareil digestif », à la page suivante. Observe attentivement la figure 5. Réponds aux questions suivantes :
   a) La bouche n'est pas le seul organe de l'appareil digestif. Que peux-tu dire des réactions qui se déroulent dans les autres organes de l'appareil digestif ?
   b) Quel lien peux-tu faire entre la digestion des aliments, les particules qui les composent et les changements chimiques ?

3. Réponds à nouveau à la question posée au début de l'activité précédente : « Après avoir mangé un sandwich et bu un jus d'orange, qu'arrive-t-il au sandwich ? au jus d'orange ? »

4. Discute en équipe de la question suivante : « Est-ce que je pourrais obtenir tout ce dont mon corps a besoin en ne mangeant que des substituts de repas ? Pourquoi ? »

FLASH... FLASH... FLASH...

Avec la période fœtale et la première année de vie, l'adolescence est la période où l'être humain croît le plus rapidement. En effet, au cours de l'adolescence, le poids double et, pendant quelques années, tu peux grandir de 8 à 12 centimètres par année. Les filles de 13 à 15 ans doivent consommer en moyenne 10 358 kJ par jour pour combler leurs besoins énergétiques. Les garçons de 16 à 19 ans ont besoin de 12 771 kJ par jour.

Vers l'activité synthèse

Assure-toi de bien comprendre comment fonctionne ton appareil digestif. Cela te sera utile pour formuler des recommandations quand tu proposeras un menu pour le camp, dans l'activité synthèse de cette exploration.

7 Les changements physiques et chimiques

L'encyclo, p. 191 et 193

Un survol de l'appareil digestif

1. Les glandes salivaires
2. La bouche ou cavité buccale
3. Le pharynx
4. L'œsophage
5. Le foie
6. La vésicule biliaire
7. L'estomac
8. Le pancréas
9. L'intestin grêle
10. Le gros intestin
11. Le rectum
12. L'anus
13. Une villosité
14. Une particule d'aliment
15. Les capillaires sanguins
16. Une artère
17. Une veine

Figure 6 *Les aliments : de la consommation à la respiration cellulaire*

Au cours de la digestion, les aliments que tu consommes subissent une série de changements physiques et chimiques qui les décomposent en particules. Ces changements ont lieu principalement dans la bouche, dans l'estomac et dans l'intestin grêle (*voir la figure 6*).

Les changements physiques s'opèrent d'abord dans la bouche. Grâce à la mastication, les aliments sont coupés et broyés. L'estomac contribue lui aussi à décomposer et à mélanger les aliments. Dans l'intestin grêle, la bile, produite par le foie, fragmente les lipides (gras).

Les changements chimiques, quant à eux, ont lieu dans toutes les parties de l'appareil digestif où il y a des sécrétions (salive, sucs). Dans la bouche, la salive transforme l'amidon. Dans l'estomac, les sucs gastriques commencent la digestion des protéines. Dans l'intestin grêle, les sucs intestinaux et pancréatiques décomposent les glucides (sucres), les protéines et les lipides.

Une fois la digestion terminée, les aliments deviennent des particules suffisamment petites pour que les cellules du corps puissent les utiliser. Ces particules sont absorbées par les villosités de l'intestin grêle et diffusent vers les capillaires sanguins. Elles sont ensuite transportées par le sang jusqu'aux cellules. Les particules d'aliments, appelées nutriments, y sont transformées en énergie au cours de la respiration cellulaire, qui est une forme de combustion. L'organisme peut emmagasiner le surplus d'énergie, entre autres sous forme de graisse. Les nutriments sont également utilisés pour fabriquer différentes molécules utiles à l'organisme.

HISTOIRE SCIENTIFIQUE

Alexis Saint-Martin était un trappeur canadien. Le 6 juin 1822, il a reçu une balle dans le côté. La balle a laissé une ouverture de près de 2 cm dans son estomac. Le D**r** **William Beaumont** a utilisé le cas d'Alexis Saint-Martin pour étudier le fonctionnement de l'estomac. Alexis Saint-Martin est mort en 1880… avec son estomac troué !

ACTIVITÉ 5 expérimentation

La porte d'entrée de la cellule

J'observe

Dans l'activité précédente, « Manger pour vivre », tu as déduit que les éléments nutritifs nécessaires à la respiration cellulaire provenaient de ton alimentation. Tu sais également que tes cellules échangent avec leur milieu grâce à la diffusion et à l'osmose.

Je me questionne

1. « Comment puis-je reproduire les phénomènes de diffusion et d'osmose ? »
2. « Comment puis-je expliquer la diffusion et l'osmose à une personne qui ne suit pas le cours de science et technologie ? »

Je précise mes variables

Ton expérience doit te permettre de visualiser les phénomènes de diffusion et d'osmose.

J'expérimente PROTOCOLE

Comment fonctionne la cellule
L'encyclo, p. 280 à 285

La démarche expérimentale
La boîte à outils, p. 430 à 432

Tracer des schémas
La boîte à outils, p. 446 et 447

Matériel
- Une boîte de Petri
- Un bécher de 250 mL
- Un compte-gouttes
- Un rétroprojecteur
- Un couteau

Matériaux
- Du colorant alimentaire (rouge et bleu)
- Une pomme de terre par équipe
- Du gros sel
- De l'eau à la température ambiante
- De l'eau chaude (colorée en rouge)
- De l'eau froide (colorée en bleu)
- Une solution d'eau physiologique (dont la concentration en sels minéraux est identique à celle des cellules du corps humain)
- De l'eau distillée (qui ne contient aucun sel minéral)

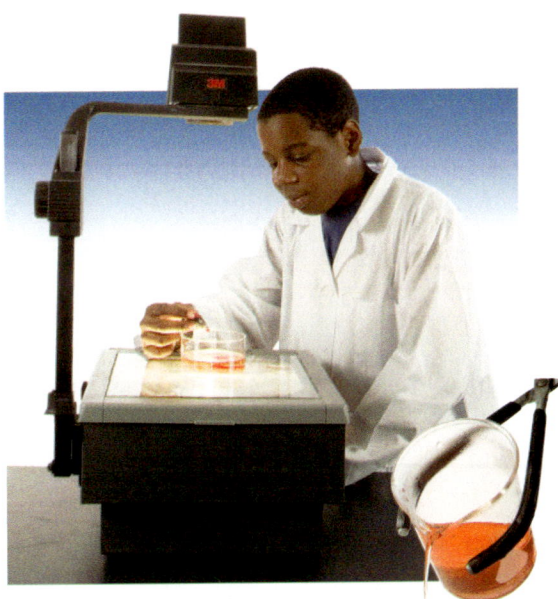

a) Du colorant dans l'eau

b) De l'eau chaude dans l'eau froide

Le premier trou contient de l'eau distillée.

Le deuxième trou contient de l'eau physiologique.

Le troisième trou contient du gros sel.

c) Les échanges cellulaires dans une pomme de terre

Figure 7 Une modélisation des phénomènes d'osmose et de diffusion.

EXPLORATION 2
Pour un corps en santé

1. À l'aide du matériel et des matériaux dont tu disposes, élabore un protocole pour réaliser cette expérience. Pour t'aider, tu peux lire la section « J'analyse mes résultats et je les présente ». Tu dois préparer les trois montages de la figure 6. Ces montages doivent te permettre d'expliquer la diffusion et l'osmose à une personne qui n'est pas familière avec ces phénomènes.

2. Fais valider ton protocole par ton enseignante ou ton enseignant.

3. Réalise tes trois montages et ton expérience.

J'analyse mes résultats et je les présente

1. Réponds aux questions suivantes :
   a) Dans le premier montage, tu mets une goutte de colorant dans l'eau à la température ambiante. Qu'observes-tu environ trois secondes après avoir mis le colorant ? Qu'observes-tu une minute après avoir mis le colorant ?
   b) Dans le deuxième montage, tu mélanges de l'eau chaude colorée en rouge et de l'eau froide colorée en bleu dans un bécher. Qu'observes-tu à ce moment ?
   c) À l'aide de schémas, illustre ce qui s'est passé dans la boîte de Petri du premier montage et dans le bécher du deuxième montage.
   d) Comment se nomme le phénomène observé à l'aide de ces deux montages ?

2. Illustre par un schéma ce qui s'est passé dans chacun des trois trous de la pomme de terre.

3. Ajoute une légende à chacun de tes schémas. Dans tes légendes, formule une explication en utilisant les mots « diffusion », « osmose », « cellule » et « membrane ».

4. Résume dans tes mots les phénomènes de diffusion et d'osmose.

5. Quel lien peux-tu faire entre la diffusion, l'osmose et le passage des éléments nutritifs dans la cellule ?

6. Quel lien peux-tu faire entre la diffusion, l'osmose, le passage des éléments nutritifs dans tes cellules, ta santé et ta forme physique ?

7. Si tu devais refaire cette expérience, que modifierais-tu dans ton protocole ? Explique pourquoi.

INFO-CARRIÈRE

Technicienne ou technicien des produits alimentaires

La technicienne ou le technicien des produits alimentaires exécute de nombreuses tâches techniques en laboratoire dans le domaine de l'alimentation. Cette personne peut déterminer la valeur nutritive des aliments ou expérimenter des recettes. Elle peut aussi contrôler la qualité de la production, mettre au point de nouveaux produits alimentaires, etc. Pour exercer ce métier, tu dois obtenir un diplôme d'études collégiales en techniques de génie chimique, en techniques de laboratoire ou en technologie de la transformation des aliments.

Figure 8 *Des cellules d'élodées dans une solution saline*

ACTIVITÉ 6 technologie

La technologie qui nous alimente

Dans l'alimentation, on emploie de plus en plus souvent la technologie. Celle-ci permet de conserver les aliments, de les transformer ou même de les produire. Grâce à la biotechnologie, on peut consommer des fromages, du yogourt, du pain, certaines boissons, etc. En effet, même si le terme «biotechnologie» est récent, il réfère à des procédés qui existent depuis longtemps. Des procédés techniques de conservation, comme la **pasteurisation** et la mise en conserve, nous permettent d'avoir accès à une grande variété d'aliments toute l'année. La cuisson, le séchage, le fumage, etc., sont des procédés techniques de transformation des aliments.

Dans cette activité, tu concevras et tu construiras un appareil pour déshydrater des aliments, par exemple des fruits. Tu pourras intégrer ces aliments au menu que tu composeras pour le camp, dans l'activité synthèse.

Figure 9 *Un déshydrateur commercial*

Les schémas technologiques
L'encyclo, p. 382 à 384

La gamme de fabrication
L'encyclo, p. 385

Le matériau et le matériel
L'encyclo, p. 387

Les systèmes
L'encyclo, p. 389 et 390

La démarche technologique
La boîte à outils, p. 433 à 435

Pasteurisation
Un procédé qui consiste à détruire, par chauffage, les bactéries nuisibles pouvant se trouver dans un liquide, par exemple le lait.

1. Ton enseignante ou ton enseignant te fournira une notice technique qui accompagne un déshydrateur commercial (*voir la figure 9*). Lis-la attentivement.
2. Consulte le cahier des charges, à la page suivante, pour connaître les contraintes de construction de ton appareil.
3. Dresse une liste du matériel et des matériaux dont tu auras besoin pour construire ton déshydrateur.
4. Dessine la première version du schéma de principe de ton déshydrateur.
5. Dessine la première version du schéma de construction de ton déshydrateur.
6. Fais approuver ta liste de matériel et de matériaux ainsi que tes schémas par ton enseignante ou ton enseignant.
7. Construis ton déshydrateur.
8. Corrige tes schémas de principe et de construction au besoin.
9. Prépare une notice technique pour accompagner ton déshydrateur. Inspire-toi de celle que tu as lue. Rédige aussi les mises en garde qui s'imposent.
10. Élabore une gamme de fabrication qui viserait la production en série de ton déshydrateur.
11. Déshydrate des fruits à l'aide de ton appareil.
12. Résume les caractéristiques de ton déshydrateur en suivant les consignes de ton enseignante ou de ton enseignant.

ENRICHISSEMENT

Certaines méthodes utilisées pour conserver les aliments ne font pas l'unanimité, par exemple la lyophilisation. Participe à un débat à ce sujet après avoir étudié l'une de ces méthodes.

Vers l'activité synthèse

Assure-toi de bien comprendre le procédé technique de conservation des aliments qu'est la déshydratation. Cela te servira dans l'activité synthèse de cette exploration pour formuler les recommandations qui accompagneront ton menu.

HISTOIRE SCIENTIFIQUE

Louis Pasteur (1822-1895) était un chimiste et un biologiste français. On lui doit entre autres le vaccin contre la rage. En France, à son époque, le vin et la bière devenaient aigres rapidement, ce qui occasionnait des désagréments et constituait un problème économique. Le scientifique a rapidement associé l'aigreur des boissons à la présence de microorganismes. Il a ensuite réussi à les détruire en chauffant le vin et la bière et en les refroidissant rapidement. En 1865, la pasteurisation était née. Il fallut cependant attendre jusqu'en 1926 pour qu'on applique la pasteurisation du lait au Québec. Cette mesure a entraîné une baisse du taux de mortalité infantile.

Cahier des charges

Nature et fonction de l'objet
Un déshydrateur capable de préparer des collations de fruits secs.

Fabrication
Sur le plan **physique**, l'objet doit être :
- fabriqué avec des matériaux résistant à une température d'environ 65 °C ;
- fabriqué avec des matériaux qui protègent les aliments de la contamination par des microorganismes ;
- utilisé dans un endroit propre pour éviter la contamination des aliments.

Sur le plan **technique**, l'objet doit :
- se démonter facilement, pour faciliter l'accès aux aliments et le nettoyage ;
- être muni d'une source de chaleur constante ;
- offrir une bonne aération pour permettre l'évacuation de la vapeur d'eau.

Utilisation
Sur le plan **humain**, l'objet doit être :
- facile à entretenir ;
- facile à utiliser ;
- peu bruyant ;
- sans danger.

Sur le plan **environnemental**, l'objet doit :
- être fabriqué avec des matériaux qui ne peuvent nuire ni à la santé des humains ni à l'environnement ;
- consommer peu d'énergie.

ACTIVITÉ SYNTHÈSE 2 communication

À la belle étoile

Au cours de cette exploration, tu as reçu de nombreux conseils en matière d'alimentation. Tu as aussi pris conscience des conséquences de tes choix alimentaires sur ton développement. Dans cette activité, tu vas reprendre et corriger ton menu pour le camp scolaire. Tu dois tenir compte des principes d'une bonne alimentation et des conséquences de tes choix.

Communiquer efficacement
La boîte à outils, p. 438 et 439

1. Ton travail devra présenter le menu que tu as préparé au début de cette exploration et ton menu final.

2. Ton menu final devra:
   - comprendre trois repas et deux collations pour chacun des quatre jours de camp;
   - tenir compte des goûts et des allergies (s'il y a lieu) des membres de ton équipe;
   - respecter les principes du *Guide alimentaire canadien*;
   - être adapté à la situation (variété, mode de cuisson, mode de conservation);
   - inclure des aliments que tu as déshydratés en classe.

3. Tu devras expliquer tes choix en fonction des besoins du corps humain et du fonctionnement de l'appareil digestif.

4. Tu devras expliquer les modifications que tu as apportées à ton menu de départ.

Points à surveiller

1. J'utilise adéquatement les recommandations du *Guide alimentaire canadien* dans l'élaboration de mon menu.
2. Je formule des recommandations qui tiennent compte de l'ensemble des renseignements que j'ai recueillis pendant l'exploration.
3. J'explique mes choix en démontrant un esprit critique face à la consommation des aliments et en tenant compte du contexte et des particularités de chaque membre de mon équipe.
4. J'utilise adéquatement le vocabulaire appris tout au long de cette exploration.

Vers le projet

Tu sais maintenant beaucoup de choses sur l'alimentation. Toutes ces connaissances t'aideront à rédiger des questions pour ton jeu-questionnaire, lorsque tu réaliseras le projet du module.

EXPLORATION 3

Défense d'entrer!

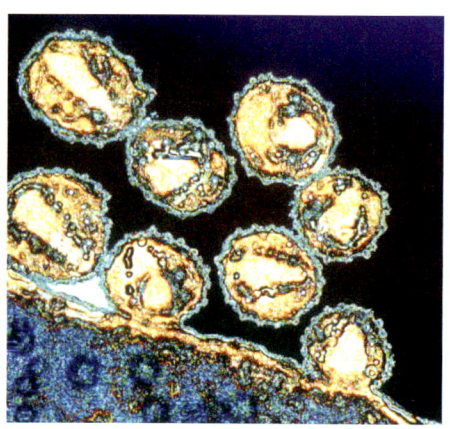

a) Le virus du VIH

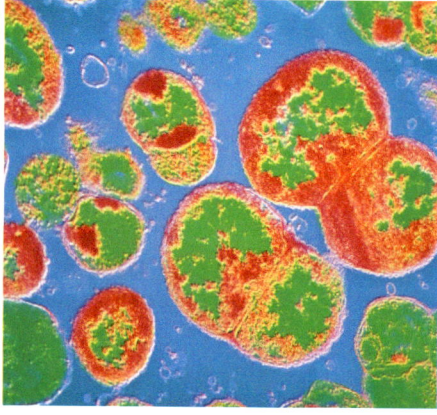

b) La bactérie de la gonorrhée

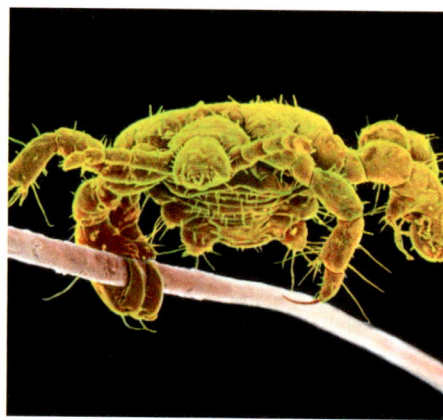

c) Un parasite: le pou du pubis

Figure 8 *Des microorganismes responsables de certaines MTS: un virus, une bactérie et un parasite*

CONCEPTS CLÉS DE L'EXPLORATION 3
- Contraception
- Maladies transmises sexuellement
- Moyens empêchant la fixation du zygote dans l'utérus

Protéger la vie

Plusieurs virus, bactéries et parasites causent des maladies et des infections, dont les maladies transmissibles sexuellement (MTS), également appelées «infections transmissibles sexuellement» (ITS). Comme tous les autres êtres vivants, ces microorganismes sont adaptés à leur environnement, qui, dans leur cas, est le corps humain. Par exemple, leur cycle de vie est relativement simple et court, ce qui leur permet de se reproduire rapidement. Cependant, ils sont la cause d'importants désagréments. Ainsi, certaines MTS, si elles ne sont pas traitées, peuvent entraîner diverses maladies, l'infertilité et même la mort. Il existe cependant des moyens pour empêcher certains microorganismes responsables des MTS d'envahir le corps humain.

1. Que ferais-tu si tu apprenais que tu souffres d'une MTS?
2. Connais-tu des MTS? Si oui, lesquelles?

Donner la vie

Depuis le début de ce module, tu as découvert que le corps humain est prêt pour la reproduction dès la puberté. Toutefois, la plupart des personnes ne se sentent prêtes à devenir parents que plusieurs années plus tard.

3. Au début du 20e siècle, il était courant de devenir parent avant 18 ans. Qu'est-ce qui changerait dans ta vie si tu avais un ou deux enfants dès maintenant?
4. «Les MTS et la contraception concernent tout le monde.» Es-tu d'accord avec cette affirmation?

Voici le fil conducteur de l'exploration 3 : tu en apprendras davantage sur les MTS et la contraception.

- Dans l'**activité 1**, « Une MTS ? Quelle MTS ? », à la page 118, tu te renseigneras sur les différentes MTS.

- Dans l'**activité 2**, « À la vitesse de l'éclair », à la page 119, tu découvriras comment les MTS se propagent et tu t'interrogeras sur les différentes mesures à prendre pour prévenir une infection.

- Dans l'**activité 3**, « Un bébé maintenant ? », à la page 120, tu te renseigneras sur les différents moyens et méthodes de contraception.

À la fin de cette exploration, au cours de l'**activité synthèse** « Le défi d'informer », à la page 121, tu répondras à l'appel du service médical de ta localité. En effet, celui-ci a sollicité ta participation à une campagne d'information et de sensibilisation sur les MTS et la contraception. Cette campagne est destinée aux jeunes de ton âge. Tu y participeras en réalisant une publicité ayant la forme de ton choix : message pour la radio ou la télévision, affiche, dépliant, etc.

7

Les maladies transmissibles sexuellement
L'encyclo, p. 274 et 275

Mener une recherche documentaire
La boîte à outils, p. 436

Communiquer efficacement
La boîte à outils, p. 438 et 439

ACTIVITÉ 1 recherche et communication

Une MTS? Quelle MTS?

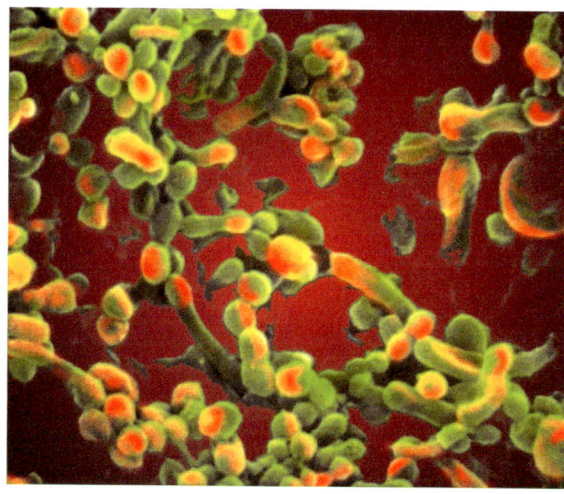

Figure 9 *La bactérie de la chlamydia*

Les virus, les bactéries et les parasites qui causent les MTS sont adaptés au corps humain. Il est donc important de se préoccuper de leurs effets à court et à long terme sur le corps humain (*voir la figure 9*). C'est pourquoi il faut prendre tous les moyens nécessaires pour déjouer leurs stratégies d'adaptation. En matière de MTS, on a tendance à croire que ça n'arrive qu'aux autres. Mais que faire si l'autre… c'est nous? Au cours de cette activité, tu te renseigneras sur les différentes MTS.

FLASH… FLASH… FLASH…

Au Canada, la chlamydia et les condylomes sont les deux MTS les plus répandues chez les adolescentes. Près de 50% des infections causées par la chlamydia touchent le groupe des 15 à 24 ans. Les condylomes sont causés par le virus du papillome humain (VPH). On sait que 21% des infections par le VPH atteignent les femmes de moins de 24 ans.

1. Assure-toi d'avoir pris connaissance de la description des différentes MTS qui se trouve dans L'encyclo (*voir les pages 278 et 279*).

2. Place-toi en équipe en respectant les consignes de ton enseignante ou de ton enseignant. Chaque équipe doit choisir une MTS différente.

3. Effectue une recherche documentaire sur la MTS que ton équipe a choisie.

4. Prépare une affiche sur la MTS que tu as étudiée. Ton affiche devra contenir les renseignements suivants:
    - l'histoire de cette maladie;
    - le microorganisme qui en est la cause (le virus, la bactérie ou le parasite);
    - comment on contracte cette maladie et comment elle se propage;
    - les symptômes de cette maladie chez l'homme et chez la femme;
    - les traitements disponibles pour guérir ou pour ralentir la progression de cette maladie;
    - les moyens les plus efficaces pour la prévenir.

5. Présente ton affiche à tes camarades de classe.

6. Reproduis le tableau suivant. Remplis-le à l'aide de l'information présentée par tes camarades de classe.

ENRICHISSEMENT

Planifie et réalise une entrevue avec une professionnelle ou un professionnel de la santé. Interroge cette personne au sujet des MTS et des moyens de contraception. L'information que tu recueilleras pourra t'être utile pour réaliser ta publicité, au cours de l'activité synthèse de cette exploration.

Tableau 3 *Un portrait des différentes MTS*

MTS	Microorganisme	Symptômes	Traitements	Prévention

ACTIVITÉ 2 interprétation
À la vitesse de l'éclair

Comme tu as pu le constater dans l'activité précédente, ce n'est pas toujours facile de déterminer si une personne a contracté ou non une MTS. C'est encore moins facile de savoir si son ou sa partenaire est infecté. Dans cette activité, tu prendras conscience de la vitesse à laquelle les MTS peuvent se propager. Tu verras aussi quelles sont les règles qu'une personne infectée devrait suivre.

1. Ton enseignante ou ton enseignant remettra à tous les élèves de la classe une éprouvette contenant de l'eau. Cette eau représente les fluides corporels échangés à l'occasion d'une relation sexuelle. Une ou un élève recevra cependant un liquide différent. Ce liquide représente un fluide contaminé par un microorganisme causant une MTS.

2. Échange le contenu de ton éprouvette avec le contenu de l'éprouvette de trois élèves de la classe. Chaque fois, un des deux élèves doit verser le contenu de son éprouvette dans celle de l'autre. Ensuite, cet autre élève verse la moitié du liquide dans l'éprouvette du premier élève. Lorsque tu as terminé, retourne t'asseoir.

3. Lorsque tous les élèves auront terminé, ton enseignante ou ton enseignant fera un test simple. Ce test révélera quels liquides sont maintenant contaminés.

4. Si ton liquide est contaminé, lève-toi. Reste debout jusqu'à ce que toutes les personnes dont le liquide est contaminé se soient levées.

5. Fais maintenant une enquête en groupe pour découvrir qui a reçu au départ l'éprouvette contaminée.

6. Ton enseignante ou ton enseignant remettra maintenant à chaque élève une seconde éprouvette. Échange cette fois le contenu de ton éprouvette avec celui de cinq élèves.

7. Participe à une discussion de groupe sur les questions suivantes :
   a) Comment le nombre d'éprouvettes contenant un liquide contaminé dans cette activité modélise-t-il la propagation d'une MTS ?
   b) Comment as-tu fait pour trouver la personne ayant reçu l'éprouvette contaminée au départ ?
   c) Lorsqu'une personne apprend qu'elle est atteinte d'une MTS, quelles règles doit-elle suivre pour se faire soigner ? pour éviter de propager la maladie ?

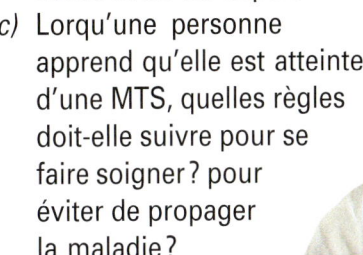

FLASH... FLASH... FLASH...

En 1495, Charles VIII revient de Naples après avoir libéré la ville. À ce moment, son armée commence à propager en Europe une nouvelle maladie : la syphilis. Tout le continent est contaminé. La maladie frappe toutes les couches sociales. Elle devient un véritable fléau jusqu'au 20e siècle, alors qu'on met au point un traitement réellement efficace.

Vers l'activité synthèse

Retiens les détails que tu juges important de communiquer concernant les MTS. Ces éléments te seront utiles dans la campagne de sensibilisation que tu mèneras au cours de l'activité synthèse de cette exploration.

EXPLORATION 3
Défense d'entrer !

Planifier les naissances
L'encyclo, p. 272 et 273

Mener une recherche documentaire
La boîte à outils, p. 436

Communiquer efficacement
La boîte à outils, p. 438 et 439

FLASH... FLASH... FLASH...

Contrairement à ce que plusieurs personnes croient, une femme peut devenir enceinte dès sa toute première relation sexuelle. D'ailleurs, selon Statistique Canada, près de 42 000 adolescentes âgées de 15 à 19 ans tombent enceintes chaque année au Canada.

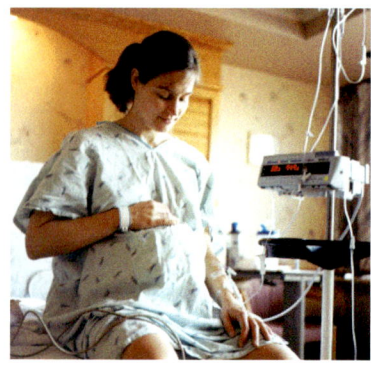

Vers l'activité synthèse

Retiens les détails que tu trouves importants sur les différents moyens et méthodes de contraception. Cette information t'aidera à réaliser la campagne de sensibilisation de l'activité synthèse, à la fin de cette exploration.

ACTIVITÉ 3 recherche et communication

Un bébé maintenant?

Avoir un enfant, c'est un événement qui change complètement une vie. Il vaut donc mieux le planifier soigneusement. Autrement dit, lorsqu'une personne a une vie sexuelle active, elle doit non seulement se protéger des MTS, mais aussi se préoccuper de contraception. Dans cette activité, tu effectueras une recherche documentaire sur un moyen ou une méthode de contraception actuellement disponible sur le marché. De plus, tu imagineras des manières d'augmenter l'efficacité de la méthode choisie et de diminuer les inconvénients liés à son utilisation.

1. Prends connaissance des différents moyens et méthodes de contraception décrits dans L'encyclo (*voir les pages 272 et 273*).

2. À l'aide de tes connaissances, discute en groupe de la question suivante : « Quels moyens ou méthodes de contraception sont les plus efficaces ? »

3. Choisis un moyen ou une méthode de contraception en respectant les consignes de ton enseignante ou de ton enseignant.

4. Effectue une brève recherche documentaire sur le moyen ou la méthode de contraception choisi.

5. Présente les renseignements que tu as recueillis sous forme de tableau. Ton tableau doit indiquer :
   - le mode d'action de ce moyen ou de cette méthode de contraception ;
   - son mode d'emploi ;
   - le groupe de personnes à qui ce moyen ou cette méthode peut convenir ;
   - l'efficacité estimée de ce moyen ou de cette méthode ;
   - ses avantages et ses inconvénients.

6. Trouve une photo de ce moyen ou de cette méthode de contraception ou illustre-le.

7. Rédige une introduction dans laquelle tu relateras l'histoire de ce moyen ou de cette méthode de contraception.

8. Prépare un texte d'environ cinq lignes expliquant comment tu t'y prendrais pour améliorer l'efficacité de ce moyen ou de cette méthode de contraception. Décris aussi comment il serait possible de diminuer les inconvénients liés à son utilisation.

9. Présente ce moyen ou cette méthode de contraception aux autres élèves de ta classe.

10. Reproduis le tableau suivant. Remplis-le en te servant des renseignements donnés par les autres élèves dans leurs présentations.

Tableau 4 *Portrait des différents moyens et méthodes de contraception*

Moyen ou méthode de contraception	Mode d'action	Mode d'emploi	Groupe visé	Efficacité estimée (en %)	Avantages	Inconvénients

ACTIVITÉ SYNTHÈSE 3 communication

Le défi d'informer

Au cours de cette exploration, tu as appris plusieurs choses sur les maladies transmises sexuellement et sur les différents moyens ou méthodes de contraception. Tu dois maintenant répondre à l'appel du service médical de ta localité. Celui-ci te demande de participer à une campagne d'information et de sensibilisation sur les MTS et la contraception. Cette campagne est destinée aux jeunes de ton âge.

1. Tu dois produire une publicité qui sera diffusée dans les médias ou dans un lieu public. Tu peux donc choisir de rejoindre ton public cible par l'entremise de la radio ou de la télévision. Tu peux aussi mettre des affiches ou distribuer un dépliant. N'hésite pas à consulter les ressources de ton milieu : tu peux interroger des infirmières, des infirmiers ou des médecins, communiquer avec le Centre local de services communautaires (CLSC) de ta région, etc.

2. Quel que soit le moyen de diffusion choisi, ta publicité devra comprendre :
   - un slogan accrocheur ;
   - de l'information sur les MTS en général ;
   - des conseils portant sur les moyens de se protéger des MTS en général ;
   - des recommandations à l'intention des personnes atteintes d'une MTS ;
   - de l'information sur les méthodes de contraception.

Points à surveiller

1. Je véhicule de l'information véridique et scientifique.
2. J'utilise des renseignements provenant de l'ensemble des activités de l'exploration.
3. Je fais preuve de créativité dans la réalisation de ma publicité.
4. Je coopère avec les autres membres de mon équipe pour la réalisation du travail.
5. J'adapte ma publicité au moyen de diffusion choisi.

Communiquer efficacement
La boîte à outils, p. 438 et 439

ENRICHISSEMENT

Louise Brown est née en 1978, en Grande-Bretagne. Elle fut le premier bébé conçu par fécondation *in vitro*. Depuis, plus d'un million d'enfants sont nés dans le monde grâce à cette technique (*voir la photo*) qui vient en aide aux couples infertiles. En effet, si certains couples se préoccupent de contraception, d'autres se soucient plutôt de fertilité. Effectue une recherche documentaire sur les nouvelles techniques de reproduction et sur les problèmes éthiques qu'elles soulèvent.

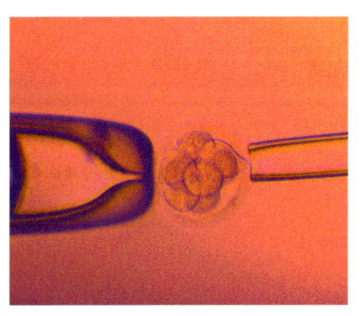

Vers le projet

Les MTS ainsi que les moyens et les méthodes de contraception sont des sujets de choix pour le jeu-questionnaire que tu élaboreras dans le cadre du projet du module. Quelles questions pourrais-tu poser sur ces deux sujets ?

MES DÉCOUVERTES

Exploration 1

- La sélection naturelle est une des théories qui expliquent la diversité des espèces et leur évolution (p. 94 et 95).
- La reproduction est à la base de la transmission des gènes et de l'évolution des espèces (p. 96).
- Les gamètes sont des cellules reproductrices. Le gamète mâle est aussi appelé «spermatozoïde», et le gamète femelle, «ovule» (p. 96).
- La puberté est marquée par des changements physiques et psychologiques qui préparent le corps à la reproduction (p. 99).
- Les organes reproducteurs humains mâles et femelles sont très différents du point de vue de leur anatomie et de leur fonctionnement (p. 99).
- L'information génétique d'un individu se trouve dans l'ADN du noyau cellulaire (p. 100).
- Le développement humain comporte quatre stades : la petite enfance, l'enfance, l'adolescence et l'âge adulte (p. 100).

Exploration 2

- Suivre les recommandations du *Guide alimentaire canadien* permet à la plupart des gens de fournir à leur corps tout ce dont il a besoin pour se développer sainement (p. 105 et 106).
- Les aliments consommés sont transformés en éléments nutritifs grâce aux changements physiques et chimiques qu'ils subissent au cours de la digestion (p. 107 et 108).
- L'appareil digestif comprend le tube digestif (composé de plusieurs organes) et des glandes qui sécrètent de la salive et des sucs digestifs (p. 109 et 110).
- Les éléments nutritifs et l'oxygène nécessaires aux activités cellulaires sont transportés par le sang. Ils pénètrent dans la cellule entre autres par diffusion (p. 111 et 112).
- L'osmose permet d'équilibrer les concentrations de certaines substances dans les cellules (p. 111 et 112).
- La technologie aide à améliorer les méthodes de désinfection, de préparation et de conservation des aliments (p. 113 et 114).

Exploration 3

- Les MTS sont causées par des virus, des bactéries ou des parasites et leurs symptômes sont nombreux et variés (p. 118).
- Des antibiotiques permettent de traiter certaines MTS. Des vaccins permettent de prévenir certaines MTS. On peut parfois atténuer les symptômes de certaines MTS qui ne se guérissent pas (p. 118).
- Une personne infectée par une MTS doit consulter son médecin et suivre le traitement prescrit. Elle doit aussi prévenir tous ses partenaires présents ou passés (p. 119).
- Limiter le nombre de ses partenaires et utiliser un condom permet de diminuer les risques de contamination par une MTS (p. 120).
- Le condom est le seul moyen de contraception qui offre une protection contre les MTS (p. 120).
- On peut contrôler les naissances à l'aide de méthodes de contraception naturelles, ou de moyens mécaniques, chimiques ou chirurgicaux (p. 120).

Projet du module 3

C'est ma vie

Au cours des trois explorations de ce module, tu as appris à mieux connaître les stades du développement humain. Tu as également pris conscience de l'importance d'une saine alimentation pour assurer un bon développement à ton corps. En outre, tu as abordé deux aspects qui touchent à la sexualité : la contraception et les MTS. Tu vas maintenant participer au concours de Télé-vie : tu prépareras un jeu-questionnaire sur le thème du développement humain.

1. Relis les conditions du concours, à la page 91.
2. Élabore ton concept de jeu-questionnaire.
3. Rédige les questions et les réponses de ton émission.
4. Prépare le matériel nécessaire pour jouer à ton jeu-questionnaire.
5. Planifie la mise à l'essai de ton jeu.
6. Anime ton jeu pendant sa mise à l'essai.

Points à surveiller

1. Je véhicule de l'information scientifique et technologique véridique dans la rédaction de mes questions et de mes réponses.
2. J'utilise correctement le vocabulaire provenant de l'ensemble des explorations de ce module.
3. Je fais preuve d'originalité dans la conception et l'animation de mon jeu-questionnaire.
4. J'utilise des méthodes de travail efficaces pour réaliser mon projet.
5. J'exploite les TIC pour la présentation visuelle de mon jeu-questionnaire et la rédaction de mes questions et de mes réponses.

Communiquer efficacement
La boîte à outils, p. 438 et 439

CONCEPTS CLÉS DU MODULE 1

- Acidité et basicité
- Adaptations physiques et comportementales
- Cahier des charges
- Caractéristiques du vivant
- Cellules végétales animales
- Changements chimiques et physiques
- Composantes d'un système
- Constituants cellulaires visibles au microscope
- Contraception
- Espèce
- Évolution
- Fécondation
- Gamètes
- Gamme de fabrication
- Gènes et chromosomes
- Grossesse
- Maladies transmises sexuellement
- Matériau
- Matériel
- Modes de reproduction chez les animaux
- Molécule
- Moyens empêchant la fixation du zygote dans l'utérus
- Osmose et diffusion
- Organes reproducteurs
- Reproduction asexuée ou sexuée
- Respiration
- Schéma de construction
- Schéma de principe
- Stades du développement humain
- Système (fonction globale, intrants, procédés, extrants, contrôle)

MODULE 4 — La création d'un parfum

Sommaire

Exploration 1
Le sol, une ressource inestimable... ... 126

Exploration 2
Des solutions aux mélanges 142

Exploration 3
Un parfum, c'est plein de bons sens .. 154

Une brève histoire du parfum

Il y a plus de 5 000 ans, les Égyptiens brûlaient des substances végétales odorantes, appelées aromates, en guise d'offrandes au dieu du Soleil, Râ *(voir l'illustration ci-dessous)*. Dans la Grèce antique, on se servait aussi de substances parfumées pour honorer les dieux et les morts. En outre, les Grecs utilisaient des huiles et des onguents pour leur hygiène corporelle. Quant aux Romains, ils croyaient aux vertus médicinales des parfums.

Au Moyen Âge, lorsque les Croisés ont ramené d'Orient des parfums, on a redécouvert leur utilisation pour l'hygiène et le plaisir. C'est à cette époque que l'apothicaire de la reine de Hongrie a conçu le premier parfum composé. Il s'agissait d'un mélange de différentes essences. L'apothicaire peut être considéré comme un homme de science, car c'est lui qui prépare dans sa boutique *(voir l'illustration sur la page suivante)* des potions et des remèdes.

Au 16e et au 17e siècle, la consommation de parfums a augmenté. Au 18e siècle, grâce aux alambics modernes, l'industrie de la parfumerie s'est développée à Grasse, dans le sud de la France.

Cette ville est encore aujourd'hui la capitale mondiale du parfum. Au 20e siècle, plusieurs maisons de haute couture ont lancé des parfums. Les vedettes de cinéma, de la chanson et même du sport ont donné leur nom à des parfums.

Le parfum est un produit de consommation. Sa conception et sa mise en marché doivent suivre les étapes de la démarche technologique. Au cours de ce module, tu apprendras comment créer un parfum. D'abord, tu concevras ton parfum. Ensuite, tu le produiras, puis tu le mettras en marché. Réalise dès maintenant la première étape de la démarche technologique : trouver une idée de conception pour ton parfum. Place-toi en équipe et fais un remue-méninges pour répondre aux questions suivantes :

1. Comment les étapes de la démarche technologique t'aideront-elles à concevoir, à produire et à lancer ton parfum ?
2. Quelle sera la clientèle ciblée par ton parfum ?
3. Quels sont les ingrédients qui composent un parfum ? Comment peut-on les obtenir ?

En équipe, analyse chacune des idées trouvées au cours du remue-méninges afin d'en choisir une. Planifie ta démarche en fonction de ton choix.

Projet

À la fin de ce module, dans le cadre du projet « Lancer un nouveau parfum », tu devras présenter le parfum que tu auras créé et en faire la promotion. Les trois explorations de ce module te permettront d'approfondir les connaissances nécessaires à la création d'un parfum et à la réalisation des étapes de la démarche technologique.

EXPLORATION 1

Le sol, une ressource inestimable...

CONCEPTS CLÉS DE L'EXPLORATION 1
- Acidité et basicité
- Adaptations physiques et comportementales
- Lithosphère
- Masse
- Propriétés caractéristiques
- Types de roches (minéraux de base)
- Types de sols
- Volume

À chaque plante son sol

Les fleurs et les plantes odorantes sont souvent les ingrédients essentiels d'un parfum. Pour obtenir un parfum de qualité, il faut se servir de plantes saines. Si tu veux cultiver des plantes en santé, tu dois tenir compte de plusieurs facteurs. Un de ceux-ci est le type de sol.

1. Selon toi, quels facteurs contribuent à la croissance de plantes en santé ?
2. Quels types de sols connais-tu ?
3. Selon toi, quels critères permettent de distinguer les différents types de sols ?
4. Nomme des plantes qui poussent mieux dans un type de sol précis.

a) Un plant de lavande

b) Un coléus

c) Un héliotrope

Figure 1 *Ces plantes ont besoin de types de sols très différents pour se développer.*

Voici le fil conducteur de l'exploration 1 : tu découvriras les caractéristiques des différents types de sols. Cette connaissance t'aidera à connaître les besoins des plantes odorantes qui servent d'ingrédients de base à de nombreux parfums.

À la recherche du meilleur sol

- Dans les activités 1 à 4, tu examineras différents types de sols.
    - Au cours de l'**activité 1**, «Les sols sont-ils tous identiques?», aux pages 128 et 129, tu examineras les caractéristiques de différents échantillons de sols.
    - Au cours de l'**activité 2**, «À quoi servent les sols ?», aux pages 130 et 131, tu vas répertorier les différentes utilisations qu'on peut faire du sol.
    - Au cours de l'**activité 3**, «Un sol assoiffé», aux pages 132 et 133, tu découvriras quel type de sol se draine le mieux.
    - Au cours de l'**activité 4**, «Trop de sels dans le sol?», aux pages 134 à 136, tu vérifieras la présence de sels minéraux dans différents échantillons de sols.

Le sol, un milieu riche en minéraux

- Dans les activités 5 et 6, tu étudieras de plus près l'origine des sels minéraux contenus dans le sol.
    - Au cours de l'**activité 5**, «Le monde des roches», à la page 137, tu monteras un dossier sur les différents types de roches et leur formation.
    - Au cours de l'**activité 6**, «Les minéraux», aux pages 138 à 140, tu en apprendras davantage sur un minéral de ton choix.

À la fin de cette exploration, au cours de l'**activité synthèse** «Des fleurs et un pot», à la page 141, tu analyseras les résultats qu'une horticultrice a obtenus en cultivant trois plantes à fleurs dans quatre types de sols différents. Tu présenteras les résultats de ton analyse dans un rapport de laboratoire.

Le pH
L'encyclo, p. 186 et 187

Le papier pH universel
L'encyclo, p. 188

Les types de sols
L'encyclo, p. 307 à 310

La démarche expérimentale
La boîte à outils, p. 430 à 432

Le tableau
La boîte à outils, p. 440

Porosité
Le pourcentage d'espace libre dans un volume donné de sol.

a) *Un sol dans une région tempérée*

b) *Un sol dans une région alpine*

Figure 2 *Des plantes à fleurs adaptées à différents types de sols*

ACTIVITÉ 1 expérimentation

Les sols sont-ils tous identiques ?

J'observe

Le sol recouvre presque toute la surface émergée de la Terre. Il se compose de particules de roches et de minéraux. Il comprend également des matières organiques, tels des débris de plantes et d'animaux morts. De plus, le sol contient des êtres vivants microscopiques, de l'air et de l'eau. Le sol est souvent essentiel à la culture des plantes.

Je me questionne

1. « Qu'est-ce qui distingue un type de sol d'un autre ? »
2. « Comment puis-je classifier divers échantillons de sols ? »

Je précise mes variables

1. Ton expérience doit te permettre d'examiner cinq échantillons de sols : du sable, de la terre noire, de la mousse de sphaigne, de l'argile et un échantillon de sol régional.
2. Tu devras examiner les propriétés suivantes des types de sols mis à ta disposition :
   - la couleur du sol lorsqu'il est sec ;
   - sa couleur lorsqu'il est mouillé ;
   - la taille moyenne des particules qui le composent ;
   - sa texture lorsqu'il est sec ;
   - sa texture lorsqu'il est mouillé ;
   - sa structure ;
   - sa **porosité** ;
   - son pH.
3. Tu devras utiliser tes résultats pour proposer une façon de classifier les sols.

J'expérimente PROTOCOLE

1. Recueille un échantillon du sol de ta région dans un parc du quartier, dans ton jardin ou dans la cour de l'école. Si tu ne peux pas recueillir de sol, ton enseignante ou ton enseignant t'en fournira.
2. Note l'endroit où l'échantillon de sol régional a été prélevé.
3. Observe les échantillons de différents types de sols que ton enseignante ou ton enseignant t'a fournis.
4. Élabore un protocole pour déterminer les propriétés de tes échantillons de sols. Pour t'aider, lis la section « J'analyse mes résultats et je les présente ».
5. À partir de la liste ci-dessous, sélectionne le matériel et les matériaux nécessaires à la réalisation de ton expérience.

6 Fais valider ton protocole et ta liste de matériel et de matériaux par ton enseignante ou ton enseignant.

7 Réalise ton expérience.

J'analyse mes résultats et je les présente

1 Note tes données sur les propriétés de chaque échantillon de sol dans un tableau.

2 La texture du sol dépend de la taille des particules qui le composent. Ordonne tes échantillons de sols selon leur texture.
  a) Lequel est le plus granuleux?
  b) Lequel possède les particules les plus fines?

3 La structure du sol indique l'arrangement des particules qui le composent. Examine l'échantillon de sol de ta région.
  a) Comment sa structure se compare-t-elle à celle des autres types de sols?
  b) À quel type de sol ressemble-t-il le plus lorsqu'il est sec? lorsqu'il est mouillé?

4 La structure d'un sol nous renseigne sur sa porosité, c'est-à-dire sur l'espace libre qu'on trouve dans un certain volume de sol. Décris la porosité de ton échantillon de sol régional. Ton échantillon est-il très poreux? peu poreux?

5 Établis des critères qui serviront à classifier les types de sols que tu as étudiés.

6 Compare ta classification à celles de tes camarades de classe.

7 Revois tes critères et ta classification si c'est nécessaire.

8 Présente ta classification des types de sols sous forme de tableau.

9 Réponds aux questions suivantes:
  a) Quelles observations as-tu faites à l'aide de tes sens?
  b) Quelles observations as-tu faites à l'aide d'instruments d'observation?

10 Si tu devais refaire cette expérience, que modifierais-tu dans ton protocole? Explique pourquoi.

11 Conserve tes échantillons de sols. Tu en auras besoin au cours des prochaines activités.

Matériel
- Des lunettes de sécurité
- Une échelle colorimétrique de pH
- Une loupe, un microscope ou un binoculaire
- Un tamis
- Une balance
- Des béchers de 50 mL
- Une spatule
- Un flacon laveur
- Un agitateur
- Une plaque chauffante
- Une plaque en amiante
- Deux capsules de porcelaine
- Un pince à creuset
- Une boîte de Petri
- Des entonnoirs
- Un support universel
- Un support à entonnoirs
- Des cylindres gradués de 100 mL

Matériaux
- De l'eau
- De l'eau distillée
- Du papier indicateur universel
- Des papiers filtres
- Cinq échantillons de différents types de sols (du sable, de la terre noire, de la mousse de sphaigne, de l'argile, un échantillon de sol régional)

Vers l'activité synthèse

Conserve ton tableau de classification. Il t'aidera à analyser différents types de sols dans l'activité synthèse, «Des fleurs et un pot».

ACTIVITÉ 2 recherche et communication
À quoi servent les sols?

a) La construction de bâtiments

Figure 3 Quelques utilisations du sol

b) L'agriculture

c) L'exploitation minière

Les types de sols
L'encyclo, p. 307 à 310

Mener une recherche documentaire
La boîte à outils, p. 436 et 437

Communiquer efficacement
La boîte à outils, p. 438 et 439

Depuis toujours, l'être humain compte sur le sol et ses ressources pour se loger, se nourrir, fabriquer des outils, etc. Cette activité t'aidera à saisir toute l'importance du sol dans notre vie.

1 Lis le texte « Les différents types de sols », à la page suivante.

2 Fais une recherche documentaire. Renseigne-toi sur un des types de sols qu'on trouve au Canada.
   a) Quelle est la composition de ce sol?
   b) Quelles sont les différentes utilisations qu'on peut en faire?

3 Dresse une liste des différentes utilisations qu'on peut faire du sol. Nomme un exemple de chaque utilisation dans ton environnement.

4 Choisis une utilisation du sol. Présente cette utilisation sous la forme d'une illustration.
   a) Annote ton illustration. Si c'est nécessaire, ajoute une légende.
   b) Donne un titre à ton illustration.

5 Consulte les illustrations de tes camarades de classe.

6 Avec tes camarades de classe, discute des questions suivantes:
   a) Quels sont les facteurs qui peuvent menacer les différents types de sols?
   b) Que peut-on faire pour préserver la qualité du sol?

tic

Tu pourrais utiliser un moteur de recherche pour obtenir de l'information dans Internet. Tu pourrais aussi te servir d'un logiciel de dessin, de coloriage ou de graphisme pour réaliser ton illustration.

Les différents types de sols

Il y a différentes façons de classifier les types de sols : selon leur pH, leur texture, leur couleur, leur structure, etc. Le Canada possède sa propre classification des sols. La carte de la figure 4 illustre la répartition de ces types de sols et en donne une définition.

Le profil du sol
L'encyclo, p. 308

Pergélisol
La partie du sol qui reste gelée toute l'année dans les régions froides.

Légende

Les types de sols

- **Les chernozems :** Ce sont des sols favorables à la croissance des céréales et des herbes (végétation de prairie). Ces sols sont présents dans les régions à climat frais ou froid. Leur couche de surface (horizon A) est noircie par l'accumulation de matière organique.
- **Les cryosols :** Ce sont des sols dont le **pergélisol** se trouve à moins de 1 mètre de la surface. La végétation associée à ces sols est généralement la toundra ou la forêt boréale.
- **Les gleysols :** Ce sont des sols mal drainés, marqués par la présence prolongée de grandes quantités d'eau. Ces sols sont propices à la formation de tourbières en surface.
- **Les luvisols :** Ce sont des sols fréquents dans les régions forestières, sous un climat modéré ou frais.
- **Les sols organiques :** Ce sont des sols contenant beaucoup de matière organique (au moins 30 %).
- **Les podzols :** Ce sont des sols dont l'horizon B contient des matières organiques et des métaux (généralement de l'aluminium et du fer).
- **Les régosols :** Ce sont des sols dont les horizons sont très peu formés ou sont absents.
- **Les sols solonetziques :** Ce sont des sols propices à la croissance de la végétation de prairie, dans un climat semi-aride. L'horizon B est généralement brun et l'horizon C contient des sels minéraux, en particulier le sodium.
- **Les brunisols :** Ce sont des sols dont les horizons sont suffisamment formés pour les exclure des régosols, mais qui ne peuvent pas être classés dans les autres catégories. Ils peuvent donc être associés à des types de roches, à des végétations et à des climats très variés.
- **Glace**

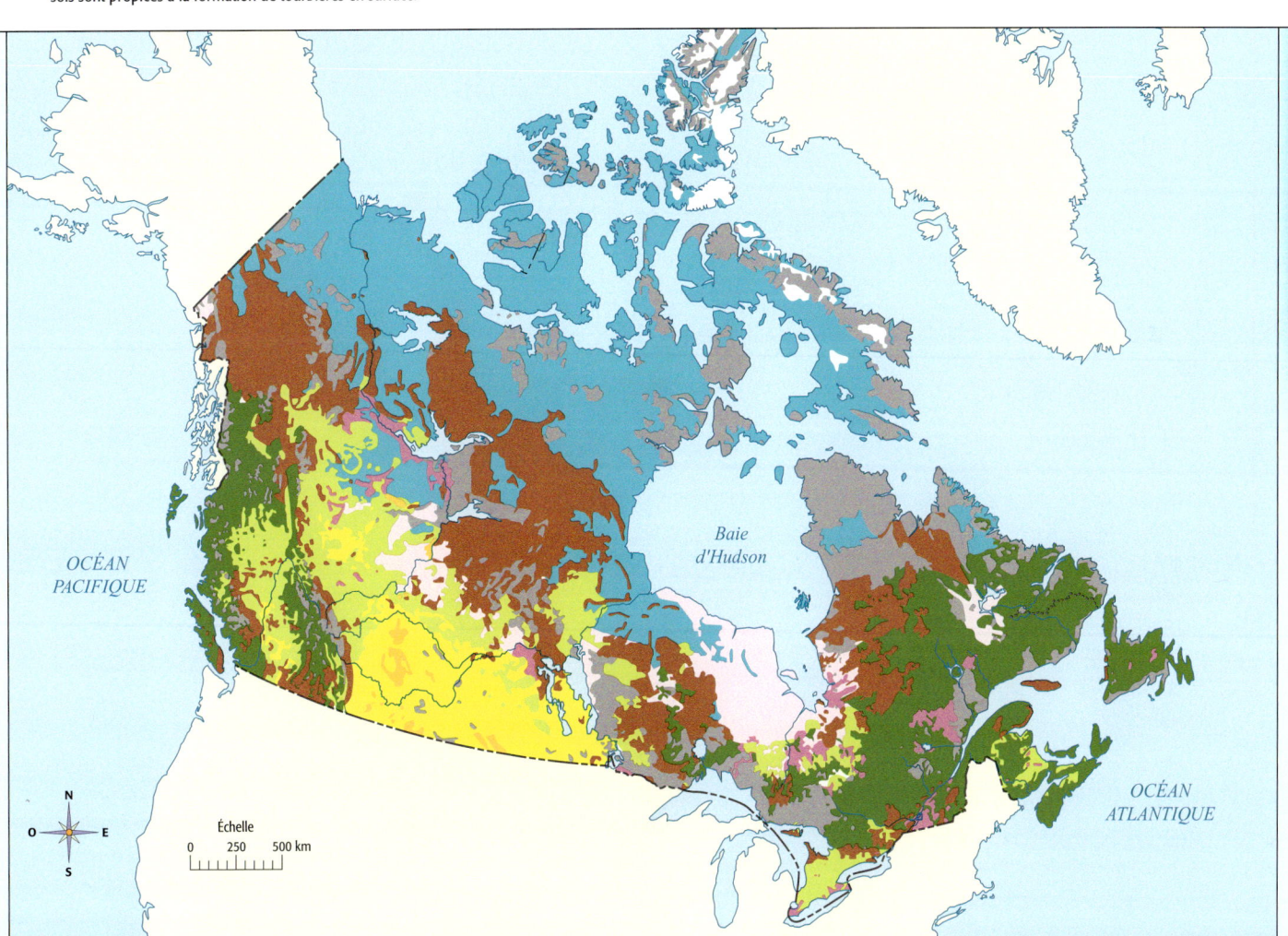

Source : Agriculture et Agro-alimentaire Canada, *Le système canadien de classification des sols*, 3ᵉ édition, Groupe de travail sur la classification des sols, 2002.

Figure 4 *Une carte des types de sols au Canada*

La démarche expérimentale
La boîte à outils, p. 430 à 432

Drainage
Une méthode qui facilite l'écoulement de l'eau en excès dans un sol.

ACTIVITÉ 3 expérimentation

Un sol assoiffé

J'observe

Les deux activités précédentes t'ont permis de constater que les sols ne sont pas tous identiques. Par exemple, certains sols retiennent l'eau. D'autres, au contraire, favorisent l'écoulement de l'eau. Il est important de tenir compte de cette caractéristique du sol lorsqu'on cultive des plantes.

Je me questionne

1. « Quels sont les facteurs qui modifient le **drainage** d'un sol ? »
2. « Quel type de sol se draine le mieux ? »

Je précise mes variables

1. Ton expérience doit te permettre de calculer la vitesse de drainage des différents échantillons de sols que tu as utilisés dans l'activité 1, « Les sols sont-ils tous identiques ? ».
2. Tu dois choisir le volume d'eau (en mL) et le volume de sol (en mL) que tu utiliseras tout au long de l'expérience.

J'expérimente PROTOCOLE

Liste partielle

Matériel
- Cinq contenants de plastique d'environ 300 mL
- Une loupe
- Cinq béchers ou cylindres gradués de 100 mL

Matériaux
- De l'eau
- Du colorant alimentaire
- Cinq papiers filtres
- Les cinq échantillons de sols de l'activité 1

MODULE 4
La création d'un parfum

1. Élabore un protocole pour calculer la vitesse de drainage des différents types de sols de l'activité 1.
   a) Mesure le volume d'eau écoulée en mL après 10 minutes.
   b) Divise par 10 pour obtenir la vitesse de drainage en mL/min.
2. Complète la liste de matériel et de matériaux dont tu auras besoin.
3. Fais valider ton protocole et ta liste de matériel et de matériaux par ton enseignante ou ton enseignant.
4. Réalise ton expérience.

J'analyse mes résultats et je les présente

1. Compare la vitesse de drainage de tes échantillons de sols.
   a) Lequel se draine le plus rapidement?
   b) Lequel se draine le moins rapidement?
   c) Compare la vitesse de drainage de ton échantillon de sol régional à celle des autres types de sols. De quel type de sol cette vitesse se rapproche-t-elle le plus?
2. Réponds aux questions suivantes:
   a) Quel lien peux-tu faire entre la porosité d'un sol et sa vitesse de drainage?
   b) Comment peut-on augmenter le volume d'eau qui s'écoule d'un sol?
   c) Comment peut-on le diminuer?
   d) Pourquoi le volume d'eau drainée par un sol est-il un facteur important en agriculture?
3. Si tu devais refaire cette expérience, que modifierais-tu dans ton protocole? Explique pourquoi.
4. Conserve tes échantillons de sols. Tu en auras besoin au cours des prochaines activités.

Vers l'activité synthèse

Retiens bien les facteurs qui influent sur le drainage d'un sol. Tu devras connaître cette caractéristique pour analyser les résultats de l'expérience de l'activité synthèse.

Le pH
L'encyclo, p. 186 et 187

La démarche expérimentale
La boîte à outils, p. 430 à 432

Le tableau
La boîte à outils, p. 440

ACTIVITÉ 4 expérimentation

Trop de sels dans le sol?

J'observe

Le sol est une composante essentielle de plusieurs écosystèmes. Dans le sol, les matières végétales et animales mortes sont décomposées et recyclées sous forme de divers composés organiques. Ces derniers se mélangent aux minéraux pour former la partie la plus foncée du sol, appelée « humus ».

L'humus contient de nombreux sels minéraux indispensables aux plantes. On y trouve par exemple du diazote (N_2), du phosphore (P), du potassium (K) et du soufre (S). Les sels minéraux se mélangent à l'eau de pluie à mesure que celle-ci s'infiltre dans le sol. Les plantes absorbent ensuite cette eau riche en sels minéraux par leurs racines.

Je me questionne

1. « Comment puis-je vérifier si un sol contient des sels minéraux ? »
2. « Les sels minéraux peuvent-ils modifier certaines propriétés des sols ? »

Je précise mes variables

Ton expérience doit te permettre :
- de mesurer la quantité de diazote, de phosphore et de potassium présente dans différents échantillons de sols ;
- de vérifier l'effet de la présence de ces sels minéraux sur le pH et sur la capacité de conduire le courant électrique des différents sols.

J'expérimente

Première partie : les sels minéraux présents dans les sols

Protocole proposé

Voici un exemple de protocole pour réaliser cette expérience. Tu peux aussi en proposer un autre.

1. Lis le texte « Les sels minéraux et le sol », à la page 136. Tu te renseigneras ainsi sur les sels minéraux qu'on trouve dans le sol.
2. Joins-toi à une équipe en suivant les directives de ton enseignante ou de ton enseignant.
3. Avec les autres membres de ton équipe, choisis un des six échantillons de sols mis à ta disposition.
4. À l'aide d'une spatule, prélève 100 mL de ton échantillon de sol. Dépose cette quantité dans le bécher de 1 000 mL.
5. Ajoute 800 mL d'eau distillée au bécher de 1 000 mL.
6. Mélange le tout avec l'agitateur pendant une minute.

Matériel
- Des lunettes de sécurité
- Un agitateur
- Un cylindre gradué de 100 mL
- Une spatule
- Une pipette graduée de 5 mL
- Trois éprouvettes graduées de 10 mL
- Trois bouchons de caoutchouc pour éprouvettes
- Un support à éprouvettes
- Un bécher de 1 000 mL

Matériaux
- Une trousse d'analyse du sol
- De l'eau distillée
- Un échantillon de sol dont on connaît déjà la teneur en sels minéraux
- Les cinq échantillons de sols des activités 1 et 3

7. Laisse reposer le mélange pendant environ 30 minutes. Profite de cette attente pour réaliser la seconde partie de cette expérience.
8. Avec la pipette, prélève 2,5 mL du liquide qui se trouve à la surface du bécher. Dépose ce liquide dans une éprouvette.
9. Recommence l'étape précédente en mettant la même quantité de liquide dans deux autres éprouvettes.
10. *a)* Verse le contenu d'un sachet de réactif pour le diazote dans la première éprouvette.
    b) Verse le contenu d'un sachet de réactif pour le phosphore dans la deuxième éprouvette.
    c) Verse le contenu d'un sachet de réactif pour le potassium dans la troisième éprouvette.
11. Bouche les trois éprouvettes.
12. Agite chaque éprouvette vigoureusement pendant 30 secondes.
13. Laisse reposer les éprouvettes pendant 30 secondes.
14. Compare la couleur du contenu de chaque éprouvette avec l'échelle de couleur de la trousse d'analyse.
15. Note la quantité de diazote, de phosphore et de potassium de ton échantillon dans un tableau.

Seconde partie : le pH et la capacité de conduire le courant électrique des sols PROTOCOLE

1. À l'aide de la liste de matériel et de matériaux ci-contre, propose un protocole pour déterminer le pH et un protocole pour établir la capacité de conduire le courant électrique de ton échantillon de sol.
2. Fais valider tes protocoles par ton enseignante ou ton enseignant.
3. Réalise ton expérience.

J'analyse mes résultats et je les présente

1. Présente tes résultats sous forme de tableau.
2. Compare les résultats que tu as obtenus au cours des deux parties de cette expérience avec ceux des autres équipes.
3. Décris comment la présence des sels minéraux que tu as examinés a modifié le pH et la capacité de conduire le courant électrique de chaque type de sol.
4. Compare l'échantillon de sol régional avec les autres échantillons de sol. Que peux-tu dire à propos des sels minéraux que l'échantillon régional contient ?
5. Si tu devais refaire cette expérience, que modifierais-tu dans les protocoles ? Explique pourquoi.
6. Conserve tes échantillons de sols. Tu en auras besoin pour réaliser la prochaine activité.

Matériel
- Des lunettes de sécurité
- Un bécher de 250 mL
- Un cylindre gradué de 100 mL
- Un conductimètre
- Une éprouvette
- Un support à éprouvettes
- Un bouchon de caoutchouc pour éprouvettes

Matériaux
- Les cinq échantillons de sols des activités 1 et 3
- De l'eau distillée
- Une trousse d'analyse du sol
- Du papier indicateur universel

ENRICHISSEMENT

Qu'arrive-t-il aux plantes lorsqu'un sol contient trop de sels minéraux ? lorsqu'il n'en contient pas assez ? Conçois une expérience pour le vérifier.

EXPLORATION 1
Le sol, une ressource inestimable

Les sels minéraux et le sol

FLASH... FLASH... FLASH...

La bactérie *Bacillus anthracis* vit dans le sol. Elle peut transmettre aux animaux la maladie du charbon. Cette bactérie peut aussi contaminer les humains. Cela peut se produire si elle entre en contact avec une plaie ou si elle est avalée ou respirée. Cette maladie non contagieuse peut affecter la peau, les poumons, la bouche, la gorge et le tube digestif.

Figure 5 *En agriculture, il est important de contrôler la qualité du sol pour obtenir une bonne récolte. On vérifie donc régulièrement le pH du sol et sa teneur en sels minéraux. Cela permet de choisir les cultures appropriées au type de sol. On peut aussi ajouter des engrais (comme le montre la photo) ou modifier la composition du sol pour l'adapter à certaines cultures.*

Les plantes ont besoin d'eau et de lumière pour effectuer la photosynthèse. Elles ont aussi besoin des sels minéraux présents dans le sol pour bien croître. Le diazote est indispensable à la photosynthèse. Il permet aux feuilles de jouer leur rôle. Le phosphore aide la plante à développer ses fleurs, ses feuilles et ses racines. Le potassium favorise l'absorption de l'eau par les racines et la circulation de la sève.

Le diazote (N_2), le phosphore (P) et le potassium (K) sont les principaux ingrédients des engrais commerciaux. On voit souvent des formules du genre 20-20-20, 10-45-15 ou 11-27-11 sur les emballages des engrais. Le premier nombre désigne la proportion (ou le pourcentage) de diazote dans le produit, le deuxième celle de phosphore et le troisième celle de potassium.

Les plantes modifient les propriétés physiques, chimiques et biologiques des sols. Au cours de leur croissance, elles absorbent les sels minéraux du sol pour subvenir à leurs besoins. Au cours de la photosynthèse, les plantes fabriquent aussi du glucose (une sorte de sucre). Le glucose est une source de carbone (C). Lorsque les plantes meurent, elles se décomposent. Elles retournent ainsi au sol le carbone et les sels minéraux qu'elles contenaient.

De plus, lorsque les racines sont décomposées, elles laissent des galeries dans le sol. Ces galeries permettent l'aération du sol et l'écoulement de l'eau. Elles favorisent aussi le développement des bactéries, qui sont les principaux décomposeurs des matières organiques du sol.

Cet engrais contient 11 % de diazote, 27 % de phosphore et 11 % de potassium. Le reste est composé de matériaux neutres.

ACTIVITÉ 5 interprétation et expérimentation

Le monde des roches

Lorsque tu te promènes dans la nature, tu vois parfois beaucoup de cailloux sur le sol. En général, un sol rocailleux est peu propice à la culture des fleurs. Il existe cependant des espèces qui poussent essentiellement dans un milieu rocailleux. L'edelweiss, la fleur nationale de l'Autriche, en est un exemple.

Cette activité te donnera l'occasion de mieux comprendre les propriétés des roches ainsi que leur formation.

Comment les roches se forment-elles?
L'encyclo, p. 303 à 307

La démarche expérimentale
La boîte à outils, p. 430 à 432

Le tableau
La boîte à outils, p. 440

ENRICHISSEMENT

Prépare un feuillet d'information pour présenter les différents types de roches de ta région. Ton feuillet doit aussi contenir une clé de classification. Pour le rédiger, imagine que tu possèdes une carrière. Fais comme si tu cherchais à vendre les différents types de roches de cette carrière à ta clientèle.

1. Joins-toi à une équipe en suivant les directives de ton enseignante ou de ton enseignant.
2. Utilise toutes les ressources dont tu disposes pour répondre à la question suivante: «Que connais-tu du monde des roches?» Les membres de l'équipe doivent s'entraider. Réponds à la question sur la fiche fournie par ton enseignante ou ton enseignant.
3. Utilise la documentation qui se trouve dans l'enveloppe que ton enseignante ou ton enseignant remettra à ton équipe. Tu y trouveras des textes sur les trois types de roches: les roches ignées, les roches métamorphiques et les roches sédimentaires.
4. Chaque membre de ton équipe devra se familiariser avec un des trois types de roches. Lis le texte correspondant au type de roche que tu as choisi. Tu deviendras ainsi l'experte ou l'expert de ton équipe pour ce type de roche.
5. Joins-toi aux autres expertes et experts de ton type de roche. Ensemble, réalisez l'expérience indiquée dans votre documentation. Note tes résultats dans un tableau.
6. Réintègre ton équipe de départ. À tour de rôle, chaque membre de l'équipe doit présenter ses découvertes aux autres.

FLASH... FLASH... FLASH...

Certains mollusques marins, telles les moules et les huîtres, utilisent de la calcite pour fabriquer leur coquille. La calcite est un minéral qu'on trouve dans certaines roches. Lorsque ces mollusques meurent, les coquilles vides s'accumulent au fond des océans. Au fil des siècles, elles se transforment en roches sédimentaires.

EXPLORATION 1
Le sol, une ressource inestimable

ACTIVITÉ 6 recherche

Les minéraux

Les plantes odorantes servent souvent d'ingrédients aux parfums. Les parfums sont des produits de consommation. Les roches et les minéraux sont eux aussi à la base de beaucoup de produits de consommation. L'activité précédente t'a permis de mieux connaître les types de roches. Celles-ci sont constituées d'un ou de plusieurs minéraux. Cette activité te permettra d'en savoir plus sur un minéral de ton choix.

1. Lis d'abord le texte « Qu'est-ce qui se cache sous la terre ? », à la page 140.
2. Observe la figure 6, à la page suivante. Elle présente une carte des minéraux exploités au Québec.
3. Sur la carte, repère les différents minéraux.
4. Choisis un minéral qui t'intéresse.
5. Effectue une recherche documentaire sur ton minéral. Renseigne-toi sur les sujets suivants :
   - les endroits où on trouve ce minéral ;
   - les méthodes qu'on emploie pour l'extraire d'un minerai ;
   - les propriétés de ce minéral ;
   - les usages qu'on en fait ;
   - toute autre caractéristique intéressante de ce minéral.

Mener une recherche documentaire
La boîte à outils, p. 436 et 437

Communiquer efficacement
La boîte à outils, p. 438 et 439

Minerai
Une substance tirée du sous-sol, qui contient un minéral en quantité suffisante pour qu'on puisse en tirer profit.

LA CONNAISSANCE DES MINÉRAUX DANS LE TEMPS

▶ **Vers 300 ans av. J.-C.**
Le botaniste et géologue Théophraste (372-287 av. J.-C.) propose une des premières classifications des minéraux.

▶ **1669**
L'anatomiste et géologue suédois Nicolas Sténon (1638-1686) démontre que les couches rocheuses les plus profondes sont les plus anciennes, et que les moins profondes sont les plus récentes.

▶ **1812**
Le minéralogiste allemand Friedrich Mohs (1773-1839) conçoit une échelle pour classer les minéraux selon leur dureté.

▶ **1896**
Le physicien français Antoine Becquerel (1852-1908) découvre la radioactivité, ce qui permettra plus tard de dater les roches.

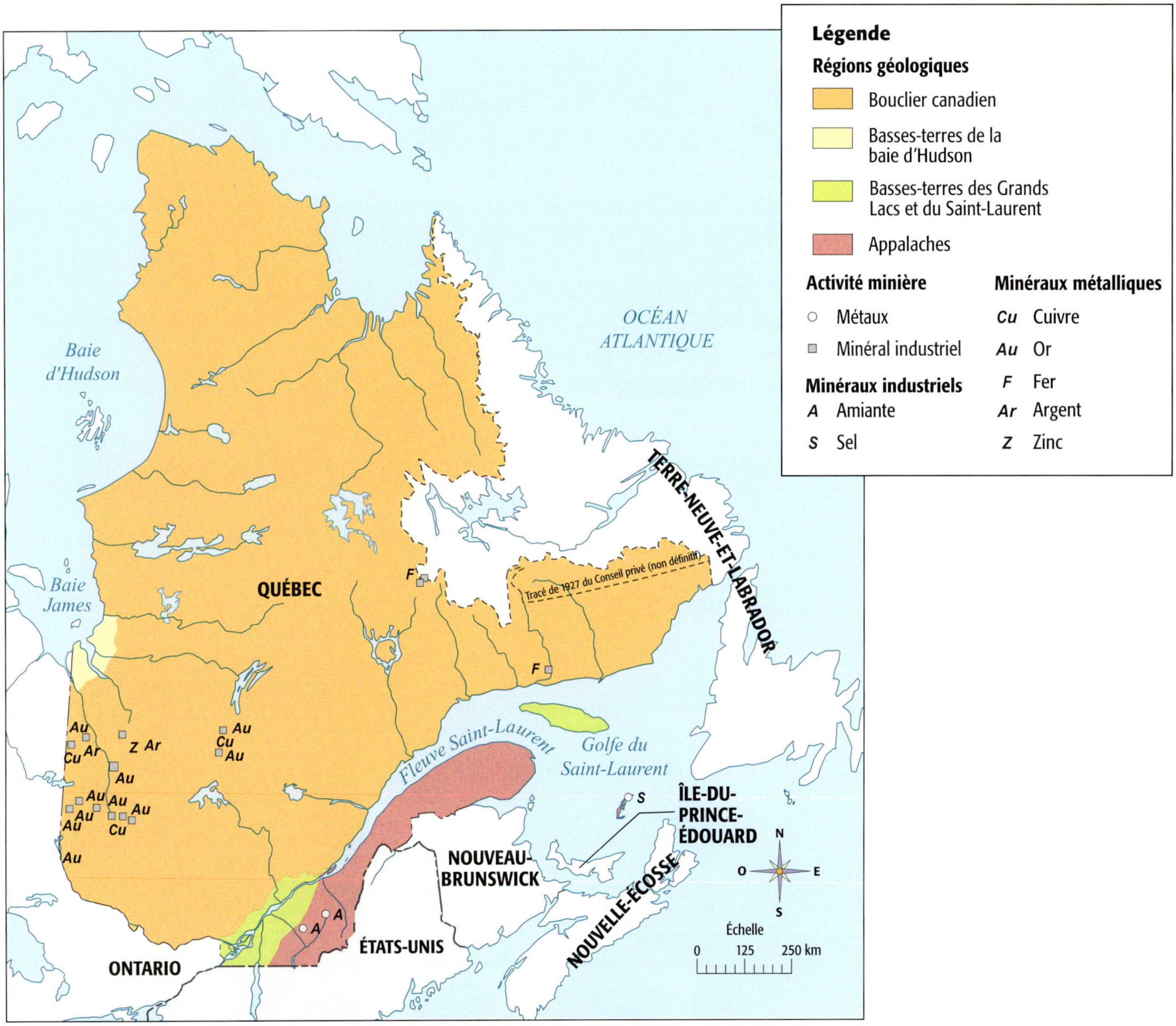

Figure 6 *Les principaux minéraux exploités au Québec*

a) L'or
b) Le cuivre

Figure 7 *Deux minéraux métalliques que l'on trouve au Québec*

EXPLORATION 1
Le sol, une ressource inestimable

Le profil du sol
L'encyclo, p. 308

Qu'est-ce qui se cache sous la terre?

Le sous-sol terrestre est riche en minéraux, roches et autres matériaux tels de nombreux métaux et de l'eau. Ces matériaux sont essentiels à la croissance des plantes.

Les minéraux sont souvent exploités par l'être humain. Ainsi, on utilise le granit dans la construction. On se sert du sable pour fabriquer le verre. Les ressources minérales sont divisées en quatre grandes catégories:

- les minéraux métalliques: le fer, le nickel, le cuivre, l'or, etc.;
- les minéraux industriels: le sel, l'amiante, la silice, etc.;
- les matériaux de construction: l'argile, le sable, la pierre, etc.;
- les matériaux combustibles: le gaz naturel, le pétrole et le charbon.

Lorsqu'un minéral est beau, pur et rare, on l'appelle une pierre précieuse. Le diamant, l'émeraude, le rubis et le saphir en sont des exemples. Il existe aussi des pierres semi-précieuses comme la topaze, le jade ou l'opale. La valeur de ces pierres varie selon leur grosseur, leur transparence, leur rareté et la mode. Si un minéral ou une roche présente une certaine originalité, on l'appelle une pierre de collection. La rose des sables est un exemple de pierre de collection.

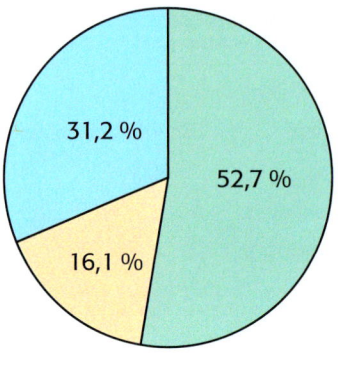

Figure 8 *Les principales ressources minérales exploitées au Québec. Les matériaux combustibles ne font pas partie du diagramme, car on les exploite peu au Québec.*

FLASH... FLASH... FLASH...

Le caroubier est un arbre dont le fruit, la caroube, a un goût qui rappelle celui du chocolat. Pendant des siècles, la graine du caroubier a servi à peser les pierres précieuses. On attribuait une valeur de un carat à la masse d'une de ces graines. En 1907, on décida que cinq carats équivaudraient à un gramme. Le carat est encore l'unité utilisée de nos jours pour indiquer la masse des pierres précieuses.

a) *Une pierre précieuse: le diamant*

b) *Une pierre semi-précieuse: l'améthyste*

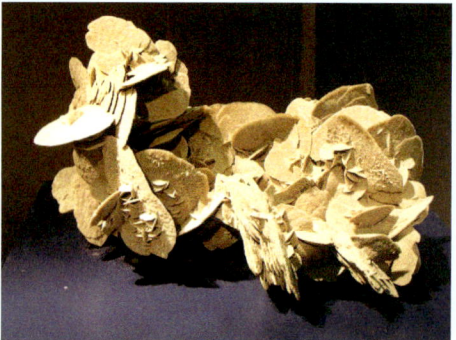

c) *Une pierre de collection: la rose des sables*

Figure 9 *Quelques minéraux recherchés*

ACTIVITÉ SYNTHÈSE 1 expérimentation

Des fleurs et un pot

Ton enseignante ou ton enseignant te remettra un tableau présentant les résultats obtenus par une horticultrice qui a cultivé trois plantes dans quatre types de sols différents. Ces trois plantes sont la lavande, le coléus et l'héliotrope. Les quatre types de sols utilisés sont les suivants : du sable, de la terre noire, de la mousse de sphaigne et de l'argile. Tu devras analyser ces résultats et les présenter dans un rapport de laboratoire.

La démarche expérimentale
La boîte à outils, p. 430 à 432

Le diagramme à bandes
La boîte à outils, p. 442

1. Prépare un rapport de laboratoire qui explique et justifie l'effet de différents facteurs étudiés sur la croissance des trois plantes.

2. Dans ton rapport, tu dois indiquer :
   - le type de sol idéal pour chacune des trois plantes ;
   - l'effet des facteurs suivants sur la croissance des plantes dans chacun des quatre types de sols :
     – la texture du sol ;
     – sa structure ;
     – sa porosité ;
     – sa vitesse de drainage ;
     – sa composition en minéraux ;
     – son pH ;
     – tout autre élément qui influe, selon toi, sur la croissance des plantes étudiées.

3. Trace un diagramme à bandes verticales de la croissance de chaque plante en fonction de chaque type de sol.

Points à surveiller

1. J'identifie le type de sol idéal pour la croissance de chaque plante.
2. J'utilise les connaissances scientifiques acquises au cours des activités de l'exploration pour analyser les résultats.
3. Je justifie mes explications en tenant compte des propriétés du sol, de l'eau et de la présence de sels minéraux.
4. Je présente mes résultats, mon analyse et mon diagramme à bandes dans un rapport de laboratoire.

FLASH... FLASH... FLASH...

Dans la réserve Papineau-Labelle, en Outaouais, le type de sol dominant est le podzol. C'est le type de sol le plus courant dans les régions froides et humides comme le Québec. Son nom provient de l'aspect cendreux d'une de ses couches. Dans la langue russe, *pod* signifie « sous » et *zola*, « cendre ».

EXPLORATION 1
Le sol, une ressource inestimable

EXPLORATION 2

Des solutions aux mélanges

Figure 10 *Les mélanges font partie de la vie quotidienne.*

CONCEPTS CLÉS DE L'EXPLORATION 2

- Mélanges
- Propriétés caractéristiques
- Séparation des mélanges
- Solutions
- Température

Les mélanges autour de nous

Notre planète abonde en mélanges naturels. Ceux-ci sont composés de deux substances pures ou plus. Le sol, l'air et l'eau de mer sont des exemples de mélanges naturels. Au cours des siècles, les humains ont mis au point des techniques pour regrouper des substances. On a ainsi composé de nouveaux mélanges. D'autre part, on a réussi à séparer des mélanges afin d'isoler leurs constituants.

Un parfum est un exemple de mélange créé par l'être humain. Il est composé de plusieurs substances, comme des essences de fleurs et de l'alcool.

Fais appel à tes connaissances pour répondre aux questions suivantes :

1. Dans quelles situations prépare-t-on des mélanges ?
2. Dans quelles situations sépare-t-on des mélanges ?
3. Comment fait-on pour extraire l'odeur d'une fleur en vue de fabriquer un parfum ?
4. Pourquoi utilise-t-on de l'alcool dans la fabrication des parfums ?

Voici le fil conducteur de l'exploration 2 : tu apprendras à distinguer les différents types de mélanges et tu découvriras différents procédés de séparation des mélanges. Ces connaissances te seront très utiles pour fabriquer ton propre mélange : ton parfum. En effet, dans l'exploration 3, tu devras extraire de l'**huile essentielle** à partir d'une plante odorante. Tu feras ainsi appel à des procédés de séparation pour créer ton parfum.

Huile essentielle
Une huile obtenue par la distillation des substances aromatiques d'une plante.

- Dans l'**activité 1**, « Préparer des mélanges », aux pages 144 et 145, tu distingueras les différents types de mélanges.

- Dans l'**activité 2**, « Hétérogène ou homogène ? », aux pages 146 à 148, tu examineras de près trois boissons et tu les classeras.

- Dans l'**activité 3**, « Séparer des mélanges », aux pages 149 et 150, tu constateras qu'il faut parfois séparer des mélanges.

- Dans l'**activité 4**, « Les mélanges au quotidien », à la page 151, tu te documenteras sur un mélange de ton choix.

À la fin de cette exploration, au cours de l'**activité synthèse** « Caché dans un mélange », aux pages 152 et 153, tu devras séparer les constituants d'un mélange inconnu et y détecter la présence d'eau.

EXPLORATION 2
Des solutions aux mélanges

Les mélanges
L'encyclo, p. 196

La démarche expérimentale
La boîte à outils, p. 430 à 432

Travailler en toute sécurité
La boîte à outils p. 428

ACTIVITÉ 1 expérimentation

Préparer des mélanges

J'observe

Dans la nature, on trouve des mélanges liquides, solides et gazeux. Le lait de tes céréales, la vinaigrette de ta salade ou ton jus de fruits préféré sont tous des exemples de mélanges liquides, car ils sont formés de particules de matières différentes. Le parfum que tu créeras à la fin de ce module est aussi un exemple de mélange liquide. Au cours de cette activité, tu examineras de plus près les mélanges liquides.

Je me questionne

« Comment l'aspect de différents liquides changera-t-il si je mélange ces liquides ? »

Je précise mes variables

Ton expérience doit te permettre d'observer l'aspect de différents liquides avant et après les avoir mélangés.

J'expérimente

Protocole proposé

Voici un exemple de protocole pour réaliser cette expérience. Tu peux aussi en proposer un autre.

Matériel
- Des lunettes de sécurité
- Cinq éprouvettes
- Un support à éprouvettes
- Cinq bouchons de caoutchouc
- Un cylindre gradué de 10 mL
- Un compte-gouttes

Matériaux
- 10 substances liquides différentes

1. Décris l'aspect des 10 liquides mis à ta disposition (par exemple, la couleur, la transparence, la viscosité, la présence de particules, etc.). Attention : Ne touche ni ne goûte à aucune substance directement.
Note ta description dans un tableau semblable au tableau 1, ci-dessous.

2. Prépare cinq mélanges. Pour chaque mélange, verse deux des 10 liquides de départ dans une éprouvette et mélange bien.

Tableau 1 L'aspect de 10 liquides différents

Nom du liquide	Aspect

MODULE 4
La création d'un parfum

3. Décris la composition et l'aspect de tes cinq mélanges. Note ta description dans les trois premières colonnes d'un tableau semblable au tableau 2, ci-dessous.

Tableau 2 *La composition et l'aspect de cinq mélanges*

Mélange	Composition (nom des deux liquides utilisés)	Aspect immédiatement après le mélange	Aspect 10 minutes après le mélange

4. Laisse reposer tes cinq mélanges pendant une dizaine de minutes.
5. Décris de nouveau l'aspect de tes mélanges. Note tes observations dans la dernière colonne de ton tableau.

J'analyse mes résultats et je les présente

1. Présente tes résultats sous forme de schéma. Pour chacun de tes cinq mélanges, dessine quatre schémas.
    - Illustre l'aspect des deux liquides de départ avant le mélange (ce qui fait deux schémas).
    - Illustre l'aspect du liquide immédiatement après le mélange.
    - Illustre l'aspect du liquide 10 minutes après le mélange.
2. L'aspect des liquides a-t-il changé au cours de l'expérience? Si oui, explique comment et pourquoi.
3. Pour chacun de tes cinq mélanges, indique s'il s'agit d'un mélange homogène (c'est-à-dire une solution) ou d'un mélange hétérogène.
4. Compare tes réponses avec celles d'une autre équipe.
5. Si tu devais refaire cette expérience, que modifierais-tu dans le protocole? Explique pourquoi.

FLASH... FLASH... FLASH...

Le savon a été inventé dans l'Antiquité, il y a plus de 2 500 ans. On le fabriquait en mélangeant de la graisse animale et des cendres.

Vers le projet

Tu sais qu'un parfum est un mélange de plusieurs ingrédients. Comment décriras-tu l'aspect de ce mélange? Note ta réponse. Elle pourrait t'aider à mieux décrire le mélange que tu proposeras en fin de module.

EXPLORATION 2
Des solutions aux mélanges

7

Les substances pures et les mélanges
L'encyclo, p. 195 à 197

La démarche expérimentale
La boîte à outils, p. 430 à 432

Utiliser les instruments d'observation
La boîte à outils, p. 452 à 456

ACTIVITÉ 2 expérimentation

Hétérogène ou homogène ?

J'observe

La nourriture que tu consommes est souvent constituée de mélanges. La plupart de tes boissons préférées sont aussi des exemples de mélanges. Tu as vu dans l'activité précédente qu'il existe deux types de mélanges liquides : les mélanges homogènes et les mélanges hétérogènes. Au cours de cette activité, tu en apprendras davantage sur ces deux types de mélanges.

Je me questionne

« Quelles caractéristiques pourraient me permettre de déterminer si des boissons sont des mélanges hétérogènes ou homogènes ? »

Je précise mes variables

1. Ton expérience doit te permettre d'examiner les caractéristiques de trois boissons différentes.
2. Tu dois déterminer si chaque boisson est un mélange homogène ou un mélange hétérogène.

J'expérimente

Protocole proposé

Voici un exemple de protocole pour réaliser cette expérience. Tu peux aussi en proposer un autre.

 Lis d'abord le texte « Les mélanges hétérogènes », à la page 148.

Matériel
- Trois éprouvettes
- Un support à éprouvettes
- Une loupe
- Un microscope ou un binoculaire
- Trois compte-gouttes
- Trois boîtes de Petri
- Trois lames
- Trois lamelles
- Un marqueur

Matériaux
- Trois boissons différentes identifiées A, B et C
- Un échantillon de parfum

MODULE 4
146 La création d'un parfum

2 Reproduis le tableau 3, ci-dessous. Ce sera ton tableau de résultats.

Tableau 3 *Les observations et la classification de mélanges*

Liquide	Méthode d'observation	Observations	Homogène ou hétérogène?	Raison de la classification
Boisson A	À l'œil nu			
	Avec une loupe			
	Avec un microscope ou un binoculaire			

3 Verse 20 mL de la boisson A dans une éprouvette. Identifie clairement ton éprouvette.

4 Examine d'abord la boisson A à l'œil nu. Inscris tes observations dans ton tableau de résultats.

5 À l'aide du compte-gouttes, dépose une goutte de la boisson A dans une boîte de Petri. Examine-la à l'aide de la loupe. Inscris de nouveau tes observations dans ton tableau de résultats.

6 Dépose une petite quantité de la boisson A sur une lame. Couvre ton échantillon avec une lamelle. Examine ton échantillon à l'aide d'un microscope ou d'un binoculaire. Commence ton observation au grossissement le plus faible. Observe ensuite ton échantillon à fort grossissement. Inscris tes observations dans ton tableau de résultats.

7 Refais les étapes 3 à 6 pour les boissons B et C.

8 Observe l'échantillon de parfum fourni par ton enseignante ou ton enseignant. Examine-le à l'aide de tes yeux, avec la loupe, puis au microscope. Note tes observations dans ton tableau de résultats.

J'analyse mes résultats et je les présente

1 Réponds aux questions suivantes:
   a) Qu'as-tu observé avec la loupe que tu n'avais pas remarqué à l'œil nu?
   b) Quelles nouvelles observations le microscope ou le binoculaire t'a-t-il permis de faire?
   c) Y a-t-il une ou plusieurs boissons qui te semblaient homogènes vues à l'œil nu mais hétérogènes vues à l'aide d'instruments plus précis? Si oui, laquelle ou lesquelles?
   d) Comment les instruments d'observation contribuent-ils à améliorer tes observations?
   e) Que faut-il observer avant d'affirmer qu'un mélange est homogène?

2 À la suite de tes observations, classerais-tu l'échantillon de parfum parmi les mélanges homogènes ou les mélanges hétérogènes? Explique ta réponse.

3 Si tu devais refaire cette expérience, que modifierais-tu dans le protocole? Explique pourquoi.

HISTOIRE SCIENTIFIQUE

Les mélanges peuvent être composés de différentes substances. Dans l'Antiquité, l'eau gazéifiée provenait des sources. Elle sortait du sol en bouillonnant. Les scientifiques comprirent plus tard qu'on pouvait obtenir le même pétillement en ajoutant du gaz carbonique à de l'eau. On peut aussi ajouter du sucre, des arômes et des colorants alimentaires dans l'eau gazéifiée. C'est ainsi qu'on fabrique les multiples boissons gazeuses qu'on trouve actuellement sur le marché.

Vers l'activité synthèse

Conserve tes observations sur la façon de distinguer les mélanges homogènes et les mélanges hétérogènes ainsi que sur la contribution apportée par les instruments d'observation. Ceux-ci te seront utiles lorsque tu sépareras les différents constituants d'un mélange inconnu, dans l'activité synthèse de cette exploration.

FLASH... FLASH... FLASH...

Le lait homogénéisé est à la fois une solution, une suspension et un mélange colloïdal. En effet, le lait entier est d'abord une solution d'eau et de sucre (le lactose). C'est aussi une suspension parce qu'il contient des particules de gras (la crème) en suspension. Enfin, ce lait est un mélange colloïdal, car on y trouve des particules de caséine. La caséine est une protéine présente dans l'eau du lait. C'est le principal constituant du fromage.

Centrifugation
Un procédé qui consiste à séparer les constituants d'un mélange à l'aide d'un mouvement de rotation rapide.

ENRICHISSEMENT

En plus de la caséine, le lait contient d'autres protéines. Une de celles-ci peut d'ailleurs servir à fabriquer une sorte de plastique. Renseigne-toi sur cette protéine et conçois une expérience pour l'extraire du lait.

Les mélanges hétérogènes

On peut classer les mélanges hétérogènes en trois catégories : les mélanges hétérogènes simples, les suspensions et les mélanges colloïdaux.

Dans un **mélange hétérogène simple**, les particules des deux substances ne se mêlent pas. Il y a des particules qui flottent à la surface ou qui se déposent rapidement au fond du récipient. Une **suspension** est un mélange dont les particules sont suffisamment petites pour rester en suspension très longtemps. Dans un **mélange colloïdal**, les particules sont tellement petites qu'on ne peut pas les distinguer à l'œil nu. Dans ce type de mélange, les particules peuvent demeurer en suspension très longtemps. Le tableau 4 présente quelques caractéristiques des trois catégories de mélanges hétérogènes.

Tableau 4 *Les caractéristiques des mélanges hétérogènes*

	Mélange hétérogène simple	Suspension	Mélange colloïdal
Observation à l'œil nu	Les différentes parties sont visibles à l'œil nu.	Les différentes parties sont généralement visibles à l'œil nu.	Les différentes parties sont généralement impossibles à distinguer à l'œil nu.
Temps de séparation des particules	Les particules se séparent rapidement.	Les particules se séparent après un certain temps. Le mélange est trouble.	Les particules se séparent après un très long temps de repos. Le mélange est trouble.
Procédé de séparation	On peut séparer les constituants par décantation.	On peut séparer les constituants par filtration.	On peut séparer les constituants par **centrifugation**.
Exemple	Une vinaigrette	Du jus de pamplemousse	De la mayonnaise

Au contraire des solutions, les mélanges hétérogènes ont pour caractéristique de se séparer lorsqu'on les laisse au repos. Il faut donc les remuer ou les secouer avant de s'en servir, comme on le fait pour la peinture, qui est un exemple de mélange colloïdal. C'est un indice qui t'aide à distinguer une solution et un mélange hétérogène.

ACTIVITÉ 3 expérimentation
Séparer des mélanges

J'observe

Dans les deux activités précédentes, tu as vu qu'on réunit parfois des substances pour former des mélanges. Toutefois, il arrive aussi qu'on désire plutôt séparer les constituants d'un mélange. En connais-tu des exemples? Au cours de cette activité, tu feras le tour de quatre stations. Chacune présente un mélange différent à séparer.

> **Les propriétés caractéristiques de la matière**
> L'encyclo, p. 188 et 189
>
> **La séparation des mélanges**
> L'encyclo, p. 198 à 201
>
> **La démarche expérimentale**
> La boîte à outils, p. 430 à 432

Je me questionne

« Comment puis-je séparer les constituants d'un mélange ? »

Je précise mes variables

Ton expérience doit te permettre de séparer les constituants de quatre mélanges selon le procédé de ton choix.

J'expérimente   PROTOCOLE

1. Observe la figure 11. Quel serait d'après toi le meilleur procédé pour séparer les constituants de chacun de ces mélanges?
2. Renseigne-toi sur les différents procédés de séparation des mélanges en lisant les pages 202 à 205 de L'encyclo. Lis aussi le texte « Extraire l'essence des fleurs par la distillation », à la page suivante.
3. Fais le tour des quatre stations disposées dans ta classe. À chaque station, effectue les tâches suivantes :
   - choisis le procédé de séparation le plus approprié pour séparer le mélange qui s'y trouve;
   - sélectionne le matériel et les matériaux dont tu auras besoin;
   - effectue la séparation des constituants du mélange.

Figure 11 *Des mélanges à séparer*

J'analyse mes résultats et je les présente

1. Présente tes résultats dans un tableau. Donne-lui un titre.
2. Compare tes résultats avec ceux de tes camarades de classe.
3. Réponds aux questions suivantes :
   a) Quel est le meilleur procédé de séparation pour chacun des mélanges?
   b) Pour quels types de mélanges chaque procédé de séparation est-il le mieux indiqué?
   c) Comment t'y prendrais-tu pour détecter le présence d'eau dans un mélange?
4. Si tu devais refaire cette expérience, que modifierais-tu dans ton protocole? Explique pourquoi.

Vers l'activité synthèse

Assure-toi de bien comprendre les différents procédés de séparation des mélanges. Tu en auras besoin lorsque tu sépareras les différents constituants d'un mélange inconnu dans l'activité synthèse de cette exploration.

Figure 12 *Deux modèles d'alambic*

FLASH... FLASH... FLASH...

Six mille kilogrammes de fleurs sont parfois nécessaires pour obtenir un kilogramme d'huile essentielle.

Extraire l'essence des plantes aromatiques par la distillation

La distillation est un procédé de séparation ancien. Elle était déjà connue dans l'Antiquité, en Grèce et en Égypte. Toutefois, elle a été généralisée par les Arabes entre le 8e et le 10e siècle à la suite de l'invention du serpentin. Celui-ci a amélioré l'appareil servant à la distillation : l'alambic. On peut utiliser l'alambic pour extraire les huiles parfumées contenues dans les différentes parties des plantes.

Voici comment fonctionne l'alambic servant à la distillation de l'huile essentielle des plantes.

❶ Dans la chaudière, l'eau bout. Sous l'effet de la chaleur dégagée par le feu, elle se transforme en vapeur. Cette vapeur d'eau est transportée dans un tuyau qui relie la chaudière à la cuve à plantes.

❷ La cuve à plantes contient les plantes à fleurs. On va extraire l'huile essentielle de ces plantes par distillation. La vapeur d'eau provenant de la chaudière passe à travers les plantes. Elle dissout l'huile essentielle des plantes et les entraîne avec elle.

❸ La vapeur d'eau parfumée se volatilise dans un col de cygne. Puis, elle entre dans une cuve d'eau très froide où se trouve un serpentin glacé. Au contact du froid, la vapeur parfumée se condense et redevient liquide. La température de l'eau du réservoir provoque également la séparation du liquide en deux constituants : l'eau et l'huile essentielle.

❹ À la sortie du serpentin, le liquide s'écoule dans un vase florentin. Dans ce vase, l'huile essentielle flotte à la surface de l'eau distillée par décantation. Il suffit alors de la recueillir.

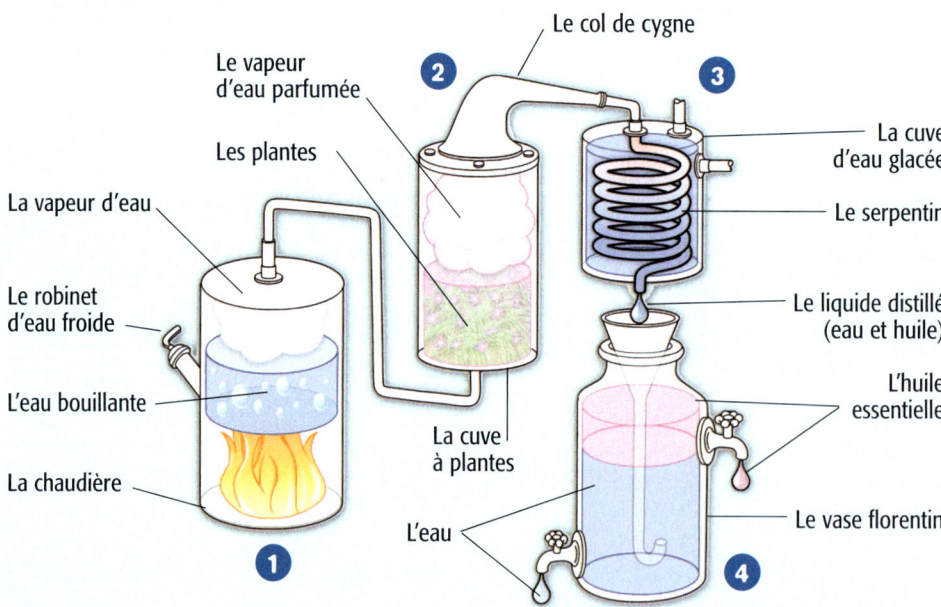

Figure 13 *Le schéma d'un alambic servant à la distillation de l'huile essentielle de plantes aromatiques*

MODULE 4 La création d'un parfum

ACTIVITÉ 4 recherche

Les mélanges au quotidien

Tout au long de cette exploration, tu as étudié différentes propriétés des mélanges. Tu sais que certains mélanges sont naturels, tandis que d'autres sont fabriqués. Tu vas maintenant choisir un mélange et mener une recherche documentaire pour mieux le connaître.

Mener une recherche documentaire
La boîte à outils, p. 436 et 437

1 Choisis le mélange que tu étudieras en suivant les directives de ton enseignante ou de ton enseignant.

2 Fais une recherche documentaire sur ton mélange. Tu dois pouvoir répondre aux questions suivantes :
   a) Quels sont les constituants de ton mélange ?
   b) Est-ce un mélange naturel ou synthétique ?
   c) Quels usages peut-on faire de ce mélange ?
   d) Quel est le meilleur procédé pour séparer les constituants de ce mélange ?
   e) Y a-t-il d'autres aspects qui caractérisent ton mélange ? Si oui, lesquels ?

INFO-CARRIÈRE

Technicienne ou technicien en procédés chimiques

T'es-tu déjà demandé comment le savon, l'essence ou certains médicaments sont fabriqués ? Savais-tu que le dentifrice, l'encre et les cosmétiques sont développés en laboratoire, souvent par une technicienne ou un technicien en procédés chimiques ? Cette personne supervise aussi les étapes de la transformation des substances chimiques qui composent les produits. Elle procède également aux contrôles de qualité. De plus, elle vérifie le bon fonctionnement des appareils technologiques mis à sa disposition. Pour faire ce métier, tu dois obtenir un diplôme d'études collégiales en techniques de procédés chimiques.

EXPLORATION 2
Des solutions aux mélanges

ACTIVITÉ SYNTHÈSE 2 expérimentation

La démarche expérimentale
La boîte à outils, p. 430 à 432

Caché dans un mélange

J'observe

Au cours de cette exploration, tu as acquis les connaissances et les compétences nécessaires pour séparer les constituants d'un mélange inconnu.

Je me questionne

« Comment vais-je m'y prendre pour séparer les constituants d'un mélange inconnu ? »

Je précise mes variables

Ton expérience doit te permettre de :

- choisir le meilleur procédé pour séparer les constituants d'un mélange inconnu ;
- détecter la présence d'eau dans un mélange inconnu.

J'expérimente PROTOCOLE

1. Élabore un protocole pour séparer les constituants du mélange inconnu. Mentionne dans ton protocole toutes les consignes de sécurité que tu devras suivre.
2. Dresse une liste du matériel et des matériaux dont tu auras besoin pour réaliser ton expérience.
3. Dessine un schéma de ton montage.
4. Fais valider ton protocole, ta liste de matériel et de matériaux ainsi que ton schéma par ton enseignante ou ton enseignant.
5. Réalise ton expérience.

HISTOIRE SCIENTIFIQUE

En 1853, le Canadien **Abraham Gesner** (1797-1864) a mis au point un procédé de séparation du goudron. Grâce à ce procédé, il a obtenu un nouveau carburant liquide qu'il a nommé « kérosène ». Ce carburant était idéal pour l'éclairage et il ne produisait presque pas de fumée. Comme on ne pouvait pas utiliser le kérosène dans les lampes de l'époque, Gesner inventa une nouvelle lampe. De nos jours, ces lampes sont plus souvent employées pour la décoration que pour l'éclairage.

J'analyse mes résultats et je les présente

1. Prépare un rapport indiquant les étapes que tu as suivies pour réaliser cette expérience et les résultats que tu as obtenus.
2. À l'aide d'un schéma, décris les étapes qui ont été nécessaires pour séparer les constituants du mélange inconnu.
3. Sur ton schéma, nomme les différents constituants que tu as séparés, de même que le ou les procédés que tu as utilisés à chaque étape.
4. Explique comment on peut détecter la présence d'eau dans un mélange inconnu.
5. Si tu devais refaire cette expérience, que modifierais-tu dans ton protocole ? Explique pourquoi.

Points à surveiller

1. Je choisis un ou des procédés de séparation qui conviennent au mélange inconnu.
2. Je prépare adéquatement mon expérience : je dresse la liste du matériel et des matériaux nécessaires et je planifie les étapes de ma démarche.
3. Je réalise mon expérience en toute sécurité.
4. J'identifie le ou les procédés de séparation utilisés à chaque étape et les constituants du mélange inconnu à l'aide d'un schéma.
5. J'utilise correctement le vocabulaire que j'ai appris au cours de cette exploration.

FLASH... FLASH... FLASH...

Sur l'eau, une flaque de pétrole de la taille d'une pièce de monnaie peut tuer un oiseau parce que le pétrole contamine l'eau. En 1989, le pétrolier *Exxon Valdez* a percuté un rocher en Alaska. Plus de 48 millions de litres de pétrole brut ont alors été déversés dans l'océan. Imagine les dégâts !

EXPLORATION 3

Un parfum, c'est plein de bons sens

CONCEPTS CLÉS DE L'EXPLORATION 3

- Adaptations physiques et comportementales
- Gamme de fabrication
- Matériau
- Matériel
- Matière première
- Mélanges
- Séparation des mélanges
- Solutions
- Température

Le nez et la musique des parfums

Certaines personnes ont pour profession de créer des parfums. On les appelle familièrement des « nez ». Les nez disposent d'un « orgue », c'est-à-dire d'une palette de plusieurs centaines d'odeurs différentes. Ils associent, analysent et composent de nouvelles odeurs jusqu'à l'accord parfait. Ils créent ainsi des parfums originaux.

Le nez est à la fois un artiste et un technicien. Son sens olfactif est son principal outil de travail. Cette personne passe ses journées à sentir des petites languettes de papier imprégnées de parfum, les mouillettes. Cela lui permet de créer une harmonie de senteurs, comme on crée une harmonie de couleurs ou de sons. Un nez expérimenté peut distinguer jusqu'à 1 000 odeurs différentes. À l'heure actuelle, il y a environ 250 nez dans le monde.

Et toi, es-tu un nez ?

1. Que ressens-tu lorsque tu respires les odeurs évoquées par chacune des photos de la figure 14 ?
2. Quelles sont les activités quotidiennes où tu utilises ton odorat ?
3. Comment chacune de ces activités serait-elle modifiée si tu perdais ton sens de l'odorat ?
4. Quels souvenirs agréables associes-tu à des odeurs ?
5. Quelles odeurs représentent des souvenirs désagréables pour toi ?

Figure 14 *Ton quotidien est rempli d'odeurs de toutes sortes. Certaines sont agréables, d'autres non.*

Voici le fil conducteur de l'exploration 3 : la parfumerie est un univers où l'odorat est roi. Au cours de cette exploration, tu apprendras à mieux connaître ce sens. Puis, tu poursuivras ta démarche technologique afin d'élaborer ton propre parfum.

L'odorat au quotidien

- Dans les activités 1 et 2, tu apprendras à mieux connaître ton sens de l'odorat.
    - Au cours de l'**activité 1**, « As-tu du flair ? », aux pages 156 à 158, tu détermineras si tu as le flair d'un nez pour décrire et classer diverses odeurs.
    - Au cours de l'**activité 2**, « Prendre soin de son nez », aux pages 159 et 160, tu constateras que l'organe de l'odorat, tout comme ceux des autres sens, nécessite des mesures d'hygiène et de protection.

L'extraction des essences parfumées

- Dans les activités 3 à 6, tu concevras ton produit, c'est-à-dire ton parfum.

    - Au cours de l'**activité 3**, « Un sondage sur le terrain », à la page 161, tu interrogeras une dizaine de personnes. Cela te permettra de créer un parfum qui réponde aux attentes de ta clientèle cible.
    - Au cours de l'**activité 4**, « Extraire la fine fleur », aux pages 162 et 163, tu extrairas l'essence qui servira à la confection de ton parfum.
    - Au cours de l'**activité 5**, « La naissance d'un parfum », aux pages 164 et 165, tu créeras un parfum.
    - Au cours de l'**activité 6**, « Une chaîne de production des odeurs », à la page 166, tu décriras les étapes à suivre pour produire ton parfum en série dans une usine.

À la fin de cette exploration, au cours de l'**activité synthèse** « Le parfum : l'œuvre d'un nez », à la page 167, tu présenteras un dossier expliquant les étapes de la démarche technologique que tu as suivie pour créer ton parfum.

ACTIVITÉ 1 interprétation

As-tu du flair ?

> La technique pour sentir les substances en laboratoire
> La boîte à outils, p. 428

FLASH... FLASH... FLASH...

Dans les salles de cinéma, on diffuse parfois des odeurs artificielles de maïs soufflé. On encourage ainsi la consommation de cette gourmandise.

À quoi ressemblerait une vie sans odeurs ? À une vie sans couleurs et sans saveurs ! Le sens par lequel on perçoit les odeurs est l'odorat. On néglige souvent ce sens au profit de la vue, de l'ouïe et même du goût. Comment ferais-tu pour décrire une odeur à une personne qui ne l'a jamais sentie ? Ce serait une tâche bien difficile, car chaque personne perçoit les odeurs à sa manière propre.

Pour devenir un nez, il faut avoir un odorat très fin. As-tu du flair ? Pour le savoir, effectue cette activité. En équipe, tu analyseras les différentes odeurs d'une palette et tu les regrouperas par familles.

Voici le matériel et les matériaux dont tu disposes :

- une palette de différentes odeurs dans des bouteilles compte-gouttes ;
- des mouillettes de papier ;
- un bandeau.

1. Lis d'abord le texte « Les parfums du monde », à la page 158. Il décrit sept familles de parfums.
2. Place-toi en équipe selon les directives de ton enseignante ou de ton enseignant.

MODULE 4
La création d'un parfum

3 Avec le matériel et les matériaux dont tu disposes, décris les différentes odeurs de ta palette.
- Un des élèves de ton équipe doit ensuite se bander les yeux.
- Un autre élève met une goutte du contenu de la bouteille sur une mouillette de papier. Il agite cette dernière devant le nez de l'élève aux yeux bandés.
- L'élève aux yeux bandés doit utiliser son odorat pour décrire l'odeur qu'il perçoit. Un autre élève note sa description.
- Les élèves inversent les rôles et recommencent avec une autre bouteille.

4 Réponds aux questions suivantes :
   a) À quelle odeur connue peux-tu associer chacune des odeurs que tu viens de sentir ?
   b) Quelle odeur as-tu préférée ?
   c) Quelle odeur as-tu le moins aimée ?
   d) Combien d'odeurs différentes as-tu identifiées correctement ?

5 Classe les substances odorantes selon les familles d'odeurs du tableau 2, à la page suivante.
   a) Comment décrirais-tu chaque famille d'odeurs dans tes propres mots ?
   b) Quelles odeurs as-tu associées à chaque famille ?
   c) Combien de familles d'odeurs as-tu trouvées ?
   d) Ta classification diffère-t-elle de celle de l'autre membre de ton équipe ? Si oui, comment ?

6 Conserve tes descriptions et ta classification. Elles te seront utiles dans l'activité 3, « Un sondage sur le terrain ».

ENRICHISSEMENT

Prépare une liste d'odeurs provenant de ton environnement qu'il serait difficile de mettre dans un sac ou dans une boîte. Comment ferais-tu pour représenter ces odeurs et les enfermer dans un sac de papier ?

Vers le projet

Tes descriptions et ton classement t'aideront à présenter ton parfum lors du projet du module.

Les parfums du monde

Les parfums peuvent être regroupés en sept familles. Le tableau 5 présente ces sept familles de parfums ainsi que la description des principales essences qui les composent.

Tableau 5 *Les sept familles de parfums*

Famille	Description	Exemple
Les hespéridées	Ce sont des odeurs fraîches à base de jus et de zestes d'agrumes.	Des agrumes
Les floraux	C'est la famille la plus importante dans les parfums féminins. La base des floraux est formée d'une ou de plusieurs fleurs : rose, muguet, violette, jasmin, etc.	Un jasmin
Les boisés	Cette famille regroupe surtout des odeurs masculines comme le bois de cèdre et les racines de vétiver.	Un vétiver
Les orientaux et les ambrés	Ce sont des parfums qui ont des odeurs vanillées.	Un vanillier
Les fougères	Ces parfums comprennent souvent de la lavande et des odeurs boisées.	Des plants de lavande
Les chyprés	La base de cette famille est la mousse de chêne. On l'accompagne d'autres odeurs, comme le bois sec, les fruits et les fleurs.	De la mousse de chêne
Les cuirs	Cette famille reproduit l'odeur du cuir. Ces parfums aux odeurs masculines sentent le miel, l'essence de bouleau, la fumée et le tabac.	Des peaux en cuir

FLASH... FLASH... FLASH...

Savais-tu que le Canada est le principal pays exportateur de castoréum ? Le castoréum est une sécrétion odorante provenant du castor. Cette substance huileuse est employée en parfumerie. Elle aide à fixer les odeurs sur la peau.

ACTIVITÉ 2 interprétation et communication
Prendre soin de son nez

Dans l'activité précédente, tu as appris à mieux connaître le monde des odeurs. Les différentes odeurs sont captées par les cellules olfactives situées dans le nez, l'organe de l'odorat. Elles sont ensuite analysées par le cerveau. Ton nez est donc très important. Sais-tu comment en prendre soin?

Mener une recherche documentaire
La boîte à outils, p. 436 et 437

ENRICHISSEMENT
Fais une recherche documentaire pour décrire trois maladies ou défauts qui affectent l'odorat.

1. Commence par lire le texte «La perception des odeurs», à la page suivante.
2. Quels sont les moyens qu'on peut utiliser pour préserver l'efficacité de son odorat?
3. Discute de ta liste de moyens avec les autres élèves de ta classe.
4. Complète ta liste de moyens si c'est nécessaire.
5. Prépare un feuillet d'information pour présenter des conseils d'hygiène essentiels pour préserver l'efficacité de l'odorat.

FLASH... FLASH... FLASH...

Plusieurs gaz sont imperceptibles par l'odorat. Le monoxyde de carbone (CO) est un gaz mortel qui ne dégage aucune odeur. Pour le déceler, on utilise un détecteur de monoxyde de carbone. Il existe un autre gaz bien connu qui n'a aucune odeur: le gaz naturel. Pour permettre de détecter les fuites, les compagnies ajoutent du mercaptan au gaz naturel avant la livraison. L'odeur de ce produit chimique rappelle celle des œufs pourris.

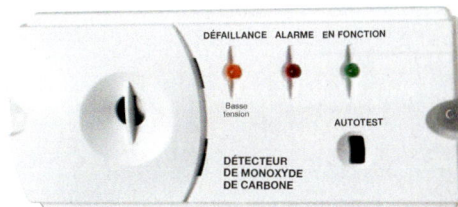

EXPLORATION 3
Un parfum, c'est plein de bons sens

La perception des odeurs

Le nez est l'organe responsable de l'odorat. Tu peux sentir les odeurs grâce à de minuscules détecteurs d'odeurs qu'on appelle cellules olfactives. Ces cellules sont situées dans les fosses nasales. Les odeurs viennent de molécules à l'état gazeux présentes dans l'air. Ces molécules entrent dans ton nez par les narines. Elles parviennent ensuite aux fosses nasales, où les cellules olfactives les attendent.

Les fosses nasales sont couvertes de mucus. Ce mucus est essentiel, car il sert de filtre pour retenir les particules contenues dans l'air et il dissout les molécules des substances odorantes. Lorsqu'elles perçoivent une odeur, les cellules olfactives envoient un message au cerveau, par l'entremise du nerf olfactif. Le cerveau te procure alors une sensation correspondant à l'odeur perçue. Dans plusieurs cas, le cerveau envoie également un message à l'**hypothalamus**. C'est grâce à ce dernier que tu éprouves une émotion (tels le plaisir ou le dégoût) en présence de certaines odeurs.

Hypothalamus
Cette région située à la base du cerveau est responsable de plusieurs fonctions comme la faim, la soif et les émotions.

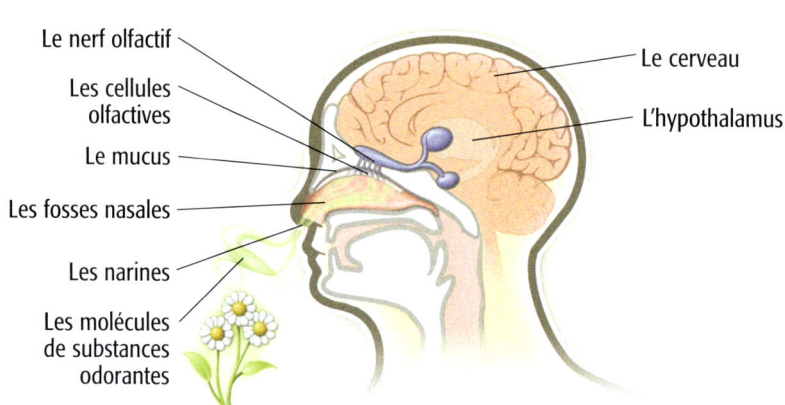

Figure 15 *Les organes liés à la perception des odeurs*

Les cellules olfactives s'habituent progressivement aux odeurs après un certain temps. Pour le constater, il suffit de pénétrer dans une étable. Au début, la forte odeur incommode, mais, après quelques minutes, la perception olfactive s'estompe.

Parfois, la sensibilité de l'odorat diminue ou disparaît. Cela peut être causé par des infections des cellules olfactives ou du nerf olfactif, des carences alimentaires, des traumatismes crâniens, etc. Tout comme les autres sens, la capacité olfactive peut aussi diminuer avec l'âge. Le tableau 6 décrit quelques maladies et défauts touchant particulièrement le sens de l'odorat.

ENRICHISSEMENT

Les fuites de propane sont dangereuses dans les caravanes. On y trouve donc souvent un détecteur de propane. Pourquoi installe-t-on ce dernier près du plancher plutôt qu'au plafond? Fais une recherche documentaire pour le découvrir.

Tableau 6 *Quelques maladies et défauts de l'odorat*

Nom	Description
L'anosmie	La perte de la sensibilité olfactive
La parosmie	La confusion des odeurs
L'hyperosmie	L'hypersensibilité de l'odorat
L'hyposmie	La diminution de la sensibilité olfactive
La sinusite	L'inflammation des sinus causée par des microbes ou par des réactions allergiques

ACTIVITÉ 3 communication
Un sondage sur le terrain

Communiquer efficacement
La boîte à outils, p. 438 et 439

Avant de créer un nouveau produit, il est souhaitable d'étudier le marché que l'on cible. L'étude de marché est d'ailleurs une étape de la conception. La création d'un nouveau parfum ne fait pas exception à cette règle. Avant de créer ton parfum, tu vas donc réaliser une étude sur le terrain afin de connaître les préférences et les attentes de ta clientèle cible.

Tu pourrais saisir tes questions dans une base de données et y noter les réponses des personnes que tu interrogeras.

1. Détermine le marché que tu veux viser avec ton parfum (les hommes, les femmes, les jeunes, etc.). Consulte les notes que tu as prises lors du remue-méninges, au début de ce module (*voir la page 125*).

2. Prépare un questionnaire.
   a) Rédige quelques questions pour connaître les préférences de ta clientèle cible en matière de parfum.
   b) Utilise des échantillons de différentes substances odorantes. Ton enseignante ou ton enseignant t'en fournira.

3. Réalise ton sondage en interrogeant une dizaine de personnes parmi ta clientèle cible.

4. Réponds aux questions suivantes :
   a) Quel est l'échantillon préféré de la plupart des personnes interrogées ?
   b) À quelle famille de parfums peux-tu associer cet échantillon ?
   c) Quelles conclusions peux-tu tirer de ton sondage ?

5. À l'aide des résultats de ton sondage, choisis l'essence ou les essences qui entreront dans la composition de ton parfum. Tu extrairas une de ces essences au cours de la prochaine activité.

EXPLORATION 3
Un parfum, c'est plein de bons sens

La distillation
L'encyclo, p. 200

La démarche expérimentale
La boîte à outils, p. 430 à 432

ACTIVITÉ 4 expérimentation

Extraire la fine fleur

Te voilà au cœur de la phase de conception de la démarche technologique : la fabrication du prototype, ton parfum.

J'observe

Tu as vu, dans l'exploration précédente, que les parfums sont des mélanges. Ils sont composés de produits naturels et synthétiques. Les produits naturels sont souvent des extraits de fleurs, d'épices, d'herbes, d'agrumes et même de sécrétions animales. Les produits de synthèse sont des essences odorantes fabriquées en laboratoire.

Je me questionne

« Comment vais-je extraire l'essence de la substance que j'ai choisie pour fabriquer mon parfum ? »

Je précise mes variables

Au cours de ton expérience, tu devras extraire ton essence par distillation.

J'expérimente PROTOCOLE

1. Relis le texte « Extraire l'essence des fleurs par la distillation », à la page 150.
2. Consulte la liste du matériel et des matériaux ainsi que le protocole proposé ci-dessous et à la page suivante.
3. Élabore un protocole pour réaliser ton expérience en adaptant le protocole proposé.
4. Fais valider ton protocole par ton enseignante ou ton enseignant.
5. Réalise ton extraction.

Protocole proposé

Voici un exemple de protocole pour réaliser cette expérience. Il concerne l'extraction de l'essence de citron. Tu dois adapter ce protocole pour extraire l'essence de ton choix.

Première partie : la macération

1. Prélève le zeste des trois citrons avec un couteau éplucheur ou une râpe.
2. Dépose le zeste dans un ballon.
3. Ajoute 250 mL d'huile de canola.

Matériel
- Des lunettes de sécurité
- Un couteau éplucheur ou une râpe
- Un ballon ou un erlenmeyer de 250 mL
- Un bécher de 500 mL
- Une plaque chauffante
- Un support universel
- Une pince universelle
- Un thermomètre
- Une pince à thermomètre
- Une pince à bécher
- Un bouchon de caoutchouc

Matériaux
- Trois citrons
- 250 mL d'huile de canola
- De l'eau

4. Remplis d'eau un bécher de 500 mL et place-le sur une plaque chauffante.
5. Dépose le ballon contenant le zeste et l'huile dans le bécher rempli d'eau. Fixe le ballon à l'aide d'une pince universelle et d'un support universel.
6. Chauffe le tout pendant une heure. Essaie de maintenir la température de l'huile autour de 95 °C.
7. Retire le ballon du bécher d'eau chaude à l'aide d'une pince à bécher. Bouche le ballon avec un bouchon de caoutchouc. Laisse refroidir le liquide.

Seconde partie : la distillation

1. Reprends le liquide refroidi que tu as obtenu à la suite de la macération.
2. Sépare le zeste de citron du reste du liquide à l'aide d'un tamis. Remets l'huile dans un ballon de 250 mL.
3. Ajoute 30 mL d'alcool dans ton ballon.
4. Bouche le ballon et mélange les deux liquides pendant environ cinq minutes.
5. Procède à la distillation. Assure-toi qu'il n'y a aucune fuite dans ton montage. Recueille le distillat dans une éprouvette.
6. Bouche l'éprouvette pour éviter que le distillat ne s'évapore.
7. Conserve le distillat. Celui-ci est un mélange d'alcool et d'huile essentielle. C'est ce que tu utiliseras pour fabriquer ton parfum au cours de la prochaine activité.

J'analyse mes résultats et je les présente

1. Quelle quantité de distillat (en mL) as-tu extraite de la substance que tu as choisie ?
2. Quelles techniques de séparation des mélanges as-tu utilisées au cours de cette expérience ? Quels sont les avantages de chacune ?
3. Si tu devais refaire cette expérience, que modifierais-tu dans ton protocole ? Explique pourquoi.

Matériel
- Des lunettes de sécurité
- Deux ballons ou deux erlenmeyers de 250 mL
- Un tamis
- Un bouchon de caoutchouc
- Une plaque chauffante
- Deux supports universels
- Deux pinces universelles
- Deux pinces à éprouvettes
- Un bouchon à deux trous
- Un thermomètre
- Un coude en verre à 90°
- Un condensateur
- Deux tubes de caoutchouc
- Une éprouvette
- Un cylindre gradué de 50 mL

Matériaux
- 250 mL de liquide à distiller (provenant de la macération)
- 30 mL d'alcool
- De l'eau

ACTIVITÉ 5 expérimentation

La naissance d'un parfum

Dans cette activité, tu poursuivras la fabrication de ton parfum.

J'observe

Tous les parfums vendus dans le commerce contiennent au minimum 70 % d'alcool. Ton parfum sera un mélange composé d'alcool et d'huiles essentielles extraites de différentes substances odorantes. Cependant, il contiendra beaucoup moins d'alcool que les parfums commerciaux. En effet, ces derniers contiennent une sorte d'alcool traitée pour la rendre inodore, ce qui n'est pas le cas de l'alcool dont tu disposes en classe.

Je me questionne

1. « Comment vais-je combiner l'huile essentielle que j'ai extraite à l'activité précédente avec d'autres huiles essentielles pour créer mon parfum ? »
2. « Quel est le rôle de l'alcool dans un parfum ? »

Je précise mes variables

Ton expérience doit te permettre de combiner le distillat que tu as extrait avec d'autres huiles essentielles, de manière à former un parfum qui répond aux préférences de ta clientèle cible.

J'expérimente PROTOCOLE

1. À l'aide du matériel et des matériaux dont tu disposes, élabore un protocole pour réaliser ton expérience.
2. Fais valider ton protocole par ton enseignante ou ton enseignant.
3. Réalise ton expérience.

J'analyse mes résultats et je les présente

1. Réponds aux questions suivantes :
   a) Quel volume de distillat (en mL) as-tu utilisé dans ton parfum ?
   b) Quels autres ingrédients as-tu ajoutés à ton distillat ?
   c) Quel est le volume (en mL) des autres ingrédients que tu as utilisés ?
2. Explique pourquoi ton distillat contient une certaine quantité d'alcool.
3. Lis le texte « La musique d'un orgue à parfums », à la page suivante.
4. Décris en tes mots le rôle de l'alcool dans un parfum.
5. Avec ton équipe, dessine la forme du flacon qui contiendra ton parfum.
6. Choisis aussi le nom de ton parfum.
7. Si tu devais refaire cette expérience, que modifierais-tu dans ton protocole ? Explique pourquoi.

La démarche expérimentale
La boîte à outils, p. 430 à 432

Matériel
- Des lunettes de sécurité
- Un compte-gouttes
- Une éprouvette
- Un bouchon à éprouvette
- Un cylindre gradué

Matériaux
- Des mouillettes de papier
- Le distillat recueilli lors de l'activité précédente
- Des échantillons d'huiles essentielles

Vers le projet

Conserve ton échantillon de parfum. Tu t'en serviras lorsque tu présenteras ton parfum, dans le cadre du projet du module.

La musique d'un orgue à parfums

L'orgue à parfums

Un orgue à parfums est un ensemble de flacons contenant les différentes substances odorantes pouvant servir à composer un parfum. Chacun des flacons constitue une note, c'est-à-dire une odeur particulière. La personne qui crée des parfums cherche sur son orgue les notes qui s'harmonisent le mieux. Ces notes sont des produits naturels d'origine végétale ou animale, ou encore des produits de synthèse. Ces derniers sont de plus en plus utilisés, car ils peuvent remplacer des produits naturels rares, coûteux ou dont l'utilisation pourrait mettre en danger une espèce menacée.

Des notes... de parfum

Dès l'application du parfum, l'alcool s'évapore. La peau conserve seulement le concentré de substances odorantes. Ce concentré diffuse son odeur tout au long de la journée à mesure que ses molécules s'évaporent. En plus de diluer les substances odorantes, qui sont généralement très concentrées, l'alcool permet donc de transporter l'essence de parfum. Sans alcool, on ne peut pas porter de parfum. En France, l'industrie de la parfumerie utilise de l'alcool de betterave traitée pour la rendre inodore.

Un parfum change d'odeur avec le temps. Lorsqu'il vient d'être appliqué sur la peau, tu peux sentir différentes notes. Tu perçois d'abord la **note de tête**, qui dure moins d'une heure. Cette note doit attirer ton attention. Elle est habituellement composée d'agrumes et de lavande.

Tu sens ensuite la **note de cœur**, qui s'évapore plus lentement. Cette note détermine la famille du parfum. Elle est surtout composée de fleurs. Elle peut durer jusqu'à trois heures. Finalement, tu vas sentir la **note de fond**, qui peut durer jusqu'à 24 heures. Cette note est surtout composée de mousses, de bois et de produits d'origine animale.

FLASH… FLASH… FLASH…

L'eau de Cologne est apparue à la fin du 17e siècle à Cologne, en Allemagne. Elle est devenue populaire parce qu'elle est moins chère que la plupart des autres produits de parfumerie.

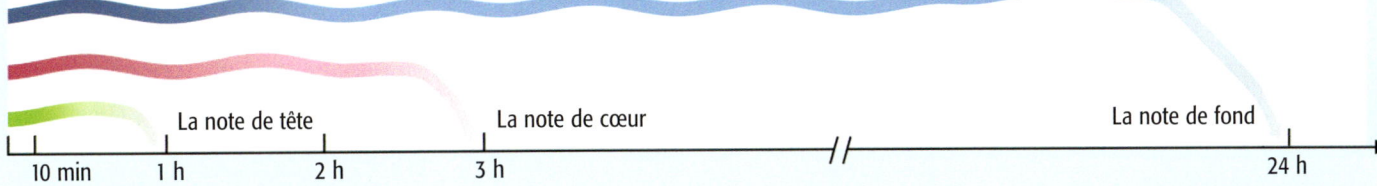

Figure 16 *Les trois notes d'un parfum*

ACTIVITÉ 6 technologie
Une chaîne de production des odeurs

La démarche technologique
L'encyclo, p. 376 et 377

La gamme de fabrication
L'encyclo, p. 385

Tracer des schémas
La boîte à outils, p. 446 à 449

Tu pourrais utiliser un logiciel de conception assistée par ordinateur (CAO) pour dessiner tes schémas.

Tu as terminé la phase de conception de la démarche technologique. Tu peux maintenant entamer la phase de production. Avant de mettre en marché un nouveau produit, il faut être en mesure d'en fabriquer suffisamment pour répondre à la demande. C'est une étape importante de la démarche technologique. Maintenant que tu as créé ton parfum, le moment est venu de passer à l'étape de la fabrication en série. Tu devras élaborer entre autres une gamme de fabrication. Celle-ci devrait permettre de produire ton parfum en série dans une usine.

1. Énumère, dans l'ordre, les étapes de production qu'il faudrait suivre pour fabriquer ton parfum en série.

2. Dans un tableau, décris le matériel et les matériaux qu'il faudrait utiliser pour réaliser chacune des étapes énumérées à la question précédente.

3. Dessine un schéma pour illustrer chacune des étapes de la production de ton parfum. Identifie tes schémas et annote-les. Assure-toi d'indiquer tous les détails de façon qu'une personne qui n'y connaît rien puisse fabriquer ton produit.

MODULE 4
La création d'un parfum

ACTIVITÉ SYNTHÈSE 3 communication

Le parfum : l'œuvre d'un nez

Dans les différentes activités de cette exploration, de même que dans les explorations 1 et 2, tu as utilisé la démarche technologique pour créer un nouveau parfum. En équipe, tu as dû :

- déterminer quelle serait ta clientèle cible ;
- analyser différents scénarios de conception ;
- dresser l'inventaire des ingrédients et du matériel nécessaires à la fabrication de ton parfum ;
- sonder ta clientèle cible avant de déterminer les essences qui composeront ton parfum ;
- extraire l'essence à partir de la matière de base ;
- fabriquer ton parfum ;
- décrire les étapes de production de ton parfum.

La démarche technologique
La boîte à outils, p. 433 et 434

Communiquer efficacement
La boîte à outils, p. 438 et 439

Tu dois maintenant faire un retour sur ta démarche en montant un dossier. Cette étape t'aidera à préparer le lancement de ton parfum.

1. Explique comment tu as appliqué chacune des étapes de la démarche technologique énumérées ci-dessus à la création de ton parfum.
2. Évalue ta démarche technologique à l'aide de la fiche que te remettra ton enseignante ou ton enseignant.
3. Si c'est nécessaire, propose des améliorations à apporter à ton parfum ou à ta démarche technologique.

Points à surveiller

1. J'utilise l'information scientifique et technologique provenant des activités de cette exploration pour évaluer ma démarche technologique.
2. J'explique comment les différentes étapes de la démarche technologique ont contribué à la conception de mon parfum.
3. J'utilise correctement le vocabulaire que j'ai appris au cours de cette exploration.
4. Je reconnais les succès et les difficultés de ma démarche technologique.

Mes découvertes

Exploration 1

- Le sol se compose de particules de roches et de minéraux, de matières organiques, d'organismes microscopiques, d'air et d'eau (p. 128 et 129).
- Le sol constitue une ressource essentielle pour se loger, se nourrir, fabriquer des biens, etc. (p. 130 et 131).
- Il existe plusieurs façons de classer les sols : selon leur pH, leur texture, leur couleur, leur structure, etc. Le Canada possède sa propre classification des sols (p. 130 et 131).
- La texture et la composition du sol influent sur sa vitesse de drainage (p. 132 et 133).
- La vitesse de drainage doit être modérée pour permettre la croissance de la plupart des plantes (p. 132 et 133).
- Les sels minéraux se dissolvent dans l'eau. Les plantes absorbent ensuite cette eau par leurs racines (p. 134 à 136).
- Il existe des trousses d'analyse du sol qui permettent de déterminer le pH et la concentration en diazote, en phosphore et en potassium (p. 134 à 136).
- La présence de sels minéraux dans un sol modifie certaines de ses propriétés (p. 134 à 136).
- Il existe trois types de roches : les roches ignées, les roches métamorphiques et les roches sédimentaires (p. 137).
- On peut classer les ressources minérales en quatre catégories : les minéraux métalliques, les minéraux industriels, les matériaux de construction et les matériaux combustibles (p. 138 à 140).

Exploration 2

- Lorsqu'elles se regroupent, les particules de matière forment des mélanges hétérogènes ou des mélanges homogènes, c'est-à-dire des solutions (p. 144 et 145).
- On peut savoir si un mélange est homogène ou hétérogène en l'examinant à l'œil nu ou à l'aide d'instruments plus précis tels une loupe, un binoculaire ou un microscope (p. 146 à 148).
- Il existe divers procédés permettant de séparer les constituants d'un mélange, par exemple la décantation, la filtration, la distillation et la centrifugation (p. 149 et 150).
- Certains mélanges sont naturels, d'autres sont synthétiques (p. 151).

Exploration 3

- On peut classer les parfums en sept familles (p. 156 à 158).
- Les odeurs sont captées par les cellules olfactives qui se trouvent dans les fosses nasales. Celles-ci transmettent alors un message au nerf olfactif, puis au cerveau (p. 159 et 160).
- Le procédé de séparation le plus utilisé pour extraire l'essence des fleurs est la distillation (p. 162 et 163).
- Un parfum est un mélange homogène d'extraits de substances odorantes, d'alcool et d'eau (p. 164 et 165).
- Après l'application d'un parfum, l'alcool s'évapore rapidement. Il ne reste sur la peau que les substances odorantes. Celles-ci diffusent leur odeur tout au long de la journée à mesure que les molécules odorantes s'évaporent (p. 164 et 165).

PROJET DU MODULE 4 communication

Lancer un nouveau parfum

Te voici à la fin de ce module. Tu as complété les phases de conception et de production de la démarche technologique. Avec ton équipe, tu vas maintenant t'occuper de la mise en marché de ton parfum. Revois l'ensemble des activités du module. Sélectionne l'information qu'il te semble intéressant ou essentiel de présenter au lancement de ton parfum.

La démarche technologique
L'encyclo, p. 376 et 377

Communiquer efficacement
La boîte à outils, p. 438 et 439

Dans ta présentation, tu devras:

1. faire un compte rendu du sondage que tu as effectué auprès de ta clientèle cible pour choisir l'essence de base de ton parfum ;
2. décrire l'ingrédient de base de ton parfum et les procédés que tu as utilisés pour l'extraire ;
3. décrire les autres ingrédients de ton parfum et la méthode pour les mélanger à l'ingrédient de base ;
4. présenter les étapes de production de ton parfum ;
5. inclure le texte de promotion qui accompagnera ton produit quand il sera mis en marché ;
6. dévoiler le nom de ton parfum ainsi que la forme du flacon ;
7. prévoir un échantillon de ton parfum dans un contenant ou sur une mouillette.

CONCEPTS CLÉS DU MODULE 4

- Acidité et basicité
- Adaptations physiques et comportementales
- Érosion
- Gamme de fabrication
- Lithosphère
- Masse
- Matériau
- Matériel
- Matière première
- Mélanges
- Propriétés caractéristiques
- Séparation des mélanges
- Solutions
- Température
- Types de roches (minéraux de base)
- Types de sols
- Volume

Points à surveiller

1. J'utilise l'information scientifique et technologique provenant des activités des trois explorations de ce module.
2. Je présente clairement la démarche technologique que j'ai suivie (conception, production, mise en marché).
3. Je justifie les décisions que j'ai prises lors des différentes étapes de la création de mon parfum.
4. Je fais preuve d'originalité dans ma présentation.
5. J'utilise des moyens de communication variés dans ma présentation.

L'encyclo

 page 172

 page 212

 page 286

L'UNIVERS TECHNOLOGIQUE

page 372

L'UNIVERS MATÉRIEL

La matière : des substances naturelles ou fabriquées

Regarde autour de toi : en classe, à la maison ou sur le chemin qui te mène à l'école, tu vois beaucoup d'objets de tailles et de formes différentes. Tout ce que tu vois, c'est de la matière. Certaines matières sont naturelles, d'autres sont fabriquées. Plusieurs sont indispensables à notre vie. Tu ne peux pas te passer des matières naturelles comme l'eau et l'air. Les matières fabriquées sont tout aussi précieuses. Que ferais-tu s'il n'y avait pas de chaises dans ta classe, pas d'autobus pour te transporter à l'école ou pas de téléphone ?

Cependant, la fabrication et l'utilisation des matières peuvent avoir des conséquences sur l'air que nous respirons et sur l'eau que nous buvons. Il est important de connaître ces effets et d'utiliser la matière de façon responsable.

- **SECTION 1** Les propriétés de la matière p. 174
  - Les propriétés non caractéristiques de la matière p. 175
  - Les propriétés caractéristiques de la matière p. 188
- **SECTION 2** Les transformations de la matière p. 190
  - Les changements physiques p. 191
  - Les changements chimiques p. 193
  - La conservation de la masse p. 194
  - Les substances pures et les mélanges p. 195
- **SECTION 3** L'organisation de la matière p. 202
  - L'atome p. 203
  - Les éléments p. 204
  - La molécule p. 209

Voici ce que tu découvriras en lisant « **L'univers matériel** » :

- D'abord, dans la **section 1**, « **Les propriétés de la matière** », tu constateras que les substances existent sous diverses formes. L'usage qu'on fait de ces substances varie selon leurs propriétés ou leurs particularités.

- Ensuite, dans la **section 2**, « **Les transformations de la matière** », tu constateras que les substances se transforment naturellement ou sont modifiées par les humains. Ainsi, tu seras en mesure de mieux comprendre les avantages et les inconvénients de ces transformations.

- Pour terminer, dans la **section 3**, « **L'organisation de la matière** », tu plongeras au cœur de la matière, dans l'infiniment petit. Ainsi, tu pourras bien saisir la structure et la composition des substances.

SECTION 1
Les propriétés de la matière

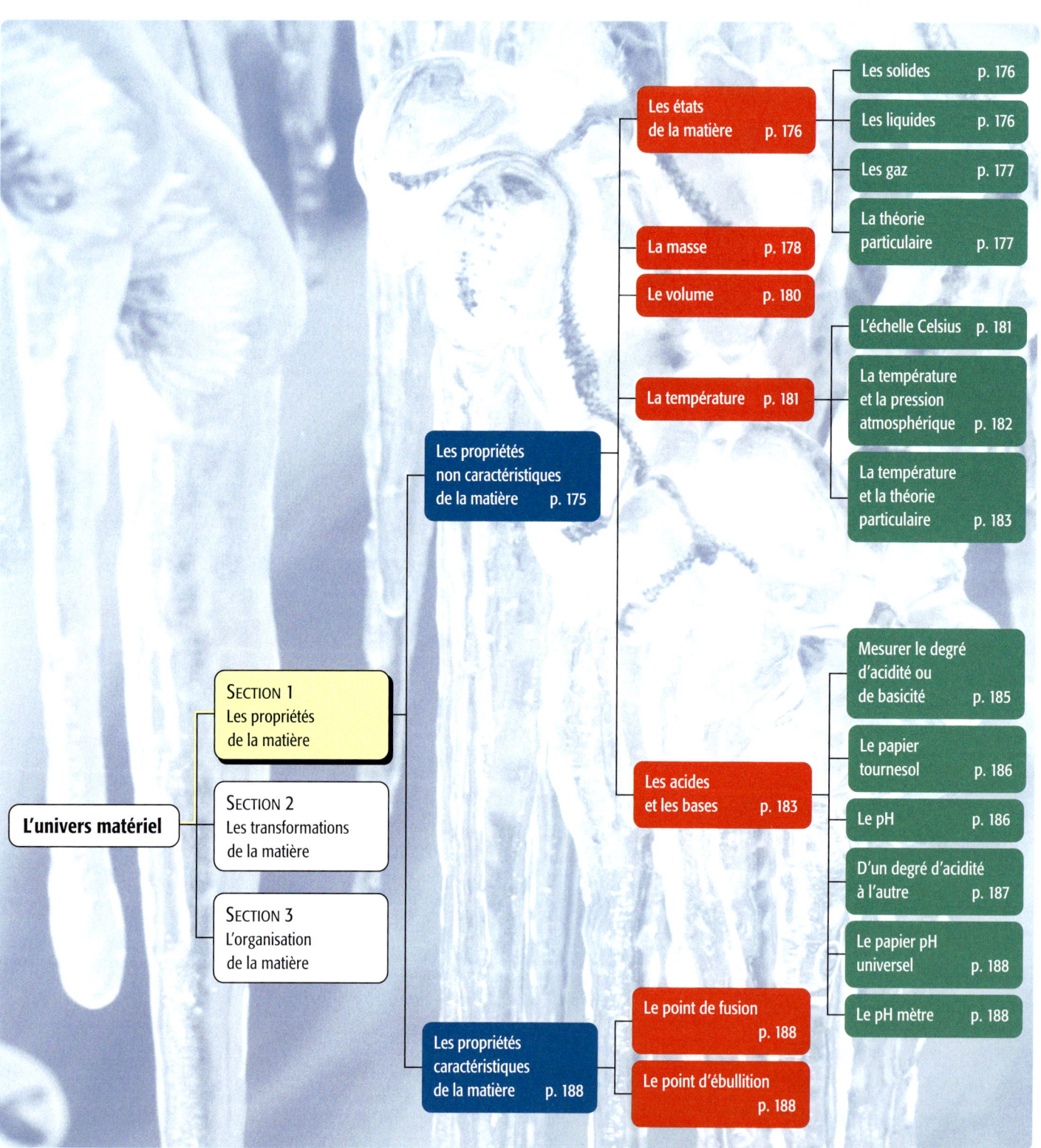

Survol

Observe les élèves de ta classe : tu remarqueras que les filles et les garçons sont tous différents. Chaque élève possède des particularités ou des **propriétés** qui aident à l'identifier. Par exemple, tel élève a les cheveux bruns. Cependant, cette propriété n'est pas suffisante pour le reconnaître, car plusieurs de tes camarades ont aussi les cheveux bruns. C'est ce qu'on appelle une **propriété non caractéristique**. Pour identifier précisément une personne, on peut utiliser ses empreintes digitales (*voir la figure 1*), qui sont uniques. Les empreintes digitales d'une personne sont une **propriété caractéristique**.

Figure 1 *Les empreintes digitales sont une propriété caractéristique parce qu'elles permettent d'identifier précisément une personne.*

Les propriétés non caractéristiques de la matière

Il y a plusieurs substances dans ta classe. Malgré la diversité de leurs formes, on peut les classer en trois catégories : les solides, les liquides et les gaz. C'est ce qu'on appelle les **états de la matière**.

Tu sais que soulever un pupitre demande plus d'effort que prendre un crayon. Pourquoi ? Parce que, entre autres, un pupitre contient plus de matière qu'un crayon. La quantité de matière d'une substance est exprimée par la **masse**. Un pupitre a une masse plus grande qu'un crayon.

Observe les objets dans ta classe. Ta chaise occupe un espace plus grand que ton étui à crayons. L'espace occupé par la matière se nomme le **volume**. La chaise a un volume plus grand que l'étui à crayons. Tout ce qui possède une masse et un volume, c'est de la matière.

Ton corps est capable de sentir le chaud et le froid. Par exemple, tu distingues facilement l'eau chaude de l'eau froide. La **température** indique la quantité de chaleur contenue dans un objet ou une matière.

En lisant les pages qui suivent, tu verras comment mesurer certaines propriétés non caractéristiques de la matière. Ces propriétés sont la masse, le volume et la température. Nous aborderons également une autre propriété non caractéristique des substances : leur caractère **acide** ou **basique**.

Les états de la matière

À la **température ambiante**, la matière peut se trouver à l'état solide, liquide ou gazeux. Les meubles, les murs et le plancher de ta classe sont à l'état solide. L'eau et les boissons que tu consommes sont à l'état liquide. L'air que tu respires est à l'état gazeux.

Température ambiante
La température de l'environnement. Dans une pièce, cette température est d'environ 20 °C.

Les solides

Les solides sont composés de particules retenues ensemble par des liens invisibles. Ces liens sont tellement forts que les particules ne peuvent pas se déplacer librement. Elles peuvent seulement vibrer, comme le font certains téléavertisseurs. C'est pourquoi les solides ont une forme précise et occupent un volume mesurable. Ainsi, tu peux facilement mesurer, à l'aide d'une règle, l'espace qu'occupe ton pupitre. C'est aussi à cause de la force des liens entre les particules qu'il est difficile de déformer un solide (*voir les figures 2 et 3*).

Figure 2 *Les particules des solides ne peuvent pas se déplacer librement. Elles peuvent seulement vibrer.*

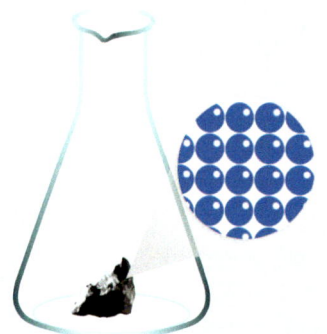

Figure 3 *Un solide placé dans un contenant conserve sa forme.*

Les liquides

Les liens qui relient les particules d'un liquide sont plus faibles que ceux qui relient les particules d'un solide. Contrairement aux particules d'un solide, les particules d'un liquide peuvent se déplacer lentement. Elles se comportent comme un groupe de personnes parlant et dansant dans une fête. Les gens peuvent circuler individuellement au sein du groupe. De petits groupes de personnes peuvent se déplacer légèrement, ou le groupe entier peut se rendre d'un endroit à un autre.

Contrairement aux particules des solides, les particules des liquides ne forment pas de structures rigides. Par conséquent, les particules d'un liquide ne conservent pas leur forme. C'est pourquoi un liquide prend la forme du contenant dans lequel il est placé (*voir les figures 4 et 5*).

Figure 4 *Les particules des liquides peuvent se déplacer légèrement les unes par rapport aux autres.*

Figure 5 *Un liquide prend la forme du contenant dans lequel il est placé, mais non le volume.*

Les gaz

À la température ambiante, de nombreuses substances se présentent sous forme de gaz. Par exemple, l'air que tu respires est un gaz. **Les liens entre les particules des gaz sont encore plus faibles que ceux qui relient les particules des liquides.** Les particules des gaz peuvent donc se déplacer beaucoup plus librement que celles des liquides et des solides. En fait, il y a de grands espaces vides entre elles. C'est comme s'il y avait, dans un stade de baseball, deux personnes seules, très éloignées l'une de l'autre.

Les particules de gaz se déplacent sans difficulté les unes par rapport aux autres. Elles sont tellement libres de leurs mouvements qu'elles peuvent circuler dans toutes les directions. Elles se répandent donc de façon à remplir tout l'espace d'un contenant ou d'une pièce (voir les figures 6 et 7).

Figure 6 *Un gaz remplit complètement le contenant dans lequel il se trouve.*

Figure 7 *Les particules des gaz sont très éloignées les unes des autres ; elles peuvent se déplacer librement dans toutes les directions.*

La théorie particulaire

De nos jours, les scientifiques utilisent la **théorie particulaire** pour expliquer la structure de la matière. **Selon cette théorie, la matière est composée de particules invisibles à l'œil nu.**

Voici les grandes lignes de la théorie particulaire :

1. Toute substance est faite de très petites particules.
2. Une substance est composée de particules semblables ou différentes.
3. Il y a de l'espace entre les particules.
4. Les particules sont toujours en mouvement. Ces mouvements sont plus ou moins rapides selon la température de la substance.
5. Les particules d'une substance s'attirent ou se repoussent l'une l'autre. La force de cette attraction ou de cette répulsion dépend de la sorte de particules présentes dans la substance.

FLASH... FLASH... FLASH...

Le quatrième état de la matière, le plasma, se présente généralement sous forme de gaz ionisé. Cela veut dire qu'un ou plusieurs électrons ont été enlevés à la totalité ou à une partie des molécules et des atomes d'un gaz. Les scientifiques estiment que le plasma représente 99 % de la matière connue. Le Soleil et les étoiles sont des plasmas. Sur la Terre, on trouve le plasma à l'état naturel dans les éclairs et la très haute atmosphère. Une de ses manifestations est l'aurore polaire. Le plasma a de nombreuses applications, par exemple les écrans plats des téléviseurs et les tubes fluorescents.

Je vérifie ce que j'ai retenu

1. Nomme l'état de la matière décrit dans chaque cas.
   a) La matière prend la forme du contenant dans lequel elle se trouve, mais non le volume.
   b) La matière se répand, de façon à remplir tout l'espace disponible.
   c) La matière a une forme précise et occupe un volume mesurable.

2. Une substance a un volume défini mais une forme indéfinie. S'agit-il d'un solide, d'un liquide ou d'un gaz?

3. Comment expliquerais-tu la différence entre un solide, un liquide et un gaz à un élève de ton âge qui n'est pas inscrit au cours de Science et technologie?

FLASH... FLASH... FLASH...

On confond souvent la masse et le poids. Lorsque tu dis : « Je pèse 40 kg », tu fais une erreur. Ce n'est pas ton poids, mais ta masse qui est de 40 kg. Le poids est une force qui s'exprime en newtons (N). Sur la Terre, le poids exercé sur un corps est de 9,8 N/kg. Ton poids serait donc de 392 N. Si tu étais sur la Lune, ton poids serait différent. Il serait le sixième de ton poids sur Terre, soit 65 N. Ta masse, elle, ne changerait pas. Dans « L'univers technologique » (*voir la page 410*), tu verras plus en profondeur la notion de force.

La masse : une question de quantité

Selon la théorie particulaire, la matière est faite de petites particules. Comme ces particules sont minuscules, on ne peut ni les voir ni les compter. Une simple goutte d'eau contient plusieurs milliards de particules d'eau. Alors imagine la quantité de particules qu'il y a dans le corps humain!

La masse d'une substance donne un indice de la quantité de matière qu'elle renferme. Ainsi, un objet comme une voiture contient plus de matière que ta bicyclette. La voiture a donc une masse plus grande que la bicyclette.

Pour déterminer la masse de différentes substances ou de différents objets, on a besoin d'un instrument de mesure. Pour exprimer la mesure, on a besoin d'une unité de mesure. Généralement, les scientifiques utilisent les unités du système international d'unités (SI) et les unités qui en sont dérivées (*voir le tableau 1*).

Tableau 1 *Les unités de mesure de base du système international d'unités (SI)*

Unité de mesure	Symbole	Mesure
Le mètre	m	La longueur
Le kilogramme	kg	La masse
La seconde	s	Le temps
Le kelvin	K	La température
La mole	mol	Une quantité de $6,02 \times 10^{23}$ particules de matière
La candela	cd	L'intensité lumineuse
L'ampère	A	L'intensité d'un courant électrique

On utilise le **kilogramme** comme unité de base pour mesurer la masse. Le tableau 2 te présente quelques exemples ainsi que leur masse.

Tableau 2 *La masse de quelques objets et d'une personne*

	Unité de mesure	Exemples		
Grandes masses	kilogramme (kg) 1 kg = 1 000 g	1 000 kg (voiture)	250 kg (moto)	60 kg (personne)
Masses plus petites	gramme (g) 1 g = 0,001 kg ou 1 000 mg	100 g (citron)	25 g (pain)	1 g (trombone)
Masses beaucoup plus petites	milligramme (mg) 1 mg = 0,001 g ou 0,000 001 kg	100 mg (comprimé)	20 mg (timbre)	

L'instrument de mesure dont on se sert pour mesurer la masse est la **balance** (*voir la figure 8*).

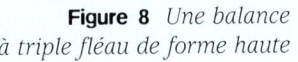

Figure 8 *Une balance à triple fléau de forme haute*

Le volume : une question d'espace

Observe les objets de ta classe : ils sont petits ou grands, larges ou étroits, épais ou minces. Lorsque tu fais ce genre de comparaisons, tu t'intéresses à **l'espace occupé par les objets, c'est-à-dire au volume**. Il est possible de mesurer le volume des substances solides, liquides et gazeuses.

Comme la masse, la mesure du volume est exprimée à l'aide d'unités de mesure. Toutefois, dans le cas du volume, l'unité de mesure et l'instrument de mesure diffèrent selon l'état de la matière. Autrement dit, on n'emploie pas la même unité ni le même instrument pour mesurer un solide régulier, un solide irrégulier ou un liquide (*voir le tableau 3*).

Les unités de mesure du volume dérivent du mètre. En effet, un litre équivaut à un décimètre cube (dm^3). Le litre est donc une unité de mesure dérivée de l'unité de mesure de la longueur.

Tableau 3 *Différentes méthodes de mesure du volume*

	Unité de mesure	Méthode de mesure	Instrument de mesure	Illustration de la méthode
Solide régulier	mètre cube (m^3) centimètre cube (cm^3) (1 cm^3 = 0,000 001 m^3) millimètre cube (mm^3) (1 mm^3 = 0,000 000 001 m^3)	On utilise la formule suivante* : volume = base x longueur x hauteur	Règle, ruban à mesurer	
Solide irrégulier	millilitre (mL) centimètre cube (cm^3) (1 mL = 1 cm^3)	On peut mesurer le volume d'eau qui déborde d'un vase à trop-plein. On peut placer l'objet dans un cylindre gradué contenant de l'eau et mesurer le volume d'eau déplacé.	Cylindre gradué, vase à trop-plein	
Liquide	litre (L) (1 L = 1 dm^3) millilitre (mL) (1 mL = 0,001 L)	On verse le liquide dans un cylindre gradué.	Cylindre gradué	

* Cette formule s'applique aux prismes à base rectangulaire et aux cubes. On utilise des formules différentes pour les autres solides réguliers, par exemple les sphères et les cônes.

La température : plus c'est chaud, plus ça bouge

▶ Écoutes-tu souvent les prévisions météorologiques ? Lorsqu'on annonce 30 °C, tu peux prévoir une journée à la plage. Mais si on prévoit -15 °C, l'activité que tu choisiras sera bien différente !

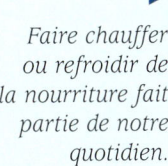

▶ Faire chauffer ou refroidir de la nourriture fait partie de notre quotidien.

L'échelle Celsius

Dans la vie de tous les jours, l'unité de mesure de la température est le degré Celsius (°C). Le degré Celsius est une unité dérivée du degré Kelvin. Pour **étalonner un thermomètre** en degrés Celsius, c'est-à-dire placer les graduations aux bons endroits, les scientifiques se servent des propriétés de l'eau. On sait que l'eau existe sous trois états : solide, liquide et gazeux. On donne la valeur zéro au degré de température où l'eau devient de la glace. Ensuite, on accorde la valeur 100 au degré de température où l'eau se transforme en vapeur. Il suffit ensuite de diviser l'espace entre ces deux repères en 100 unités (ou degrés) d'égale longueur. La figure 9 illustre cette démarche.

FLASH... FLASH... FLASH...

On confond souvent la température et la chaleur. La chaleur est une des formes d'énergie qui se mesurent à l'aide d'un appareil nommé calorimètre. L'unité de mesure de la chaleur est le joule. Par contre, la température est un indice indirect de la quantité d'énergie. L'unité de mesure de la température est le degré Celsius.

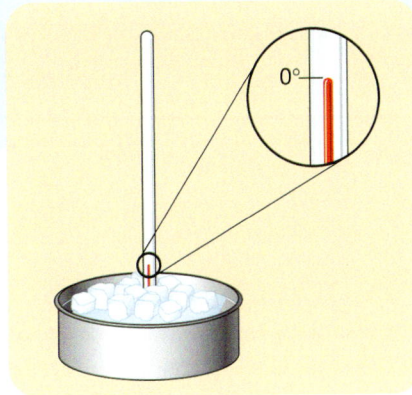
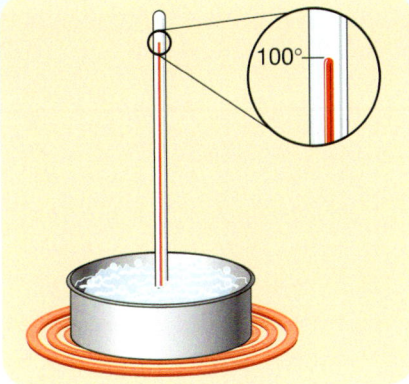
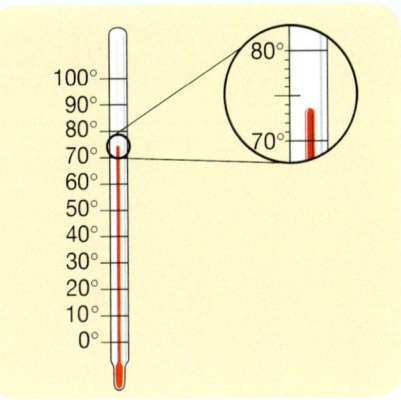

a) On attribue le nombre 0 au niveau du liquide du thermomètre placé dans un contenant d'eau et de glace.

b) On attribue le nombre 100 au niveau du liquide du thermomètre placé dans un contenant d'eau bouillante.

c) On divise l'espace entre ces deux nombres en 100 degrés égaux.

Figure 9 *La méthode pour étalonner un thermomètre en degrés Celsius*

La température et la pression atmosphérique

Les thermomètres gradués en degrés Celsius sont toujours étalonnés selon les propriétés de l'eau au niveau de la mer. C'est important parce que les particules d'eau se comportent différemment selon l'altitude. L'eau liquide bout à 100 °C au niveau de la mer. Toutefois, à 1600 mètres d'altitude, l'eau bouillira à environ 94 °C. Cette différence vient de la **pression** atmosphérique.

Pour comprendre ce qu'est la pression atmosphérique, imagine la scène suivante : tu t'assois sur le sol et trois élèves appuient sur tes épaules de toutes leurs forces. Tu auras de la difficulté à te lever parce que les mains des élèves exercent une force sur toi.

Dans l'atmosphère, les particules d'air exercent aussi une force. Au niveau de la mer, l'épaisseur de l'atmosphère est à son maximum. Autrement dit, c'est là qu'il y a le plus de particules d'air au-dessus de toi. La pression atmosphérique est à son maximum. Par contre, plus on monte en altitude, plus l'atmosphère s'amincit. Il y a donc de moins en moins de particules d'air au-dessus de toi. La pression atmosphérique diminue. C'est comme s'il ne restait plus qu'un élève qui appuie sur tes épaules.

Au niveau de la mer, la force exercée par la pression atmosphérique limite le passage de l'état liquide à l'état gazeux. Les particules d'eau liquide doivent atteindre 100 °C avant d'avoir assez d'énergie pour se transformer en gaz. C'est pourquoi l'eau bout à 100 °C au niveau de la mer.

En altitude, la pression atmosphérique est plus faible. Par exemple, à 1600 m d'altitude, les particules d'eau possèdent suffisamment d'énergie pour se transformer en gaz dès qu'elles atteignent 94 °C. Cela explique pourquoi l'eau bout à 94 °C à 1600 m d'altitude (*voir la figure 10*).

Plus la pression atmosphérique est grande, plus la température de l'eau doit être élevée pour passer de l'état liquide à l'état gazeux. Inversement, plus la pression atmosphérique est faible, plus la température d'ébullition de l'eau sera basse.

Pression
La force exercée sur une surface. Par exemple, lorsque tu pousses sur ton crayon pour écrire, tu appliques une pression sur le papier.

FLASH... FLASH... FLASH...

La température du corps humain est un indice important de l'état de santé. Maintenir une température corporelle constante est essentiel au bon fonctionnement du corps de tous les animaux à sang chaud. La température moyenne du corps humain est de 37 °C. Une baisse de seulement quelques degrés provoquera un état appelé hypothermie. Dans cet état, la circulation du sang est dangereusement ralentie. À l'inverse, si la température du corps augmente de quelques degrés, la personne souffrira de fièvre ou encore d'hyperthermie.

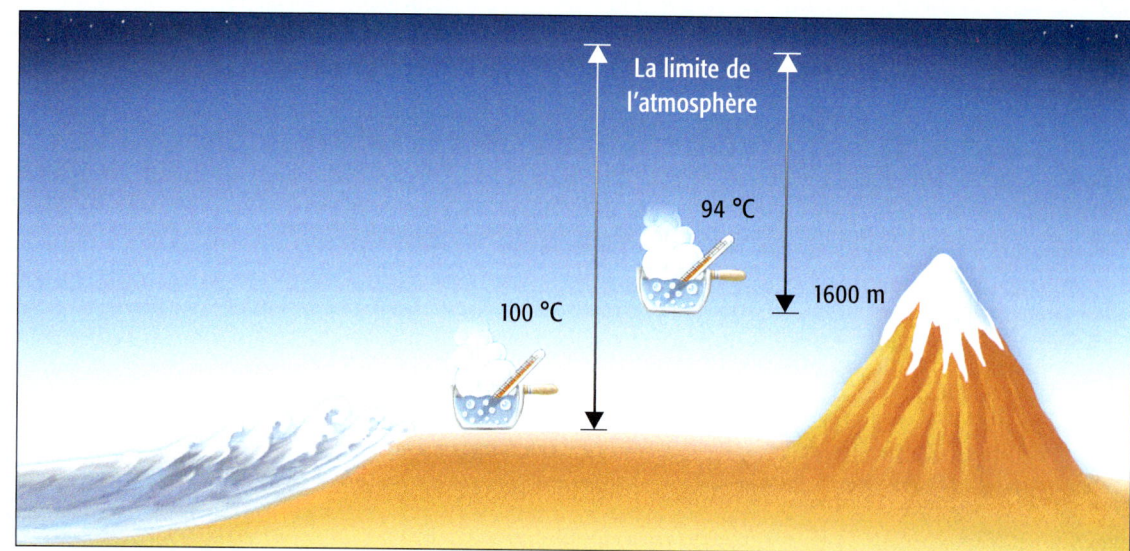

Figure 10 *À 1600 m d'altitude, l'eau bout à 94 °C plutôt qu'à 100 °C parce que la pression atmosphérique est plus faible qu'au niveau de la mer.*

La température et la théorie particulaire

Les particules qui composent la matière sont toujours en mouvement. Dans les solides, les particules ne se déplacent pas : elles vibrent sur place. Dans les liquides, les particules bougent plus facilement. Par exemple, dans un verre d'eau, les particules bougent alors que, dans un glaçon, elles sont presque immobiles. C'est à cause de la **vitesse des particules** que l'eau liquide du verre est plus chaude que l'eau des glaçons.

Il est pratiquement impossible de mesurer directement la vitesse des particules dans une matière. Les particules sont trop petites et elles se déplacent trop vite. **Mais la température d'une substance donne un indice de la vitesse moyenne d'agitation de ses particules.**

Les acides et les bases : des substances très présentes dans notre vie

Tu peux goûter l'acidité lorsque tu mords dans un citron ou dans une salade arrosée de vinaigrette. Le goût aigre, c'est-à-dire piquant et sur, est une propriété des substances acides. Tu peux aussi goûter la basicité d'une substance lorsque tu visites ton dentiste. Cette personne injecte dans tes gencives un liquide qui t'évitera la douleur. Le goût amer que tu perçois est celui d'une substance basique. Ou encore, demande à une personne adulte de ton entourage de te faire goûter de la poudre à pâte (levure chimique), une autre substance basique.

Ton propre corps produit des bases et des acides puissants. En effet, l'estomac sécrète de l'acide chlorhydrique. Celui-ci s'attaque aux aliments. Il les décompose et les dissout pour en extraire les éléments nutritifs. On a parfois des brûlures d'estomac après avoir mangé une nourriture difficile à digérer. Cette sensation est provoquée par une trop grande quantité d'acide dans l'estomac ou par un reflux d'acidité dans l'œsophage. L'estomac lui-même est protégé contre l'action de cet acide grâce à son épaisse paroi. À leur sortie de l'estomac, les aliments sont mélangés avec des bases puissantes. Ce sont des bicarbonates sécrétés par le pancréas. Ces bicarbonates neutralisent l'effet de l'acide lorsque les aliments se trouvent dans l'intestin grêle (*voir la figure 11*).

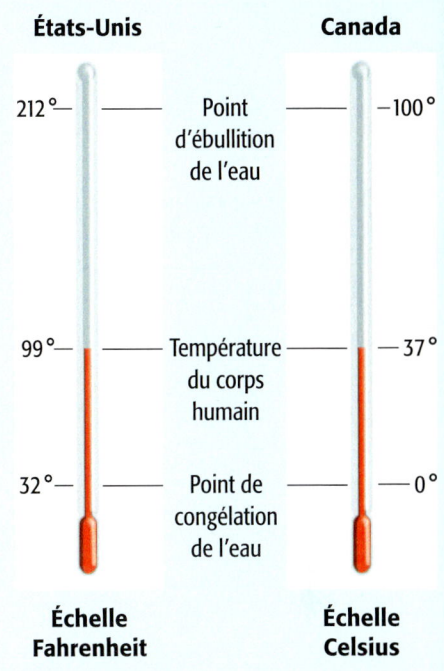

Aux États-Unis et au Canada, on utilise des échelles de température différentes.

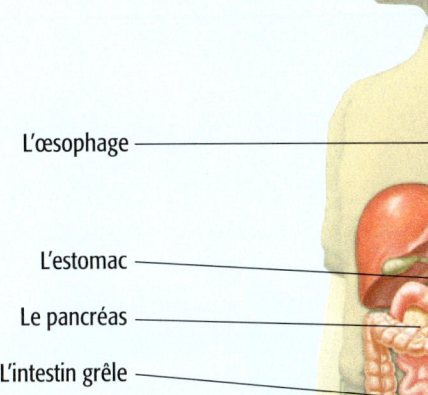

Figure 11 *Le système digestif du corps humain*

Figure 12 *Le dard de l'abeille lui permet d'injecter de l'acide à ses ennemis.*

Le venin produit par certains insectes constitue un autre exemple de substance acide. Pour se défendre, l'abeille, la guêpe et certaines fourmis produisent un liquide très acide (*voir la figure 12*). Lorsque tu te fais piquer ou mordre, l'acidité du venin réagit avec l'eau contenue dans les cellules de ta peau. Tu éprouves une sensation de brûlure. Pour soulager cette douleur, tu peux mettre sur ta peau du bicarbonate de sodium mélangé avec de l'eau. Comme le bicarbonate de sodium est une substance basique, il neutralise l'effet acide du venin de ces insectes.

Certaines plantes, comme l'herbe à la puce, produisent une substance basique pour se défendre (*voir la figure 13*). Lorsque l'eau contenue dans la peau entre en contact avec ce produit, on sent une violente irritation. On peut soulager ces démangeaisons avec une substance légèrement acide, par exemple du vinaigre ou du jus de citron.

Le tableau 4 présente quelques produits acides et basiques utilisés couramment.

Figure 13 *L'herbe à la puce produit une substance basique.*

Tableau 4 *Quelques produits acides et basiques*

	Substances acides			Substances basiques		
Nom	Acide chlorhydrique	Acide sulfurique	Vinaigre (acide acétique)	Ammoniaque	Bicarbonate de sodium	Eau de Javel (hypochlorite de sodium)
Exemples d'usages	• Décapant pour le béton • Nettoyant pour les cuvettes des toilettes	• Fabrication de plastiques, d'engrais et de teintures • Conducteur électrique pour les batteries de voitures	• Ingrédient utilisé en cuisine • Agent de conservation pour les aliments	• Nettoyant ménager • Fabrication d'engrais et d'explosifs	• Ingrédient utilisé en cuisine • Antiacide	• Désinfectant • Décolorant

Mesurer le degré d'acidité ou de basicité

Les substances acides ou basiques sont souvent utiles, mais elles peuvent parfois être dangereuses. Il est donc important de connaître leur degré d'acidité ou de basicité, exprimé en pH. Le pH indique si les substances sont très acides ou peu acides, ou très basiques ou peu basiques.

Quand le degré d'acidité ou de basicité d'une substance change, elle ne réagit plus de la même façon avec d'autres substances. Par exemple, l'eau de pluie possède normalement un pH de 5,6. On peut qualifier cette valeur de faible acidité. Une telle acidité représente peu de danger pour les êtres vivants. Mais lorsque la pluie se mélange à certains polluants présents dans l'air, son acidité augmente. Tu ne sens pas la différence sur ta peau, mais les feuilles des arbres subissent des dommages. De plus, l'acidité des sols et des cours d'eau augmente, ce qui nuit à plusieurs végétaux et à plusieurs espèces de poissons.

Il est extrêmement dangereux d'essayer d'estimer le degré d'acidité ou de basicité d'une substance en y goûtant. Lis les étiquettes des produits de nettoyage que tu trouves chez toi. Tu y verras des avertissements concernant les dangers des produits ayant une acidité ou une basicité élevée (*voir la figure 14*).

Tu peux utiliser un **indicateur** pour mesurer l'acidité ou la basicité d'une substance. Un indicateur est une substance qui change de couleur en présence de matières acides ou basiques. Certaines fleurs sont des indicateurs naturels (*voir la figure 15*). Elles changent de couleur selon l'acidité ou la basicité du sol. Le lichen, le jus de chou rouge, le thé et le jus de raisin changent aussi de couleur en présence de substances acides ou basiques.

EAU DE JAVEL

ATTENTION : Peut irriter les yeux et la peau. Ce produit donne un gaz dangereux lorsqu'on le mêle à un acide. Ne pas mélanger à un nettoyant pour cuvette de toilette, à un décapant, à de l'ammoniaque ou à un acide. Ne jamais mélanger directement l'eau de javel non diluée avec d'autres produits ménagers. Éviter tout contact avec les yeux ou la peau. Suivre le mode d'emploi. Garder la bouteille debout, bien fermée. Garder hors de portée des enfants.

PREMIERS SOINS : Contient de l'hypochlorite de sodium. En cas d'ingestion, appeler immédiatement un médecin ou un centre antipoison. Ne pas faire vomir. En cas de contact avec les yeux, rincer à l'eau pendant 15 minutes. En cas de contact avec la peau, bien rincer à l'eau.

Figure 14 *Les étiquettes de certains produits de nettoyage pour la maison contiennent des avertissements concernant les dangers des bases et des acides forts.*

Figure 15 *Les hortensias (ou hydrangées) donnent des fleurs bleues lorsqu'ils sont cultivés dans un sol plutôt acide et des fleurs roses lorsqu'ils sont cultivés dans un sol neutre ou basique.*

HISTOIRE SCIENTIFIQUE

Alfred Nobel (1833-1896) était un chimiste et un industriel suédois. À son époque, on utilisait une substance très sensible aux chocs pour provoquer des explosions : la nitroglycérine. Il s'agit d'un liquide épais, incolore, toxique et très explosif. C'est à la suite d'une explosion de nitroglycérine qui a provoqué la mort de son frère que Nobel entreprit de trouver une façon plus sûre de manipuler la nitroglycérine. En 1867, après de nombreux essais, il découvrit qu'en mélangeant de la nitroglycérine à d'autres substances, on obtenait un produit à la fois moins sensible aux chocs et plus puissant. Il venait d'inventer la dynamite.

Le papier tournesol : un indicateur utile

Il existe du papier tournesol bleu et du papier tournesol rouge. Il faut utiliser les deux papiers pour avoir une bonne indication de l'acidité ou de la basicité d'une substance. Le tableau 5 t'indique comment interpréter leur couleur après les avoir utilisés. Quand on trempe les deux papiers tournesols dans un liquide acide ou basique, un des deux papiers change de couleur (*voir la figure 16*). Si la couleur des deux papiers reste intacte, cela t'indique qu'il s'agit d'une substance neutre, c'est-à-dire ni acide ni basique. Le papier tournesol ne permet pas de mesurer avec précision le degré d'acidité ou de basicité, mais il fournit un indice utile.

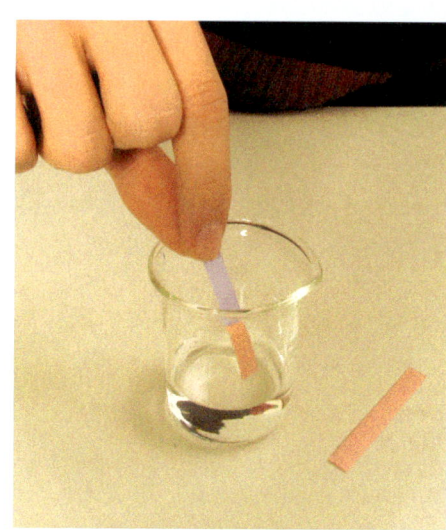

Figure 16 *Le papier tournesol est l'indicateur le plus ancien et le plus courant pour déterminer si une substance est acide ou basique.*

Tableau 5 *Comment interpréter la couleur du papier tournesol*

	Papier tournesol bleu	**Papier tournesol rouge**
Substance acide	Vire au rouge	Conserve sa couleur rouge
Substance basique	Conserve sa couleur bleue	Vire au bleu
Substance neutre	Conserve sa couleur bleue	Conserve sa couleur rouge

Le pH : une échelle de mesure précise

Tu as vu que le papier tournesol devient rouge ou reste rouge quand on le trempe dans une substance acide. Toutefois, le papier tournesol ne t'indiquera pas si cette substance est peu acide ou très acide. Pourtant, cette information peut être très importante. Par exemple, si l'eau d'un lac atteint un degré d'acidité élevé, les œufs de certaines espèces de poissons ne se développeront pas. Les adultes ne pourront pas être remplacés par des générations plus jeunes, et la population finira par disparaître.

Au cours de tes expériences en laboratoire, tu auras besoin d'un moyen plus précis pour mesurer l'acidité et la basicité. Tu te serviras de l'échelle de pH (*voir la figure 17, à la page suivante*). Cette échelle classe les substances selon leur degré d'acidité ou de basicité. Elle va de 0 à 14.

Les substances acides ont un pH inférieur à 7. Les substances basiques ont un pH supérieur à 7. Les substances ayant un pH de 7 ne sont ni acides ni basiques. Elles sont neutres.

Observe la figure 17. Tu vois que l'eau pure a un pH de 7. Si tu te déplaces vers la gauche, tu trouveras des substances de plus en plus acides. La substance la plus acide de l'échelle a un pH près de 0. L'acide d'une batterie de voiture (ou acide sulfurique) est si fort qu'il peut faire fondre la peau. À l'inverse, si tu pars de l'eau pure et que tu vas vers la droite, tu verras des substances de plus en plus basiques. Les matières les plus basiques ont un pH près de 14. Les substances très basiques réagissent très fortement avec les tissus humains ainsi qu'avec différentes matières.

D'un degré d'acidité à l'autre

Le pH d'une pomme est de 3 et celui d'un citron est de 2. Est-ce que cela signifie que le citron est seulement un peu plus acide que la pomme ? En fait, chaque degré de l'échelle de pH représente un facteur de 10. Autrement dit, le citron est 10 fois plus acide que la pomme ! Pour comparer les degrés d'acidité, on doit multiplier par 10 chaque fois que la valeur du pH diminue de 1. De même, on doit diviser par 10 chaque fois que la valeur du pH augmente de 1. La figure 17 compare le pH de certaines substances.

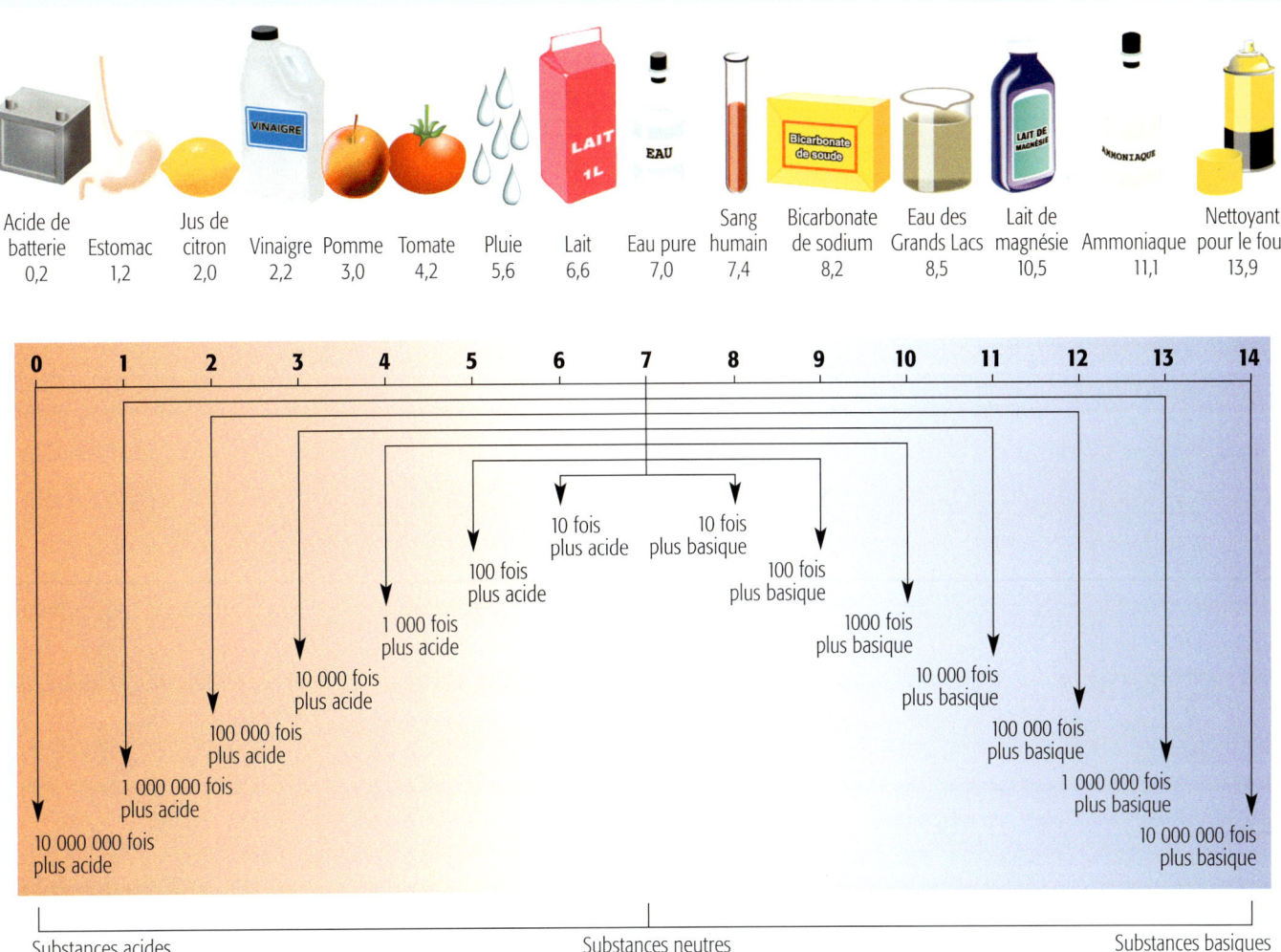

Figure 17 *Comparaison des différents degrés d'acidité et de basicité sur l'échelle de pH*

Le papier pH universel : un outil précis

Le papier pH universel (*voir la figure 18*) est beaucoup plus pratique et précis que le papier tournesol. Sa nuance de couleur change à chaque degré d'acidité ou de basicité. Il donne donc le pH précis d'une substance, alors que le papier tournesol indique seulement si la substance est acide ou basique.

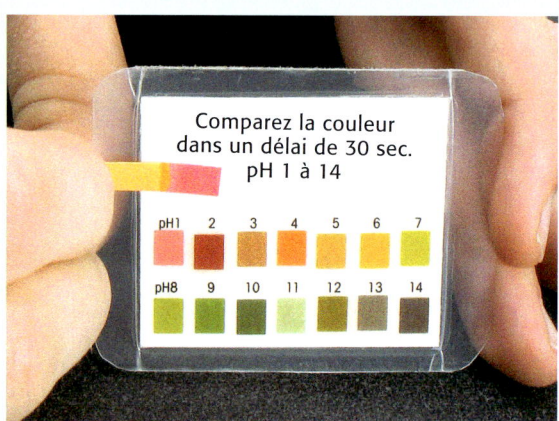

Figure 18 *On peut déterminer le pH d'une substance en comparant la couleur du papier pH universel trempé dans cette substance à une échelle de couleurs témoin.*

Le pH mètre

Le pH mètre est un appareil électronique (*voir la figure 19*) qui donne directement la valeur du pH d'une substance. **Il utilise la capacité des substances liquides de conduire le courant électrique.** Plus une substance est acide ou basique, mieux elle conduit le courant électrique.

Figure 19 *Le pH mètre se sert de la conductibilité électrique d'une substance pour déterminer son pH.*

Les propriétés caractéristiques de la matière

Tu sais déjà que l'état de la matière est une propriété non caractéristique. Cependant, **la température à laquelle une substance change d'état est un exemple de propriété caractéristique.** Par exemple, une sorte de paraffine est la seule substance connue qui passe de l'état solide à l'état liquide à la température de 71 °C : c'est donc une propriété caractéristique de cette paraffine.

Le point de fusion

Le passage de l'état solide à l'état liquide se nomme fusion. La température à laquelle on observe la fusion s'appelle le point de fusion. Le point de fusion de l'aluminium, par exemple, est de 660 °C. Cette propriété caractéristique permet de distinguer l'aluminium parmi d'autres substances.

Le point d'ébullition

Le **point d'ébullition** est aussi une propriété caractéristique de la matière. Il s'agit de **la température à laquelle une substance passe de l'état liquide à l'état gazeux**. L'inverse, c'est-à-dire le passage de l'état gazeux à l'état liquide, se nomme **condensation**. La condensation se produit à la même température que le point d'ébullition.

Le tableau 6 donne les points de fusion et d'ébullition de quelques substances.

Tableau 6 *Quelques substances et leurs points de fusion et d'ébullition*

Substance	Point de fusion (°C)	Point d'ébullition (°C)
Oxygène	− 218	− 183
Mercure	− 39	357
Eau	0	100
Étain	232	2602
Plomb	328	1740
Aluminium	660	2519
Sel de table	801	1413
Argent	962	2162
Or	1064	2856
Fer	1535	2861

▲
La cire des bougies fond sous l'effet de la chaleur produite par la flamme. Elle était à l'état solide et elle passe à l'état liquide. Sous l'effet de la chaleur, la cire liquide se vaporise et passe à l'état gazeux.

Je vérifie ce que j'ai retenu

1. Quelle est la différence entre une propriété caractéristique et une propriété non caractéristique ? Donne des exemples.
2. De quoi la masse est-elle un indice ?
3. Nomme un objet qui a une masse d'environ :
   a) 10 g   b) 10 kg   c) 5 000 kg
4. a) Que mesure le volume ?
   b) Quelles unités de mesure expriment le volume ?
   c) Quels instruments servent à mesurer le volume ?
5. Explique comment tu t'y prendrais pour mesurer le volume des objets suivants :
   a) une boîte de papier mouchoir ;
   b) une pomme ;
   c) la quantité de jus contenu dans une orange.
6. a) Quel indice la température te donne-t-elle au sujet des particules d'une substance ?
   b) Quel instrument permet de mesurer la température ?
7. Nomme un objet qui pourrait avoir une température d'environ :
   a) −5 °C   b) 20 °C   c) 60 °C
8. Comment nomme-t-on l'échelle qui sert à mesurer le degré d'acidité ou de basicité d'une substance ?
9. a) Explique ce qu'est un indicateur.
   b) Lequel de ces indicateurs est le plus précis : le papier tournesol ou le papier pH universel ? Pourquoi ?
10. Une élève verse une goutte de solution inconnue sur du papier tournesol rouge. Elle observe que le papier tournesol ne change pas de couleur.
    a) Que peut-elle en conclure ?
    b) Que peut-elle faire pour rendre ses conclusions plus précises ?
11. Le pH de l'eau de mer est d'environ 8,2. Celui du fromage est d'environ 5,5.
    a) Laquelle de ces substances est acide ? Pourquoi ?
    b) Laquelle est basique ? Pourquoi ?
12. Une substance peut-elle n'être ni acide ni basique ? Explique ta réponse.

SECTION 2
Les transformations de la matière

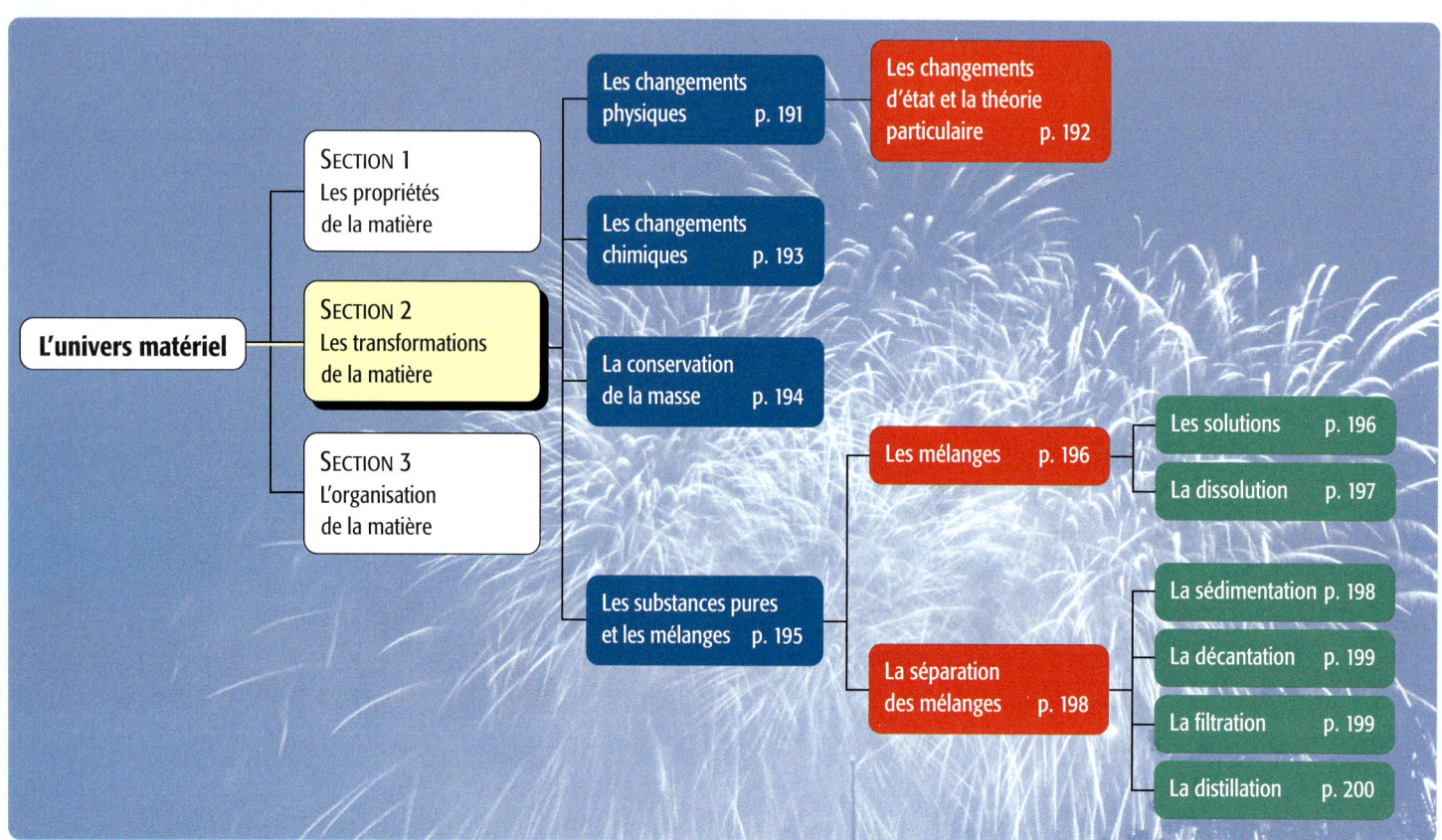

Survol

L'humain est une espèce qui transforme beaucoup son environnement. Pense à une ville. Imagine les transformations qu'elle a subies depuis l'époque où elle n'était qu'un village ou même un territoire à l'état naturel. L'être humain transforme la matière pour répondre à ses besoins. Les objets dont tu te sers sont constitués de matière fabriquée ou transformée. Les contenants d'aluminium ou de plastique des jus et des boissons gazeuses sont faits à partir de matériaux transformés. Lorsque tu envoies ces contenants vides au recyclage, ils subissent à nouveau une transformation.

Il y a aussi des transformations de la matière dans la nature. L'hiver, l'eau se change en neige et en glace. Elle s'évapore pendant les chaudes journées d'été. L'automne, les arbres perdent leurs feuilles. Ces dernières se transforment en **compost** qui servira en partie à enrichir le sol au printemps suivant.

Dans cette section, tu verras que les transformations subies par la matière peuvent être classées en deux catégories : les changements physiques et les changements chimiques. De plus, tu constateras que la majorité des substances existent sous forme de mélanges. Pour finir, tu apprendras quelques techniques pour séparer les différentes substances présentes dans les mélanges.

Compost
Un mélange de substances organiques et minérales ressemblant à de la terre noire. Le compost résulte de la décomposition des résidus végétaux et animaux.

Les changements physiques : des transformations réversibles

À la fin de la section précédente (*voir la page 188*), nous avons présenté deux propriétés caractéristiques de la matière : le point de fusion et le point d'ébullition. Ces propriétés concernent les changements d'état de la matière. Nous avons dit aussi que certaines substances peuvent passer de l'état solide à l'état liquide, puis à l'état gazeux si on les chauffe suffisamment. Inversement, lorsqu'on refroidit certaines matières, elles passent de l'état gazeux à l'état liquide, puis à l'état solide. La figure 20 illustre ces transformations. Le tableau 7 dresse la liste des différents changements d'état et donne quelques exemples.

Les changements d'état de la matière sont des changements physiques. Dans de tels changements, les particules de la substance restent les mêmes. C'est seulement l'apparence de la substance qui change. L'apparence est une propriété non caractéristique. Ainsi, l'eau est toujours formée de particules d'eau, qu'il s'agisse de glace, d'eau liquide ou de vapeur d'eau. Elle conserve ses propriétés caractéristiques. De plus, **les changements physiques sont réversibles**. La substance qui subit le changement peut revenir à son état initial. Par exemple, la glace redevient de l'eau liquide lorsqu'elle fond.

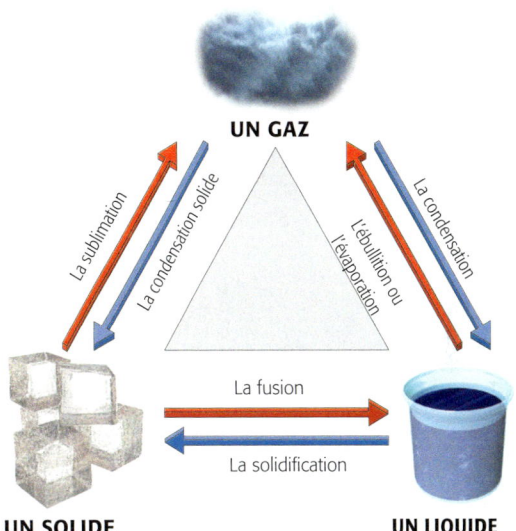

Figure 20 *Les changements d'état de la matière*

Tableau 7 *Les changements d'état de la matière*

	Changement d'état	Explication	Exemple
Lorsque la substance est chauffée	La fusion (ou liquéfaction)	Passage de l'état solide à l'état liquide. La température à laquelle ce passage a lieu est le point de fusion.	• La glace qui fond. • La cire d'une bougie qui fond.
	L'ébullition (ou vaporisation rapide)	Passage rapide de l'état liquide à l'état gazeux. La température à laquelle ce passage a lieu est le point d'ébullition.	• L'eau qui bout. • La cire portée à ébullition.
	L'évaporation (ou vaporisation lente)	Passage lent de l'état liquide à l'état gazeux. Le passage a lieu à une température inférieure au point d'ébullition.	• Un vêtement qui sèche. • L'odeur d'essence qui se répand lorsqu'on fait le plein.
Lorsque la substance est refroidie	La sublimation	Passage direct de l'état solide à l'état gazeux.	Les cubes de glace qui « disparaissent » progressivement dans un congélateur.
	La condensation (ou liquéfaction)	Passage de l'état gazeux à l'état liquide. La température à laquelle ce passage a lieu est le point de condensation. C'est la même température que le point d'ébullition.	La vapeur d'eau qui se condense pour former les nuages.
	La solidification (ou congélation)	Passage de l'état liquide à l'état solide. La température à laquelle ce passage a lieu est le point de congélation. C'est la même température que le point de fusion.	• L'eau liquide qui gèle et se transforme en glace. • La cire liquide qui coule le long d'une bougie et se fige lorsqu'elle redevient solide.
	La sublimation solide (ou condensation solide)	Passage direct de l'état gazeux à l'état solide.	La vapeur d'eau qui gèle en formant du givre.

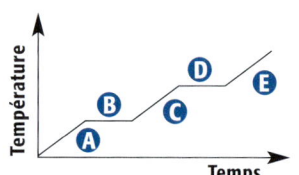

Les changements d'état et la théorie particulaire

La théorie particulaire peut t'aider à comprendre ce qui arrive aux particules lorsqu'une substance passe d'un état à un autre.

A **Prenons une substance solide.** Elle a une forme précise. Les particules qui la composent sont très près les unes des autres. Elles ne peuvent pas facilement changer de position. Elles ne peuvent que vibrer. Lorsqu'on chauffe ce solide, sa température augmente. Ses particules vibrent de plus en plus fort et de plus en plus vite. Le volume du solide augmente peu à peu.

B Supposons que l'on continue de chauffer ce même solide. On va atteindre un point où les particules vibrent si fort que les liens qui les unissent se transforment. **C'est le point de fusion. Le solide fond et se transforme graduellement en liquide.** Pendant la période où le solide fond, toute la chaleur qu'il reçoit est utilisée pour transformer les liens entre les particules. C'est pourquoi la température cesse d'augmenter tant que tout le solide n'est pas fondu. Sur un diagramme de la température en fonction du temps, ce phénomène prend la forme d'un plateau nommé « palier de fusion ».

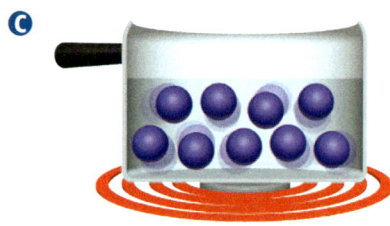

C **Notre solide est maintenant devenu un liquide.** Il a pris la forme du contenant dans lequel il se trouve. Ses particules sont moins près les unes des autres. Elles peuvent bouger légèrement. Lorsqu'on chauffe ce liquide, sa température augmente. Ses particules bougent de plus en plus librement et de plus en plus vite. Le volume du liquide augmente peu à peu.

D Si l'on continue de chauffer le liquide, les particules finissent par bouger très fort et très vite. Les liens qui les unissent se brisent. Les particules peuvent même s'échapper du contenant dans lequel elles se trouvent. **Le liquide a atteint son point d'ébullition. Il se transforme en gaz.** Pendant toute cette transformation, la chaleur est utilisée pour briser les liens entre les particules. La température cesse d'augmenter tant que tout le liquide n'est pas devenu gazeux. C'est le second plateau de la courbe de la température en fonction du temps. On le nomme « palier d'ébullition ».

E **La substance est maintenant devenue un gaz.** Les particules s'échappent de leur contenant. Elles se dispersent rapidement dans toutes les directions. Les liens qui les unissent sont faibles et elles se déplacent facilement.

Je vérifie ce que j'ai retenu

1. a) Nomme les trois états de la matière.
   b) Nomme les six changements d'état de la matière.
   c) Donne un exemple pour chacun des changements d'état.
2. Explique ce qu'est un changement physique.
3. Au cours d'un changement physique, de nouvelles substances sont-elles produites ? Explique ta réponse.
4. Qu'arrive-t-il aux propriétés caractéristiques d'une substance au cours d'un changement physique ?

Les changements chimiques : des transformations radicales

Le papier qui se consume et l'essence qui brûle dans le moteur d'une voiture sont deux exemples de changements chimiques. **Contrairement aux changements physiques, les changements chimiques provoquent l'apparition de nouvelles substances qui possèdent leurs propres propriétés.**

Dans le cas du papier qui brûle, on obtient plusieurs nouvelles substances, dont les cendres et le gaz carbonique. Ces deux substances sont très différentes du papier. Le papier est blanc alors que les cendres sont grises. Le papier est solide alors que le gaz carbonique est un gaz. Il est souvent difficile et même parfois impossible d'inverser un changement chimique. On ne peut pas recombiner les cendres et le gaz carbonique pour former à nouveau du papier.

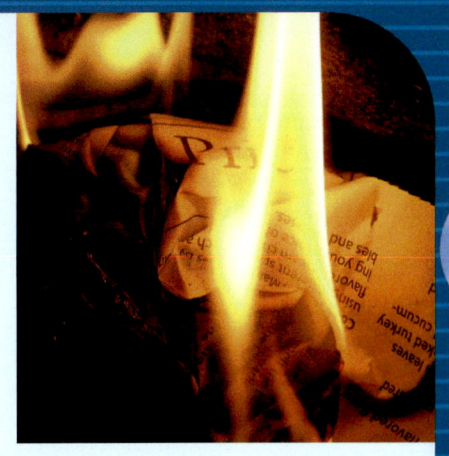

Le papier qui brûle se transforme en cendre et en fumée.

L'essence qui brûle dans le moteur d'une voiture est un autre exemple de changement chimique. Lorsque l'essence brûle en présence d'oxygène, différentes substances sont produites, comme de la vapeur d'eau et du gaz carbonique. Les gaz produits ne ressemblent pas du tout au liquide de départ. De plus, il est impossible de reformer de l'essence à partir des nouvelles substances créées. Voici quatre indices qui permettent de supposer qu'il y a un changement chimique :

1. La formation d'un gaz (par exemple la cuisson du pain)

2. La formation d'un résidu (par exemple les stalagmites et les stalactites)

3. La production de chaleur ou de lumière (par exemple les feux d'artifice)

4. Un changement de couleur (par exemple la rouille)

Je vérifie ce que j'ai retenu

1. Quelle est la différence entre un changement physique et un changement chimique ? Donne des exemples.
2. Au cours d'un changement chimique, de nouvelles substances sont-elles produites ? Explique ta réponse.
3. Qu'arrive-t-il aux propriétés caractéristiques d'une substance au cours d'un changement chimique ?

HISTOIRE SCIENTIFIQUE

Antoine Laurent de Lavoisier, un chimiste français (1743-1794), a identifié 23 éléments chimiques. Mais il ne travaillait pas seul. Sa femme, Marie-Anne de Lavoisier, l'a beaucoup aidé dans ses recherches. Elle lisait et traduisait pour lui les articles scientifiques en anglais qui pouvaient l'intéresser. La science, c'est souvent un travail d'équipe !

La conservation de la masse : rien ne se perd, rien ne se crée

Antoine Laurent de Lavoisier est un scientifique français du 18e siècle. Il a réalisé beaucoup d'expériences sur les transformations de la matière. Afin de mieux comprendre ce qui arrive, il prenait des mesures aussi précises que possible. C'est ainsi qu'il a constaté que **la masse des substances qui subissent une transformation est toujours égale à la masse des substances qui en résultent**. Il a appelé ce phénomène la **loi de la conservation de la masse**.

Prenons le cas d'un changement physique comme l'eau qui gèle. Si tu places un contenant en verre rempli d'eau et fermé hermétiquement au congélateur, que se passera-t-il ? Le contenant explosera parce que la glace brisera le verre en occupant plus d'espace. Mais la masse de l'eau, elle, demeurera la même que l'eau soit liquide ou solide. Puisque la masse reste toujours la même avant et après une transformation, c'est donc le volume qui change. Les conduites d'eau qui éclatent en hiver illustrent le même phénomène.

Voyons maintenant un changement chimique : l'essence qui brûle dans le moteur d'une voiture. Au cours de la combustion, l'essence se combine à l'oxygène de l'air et se transforme en différents produits, dont le gaz carbonique, le monoxyde de carbone et la vapeur d'eau. La masse de l'essence et de l'oxygène utilisés est la même que la masse de tous les gaz produits.

Lavoisier disait : « Rien ne se perd, rien ne se crée. Tout se transforme. » Cela signifie que les substances de départ ne disparaissent pas. Dans le cas d'un changement physique, les particules changent d'état, se mélangent à d'autres particules ou se séparent. Dans le cas d'un changement chimique, ce sont les particules elles-mêmes qui subissent une transformation. Elles se fusionnent avec d'autres substances ou elles se divisent en deux ou plusieurs nouvelles substances. Nous verrons plus en détail ce qui se passe à l'intérieur des particules de matière à la section 3, « L'organisation de la matière ».

Le monoxyde de carbone est très dangereux, car il est inodore, invisible et il peut causer la mort par suffocation.

Les substances pures et les mélanges

As-tu déjà passé du temps à la plage ? Examine attentivement la figure 21. Le sable d'une plage se compose de grains provenant de différents minéraux. Il contient aussi des débris d'animaux et de végétaux. Qu'en est-il de l'air et de l'eau ? Sont-ils eux aussi formés d'un mélange de différentes particules ? Ou sont-ils parfaitement purs ?

Dans les pages qui suivent, tu verras que beaucoup de substances familières sont en fait des mélanges. Tu découvriras la différence entre une substance pure, un mélange homogène et un mélange hétérogène.

Observe la figure 22. Elle montre que la différence entre une substance pure et un mélange se trouve dans la composition des substances. Plus précisément, **une substance pure ne contient qu'une sorte de particules, tandis qu'un mélange contient au moins deux sortes de particules.**

Figure 21 *Ce sable est-il une substance pure ou un mélange ?*

HISTOIRE SCIENTIFIQUE

Un alliage est une substance métallique constituée d'un métal auquel on associe des éléments métalliques ou non. Il peut être solide ou liquide. Le bronze est un des premiers alliages produits par l'être humain. Il est constitué d'un mélange de cuivre et d'étain. En France et en Allemagne, on a trouvé des bijoux, des outils et des armes en bronze, datant de 3500 à 800 av. J.-C. Les alliages sont très importants dans l'industrie. L'acier, par exemple, est un alliage de fer et de carbone. Le laiton est un mélange de cuivre et de zinc. Les alliages permettent d'obtenir des substances plus dures et plus résistantes que les substances pures qui les composent.

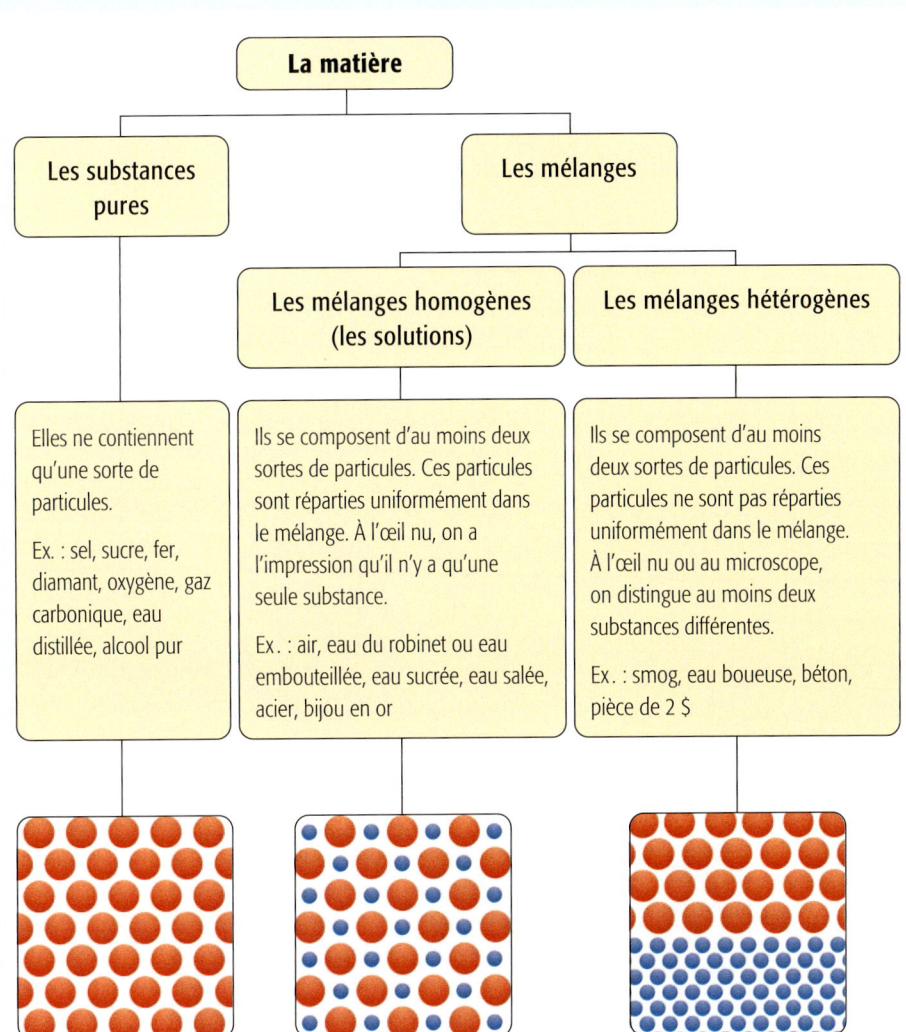

Figure 22 *La classification de la matière selon sa composition*

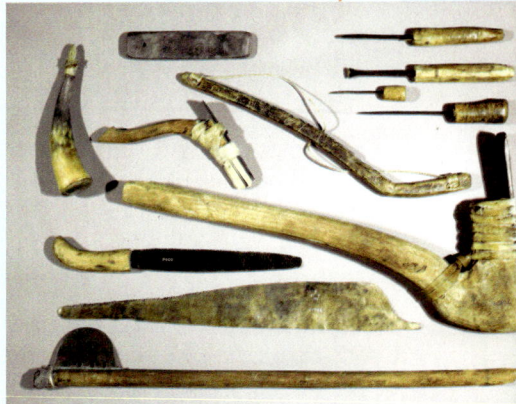

SECTION 2
Les transformations de la matière

Les mélanges : hétérogènes ou homogènes ?

Qui aimerait respirer l'air pollué de la figure 23 ? Comme la plupart des gens, tu préfères sans doute respirer l'air pur de la figure 24. Quelle est la différence entre les deux ? L'air de la figure 23 est un exemple de smog. Si tu te trouves au milieu d'une nappe de smog, tu ne distingueras peut-être pas les polluants. Toutefois, si tu observes le smog d'une certaine distance, tu verras les polluants dans l'air sous la forme d'un nuage grisâtre. Le smog est un **mélange hétérogène**.

Maintenant, si tu examines la figure 24, tu remarques que l'air est invisible. Tu sais que l'air est un mélange de différents gaz, mais ces gaz sont impossibles à distinguer les uns des autres. L'air pur est un mélange homogène. On appelle aussi les **mélanges homogènes** des « solutions ».

Figure 23 *Le smog est un mélange hétérogène d'air et de divers polluants.*

Figure 24 *L'air pur est un mélange homogène d'azote, d'oxygène et de gaz carbonique.*

Les solutions : des mélanges homogènes

Les solutions sont des mélanges homogènes contenant deux ou plusieurs substances. Contrairement aux mélanges hétérogènes, on ne peut pas distinguer les différentes sortes de particules d'une solution. À vrai dire, une solution a la même apparence qu'une substance pure qui, elle, ne contient qu'une sorte de particules.

Dans la solution d'eau sucrée de la figure 25, les particules de sucre sont réparties uniformément parmi les particules d'eau. Le sucre ne disparaît donc pas dans le mélange. On dit que le sucre se dissout dans l'eau ou qu'il est **soluble** dans l'eau. On voit aussi que, dans le mélange d'eau sucrée, il y a davantage de particules d'eau que de particules de sucre. La substance qui est présente en plus grande quantité se nomme le **solvant**. Celle qui est présente en moins grande quantité s'appelle le **soluté**. Dans l'exemple de la figure 25, le solvant est l'eau et le soluté est le sucre.

Substance soluble
Une substance dont les particules ont la capacité de se séparer jusqu'à ce qu'elles soient uniformément réparties dans une autre substance. Par exemple, le sucre est soluble dans l'eau.

Solvant
La partie d'un mélange qui dissout les autres substances.

Soluté
La partie d'un mélange qui est dissoute.

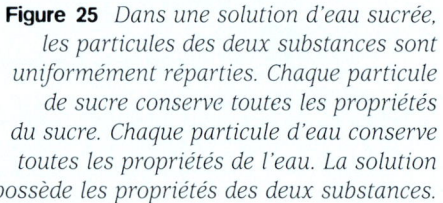

Figure 25 *Dans une solution d'eau sucrée, les particules des deux substances sont uniformément réparties. Chaque particule de sucre conserve toutes les propriétés du sucre. Chaque particule d'eau conserve toutes les propriétés de l'eau. La solution possède les propriétés des deux substances.*

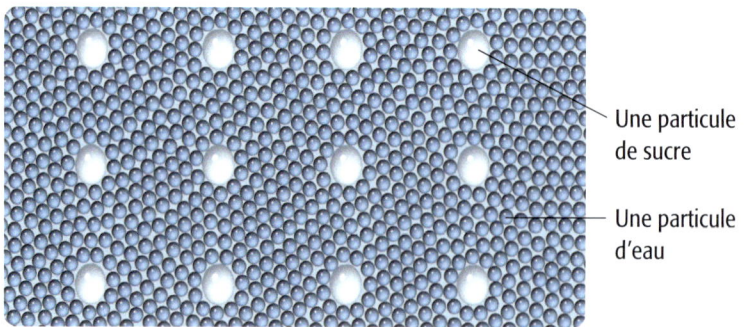

Une particule de sucre

Une particule d'eau

Dans une solution, il n'y a qu'un solvant. Toutefois, la solution peut contenir plusieurs solutés. Par exemple, l'air est une solution qui contient trois gaz principaux. Dans l'air, le solvant est l'azote. Les autres gaz constituent les solutés (*voir la figure 26*).

La dissolution

Lorsqu'on agite du sel dans un verre d'eau, cela forme un mélange homogène : une solution d'eau salée. **Quand deux ou plusieurs substances se mélangent pour former une solution, on dit qu'il y a dissolution.** Le soluté (le sel) se dissout dans le solvant (l'eau).

Toutefois, le mélange de plusieurs substances ne forme pas toujours une solution. Par exemple, si on verse du sable dans de l'eau, on n'obtiendra pas une solution. Cela donnera plutôt un mélange hétérogène dans lequel on distingue bien les différentes substances. Pourquoi le sel se dissout-il dans l'eau et pas le sable ?

Chaque grain de sel est fait de plusieurs milliards de particules. Ces particules s'attirent les unes les autres pour former un grain. Lorsqu'on dépose un grain de sel dans l'eau, des changements surviennent. L'attraction entre les particules d'eau et les particules de sel est très grande. Elle est plus forte que l'attraction des particules de sel entre elles. D'abord, les particules d'eau attirent une particule de sel à la surface du grain de sel. Elles la détachent du grain et l'éloignent des autres particules de sel. Ensuite, d'autres particules d'eau attirent d'autres particules de sel. Ce processus se poursuit jusqu'à ce que toutes les particules du grain soient détachées. La dissolution est alors complétée. Les particules de sel se répartissent uniformément dans l'eau (*voir la figure 27*).

Un grain de sable déposé dans l'eau ne se dissout pas. Pourquoi ? Parce que l'attraction entre les particules d'eau et les particules de sable est plus faible que l'attraction des particules de sable entre elles. Le grain de sable reste donc intact.

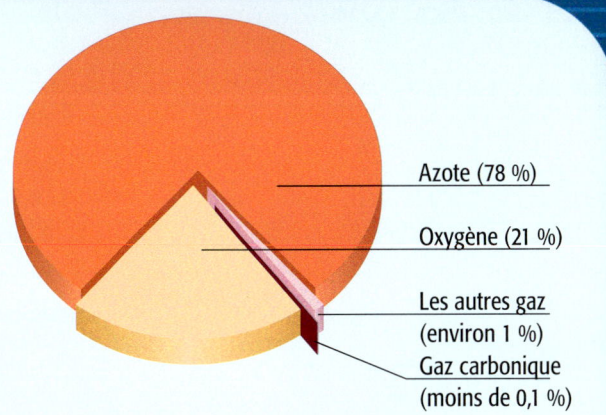

Figure 26 *Les principaux constituants de l'air*

FLASH... FLASH... FLASH...

À première vue, la pluie semble inoffensive. Pourtant, elle peut causer des dommages importants aux êtres vivants et aux bâtiments si elle est acide. Le processus de dissolution transforme l'eau de pluie en une solution appelée « pluie acide ». Les particules d'eau présentes dans l'air agissent comme solvant. Les particules de gaz polluants sont les solutés. L'eau devient acide lorsqu'elle dissout les particules de gaz produites, entre autres, par les gaz d'échappement des voitures et les rejets des usines.

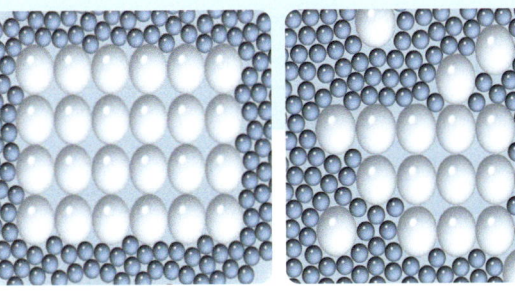

a) *Un grain de sel déposé dans l'eau*

b) *Le grain de sel se dissout : les particules d'eau détachent les particules qui se trouvent à la surface du grain de sel.*

c) *Le sel est dissous : les particules de sel se dispersent uniformément dans l'eau.*

Figure 27 *La dissolution du sel dans l'eau*

La séparation des mélanges

À la maison, tu utilises déjà des procédés simples pour séparer les mélanges. Ainsi, tu te sers d'une passoire pour séparer les pâtes alimentaires de l'eau dans laquelle elles ont cuit. Tes parents emploient un filtre pour séparer les grains de café moulus du café infusé. Grâce à ces procédés simples, ces mélanges se séparent facilement. Mais on peut aussi vouloir réunir les ingrédients d'un mélange. Par exemple, on mélange le jus d'orange avant de le boire parce que la pulpe s'est déposée au fond de la bouteille. On fait la même chose avec la vinaigrette parce que le vinaigre et l'huile se sont séparés.

Pourquoi séparer des mélanges ? Voici quelques exemples de situations où il est nécessaire de séparer les composants d'un mélange.

Le pétrole est un mélange hétérogène. Il faut le distiller pour obtenir les différentes substances qui le composent. Une de celles-ci est l'essence, qui sert à faire rouler les voitures.

Les bijoux sont souvent fabriqués avec des métaux qui se trouvent dans des roches. Ces roches sont des mélanges hétérogènes. Il faut les broyer et les chauffer pour en extraire le métal.

C'est la même chose pour les contenants d'aluminium. À l'état naturel, l'aluminium est un métal qui ne se trouve pas sous une forme pure. On doit l'extraire d'une roche, la bauxite, qui est un mélange hétérogène.

Dans la nature, l'eau douce est un mélange parfois homogène, parfois hétérogène. Elle doit souvent être filtrée et traitée avant de devenir potable.

Quand on fabrique ou qu'on utilise divers produits, il se forme parfois des mélanges nuisibles pour l'environnement et pour la santé. C'est le cas de l'eau mélangée avec des déchets industriels, ou encore de l'air mélangé avec les substances rejetées par les voitures ou les usines. Dans ces deux derniers exemples, séparer les mélanges permet de préserver la santé et l'environnement.

La sédimentation : lentement mais sûrement

La figure 28 montre un mélange hétérogène d'eau boueuse. Tu peux voir qu'au bout d'un certain temps les particules du mélange se séparent. Les substances solides, plus lourdes que les particules d'eau, se déposent au fond du bécher. Elles forment un **sédiment**. Ce procédé de séparation se nomme la **sédimentation**.

Figure 28 *La sédimentation de l'eau boueuse. Après quelque temps, on peut voir le sédiment qui s'est déposé au fond du bécher.*

a) Le premier jour

Le sédiment

b) Le deuxième jour

La sédimentation a lieu dans le jus d'orange, quand la pulpe se dépose au fond du contenant. Dans la vinaigrette, après un moment, le vinaigre et l'huile se séparent par sédimentation. Les particules de vinaigre se déposent au fond du contenant, tandis que les particules d'huile flottent sur le vinaigre.

La sédimentation est un processus qui s'effectue naturellement. Il s'agit simplement de laisser reposer le mélange. Par exemple, la sédimentation est un procédé efficace pour traiter l'eau. On la puise dans un cours d'eau, puis on la fait passer par un bassin de sédimentation. Cela permet de séparer les débris de l'eau elle-même. Dans les stations d'épuration des eaux, la sédimentation est souvent une des étapes réalisées en vue de rendre l'eau potable.

La décantation : d'un contenant à un autre

On utilise souvent la décantation après la sédimentation. **La décantation permet de séparer un mélange hétérogène qui présente des couches afin d'obtenir des substances distinctes.** Pour réaliser une décantation, il suffit de verser une des couches dans un autre contenant (*voir la figure 29*). Reprenons l'exemple de l'eau boueuse. Si les particules de boue se trouvent au fond du bécher, alors il suffit de transvaser l'eau dans un autre bécher pour séparer l'eau et la boue.

La filtration : rapide et efficace

L'aspirateur est un exemple d'appareil utilisant le procédé de filtration. Si on l'ouvre, on voit un filtre qui retient les poussières et les résidus aspirés et qui laisse passer l'air. Une passoire est aussi un filtre qui retient les aliments et laisse passer l'eau de cuisson.

La filtration permet de séparer les différentes substances d'un mélange hétérogène. Elle peut remplacer la sédimentation et la décantation. Parfois, un mélange hétérogène contient des substances qui forment des gouttelettes qui restent en suspension dans le liquide. Tu pourrais attendre très longtemps avant que ces gouttelettes se séparent du mélange, par sédimentation.

On peut accélérer le processus de séparation en utilisant la filtration (*voir la figure 30*). Tu peux faire passer un mélange d'eau boueuse à travers un papier filtre. Ce papier est percé de nombreux petits trous. Le papier retient les particules les plus grosses (le résidu) et les trous laissent passer les plus petites (le filtrat).

Figure 29 *Une méthode pour réaliser la décantation de deux liquides*

Figure 30 *Une méthode pour filtrer le contenu d'un bécher*

FLASH... FLASH... FLASH...

Les cellules du corps humain produisent chaque jour une certaine quantité de déchets. Ceux-ci s'accumulent dans le sang. Ce sont les reins qui nettoient le sang en le filtrant. Les résidus recueillis sont ensuite évacués du corps sous forme d'urine. Chaque jour, les 5 litres de sang que contient en moyenne le corps humain passent environ 330 fois à travers les reins. Lorsque les reins d'une personne ne fonctionnent pas normalement, son sang doit être filtré par un rein artificiel, appelé « appareil à hémodialyse ».

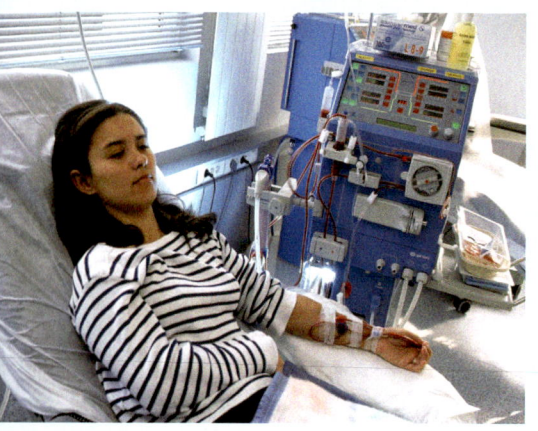

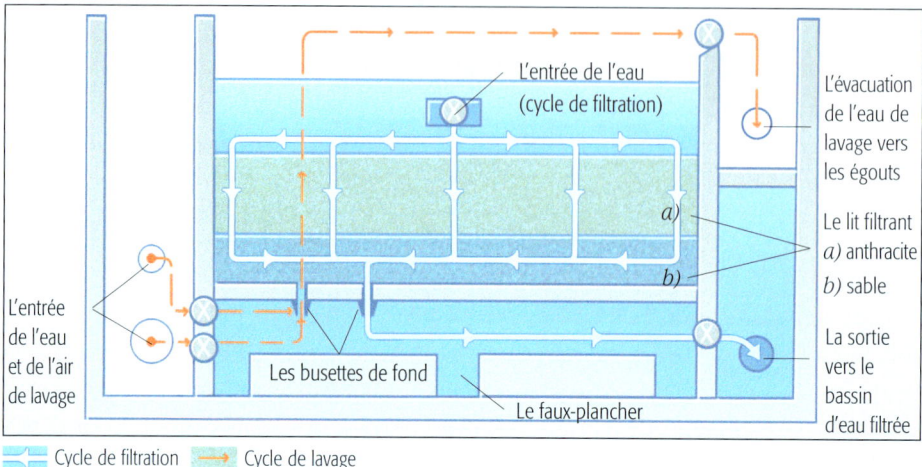

Dans les stations d'épuration des eaux, on fait passer l'eau à travers des lits d'anthracite (charbon) et de sable. L'anthracite et le sable retiennent les substances solides indésirables.

La distillation : pour séparer l'invisible

Si tu devais séparer les composants d'une solution d'eau salée, comment t'y prendrais-tu ? Pourrais-tu utiliser les procédés de sédimentation, de décantation ou de filtration ? Comme il s'agit d'un mélange homogène, aucun de ces procédés ne fonctionnerait. Cependant, la distillation pourrait t'aider. C'est une autre façon de séparer les constituants d'un mélange. **La distillation se base sur une propriété caractéristique des substances : leur point d'ébullition.**

Pour séparer l'eau et le sel par distillation, il faut d'abord faire chauffer une solution d'eau salée. Quand elle atteint 100 °C, l'eau se met à bouillir. Elle se transforme en vapeur et passe dans un tube appelé « condensateur ». Dans ce tube, la vapeur d'eau refroidit et revient à l'état liquide, c'est-à-dire qu'elle se condense. Elle s'accumule dans le bécher. Il ne reste que le sel dans le ballon.

❶ La plaque chauffante
❷ Le sel (résidu) s'accumule au fond de l'erlenmeyer à mesure que l'eau s'évapore.
❸ De l'eau salée
❹ De la vapeur d'eau
❺ Le condensateur
❻ La sortie d'eau froide
❼ L'entrée d'eau froide
❽ La vapeur se condense en refroidissant.
❾ De l'eau pure (distillat)

Figure 31 *Ce montage de laboratoire sert à la distillation des solutions.*

On appelle **distillat** la substance recueillie au moment de la condensation (*voir la figure 31, à la page précédente*). Dans ce cas, il s'agit de l'eau. La substance qui n'a pas changé de contenant après la distillation s'appelle le **résidu**. Dans notre exemple, c'est le sel. Le point d'ébullition du sel est beaucoup plus élevé que celui de l'eau (1413 °C). Il faudrait donc chauffer bien davantage le sel pour qu'il passe de l'état solide à l'état liquide puis à l'état gazeux.

Peut-on séparer deux liquides par distillation ? Voyons l'exemple de l'eau et de l'éthanol. L'éthanol est un alcool utilisé entre autres dans les thermomètres de laboratoire. On le colore en rouge pour faciliter la lecture de la température. En réalité, l'éthanol est un liquide transparent et incolore, tout comme l'eau. Lorsqu'on mélange de l'éthanol et de l'eau, on obtient une solution d'eau alcoolisée. Voici comment la distillation peut séparer les deux constituants de ce mélange homogène. On doit d'abord faire chauffer la solution d'eau alcoolisée. Lorsque la température atteint 78,3 °C, l'éthanol atteint son point d'ébullition. Il passe de l'état liquide à l'état gazeux. L'éthanol gazeux pénètre dans le condensateur, se refroidit et se condense. L'éthanol liquide se retrouve dans le contenant d'arrivée. C'est le distillat. Comme l'eau n'a pas encore atteint son point d'ébullition, elle reste dans le contenant de départ. C'est le résidu de la distillation.

FLASH… FLASH… FLASH…

Le pétrole extrait du sol est un liquide brun et visqueux. Sous cette forme, c'est un mélange inutilisable. Le raffinage permet de séparer les nombreuses substances utiles contenues dans le pétrole. Une des étapes importantes du raffinage est la distillation. Parmi les substances obtenues au cours du raffinage, on trouve le gaz naturel, l'essence, le mazout, le kérosène, le diesel, le goudron et l'asphalte. Le procédé de distillation associé à d'autres étapes permet d'obtenir diverses sortes de plastiques.

Je vérifie ce que j'ai retenu

1. *a)* Donne un exemple de mélange hétérogène.
   b) Donne un exemple de mélange homogène.
2. *a)* Quelle est la différence entre une substance pure et un mélange homogène ?
   b) L'eau du robinet est-elle une substance pure ou un mélange homogène ? Explique ta réponse.
3. Au laboratoire, tu te trouves devant plusieurs béchers contenant des substances inconnues. Avant de les identifier, tu dois séparer les composants de chaque mélange. Comment t'y prendras-tu pour effectuer ces séparations ? Nomme le procédé que tu as utilisé.
   a) Le bécher A contient un mélange hétérogène. On voit clairement des particules brunâtres en suspension. On voit aussi un dépôt au fond du bécher.
   b) Le bécher B contient une solution bleue. Aucune particule n'est visible dans le liquide.
   c) Le bécher C contient un mélange hétérogène. Les particules en suspension sont très fines. Aucun dépôt n'est visible au fond du bécher.
4. Dans les usines de filtration, on fait passer l'eau à traiter dans des lits de sable. S'agit-il d'une sédimentation ou d'une filtration ? Explique ta réponse.
5. Dans les sites d'enfouissement sanitaire, on accumule les produits de décomposition liquides dans un bassin de lixiviation. Quel est le but de cette opération ?

SECTION 3
L'organisation de la matière

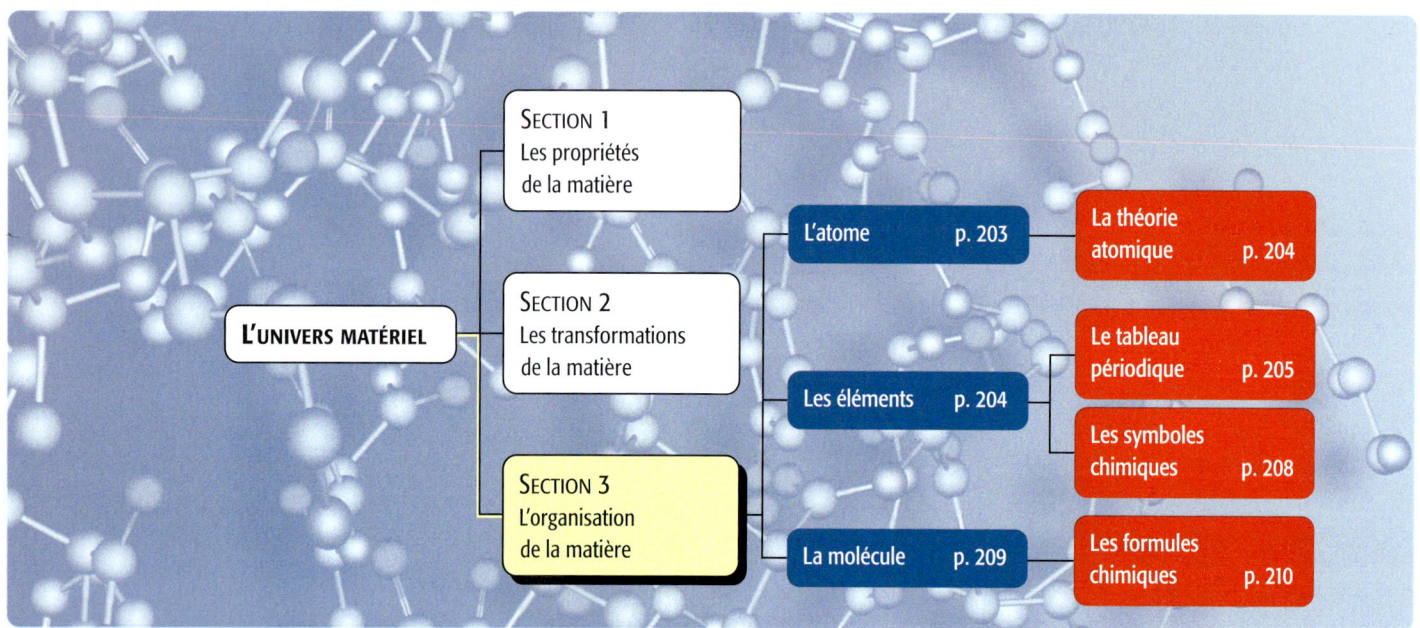

Survol

Les particules de matière dont nous parlons depuis le début de « L'univers matériel » sont constituées d'atomes. Les atomes sont comme les lettres de l'alphabet. Avec seulement 26 lettres, on peut former les milliers de mots de notre langue. Sais-tu combien de particules différentes sont nécessaires pour construire les millions de formes vivantes et non vivantes de notre monde ? Selon toi, existe-t-il autant de particules différentes qu'il y a de substances ?

Reprenons l'exemple de l'alphabet. Les mots « chien », « cheval » et « chêne » partagent les lettres *c*, *h* et *e*. Pourtant, ces mots désignent des formes de vie très différentes. Serait-il possible que les substances, même très différentes, partagent certaines particules ?

Au cours de cette troisième section, tu verras qu'il existe 90 atomes stables, nommés éléments. Ils sont classés dans le tableau périodique des éléments. Les atomes s'assemblent et se structurent pour former des molécules. Toute la matière qui nous entoure est constituée de molécules.

L'atome : du visible à l'invisible

Lorsque tu regardes autour de toi, tes yeux perçoivent des substances très différentes. Pourtant, toutes sont faites de particules de matière, indétectables à l'œil nu, appelées atomes.

Les 26 lettres de l'alphabet forment des mots aussi différents que « zoo » et « anticonstitutionnellement ». **Les atomes sont comme les lettres de l'alphabet : ils permettent de former toutes les substances qui existent.** Cette grande variété vient du fait que les atomes sont différents les uns des autres, comme le sont chacune des lettres de l'alphabet.

De plus, **les atomes peuvent se combiner de multiples façons pour former des molécules, tout comme les lettres se combinent pour former chacun des mots de la langue.** Autrement dit, si les atomes se comparent aux lettres, les molécules, elles, se comparent aux mots.

Nous avons vu que la matière est faite d'un très grand nombre de particules. Les scientifiques ont découvert que ces particules sont en fait des molécules, elles-mêmes formées de parties plus petites, les atomes. Suppose qu'on fasse passer un courant électrique dans de l'eau durant un certain temps. On obtient alors deux gaz : l'hydrogène et l'oxygène. Ce procédé, appelé électrolyse, permet de briser les particules d'eau. L'électrolyse montre que les particules d'eau sont constituées de deux sortes d'atomes (*voir la figure 32*). En fait, chaque particule d'eau est une molécule comportant deux atomes d'hydrogène et un atome d'oxygène.

Dans chaque substance pure, on trouve une combinaison particulière d'atomes. Il existe un nombre infini de combinaisons possibles, dont chacune est une molécule différente. C'est ce qui explique la très grande diversité des formes que peut prendre la matière.

> Le mot **atome** vient du grec *atomos*, qui signifie « indivisible ».

Figure 32 *L'électrolyse de l'eau permet de constater que celle-ci se compose d'hydrogène et d'oxygène.*

HISTOIRE SCIENTIFIQUE

Humphry Davy (1778-1829) était un scientifique britannique. Il est le fondateur d'une science, appelée «électrochimie». Cette science consiste à faire passer un courant électrique dans une solution pour en séparer les éléments. Grâce à cette méthode, Davy a découvert une méthode de séparation du potassium (K), du sodium (Na) et du calcium (Ca) élémentaires.

La théorie atomique

Tu connais déjà la théorie particulaire. La théorie atomique va te permettre de faire un pas de plus dans ta compréhension de la structure de la matière.

Voici les grandes lignes de la théorie atomique :

1. Toute matière est formée de particules, appelées atomes.
2. Les atomes sont eux-mêmes formés de particules encore plus petites : les **protons**, les **neutrons** et les **électrons** (*voir la figure 33*).
3. Les atomes se distinguent les uns des autres par la quantité de protons, de neutrons et d'électrons qui les compose.
4. L'ensemble des atomes qui ont le même nombre de protons porte le nom d'« élément ».
5. Les atomes se combinent pour former des molécules.

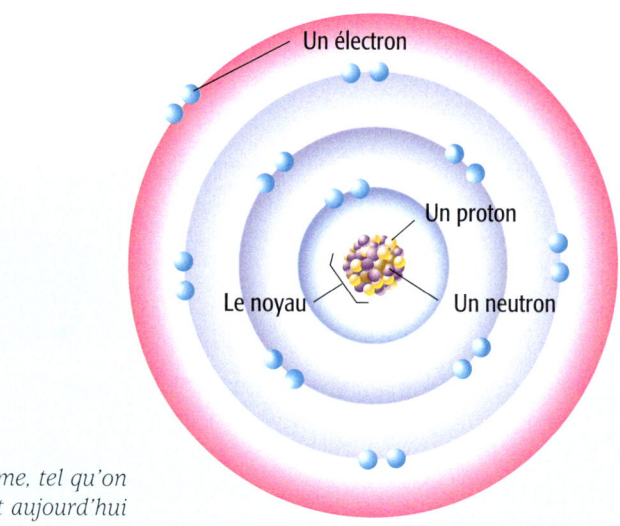

Figure 33 *L'atome, tel qu'on le conçoit aujourd'hui*

Les éléments : des atomes différents

Les éléments sont les briques qui permettent de construire l'Univers. **On appelle « élément » l'ensemble des atomes qui ont le même nombre de protons. Le nombre de protons est donc une propriété caractéristique des éléments.** Les atomes d'un même élément peuvent cependant se distinguer par le nombre de neutrons. Dans plusieurs cas, ils peuvent donner, recevoir ou partager quelques-uns de leurs électrons avec d'autres atomes.

L'hydrogène est l'élément le plus simple. Il possède un seul proton et un seul électron. C'est aussi l'élément le plus léger. Si on remplissait une piscine olympique avec de l'hydrogène, la masse totale ne serait que d'environ 1 kg. L'hydrogène a aussi la propriété d'être très explosif. À l'état liquide, on s'en sert comme carburant pour les fusées.

▲ En 1937, alors que le dirigeable Hindenburg flottait dans l'air, son carburant, de l'hydrogène, s'est enflammé. Trente-cinq des 97 personnes qui étaient à bord ont péri dans cette catastrophe.

Le tableau périodique : les ingrédients de la matière

Suppose que ton enseignante ou ton enseignant te soumette le problème suivant. Tu dois trouver les données manquantes. Comment t'y prendras-tu ?

0		2	3	4	5
10	11	12		14	15
20	21		23	24	25
	31	32	33	34	35
40	41	42	43		45
50	51	52	53	54	

Tu as sans doute remarqué que les données du tableau sont classées en ordre numérique. Les nombres d'une rangée augmentent de un. Les nombres d'une colonne augmentent de 10. Cette organisation te permet de trouver rapidement les données manquantes. Si tu avais reçu une liste de nombres dans le désordre plutôt qu'un tableau, tu aurais sûrement trouvé ce problème beaucoup plus difficile à résoudre.

En science, on s'est trouvé dans une situation semblable lorsqu'on a commencé à accumuler des données sur les éléments. Existait-il une manière de les classer de façon à dégager des régularités et à mieux les comprendre ? C'est **Dmitri Ivanovitch Mendeleïev**, un chimiste né en Sibérie, qui a donné la meilleure réponse à cette question en 1869.

▲ Dmitri Ivanovitch Mendeleïev (1834-1907) est le créateur du tableau périodique.

SECTION 3 — L'organisation de la matière

Tableau 8 *Le tableau périodique des éléments*

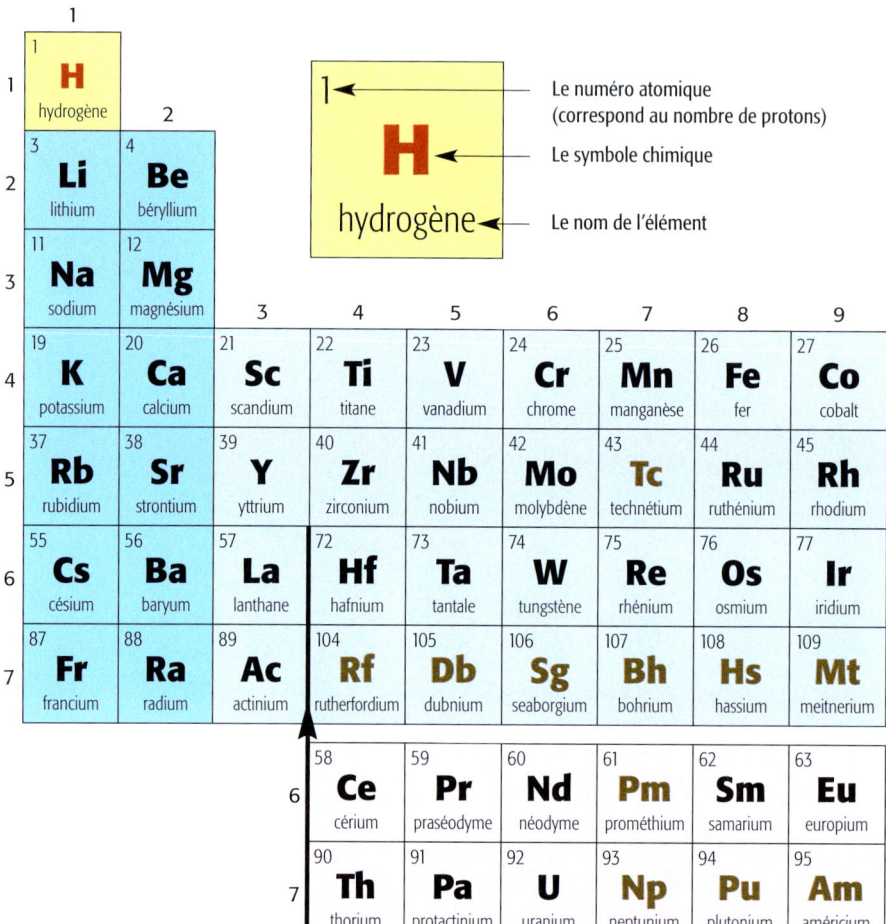

État des éléments à la température ambiante

Solide ▬ (noir)
Gazeux ▬ (rouge)
Liquide ▬ (bleu)

Éléments artificiels ▬ (brun)

Mendeleïev a rédigé des fiches sur lesquelles il a résumé les principales propriétés des 63 éléments connus à son époque. Il a ensuite fixé toutes ses fiches au mur. Pendant plusieurs mois, il a examiné ses fiches et les a déplacées. Il espérait découvrir un modèle basé sur les propriétés des éléments. Lorsqu'il a mis ses fiches dans l'ordre croissant de leur masse atomique, il a remarqué que certaines propriétés revenaient à intervalles réguliers. Il a alors placé l'une sous l'autre les fiches présentant des propriétés semblables. Le tableau périodique était né !

La classification de Mendeleïev a rapidement été adoptée parce qu'elle permettait de faire des prédictions. En effet, il y avait des espaces vides dans le tableau. Mendeleïev a prédit qu'on découvrirait un jour de nouveaux éléments correspondant à ces espaces vides. Il a même prédit plusieurs propriétés de ces nouveaux éléments. D'autres chimistes ont par la suite découvert ces éléments et confirmé les prédictions de Mendeleïev.

Le tableau périodique contient tous les éléments naturels et artificiels connus à ce jour (*voir le tableau 8*). Ces éléments forment toute la matière

			13	14	15	16	17	18
								2 **He** hélium
			5 **B** bore	6 **C** carbone	7 **N** azote	8 **O** oxygène	9 **F** fluor	10 **Ne** néon
10	11	12	13 **Al** aluminium	14 **Si** silicium	15 **P** phosphore	16 **S** soufre	17 **Cl** chlore	18 **Ar** argon
28 **Ni** nickel	29 **Cu** cuivre	30 **Zn** zinc	31 **Ga** gallium	32 **Ge** germanium	33 **As** arsenic	34 **Se** sélénium	35 **Br** brome	36 **Kr** krypton
46 **Pd** palladium	47 **Ag** argent	48 **Cd** cadmium	49 **In** indium	50 **Sn** étain	51 **Sb** antimoine	52 **Te** tellure	53 **I** iode	54 **Xe** xénon
78 **Pt** platine	79 **Au** or	80 **Hg** mercure	81 **Tl** thallium	82 **Pb** plomb	83 **Bi** bismuth	84 **Po** polonium	85 **At** astate	86 **Rn** radon
110 (sans nom)	111 (sans nom)	112 (sans nom)		114 (sans nom)		116 (sans nom)		118 (sans nom)

64 **Gd** gadolinium	65 **Tb** terbium	66 **Dy** dysprosium	67 **Ho** holmium	68 **Er** erbium	69 **Tm** thulium	70 **Yb** ytterbium	71 **Lu** lutétium
96 **Cm** curium	97 **Bk** berkélium	98 **Cf** californium	99 **Es** einsteinium	100 **Fm** fermium	101 **Md** mendélévium	102 **No** nobélium	103 **Lr** lawrencium

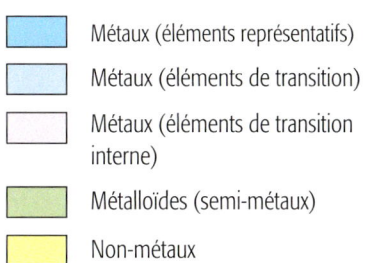

- ■ Métaux (éléments représentatifs)
- ■ Métaux (éléments de transition)
- ■ Métaux (éléments de transition interne)
- ■ Métalloïdes (semi-métaux)
- ■ Non-métaux

visible et invisible qui nous entoure. Le tableau périodique des éléments renferme les ingrédients de la matière présente sur la Terre et dans l'Univers.

Dans le tableau périodique, les éléments sont classés selon un axe horizontal et un axe vertical. Observe d'abord l'axe horizontal. Les éléments sont placés par ordre croissant de numéro atomique. Le numéro atomique correspond au nombre de protons. Chaque ligne du tableau périodique s'appelle une période. L'hydrogène est le premier élément puisqu'il ne possède qu'un proton. L'élément qui le suit, à droite, est l'hélium, qui possède deux protons.

Observe maintenant l'axe vertical. Chaque colonne du tableau représente une **famille** ou un **groupe**. Une même famille regroupe des éléments qui ont des propriétés semblables. Par exemple, les éléments de la première famille (colonne 1) forment tous des composés avec ceux de l'avant-dernière famille (colonne 17). La dernière famille (colonne 18) regroupe des éléments qui forment rarement des composés avec les éléments des autres familles. On les appelle les « gaz rares » ou les « gaz nobles ».

Les symboles chimiques : un code universel

Quelles que soient leur langue et leur origine, les scientifiques utilisent un code universel pour désigner un même élément : son symbole chimique. Les éléments n'ont pas le même nom dans toutes les langues, et un même nom peut se prononcer différemment d'un pays à l'autre. Mais le symbole d'un élément est le même pour tout le monde. Le tableau 9 illustre l'universalité du symbole de l'hydrogène.

Au Japon et en Chine, les gens écrivent avec des caractères appelés idéogrammes. Toutefois, les élèves apprennent les mêmes symboles chimiques que nous.

Chaque élément du tableau périodique possède son propre symbole, comme le montre le tableau périodique (*voir le tableau 8 aux pages 206 et 207*). Pour certains éléments, il s'agit de la première lettre de leur nom, que l'on écrit en majuscule. Pour d'autres éléments, on utilise la première lettre du nom (en majuscule) suivie d'une deuxième lettre en minuscule. Parfois, on utilise même jusqu'à trois lettres pour désigner un élément.

Les noms des éléments ont des origines très diverses. Certains sont tirés du latin, du grec ancien ou d'autres langues. D'autres s'inspirent du nom d'un scientifique (*voir le tableau 10*).

Tableau 9 *Le symbole de l'hydrogène est international.*

Langue	Nom	Symbole
Allemand	*wasserstoff*	H
Anglais	*hydrogen*	H
Espagnol	*hidrógeno*	H
Français	*hydrogène*	H
Italien	*idrogeno*	H
Portugais	*hidrogênio*	H

Tableau 10 *L'origine du nom de quelques éléments*

Numéro atomique	Élément	Symbole chimique	Origine du nom	Année de la découverte
1	Hydrogène	H	Nom donné par Lavoisier. Vient du grec *hydro* et *genes*, qui signifie « qui engendre l'eau ».	1766
6	Carbone	C	Tiré du latin *carbo*, qui signifie « charbon de bois ».	Antiquité
7	Azote	N	Nom donné par Lavoisier. Vient du grec *zôé*, qui signifie « vie », précédé d'un « a » privatif (donc, « sans vie »).	1776
8	Oxygène	O	Nom donné par Lavoisier. Tiré du grec *oxys* et *genes*, qui signifie « qui engendre l'acide ».	1774
19	Potassium	K	Découvert par Humphry Davy. Vient de l'anglais *potash*, qui signifie « potasse ». Le symbole provient de son nom latin, *kalium*.	1807
84	Polonium	Po	Nom donné par Marie Curie, pour rappeler son pays d'origine, la Pologne.	1898
96	Curium	Cm	Nommé en l'honneur de Pierre et Marie Curie.	1944

La molécule : un assemblage d'atomes

Dans la nature, les éléments se trouvent rarement sous la forme d'atomes individuels. La plupart du temps, ils sont assemblés avec un ou plusieurs autres atomes du même élément ou d'autres éléments. C'est le cas de l'élément hydrogène, qui est la substance la plus répandue dans l'Univers. On le trouve généralement sous forme de molécules de dihydrogène, soit deux atomes d'hydrogène liés ensemble. C'est la même chose pour le carbone. Cet élément entre dans la composition de certains gaz contenus dans l'air tels le monoxyde de carbone (CO) et le gaz carbonique (CO_2). On trouve aussi du carbone dans toute la matière vivante.

Lorsque deux ou plusieurs atomes s'unissent, ils forment une molécule. À leur tour, les molécules s'assemblent pour former tous les objets visibles. Les molécules constituent aussi la matière invisible, comme l'air qu'on respire (*voir la figure 34*).

HISTOIRE SCIENTIFIQUE

Henry Cavendish (1731-1810) était un scientifique britannique. On disait qu'il était maladivement timide et très solitaire. Il possédait également une immense fortune. Il fut le premier à obtenir des molécules d'eau en faisant exploser de l'oxygène et de l'hydrogène à l'état gazeux. Cavendish a ainsi démontré que l'eau n'est pas un élément, mais une molécule composée d'atomes d'oxygène et d'hydrogène.

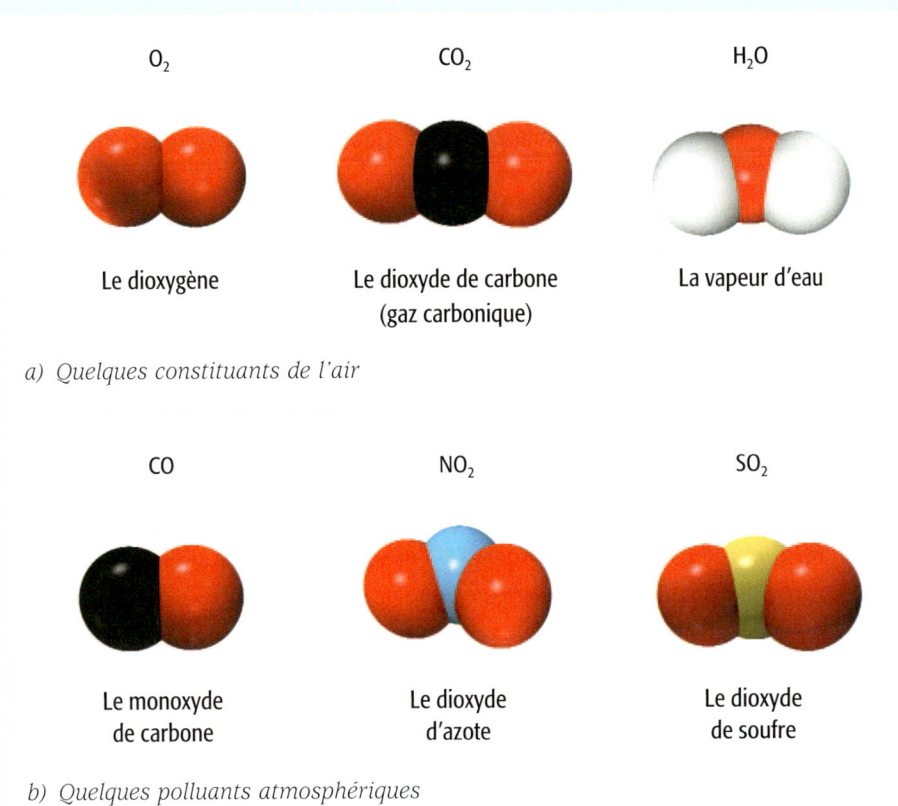

a) Quelques constituants de l'air

b) Quelques polluants atmosphériques

Figure 34 *Une représentation de quelques molécules généralement présentes dans l'air*

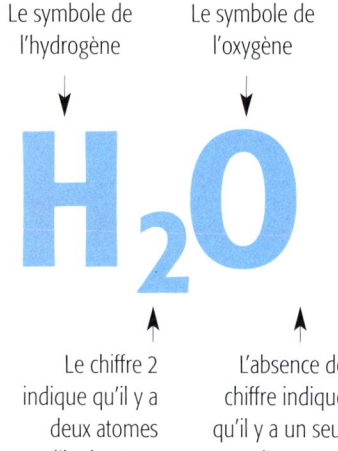

Figure 35 *Une formule chimique de l'eau*

Les formules chimiques : un système pour s'y retrouver

On représente les éléments par des symboles chimiques. C'est la même chose pour les molécules. **Une formule chimique sert à représenter les molécules et à indiquer les éléments qui en font partie.** La formule chimique contient les symboles des éléments et le nombre d'atomes faisant partie de la molécule. La figure 35 te montre que la formule chimique d'une molécule d'eau est H_2O. Cette formule indique que chaque molécule d'eau contient deux atomes d'hydrogène et un atome d'oxygène. Le tableau 11 te présente les formules chimiques de quelques autres molécules.

Tableau 11 *Les formules chimiques de quelques molécules*

Molécule	Formule chimique	Modèle moléculaire	Composition atomique
Silice (sable)	SiO_2		1 atome de silicium 2 atomes d'oxygène
Glucose (sucre)	$C_6H_{12}O_6$		6 atomes de carbone 12 atomes d'hydrogène 6 atomes d'oxygène
Chlorure de sodium (sel de table)	NaCl		1 atome de sodium 1 atome de chlore
Acide acétique (vinaigre)	CH_3COOH		2 atomes de carbone 4 atomes d'hydrogène 2 atomes d'oxygène

Je vérifie ce que j'ai retenu

1. Pourquoi dit-on que les atomes sont comme les lettres de l'alphabet ?
2. Pourquoi dit-on que les molécules sont comme les mots de notre langue ?
3. À l'atelier de technologie, tu dois construire un modèle d'atome.
   a) Explique comment tu t'y prendras.
   b) Décris ton modèle.
4. Comment appelle-t-on l'ensemble de tous les atomes qui ont le même nombre de protons ?
5. Imagine que Mendeleïev n'ait jamais existé et que tu viennes de mettre au point le tableau périodique des éléments. Quels seraient tes arguments pour convaincre tes collègues scientifiques de l'importance de ton tableau ?
6. Le tableau périodique regroupe les éléments par familles et par périodes. Qu'ont en commun les éléments d'une même famille ?

LE MODÈLE ATOMIQUE dans le temps

1808

John Dalton (1766-1844), un scientifique britannique, a mis au point une partie de la théorie atomique. Dalton pensait que les atomes représentaient la plus petite partie de la matière. Selon lui, les atomes étaient semblables à des boules de billard de tailles et de masses différentes.

1897

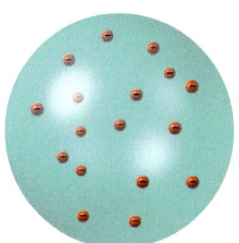

Joseph John Thomson (1866-1940) est un scientifique britannique qui a découvert que l'atome était lui-même composé de particules plus petites. Il a décrit l'atome comme une boule chargée d'électricité positive. Cette boule contient aussi des électrons chargés d'électricité négative. Son modèle d'atome ressemble à un muffin aux raisins. La pâte représente la partie positive, et les raisins représentent les parties négatives.

1911

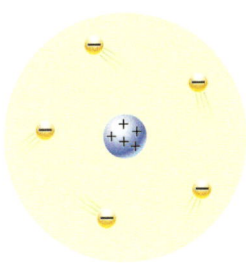

Ernest Rutherford (1871-1937) est un scientifique né en Nouvelle-Zélande. Il a enseigné les sciences un certain temps à l'Université McGill, à Montréal. Selon lui, l'atome est composé d'électrons (de charge négative) tournant autour d'un noyau très petit. Ce noyau contient des protons (de charge positive). Son modèle ressemble au système solaire : le Soleil représente le noyau, et les planètes en orbite autour du Soleil représentent les électrons.

1914

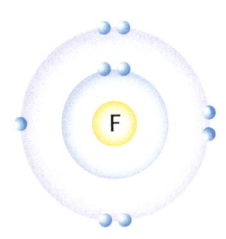

Niels Bohr (1885-1962), un scientifique originaire du Danemark, a été l'élève de Rutherford. Bohr a supposé que les électrons ne tournaient pas autour du noyau comme les planètes autour du Soleil. Selon son modèle, les électrons se déplacent autour du noyau en décrivant des orbitales. Les orbitales ressemblent plus à des nuages qu'à des orbites. Chaque orbitale délimite la zone dans laquelle un électron peut se trouver.

1932

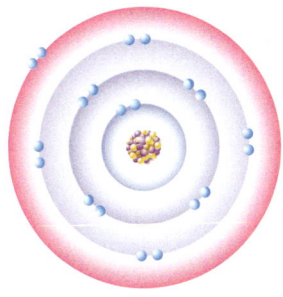

James Chadwick (1891-1974) est le scientifique britannique qui a découvert le neutron. Le neutron est une troisième sorte de particules. Les deux premières sortes sont l'électron (qui possède une charge négative) et le proton (qui possède une charge positive). Le neutron ne possède ni charge négative ni charge positive : il est neutre. On le trouve dans le noyau de l'atome, comme le proton. On pense qu'il sert de ciment entre les protons.

SECTION 3 — L'organisation de la matière

L'UNIVERS VIVANT

Nous ne sommes pas seuls

Il y a neuf planètes connues dans notre système solaire. Pourtant, la Terre semble être la seule à réunir les conditions nécessaires à la vie. La vie y est non seulement présente, mais elle revêt une variété étonnante de formes ! Imagine que tu essaies de dresser la liste de toutes les espèces d'êtres vivants de la Terre. Tu n'aurais sans doute pas assez de ta vie pour le faire. En fait, on connaît actuellement environ 3,5 millions d'espèces d'êtres vivants. Et on en découvre sans cesse de nouvelles.

Nous, les êtres humains, sommes une de ces formes de vie. Nous partageons l'eau, le sol et l'air avec tous les autres êtres vivants. Cependant, ce partage n'est pas toujours équitable. Les êtres humains transforment beaucoup leur milieu. Dans les prochaines pages, tu apprendras à mieux connaître l'univers vivant. Cela te permettra peut-être de faire un usage plus équitable de l'eau, du sol et de l'air. Tu te rappelleras que les êtres humains ne sont pas seuls sur Terre.

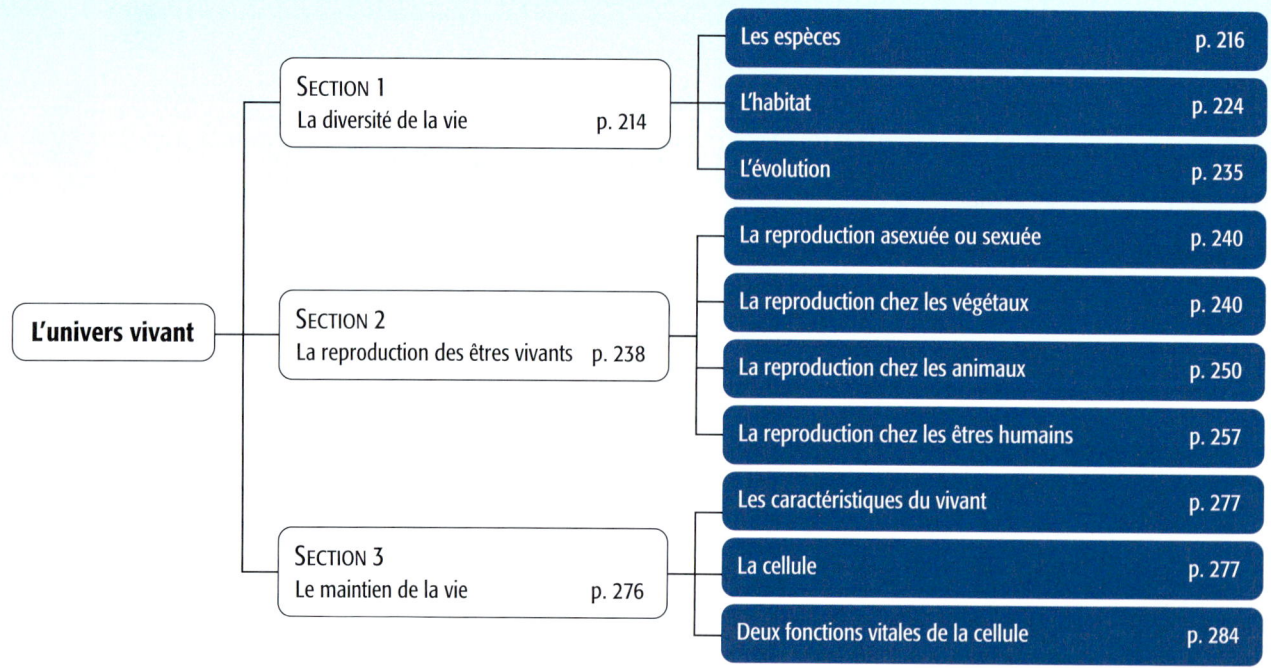

L'univers vivant

- **SECTION 1** — La diversité de la vie — p. 214
  - Les espèces — p. 216
  - L'habitat — p. 224
  - L'évolution — p. 235
- **SECTION 2** — La reproduction des êtres vivants — p. 238
  - La reproduction asexuée ou sexuée — p. 240
  - La reproduction chez les végétaux — p. 240
  - La reproduction chez les animaux — p. 250
  - La reproduction chez les êtres humains — p. 257
- **SECTION 3** — Le maintien de la vie — p. 276
  - Les caractéristiques du vivant — p. 277
  - La cellule — p. 277
  - Deux fonctions vitales de la cellule — p. 284

Voici ce que tu découvriras à la lecture de « **L'univers vivant** » :

- Dans la **section 1**, « **La diversité de la vie** », tu comprendras pourquoi il y a autant de variété chez les êtres vivants. Pour y arriver, tu étudieras les divers habitats, c'est-à-dire les endroits où les espèces vivent. Tu verras que la diversité des êtres vivants est le résultat d'une longue évolution.

- Dans la **section 2**, « **La reproduction des êtres vivants** », tu verras que c'est la reproduction qui permet aux êtres vivants d'exister depuis des milliards d'années. Cette section te permettra aussi de savoir comment les êtres vivants se multiplient. Tu te pencheras sur la reproduction de l'espèce humaine.

- Enfin, dans la **section 3**, « **Le maintien de la vie** », tu verras ce qui permet d'établir la distinction entre le vivant et le non-vivant. Ensuite, tu plongeras au cœur des êtres vivants pour étudier la cellule. Pour terminer, tu découvriras deux fonctions vitales de la cellule : la respiration et la photosynthèse.

■ Animaux (plus de 2 millions d'espèces)
■ Plantes (de 350 000 à 400 000 espèces)
■ Champignons (environ 100 000 espèces)
■ Protistes (environ 70 000 espèces)
■ Bactéries (au moins 10 000 espèces)

SECTION 1
La diversité de la vie

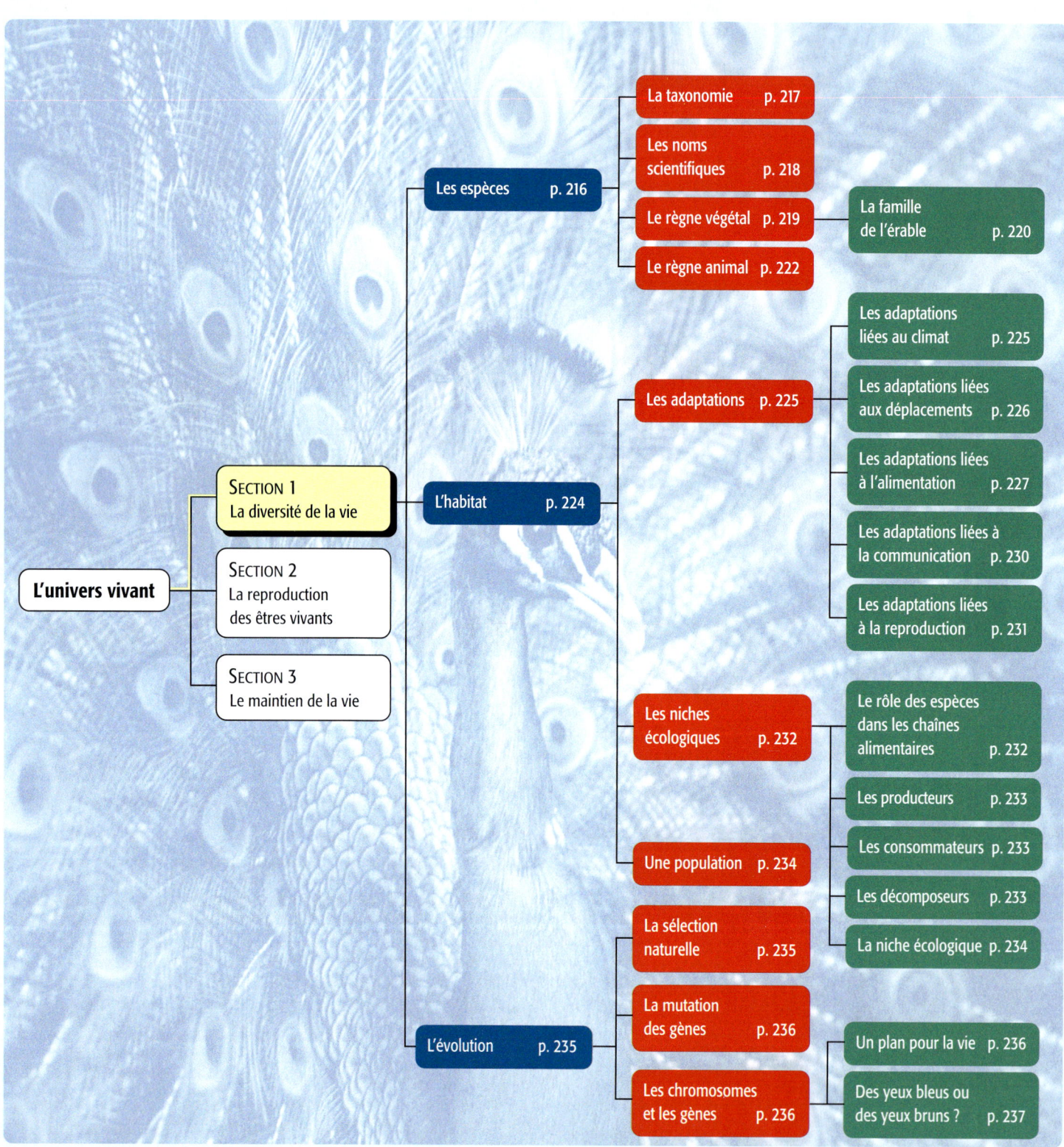

- **L'univers vivant**
  - **SECTION 1** La diversité de la vie
    - **Les espèces** p. 216
      - La taxonomie p. 217
      - Les noms scientifiques p. 218
      - Le règne végétal p. 219
        - La famille de l'érable p. 220
      - Le règne animal p. 222
    - **L'habitat** p. 224
      - Les adaptations p. 225
        - Les adaptations liées au climat p. 225
        - Les adaptations liées aux déplacements p. 226
        - Les adaptations liées à l'alimentation p. 227
        - Les adaptations liées à la communication p. 230
        - Les adaptations liées à la reproduction p. 231
      - Les niches écologiques p. 232
        - Le rôle des espèces dans les chaînes alimentaires p. 232
        - Les producteurs p. 233
        - Les consommateurs p. 233
        - Les décomposeurs p. 233
        - La niche écologique p. 234
      - Une population p. 234
    - L'évolution p. 235
      - La sélection naturelle p. 235
      - La mutation des gènes p. 236
      - Les chromosomes et les gènes p. 236
        - Un plan pour la vie p. 236
        - Des yeux bleus ou des yeux bruns ? p. 237
  - **SECTION 2** La reproduction des êtres vivants
  - **SECTION 3** Le maintien de la vie

Survol

Les chats vivent dans nos maisons depuis très longtemps. Dans la nature, certains animaux appartiennent à la même famille que le chat. Ce sont par exemple le lion, le tigre et le lynx. On les appelle les félins ou les félidés. Le chien fait partie d'une autre famille, qui comprend, entre autres, le loup et le renard. C'est la famille des canidés. Observe attentivement les figures 1 et 2. Tu vois qu'il y a des ressemblances entre les animaux d'une même famille. Mais chaque animal est tout de même différent des autres membres de sa famille.

Figure 1 *Le chat fait partie de la famille des félidés.*

Figure 2 *Le chien appartient à la famille des canidés.*

D'où vient la diversité des êtres vivants ? Certains animaux ont des plumes, d'autres des poils ou des écailles. Certains marchent ou volent, d'autres grimpent, sautent, rampent ou nagent.

Dans cette section, tu verras d'abord que chaque être vivant appartient à une espèce. À cause de la grande diversité des espèces, on a construit un système de classification des vivants appelé **taxonomie**.

Ensuite, tu apprendras que les espèces sont adaptées aux habitats dans lesquels elles vivent. Plus précisément, les espèces présentent des adaptations physiques et des comportements liés aux différentes contraintes de leur habitat.

Puis, tu constateras que les individus d'une même espèce forment des populations à l'intérieur d'un habitat, ce qui facilite la reproduction entre deux individus de la même espèce. La **reproduction sexuée** permet l'échange et le mélange des gènes. Ce mélange amène l'apparition de nouveaux caractères physiques et de nouveaux comportements pouvant offrir une meilleure chance de survie à la population.

En fait, toutes les formes de vie actuelles sont le résultat d'adaptations réussies. Ce long processus de modification s'appelle l'**évolution**. Il a permis, et permet encore aujourd'hui, l'apparition d'adaptations plus efficaces en réponse aux modifications des habitats. Mais l'évolution est lente. Ainsi, plusieurs espèces disparaissent parce que leur habitat change trop rapidement. Elles n'ont pas le temps de s'y adapter.

Les espèces

Lorsqu'on observe la diversité des êtres vivants, on devine aisément qu'ils ne font pas tous partie de la même espèce (*voir la figure 3*). Chaque être vivant présente des caractères physiques distinctifs. **Ceux qui ont des caractères physiques apparentés appartiennent à la même espèce.** La ressemblance physique est un premier critère qui permet de regrouper les êtres vivants selon leur espèce.

Cependant, les caractères physiques ne suffisent pas toujours pour déterminer l'espèce à laquelle appartient un être vivant. La figure 4 montre plusieurs animaux appartenant à l'espèce « chien domestique ». Tu vois que ces chiens sont très différents, autant par la taille, la forme et la fourrure que par la couleur.

Figure 4 *Il y a une grande diversité de formes, de tailles et de couleurs au sein de l'espèce « chien domestique ».*

Figure 3 *La diversité des êtres vivants*

Trois critères supplémentaires permettent de déterminer si deux animaux font partie de la même espèce. Ces trois critères doivent être présents pour établir que des animaux appartiennent à une même espèce.

1. Deux individus de la même espèce et de sexe différent peuvent s'accoupler pour se reproduire dans leur milieu naturel.

2. La femelle met au monde un ou plusieurs petits qui survivront.

3. À l'âge adulte, ces petits peuvent à leur tour se reproduire avec succès.

La taxonomie : classer le vivant

On connaît actuellement environ 3,5 millions d'espèces vivant sur la Terre. On sait qu'il reste encore de nombreuses espèces à découvrir. Comment s'y retrouver parmi toutes ces espèces différentes ? On peut regrouper et classer les espèces. Cela permet de comprendre leurs liens de parenté et leur origine.

Classer les êtres vivants, c'est un peu comme faire un arbre généalogique. Observe la figure 5. Suppose qu'elle montre l'arbre généalogique de ta famille. À la base, il y a toi, tes sœurs et tes frères, tes cousines et tes cousins. Chacune de ces personnes a une mère et un père. Ton père, par exemple, peut à son tour avoir des sœurs et des frères. Ce sont tes tantes et tes oncles. En remontant davantage dans l'arbre, tu trouves tes grands-parents, tes grands-tantes et tes grands-oncles, puis tes arrière-grands-parents et ainsi de suite.

HISTOIRE SCIENTIFIQUE

Aristote a vécu de 384 à 322 av. J.-C., en Grèce. Il a passé beaucoup de temps à observer les animaux et les plantes. Il a classé les êtres vivants en deux catégories : les plantes et les animaux. Chez les plantes, il a distingué les arbres, les arbustes et les herbes. Chez les animaux, il a distingué ceux qui vivent sur la terre, ceux qui vivent dans l'eau et ceux qui vivent dans les airs.

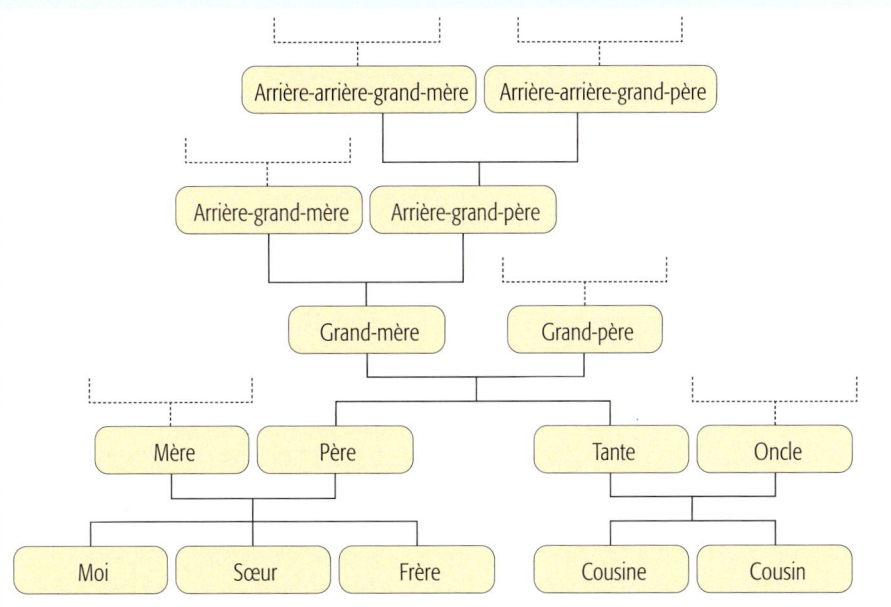

Figure 5 *Un exemple d'arbre généalogique*

En théorie, on pourrait faire remonter ton arbre généalogique jusqu'aux premiers êtres humains. On pourrait même créer un arbre qui représenterait tous les individus de l'espèce humaine, vivants et morts. Un tel arbre généalogique te permettrait de connaître ton degré de parenté avec chaque personne sur la Terre.

C'est exactement ce que les scientifiques cherchent à faire lorsqu'ils font **la classification du vivant, aussi appelée taxonomie**. Mais il leur manque énormément d'information pour classer toutes les espèces. Toutefois, chaque jour, de nouvelles découvertes les aident à améliorer ou à corriger la taxonomie actuelle.

Il existe une autre raison pour laquelle on classifie les êtres vivants. La taxonomie permet de communiquer à l'aide d'un langage commun. En effet, les scientifiques de tous les pays utilisent les mêmes noms et les mêmes catégories pour parler des espèces. Cela est très utile pour l'avancement de nos connaissances sur la vie et ses origines.

Le mot **taxonomie** vient du grec *taxis*, qui signifie « arrangement », et de *nomos*, qui signifie « loi ».

Les noms scientifiques

Pour qu'une classification soit efficace, il faut que l'ensemble des scientifiques accepte les noms des espèces. C'est Carl von Linné, en 1735, qui a établi la façon actuelle de nommer les espèces.

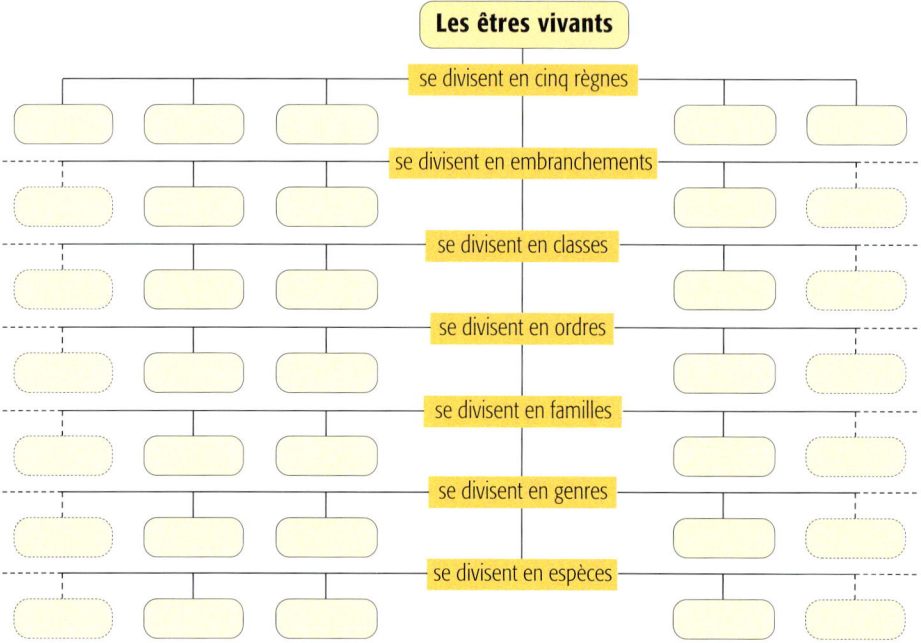

Figure 6 *La taxonomie des êtres vivants*

Champignon
Un organisme qui se nourrit de matière organique (donc incapable d'effectuer la photosynthèse) et qui se reproduit au moyen de spores, par exemple les levures et les moisissures.

Protiste
Un organisme unicellulaire possédant un noyau. Quelques-uns peuvent effectuer la photosynthèse (certaines algues) et d'autres se nourrissent de matière organique (l'amibe).

Bactérie
Un organisme unicellulaire dépourvu de noyau, par exemple l'*Escherichia coli*.

On attribue un nom latin à chaque espèce. Par exemple, le nom scientifique de l'érable à sucre est *Acer saccharum*. La première partie, *Acer* (érable), indique **le genre** de l'être vivant. La seconde, *saccharum* (sucre), désigne **l'espèce**. Par convention, le genre et l'espèce sont toujours écrits en italique, et le genre prend une majuscule. Ainsi, le nom courant d'une espèce peut changer d'une langue à l'autre, mais son nom scientifique est toujours identique. La figure 6 présente un schéma illustrant la taxonomie des êtres vivants.

Figure 7 *Les cinq règnes du monde vivant*

Avant de classer une nouvelle espèce, les scientifiques étudient son **anatomie**, son comportement et ses **ancêtres fossiles**. Ils comparent aussi les caractéristiques de cette espèce avec celles des espèces déjà connues.

Les êtres vivants sont divisés en cinq grands règnes (*voir la figure 7, à la page précédente*). Chacun de ces règnes comprend des êtres vivants qui partagent certaines caractéristiques.

Anatomie
L'étude de la forme et de la disposition des organes des êtres humains, des animaux ou des végétaux.

Ancêtre fossile
Un être vivant qui a vécu il y a très longtemps et dont on a découvert les restes ou les empreintes de la totalité ou d'une partie du corps.

Le règne végétal

La figure 8 résume les caractéristiques physiques et les comportements des cinq classes du règne végétal.

Les êtres vivants se divisent en cinq règnes :
- Les animaux
- Les plantes
- Les champignons
- Les protistes
- Les bactéries

Les plantes se divisent en cinq classes :
- Elles produisent leur propre nourriture.
- Elles ne peuvent pas se déplacer d'elles-mêmes.

Les algues	Les mousses et les hépatiques	Les fougères	Les conifères	Les plantes à fleurs
Les algues ne possèdent pas de racines, de tiges ou de feuilles. Elles forment une sorte de rameau plus ou moins ample selon l'espèce. Elles vivent généralement dans l'eau.	Les mousses ne possèdent pas de véritables racines. Elles ont une tige et des feuilles. Elles n'ont pas de canaux pour conduire leur sève. (La sève est le liquide qui contient la nourriture de la plante.) Elles vivent sur le sol ou se fixent sur des objets.	Les fougères, les conifères et les plantes à fleurs ont des racines, des tiges et des feuilles. Ils ont des canaux qui conduisent leur sève.		
		Les fougères et les conifères n'ont pas de fleurs pour la reproduction.		Les plantes à fleurs ont des fleurs pour la reproduction.
		Les fougères ne produisent pas de graines. Elles se reproduisent à l'aide de spores.	Les conifères produisent des graines nues généralement protégées par un cône. Ils possèdent des feuilles en forme d'aiguilles ou d'écailles. En général, ces aiguilles ne tombent pas en hiver.	Les plantes à fleurs produisent des graines protégées par un fruit.

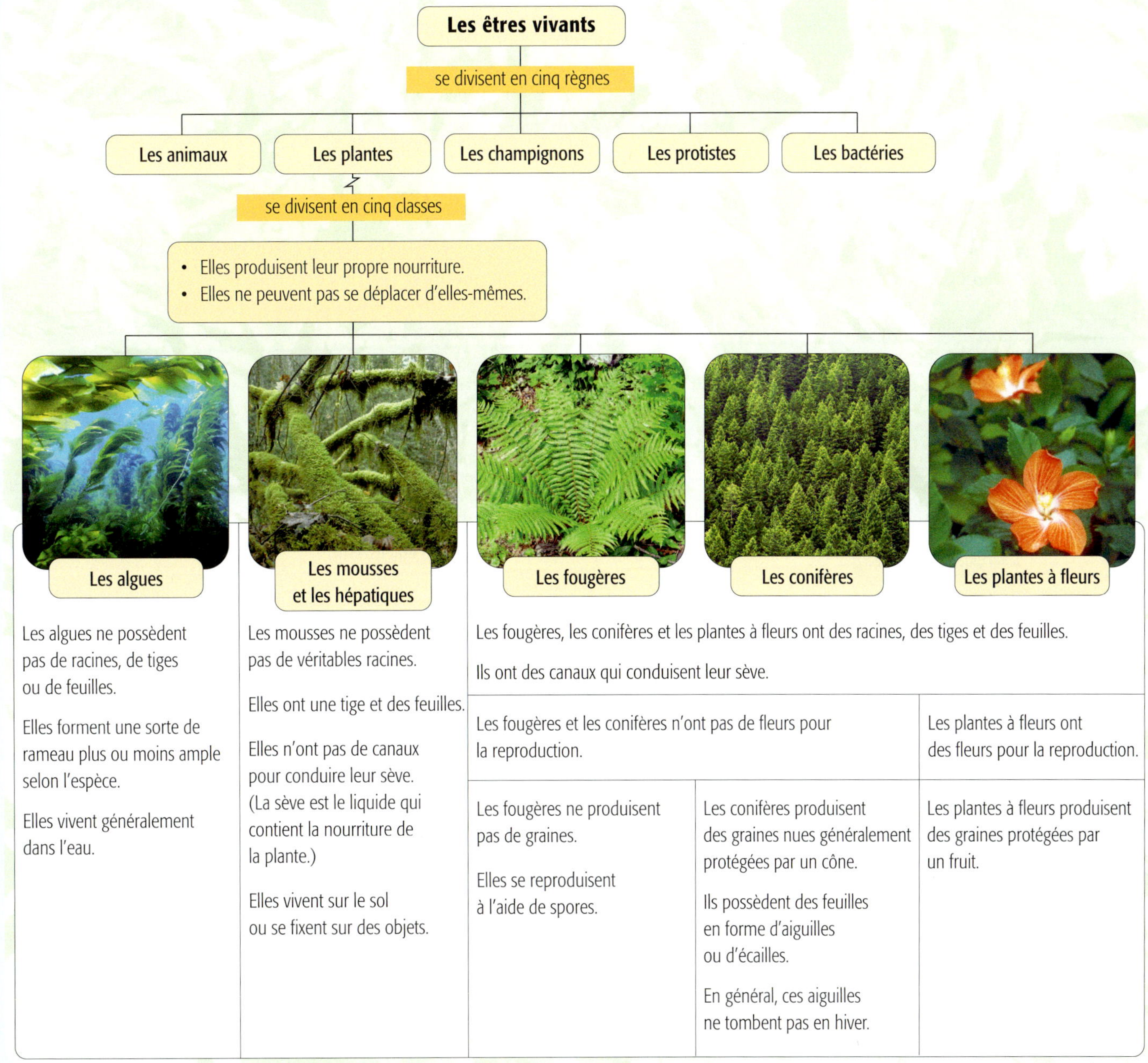

Figure 8 *Les cinq classes du règne végétal*

HISTOIRE SCIENTIFIQUE

La photocopie est une application des connaissances acquises sur l'énergie statique. Cette énergie produit de petits chocs, par exemple, lorsqu'on touche un objet après s'être frotté les pieds sur un tapis. **Chester F. Carlson** (1906-1968) était un avocat américain. En 1938, il mit au point le premier photocopieur. En 1938, il fallait une heure et même plus pour photocopier une feuille de papier. Cependant, les photocopies étaient considérées comme des documents précieux parce que les tribunaux les acceptaient comme des répliques exactes des documents originaux. Ce n'était pas le cas des documents reproduits à la main.

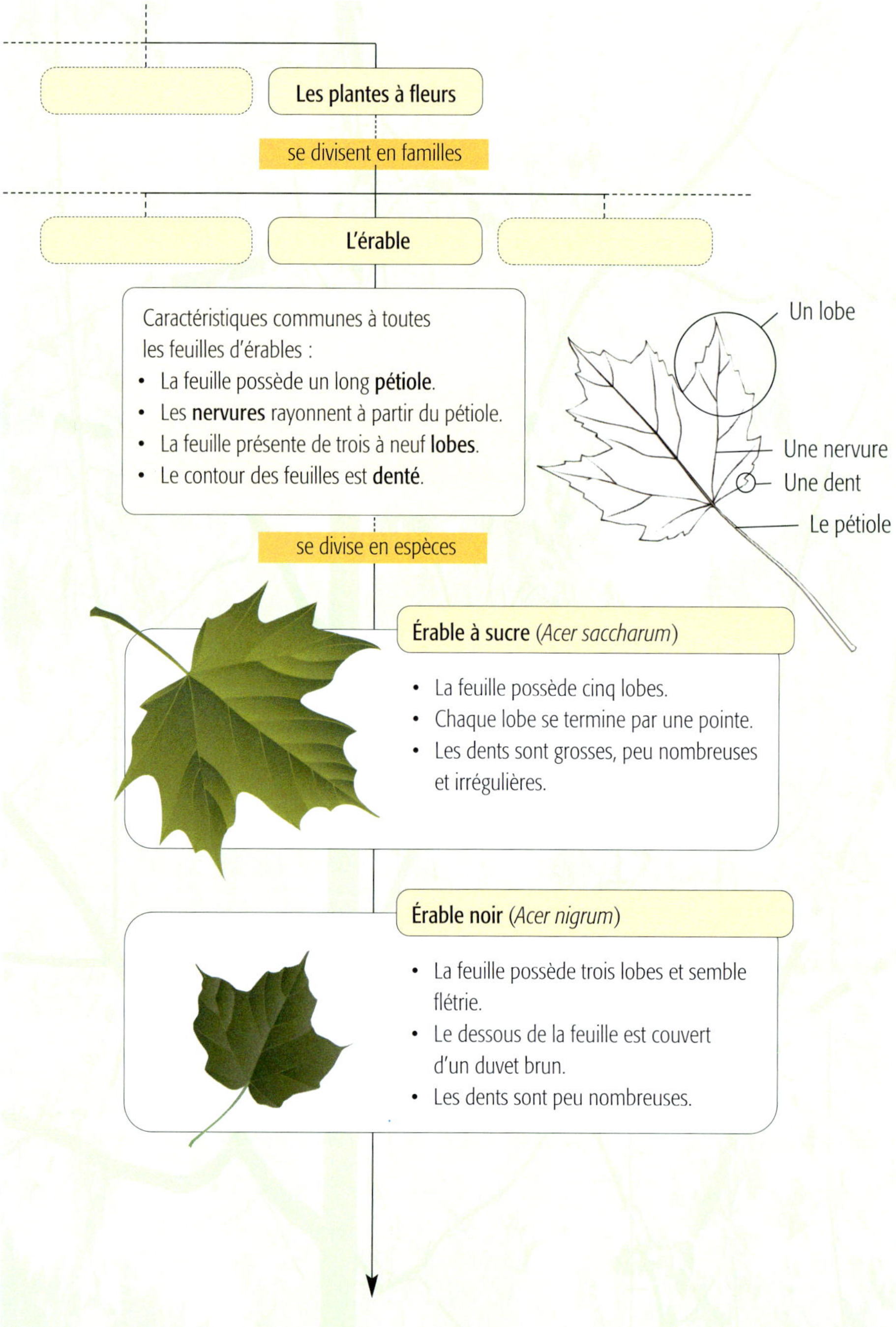

La famille de l'érable

À l'aide d'un exemple, tu verras comment **la taxonomie du vivant nous aide à comprendre les liens entre les espèces**. Dans la classe des plantes à fleurs, on trouve une famille bien connue au Québec, celle de l'érable. Il existe sept espèces d'érables dans notre province.

La figure 9 présente les feuilles des érables du Québec. Elle montre les caractéristiques communes de leurs feuilles. Celles-ci permettent de classer ces sept espèces d'arbres dans la même famille. Elle montre également les distinctions entre chaque feuille. Ces distinctions ont, entre autres, incité les scientifiques à considérer ces érables comme des espèces différentes.

Les plantes à fleurs

se divisent en familles

L'érable

Caractéristiques communes à toutes les feuilles d'érables :
- La feuille possède un long **pétiole**.
- Les **nervures** rayonnent à partir du pétiole.
- La feuille présente de trois à neuf **lobes**.
- Le contour des feuilles est **denté**.

Un lobe
Une nervure
Une dent
Le pétiole

se divise en espèces

Érable à sucre (*Acer saccharum*)
- La feuille possède cinq lobes.
- Chaque lobe se termine par une pointe.
- Les dents sont grosses, peu nombreuses et irrégulières.

Érable noir (*Acer nigrum*)
- La feuille possède trois lobes et semble flétrie.
- Le dessous de la feuille est couvert d'un duvet brun.
- Les dents sont peu nombreuses.

Érable rouge (*Acer rubrum*)
- La feuille possède de trois à cinq lobes peu découpés.
- Les dents sont petites, nombreuses et irrégulières.

Érable argenté (*Acer saccharinum*)
- La feuille possède de cinq à sept lobes profondément découpés.
- Le dessous de la feuille est argenté.
- Les dents sont grosses et irrégulières.

Érable à épis (*Acer spicatum*)
- La feuille possède trois lobes peu découpés.
- Les dents sont irrégulières.

Érable négondo ou érable à Giguère (*Acer negundo*)
- La feuille est découpée en trois à sept folioles.
- Les dents des folioles sont irrégulières.

Érable de Pennsylvanie (*Acer pensylvanicum*)
- La feuille est très grande.
- La feuille possède trois lobes peu découpés.
- Chaque lobe se termine par une pointe.
- Les dents sont petites et régulières.

Figure 9 *Les feuilles des sept espèces d'érables du Québec*

HISTOIRE SCIENTIFIQUE

Le Jardin botanique de Montréal est né du rêve d'un homme à la fois religieux et scientifique, le **frère Marie-Victorin** (1885-1944). Ce passionné de la nature a fondé l'Institut botanique de l'Université de Montréal en 1920. À cette époque, il rêvait déjà de doter Montréal d'un grand jardin botanique. En 1925, le frère Marie-Victorin annonce publiquement son intention de créer un jardin botanique. Après six années de démarches auprès des milieux politiques et scientifiques, le projet se concrétise enfin sur le site d'un ancien dépotoir.

Le règne animal

Les êtres vivants du règne animal peuvent être partagés en 2 groupes : les invertébrés (qui comptent 35 classes) et les vertébrés (qui comptent 12 classes). La figure 10 présente les classes du règne animal les plus connues.

Les vertébrés (Ils possèdent un squelette.)

Les animaux à sang froid (La température de leur corps change selon celle du milieu.)

Les animaux à sang chaud (La température de leur corps est toujours la même, peu importe celle du milieu.)

Les poissons
- Ils possèdent des écailles ou une peau lisse.
- Ils sont exclusivement aquatiques (ils respirent dans l'eau).

Les oiseaux
- Ils pondent des œufs (ovipares).
- Ils possèdent des plumes.
- Ils sont exclusivement terrestres.

Les amphibiens
- Ils pondent des œufs (ovipares).
- Ils possèdent une peau lisse (sauf les crapauds).
- Ils sont aquatiques et terrestres (ils respirent dans l'eau et hors de l'eau).

Les mammifères
- Ils mettent au monde des petits déjà développés (vivipares).
- Ils allaitent leurs petits.
- Ils possèdent des poils.
- Ils sont terrestres ou aquatiques (ils respirent hors de l'eau).

Les reptiles
- Ils pondent des œufs (ovipares) ou produisent des œufs qui écloront dans le corps de la femelle (ovovivipares).
- Ils possèdent des écailles ou une carapace.
- Ils sont aquatiques ou terrestres (ils respirent seulement hors de l'eau).

Figure 10 *Une classification simplifiée du règne animal*

Je vérifie ce que j'ai retenu

1. Pourquoi y a-t-il autant de diversité chez les êtres vivants ?
2. Nomme trois critères qui permettent de déterminer si deux individus appartiennent ou non à la même espèce.
3. Le cheval et le zèbre appartiennent-ils à la même espèce ? Explique ta réponse.
4. a) Quel est le nom scientifique de l'être humain ?
   b) À quelle famille appartient l'être humain ?
   c) À quelle classe appartient-il ?
   d) À quel règne ?
5. Pourquoi est-il utile de classer les êtres vivants selon une taxonomie ? Nomme au moins deux raisons.
6. Tu fais partie d'un groupe de recherche qui doit examiner une nouvelle espèce d'insecte récemment découverte. Que dois-tu examiner afin de la classer correctement ?
7. Imagine qu'une espèce d'érable inconnue pousse derrière ta maison. À quoi pourraient ressembler les feuilles de cette nouvelle espèce d'érable ?
8. Explique ce qui différencie un animal à sang chaud d'un animal à sang froid.

L'habitat : dis-moi qui tu es et je te dirai où tu habites

Tu as vu qu'il existe un très grand nombre d'espèces différentes. Chaque espèce ne peut survivre que dans un milieu auquel elle est adaptée. **Le milieu où vit une espèce particulière se nomme un habitat.** Plusieurs espèces différentes peuvent partager le même habitat.

Le quartier où tu habites constitue ton habitat. C'est là que tu trouves une maison pour t'abriter et des magasins pour t'approvisionner. Il y a aussi des endroits pour te divertir ainsi qu'une école pour acquérir de nouvelles connaissances. C'est également dans ton habitat que vivent tes camarades.

De la même façon, les animaux vivent dans un habitat qui répond à leurs besoins. Pour survivre, ils ont besoin :

- de rencontrer d'autres animaux de la même espèce pour se reproduire ;
- d'un abri ;
- d'eau et de nourriture ;
- d'un climat auquel ils sont adaptés.

Le tableau 1 décrit le castor et son habitat. Cet animal présente des caractères physiques et des comportements qui lui permettent de survivre dans un habitat humide.

FLASH... FLASH... FLASH...

Contrairement aux zoos traditionnels, il n'y a pas de cages pour les animaux au Centre de conservation de la biodiversité boréale (CCBB), situé au Lac-Saint-Jean. Ce sont les visiteuses et les visiteurs qui parcourent, à bord de véhicules grillagées, les différents habitats. Ces habitats reproduisent les régions boréales et arctiques du Québec.

Tableau 1 *Le castor du Canada et son habitat*

L'habitat du castor
Le castor du Canada (*Castor canadensis*) habite les terres humides et les lacs de toute l'Amérique du Nord.

Le comportement du castor
Ce rongeur bâtit des huttes de branchages et de boue. Les castors construisent d'abord l'intérieur de leur hutte, puis l'extérieur. Tous les adultes participent à la construction. La hutte comporte une couche d'argile qui protège les castors contre les rigueurs de l'hiver et les prédateurs.
Le castor construit aussi des barrages longs d'une trentaine de mètres ou plus. Ces barrages lui garantissent un niveau d'eau suffisant pour cacher l'entrée de sa demeure.

Les adaptations physiques du castor
Son corps est adapté à la vie aquatique.
Il possède :
- une large queue aplatie ;
- une épaisse fourrure huilée ;
- des pattes postérieures palmées.

Avec ses longues dents avant, appelées incisives, le castor coupe les arbres. Il se nourrit des feuilles et de l'écorce des branches. Il utilise le reste de l'arbre pour construire sa hutte et son barrage ou pour les réparer.

Les adaptations

Les espèces doivent être adaptées à leur habitat. Les individus d'une espèce doivent se protéger de la chaleur et du froid, se déplacer, se nourrir, communiquer et se reproduire dans cet habitat. Ils présentent donc des adaptations physiques et des comportements qui leur permettent de faire toutes ces choses.

Les adaptations liées au climat

Figure 11 *La vallée de la rivière Korok, dans le Nunavik. À l'arrière-plan, les monts Torngat.*

Observe la figure 11. Elle montre un paysage du Grand Nord québécois. Quelles adaptations peut présenter un mammifère qui vit dans cet habitat ? Il aura sans doute besoin d'une épaisse fourrure pour se protéger du froid. Cette fourrure pourrait changer de couleur en fonction des saisons. Cela permettrait à l'animal de se camoufler.

a) Le renard roux

b) Le renard arctique

Figure 12 *Les différences physiques entre le renard roux et le renard arctique*

Compare le renard roux, qui vit plus au sud, avec le renard arctique, qui vit dans le Grand Nord (*voir la figure 12*). Tu vois que la couleur et l'épaisseur de la fourrure ne sont pas la seule adaptation physique qui permet au renard arctique de survivre dans son habitat. Le renard arctique a des oreilles plus rondes et plus courtes que son cousin, le renard roux. Sa queue est plus courte. Son corps plus trapu expose à l'air une plus petite surface ; ainsi, cet animal perd moins de chaleur.

Les adaptations liées aux déplacements

Chaque espèce animale a sa propre façon de se déplacer. Certaines espèces courent, d'autres volent, planent, sautent, rampent ou nagent. **La façon dont les animaux se déplacent est adaptée à l'habitat dans lequel ils vivent.** Le tableau 2 donne des exemples d'adaptations relatives aux modes de déplacement.

Tableau 2 *Les adaptations de quelques espèces liées aux modes de déplacement*

Espèce	Adaptations	Habitat
La scuddérie à ailes oblongues	La scuddérie a de grandes pattes en forme de V. Cela permet à l'insecte de faire de grands bonds d'un arbuste à l'autre.	Cette sauterelle vit dans les arbres et les arbustes des forêts de feuillus et des jardins.
Le doré jaune	Les nageoires du doré lui permettent de se déplacer dans l'eau. Son corps allongé est conçu pour se déplacer dans l'eau avec peu de résistance.	Ce poisson vit dans les eaux froides et claires des lacs et des rivières. L'été, il cherche la fraîcheur dans les rapides. La nuit, il se déplace plus en profondeur en quête des poissons dont il se nourrit.
Le ouaouaron	Cet amphibien possède des pattes en V qui lui permettent de faire de grands bonds sur le sol. Il nage grâce à ses pattes palmées.	Le ouaouaron vit dans les lacs et les étangs où il y a assez de végétation pour l'abriter.
La couleuvre verte	La couleuvre ne possède pas de pattes. Elle avance en ondulant sur le sol.	Elle vit dans les espaces où les plantes offrent un bon abri, par exemple les champs.
Le pluvier semi-palmé	Ce petit oiseau peut voler, mais il parcourt les rivages avec ses longues pattes. Il peut se déplacer rapidement dans l'eau peu profonde ou sur le sol, malgré les obstacles.	Il fréquente les rivages des lacs, des fleuves et de la mer.
L'écureuil roux	L'écureuil roux utilise ses pattes un peu comme des mains. Elles lui permettent de tenir les graines dont il se nourrit. Ses pattes se terminent par de petites griffes. Celles-ci lui assurent une bonne prise quand il se déplace dans les arbres.	Il habite les forêts de conifères et de feuillus.

Les adaptations liées à l'alimentation

Dans la nature, les animaux consacrent beaucoup de temps à la recherche de nourriture. **Chaque espèce animale présente des adaptations physiques qui lui permettent de se nourrir.** Prenons deux exemples : les mammifères et les oiseaux.

La mâchoire de chaque espèce de mammifères est adaptée au régime alimentaire de cette espèce. Il y a quatre types de dents : les incisives, les canines, les prémolaires et les molaires. Chaque type a un rôle particulier (*voir la figure 13*). Observe le tableau 3. Tu verras comment les dents de certains mammifères sont adaptées à leur régime alimentaire.

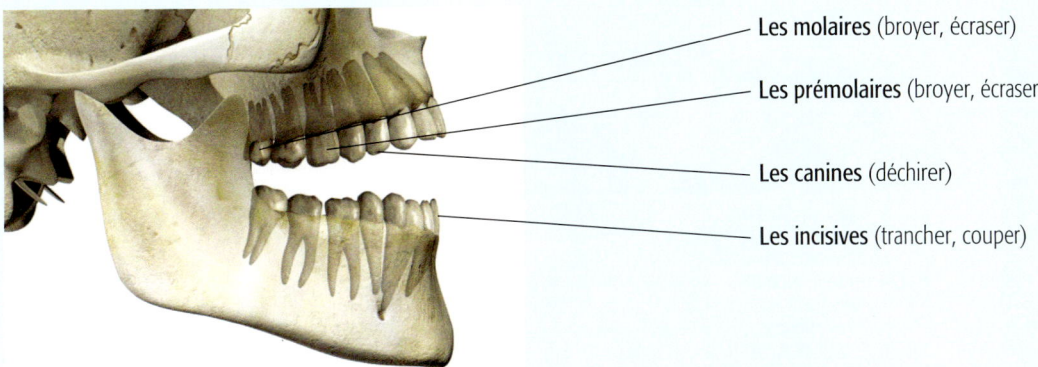

Les molaires (broyer, écraser)
Les prémolaires (broyer, écraser)
Les canines (déchirer)
Les incisives (trancher, couper)

Figure 13 *Les dents de l'être humain et leurs fonctions*

Tableau 3 *Les dents de quelques mammifères selon leur régime alimentaire*

	Chat	Cerf	Castor	Être humain
Mâchoire				
Types de dents	Les canines sont particulièrement développées.	Les molaires sont très développées. Le cerf est dépourvu de canines.	Les incisives sont très développées. Le castor est dépourvu de canines.	Les quatre types de dents sont présents. Aucun type n'est plus développé que les autres.
Régime alimentaire	Le chat est carnivore : il se nourrit de viande. Les canines servent à déchirer la viande.	Le cerf est herbivore (ruminant) : il se nourrit de végétaux, plus précisément de feuilles. Les molaires permettent d'écraser et de mâcher les feuilles.	Le castor est herbivore (rongeur) : il se nourrit de végétaux, plus précisément de l'écorce des petites branches des arbres. Les incisives permettent à l'animal de couper les arbres pour accéder à l'écorce des petites branches.	L'être humain est omnivore : il se nourrit de viande et de végétaux. Les dents de l'être humain sont adaptées à un régime varié.

Le tableau 4 montre comment les becs des oiseaux sont adaptés à leur alimentation.

Tableau 4 *Le bec de quelques oiseaux selon leur régime alimentaire*

Espèce	Adaptations du bec	Régime alimentaire
Le faucon pèlerin	Court, crochu et puissant	Carnivore Le bec sert à déchirer et à arracher la chair des animaux capturés.
Le cardinal	Court, large à la base et puissant	Herbivore granivore Le bec sert à briser les graines.
L'hirondelle bicolore	Court et fin	Carnivore insectivore Le bec sert à capturer les insectes.
Le corbeau	Long, gros et puissant	Omnivore Le bec sert à briser les graines, à cueillir de petits fruits ou à capturer des insectes ou de jeunes oiseaux dans leur nid.
Le colibri à gorge rubis	Allongé et fin	Herbivore Le bec permet à l'oiseau de boire le nectar (liquide sucré) au centre des fleurs.

Figure 14 *Le droséra est une plante carnivore.*

Les végétaux sont aussi adaptés à leur habitat afin d'y puiser leur nourriture. Par exemple, le droséra est une plante qui vit dans les tourbières (*voir la figure 14*). Le sol de cet habitat est pauvre en azote. Or cet élément nutritif est indispensable au droséra. La plante parvient à survivre parce que ses feuilles sont munies de tentacules gluants qui capturent les petits insectes qui se posent sur ses feuilles. Elle les digère pour en extraire l'azote dont elle a besoin. On dit qu'elle est carnivore.

Le tableau 5 montre les adaptations que présentent certaines plantes pour puiser de la nourriture dans différents habitats.

Tableau 5 *Les adaptations liées à l'alimentation de quelques plantes*

Plante	Adaptations
Les lichens	Les lichens sont constitués d'une algue et d'un champignon qui vivent en **symbiose**. Les algues fournissent de la nourriture aux champignons et ces derniers protègent les algues contre la sécheresse et les écarts de température.
La mousse	Cette espèce de mousse utilise le tronc de l'arbre pour capter un maximum de lumière, lui permettant ainsi de fabriquer sa nourriture grâce à la photosynthèse.
La fougère	Cette espèce **épiphyte** utilise aussi le tronc des arbres pour pouvoir s'élever et capter un maximum de lumière.
La jacinthe d'eau	La jacinthe d'eau vit sur les étangs. Ses racines ne se fixent pas dans le sol. Elles puisent les minéraux et l'eau directement dans l'étang.

Symbiose
Une association entre deux organismes vivants qui est profitable à chacun d'eux.

Plante épiphyte
Une plante qui pousse sur une autre plante sans lui nuire.

Les adaptations liées à la communication

La communication, comme l'alimentation et la respiration, est très importante. **Elle permet d'entrer en contact avec des individus de la même espèce ou d'autres espèces.** Les animaux ont besoin d'indiquer aux autres qu'ils cherchent un partenaire sexuel, qu'ils veulent défendre leur territoire ou qu'ils cherchent à protéger leurs petits. Le tableau 6 propose des exemples de communication chez les animaux.

Tableau 6 *Les moyens de communication et leurs buts*

Moyens de communication

Signaux visuels

	Les couleurs	Les gestes		La lumière
Exemples d'espèces	Les oiseaux mâles portent un plumage aux couleurs éclatantes. 	Les abeilles exécutent des mouvements (danse) dans la ruche. 	Le cerf de Virginie redresse la queue. 	La luciole émet de la lumière. 
Buts	Attirer les femelles.	Indiquer un endroit riche en fleurs.	Prévenir les autres cerfs d'un danger.	Attirer un partenaire sexuel.

Signaux olfactifs

	Les odeurs	
Exemples d'espèces	Le loup, le chien, l'orignal et le vison mettent de l'urine ou du musc (un liquide produit par une glande) sur les végétaux ou les pierres. 	La mouffette projette un liquide produit par ses glandes anales. 
Buts	Délimiter leur territoire.	Repousser un prédateur.

Signaux sonores

	Les cris, grognements et cliquetis	Les hurlements	Les chants	Les bruits
Exemples d'espèces	Le dauphin siffle.	Le coyote hurle. 	Les oiseaux chantent. 	Le castor frappe la surface de l'eau avec sa queue. 
Buts	Rester en contact avec les autres dauphins.	Rester en contact avec d'autres coyotes à de très grandes distances.	Marquer leur territoire. Attirer un partenaire sexuel.	Prévenir les autres castors d'un danger.

Les adaptations liées à la reproduction

Les plantes à fleurs présentent des adaptations physiques d'une grande beauté. Comme ces êtres vivants ne peuvent pas se déplacer pour se reproduire, ils utilisent parfois les insectes. Ces derniers transportent le pollen (qui contient les spermatozoïdes) d'une fleur vers le pistil (qui contient les ovules) d'une autre fleur (*voir la figure 29, à la page 244*). Dans la famille des orchidées, les façons d'attirer les insectes sont très variées (*voir le tableau 7*).

Tableau 7 *Les adaptations des fleurs de quatre espèces d'orchidées pour la reproduction*

| Le sabot de la vierge (*Cypripedium acaule*) est une orchidée du Québec. Lorsqu'un insecte se pose sur la fleur, il doit se glisser sous les étamines afin d'atteindre le nectar. Son corps se couvre alors de pollen, qu'il transporte ensuite sur une autre fleur. | L'orchidée *Orphrys apifera* se reproduit uniquement par l'intermédiaire de certaines espèces d'abeilles sauvages. Ses fleurs possèdent une forte ressemblance avec les abeilles femelles. Les abeilles mâles, trompées, passent de fleur en fleur et assurent la dispersion du pollen. | Certaines orchidées, comme l'*Angraecum sesquipedale*, présentent un éperon au fond duquel se trouve le nectar. Seuls les papillons dont la trompe est assez longue peuvent atteindre ce nectar et, en même temps, polliniser la fleur. | Le *Bulbophyllum patens* est une orchidée qui attire les mouches en imitant l'apparence et l'odeur de la viande en décomposition. |

Je vérifie ce que j'ai retenu

1. Nomme deux adaptations physiques ou comportementales du renard arctique au climat du Grand Nord québécois.

2. Une espèce de chèvre a sous ses pattes des coussinets qui adhèrent à la paroi des rochers. Est-ce une adaptation liée au climat, aux déplacements ou à la communication ?

3. On te remet le crâne d'un animal inconnu. Tu remarques qu'il y a des incisives seulement sur la mâchoire du bas et que les canines sont absentes. Par contre, les prémolaires et les molaires sont très larges et plates. À ton avis, quel était le régime alimentaire de cet animal ?

4. *a)* Comment un oiseau mâle peut-il signaler à une femelle qu'il est prêt à se reproduire avec elle ?

    b) Comment une meute de loups peut-elle indiquer à une autre meute de loups les limites de son territoire ?

    c) Comment une abeille peut-elle indiquer aux autres abeilles de sa ruche où trouver de la nourriture ?

5. Décris les adaptations physiques de quatre espèces d'orchidées pour attirer les insectes.

Les niches écologiques : à chacun sa place

La niche écologique représente l'ensemble des conditions permettant le développement et la survie d'une espèce. **La niche écologique inclut à la fois l'endroit où vit une espèce (c'est-à-dire son habitat), son régime alimentaire et sa période d'activité.** En effet, les espèces entretiennent diverses interrelations avec leur milieu. Ces interrelations représentent leur rôle dans la niche écologique. Dans un écosystème tel que la forêt, plusieurs espèces partagent le même habitat. Cependant, chacune possède une niche écologique différente parce que sa période d'activité ou sa place dans le réseau alimentaire est spécifique. Cette répartition assure l'équilibre d'un écosystème, car elle permet le partage des ressources alimentaires et de l'espace. Par exemple, si tu observes les espèces qui vivent dans une forêt, tu constateras que certaines vivent le jour et d'autres, la nuit. Certaines espèces habitent sur le sol, alors que d'autres habitent sous terre ou dans les arbres. Certaines espèces sont **herbivores** et d'autres sont **carnivores** ou **nécrophages**.

Herbivore
Qui se nourrit de végétaux.

Carnivore
Qui se nourrit d'animaux.

Nécrophage
Qui se nourrit d'animaux morts.

Le rôle des espèces dans les chaînes alimentaires

Chaque espèce fait partie d'une chaîne alimentaire. Cette dernière illustre **comment l'énergie circule d'un organisme à l'autre**. Les plantes grandissent en utilisant l'énergie du soleil pour fabriquer et stocker leur nourriture. Ensuite, cette énergie est emmagasinée, par exemple dans un bœuf lorsqu'il mange des plantes. L'être humain mange à son tour ce bœuf et absorbe son énergie. La figure 15 montre d'autres exemples de chaînes alimentaires. Les flèches indiquent la direction du transfert d'énergie.

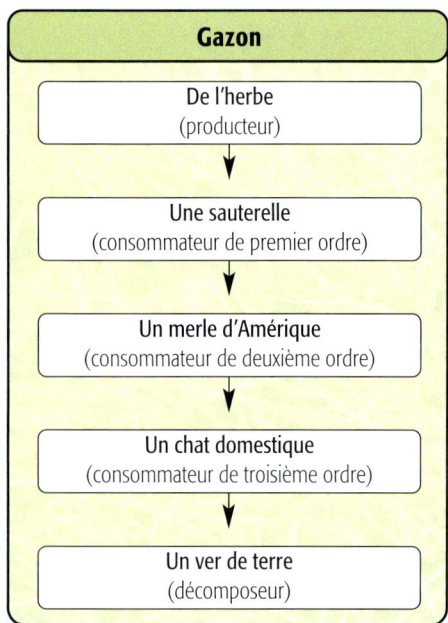
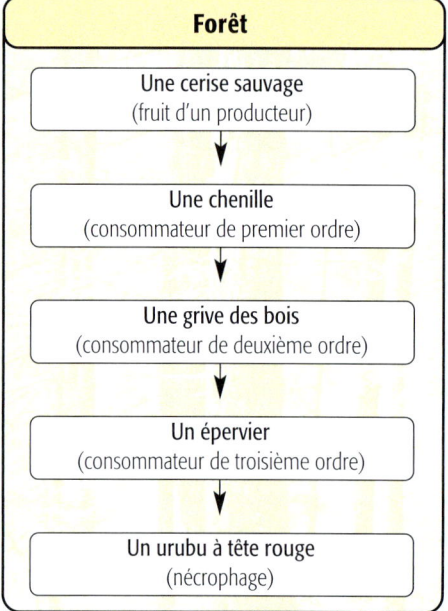
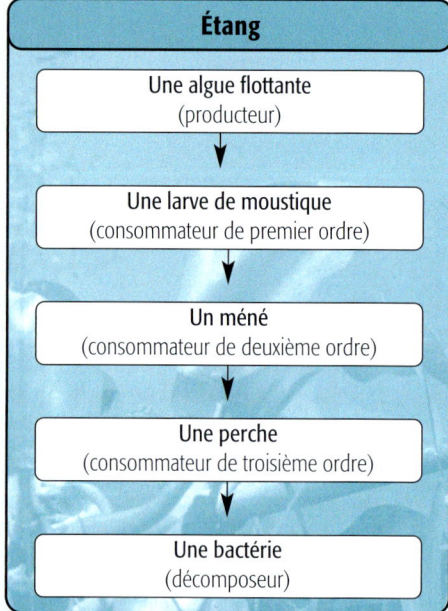

Figure 15 *Quelques chaînes alimentaires*

Les producteurs : la première place

Les chaînes alimentaires de la figure 15 montrent que **les plantes sont à la base des transferts d'énergie**. Les plantes sont des **producteurs**. Elles fabriquent de la nourriture à partir de l'énergie du soleil, de l'eau et du gaz carbonique. Ce processus se nomme « photosynthèse ». Grâce à la photosynthèse, les producteurs rendent la vie possible pour les autres organismes. Tu en apprendras davantage sur la photosynthèse dans la section 3, à la page 284.

Les consommateurs : la deuxième place

Les animaux sont des **consommateurs**. On les appelle ainsi parce qu'**ils absorbent la nourriture fabriquée par les producteurs**.

Les décomposeurs : les as du recyclage

Lorsque les plantes et les animaux meurent, leurs débris ou leurs cadavres sont pris en charge par les décomposeurs. Ceux-ci les transforment en petites particules. Sous cette forme, des substances de base comme le carbone, l'azote et les minéraux sont à nouveau disponibles pour les producteurs. Les décomposeurs jouent donc un rôle indispensable en recyclant les déchets.

Le tableau 8 montre la place qu'occupent différentes espèces dans la chaîne alimentaire. Par exemple, les consommateurs herbivores mangent les producteurs. Ensuite, les herbivores sont dévorés par les carnivores. Ces derniers sont à leur tour recyclés par les décomposeurs.

▲ *Un urubu à tête rouge, espèce de vautour présente au Québec*

Tableau 8 *La place de différents types d'organismes dans la chaîne alimentaire*

Types d'organismes	Place dans la chaîne alimentaire	Exemples
Les producteurs	Ils produisent la matière organique par la photosynthèse.	Les végétaux, le phytoplancton
Les consommateurs		
Les consommateurs de premier ordre (les herbivores)	Ils se nourrissent de producteurs.	La sauterelle, l'écureuil, le lièvre
Les consommateurs de deuxième ordre (les carnivores)	Ils se nourrissent presque exclusivement de consommateurs de premier ordre.	La grenouille, la belette, le renard
Les consommateurs de troisième ordre (les carnivores)	Ils se nourrissent presque exclusivement de consommateurs de deuxième ordre.	La couleuvre, le hibou, le loup
Les omnivores	Ils se nourrissent de producteurs et de consommateurs des premier, deuxième et troisième ordres.	L'être humain, l'ours
Les nécrophages	Ils se nourrissent de cadavres de consommateurs.	La mouche, la corneille, l'urubu à tête rouge
Les décomposeurs	Ils recyclent la matière morte en matière organique.	Les champignons, des bactéries, des protistes et des animaux (vers de terre, insectes)

Figure 16 *La paruline à croupion jaune*

La niche écologique : plus qu'un rôle alimentaire

Chaque espèce joue un rôle particulier dans son habitat. Tu peux facilement imaginer que si tous les consommateurs étaient des herbivores, les producteurs viendraient à disparaître. Cependant, **la niche écologique comprend aussi la manière dont une espèce partage l'espace, cherche sa nourriture et construit son abri.**

Ainsi, dans un habitat, des espèces différentes peuvent jouer le même rôle, par exemple celui de consommateur carnivore. Mais comme les individus ne s'alimentent pas au même endroit, au même moment ni de la même façon, un équilibre s'établit dans l'habitat.

Le tableau 9 présente les niches écologiques d'une famille de petits oiseaux appelés parulines (*voir la figure 16*). Ces oiseaux habitent le sud du Québec. Ils partagent le même habitat : la forêt. De plus, ces oiseaux sont tous des consommateurs insectivores, donc des carnivores.

Tableau 9 *Quelques caractéristiques des niches écologiques des parulines*

Espèce	Niche écologique	
	Alimentation	**Nid**
Paruline obscure (*Vermivora peregrina*)	Insectes, araignées et fruits	Au sol
Paruline rayée (*Dendroica striata*)	Insectes, araignées, graines et baies	Dans une épinette
Paruline à tête cendrée (*Dendroica magnolia*)	Insectes et araignées. L'oiseau se nourrit dans les arbres, à une hauteur de basse à moyenne.	Sur des branches d'arbre
Paruline à croupion jaune (*Dendroica coronata*)	Insectes et baies	Dans un conifère, à une hauteur de 1,5 m à 15 m
Paruline à gorge noire (*Dendroica virens*)	Insectes et baies. L'oiseau se nourrit dans les arbres, à une hauteur de moyenne à élevée.	En haut d'un conifère
Paruline tigrée (*Dendroica tigrina*)	Insectes	Dans un sapin ou une épinette
Paruline bleue (*Dendroica caerulescens*)	Insectes, graines et fruits	Au bas d'un conifère
Paruline à poitrine baie (*Dendroica castanea*)	Insectes sur des feuilles	Dans un conifère
Paruline noir et blanc (*Mniotilta varia*)	Insectes sous l'écorce	Au pied d'un arbre
Paruline flamboyante (*Setophaga ruticilla*)	Insectes souvent attrapés au vol	Dans la fourche d'un petit arbre

Une population : des individus d'une même espèce

Tous les individus d'une même espèce partageant le même habitat au même moment constituent une population. Un habitat tel qu'une forêt peut contenir plusieurs populations. On peut par exemple y trouver une population de cerfs de Virginie, une population d'ours noirs et une population de loups. On y verra aussi différentes populations d'oiseaux, de reptiles et d'insectes, sans compter les diverses populations végétales. Toutes ces populations sont en relation les unes avec les autres.

Je vérifie ce que j'ai retenu

1. *a)* Quelle différence y a-t-il entre un habitat et une niche écologique ?
   b) Décris ton habitat et ta niche écologique.
2. Explique ce qu'est une chaîne alimentaire.
3. *a)* Quel est le rôle des producteurs ?
   b) Quel est le rôle des consommateurs ?
   c) Quel est le rôle des décomposeurs ?
4. Indique si chaque espèce suivante est un producteur, un consommateur ou un décomposeur.
   a) un rosier *c)* un renard *e)* un champignon
   b) une souris *d)* un orignal *f)* un être humain

L'évolution : pour s'adapter aux changements

Les biologistes supposent que les êtres vivants actuels sont tous issus d'une forme de vie primitive, apparue sur Terre il y a environ quatre milliards d'années. L'évolution, c'est l'ensemble des transformations subies par cette forme de vie primitive au fil des générations.

La sélection naturelle

La sélection naturelle est une théorie élaborée par Charles Darwin pour expliquer l'évolution des espèces. Selon cette théorie, les individus qui présentent les caractères physiques et les comportements les mieux adaptés à leur habitat ont plus de chances de se reproduire et de transmettre leurs caractéristiques.

L'histoire suivante est un exemple de sélection naturelle. Il existe en Angleterre un petit papillon de nuit appelé phalène du bouleau. Le jour, cet insecte se pose sur les troncs des bouleaux pour dormir. Comme le montre la figure 17, sa couleur claire, qui s'harmonise avec celle du bouleau, le rend presque invisible. Ce camouflage est très efficace. Il évite à la phalène de se faire repérer et manger par les oiseaux.

Cependant, il naît de temps en temps une phalène de couleur noire. Imagine une de ces phalènes noires sur le tronc d'un bouleau. C'est une véritable aubaine pour un oiseau ! Cette phalène a donc peu de chances de survivre et de se reproduire.

Imagine maintenant une ville très polluée où les troncs des arbres sont noircis par la fumée des usines. Cette fois, c'est la phalène noire qui passe inaperçue. Les phalènes de couleur claire sont rapidement dévorées par les oiseaux. Après quelque temps, presque toutes les phalènes seront noires, car ce sont les seules à survivre et à se reproduire.

Ainsi, la variante claire de la phalène du bouleau est mieux adaptée à la campagne, tandis que la variété foncée est mieux adaptée à la proximité des usines. Seuls les individus bien adaptés à leur habitat survivent et se reproduisent. C'est le principe de la sélection naturelle.

HISTOIRE SCIENTIFIQUE

Charles Robert Darwin est né le 12 février 1809, en Angleterre. Très jeune, il chasse, pêche et collectionne les insectes, les roches et les plantes. En 1831, à l'âge de 22 ans, Darwin obtient son diplôme de naturaliste et reçoit une invitation pour une expédition autour du monde. Il part à bord du *Beagle*, un navire d'exploration scientifique. Ce voyage de cinq ans sera très profitable à la science. C'est pendant son séjour aux îles Galapagos que Darwin commence à élaborer sa théorie sur la sélection naturelle.

Figure 17 *Des phalènes du bouleau*

La mutation des gènes

Si l'on poursuit avec l'exemple de la phalène du bouleau, on peut se demander pourquoi des papillons de couleur noire sont apparus. En fait, une mutation est survenue dans le gène responsable de la couleur des ailes. Lorsqu'une mutation est présente dans les gamètes, elle peut se transmettre aux générations suivantes. Elle fait alors partie du patrimoine génétique des individus qui la reçoivent. Certaines mutations passent inaperçues, alors que d'autres apportent des changements bénéfiques ou nuisibles. **Les individus porteurs d'une mutation bénéfique sont ceux qui ont le plus de chances de survivre et, par conséquent, de transmettre à leurs descendants leur mutation génétique.** La théorie de la mutation génétique complète en quelque sorte la théorie de la sélections naturelle pour expliquer l'évolution des espèces.

Les chromosomes et les gènes : des porteurs de changements

Observe les élèves de ta classe. Tu vois que les filles et les garçons partagent toutes les caractéristiques physiques de l'espèce humaine. En effet, à moins d'avoir un handicap physique, les élèves possèdent tous deux bras et deux jambes. Ils ont la capacité de marcher, de parler, de penser et d'apprendre. En même temps, chaque personne est différente. La taille varie, tout comme la couleur des cheveux et des yeux.

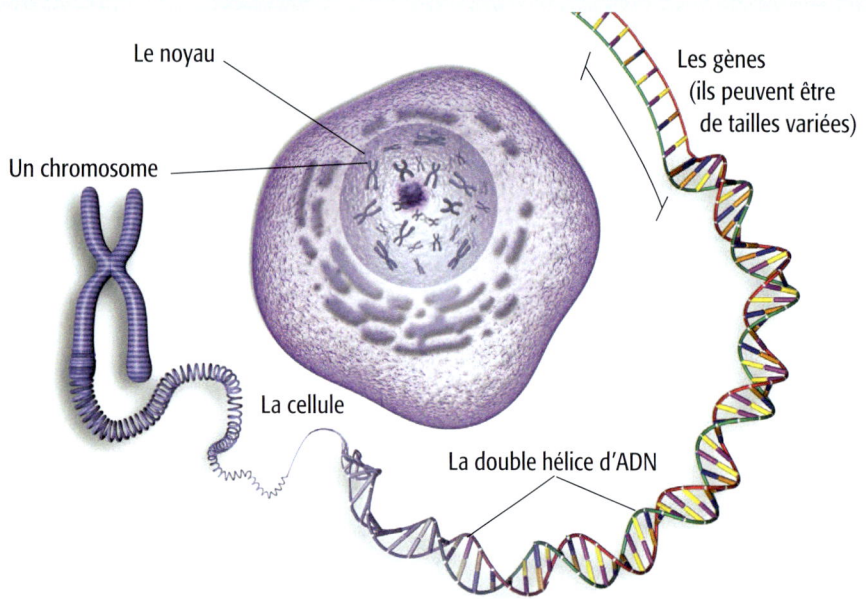

Ces ressemblances et ces différences sont des **caractères génétiques**. Ils sont transmis par les gènes présents dans les chromosomes. Dans la figure 18, tu vois que **les chromosomes sont présents dans le noyau des cellules des êtres vivants**. Nous reparlerons de la cellule dans la section 3, « Le maintien de la vie », à la page 276.

Figure 18 *Un chromosome ainsi que les gènes qui déterminent les caractéristiques d'un individu*

Un plan pour la vie

Les **chromosomes** contiennent tous les gènes qui permettent de bâtir un individu. Ils sont comme des balles de laine dont les fils déroulés et mis l'un à la suite de l'autre auraient environ 2 m de long. **Les gènes sont de petits segments que l'on trouve à des endroits précis sur les chromosomes. Ils déterminent les caractères particuliers d'une espèce.** Par exemple, il y a un ensemble de gènes pour la taille et un autre pour la couleur de la fourrure ou des plumes. Si on décrivait n'importe quel être vivant en énumérant ses caractéristiques, on trouverait un ensemble de gènes pour chaque caractéristique.

Des yeux bleus ou des yeux bruns?

Prenons l'exemple de deux parents humains et de leur enfant. Ce dernier a reçu des gènes de chacun de ses parents. Supposons que la mère a les yeux bleus et que le père a les yeux bruns. Si l'enfant reçoit de sa mère le gène des yeux bleus et qu'il reçoit de son père le gène des yeux bruns, de quelle couleur seront ses yeux? Ils seront bruns, parce que le gène des yeux bruns est dominant par rapport au gène des yeux bleus. En effet, ce sont les gènes dominants qui s'expriment et dont on voit le résultat.

Cet enfant pourra-t-il à son tour donner naissance à des enfants aux yeux bleus? Oui, c'est possible. Car il donnera à son enfant un de ses deux gènes: le brun ou le bleu. Il a donc une chance sur deux de donner le gène des yeux bleus. Si sa conjointe ou son conjoint donne également un gène des yeux bleus, leur enfant aura les yeux bleus (*voir la figure 19*).

Chaque individu possède deux exemplaires de chaque gène: un qui vient de sa mère et l'autre qui vient de son père. Si un de ces gènes est dominant, c'est celui-ci qui se manifestera chez cet individu. Mais l'autre gène est quand même présent (même s'il est caché), et il a autant de chances que l'autre d'être transmis à la prochaine génération.

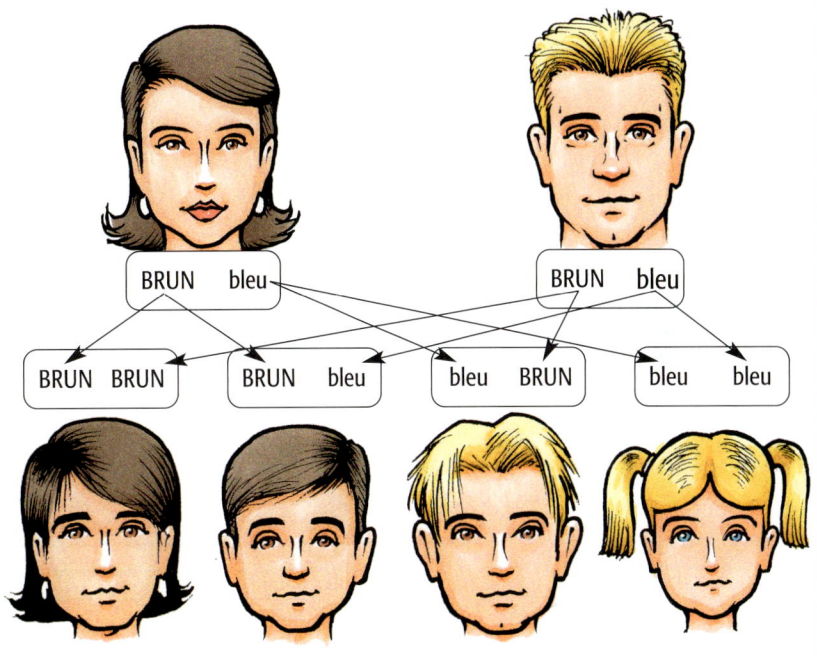

Figure 19 *Même si le gène des yeux bruns est dominant, deux parents aux yeux bruns peuvent donner naissance à un enfant aux yeux bleus.*

Je vérifie ce que j'ai retenu

1. Laquelle de ces deux affirmations s'applique aux théories de l'évolution?

   a) Les espèces évoluent parce que les adultes enseignent ce qu'ils ont appris à leurs petits.

   b) Les espèces évoluent parce que de nouvelles caractéristiques apparaissent chez des individus et parce que la sélection naturelle favorise la survie et la reproduction des individus les plus adaptés.

2. Il existe des phalènes du bouleau de couleur claire et des phalènes du bouleau de couleur foncée. Quel est l'avantage de cette variation de couleur pour cette espèce de papillon?

3. a) Quelle est la différence entre un chromosome et un gène?

   b) Dans quelle partie de la cellule se trouvent nos chromosomes et nos gènes?

4. Suppose que tu effectues un croisement entre un plant de pois jaunes et un plant de pois verts. Voici ce que tu obtiens: les trois quarts des jeunes plants sont des plants de pois jaunes et le quart sont des plants de pois verts. Que peux-tu en conclure?

SECTION 2
La reproduction des êtres vivants

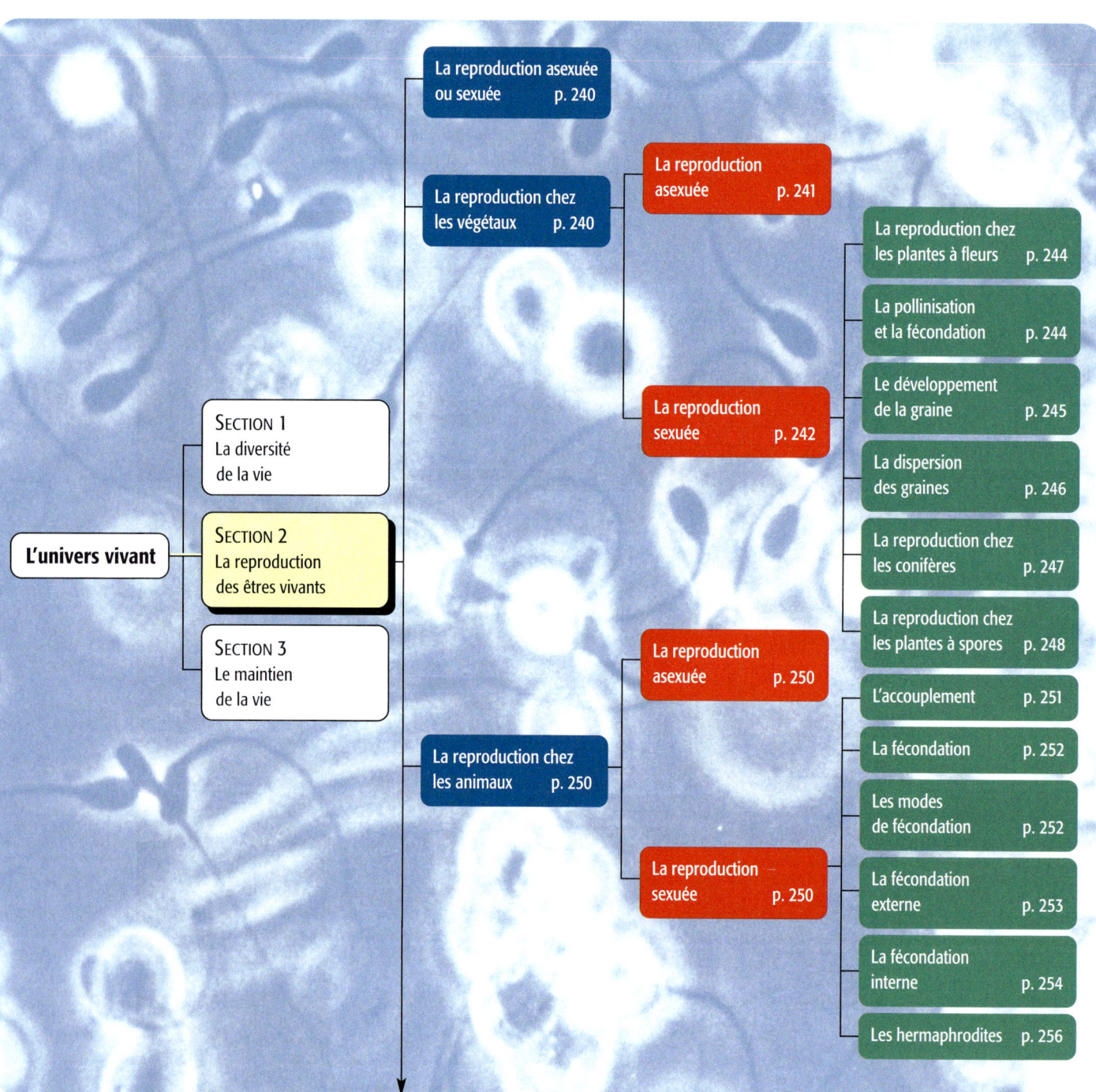

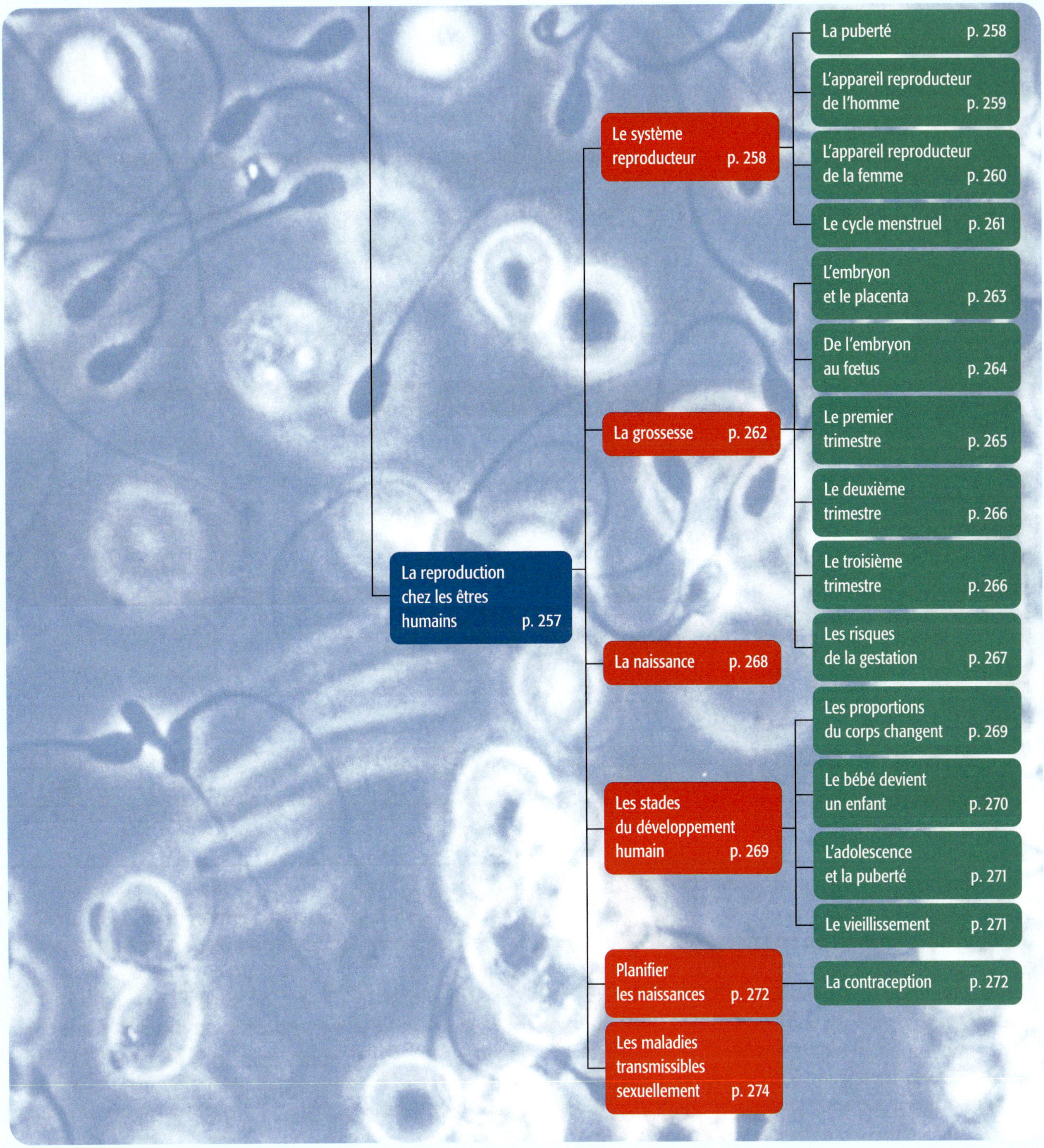

La reproduction chez les êtres humains p. 257

- **Le système reproducteur** p. 258
  - La puberté p. 258
  - L'appareil reproducteur de l'homme p. 259
  - L'appareil reproducteur de la femme p. 260
  - Le cycle menstruel p. 261

- **La grossesse** p. 262
  - L'embryon et le placenta p. 263
  - De l'embryon au fœtus p. 264
  - Le premier trimestre p. 265
  - Le deuxième trimestre p. 266
  - Le troisième trimestre p. 266
  - Les risques de la gestation p. 267

- **La naissance** p. 268

- **Les stades du développement humain** p. 269
  - Les proportions du corps changent p. 269
  - Le bébé devient un enfant p. 270
  - L'adolescence et la puberté p. 271
  - Le vieillissement p. 271

- **Planifier les naissances** p. 272
  - La contraception p. 272

- **Les maladies transmissibles sexuellement** p. 274

SECTION 2 — La reproduction des êtres vivants

Survol

La vie sur Terre existe depuis quatre milliards d'années. **C'est la reproduction qui permet la transmission de la vie depuis si longtemps.**

Dans cette section, tu verras d'abord que les espèces peuvent se reproduire de façon asexuée ou de façon sexuée. Ensuite, tu apprendras comment les végétaux et les animaux se reproduisent. Tu te familiariseras avec les organes permettant la reproduction et avec les stades de développement de différents organismes.

Ensuite, tu en apprendras davantage sur la reproduction humaine. Tu exploreras la grossesse et les stades de développement chez l'être humain. Ce dernier est le seul être vivant à pouvoir contrôler certains aspects de son mode de reproduction. Tu verras les différents moyens de contraception que notre espèce utilise pour contrôler les naissances. Les relations sexuelles comportent aussi des risques pour la santé. Tu examineras donc également les maladies transmissibles sexuellement (MTS).

La reproduction asexuée ou sexuée

La perpétuation des espèces est assurée par la reproduction. En effet, un individu a une espérance de vie relativement courte. Mais son espèce peut exister et évoluer pendant des milliers d'années si elle se reproduit avec succès.

Cependant, les manières de se reproduire sont très diverses. En fait, chaque espèce a son propre mode de reproduction. Certaines ont un mode de reproduction asexué, tandis que d'autres ont un mode de reproduction sexué.

La reproduction asexuée implique la participation d'un seul être vivant. Elle ne nécessite pas de parties femelle et mâle. Le résultat de ce mode de reproduction est la formation de rejetons identiques au parent. Ainsi, parent et rejetons possèdent le même bagage génétique, donc les mêmes caractéristiques physiques et comportementales. L'espèce peut cependant évoluer grâce à la mutation des gènes.

Dans la reproduction sexuée, la participation d'un parent mâle et d'un parent femelle est indispensable. Les rejetons présentent plusieurs ressemblances avec leurs parents, mais ils possèdent un bagage génétique distinct, composé d'un mélange unique de gènes des deux parents.

Figure 20 *Le lilas se reproduit à la fois de façon asexuée (nouvelles pousses à la base) et sexuée (fleurs).*

La reproduction chez les végétaux

Les plantes peuvent se reproduire de façon asexuée et sexuée. Lorsqu'on observe plusieurs nouvelles tiges à la base d'un arbre, par exemple un lilas adulte, il s'agit de reproduction asexuée. Au printemps, cet arbre produit aussi de nombreuses fleurs qui donneront des graines. C'est la reproduction sexuée. Le lilas se reproduit donc des deux façons (*voir la figure 20*).

La reproduction asexuée

Beaucoup d'espèces végétales ont la propriété de se multiplier à partir d'une partie d'elles-mêmes. Cette partie peut être une racine, une tige, ou même une feuille.

Les lentilles d'eau offrent un exemple de multiplication par une feuille. Ces plantes de petite taille (de 4 mm à 5 mm) flottent à la surface des étangs. Chaque lentille d'eau produit une feuille qui grossit, se détache et forme une nouvelle plante. Après quelques semaines, les lentilles d'eau peuvent recouvrir entièrement la surface de l'eau (*voir la figure 21*).

Figure 21 *Les lentilles d'eau se multiplient à l'aide de leurs feuilles.*

La figure 22 présente un exemple de reproduction asexuée à partir des tiges. C'est un des moyens de reproduction des fraisiers sauvages. À un moment donné, une tige de la plante touche le sol. Cette tige se met alors à produire des racines. Au bout d'un certain temps, une nouvelle tige et des feuilles apparaissent et forment un nouveau fraisier, génétiquement identique au premier.

Figure 22 *Les fraisiers peuvent se reproduire grâce à leurs tiges.*

Figure 23 *Le peuplier faux-tremble se reproduit aussi par les racines.*

La figure 23 donne un exemple de multiplication à partir des racines. Lorsque tu observes la figure, tu vois une forêt de peupliers faux-tremble. Pourtant, il n'y a qu'un seul individu. Des milliers de tiges ont formé cette forêt à partir des racines d'un seul arbre.

La reproduction sexuée

Dans le règne végétal, il existe trois modes de reproduction sexuée : la reproduction à l'aide de fleurs, la reproduction à l'aide de cônes et la reproduction à l'aide de spores.

La figure 24 reprend la classification du règne végétal en y ajoutant les modes de reproduction. Les conifères et les plantes à fleurs produisent des graines. Les fougères, les algues et les mousses produisent plutôt des spores.

Une **graine** comprend tout ce qui est nécessaire à la production d'une nouvelle plante. Elle contient d'abord une petite plante en développement, l'**embryon**. Elle comporte aussi une réserve de nourriture, le **cotylédon**, et une enveloppe protectrice, le **tégument** (*voir la figure 33, à la page 245*).

Figure 24 *Les modes de reproduction du règne végétal*

Les graines des conifères et des plantes à fleurs n'ont pas la même enveloppe. Pour cette raison, on les sépare en deux catégories : les gymnospermes et les angiospermes (*voir les figures 25 à 28*). Les conifères sont des **gymnospermes**, mot qui signifie « graine nue ». En effet, les graines des conifères ne sont protégées que par un tégument. Les plantes à fleurs sont des **angiospermes**, mot qui signifie « graine enveloppée ». Cette enveloppe peut être une cosse, comme pour les haricots. Elle peut aussi être une coque, comme pour les noix, ou de la pulpe, comme pour la pomme.

Figure 25 *Certaines angiospermes, comme les tournesols, produisent de grandes fleurs.*

Figure 26 *La gousse des pois est en fait un fruit. Ce fruit est constitué des restes de l'ovaire (les pois) et de la fleur (la cosse), parvenus à maturité.*

Figure 27 *À l'intérieur du cône, les graines des gymnospermes sont bien protégées. Mais lorsqu'elles tombent, leur enveloppe leur offre peu de protection.*

Figure 28 *Les fougères se reproduisent sans l'aide de graines. Elles se reproduisent plutôt grâce à des spores.*

La reproduction chez les plantes à fleurs

Plus de la moitié des espèces végétales connues appartiennent à la catégorie des angiospermes. Certaines de ces plantes produisent de grandes fleurs. D'autres, comme les herbes et plusieurs espèces d'arbres, produisent des fleurs minuscules. Mais toutes les fleurs contiennent les organes reproducteurs de la plante (*voir la figure 29*).

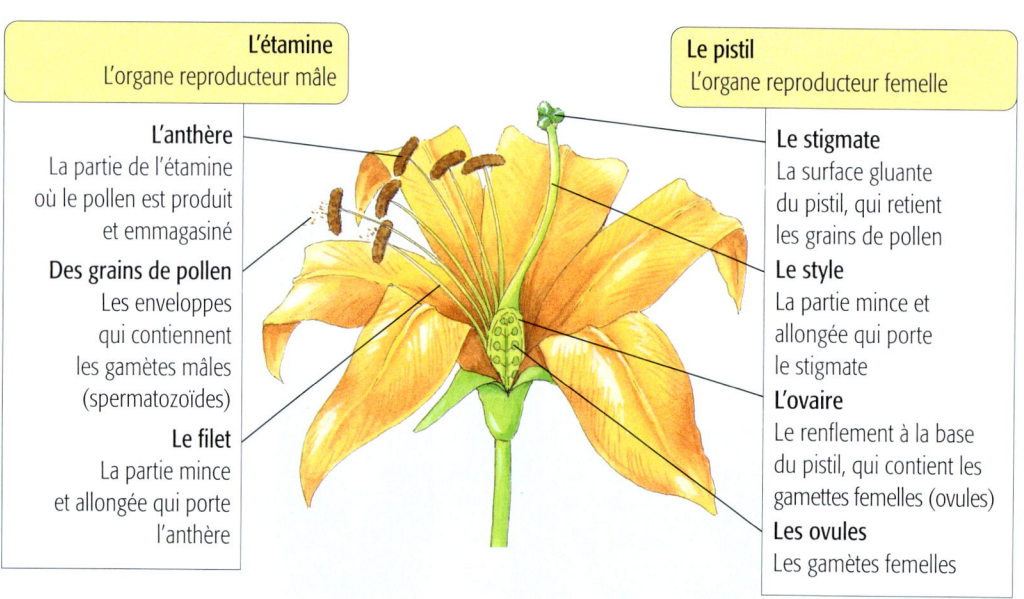

L'étamine
L'organe reproducteur mâle

L'anthère
La partie de l'étamine où le pollen est produit et emmagasiné

Des grains de pollen
Les enveloppes qui contiennent les gamètes mâles (spermatozoïdes)

Le filet
La partie mince et allongée qui porte l'anthère

Le pistil
L'organe reproducteur femelle

Le stigmate
La surface gluante du pistil, qui retient les grains de pollen

Le style
La partie mince et allongée qui porte le stigmate

L'ovaire
Le renflement à la base du pistil, qui contient les gamettes femelles (ovules)

Les ovules
Les gamètes femelles

Certaines fleurs portent seulement les organes reproducteurs mâles (l'étamine), d'autres seulement les organes reproducteurs femelles (le pistil). Souvent, une fleur porte à la fois les organes reproducteurs mâles et femelles.

Figure 29 *Le système reproducteur d'une angiosperme (plante à fleurs) typique*

La pollinisation et la fécondation

Les grains de pollen (*voir la figure 30*) sont produits par les anthères. Ils doivent entrer en contact avec le stigmate du pistil pour que la fleur soit fécondée et qu'elle produise des graines. Ce processus est appelé **pollinisation**. Dans le cas où le pollen entre en contact avec le pistil d'une même fleur, on parle d'**autopollinisation**. Cependant, chez la majorité des angiospermes, le pollen est transporté sur le pistil d'une autre fleur : c'est la **pollinisation croisée**. Les deux principaux agents responsables de la pollinisation croisée sont les insectes et le vent (*voir la figure 31*).

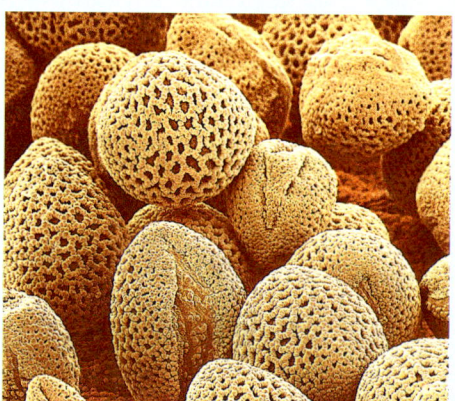

Figure 30 *Des grains de pollen grossis 300 fois*

Figure 31 *Le pollen colle aux insectes qui visitent les fleurs. C'est ainsi qu'il est transporté d'une fleur à l'autre.*

Après la pollinisation survient la fécondation. **Au cours de la fécondation, le gamète mâle et le gamète femelle s'unissent.** Le gamète mâle est un des spermatozoïdes contenus dans le grain de pollen et le gamète femelle est un des ovules de l'ovaire. Chaque gamète contient un seul gène pour chaque caractéristique physique de la plante dont il provient (*voir la page 236*). L'union des deux gamètes forme la première cellule ayant un bagage génétique complet. On l'appelle le **zygote**. La figure 32 présente les étapes de la fécondation des angiospermes.

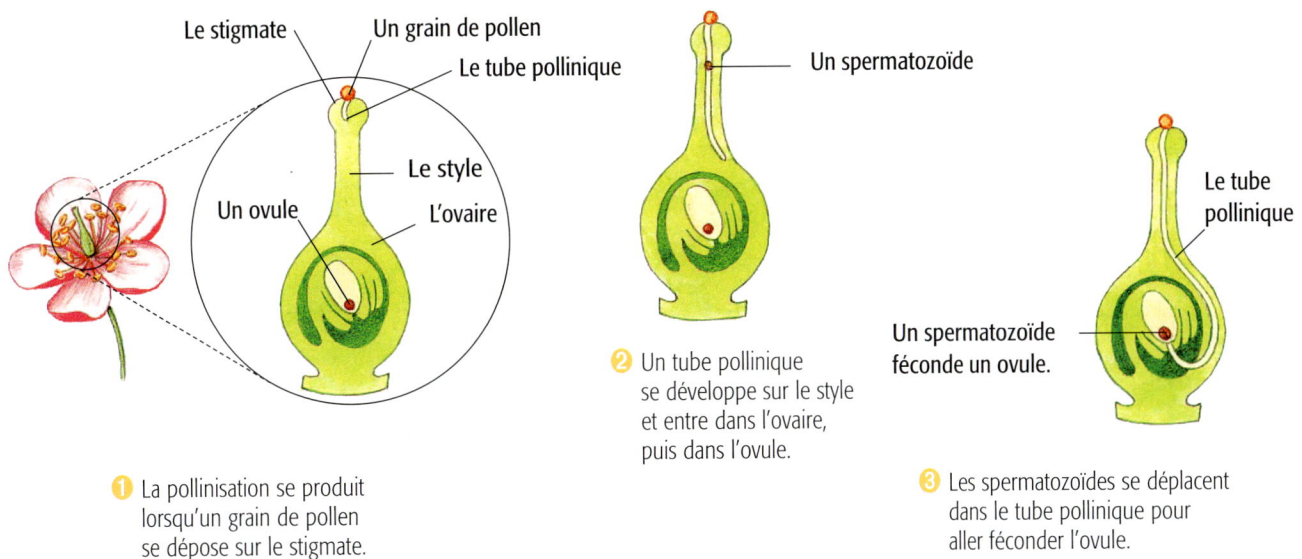

Figure 32 *Les étapes de la fécondation des plantes à fleurs*

Le développement de la graine

Lorsque le gamète mâle (ou spermatozoïde) pénètre dans l'ovule, il y a formation d'un zygote. C'est le point de départ du développement de la graine.

Cette première cellule se divise plusieurs fois. Les cellules commencent ensuite à se spécialiser. Certaines participent au développement de l'embryon. D'autres forment les cotylédons, c'est-à-dire la réserve de nourriture. D'autres encore donneront l'enveloppe protectrice, aussi appelée « tégument ». La figure 33 présente toutes les parties de la graine.

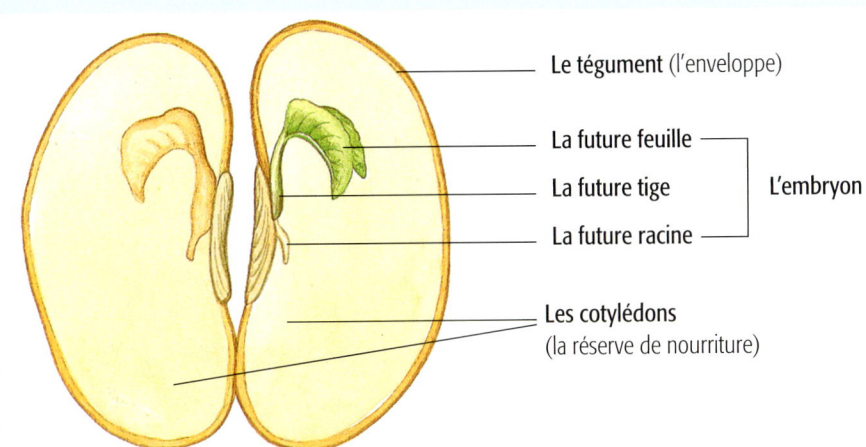

Figure 33 *La graine contient tout ce qu'il lui faut pour devenir une plante.*

La dispersion des graines

Souvent, c'est le fruit d'une plante à fleurs qui est à l'origine de la dispersion des graines. Les figures 34 à 37 montrent différents modes de dispersion des graines. **Les cinq principaux agents de dispersion des graines sont les animaux, l'eau, le vent, la plante elle-même (par exemple, une plante qui « projette » ses graines) et l'être humain** (par exemple, l'ensemencement des champs).

Il est important que les graines soient transportées loin de la plante mère. En effet, si une graine reste près de la plante mère, elle entre en compétition avec celle-ci pour obtenir sa part de lumière, de substances nutritives et d'eau. La dispersion des graines augmente les chances des jeunes plantes de survivre, puis de se reproduire.

Figure 34 *Les oiseaux mangent des baies (petits fruits). Cependant, ils sont incapables de digérer les graines. Celles-ci se retrouvent donc, en parfait état, dans leur fiente.*

Figure 35 *Les fruits de la bardane s'accrochent au pelage des mammifères. Ceux-ci transportent donc les fruits et leurs graines.*

Figure 36 *En s'ouvrant, les cosses d'asclépiade libèrent des graines munies de longues soies. La moindre brise emporte ces graines au loin.*

Figure 37 *Les cours d'eau et la pluie emportent au loin les graines tombées au pied de la plante mère.*

La reproduction chez les conifères

Le cycle de vie d'une gymnosperme ressemble en bien des points à celui d'une angiosperme. Toutefois, les gymnospermes ne produisent pas de fleurs. Pour la majorité d'entre elles, la reproduction a lieu dans des cônes. Les gamètes mâles sont contenus dans des cônes mâles et les gamètes femelles dans des cônes femelles (*voir la figure 38*). **Les graines se développent dans les cônes femelles, après la fécondation des ovules.**

a) Les cônes mâles des sapins sont petits et poussent à l'extrémité des branches.

b) Les cônes femelles du pin sont dirigés vers le bas. Ils s'ouvrent à maturité pour libérer les graines.

Figure 38 *Des feuilles (ou aiguilles) et des cônes de gymnospermes typiques*

Chez quelques espèces de conifères, les cônes mâles et femelles sont produits sur des arbres différents. Cependant, chez la plupart des espèces, un même arbre produit les deux types de cônes. La figure 39 illustre le processus de reproduction d'une gymnosperme.

❶ La plante adulte produit des cônes mâles et des cônes femelles.

❷ a) Les cônes femelles produisent des ovaires sur la face supérieure de leurs écailles.

Un cône femelle — Un ovaire — Une écaille

b) Pendant ce temps, dans les cônes mâles, les poches situées sur la face inférieure des écailles produisent du pollen.

Un cône mâle — Un grain de pollen ailé

❸ La pollinisation : un grain de pollen, transporté par le vent, se dépose directement sur un ovaire, où il produit un tube pollinique.

Un ovaire — Une écaille — Un œuf fécondé (zygote) — Un tube pollinique

❹ La fécondation : un spermatozoïde parcourt le tube pollinique pour aller féconder un ovule, et produire ainsi un zygote.

Une graine ailée

❺ Le cône femelle libère une graine ailée qui germera et se transformera à son tour en un jeune plant, si les conditions sont favorables.

Une plante adulte

Figure 39 *La reproduction des gymnospermes (conifères)*

La reproduction chez les plantes à spores

De nombreuses plantes qui poussent sur le sol des forêts, comme les mousses, les fougères et les hépatiques, ne produisent pas de graines. Elles se reproduisent au moyen de spores (*voir les figures 40 à 42*). **Les spores sont des cellules contenant un bagage génétique complet. Une spore peut donc se transformer en une jeune plante sans avoir été fécondée.** Il existe des spores mâles qui donnent un plant produisant des spermatozoïdes, et des spores femelles qui donnent un plant produisant des ovules. La figure 43, à la page suivante, illustre la reproduction sexuée chez une plante à spores.

Figure 41 *Les hépatiques sont de petites plantes à croissance lente. Elles poussent dans les milieux très humides. Elles se reproduisent à l'aide de spores.*

Figure 40 *Des mousses épaisses, vertes et douces poussent dans les milieux humides.*

Figure 42 *La fougère est une plante à spores. Chez certaines de ces plantes, les spores sont enfermées dans de minuscules sacs situés sur la face inférieure des feuilles : les sporanges.*

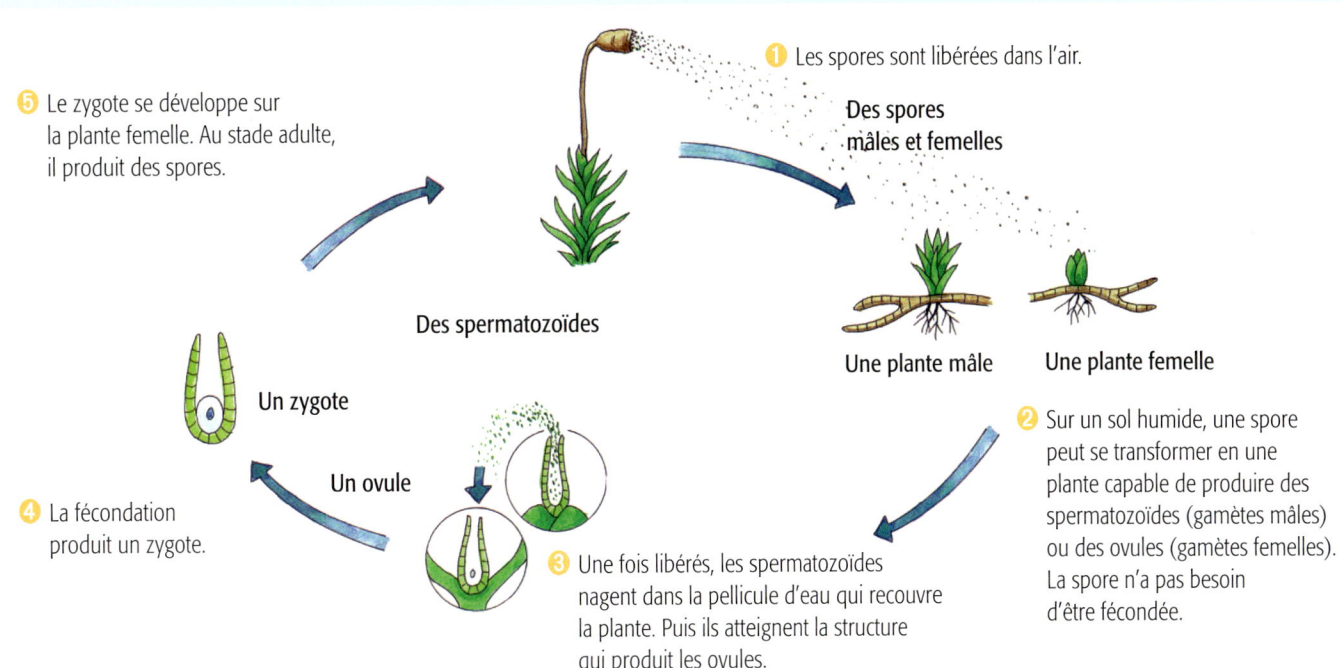

Figure 43 *La reproduction sexuée d'une mousse*

Je vérifie ce que j'ai retenu*

1. Explique cette phrase dans tes propres mots : « La perpétuation des espèces est assurée par la reproduction. »

2. *a)* Qu'est-ce que la reproduction asexuée ?
   b) Qu'est-ce que la reproduction sexuée ?

3. Pourquoi chaque espèce végétale a-t-elle un mode de reproduction différent de celui des autres espèces végétales ?

4. Nomme une espèce végétale qui peut se reproduire à l'aide :
   a) de ses feuilles.
   b) de ses tiges.
   c) de ses racines.

5. Décris le cycle de la reproduction sexuée :
   a) des plantes à fleurs.
   b) des conifères.
   c) des fougères, des mousses et des algues.

6. *a)* Quelle est la différence entre une graine et une spore ?
   b) Quelle est la différence entre un gamète et un zygote ?

7. *a)* Pourquoi est-il important que les graines et les spores soient transportées loin de la plante mère ?
   b) Nomme au moins quatre agents de dispersion des graines et des spores.

8. Qu'arrivera-t-il si tu plantes du pollen en terre et que tu arroses la terre régulièrement ? Explique ta réponse.

9. Le hêtre est un arbre qui produit de petites fleurs vertes. Selon toi, le principal agent de pollinisation du hêtre est-il le vent ou les insectes ?

* Les questions 5 à 9 permettent de vérifier des concepts abordés dans les modules du Manuel A.

La reproduction chez les animaux

Les espèces animales se divisent en deux groupes : les vertébrés et les invertébrés. Les vertébrés possèdent un squelette interne. Les invertébrés n'en ont pas (*voir la figure 10, aux pages 222 et 223*).

Les **invertébrés** constituent environ 97 % de toutes les espèces animales. Ils se reproduisent de façon asexuée ou sexuée.

Les **vertébrés**, pour leur part, se reproduisent en majorité de manière sexuée.

La reproduction asexuée

Dans la reproduction asexuée, un seul être vivant forme un ou plusieurs individus identiques. Les éponges et les hydres, par exemple, se reproduisent par bourgeonnement (*voir la figure 44*). Les individus forment des bourgeons qui se développent directement sur le parent. Lorsque ces individus sont complets, ils se détachent et deviennent indépendants.

Figure 44
Le bourgeonnement : un mode de reproduction asexuée

a) Les bourgeons de l'éponge restent attachés au parent. Cela donne naissance à une colonie.

b) Les hydres sont des organismes très petits qui vivent dans l'eau. Elles se reproduisent par bourgeonnement.

La reproduction sexuée

Les vertébrés forment un groupe très diversifié. Toutefois, la majorité d'entre eux se reproduisent de façon sexuée. Les animaux mâles produisent des **gamètes mâles**, ou **spermatozoïdes**. Les animaux femelles produisent des **gamètes femelles**, ou **ovules**. Les spermatozoïdes et les ovules contiennent chacun la moitié du bagage génétique du futur petit.

Les animaux vertébrés se reproduisent selon les étapes suivantes :
1. Un gamète mâle s'unit à un gamète femelle.
2. Cette union produit une première cellule appelée zygote. Celle-ci a un bagage génétique complet.
3. Le zygote se divise et se transforme en un embryon qui contient plusieurs cellules.
4. L'embryon se développe et devient un petit animal.
5. Quand l'animal parvient à l'âge adulte, il forme des gamètes et peut se reproduire à son tour (*voir la figure 45, à la page suivante*).

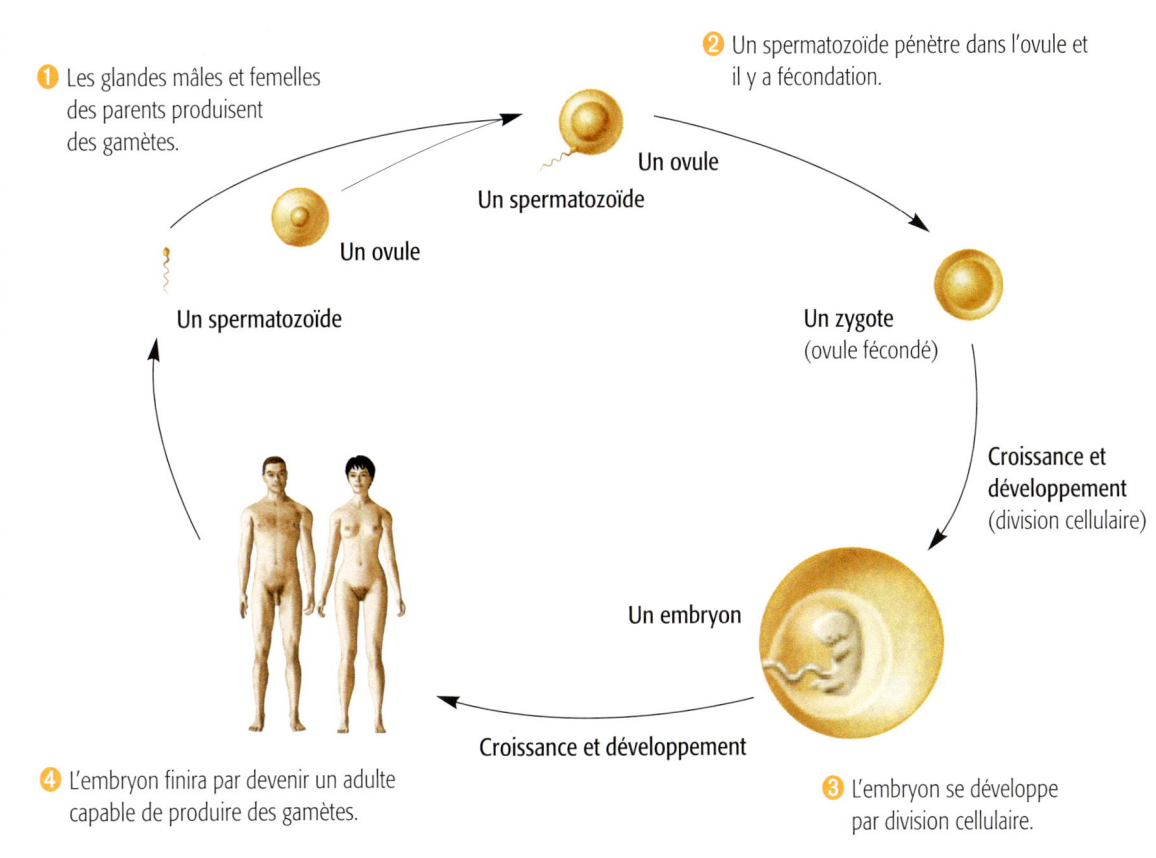

Figure 45 *Le cycle de la reproduction sexuée chez les animaux*

Pour que la reproduction sexuée soit efficace, elle doit répondre aux deux conditions suivantes :

1. Les gamètes mâle et femelle doivent se trouver au même endroit au même moment.
2. Le zygote doit recevoir la nourriture et la protection dont il a besoin. Il doit aussi bénéficier de l'humidité et de la chaleur nécessaires à son développement.

L'accouplement

Au cours de l'accouplement, deux individus d'une espèce animale entrent en contact pour unir leurs gamètes en vue de la fécondation. Chez plusieurs animaux, il n'y a qu'une période d'accouplement par année. Dans ce cas, l'éclosion des œufs ou la naissance des petits se produit généralement quand les conditions environnementales sont les meilleures. Cela favorise le développement des petits.

Les mammifères du Québec s'accouplent surtout à l'automne. L'embryon se développe durant l'hiver et les petits naissent au printemps suivant. En effet, c'est au cours de cette saison que le climat et la nourriture conviennent le mieux à la croissance des nouveau-nés. Les oiseaux s'accouplent au printemps et les petits naissent quelques semaines plus tard.

La fécondation

La fécondation a lieu lorsqu'un spermatozoïde et un ovule provenant de la même espèce s'unissent (*voir la figure 46*). La fécondation doit avoir lieu dans un milieu humide. En effet, les gamètes mâles et femelles sont des cellules très fragiles. Ils meurent dès qu'ils s'assèchent. De plus, l'humidité garde la membrane de l'ovule souple, ce qui facilite la pénétration du spermatozoïde. Enfin, les spermatozoïdes peuvent se déplacer uniquement dans un milieu humide.

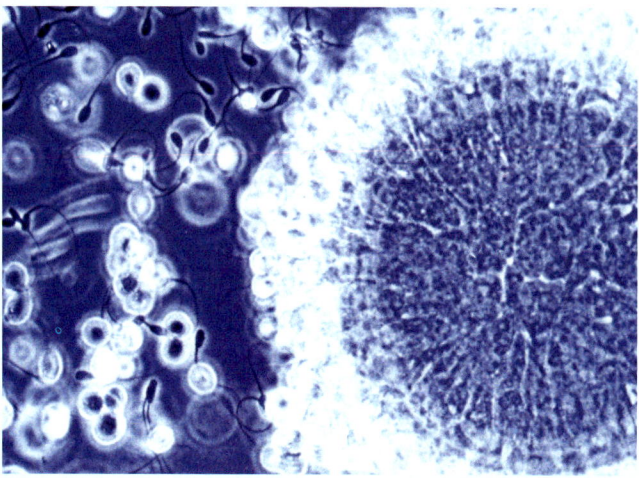

Figure 46 *On voit au microscope des spermatozoïdes rencontrant un ovule (grossissement 64X).*

Les modes de fécondation

Il existe deux principaux modes de fécondation chez les animaux. Dans la **fécondation externe**, les gamètes s'unissent à l'extérieur du corps des deux parents. Ce mode est fréquent chez les animaux aquatiques, comme les poissons (*voir la figure 47*). La plupart des animaux terrestres se reproduisent par **fécondation interne**. Les spermatozoïdes pénètrent dans le corps de la femelle et vont à la rencontre du ou des ovules.

a) Des saumons du Pacifique

b) Des œufs de saumon

Figure 47 *La femelle du saumon du Pacifique pond ses œufs au fond de la rivière. Par la suite, le mâle dépose son sperme (contenant les spermatozoïdes) sur les œufs pour les féconder. Plus tard, les alevins, de très jeunes poissons, sortent des œufs.*

La fécondation externe

La majorité des animaux aquatiques se reproduisent grâce à la fécondation externe. L'anémone de mer fournit un exemple de ce mode de fécondation.

Les anémones adultes ne peuvent pas se déplacer pour aller à la recherche d'un partenaire (*voir la figure 48*). Elles se reproduisent néanmoins d'une manière sexuée, en libérant leurs gamètes directement dans l'eau. Ce sont les courants marins qui permettent la rencontre des spermatozoïdes et des ovules. Les zygotes qui en résultent se transforment en larves capables de nager et de se nourrir. Les **larves** parcourent parfois des distances considérables avant de se fixer et de se transformer en adultes. La figure 49 illustre le cycle de reproduction de l'anémone de mer.

Toutefois, le hasard ne joue pas toujours un aussi grand rôle dans la fécondation. Par exemple, les poissons femelles pondent généralement une grappe d'œufs. Le mâle libère son sperme directement sur les œufs. On appelle « frai » ce mode de fécondation externe.

Figure 48 *Toutes les anémones d'une même communauté libèrent leurs œufs et leur sperme en même temps. Cela accroît la probabilité que leurs gamètes se rencontrent. Cette réaction est généralement déclenchée par un signal venant du milieu, par exemple la pleine lune.*

Larve
Le stade qui précède la transformation en adulte de certains animaux, comme les amphibiens et les insectes.

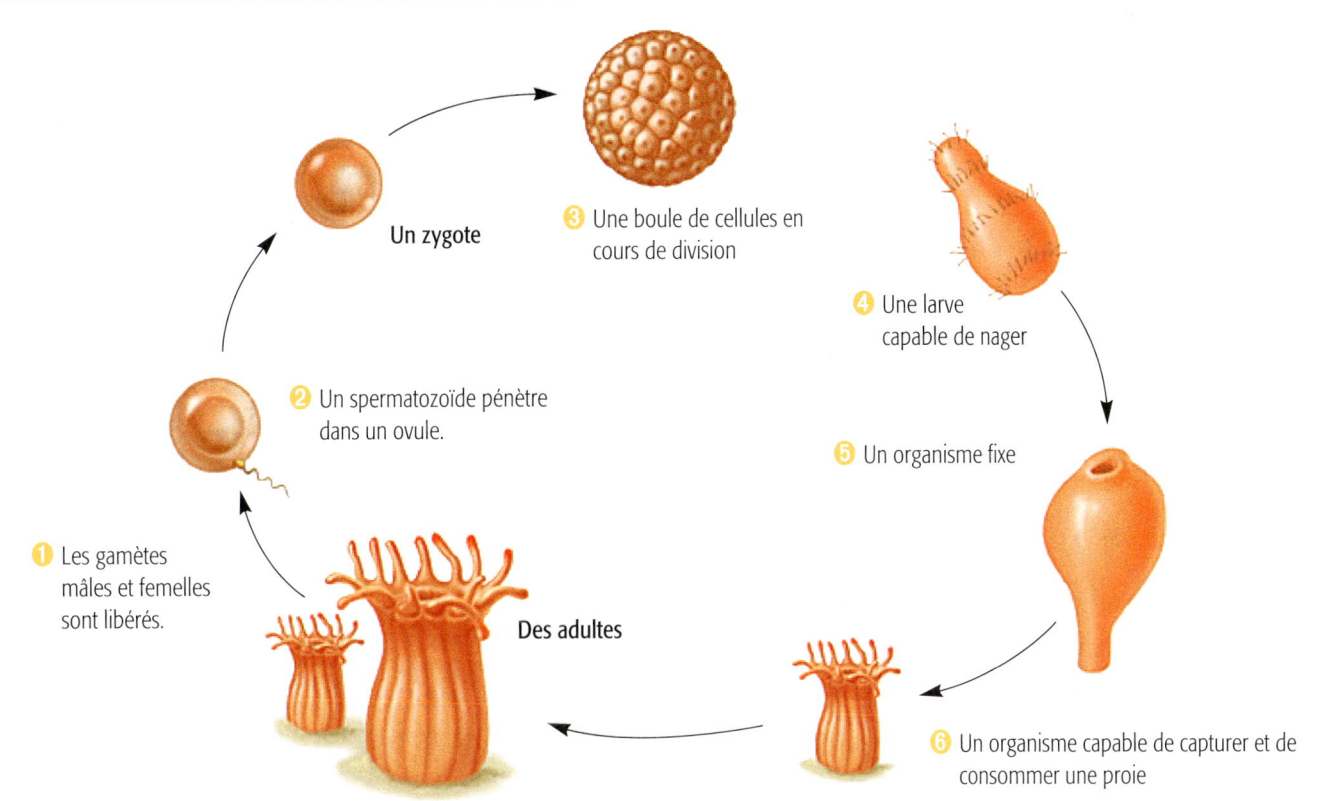

Figure 49 *Le cycle de reproduction de l'anémone de mer comprend plusieurs phases.*

Figure 50 *Les stades de développement de la grenouille*

La grenouille utilise un autre mode de fécondation externe. Durant l'accouplement, le mâle enlace la femelle. Dès que la femelle pond des œufs, le mâle libère son sperme sur ceux-ci.

Les petits qui sortent des œufs des anémones, des poissons et des grenouilles ressemblent bien peu à leurs parents. Ils doivent passer par plusieurs stades de développement avant de devenir des adultes capables de se reproduire. Les anémones et les poissons passent toute leur vie adulte dans l'eau. Mais les grenouilles vivent à la fois sur le sol et dans l'eau. Ce sont des amphibiens. La figure 50 illustre les stades de développement de la grenouille.

La fécondation interne

Chez les animaux terrestres, la majorité des espèces se reproduisent par fécondation interne. Par exemple, tous les reptiles, et notamment les serpents et les tortues, se reproduisent par fécondation interne. La plupart des mâles et des femelles sont dotés d'un orifice qui permet l'expulsion du sperme, de l'urine et des excréments : le cloaque. Pour se reproduire, le mâle et la femelle collent leur cloaque ensemble. Le sperme, libéré par le mâle, passe dans le cloaque de la femelle. Le sperme remonte ensuite un canal pour aller à la rencontre des ovules (*voir la figure 51*).

Figure 51 *Le cloaque d'un reptile. Cet orifice sert à l'expulsion des déchets (urine et excréments). C'est aussi par le cloaque que le mâle libère le sperme. Le sperme entre ensuite dans le cloaque de la femelle.*

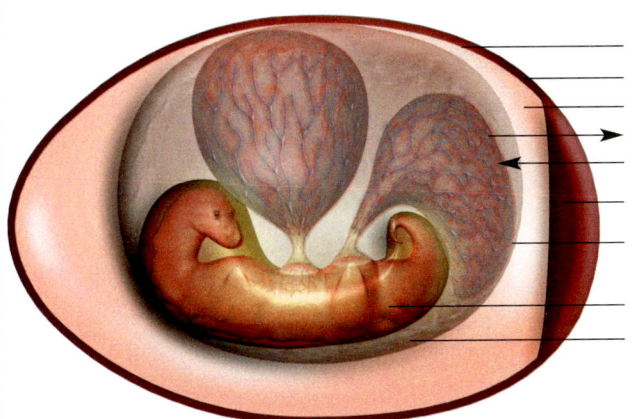

- La membrane de la coquille
- La coquille
- Le blanc (l'albumen)
- Le gaz carbonique
- L'oxygène
- La chambre à air
- La membrane du jaune (la membrane vitelline)
- L'embryon
- Le jaune

Figure 52 *L'intérieur d'un œuf de reptile*

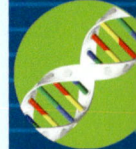

La majorité des reptiles, les oiseaux, les amphibiens et la plupart des poissons et des insectes sont **ovipares**, c'est-à-dire qu'ils pondent des œufs. Dans la coquille, le zygote baigne dans un liquide pendant qu'il se transforme en embryon. L'œuf renferme toute la nourriture nécessaire à la croissance de l'embryon (*voir la figure 52*). Une fois son développement terminé, le jeune animal sort de sa coquille (*voir la figure 53*).

Figure 53 *Les jeunes reptiles sont des répliques miniatures de leurs parents. Dès qu'ils sortent de leur coquille, ils sont capables de se nourrir et de se défendre seuls.*

Les oiseaux, comme les reptiles, possèdent un cloaque pour permettre la rencontre des gamètes. Mais, à la différence de la plupart des reptiles, des amphibiens et des poissons, les oiseaux prennent soin de leurs petits.

Chez les mammifères, les mâles possèdent un pénis. Cet organe leur permet d'introduire le sperme dans le corps de la femelle. Les femelles des mammifères ne pondent pas d'œufs, à une exception près, l'ornithorynque. Tous les autres mammifères sont **vivipares**, c'est-à-dire que l'ovule fécondé se développe complètement dans le corps de la mère. C'est là que le zygote reçoit la nourriture dont il a besoin pour se transformer en embryon et poursuivre sa croissance. Dans ce mode de reproduction, les petits se développent davantage avant la naissance. Ils sont bien protégés, car ils sont dans le corps de leur mère. Après la naissance des petits, les femelles produisent du lait pour les nourrir (*voir la figure 54, à la page suivante*). Tu en apprendras davantage sur la reproduction des mammifères quand tu étudieras l'être humain, à la page 257.

Il existe finalement des animaux **ovovivipares**, par exemple certaines espèces de serpents. Les femelles ovovivipares conservent leurs œufs dans leurs corps jusqu'à ce qu'ils soient prêts à éclore. La période d'incubation a donc lieu dans le corps de la femelle.

FLASH... FLASH... FLASH...

À l'heure actuelle, il est possible de concevoir un être vivant sans la participation d'un gamète mâle et d'un gamète femelle. Cette technique de reproduction s'appelle «clonage». En 1997, un premier mammifère est cloné : une brebis nommée Dolly. Cette brebis s'est développée à partir d'une cellule prélevée sur une brebis adulte. Comme cette cellule n'était pas un gamète, elle n'a pas eu à se combiner à un autre gamète pour se développer. Dolly est donc la copie conforme de son unique parent et non un être unique présentant des traits de son père et de sa mère, comme les autres mammifères. Le 8 mars 2005, l'assemblée générale des Nations unies a interdit le clonage des êtres humains.

Figure 54 *Chez les mammifères et les oiseaux, le cycle reproducteur nécessite de grandes dépenses d'énergie pour l'un des parents ou pour les deux parents. C'est pourquoi ces êtres vivants donnent naissance à moins de petits au cours d'un cycle que la plupart des autres animaux.*

Les hermaphrodites

Il existe quelques espèces **hermaphrodites**. Chez ces animaux, **chaque individu est doté à la fois d'organes reproducteurs mâles et femelles**. Ces êtres vivants se reproduisent grâce à un mode particulier de fécondation interne. Les vers de terre et les escargots, par exemple, sont hermaphrodites. Quand deux vers s'accouplent (*voir la figure 55*), chacun injecte son sperme dans l'orifice reproducteur de l'autre. Par la suite, chaque ver pond des œufs fécondés. Ainsi, une seule rencontre sexuelle permet à deux individus de produire des œufs.

Figure 55 *Les hermaphrodites produisent à la fois des gamètes mâles et des gamètes femelles. Toutefois, ils doivent échanger leur sperme pour se reproduire.*

Je vérifie ce que j'ai retenu*

1. Explique de quelle façon certains animaux peuvent se reproduire de manière asexuée. Donne un exemple.

2. Pourquoi la rencontre des spermatozoïdes et des ovules doit-elle avoir lieu dans un milieu humide ?

3. Quelle est la différence entre :

   a) l'accouplement et la fécondation ?

   b) la fécondation interne et la fécondation externe ?

   c) un cloaque et un pénis ?

4. Au moment de la pleine lune, toutes les anémones de mer d'une population libèrent leurs spermatozoïdes et leurs œufs en même temps. Pourquoi agissent-elles ainsi ?

5. Les tortues pondent des centaines d'œufs en une seule fois. Les oiseaux en pondent généralement moins d'une dizaine. D'après toi, qu'est-ce qui explique cette différence ?

6. Décris le mode de fécondation d'un animal hermaphrodite.

* Les questions 3 à 6 permettent de vérifier des concepts abordés dans les modules du Manuel A.

La reproduction chez les êtres humains

Des éléphants aux êtres humains, **tous les mammifères commencent leur vie sous la forme d'un minuscule œuf fécondé**. En quelques semaines ou en quelques mois, cette nouvelle vie se développe. Elle se transforme en un ensemble de tissus et d'organes formant un éléphanteau ou un bébé humain. Bien que ces deux petits soient différents, leur processus de formation est assez semblable.

Dans cette partie de la section 2, tu verras comment le corps de la femme enceinte change. La femme doit protéger une nouvelle vie et l'aider à croître. De plus, tu apprendras comment les êtres humains planifient les naissances par différents moyens de contraception. Tu verras aussi comment il est possible de se protéger des maladies transmissibles sexuellement (MTS).

SECTION 2
La reproduction des êtres vivants

Le système reproducteur

Le système reproducteur humain ressemble à celui des animaux et des plantes à reproduction sexuée. Il produit des gamètes mâles ou femelles et les unit. Cette union a lieu grâce à la fécondation interne, comme chez les autres mammifères. Tout commence avec les **hormones sexuelles**. Ces hormones agissent comme des messagères. Elles circulent dans le sang et indiquent aux testicules (chez le garçon) et aux ovaires (chez la fille) qu'il est temps de produire des gamètes.

La puberté

La majorité des filles et des garçons sentent pour la première fois l'effet des hormones sexuelles au début ou au milieu de l'adolescence. **Cette période, appelée puberté, commence lorsque les hormones provoquent des modifications du corps.** Ces modifications ont pour but de rendre le corps capable de se reproduire.

Hypophyse
Une glande située à la base du cerveau. Chez l'être humain, elle a environ la taille d'un pois.

À la puberté, une glande appelée **hypophyse** déclenche la production des hormones sexuelles (*voir la figure 56*). Chez l'homme, il s'agit principalement de la **testostérone**. Chez la femme, les deux hormones les plus importantes sont la **progestérone** et les **œstrogènes**.

Ces hormones voyagent dans le sang et se rendent jusqu'aux testicules ou aux ovaires. Elles donnent aux testicules le signal de produire des spermatozoïdes, et aux ovaires, le signal de produire les ovules. Généralement, à chaque cycle menstruel, un ovule se développe et est libéré par l'ovaire.

La puberté amène aussi d'autres changements physiques. Par exemple, il y a apparition de poils. Chez les jeunes filles, les seins se développent. Chez les garçons, le larynx se modifie et la voix devient plus grave.

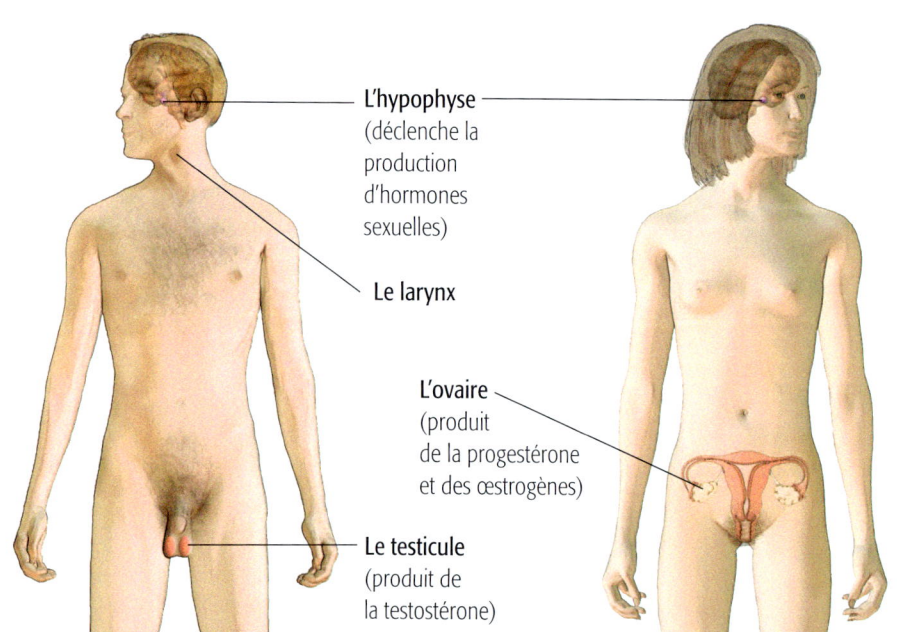

Figure 56 *L'hypophyse contrôle plusieurs fonctions importantes, dont la reproduction.*

L'appareil reproducteur de l'homme

L'appareil reproducteur de l'homme produit un très grand nombre de spermatozoïdes. La figure 57 montre l'anatomie de l'appareil reproducteur masculin. Le tableau 10 décrit le rôle de ces différentes parties.

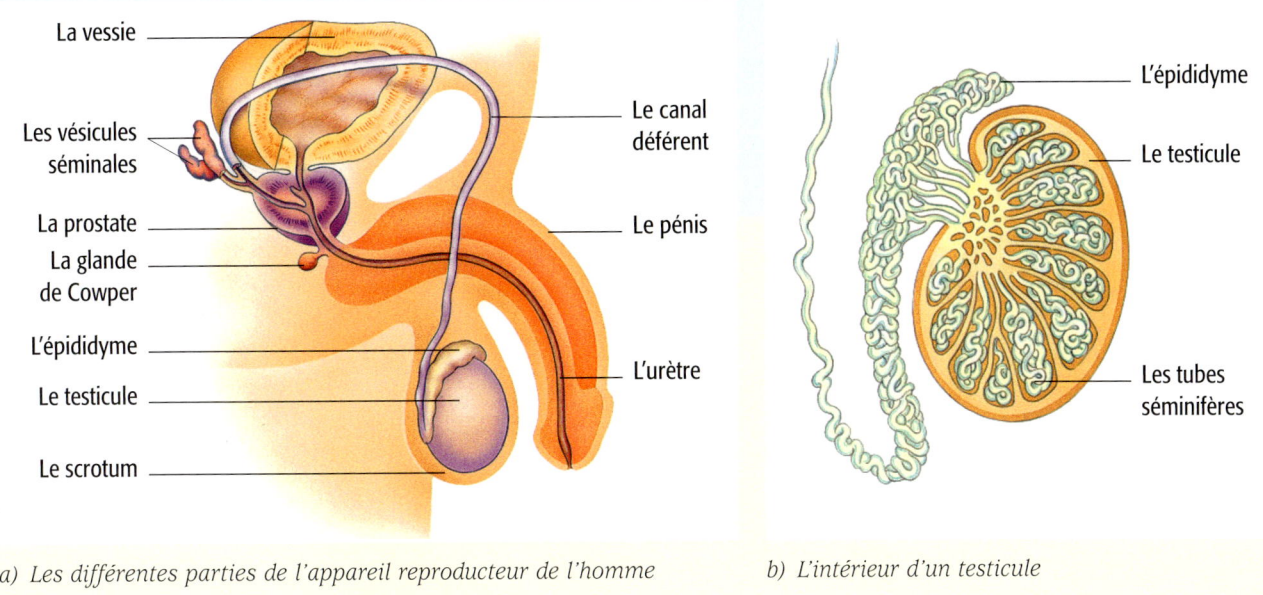

a) Les différentes parties de l'appareil reproducteur de l'homme

b) L'intérieur d'un testicule

Figure 57 *L'appareil reproducteur masculin*

Tableau 10 *Les parties de l'appareil reproducteur de l'homme et leur rôle dans la fabrication des spermatozoïdes*

Partie de l'appareil reproducteur	Rôle
Le scrotum	Sac contenant les testicules. Il permet de les garder légèrement éloignés du corps. En effet, les testicules doivent être à une température légèrement plus basse que celle du corps pour produire les gamètes.
Les testicules	Ils contiennent les tubes séminifères.
Les tubes séminifères	Ils fabriquent en moyenne 400 millions de gamètes mâles par jour.
L'épididyme	Les spermatozoïdes produits sont mis en réserve dans ce petit organe allongé, situé au-dessus des testicules.
Les canaux déférents	Les spermatozoïdes empruntent les canaux déférents pour quitter le corps au moment de l'éjaculation.
La prostate et les vésicules séminales	Elles produisent un liquide appelé sperme. Le sperme contient les spermatozoïdes et leur permet de se déplacer. Le sperme est riche en sucre. Il fournit aux gamètes mâles l'énergie dont ils ont besoin pour nager quand ils sont expulsés dans le vagin de la femme au moment de l'éjaculation.
L'urètre	Quand l'homme éjacule, le sperme emprunte ce canal. C'est aussi par l'urètre que l'urine sort de la vessie.
La glande de Cowper	La glande de Cowper déverse un liquide dans l'urètre pour neutraliser l'acidité. Celle-ci est causée par des traces d'urine encore présentes dans l'urètre qui pourraient nuire à la survie des spermatozoïdes.

L'appareil reproducteur de la femme

L'appareil reproducteur de la femme est conçu pour produire les gamètes femelles : les ovules. La figure 58 montre l'anatomie de l'appareil reproducteur féminin. Le tableau 11 indique les parties de l'appareil reproducteur féminin et le rôle joué par chacune d'elles.

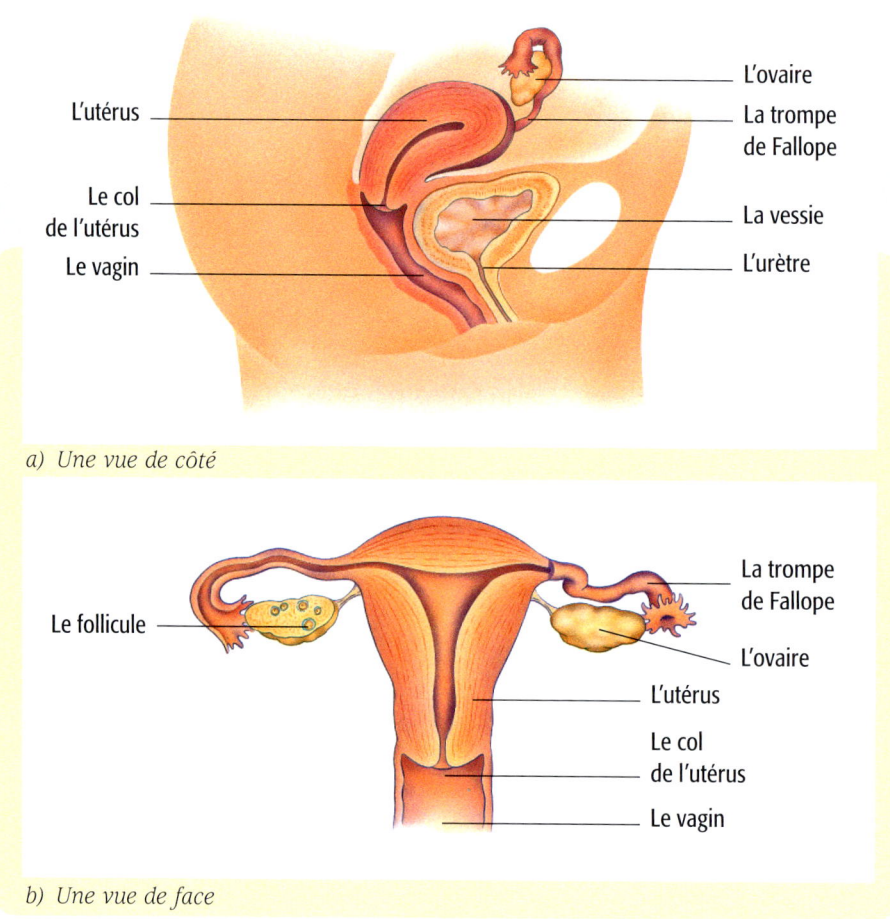

a) Une vue de côté

b) Une vue de face

Figure 58 *Les différentes parties de l'appareil reproducteur de la femme*

Tableau 11 *Les parties de l'appareil reproducteur de la femme et leur rôle dans la production des ovules*

Partie de l'appareil reproducteur	Rôle
Les ovaires	La femme en possède deux. Tous les 28 jours environ, ils libèrent chacun leur tour un ovule : c'est l'ovulation.
Les follicules	Ils sont situés dans les ovaires. Chacun contient un ovule et l'amène à son développement final.
Les trompes de Fallope	L'ovule libéré par le follicule emprunte les trompes de Fallope pour atteindre l'utérus. Un ovule survit de 24 à 48 heures dans les trompes de Fallope, où il pourra être fécondé.
L'utérus	C'est un organe creux en forme de poire. Si l'ovule est fécondé par un spermatozoïde, un zygote se développera dans l'utérus.
Le vagin	C'est dans ce passage que le pénis pénètre et libère le sperme. De plus, le bébé emprunte le vagin pour sortir de l'utérus.

Le cycle menstruel

L'appareil reproducteur féminin subit des transformations selon le cycle menstruel. Ce cycle dure environ 28 jours. Au cours d'un cycle, un ovule arrive à maturité. À ce moment, le corps réagit comme si l'ovule allait être fécondé et qu'un embryon allait se développer. Entre autres transformations, **la paroi de l'utérus épaissit.** Cela a pour but de permettre au zygote de se fixer dans l'utérus pour s'y développer.

La figure 59 montre les changements de température du corps de la femme en fonction des jours du cycle menstruel. Cette figure permet de constater que la température du corps de la femme augmente au moment de l'ovulation. Au bout de quelques jours, si l'ovule n'est pas fécondé, il est expulsé du corps avec les cellules qui épaississaient la paroi de l'utérus. Ce sont les **règles** ou les menstruations (*voir la figure 60*).

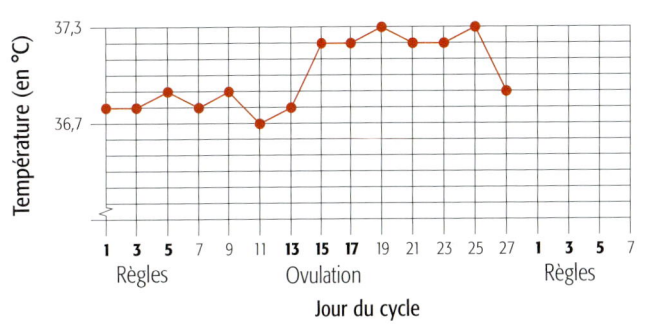

Figure 59 *La relation entre la température corporelle et le cycle menstruel*

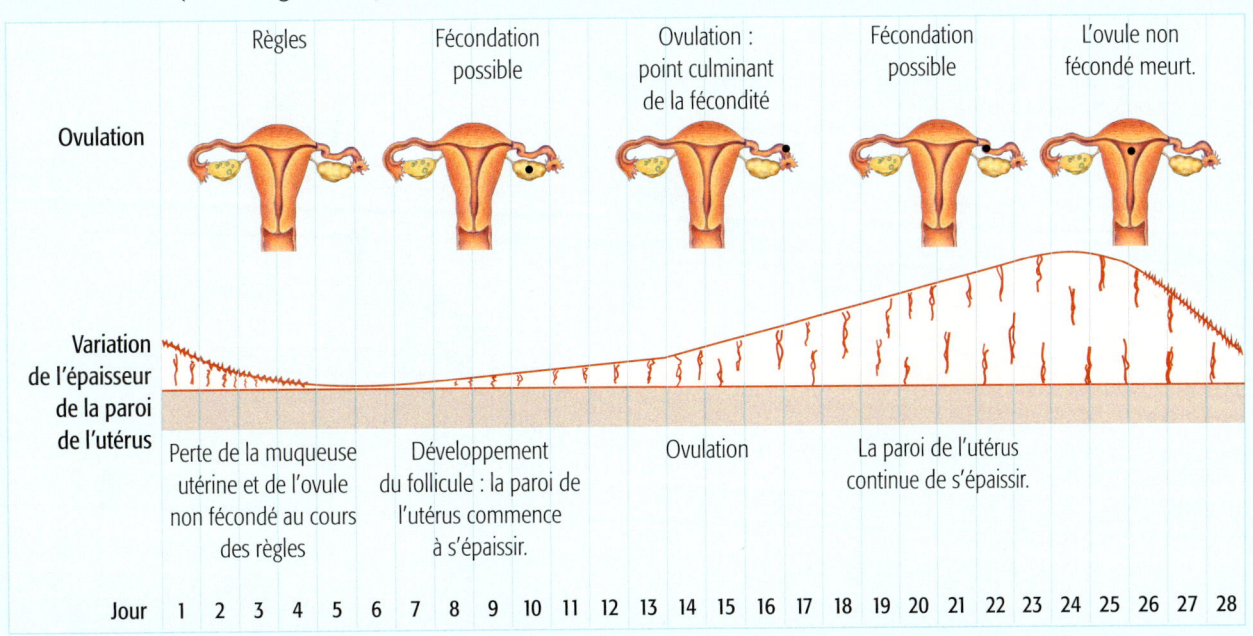

Figure 60 *Le cycle menstruel*

Je vérifie ce que j'ai retenu

1. *a)* Quel est le rôle des hormones sexuelles ?
   b) Nomme au moins deux hormones sexuelles.
2. Décris comment le corps des filles et des garçons se transforme au cours de la puberté.
3. *a)* Raconte la vie d'un spermatozoïde, de sa naissance dans un testicule jusqu'à sa mort dans une trompe de Fallope.
   b) Raconte la vie d'un ovule non fécondé, de sa naissance jusqu'à sa mort.
4. Pourquoi la paroi de l'utérus s'épaissit-elle au cours du cycle menstruel ?

La grossesse

Quand les gamètes mâles sont déposés dans le vagin de la femme, ils se déplacent vers l'utérus, puis vers les trompes de Fallope. Sur quelques millions de spermatozoïdes, seulement quelques milliers atteindront l'ovule (*voir la figure 61*). De ce nombre, un seul pourra féconder l'ovule.

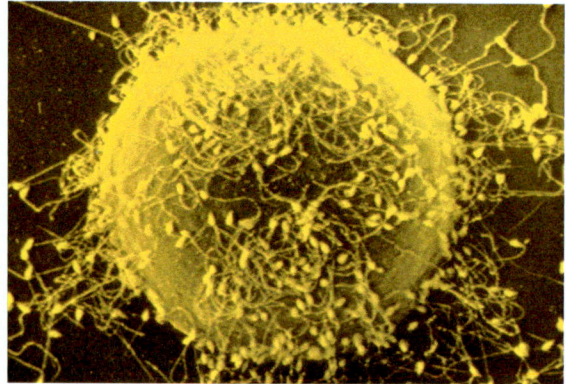

Figure 61 *Cette photo permet de voir la taille d'un spermatozoïde par rapport à celle d'un ovule. L'ovule mature est la plus grosse cellule du corps humain (grossissement env. 64X).*

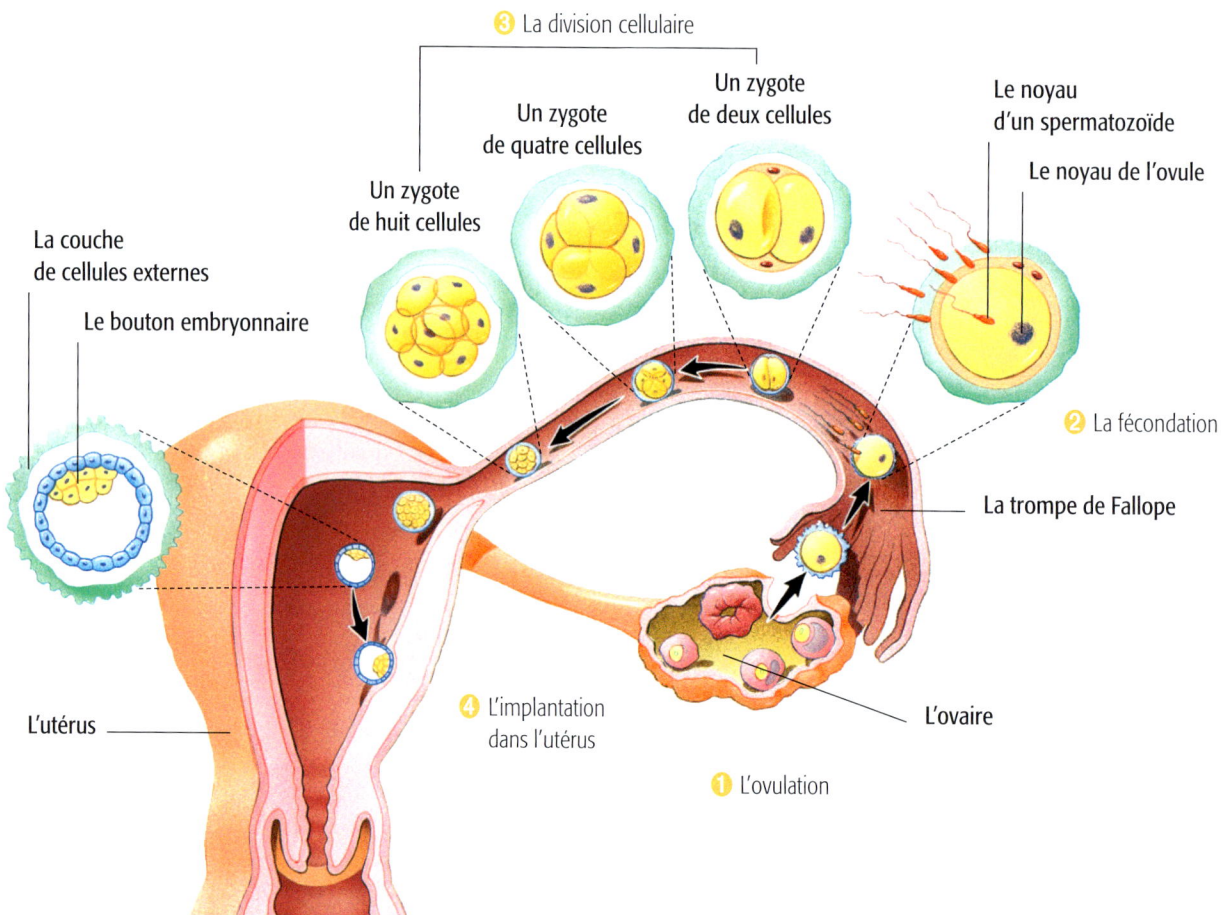

Figure 62 *Le développement humain, de l'ovule au bouton embryonnaire*

Tu as vu ce qui arrive à l'utérus de la femme si l'ovule n'est pas fécondé. Qu'arrive-t-il si l'ovule est fécondé, c'est-à-dire si un spermatozoïde s'unit à l'ovule pour former un zygote ?

Après la fécondation, le zygote se déplace de la trompe de Fallope jusqu'à l'utérus (*voir la figure 62*). Au cours de sa descente, le zygote subit une série de divisions cellulaires. Lorsqu'il atteint l'utérus, c'est déjà une masse d'environ 16 cellules. Au moment où il commence à s'implanter dans l'utérus, le zygote a pris la forme d'une boule remplie de liquide. Il contient un groupe de cellules appelé **bouton embryonnaire**. Les cellules externes du zygote formeront le placenta, dont nous reparlerons plus loin. Le bouton embryonnaire formera l'**embryon**.

L'embryon et le placenta

Entre le 10e et le 14e jour de développement, deux tissus importants se forment (*voir la figure 63*). Le premier, l'amnios, devient le **sac amniotique**, qui contient l'**embryon** et le **liquide amniotique**. Ce liquide protège l'embryon contre les chocs. Le second tissu donne le **placenta**. Celui-ci transporte la nourriture et l'oxygène de la mère au fœtus par l'entremise du **cordon ombilical**. Le cordon permet également au fœtus d'éliminer les déchets qu'il produit.

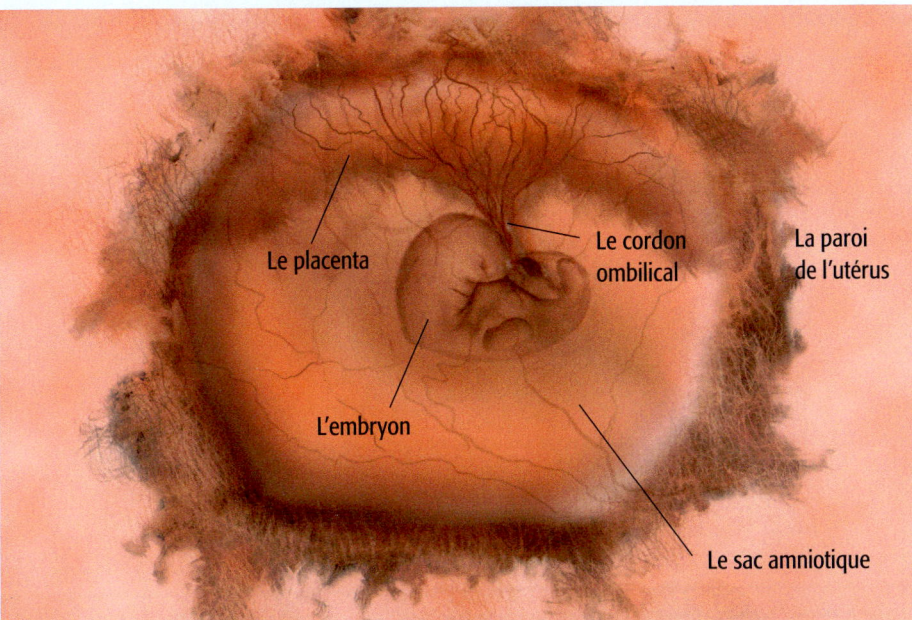

Figure 63 *La partie du haut représente le placenta. Le fœtus se trouve dans le sac amniotique. Entre l'embryon et le placenta, tu peux voir le cordon ombilical.*

Au cours des premières divisions cellulaires, les cellules de l'embryon sont presque toutes semblables. Cependant, au cours de la deuxième semaine, les cellules commencent à se différencier. Elles forment la **gastrula**, qui comprend trois couches ou feuillets : l'ectoderme, le mésoderme et l'endoderme. La figure 64 illustre ce changement.

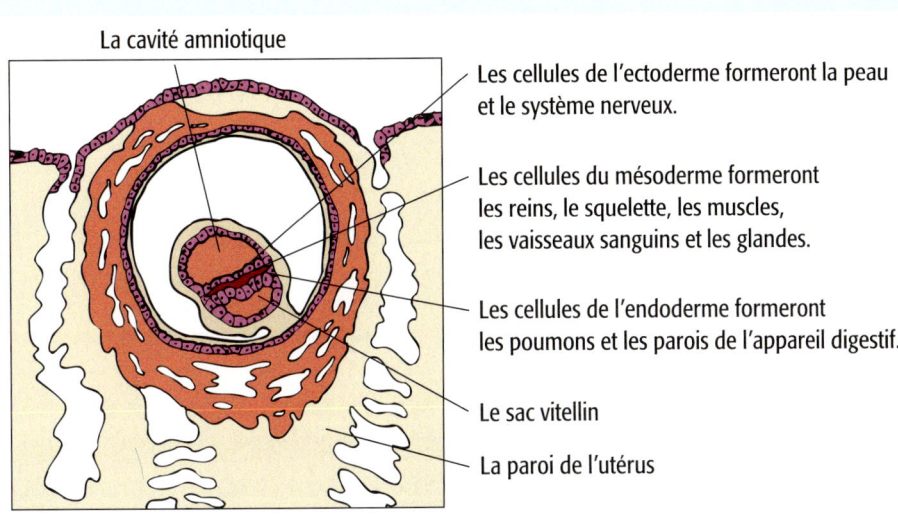

Figure 64 *Le développement des trois feuillets embryonnaires au cours du stade de la gastrula. Chaque feuillet formera des tissus différents.*

De l'embryon au fœtus

Les trois feuillets de la gastrula se développent de façon à former les différentes parties du corps. Ce processus est appelé **différenciation cellulaire**. Cela signifie que certaines cellules se spécialisent afin d'accomplir les tâches des divers tissus et organes du corps. Par exemple, le cœur commence à battre à environ trois semaines, soit avant même qu'il y ait du sang à pomper !

À la fin de la quatrième semaine, la taille de l'embryon a augmenté 500 fois. La période de développement de l'enfant à naître, soit la **gestation**, dure de 38 à 40 semaines.

On peut diviser la gestation en trois **trimestres**, comme le montre la figure 65. Chaque trimestre dure environ 3 mois (environ 13 semaines). Il se produit des changements majeurs au cours de chacun de ces trimestres.

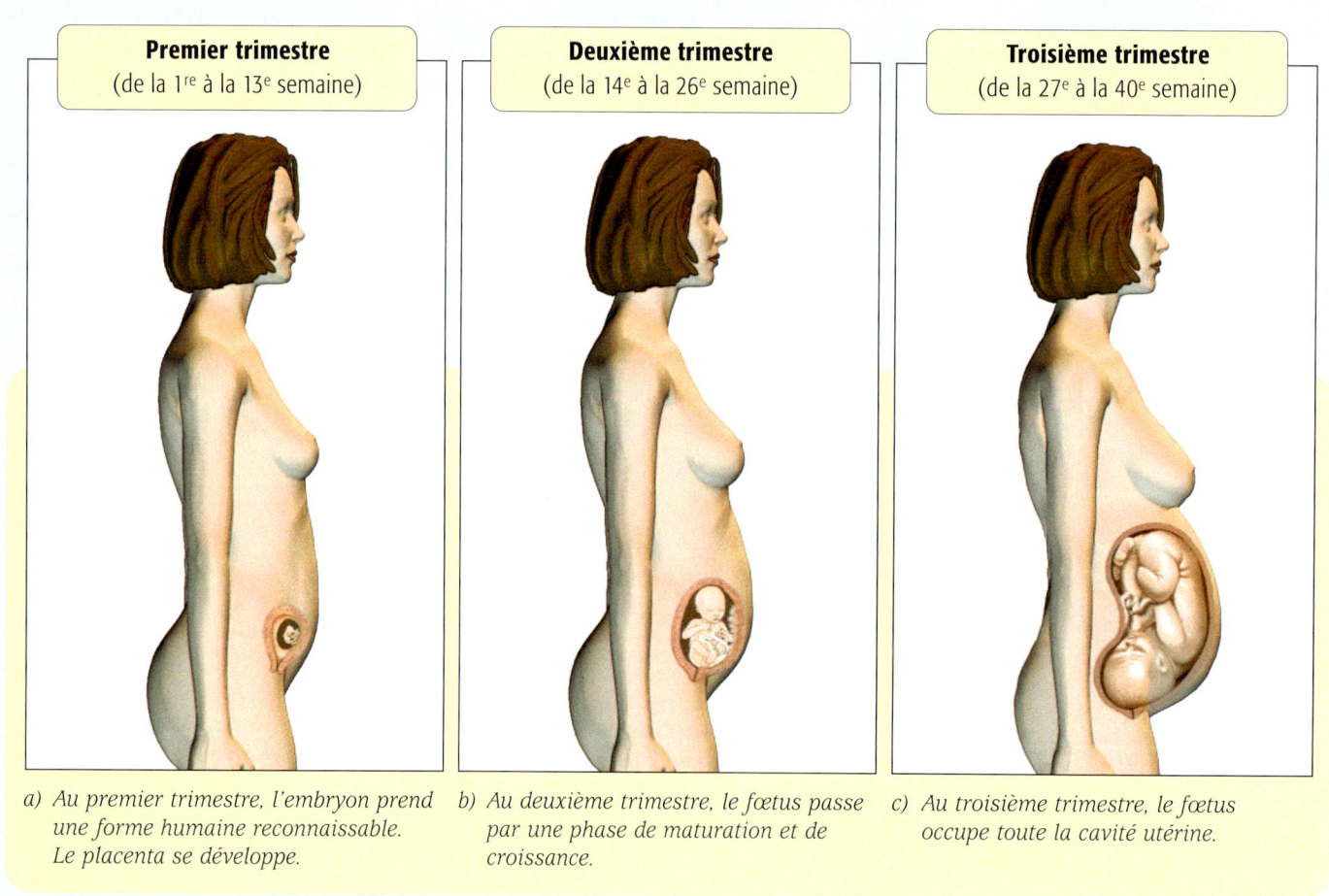

a) Au premier trimestre, l'embryon prend une forme humaine reconnaissable. Le placenta se développe.

b) Au deuxième trimestre, le fœtus passe par une phase de maturation et de croissance.

c) Au troisième trimestre, le fœtus occupe toute la cavité utérine.

Figure 65 *Le développement de l'embryon et du fœtus durant la grossesse*

Le premier trimestre: de la 1ʳᵉ à la 13ᵉ semaine

Le tableau 12 présente les points saillants du développement de l'enfant à naître au cours du premier trimestre. Jusqu'à huit semaines, on l'appelle «embryon». À la fin de la huitième semaine, l'embryon est désormais nommé «fœtus».

Tableau 12 *Le développement de l'embryon et du fœtus au cours du premier trimestre*

	Embryon ou fœtus	Points saillants
4ᵉ semaine	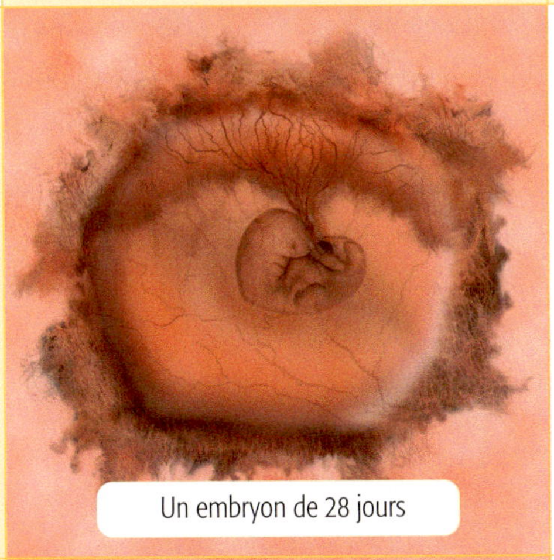 Un embryon de 28 jours	Il mesure 1 cm. Début de la formation du cerveau, du cœur, des membres (jambes et bras), des yeux et de la colonne vertébrale
8ᵉ semaine	 Un fœtus de huit semaines	Il mesure 3 cm. Production des premières cellules osseuses. Les bras et les jambes sont présents, mais pas encore les doigts et les orteils. L'embryon se nomme maintenant «fœtus».
12ᵉ semaine	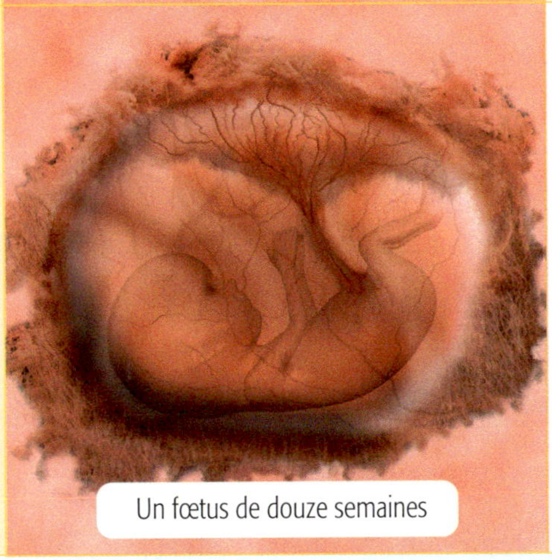 Un fœtus de douze semaines	Il mesure de 8 à 10 cm. Présence des principaux organes sous forme de bourgeons: le foie, l'estomac, le cerveau et le cœur. On peut déterminer le sexe du fœtus. Le fœtus peut maintenant bouger.

Le deuxième trimestre : de la 14e à la 26e semaine

La figure 66 montre le fœtus pendant le deuxième trimestre. À la 24e semaine, le fœtus mesure environ 30 cm. La mère peut commencer à sentir les mouvements de son bébé, surtout ceux des jambes (*voir le tableau 13*).

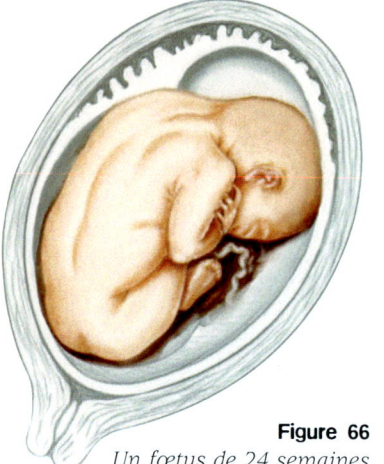

Figure 66
Un fœtus de 24 semaines

Tableau 13 *Les points saillants du développement du fœtus au cours du deuxième trimestre*

	16e semaine	20e semaine	24e semaine
Points saillants	Le fœtus mesure environ 16 cm. Le squelette commence à se former. Les orteils et les doigts sont différenciés et les ongles apparaissent. Les organes génitaux sont formés. Le cerveau se développe rapidement. Le système nerveux commence à fonctionner. La plupart des organes sont présents, mais leur développement n'est pas terminé.	Il mesure de 25 à 30 cm. Des cheveux poussent sur sa tête. Les bourgeons des dents permanentes apparaissent sous les dents de lait. Il commence à entendre les bruits provenant de l'extérieur. Il peut sucer son pouce. Le fœtus s'exerce à utiliser son système digestif en avalant un peu de liquide amniotique.	Il mesure de 27 à 35 cm. Ses poumons viennent tout juste de se former, mais le fœtus est encore incapable de respirer par lui-même. Les doigts portent des empreintes digitales. Il sursaute lorsqu'il entend un bruit soudain.

Le troisième trimestre : de la 27e à la 40e semaine

La figure 67 montre un fœtus dans les derniers mois de son développement. Durant cette période, il grandit rapidement. Le développement rapide du fœtus, en particulier celui du cerveau, demande un apport important d'éléments nutritifs. Il est donc primordial que la mère s'alimente adéquatement.

Normalement, au cours du neuvième mois, le fœtus se place dans l'utérus de façon que sa tête soit vers le bas. Les mouvements que la mère sent sont plus fréquents et vigoureux (*voir le tableau 14*).

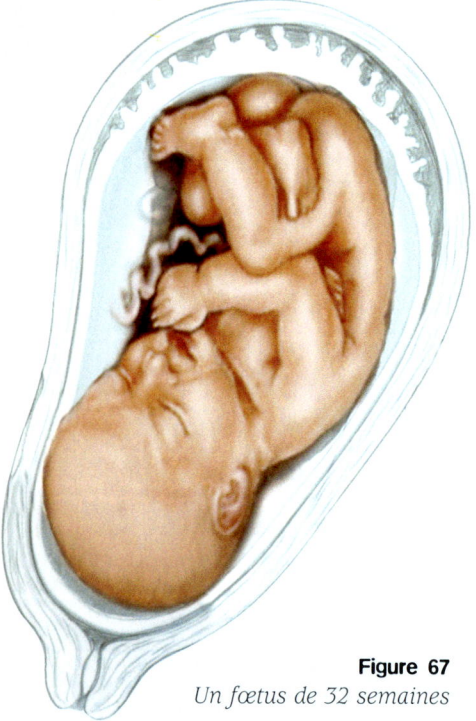

Figure 67
Un fœtus de 32 semaines

Tableau 14 *Les points saillants du développement du fœtus au cours du troisième trimestre*

	28e semaine	32e semaine	36e semaine
Points saillants	Le fœtus mesure environ 38 cm. Le système immunitaire se développe. Cela permet au fœtus de lutter contre les virus ou les bactéries indésirables. Les os commencent à durcir. Le fœtus peut ouvrir les yeux.	Il mesure environ 42 cm et grandit d'environ 1 cm par semaine. Les poumons et le cerveau continuent de se développer. Le fœtus commence à être un peu à l'étroit dans l'utérus. Il se place tête en bas, en prévision de l'accouchement.	Il mesure environ 50 cm. Il sait distinguer la lumière et l'obscurité. Il reconnaît la voix de sa mère. Les ongles et les cheveux continuent de pousser. Il a souvent le hoquet.

Les risques de la gestation

Pendant sa croissance, le fœtus reçoit toute sa nourriture et son oxygène par le sang de sa mère. Ce sang passe par le placenta, puis par le cordon ombilical. Le fœtus peut donc aussi recevoir des substances dangereuses. Tout ce que la mère mange, boit ou respire peut aboutir dans le sang du fœtus.

Le premier trimestre est une période critique pour le développement de l'embryon. C'est la période pendant laquelle le risque de malformations est le plus grand (*voir la figure 68*).

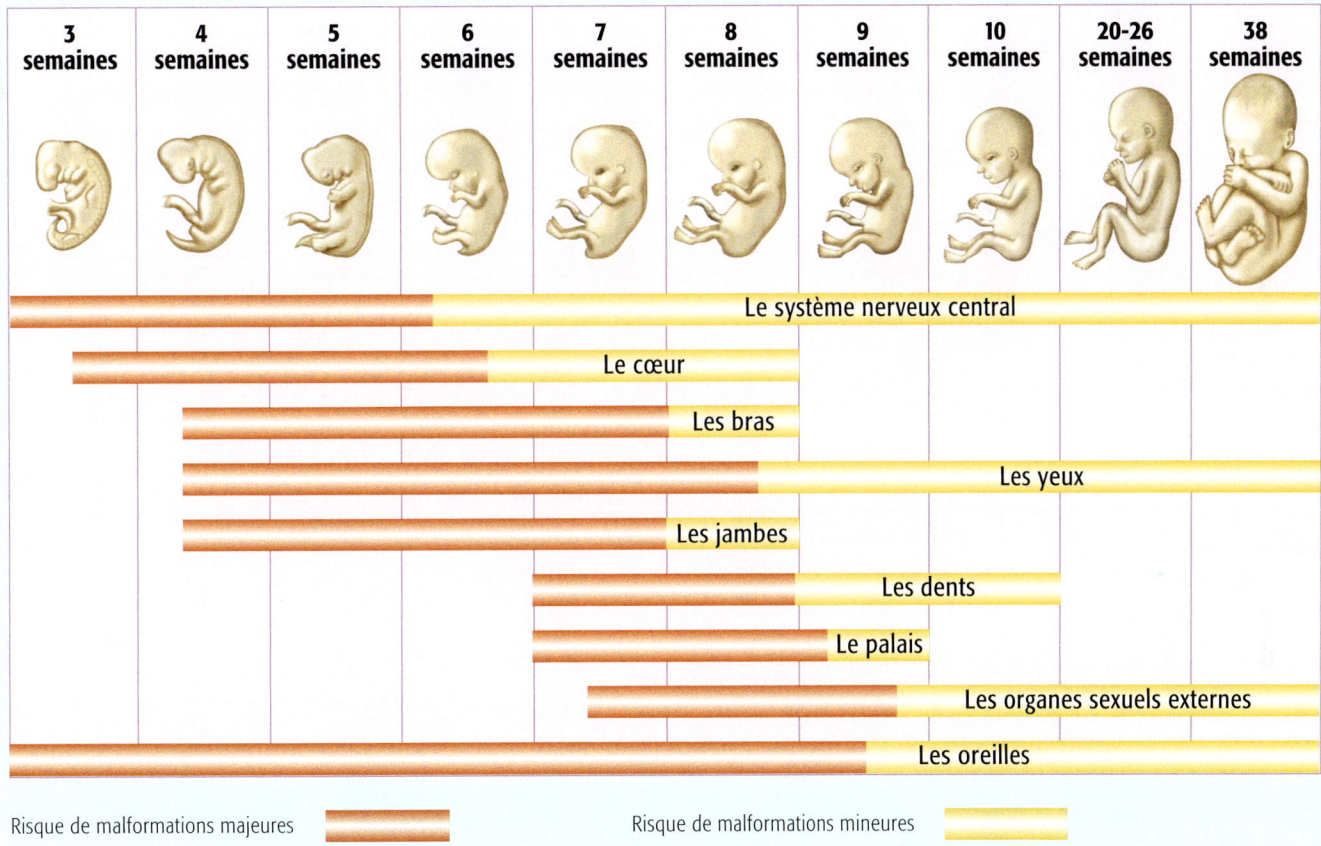

Figure 68 *Les périodes critiques du développement de l'embryon et du fœtus. C'est pendant les périodes marquées en rouge que les organes sont le plus sensibles aux facteurs extérieurs.*

Certaines substances, telles que la fumée de cigarette, l'alcool et les drogues, nuisent au développement normal du fœtus. Ces substances peuvent même causer des dommages permanents.

La fumée de cigarette peut empêcher le fœtus d'obtenir la quantité d'oxygène dont il a besoin. Cela peut porter atteinte à sa croissance et au développement de ses organes.

L'alcool, quant à lui, peut nuire aux fonctions de son cerveau et de son système nerveux, de même qu'à son développement physique. En fait, l'alcool reste plus longtemps dans le sang du fœtus que dans celui de la mère.

Des substances nocives, par exemple certains médicaments, peuvent se retrouver dans le sang du fœtus. Ces substances peuvent causer des malformations physiques ou des maladies mentales.

La naissance

La gestation se termine de 38 à 40 semaines après la fécondation de l'ovule par le spermatozoïde. À ce moment, un nouvel être est prêt à faire son entrée dans le monde. Le signal de l'accouchement (ou de l'expulsion du fœtus) est donné par l'**hypophyse**. À la puberté, cette glande sécrétait des hormones pour déclencher la production des gamètes mâles ou femelles. À l'accouchement, elle produit une autre hormone, l'**ocytocine**, qui stimule les contractions de l'utérus et dilate le col de l'utérus. Le travail commence (*voir la figure 69*).

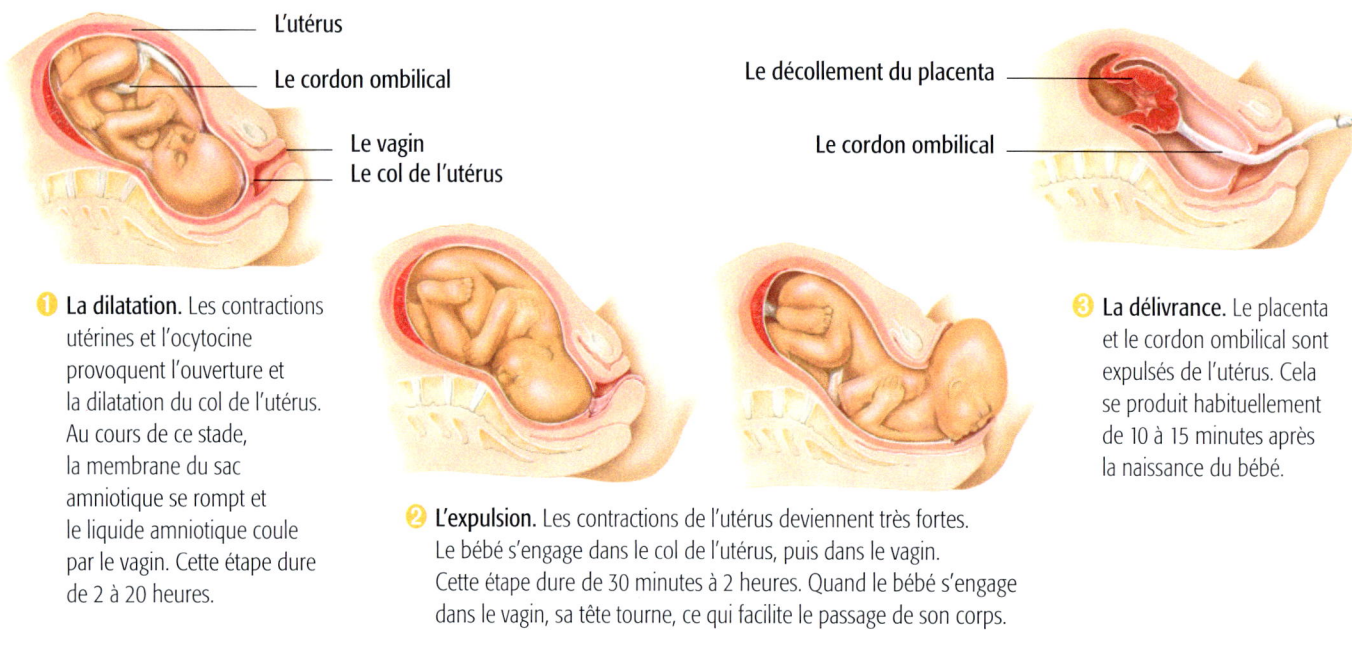

❶ **La dilatation.** Les contractions utérines et l'ocytocine provoquent l'ouverture et la dilatation du col de l'utérus. Au cours de ce stade, la membrane du sac amniotique se rompt et le liquide amniotique coule par le vagin. Cette étape dure de 2 à 20 heures.

❷ **L'expulsion.** Les contractions de l'utérus deviennent très fortes. Le bébé s'engage dans le col de l'utérus, puis dans le vagin. Cette étape dure de 30 minutes à 2 heures. Quand le bébé s'engage dans le vagin, sa tête tourne, ce qui facilite le passage de son corps.

❸ **La délivrance.** Le placenta et le cordon ombilical sont expulsés de l'utérus. Cela se produit habituellement de 10 à 15 minutes après la naissance du bébé.

Figure 69 *Les trois étapes principales de l'accouchement*

Je vérifie ce que j'ai retenu

1. Raconte l'histoire d'un spermatozoïde qui féconde un ovule. Poursuis ton récit jusqu'au moment où l'embryon s'implante dans l'utérus.
2. Crée un modèle en trois dimensions pour décrire la gastrula. Tu pourrais utiliser, par exemple, de la pâte à modeler.
3. Quel est le rôle :
   a) du liquide amniotique ?
   b) du placenta ?
   c) du cordon ombilical ?
4. À quel moment de la grossesse un embryon devient-il un fœtus ?
5. Trace un schéma résumant les principaux changements qui surviennent au cours de chacun des trois trimestres de la grossesse.
6. Quelles précautions particulières une femme enceinte doit-elle prendre afin de ne pas nuire au développement de son fœtus ?
7. Quelle hormone déclenche l'accouchement ?
8. Décris les étapes de l'accouchement.

Les stades du développement humain

Après la naissance, l'être humain traverse la **petite enfance**, l'**enfance** et l'**adolescence**. Puis il atteint l'**âge adulte**. Ce sont les étapes du développement humain. À chacune de ces étapes, il y a des changements importants dans le corps et le comportement de l'être humain.

La croissance est très rapide durant la petite enfance et l'enfance. Elle ralentit pendant l'adolescence, puis cesse à l'âge adulte. Ensuite, le corps vieillit et ses capacités diminuent. Enfin, quand une ou plusieurs fonctions vitales du corps s'arrêtent, la mort survient.

Les proportions du corps changent

Les parties du corps grandissent à des vitesses différentes. Tu peux voir clairement le changement des proportions du corps à la figure 70. On a pris des images d'enfants et d'un jeune adulte. On les a agrandies de façon que les personnes semblent toutes avoir la même taille. Compare par exemple la tête de chaque personne. Tu vois que la tête du bébé occupe les 2/8 de l'ensemble de son corps, alors que celle du jeune adulte représente seulement 1/8 de son corps.

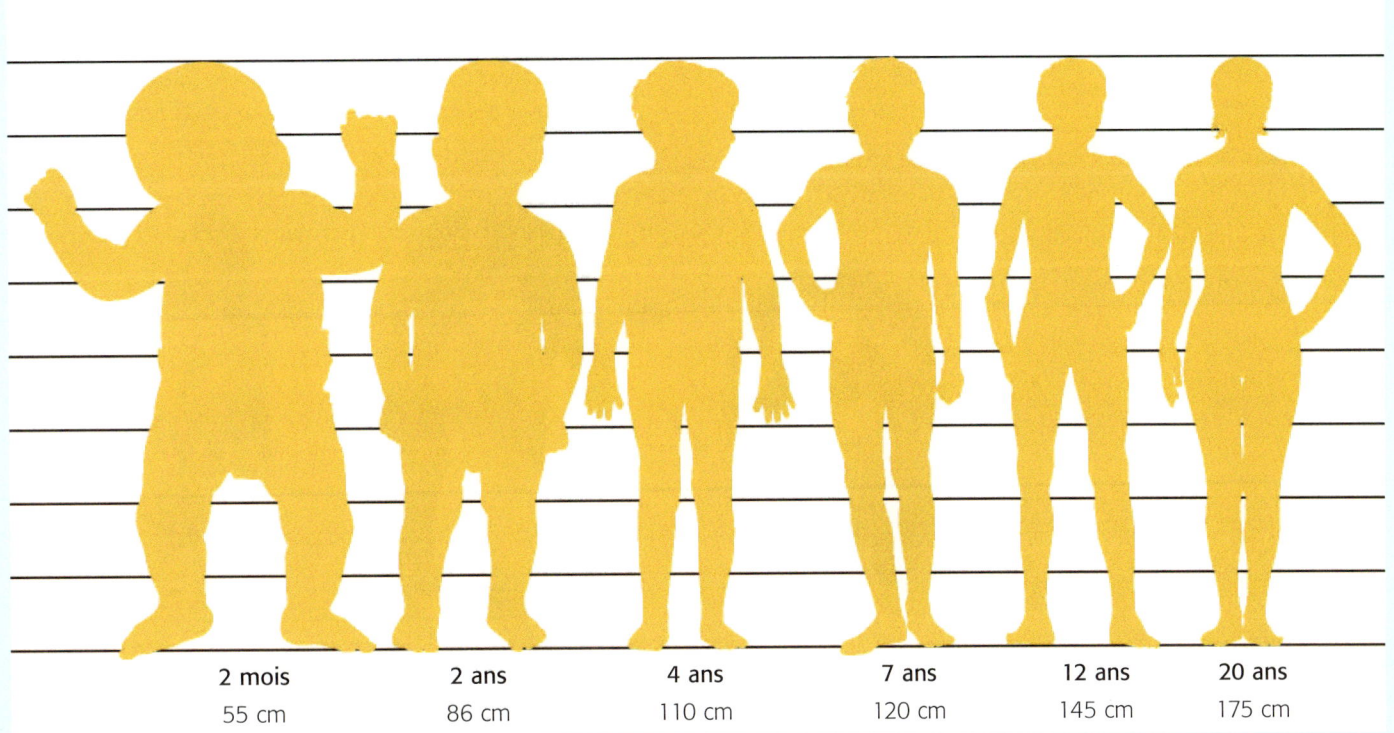

| 2 mois | 2 ans | 4 ans | 7 ans | 12 ans | 20 ans |
| 55 cm | 86 cm | 110 cm | 120 cm | 145 cm | 175 cm |

Figure 70 *Le changement des proportions du corps, de l'enfant au jeune adulte*

Le bébé devient un enfant

Durant les deux premières années de sa vie, l'être humain se développe rapidement. Un bébé de six semaines est complètement dépendant de ses parents. Ces derniers le nourrissent, l'abritent et le transportent. Mais, avant d'atteindre deux ans, l'enfant peut s'alimenter seul, marcher et parler. La figure 71 montre les étapes de ces apprentissages.

6 semaines

En dehors de ses heures de repas, le bébé dort la plupart du temps. Il pleure pour exprimer la faim, un malaise ou de la détresse. Il peut suivre une personne des yeux et l'écouter parler.

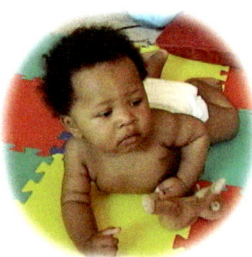

6 mois
Le bébé peut s'asseoir si on lui tient la tête et le dos. Il peut tenir des objets. Il pousse des cris aigus et babille.

8 mois
Le bébé s'assoit tout seul et tente de ramper. Il peut se tenir debout si on le tient. Il reconnaît les voix et peut imiter des sons simples.

10 mois
Le bébé peut ramper rapidement et se redresser sur ses mains. Il peut montrer quelque chose du doigt et saisir de petits objets. Il prononce ses premiers mots, habituellement « maman » et « papa ».

14 mois
L'enfant peut se tenir debout et marcher seul. Il connaît quelques mots et tente de se faire comprendre.

2 ans
L'enfant peut courir et sauter. Il peut tourner les pages d'un livre, identifier des images et des objets familiers, et dire de courtes phrases.

4 ans
L'enfant a un bon sens de l'équilibre et peut se tenir sur un pied. Il peut reproduire des formes simples et quelques lettres.

Figure 71 *Le développement physique et comportemental, du bébé à l'enfant*

L'adolescence et la puberté

L'adolescence est le passage de l'enfance à l'âge adulte. Durant l'adolescence, le corps de l'être humain se modifie, de même que sa psychologie.

Au cours de la puberté, le corps grandit et se transforme. Les filles et les garçons acquièrent la capacité de se reproduire grâce à l'hypophyse, qui stimule la production de certaines hormones sexuelles. La figure 72 montre les changements physiques qui surviennent à l'adolescence.

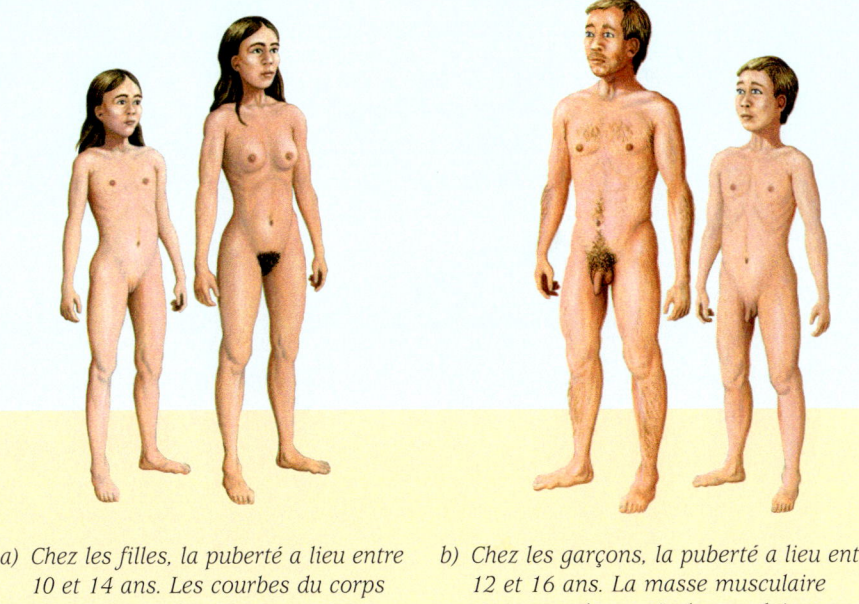

a) Chez les filles, la puberté a lieu entre 10 et 14 ans. Les courbes du corps apparaissent, les seins grossissent et les règles commencent.

b) Chez les garçons, la puberté a lieu entre 12 et 16 ans. La masse musculaire augmente, les testicules produisent des spermatozoïdes et la voix mue.

Figure 72 *Les changements physiques à la puberté*

Le vieillissement

Le vieillissement fait partie de l'évolution normale de la vie. Les différentes fonctions de l'organisme ralentissent. Les organes comme le cœur, l'estomac, les intestins et le foie s'affaiblissent. Lorsque des organes vitaux cessent de fonctionner, le corps meurt.

Habituellement, les signes du vieillissement sont davantage présents après 40 ans. Le corps devient moins mobile, les cheveux grisonnent et la peau se ride. Les os deviennent plus fragiles. Bien que le vieillissement physique soit inévitable, certains facteurs peuvent le ralentir. L'exercice physique régulier et une alimentation saine sont deux facteurs pouvant contribuer à retarder le vieillissement et ses effets.

Planifier les naissances

Chez la plupart des espèces vivantes, la reproduction est déclenchée par des facteurs externes. Prenons par exemple les espèces végétales du Québec. À mesure que les heures d'ensoleillement augmentent, les organes reproducteurs se forment et produisent des gamètes. Chez les animaux aussi, la production des gamètes débute avec les changements des conditions climatiques. La quantité de nourriture disponible, de même que sa qualité, sont aussi des facteurs qui déclenchent la reproduction chez les animaux.

Chez l'être humain, cependant, la production des gamètes n'est pas soumise à des facteurs environnementaux. Chaque mois, en toute saison, la femme amène un ovule à maturité. Une jeune fille peut d'ailleurs devenir enceinte dès ses premières règles. Quant à l'homme, il produit des spermatozoïdes tous les jours de l'année.

La contraception

La contraception provoque une stérilité temporaire ou permanente chez l'homme ou la femme. **Certains moyens de contraception empêchent la fécondation, donc la rencontre des spermatozoïdes avec l'ovule. D'autres empêchent la fixation du zygote dans l'utérus.** Le tableau 15 décrit différentes méthodes et moyens de contraception.

FLASH… FLASH… FLASH…

Dans plusieurs pays, la surpopulation entraîne des problèmes importants. Bien que le contrôle des naissances semble une solution, le manque d'information et l'inaccessibilité des moyens de contraception constituent des défis énormes. Au Québec, nous assistons au phénomène inverse, soit la dénatalité. En effet, le taux de natalité moyen est de seulement 1,5 enfant par femme. On considère qu'il faut en moyenne 2,1 enfants par femme pour maintenir la population à un niveau stable. Dans ce contexte, l'immigration permet de compenser le faible taux de natalité.

Tableau 15 *Les méthodes et moyens de contraception*

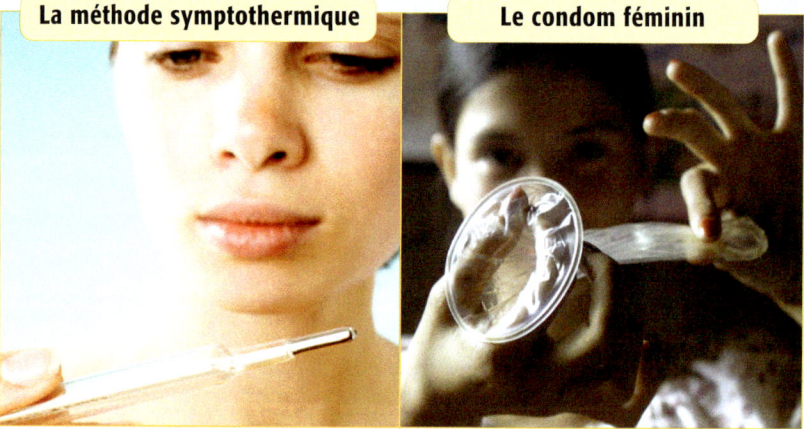

La méthode Billings	La méthode symptothermique	Le condom féminin
Il s'agit d'une méthode naturelle. Avant la période de l'ovulation, il se forme sur le col de l'utérus une substance appelée glaire cervicale. C'est un liquide clair qui a la texture du blanc d'œuf. La femme doit détecter la présence de la glaire. Elle sait ainsi que sa période d'ovulation commence. C'est la période où la femme est fertile. Elle doit donc utiliser un ou des moyens de contraception pendant cette période ou s'abstenir d'avoir des relations sexuelles. Elle doit commencer à utiliser ces moyens cinq jours avant l'ovulation. Elle doit continuer de les utiliser cinq jours après la fin de l'ovulation. En effet, les spermatozoïdes peuvent vivre pendant quelques jours dans l'utérus ou dans les trompes.	Cette méthode naturelle est basée sur le fait que, pendant l'ovulation, la température du corps augmente légèrement. En prenant sa température, la femme peut déterminer la date de sa période d'ovulation. Cette méthode exige que la femme connaisse bien son cycle menstruel et que ce dernier soit très régulier.	Le condom féminin est un moyen de contraception qui permet d'éviter la fécondation. Il s'agit d'une enveloppe que la femme doit introduire dans son vagin et qui empêche le sperme d'entrer en contact avec l'appareil génital féminin.

Tableau 15 *Les méthodes et moyens de contraception (suite)*

Le condom masculin	Le diaphragme	Les spermicides	Le stérilet
		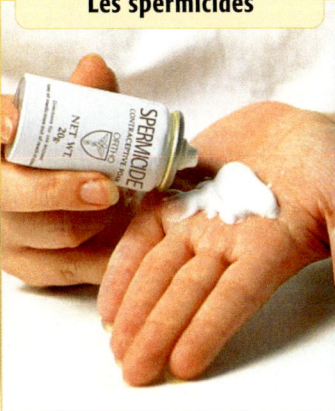	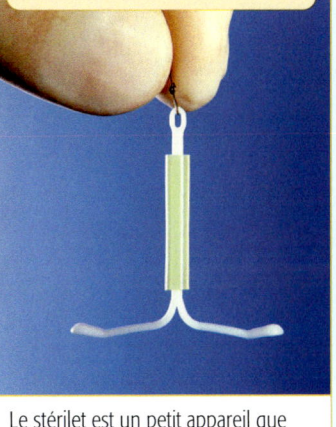
Le condom masculin a la même fonction que le condom féminin. Dans ce cas, c'est l'homme qui recouvre son pénis d'une enveloppe. Le condom est le seul moyen de prévenir les maladies transmissibles sexuellement (MTS).	Le diaphragme est un moyen utilisé pour empêcher les spermatozoïdes d'atteindre l'ovule. Cette membrane souple est introduite par le vagin jusqu'au col et peut rester 24 heures dans le vagin. On peut ensuite la nettoyer et la réutiliser.	Le spermicide est une substance chimique qui tue les spermatozoïdes. Utilisé avec le diaphragme ou un condom, ce moyen est efficace pour éviter la fécondation.	Le stérilet est un petit appareil que le médecin installe dans l'utérus. Il n'empêche pas tous les spermatozoïdes d'atteindre l'ovule, mais il empêche le zygote de se fixer dans l'utérus. Ce moyen s'adresse surtout aux femmes qui ont déjà eu des enfants. En effet, les femmes qui n'ont jamais été enceintes sont plus susceptibles de faire des infections quand elles portent un stérilet.

La pilule contraceptive	Le timbre contraceptif / Le contraceptif injectable	La ligature des trompes	La vasectomie
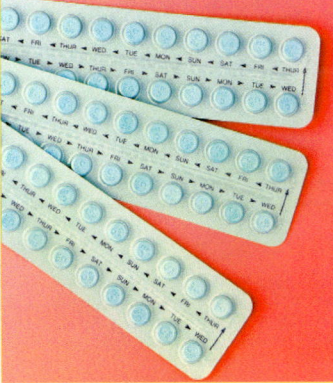	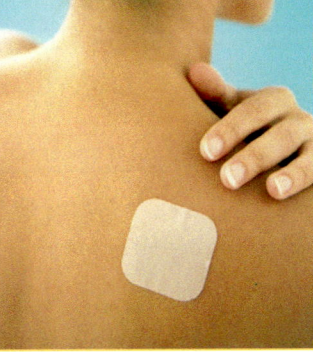	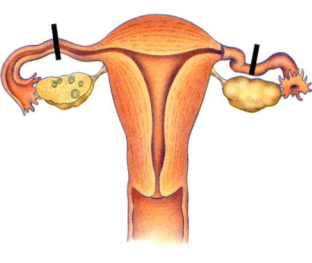	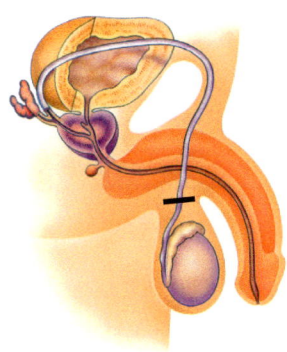
La pilule contraceptive est un moyen de contraception chimique. Elle contient des hormones féminines qui empêchent l'ovulation, donc la production des ovules. La femme doit prendre une pilule tous les jours.	Le timbre contraceptif est un moyen de contraception chimique. Il contient deux hormones féminines qui empêchent la libération des ovules. Il doit être remplacé chaque semaine. Le contraceptif injectable est un moyen de contraception chimique. Il contient une hormone féminine qui empêche l'ovulation. Une injection est donnée à la femme tous les trois mois.	Au cours de cette opération chirurgicale, on ligature les trompes de Fallope. La ligature n'empêche pas l'ovulation, mais elle évite la fécondation. Les ovules produits ne peuvent pas poursuivre leur route dans les trompes. Les spermatozoïdes ne peuvent donc pas les atteindre. C'est une opération généralement irréversible.	Cette opération chirurgicale s'adresse aux hommes. On coupe les canaux déférents de chaque testicule. On empêche ainsi les spermatozoïdes produits d'atteindre l'urètre. Cette opération n'empêche pas l'homme d'éjaculer. Le sperme ne contient tout simplement pas de spermatozoïdes. Cette opération est généralement irréversible.

SECTION 2 — La reproduction des êtres vivants

Les maladies transmissibles sexuellement

L'activité sexuelle peut comporter des risques pour la santé. Le sida est un exemple de maladie transmissible sexuellement (MTS) qui peut mener à la mort. Les MTS ne sont pas toutes aussi graves, mais toutes sont néfastes pour la santé. On parle aussi parfois des ITS (infections transmissibles sexuellement) parce que la personne infectée reste parfois longtemps sans présenter de symptômes d'une maladie.

Les MTS peuvent :
- causer la stérilité chez l'homme et la femme, c'est-à-dire les empêcher d'avoir des enfants ;
- endommager le système nerveux ou le système cardiovasculaire si elles ne sont pas traitées ;
- affecter particulièrement les femmes enceintes puisqu'elles peuvent représenter un risque pour la santé de leur bébé ;
- être très contagieuses. Elles se propagent facilement et rapidement entre les individus à l'occasion des relations sexuelles.

Les autorités sanitaires insistent auprès de la population, jeune et moins jeune, de l'importance de se protéger efficacement. La protection est d'autant plus importante que plusieurs MTS ne présentent aucun symptôme chez plusieurs personnes. **Le condom est un moyen de protection généralement efficace et pratique.** Il constitue une barrière contre les bactéries et les virus au moment des relations sexuelles. Le tableau 16 présente les principales MTS, leurs symptômes, les moyens de prévention et les traitements.

Tableau 16 *Les principales MTS*

MTS	Symptômes	Moyens de prévention et traitements
Infections par bactéries		
La syphilis	**Premier stade** Apparition de plaies non douloureuses à l'intérieur du vagin ou du pénis, de 9 à 90 jours après la contamination. **Deuxième stade** Ce stade dure de six semaines à six mois. Des symptômes comme la grippe peuvent apparaître. Des éruptions sur la peau apparaissent et disparaissent. **Troisième stade** Des années plus tard, si la syphilis n'est pas traitée, elle peut causer des problèmes cardiaques, rendre aveugle, attaquer le système nerveux et entraîner la mort. Elle peut rendre une femme stérile.	**Prévention :** Port du condom **Traitement :** Les antibiotiques sont très efficaces.
La gonorrhée	Les symptômes suivants apparaissent de trois à cinq jours après la contamination : • pertes vaginales inhabituelles ; • sensations de brûlure en urinant ; • douleurs durant l'acte sexuel ; • écoulement d'un liquide épais et jaunâtre à partir du pénis ; • douleurs aux testicules ou enflure de ceux-ci.	**Prévention :** Port du condom **Traitement :** Les antibiotiques sont très efficaces.
La chlamydia	Les symptômes apparaissent de une à trois semaines après la contamination. Ce sont les mêmes que pour la gonorrhée, mais les écoulements sont plutôt blanchâtres. Ils comprennent aussi des démangeaisons à l'intérieur du pénis.	**Prévention :** Port du condom **Traitement :** Les antibiotiques sont très efficaces.

Tableau 16 *Les principales MTS (suite)*

MTS	Symptômes	Moyens de prévention et traitements
Infections par virus		
L'hépatite B	Il s'agit d'un virus qui attaque le foie et qui se propage par la salive, le sperme ou le sang. Les symptômes suivants apparaissent de deux à six mois après la contamination : • manque d'appétit ; • nausées ; • vomissements ; • jaunisse (jaunissement des yeux et de la peau) ; • maux de tête ; • urine foncée (couleur de thé) ; • excréments pâles.	**Prévention :** Port du condom. C'est la seule MTS pour laquelle il existe un vaccin. **Traitement :** Du repos, une alimentation saine sans alcool. Le traitement est complexe et peut exiger des antiviraux.
Le sida (syndrome d'immunodéficience acquise)	Cette maladie attaque le système immunitaire et le rend inefficace. (Quand le système immunitaire fonctionne bien, il protège notre corps contre les bactéries et les virus qui causent des maladies.) Le virus se transmet par le sang ou les liquides du vagin ou du pénis. Il est détectable environ 12 semaines après la contamination. Une personne peut être porteuse du virus plusieurs années avant d'avoir des symptômes de la maladie.	**Prévention :** Port du condom **Traitement :** Aucun traitement n'existe pour détruire le virus du sida. Toutefois, il est possible de ralentir la progression de la maladie en prenant plusieurs médicaments.
Les condylomes	Les symptômes apparaissent de deux semaines à huit mois après la contamination. Ce sont des verrues non douloureuses, ressemblant à des choux-fleurs, qui apparaissent sur les zones humides comme le pénis, le vagin, le col de l'utérus et la bouche.	**Prévention :** Port du condom **Traitement :** Comme il s'agit d'une infection à virus, ce dernier reste dans le corps. On peut traiter les verrues en appliquant une crème ou en les faisant enlever par un médecin.
L'herpès génital	Les symptômes apparaissent de quelques jours à une semaine après la contamination. Ce sont des sensations de picotement sur les parties sexuelles et autour de celles-ci. Puis il y a apparition de petites ampoules qui éclateront et se transformeront en plaies douloureuses.	**Prévention :** Bonne hygiène corporelle et port du condom **Traitement :** Toujours garder les zones infectées sèches et propres. Comme il s'agit d'une infection virale, les symptômes peuvent disparaître et réapparaître.

Je vérifie ce que j'ai retenu

1. Quels sont les stades du développement de l'être humain ?
2. Pourquoi utilise-t-on des moyens de contraception ? Donne au moins deux raisons.
3. Nomme un moyen de contraception qui produit l'effet suivant :
    a) permet d'éviter de contracter une MTS ;
    b) empêche la fixation du zygote dans l'utérus ;
    c) empêche la fécondation ;
    d) empêche l'ovulation ;
    e) entraîne une stérilité définitive.
4. Quels sont les dangers pour la santé associés aux MTS ?
5. Quel est le moyen le plus efficace pour prévenir les MTS ?

SECTION 3
Le maintien de la vie

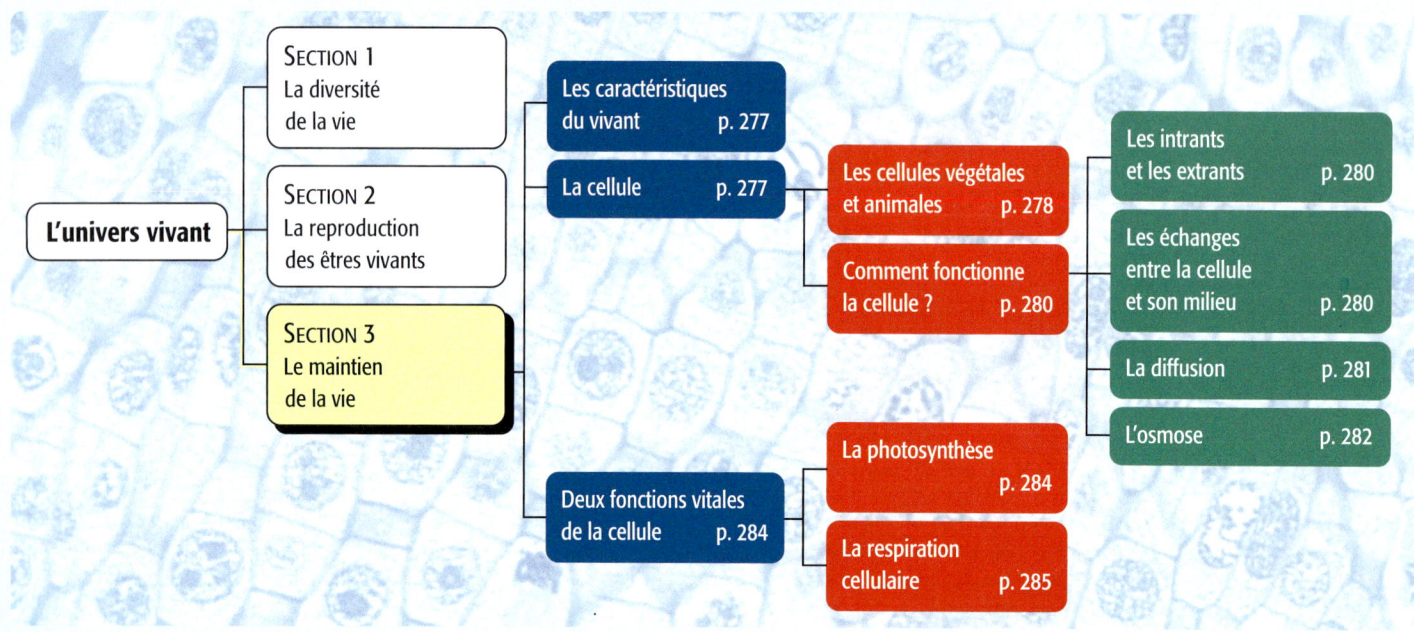

Survol

Qu'ont en commun une baleine et un organisme unicellulaire vivant dans un étang ? La cellule ! Dans une seule cuillerée d'eau provenant d'un étang, on trouve de nombreux êtres vivants. Beaucoup d'entre eux sont formés d'une seule cellule, comme l'amibe de la photo du bas, qui est grossie environ 64 fois. Le corps énorme de la baleine est lui aussi formé de cellules. En fait, il en compte des milliers de milliards.

Depuis l'invention du microscope, les scientifiques ont pu étudier les détails de la structure des organismes vivants. Selon leurs observations, la cellule est la plus petite composante autonome de tout ce qui vit. Les scientifiques ont énoncé une théorie selon laquelle chaque être vivant est constitué de cellules.

En étudiant les cellules et leur fonctionnement, tu peux mieux comprendre ce qui rend possible toute forme de vie. En fait, la présence de cellules dans un organisme est une des caractéristiques du vivant.

Dans cette section, tu découvriras les caractéristiques du vivant. Tu plongeras au cœur du vivant pour observer les cellules et leur fonctionnement. Chaque cellule est un petit système. Des substances entrent dans la cellule (les intrants) et en sortent (les extrants). Ces échanges se font entre autres par les processus d'osmose et de diffusion. Les cellules accomplissent des fonctions vitales pour elles-mêmes et pour les êtres vivants dont elles font partie. Tu verras deux de ces fonctions à la fin de la section. Ce sont la photosynthèse et la respiration cellulaire.

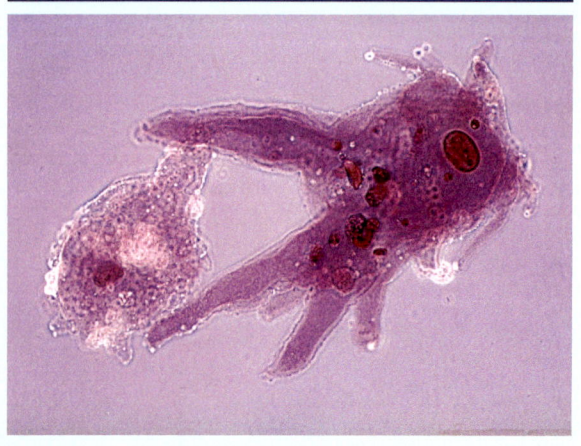

Les caractéristiques du vivant

Le mouvement est un des signes de la vie. Toutefois, il n'est pas toujours facile de décrire les différences entre les organismes vivants et les objets inanimés. En effet, certains objets possèdent des caractéristiques semblables à celles des êtres vivants, comme le mouvement, la croissance et la reproduction. Par exemple, les cristaux de plusieurs minéraux peuvent croître ou grossir ; les flaques d'huile qui flottent sur l'eau peuvent se diviser en plusieurs petites flaques. Pourtant, ce ne sont pas des organismes vivants.

Les scientifiques ont découvert une caractéristique essentielle de la vie : **tous les organismes vivants sont composés de cellules. La cellule est la plus petite unité vivante qui existe.** Les cristaux et les flaques d'huile ne sont pas des organismes vivants parce qu'ils ne sont pas constitués de cellules.

La cellule

La cellule est comme une petite ville comprenant différentes parties. Chaque partie joue un rôle dans le fonctionnement du tout. Les cellules n'ont pas toutes la même taille, ni la même forme ni la même fonction. Par exemple, dans le corps d'un animal, les cellules du cerveau, celles de la peau et celles des yeux sont très différentes. La figure 73 te donne quelques exemples de ces différences. Mais, peu importe leurs fonctions, la plupart des cellules sont constituées des mêmes éléments, et ces éléments ont les mêmes rôles.

HISTOIRE SCIENTIFIQUE

Louis Pasteur (1822-1895) a contribué à l'avancement de nos connaissances sur les microorganismes. En 1879, Pasteur injecte des microbes très affaiblis du choléra à des poules. Il constate ensuite que celles-ci sont immunisées contre la maladie. En 1885, Pasteur teste avec succès son vaccin contre la rage et prouve l'efficacité de la vaccination chez l'être humain. Les conséquences des découvertes de Pasteur sur le rôle des microorganismes dans les maladies infectieuses permettent de sauver des millions de vies chaque année.

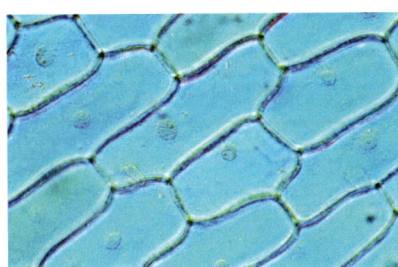

a) Des cellules de peau d'oignon (grossissement 200X)

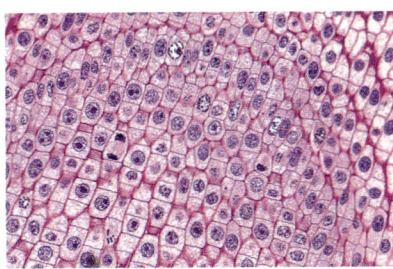

b) Des cellules de peau humaines (grossissement 400X)

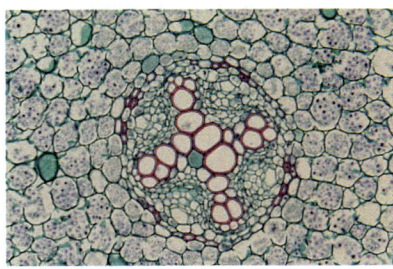

c) Des cellules de racine (grossissement env. 400X)

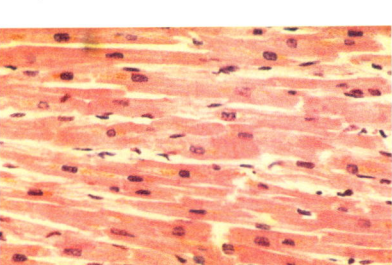

d) Des cellules cardiaques humaines (grossissement 125X)

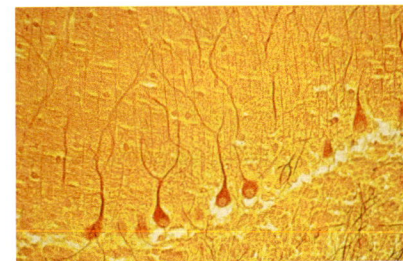

e) Des cellules nerveuses humaines (grossissement env. 400X)

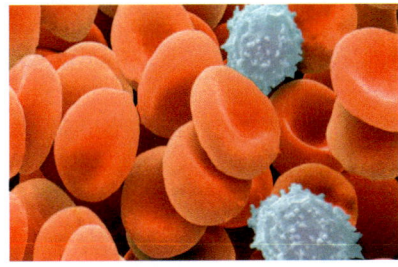

f) Des cellules sanguines (globules rouges) humaines (grossissement 2 600X)

Figure 73 *La diversité cellulaire*

HISTOIRE SCIENTIFIQUE

Sir **Alexandre Fleming** (1881-1955) était un médecin et un microbiologiste britannique. En 1928, il étudiait les effets antibiotiques des bactéries. En son absence, une de ses cultures bactériennes a été infectées par une moisissure, cultivée dans un laboratoire voisin. À son retour, Fleming a constaté qu'une zone libre de bactérie s'était formée autour de la moisissure. Il en a conclu que la moisissure produisait une substance qui empêchait la croissance des bactéries. Il a nommé cette substance «pénicilline». Aujourd'hui, on produit la pénicilline à grande échelle, ce qui permet de sauver des millions de personnes.

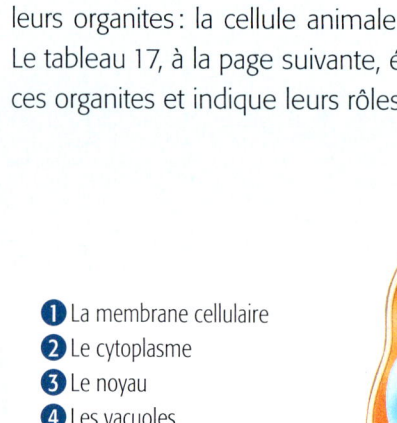

Les cellules végétales et animales : de quoi sont-elles faites ?

Les cellules sont comme des usines où les activités ne cessent jamais. Chaque cellule doit exécuter certaines tâches pour rester en vie. Entre autres, la cellule doit respirer, se nourrir, se réparer, se multiplier et éliminer des déchets.

Les cellules accomplissent ces tâches grâce à certaines structures fondamentales. Les structures internes de la cellule s'appellent **organites**. Chaque organite a un rôle à jouer. Les figures 74 et 75 présentent les schémas de deux cellules et leurs organites : la cellule animale et la cellule végétale.

Le tableau 17, à la page suivante, énumère ces organites et indique leurs rôles.

❶ La membrane cellulaire
❷ Le cytoplasme
❸ Le noyau
❹ Les vacuoles
❺ Le réticulum endoplasmique
❻ Les mitochondries

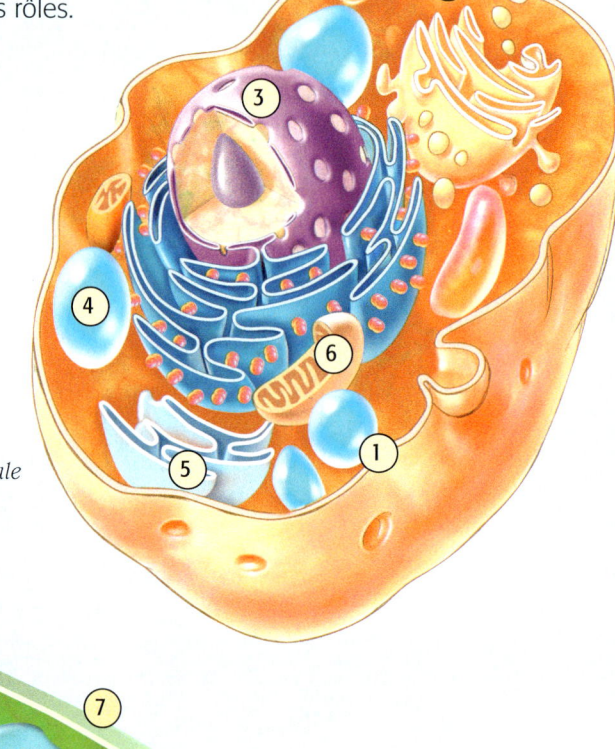

Figure 74 *Le schéma d'une cellule animale*

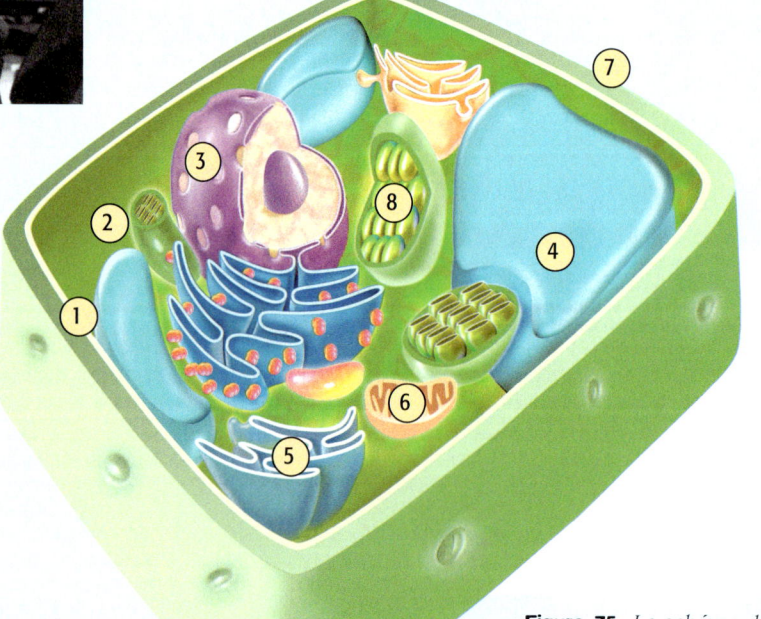

❶ La membrane cellulaire
❷ Le cytoplasme
❸ Le noyau
❹ Les vacuoles
❺ Le réticulum endoplasmique
❻ Les mitochondries
❼ La paroi cellulosique
❽ Les chloroplastes

Figure 75 *Le schéma d'une cellule végétale*

Tableau 17 *Les organites des cellules et leurs rôles*

Organites	Rôles
1. La membrane cellulaire	Comme la peau qui recouvre notre corps, cette membrane enveloppe et protège le contenu de la cellule. Sa structure aide à contrôler l'entrée et la sortie des substances dans la cellule.
2. Le cytoplasme	Une grande partie de la cellule est occupée par le cytoplasme, qui a une texture gélatineuse. Comme le sang qui circule dans le corps, le cytoplasme est toujours en mouvement. Il permet la distribution des substances, comme l'oxygène et les éléments nutritifs, aux différentes parties de la cellule. Il maintient aussi les organites en place.
3. Le noyau	C'est généralement la structure la plus facile à voir dans une cellule. Le noyau dirige les activités de la cellule. Il renferme les chromosomes, des structures faites de gènes qui permettent la croissance et la reproduction de la cellule. Le noyau est enveloppé dans une membrane nucléaire. Cette membrane contrôle l'entrée et la sortie des substances dans le noyau.
4. Les vacuoles	Elles sont situées dans le cytoplasme. Ce sont des espaces en forme de ballon qui servent à stocker les éléments nutritifs et d'autres substances que la cellule n'utilise pas immédiatement (par exemple, le gras). Les vacuoles contiennent aussi des déchets qui ne sont pas encore évacués.
5. Le réticulum endoplasmique	Il s'agit d'une membrane repliée qui forme un réseau de canaux. C'est par ces canaux que les substances parviennent aux parties de la cellule ou quittent la cellule. Le réticulum joue un rôle important dans le transport cellulaire.
6. Les mitochondries	Elles absorbent les éléments nutritifs et produisent ainsi l'énergie nécessaire aux activités de la cellule. Les mitochondries jouent un rôle important dans la respiration cellulaire.
Organites présents seulement dans la cellule végétale	
7. La paroi cellulosique	Il s'agit d'une paroi plus épaisse et plus rigide que la membrane cellulaire. Elle est principalement formée d'une matière résistante appelée cellulose. Cette paroi sert de support à la cellule. Elle se forme à l'extérieur de la membrane cellulaire.
8. Les chloroplastes	Ce sont les structures où a lieu la photosynthèse, c'est-à-dire la prodution de sucre à partir de l'énergie solaire et du gaz carbonique. Chaque chloroplaste contient un pigment vert appelé chlorophylle qui absorbe l'énergie du soleil.

HISTOIRE SCIENTIFIQUE

Antonie van Leeuwenhoek (1632-1723) a inventé le microscope. Grâce à cet appareil, Robert Hooke (1635-1703) a pu observer des cellules de plantes en 1655. Quelques années plus tard, en 1661, Marcello Malpighi (1628-1694) a décrit les cellules humaines pour la première fois. En 1673, le Danois Nicholas Sténon (1638-1686) et le Hollandais Reinier de Graaf (1641-1673) observent les follicules ovariens. Ces structures, qu'on appelle aussi «follicules de De Graaf» lorsqu'ils sont matures, contiennent les ovules. En 1677, Van Leeuwenhoek observe les spermatozoïdes.

Nutriments
Les particules dont se nourrissent les cellules. Elles résultent de la digestion des aliments.

FLASH... FLASH... FLASH...

La vitamine A est indispensable au bon fonctionnement de l'organisme. De plus, elle favorise la croissance des os et des dents, ainsi qu'une bonne vision (c'est-à-dire la sensibilité à la lumière de la rétine). On la trouve dans le lait et le foie. Sa principale source est la bêtacarotène qui est transformée en vitamine A par l'appareil digestif. La bêtacarotène se trouve dans plusieurs légumes, par exemple les carottes, les tomates, le brocoli, de même que dans plusieurs fruits, tels que les pêches, le cantaloup et la mangue.

Comment fonctionne la cellule ?

Combien de temps pourrais-tu vivre sans boire ? sans manger ? sans respirer ? La satisfaction de ces besoins est essentielle à la vie. Mais pourquoi as-tu besoin de boire, de manger et de respirer ? Il y a plusieurs réponses à cette question. Tu sais que ton corps est composé de cellules. Tu peux donc voir tes besoins essentiels du point de vue de tes cellules. Quand tu bois, tes cellules utilisent l'eau que tu as bue pour remplir leurs fonctions. Autrement dit, la soif est un signal que tes cellules envoient à ton cerveau pour te dire qu'elles ont besoin d'eau. De même, les cellules utilisent l'air que tu respires et l'énergie provenant des aliments que tu manges pour accomplir leurs fonctions.

Les intrants et les extrants

On nomme intrants les substances qui entrent dans la cellule et qui sont indispensables à ses activités. Les principaux intrants de la cellule sont l'eau, les **nutriments** et l'oxygène. À l'intérieur de la cellule, dans les mitochondries, les nutriments libèrent l'énergie qu'ils contiennent au contact de l'oxygène. La cellule utilise aussi les nutriments comme matériaux de construction (pour grandir) ou de réparation (pour se soigner).

Quand la cellule a utilisé les nutriments, elle se retrouve avec des **déchets**, c'est-à-dire des substances inutiles. **Ces substances doivent sortir de la cellule. Ce sont les extrants.** Les principaux extrants sont l'eau, le gaz carbonique et les déchets des fonctions cellulaires.

Les échanges entre la cellule et son milieu

À la frontière qui sépare deux pays, on vérifie les articles que les gens transportent. En raison des lois, il est généralement interdit de traverser une frontière avec des armes à feu, de la nourriture, des plantes, etc. C'est pourquoi il existe des postes de douane.

De la même manière, la membrane cellulaire vérifie les matériaux qui entrent dans la cellule ou qui en sortent. Comme un poste de douane, elle permet à certaines substances d'entrer ou de sortir, mais elle interdit le passage à d'autres. Comme la membrane ne laisse passer que certaines substances, on dit qu'elle possède une **perméabilité sélective**.

Un poste de douane

Comment la membrane remplit-elle cette fonction ? Grâce à sa structure. Prenons l'exemple d'un sac de plastique et d'un sac en coton. L'eau ne passe pas à travers un sac de plastique alors qu'elle passe à travers un sac en coton (*voir les figures 76 et 77*). Le plastique est imperméable à l'eau tandis que le coton est perméable. Les matériaux qui composent chacun des sacs sont différents.

Figure 76 *Le plastique est imperméable à l'eau à cause de sa structure.*

Figure 77 *Le coton est perméable à l'eau à cause de sa structure.*

La diffusion

La structure de la membrane cellulaire contrôle ce qui entre dans la cellule et ce qui en sort. Pour entrer dans la cellule, les substances doivent se déplacer. Comment le font-elles ? La figure 78 te donne un indice pour répondre à cette question. Si on dépose une goutte d'encre dans un contenant rempli d'eau, l'encre se disperse.

Figure 78 *Après la diffusion, les particules d'encre se sont dispersées de façon uniforme parmi les particules d'eau. Toute la solution semble être teintée d'encre.*

Imagine que tu participes à une soirée dansante. Tout le monde danse sur la piste centrale. Chaque personne essaie d'éviter d'entrer en collision avec les autres. Au bout d'un certain temps, les gens qui dansent se sont déplacés sur la piste de façon à laisser le maximum d'espace entre eux. Ils se sont répartis uniformément sur la piste.

L'encre réagit de la même façon dans l'eau. Elle est composée de minuscules particules qui bougent dans tous les sens et entrent en collision continuellement (*voir L'univers matériel, à la page 177*). À cause de ces collisions, les particules d'encre se dispersent (*voir la figure 78, à la page précédente*). Elles vont dans des zones où il y a moins de particules d'encre, donc moins de collisions. Ce processus est appelé diffusion. **La diffusion décrit le mouvement des particules lorsqu'elles se déplacent d'une région où elles sont concentrées vers une région où elles sont moins concentrées.**

La membrane cellulaire est perméable à certaines substances seulement. **C'est par la diffusion que les substances entrent dans la cellule et en sortent.** Le gaz carbonique, par exemple, est un déchet produit par la cellule. Imagine une cellule contenant ce gaz en grande quantité. Comme les particules de gaz sont nombreuses dans la cellule, elles cherchent à se déplacer vers un endroit où elles sont moins nombreuses, c'est-à-dire à l'extérieur de la cellule (*voir les figures 79 et 80*).

FLASH... FLASH... FLASH...

C'est entre autres par les phénomènes d'osmose et de diffusion que plusieurs substances pénètrent dans les cellules du corps humain. Par exemple, la molécule d'alcool traverse facilement la membrane cellulaire. Lorsque les molécules d'alcool sont trop nombreuses dans les cellules nerveuses du cerveau, elles ralentissent son activité. L'alcool provoque aussi des troubles de la mémoire et des réflexes plus lents.

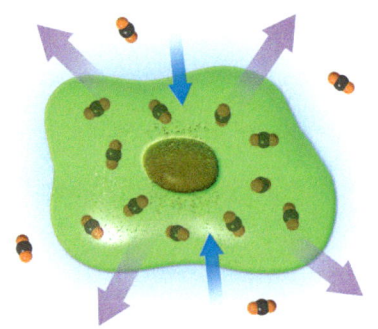 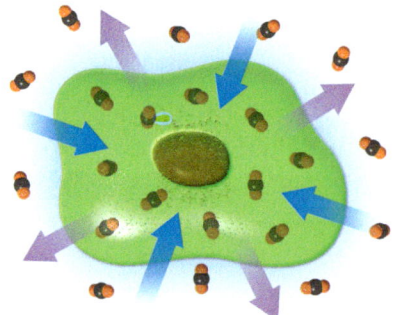

Figure 79 *Il y a une plus forte concentration de particules de gaz carbonique à l'intérieur de la cellule qu'à l'extérieur. Les particules sortent de la cellule à un rythme plus rapide qu'elles n'y entrent.*

Figure 80 *Il y a une concentration égale de particules de gaz carbonique de chaque côté de la membrane cellulaire. Les particules entrent dans la cellule et en sortent au même rythme.*

L'osmose

L'eau est la substance la plus abondante tant à l'intérieur qu'autour de la cellule. En effet, une cellule est composée d'environ 70 % d'eau. La plupart des cellules meurent rapidement lorsqu'elles sont privées d'eau. Si l'eau est essentielle, c'est entre autres parce qu'elle est un solvant. On l'appelle parfois « le solvant universel », parce qu'elle peut dissoudre un grand nombre de substances. Dans la cellule, l'eau contient différentes particules dissoutes (nutriments, gaz carbonique, déchets). Les particules d'eau sont également petites : elles peuvent entrer facilement dans la cellule et en sortir. Les particules d'eau cherchent à se déplacer d'une région où les substances dissoutes sont peu nombreuses vers une région où elles sont plus nombreuses, afin de les diluer. Autrement dit, l'eau se déplace de part et d'autre de la membrane cellulaire de façon à rétablir l'équilibre des concentrations des particules dissoutes. **On appelle osmose le passage de l'eau à travers une membrane qui ne laisse passer que certaines substances.**

On peut observer le phénomène de l'osmose dans la vie courante. Par exemple, si tu laisses du céleri sur un comptoir, sans emballage, il deviendra mou. Lorsque le céleri est laissé à l'air libre, les particules d'eau des cellules passent par évaporation dans l'air ambiant. En effet, l'air ambiant est moins humide que les cellules du céleri. Les cellules se vident donc peu à peu de leur eau et deviennent de plus en plus molles.

Par contre, si tu places ce céleri dans un verre d'eau, il retrouvera sa fermeté. Les particules d'eau vont entrer dans les cellules du céleri, grâce à l'osmose. En effet, le céleri est un milieu qui contient davantage de particules dissoutes que le verre d'eau (*voir les figures 81 et 82*).

Revenons maintenant à la membrane cellulaire. Elle possède une perméabilité sélective. Autrement dit, elle laisse passer l'eau et certaines substances précises, mais elle bloque le passage aux autres substances.

Figure 81 *Des branches de céleri mou*

Figure 82 *Les mêmes branches de céleri, quelques heures plus tard*

Lorsque tu dépenses beaucoup d'énergie, tu évacues beaucoup d'eau dans l'air par l'expiration et la transpiration. L'eau se retire de tes cellules. Quand il y a moins d'eau dans une cellule, les particules (nutriments, gaz carbonique, déchets) sont plus concentrées. Pour rétablir l'équilibre, tu dois boire de l'eau. Cette eau entre dans tes cellules par osmose jusqu'à ce que la concentration des particules soit la même à l'intérieur et à l'extérieur de tes cellules. La figure 83 montre le fonctionnement d'une membrane à perméabilité sélective.

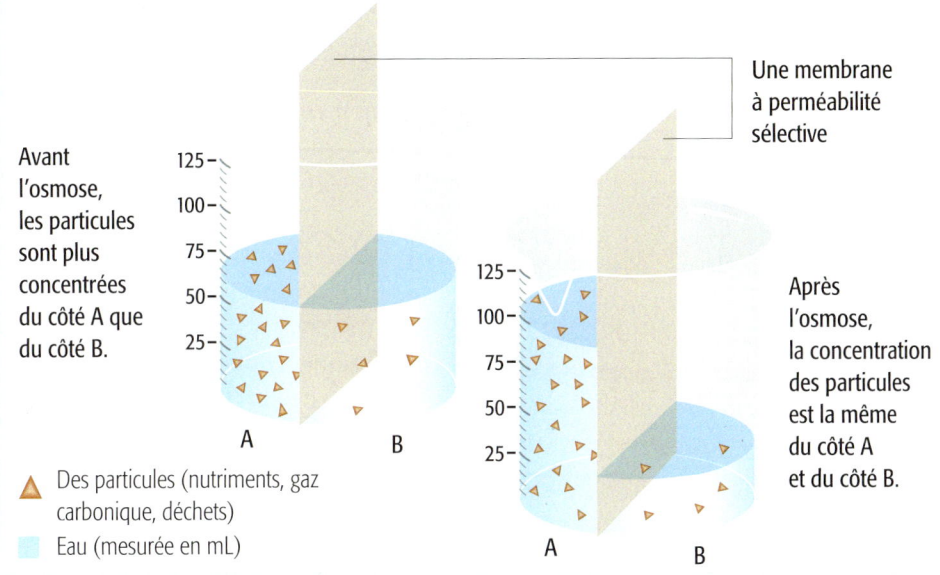

Figure 83 *L'eau se déplace par osmose du côté B au côté A.*

Deux fonctions vitales de la cellule

Toutes les cellules ont besoin d'énergie pour croître et fonctionner. Où la plupart des organismes vivants puisent-ils cette énergie? Dans la nourriture qu'ils consomment. **L'énergie contenue dans la nourriture est libérée au cours d'une réaction chimique appelée respiration cellulaire. Les plantes produisent elles-mêmes leur nourriture grâce à une fonction appelée photosynthèse.** La respiration cellulaire et la photosynthèse sont donc des fonctions complémentaires (*voir le tableau 18*).

Tableau 18 *La photosynthèse et la respiration cellulaire : une relation complémentaire*

Les végétaux		Les animaux (y compris l'être humain)
La photosynthèse	**La respiration cellulaire**	**La respiration cellulaire**
Les cellules végétales produisent des glucides (sucres) à partir de l'énergie solaire, du gaz carbonique et de l'eau. Cette réaction libère de l'oxygène. Les cellules végétales mettent en réserve les glucides qu'elles produisent.	Les cellules végétales utilisent les glucides comme source d'énergie pour accomplir leurs activités. Les cellules libèrent l'énergie contenue dans les glucides à l'aide d'oxygène. Cette réaction produit du gaz carbonique et de l'eau.	Les cellules animales utilisent les glucides comme source d'énergie pour accomplir leurs activités. Les cellules libèrent l'énergie contenue dans les glucides à l'aide d'oxygène. Cette réaction produit du gaz carbonique et de l'eau.

La photosynthèse

Les plantes utilisent la lumière du **soleil** comme source d'énergie. En présence de cette lumière, elles fabriquent des sucres appelés **glucides** à partir d'**eau** et de **gaz carbonique**. L'eau provient des racines, qui la puisent dans le sol. Les feuilles absorbent le gaz carbonique présent dans l'air (*voir la figure 84*).

La photosynthèse est très importante, car les glucides fabriqués par les plantes sont à la base de l'alimentation de tous les autres êtres vivants. Tu peux absorber des glucides en mangeant des plantes telles que des fruits, des légumes ou des céréales. Lorsque tu manges de la viande, tu absorbes indirectement les glucides provenant des plantes que l'animal a mangées.

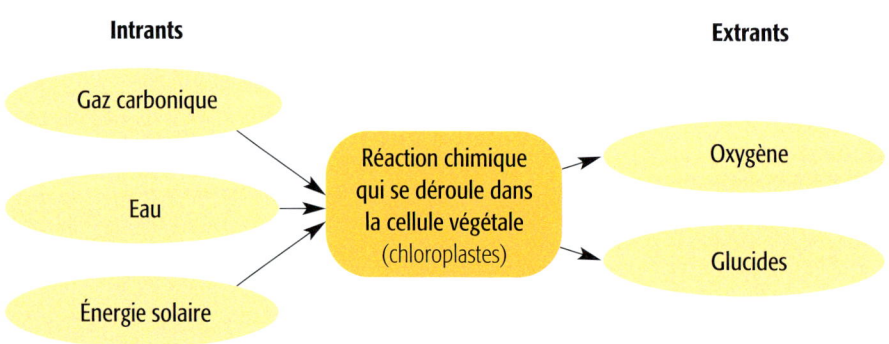

Figure 84 *Les intrants et les extrants de la photosynthèse*

La respiration cellulaire

Chez les êtres vivants, la respiration cellulaire est d'une importance capitale. Elle permet, entre autres, de **transformer les glucides en énergie**. Cette transformation est effectuée par certains organites des cellules, les mitochondries (*voir les figures 74 et 75, à la page 278*). Ces dernières absorbent les glucides et l'oxygène. Ensuite, une réaction chimique permet à l'**oxygène** de libérer l'énergie présente dans les glucides. Cette énergie peut alors être employée par les cellules (*voir la figure 85*).

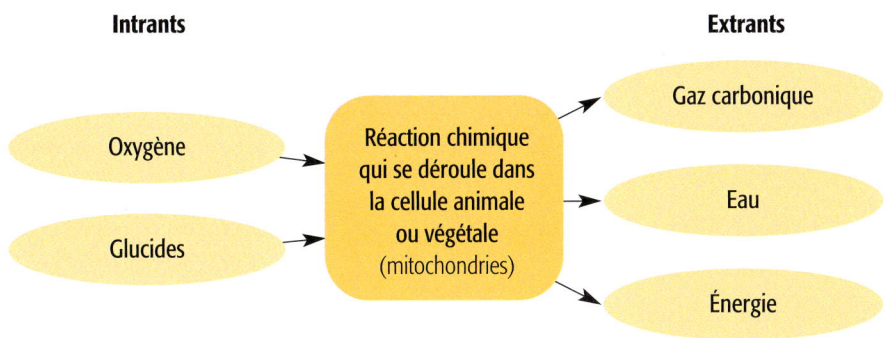

Figure 85 *Les intrants et les extrants de la respiration cellulaire*

Je vérifie ce que j'ai retenu

1. Qu'est-ce qui distingue les êtres vivants des non-vivants ?
2. Explique les ressemblances et les différences entre une cellule végétale et une cellule animale.
3. On peut comparer la cellule à une petite ville. Dessine le schéma d'une « cité cellulaire ». Tiens compte des éléments suivants.
   a) Attribue un rôle à chacun des organites des cellules. Par exemple, quel organite dirigera ta « cité cellulaire », quel organite se chargera de la circulation, de l'enlèvement des ordures, de la production de l'énergie, etc.
   b) Explique comment fonctionne ta « cité cellulaire ».
4. Dans chaque cas, indique s'il s'agit d'un exemple de diffusion ou d'osmose.
   a) Un cube de sucre qui se dissout dans un verre de lait chaud.
   b) De l'eau aspergée sur un étalage de légumes frais.
   c) L'eau que l'on boit lorsqu'on a très soif.
   d) Une odeur de renfermé qui se dissipe lorsqu'on ouvre une fenêtre.
5. Observe la figure 83, à la page 283.
   a) Explique pourquoi, après l'osmose, le niveau de l'eau est plus élevé du côté A que du côté B.
   b) En te servant d'une membrane à perméabilité sélective et du principe de l'osmose, comment concevrais-tu un tuyau dans lequel on peut faire monter de l'eau ?
   c) D'après toi, comment les arbres font-ils pour faire monter jusqu'à leurs feuilles l'eau puisée par leurs racines ?
6. Quelles sont les ressemblances et les différences entre la photosynthèse et la respiration cellulaire ?
7. Pourquoi dit-on que les arbres sont les poumons de la Terre ?

LA TERRE ET L'ESPACE

Il était une fois...

La Terre est une immense étendue d'eau et de terre abritant des millions de formes de vie. L'espace est un grand vide, froid et noir, parsemé de points lumineux. À première vue, il ne semble pas y avoir grand-chose en commun entre les deux. Pourtant, à force d'observer les étoiles et les planètes, les êtres humains ont fait des découvertes surprenantes. Peu à peu, ils ont compris que le Soleil qui les réchauffe et les éclaire est en fait une étoile, semblable aux points lumineux du ciel nocturne. De même, ils ont constaté que l'endroit où ils vivent, la Terre, est également une planète. La Terre et l'espace possèdent donc plusieurs caractéristiques communes.

Les scientifiques améliorent sans cesse leurs instruments et leurs méthodes d'observation. Cela nous permet de reconstituer l'histoire de l'Univers et celle de notre planète, la Terre. Dans « La Terre et l'espace », tu perceras certains des mystères que cachent la planète bleue et le système solaire.

La Terre et l'espace

- **SECTION 1** Les caractéristiques générales de la Terre p. 288
  - La structure interne de la Terre p. 290
  - La biosphère p. 291
  - L'atmosphère p. 292
  - L'hydrosphère p. 298
  - La lithosphère p. 302

- **SECTION 2** Les phénomènes géologiques p. 312
  - La Terre en mouvement p. 313
  - Les volcans p. 322
  - Les séismes p. 325
  - L'orogenèse p. 328
  - L'érosion p. 329
  - Le cycle de l'eau p. 332
  - Les vents p. 334
  - Les manifestations naturelles de l'énergie p. 340

- **SECTION 3** Les phénomènes astronomiques p. 344
  - La lumière p. 345
  - La loi de la gravitation universelle p. 351
  - La naissance du système solaire p. 352
  - La Terre p. 359
  - La Lune p. 368

Voici ce que tu découvriras à la lecture de **« La Terre et l'espace »** :
- Au cours de la **section 1, « Les caractéristiques générales de la Terre »**, tu effectueras un voyage vers le centre de notre planète. Cette visite te permettra de découvrir que la Terre n'est pas un bloc de pierre uniforme. Elle possède au contraire une structure complexe. Tu voyageras ensuite de la surface de la Terre jusqu'aux plus hautes couches de l'atmosphère. Tu constateras alors que notre planète possède une croûte solide presque entièrement recouverte d'eau et entourée d'une mince couche gazeuse. Tu verras que chacune de ces trois composantes possède ses propres caractéristiques. Mais elles sont aussi en interaction constante et, surtout, elles abritent une multitude d'êtres vivants.
- Au cours de la **section 2, « Les phénomènes géologiques »**, tu découvriras que les volcans et les tremblements de terre peuvent être dommageables et destructeurs à court terme. Cependant, ils jouent un rôle important dans l'évolution du paysage terrestre. Tu verras également les nombreuses manifestations naturelles de l'énergie.
- Au cours de la **section 3, « Les phénomènes astronomiques »**, tu exploreras le système solaire. Tu comprendras mieux plusieurs phénomènes naturels, tels que la succession des jours et des nuits, le cycle des saisons et les phases de la Lune. Tu pourras aussi expliquer des événements plus rares qui ont effrayé nos ancêtres. Ainsi, tu étudieras les éclipses, l'apparition des comètes, les aurores polaires et les chutes de météorites.

SECTION 1
Les caractéristiques générales de la Terre

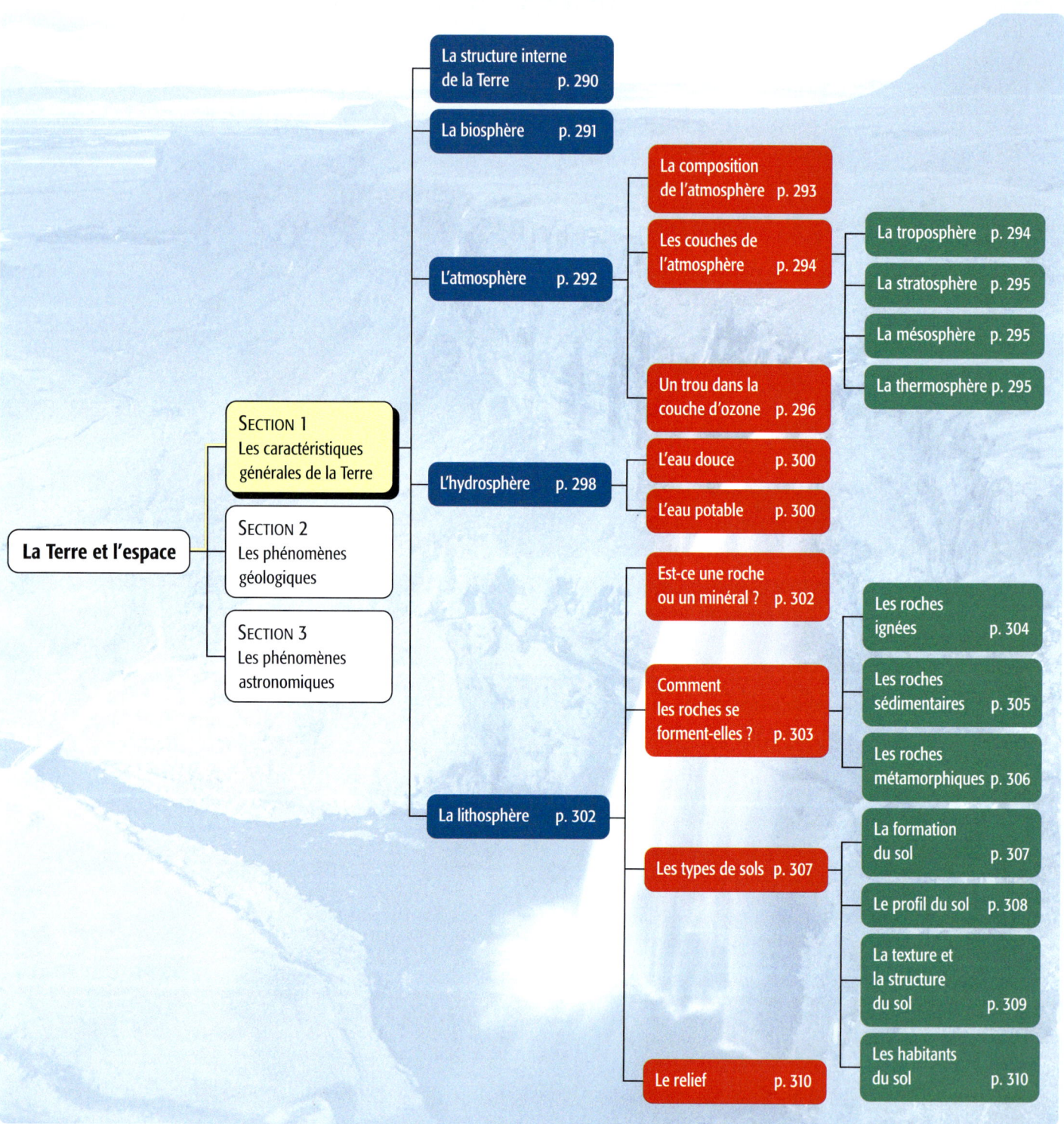

Survol

Sur Terre, certains paysages changent lentement à un rythme régulier. Par exemple, les côtes des Îles-de-la-Madeleine reculent à certains endroits de quelques mètres par année. D'autres paysages semblent ne jamais changer. Toutefois, il suffit qu'un volcan entre en éruption, que la terre tremble ou qu'un **tsunami** se déchaîne pour que le paysage soit brusquement modifié. Connais-tu la force à l'origine de ces phénomènes ?

Si tu pouvais observer la Terre sur une période de plusieurs millions d'années, comme dans un film en accéléré, tu verrais les choses tout autrement. Les continents fonceraient les uns sur les autres et s'entrechoqueraient violemment. Les montagnes surgiraient du sol. Le vent et l'eau éroderaient les montagnes et combleraient les vallées. Bref, tu découvrirais que la surface de la Terre change continuellement. Selon toi, quelles forces produisent ces transformations ?

Une partie de la réponse se trouve sous la surface de la Terre. Crois-tu que notre planète possède la même composition de la surface jusqu'au centre ? Contrairement à ce qui arrive dans le roman de Jules Verne (*voir la figure 1*), aucun humain n'a réussi à visiter les profondeurs terrestres. On ne sait donc pas avec certitude ce qu'il y a au centre de la Terre. Cependant, les scientifiques ont déduit la structure de notre planète en étudiant les ondes produites par les tremblements de terre. Par exemple, on sait maintenant qu'**elle se divise en trois couches principales : la croûte, le manteau et le noyau**.

Tsunami
Une vague isolée et très haute d'origine sismique ou volcanique. Cette vague, qu'on appelle aussi un raz de marée, pénètre loin dans les terres.

Figure 1 *Les aventures des personnages du roman* Voyage au centre de la Terre, *écrit par Jules Verne, relèvent de la science-fiction plutôt que de la réalité.*

La structure interne de la Terre

La Terre possède une surface solide, la croûte terrestre, également appelée l'écorce terrestre. Cette croûte recouvre diverses couches de plus en plus chaudes à mesure qu'on approche du centre de la Terre (*voir la figure 2*). Le rayon total de la Terre est d'environ 6 400 km. La structure interne de la Terre est difficile à étudier. En effet, les **géologues** peuvent creuser dans la croûte, mais il leur est présentement impossible de forer au-delà d'une douzaine de kilomètres de profondeur. Le tableau 1 donne les caractéristiques de chacune des parties de la structure interne de la Terre.

Géologue
Une personne qui effectue des recherches sur la nature et l'histoire de la croûte terrestre. Elle étudie la composition et la structure de la Terre. Elle analyse aussi les roches, les minéraux et les fossiles de plantes et d'animaux.

Tableau 1 *La structure interne de la Terre*

Nom de la couche		Caractéristiques principales
Croûte (ou écorce)		La croûte terrestre est solide. Son épaisseur varie : – entre 5 km et 10 km sous les océans ; – entre 30 km et 65 km sous les continents.
Manteau	Manteau supérieur (ou asthénosphère)	• Son épaisseur peut atteindre 670 km. • Cette couche est semi-fluide. Elle est constituée de roches partiellement fondues. • On croit que cette couche est à l'origine du déplacement des continents (tectonique des plaques).
	Manteau inférieur	• Cette couche est à l'état solide malgré sa haute température, parce que la pression y est très forte. • Elle se compose principalement de silice, d'oxygène, de fer et de magnésium.
Noyau	Noyau externe	• La partie externe du noyau est liquide. • Cette couche est à l'origine du champ magnétique terrestre. • Son épaisseur est d'environ 2 270 km.
	Noyau interne	• Malgré sa température très élevée, la partie interne du noyau est solide à cause de la pression énorme qui y règne.

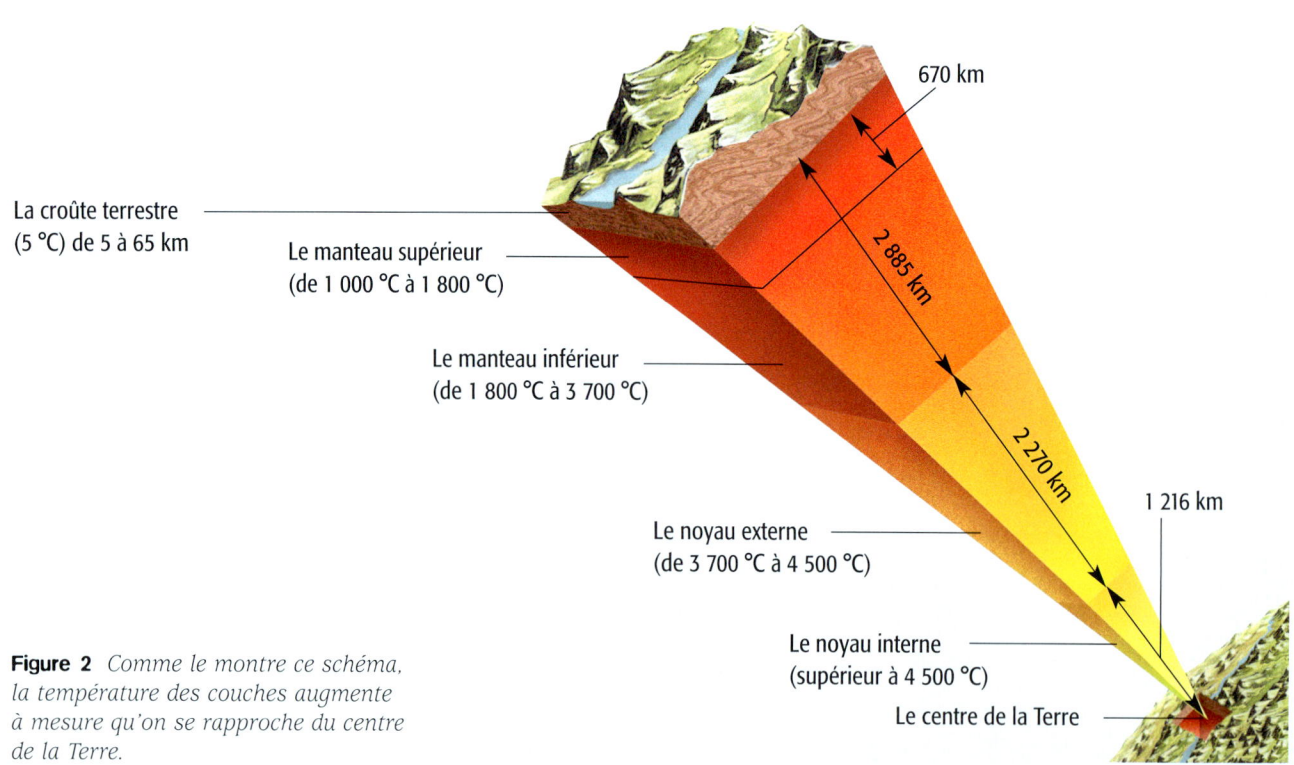

Figure 2 *Comme le montre ce schéma, la température des couches augmente à mesure qu'on se rapproche du centre de la Terre.*

À sa naissance, la Terre était liquide. Cela était dû à la grande quantité d'énergie présente dans le système solaire. Notre planète était une immense boule de matière en fusion. Dans cette matière liquide, les éléments les plus lourds, comme le fer (Fe) et le nickel (Ni), ont été attirés vers le centre de la Terre. Ils ont formé le noyau. Les éléments les plus légers, comme la silice (Si), l'oxygène (O) et l'aluminium (Al), se sont regroupés à la surface de la planète. Ils ont formé le manteau et la croûte. Par la suite, la température moyenne de la Terre a diminué. Cela a entraîné la solidification de la croûte terrestre.

Je vérifie ce que j'ai retenu*

1. Quelles sont les trois couches principales qui forment la structure interne de la Terre ?
2. Comment la structure de la Terre se compare-t-elle à la structure d'un œuf ?
3. Pourquoi est-il difficile d'explorer l'intérieur de la Terre ?

* Ces questions permettent de vérifier les connaissances sur des concepts abordés dans les modules du Manuel A.

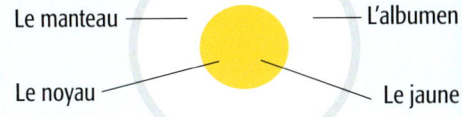

On peut comparer la structure interne de la Terre à celle d'un œuf. La coquille représente la croûte terrestre, le blanc (ou albumen) est le manteau et le jaune est le noyau.

La biosphère

La Terre est la seule planète du système solaire où il y a de l'eau en surface sous forme liquide. C'est important, car l'eau liquide est indispensable à l'apparition et au maintien de la vie telle que nous la connaissons. On pense que la vie est apparue dans les océans et qu'elle a ensuite gagné la terre ferme et l'air.

Quelques organismes vivant dans la biosphère

Dans **biosphère**, la racine « bio » vient du grec *bios*, qui signifie vie.

Abysse
Un endroit où l'océan est extrêmement profond. On appelle aussi l'abysse une « fosse sous-marine ».

On appelle biosphère l'ensemble des régions de la Terre où la vie peut exister. Dans la biosphère, les êtres vivants peuvent interagir entre eux et avec leur environnement. La biosphère comporte la basse atmosphère, les mers et la couche supérieure de la croûte terrestre. Certains organismes vivants peuplent même des endroits comme les sources d'eau chaude, les volcans, les calottes glaciaires, les **abysses**, etc. Ces endroits font donc aussi partie de la biosphère.

La biosphère comprend trois parties (*voir la figure 3*). Chacune correspond aux trois états de la matière :
- la partie gazeuse constitue l'**atmosphère** (l'air) ;
- la partie liquide est l'**hydrosphère** (l'eau) ;
- la partie solide s'appelle la **lithosphère** (la roche et les sédiments).

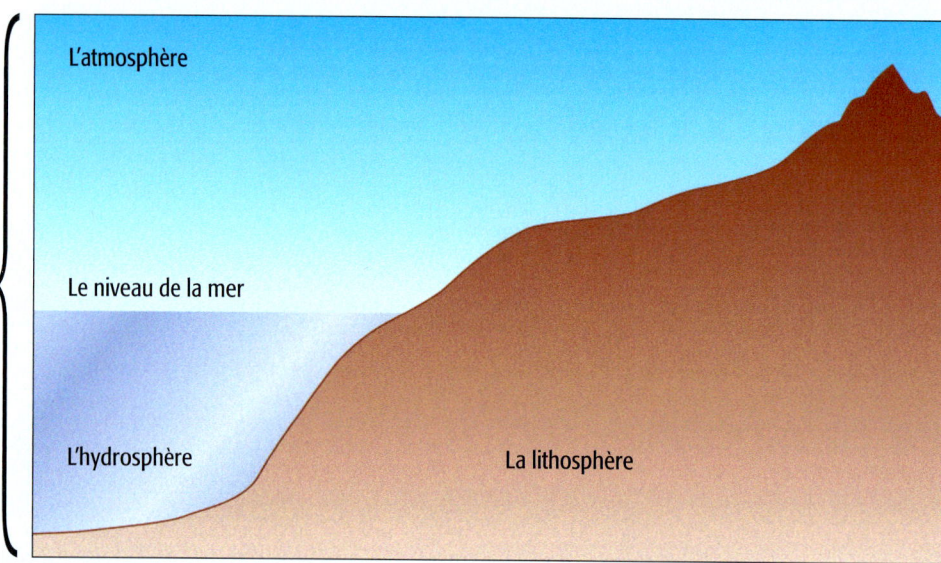

Figure 3 *La biosphère comprend toutes les zones où la vie peut exister.*

L'atmosphère : une enveloppe protectrice

Imagine que la Terre soit une orange. La chair du fruit serait les parties solide et liquide de la Terre. La pelure serait l'**enveloppe de gaz qui entoure la Terre**, c'est-à-dire l'**atmosphère**. Celle-ci protège la Terre en bloquant les rayons nocifs du soleil (les rayons ultraviolets). L'atmosphère détruit aussi les météorites qui se dirigent vers nous, grâce à la friction. L'atmosphère permet également de réduire les écarts de température sur Terre à cause de l'effet de serre. Sans les gaz et la vapeur d'eau de l'atmosphère, la vie serait impossible sur notre planète. Pendant le jour, la température pourrait s'élever jusqu'à 80 °C. De plus, toute cette chaleur se perdrait la nuit, car la température baisserait jusqu'à −140 °C. L'atmosphère joue donc le rôle d'un isolant.

L'atmosphère peut avoir une épaisseur de plus de 1000 km. Mais la plus grande partie de sa masse se trouve à moins de 10 km d'altitude. Il n'existe pas de frontière réelle séparant l'atmosphère de l'espace vide. Simplement, le nombre de molécules de gaz diminue graduellement au fur et à mesure que l'on s'éloigne de la Terre.

La composition de l'atmosphère

Vers la fin du 18e siècle, des scientifiques comme Lavoisier, Scheele et Priestley ont découvert que l'air est un mélange de plusieurs gaz. **L'air pur est un mélange homogène (une solution) dont les deux principaux gaz sont le diazote et le dioxygène** (voir la figure 4). La **vapeur d'eau** et le **gaz carbonique** sont aussi présents dans l'air, mais en très faible quantité. Cependant, ils sont essentiels au maintien de la vie (voir le tableau 2).

Bien que l'on considère l'air comme une solution, il est rarement d'une pureté idéale. On y trouve souvent des poussières en suspension. On peut dire qu'**un échantillon d'air pollué est un mélange hétérogène** s'il contient des particules solides en suspension.

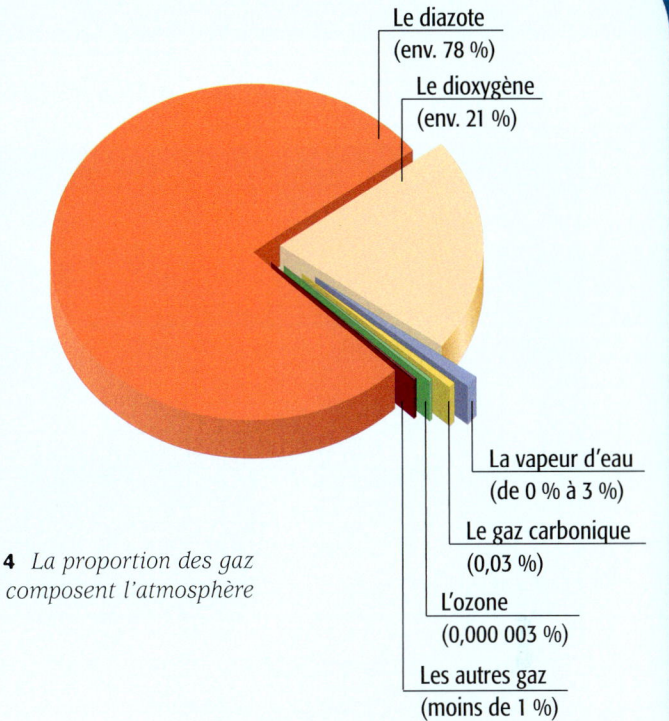

Figure 4 *La proportion des gaz qui composent l'atmosphère*

- Le diazote (env. 78 %)
- Le dioxygène (env. 21 %)
- La vapeur d'eau (de 0 % à 3 %)
- Le gaz carbonique (0,03 %)
- L'ozone (0,000 003 %)
- Les autres gaz (moins de 1 %)

Tableau 2 *Les principaux constituants de l'air pur*

Nom	Formule chimique	Pourcentage dans l'air	Rôle
Diazote	N_2	Environ 78 %	• Les végétaux et les animaux en ont besoin pour se développer. • Certains végétaux ne peuvent pas utiliser directement le N_2 atmosphérique. Ce dernier est assimilable seulement lorsque des bactéries le transforment en ammonium (NH_4^+) ou en nitrate (NO_3^-). • Les animaux consomment de l'azote en mangeant les végétaux qui en contiennent.
Dioxygène	O_2	Environ 21 %	Il est indispensable à la survie de la majorité des êtres vivants.
Vapeur d'eau	H_2O	De 0 % à 3 %	• La quantité de vapeur d'eau dans l'air est variable. • La présence d'eau dans l'atmosphère diminue les écarts de température.
Gaz carbonique	CO_2	0,03 %	• On le considère comme un gaz à effet de serre car il emprisonne la chaleur dans l'atmosphère. • Au-dessus de certaines grandes villes, l'air contient plus de CO_2 en raison de la pollution.
Ozone	O_3	0,000 003 %	• Il forme une couche gazeuse située dans la stratosphère. • L'ozone absorbe la majeure partie des rayons ultraviolets. Il protège ainsi les organismes vivants des effets nocifs de ces rayons.
Autres gaz	–	Moins de 1 %	On trouve dans l'air des traces de néon (Ne), d'hélium (He), de krypton (Kr), d'hydrogène (H), de xénon (Xe), d'argon (Ar), etc.

FLASH... FLASH... FLASH...

Les scientifiques pensent que la plus grande partie du dioxygène (O_2) présent dans la troposphère s'est formée dans les océans. Il y a environ 2,8 milliards d'années, les premières formes de vie, appelées cyanobactéries, auraient commencé à réaliser la photosynthèse. Autrement dit, elles auraient utilisé l'énergie solaire et le gaz carbonique (CO_2) pour fabriquer leur nourriture et rejeter du dioxygène. Environ 400 millions d'années av. J.-C., la quantité de dioxygène dans l'atmosphère aurait été suffisante pour permettre l'apparition des animaux.

Les couches de l'atmosphère

Les quatre couches de l'atmosphère sont la troposphère, la stratosphère, la mésosphère et la thermosphère. Chacune possède ses propres caractéristiques.

Pour diviser l'atmosphère en quatre couches, on se base entre autres sur la variation de température. En effet, dans la troposphère, la température diminue avec l'altitude. Puis elle augmente dans la stratosphère. Elle diminue de nouveau dans la mésosphère et elle augmente encore une fois dans la thermosphère (*voir la figure 5*).

Étudions plus en détail chacune des couches de l'atmosphère. Nous allons commencer par celle qui est située le plus près de la surface de la Terre : la troposphère.

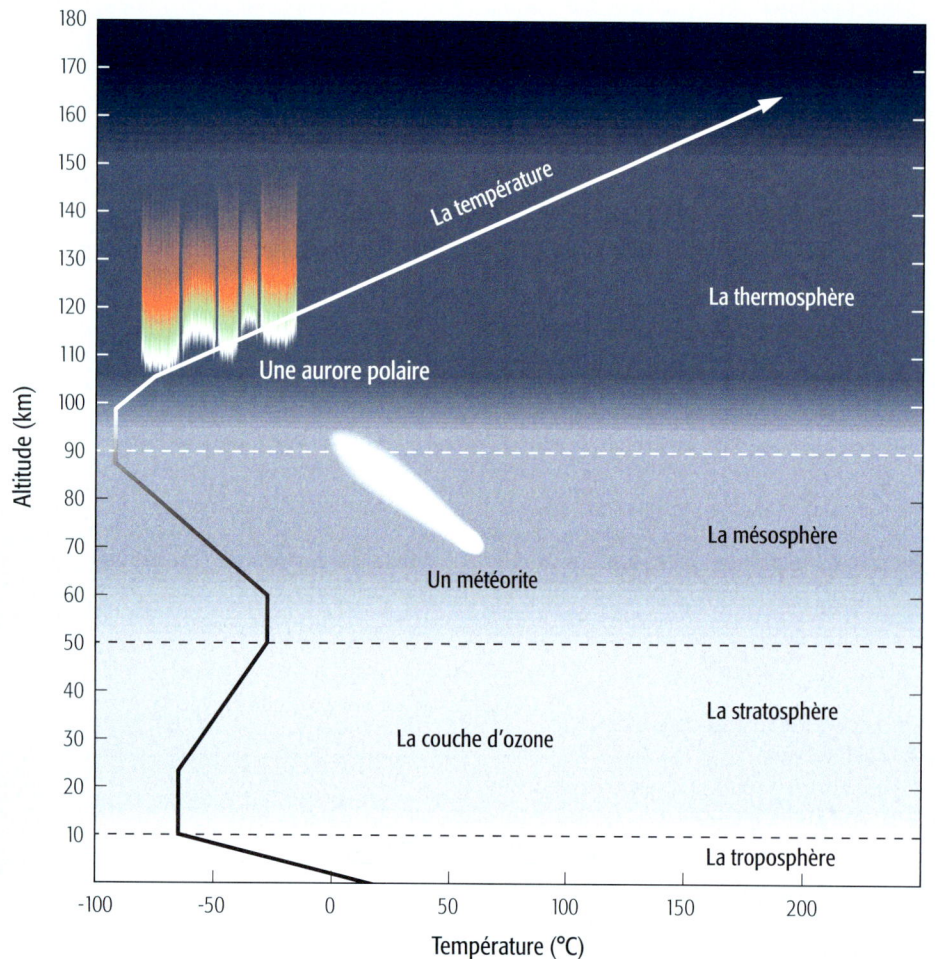

Figure 5 *Les quatre couches de l'atmosphère. La courbe indique la température en fonction de l'altitude.*

La troposphère

L'épaisseur de la troposphère est variable. Elle mesure jusqu'à 17 km dans les régions équatoriales, mais elle fait seulement de 7 km à 8 km dans les zones polaires. Sa température est également très variable, car elle est soumise au rayonnement thermique du sol. En effet, certaines parties du sol absorbent les rayons du soleil et émettent ensuite l'énergie accumulée sous forme de chaleur, ce qui réchauffe l'air.

La troposphère est la couche la plus importante pour les êtres vivants puisqu'elle contient plus de 80 % de tout l'air de l'atmosphère. En fait, plus on s'éloigne de la Terre, plus l'air se fait rare. La troposphère contient aussi la presque totalité de la vapeur d'eau de l'atmosphère. La vapeur d'eau donne naissance à de nombreux phénomènes météorologiques tels que la **pluie** et les **nuages**. Elle détermine également le climat. La température moyenne de la troposphère diminue d'environ 6 °C à chaque kilomètre d'altitude.

La stratosphère

La stratosphère a une épaisseur d'environ 40 km. Elle est située juste au-dessus de la troposphère. C'est là qu'on trouve la **couche d'ozone** (voir la figure 6). Cette couche de gaz absorbe les **rayons ultraviolets** provenant du Soleil. Elle nous protège ainsi de ces rayons, qui sont une des causes du cancer de la peau (voir « Un trou dans la couche d'ozone » à la page suivante). Les rayons ultraviolets font également augmenter la température de la stratosphère à mesure qu'on s'éloigne de la Terre.

Les gros avions volent généralement dans la stratosphère, juste au-dessus de la couche de nuages. L'air est plus rare à cette altitude. Les avions y subissent donc moins de **friction**. Ils peuvent ainsi se déplacer plus rapidement en utilisant moins de carburant.

La mésosphère

La mésosphère est la troisième couche de l'atmosphère. Elle a elle aussi environ 40 km d'épaisseur. Les molécules d'air y sont très rares et absorbent peu la chaleur du Soleil. Cela entraîne une grande variation de température. En effet, les températures minimales peuvent atteindre −120 °C. Les températures maximales varient de 0 °C à 27 °C. Dans la mésosphère, les molécules de gaz sont rares. Néanmoins, cette couche atmosphérique protège la Terre des météorites qui ont réussi à franchir la thermosphère. En effet, lorsque les **météorites** entrent en contact avec les molécules d'air, la friction les réchauffe au point qu'ils s'enflamment et se désagrègent.

La thermosphère

La quatrième et dernière couche de l'atmosphère est la thermosphère. Cette couche est la plus épaisse. Elle mesure plus de 90 km. Les rayons du soleil frappent vivement cette région. Cela lui donne une température très élevée qui peut dépasser 1 000 °C.

C'est dans la thermosphère que l'on trouve l'ionosphère, dont l'altitude varie entre 90 km et 300 km. L'ionosphère est particulièrement utile pour les systèmes de communication terrestres. En effet, elle renferme une grande quantité de particules chargées électriquement. Ces particules ont la capacité de renvoyer les ondes radio. Par exemple, un message radio envoyé de Montréal peut rebondir sur l'ionosphère et se rendre à Sydney (Australie).

La plupart des **météorites** qui se dirigent vers la Terre sont brûlés dans la thermosphère. On peut alors les apercevoir sous la forme d'étoiles filantes (voir la page 366). C'est aussi dans la thermosphère qu'a lieu un magnifique phénomène naturel : les **aurores polaires** (voir la page 363).

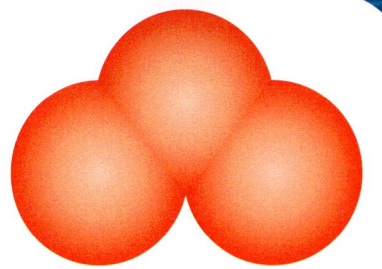

a) L'ozone

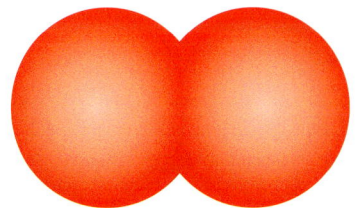

b) Le dioxygène

Figure 6 *L'ozone est une molécule gazeuse composée de trois atomes d'oxygène (O_3). Le dioxygène que nous respirons est formé de deux atomes d'oxygène (O_2).*

Rayons ultraviolets (ou rayons UV)
Une partie invisible du rayonnement provenant du Soleil. La couche d'ozone empêche les rayons UV d'atteindre la surface de la Terre.

Friction (atmosphérique)
La résistance au mouvement causée par les molécules d'air.

Météorite
Un fragment de roche ou de glace qui provient de l'espace. Un météorite, dont la grosseur peut varier du grain de poussière au bloc de roches de plus d'une tonne, peut atteindre la Terre à une très grande vitesse.

Un trou dans la couche d'ozone

Depuis 1975, des images-satellites montrent que l'épaisseur de la couche d'ozone diminue (*voir la figure 7*). Les causes principales de cet amincissement semblent être les **chlorofluorocarbones (CFC)** et les **produits en aérosol**. Les CFC se dégagent des appareils réfrigérants comme les réfrigérateurs et les climatiseurs. Quand les CFC atteignent la stratosphère, le chlore qu'ils contiennent réagit avec l'ozone. Celui-ci se transforme alors en dioxygène (O_2). Les conséquences de ce phénomène sont surtout visibles au-dessus de l'Antarctique. En effet, les températures froides favorisent cette réaction atmosphérique. Les CFC, aujourd'hui interdits, sont remplacés par divers produits de substitution.

On s'inquiète de la diminution de la couche d'ozone, car celle-ci nous protège des rayons ultraviolets du soleil. Ce phénomène risque de faire grimper le nombre de cancers de la peau et de **cataractes** dans le monde. À l'inverse, l'augmentation de l'ozone à basse altitude, c'est-à-dire dans la troposphère, est également inquiétante. En effet, l'ozone irrite les **muqueuses**, ce qui peut causer de graves problèmes de santé. **L'augmentation de l'ozone à basse altitude est causée par la pollution.**

Cataracte
Une maladie de l'œil au cours de laquelle le cristallin devient totalement ou en partie opaque. Cela empêche la lumière de passer.

Muqueuse
La couche de cellules qui tapissent la paroi intérieure du tube digestif et des voies respiratoires. Ces cellules sécrètent du mucus, ce qui lubrifie la paroi et la garde humide.

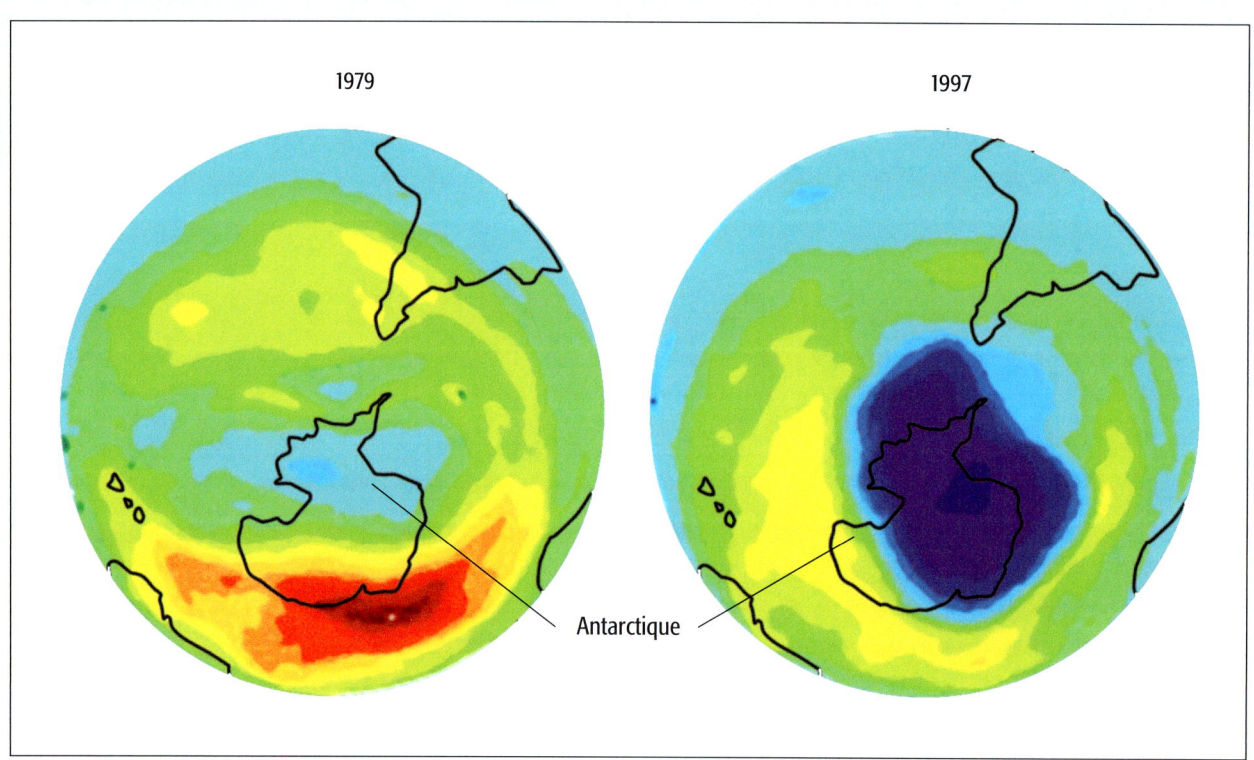

Figure 7 *Ces images-satellites montrent la progression du trou dans la couche d'ozone au-dessus de l'Antarctique entre 1979 et 1997. La zone la plus touchée est en violet.*

Je vérifie ce que j'ai retenu*

1. Quel nom donne-t-on à l'ensemble des régions de la Terre où la vie est possible ?
2. La surface de la Terre se divise en trois grandes parties.
   a) Nomme ces trois parties.
   b) Indique à quel état de la matière on peut associer chacune de ces parties.
   c) Nomme des organismes vivants qu'on peut observer dans chacune de ces trois parties.
3. Explique pourquoi l'atmosphère est indispensable à la vie. Donne au moins deux raisons.
4. *a)* Quels sont les quatre principaux gaz qui forment l'atmosphère ?
   b) Quelle est l'importance de chacun de ces quatre gaz pour les êtres vivants ?
5. Imagine que tu montes en fusée jusqu'à la limite supérieure de l'atmosphère.
   a) Nomme les quatre couches de l'atmosphère que tu traverses.
   b) Indique les changements de température de l'air qui se produisent à mesure que tu montes en altitude.
6. Au cours du voyage en ballon de la question précédente, tu observes différents phénomènes. Indique dans quelle couche atmosphérique tu as le plus de chances d'observer chacun des événements suivants.
   a) Tu observes un avion qui vole au-dessus des nuages.
   b) Tu te trouves au beau milieu d'une aurore polaire.
   c) Tu frôles un météorite en train de se désagréger dans un éclair de lumière.
   d) Tu reçois une averse de pluie.
   e) Tes instruments indiquent que tu traverses la couche d'ozone.
7. *a)* Quelle est la cause principale de l'amincissement de la couche d'ozone ?
   b) Pourquoi s'inquiète-t-on de la diminution de la couche d'ozone ?
   c) Pourquoi l'ozone augmente-t-il à basse altitude ?

* Les questions 1, 6 et 7 permettent de vérifier les connaissances sur des concepts abordés dans les modules du Manuel A.

FLASH... FLASH... FLASH...

L'ozone est un gaz qui nous protège, dans la stratosphère, des rayons ultraviolets du soleil. Par contre, dans la troposphère, il devient un polluant dangereux. En effet, l'ozone est produit par la transformation de gaz évacués, entre autres, par les automobiles. Il se mélange avec d'autres polluants à la vapeur d'eau présente dans l'air pour produire le smog. Toutefois, l'ozone peut aussi être utile pour purifier l'air. Dans le traitement de l'eau potable, il est moins nocif que le chlore. Il peut aussi être utilisé pour détruire certaines bactéries nocives.

L'hydrosphère : la distribution de l'eau sur la Terre

L'hydrosphère est formée de toutes les étendues d'eau qui recouvrent la surface de la Terre. Les océans, les fleuves, les rivières, les lacs et tous les autres cours d'eau en font partie. Elle couvre environ 75 % de la surface terrestre (*voir les figures 8 et 9*). L'eau est d'une importance capitale pour les vivants. C'est simple : sans eau, il n'y aurait pas de vie.

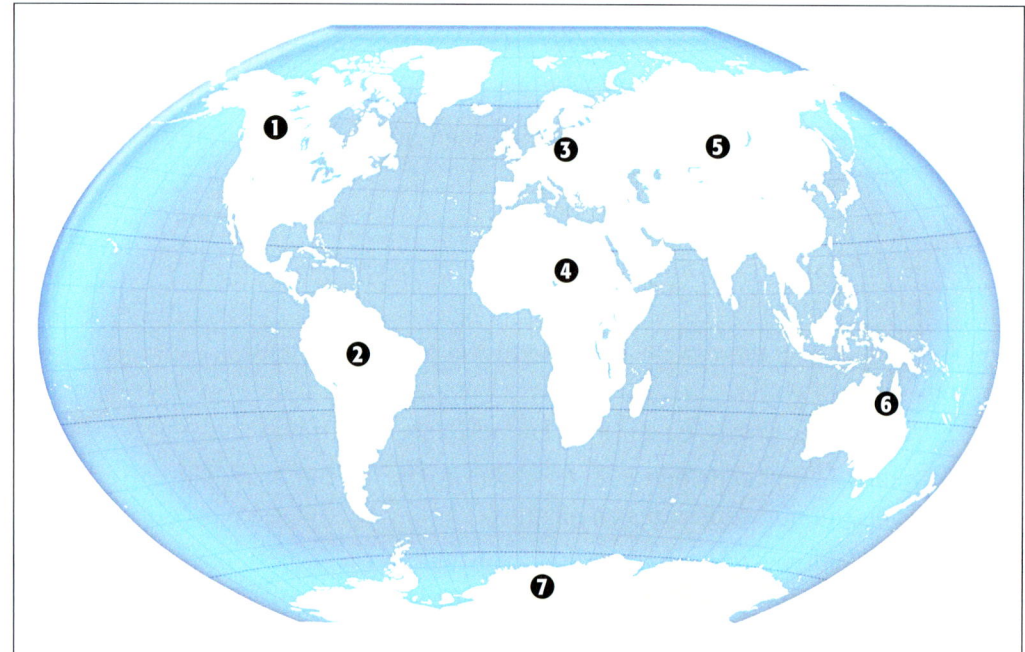

Amérique du Nord ❶
Amérique du Sud ❷
Europe ❸
Afrique ❹
Asie ❺
Océanie ❻
Antarctique ❼

Figure 8 *L'eau recouvre près de 75 % de la surface du globe terrestre.*

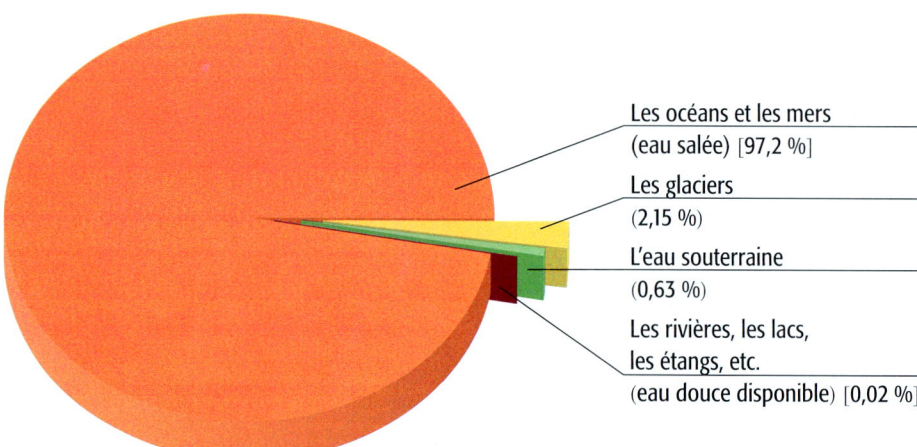

Les océans et les mers (eau salée) [97,2 %]
Les glaciers (2,15 %)
L'eau souterraine (0,63 %)
Les rivières, les lacs, les étangs, etc. (eau douce disponible) [0,02 %]

Figure 9 *La distribution de l'eau sur la Terre*

L'eau liquide présente sur la Terre est douce ou salée. **L'eau des mers et des océans est salée en raison de la grande quantité de sels minéraux qui y sont dissous. Ces sels minéraux viennent des roches.** Chaque fois qu'il pleut, une certaine quantité des minéraux qui forment les roches sont dissous. Ces minéraux s'écoulent ensuite dans les océans, où ils s'accumulent. La quantité de sels dissous dans les mers varie selon les régions du monde (*voir le tableau 3, à la page suivante*).

Tableau 3 *Le pourcentage de sels dissous dans quelques étendues d'eau*

Étendue d'eau	Emplacement	Salinité
Mer Morte	Lac d'eau salée au Moyen-Orient	27 %
Grand Lac Salé	Près de la ville de Salt Lake City, dans l'Utah, aux États-Unis	De 5 % à 27 %
Mer Rouge	Golfe de l'océan Indien, entre l'Afrique et l'Asie	4,1 %
Mer d'Arabie	Entre le Pakistan et l'Inde. On l'appelle aussi « mer d'Oman ».	3,7 %
Océan Pacifique	Entre l'Amérique et l'Asie	3,7 %
Océan Atlantique	Entre l'Amérique et l'Europe	3,2 %
Mer Baltique	Au nord de l'Europe	1 % ou moins

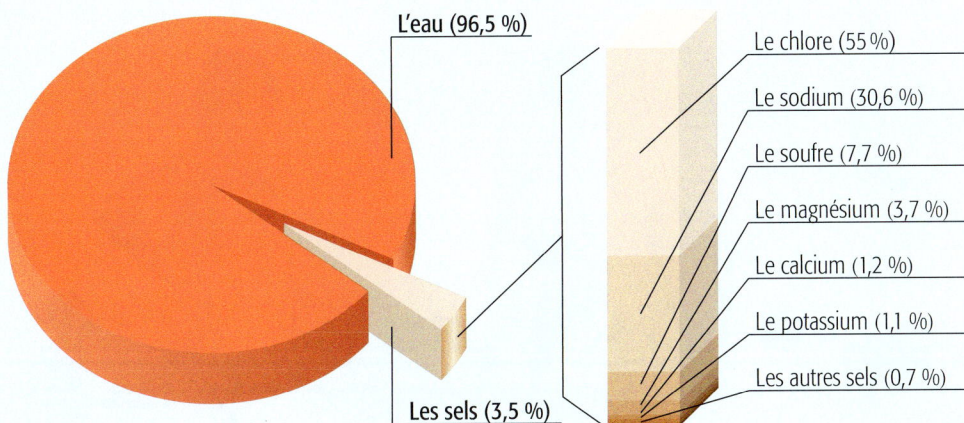

Figure 10 *Les sels minéraux présents dans une eau de mer contenant 3,5 % de sel*

Certains organismes ne peuvent pas vivre dans l'eau salée : ils sont incapables d'absorber la grande quantité de sels minéraux qu'elle contient (*voir la figure 10*). Ces organismes, dont nous faisons partie, ont donc besoin d'eau douce pour survivre. Toutefois, **l'eau douce ne couvre que 3 % de la surface terrestre. De plus, la plus grande partie de l'eau douce de la Terre est gelée**. En effet, les calottes glacières et les **glaciers** emprisonnent les trois quarts des réserves mondiales d'eau douce. Autrement dit, les êtres humains et les autres organismes vivants qui ne peuvent pas vivre dans l'eau salée disposent de moins de 1 % de l'eau de la planète. Et cette eau est de plus en plus polluée !

Glacier
Une accumulation de neige transformée en glace qui descend lentement dans une vallée.

L'eau douce : sa répartition et son utilisation

L'eau douce est une ressource naturelle qui est répartie de façon très inégale dans le monde. Dans de nombreuses régions au climat très sec, l'eau manque en permanence. Les gens doivent se contenter de très petites quantités d'eau. Dans d'autres endroits, au contraire, il y a de l'eau en abondance. Cependant, bien des gens gaspillent cette ressource (voir la figure 11).

Tableau 4 *La répartition de l'eau douce sur la Terre*

Pays	Volume d'eau douce
Brésil	18 %
Canada	9 %
Chine	9 %
États-Unis	8 %
Tous les autres pays	56 %

Le tableau 4 montre que **quatre pays possèdent à eux seuls près de la moitié des réserves d'eau douce de la planète.** Pas étonnant qu'il soit difficile de procurer assez d'eau douce à chaque être humain de la Terre ! Et la difficulté augmente encore du fait que les humains ont besoin d'une eau qui est non seulement douce mais également potable.

Figure 11 *Pendant que certaines personnes disposent d'eau en abondance, d'autres ont à peine assez d'eau pour subvenir à leurs besoins.*

L'eau potable

La qualité de l'eau douce est importante pour la santé. Si les gens boivent de l'eau polluée, ils peuvent contracter des maladies graves. Dans certains pays, l'eau est de si piètre qualité qu'on ne peut même pas s'en servir pour se laver.

L'eau potable est une eau propre à la consommation, c'est-à-dire qu'elle est bonne à boire (voir la figure 12). Ce n'est pas la même chose que de l'eau pure. C'est plutôt un mélange de molécules d'eau et de quelques substances dissoutes. Les principaux sels minéraux dissous dans l'eau potable sont le calcium, le magnésium et le sodium.

Pour être potable, une eau doit présenter les caractéristiques suivantes :
- elle doit être parfaitement transparente (limpide) ;
- elle ne doit pas contenir de matières en suspension ;
- elle ne doit pas avoir de saveur ni d'odeur désagréables ;
- elle ne doit contenir qu'une petite quantité de sels minéraux dissous ;
- elle doit contenir de l'oxygène dissous ;
- elle ne doit contenir aucun microorganisme pouvant causer des maladies.

L'eau du robinet doit présenter toutes les caractéristiques énumérées ci-dessus. C'est pourquoi on ajoute généralement du chlore à l'eau pour détruire les bactéries. On met aussi parfois du fluor pour diminuer les risques de caries dentaires.

Figure 12 *Boirais-tu un verre de cette eau ? Pourquoi ?*

Je vérifie ce que j'ai retenu

1. *a)* Pourquoi l'eau de mer est-elle salée ?
   b) D'où viennent les sels minéraux présents dans l'eau ?
2. *a)* Qu'est-ce qui distingue l'eau douce de l'eau salée ?
   b) Quelle différence y a-t-il entre l'eau douce et l'eau potable ?
3. Pourquoi plusieurs êtres vivants ne peuvent-ils pas utiliser les trois quarts des réserves mondiales d'eau douce ?
4. L'eau recouvre près de 75 % de la surface de la planète. Pourquoi alors dit-on que c'est une ressource précieuse qu'il ne faut pas gaspiller ?

La lithosphère

La lithosphère est un ensemble rigide qui comprend la croûte terrestre et une partie du manteau supérieur. Elle englobe les montagnes, les plaines, les volcans, etc. L'épaisseur de la lithosphère varie de 70 km (sous les océans) à 150 km (sous les continents).

La lithosphère est, elle aussi, essentielle à la vie. Elle permet aux végétaux de s'enraciner et elle leur fournit les minéraux dont ils ont besoin pour croître et se développer. Elle offre différents habitats aux animaux. La lithosphère est aussi très utile à l'être humain. Elle renferme diverses ressources naturelles comme le pétrole et le gaz naturel. Elle fournit les matières nécessaires à la fabrication de beaucoup d'objets dont dépend notre bien-être.

La lithosphère évolue constamment sous l'influence de plusieurs facteurs tels le climat et l'action humaine.

Est-ce une roche ou un minéral ?

Lorsque tu te promènes dans la nature, tu vois souvent des cailloux. Tu peux supposer qu'ils proviennent de la croûte terrestre et qu'ils se sont détachés du roc. Mais est-ce que ce sont des roches ou des minéraux ?

Une roche est un assemblage hétérogène de grains plus ou moins variés et plus ou moins gros. Chacun de ces grains est un minéral (*voir la figure 13*).

Un minéral est une substance pure, naturelle et inorganique (non vivante). Il s'est formé à l'intérieur ou à la surface de la croûte terrestre. En général, il y a plusieurs sortes de minéraux dans une roche. Par exemple, le granite est une roche formée de quatre minéraux : le feldspath, le quartz, le mica et la hornblende (*voir la figure 14*).

Figure 13 *Les divers minéraux qui composent une roche sont comme les différents matériaux qui composent une maison.*

Figure 14 *Le granite est une roche constituée de divers minéraux. Les grains brillants qu'on y voit sont du feldspath. Les cristaux transparents sont du quartz. Les flocons gris-vert sont du mica, et les taches foncées sont de la hornblende.*

Comment les roches se forment-elles ?

Il existe trois grandes catégories de roches, classées selon leur origine (*voir la figure 15*).

- Les **roches ignées** résultent du **refroidissement** et de la **solidification du magma**.
- Les **roches sédimentaires** proviennent de **fragments de roche appelés sédiments**. En effet, les roches sont soumises à l'action de l'eau, du vent et des glaciers, autrement dit de l'érosion. Elles sont fragmentées, transportées, puis déposées. Avec le temps, les fragments se compactent et se cimentent pour devenir des roches sédimentaires. Elles contiennent parfois des fossiles.
- Les **roches métamorphiques** sont des roches qui ont subi une **transformation**. Cette transformation a eu lieu dans les profondeurs de la croûte terrestre, sous l'effet de la chaleur et de la pression.

> Le mot **igné** provient du latin *igneus*, qui signifie feu. Le mot **métamorphique** vient des mots grecs *meta* (changement) et *morphê* (forme). Le mot **métamorphose** a la même origine.

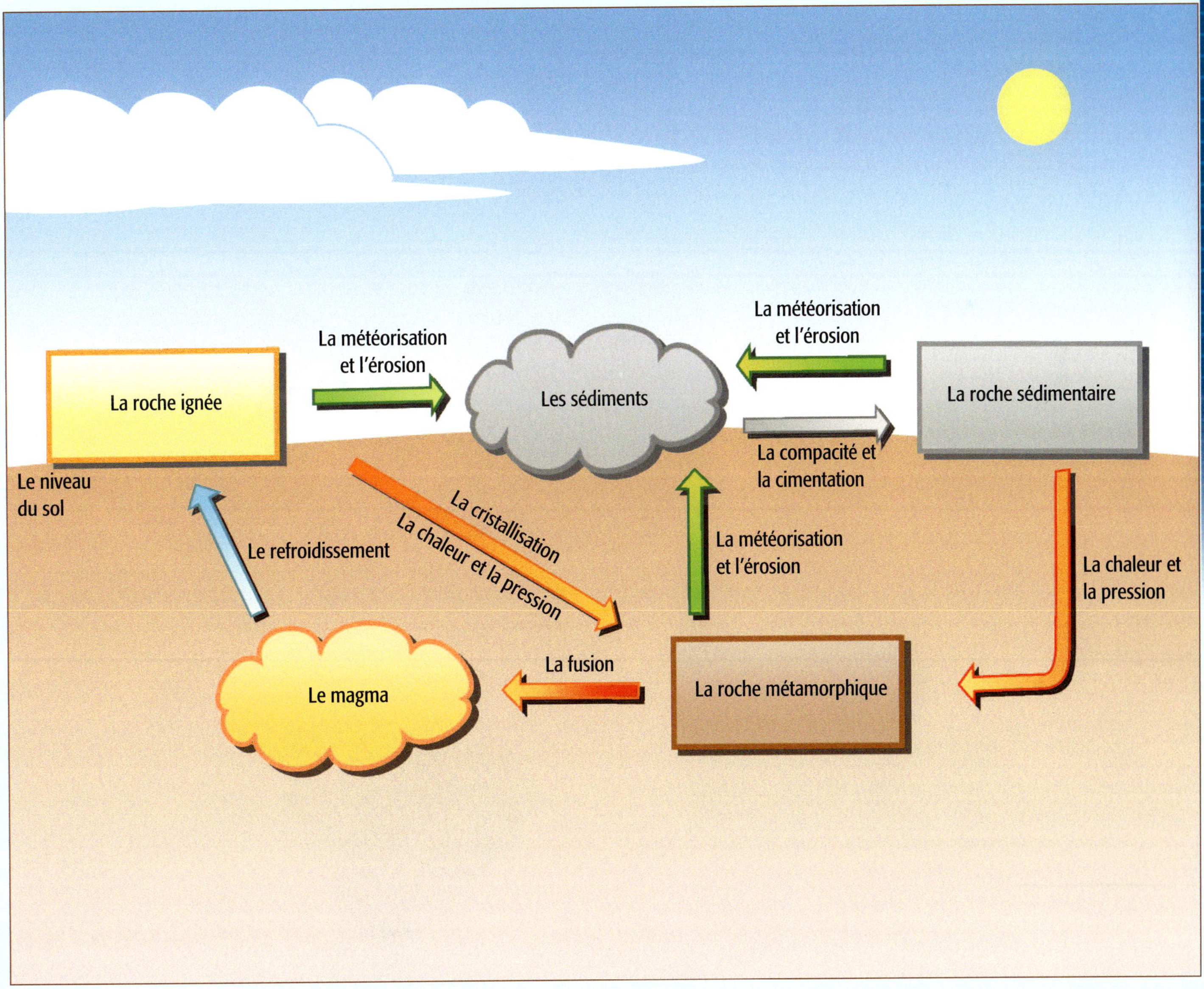

Figure 15 *Le cycle de formation des roches*

Magma
De la roche liquide dans la croûte terrestre. Lorsqu'elle atteint la surface, on l'appelle de la lave.

Les roches ignées

Les roches ignées (ou magmatiques) se forment à partir de roches partiellement en fusion, c'est-à-dire du **magma**. Lorsque le magma refroidit, il se solidifie puis donne naissance aux roches ignées. On trouve trois types de roches ignées :

- Les **roches ignées intrusives** (ou plutoniques) proviennent du refroidissement très lent du magma à l'intérieur de la croûte terrestre. Ces roches sont formées de très gros cristaux facilement visibles à l'œil nu. Par exemple : la diorite et le gabbro (*voir la figure 16a*) ;
- Les **roches ignées extrusives** (ou volcaniques) se forment lorsqu'un volcan crache de la lave et que celle-ci refroidit au contact de l'air ou de l'eau. Les cristaux n'ont alors pas le temps de se développer. C'est pourquoi ces roches sont faites de cristaux microscopiques. Par exemple : l'obsidienne, la rhyolite, l'andésite et le basalte (*voir la figure 16b*) ;
- Les **roches porphyriques** ont subi deux phases de refroidissement. Elles présentent donc des cristaux de grosseur variable. La première phase de refroidissement est lente et se fait en profondeur dans la croûte terrestre. Elle permet la formation de gros cristaux. La seconde phase de refroidissement est plus rapide. Elle indique que la roche est remontée vers la surface, poussée par le magma. Les gros cristaux de la première phase sont alors figés dans une masse de cristaux plus petits. Par exemple : le granite (*voir la figure 16c*).

a) Une roche ignée intrusive : le gabbro

b) Une roche ignée extrusive : le basalte

c) Une roche porphyrique : le granite

Figure 16 *Quelques roches ignées*

Les roches sédimentaires

Sais-tu d'où viennent le sable et les **galets** que l'on voit sur les plages ? Ils se sont détachés de roches plus grosses, parfois situées à des kilomètres de distance. Cela s'est probablement produit il y a plusieurs centaines d'années.

Divers facteurs agissent sur la croûte terrestre. Le gel, l'action des glaciers ou celle des vagues arrachent des morceaux de roches à cette croûte. Ces fragments de roches (ou sédiments) sont ensuite transportés et polis par l'eau, le vent ou les glissements de terrain. Ils se déposent finalement en couches successives au fond des mers et des lacs. **Avec le temps, ces sédiments se compactent et se cimentent pour devenir des roches sédimentaires** (*voir la figure 17*).

Galet

Une roche usée, polie par le frottement de l'eau, et que les vagues déposent sur le rivage.

a) Le calcaire

b) Le grès

c) Le conglomérat

Figure 17 *Quelques roches sédimentaires*

On trouve parfois des **fossiles** dans les roches sédimentaires. Les fossiles sont des traces laissées par des formes primitives de vie marine ou terrestre (*voir la figure 18*). Au fil des ans, les parties molles de ces organismes primitifs se décomposent. Elles sont remplacées par des minéraux, ce qui permet à la roche de conserver leur forme. Les parties dures de l'animal ou de la plante (comme la coquille, les os ou les dents) demeurent parfois intactes.

Fossile

Une empreinte ou un reste d'animal ou de plante préservés dans la roche de la croûte terrestre.

Figure 18
La présence de fossiles est une preuve de l'origine sédimentaire d'une roche.

Les roches métamorphiques

Parfois, des roches ignées, sédimentaires ou même des roches métamorphiques déjà formées subissent des changements de structure. Dans les profondeurs de la croûte terrestre, **elles se transforment sous l'action de la pression ou de la chaleur**. Elles se plissent et se déforment comme si elles étaient faites de pâte à modeler. Pendant cette transformation, les minéraux se réarrangent. Ils se disposent en bandes ou en feuillets et présentent des textures variées. Les roches qui en résultent sont dites métamorphiques (*voir la figure 19*). Par exemple, la métamorphose du schiste argileux donne l'ardoise, celle du grès donne le quartzite, celle du calcaire donne le marbre, et celle du granite donne le gneiss (*voir la figure 20*).

a) L'ardoise   b) Le quartzite   c) Le marbre

Figure 19 *Quelques roches métamorphiques*

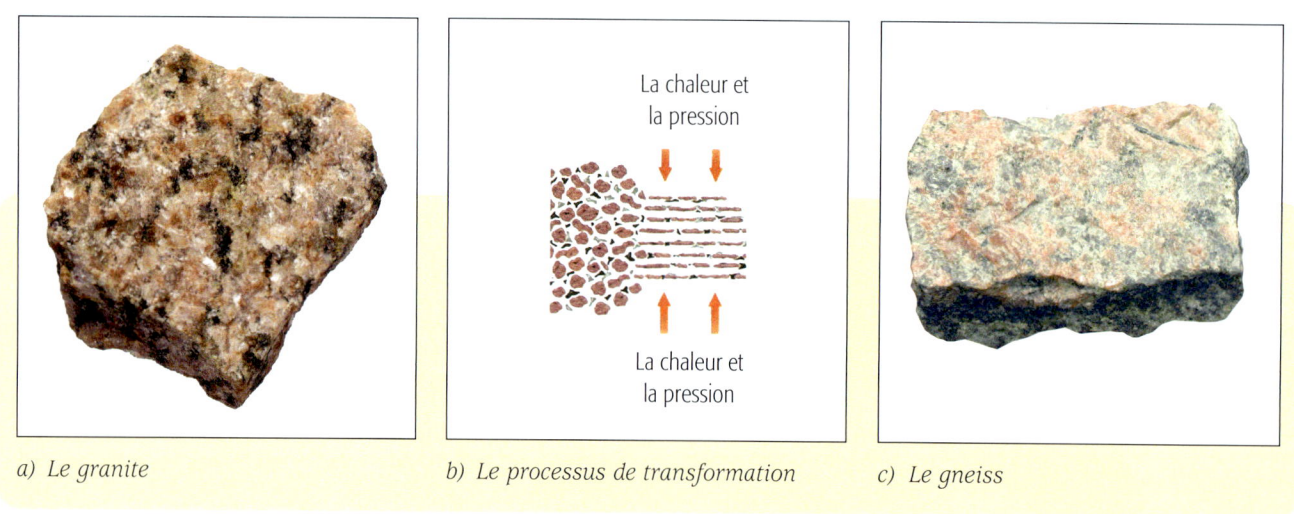

a) Le granite   b) Le processus de transformation   c) Le gneiss

Figure 20 *La transformation du granite en gneiss est un lent processus provoqué par la chaleur et la pression.*

Le tableau 5 résume le processus de formation des trois types de roches.

Tableau 5 *Les types de roches, leur formation et leur composition*

	Roches ignées	Roches sédimentaires	Roches métamorphiques
Comment se forment-elles ?	Par le refroidissement et la solidification du magma	Par l'érosion et le transport de fragments qui, par la suite, se déposent, se compactent et se cimentent	À partir de roches déjà formées qui se modifient sous l'action de la pression et de la chaleur
De quoi sont-elles faites ?	De minéraux tels que le feldspath, le quartz, etc.	De grains de minéraux, de débris inorganiques et de fossiles	De matériaux variés
Comment leurs composantes sont-elles réparties ?	Les grains sont souvent placés en désordre.	Elles forment une suite de couches, correspondant aux couches de sédiments accumulés.	– En bandes claires et foncées (par ex. : gneiss) – En feuillets rigides (par ex. : micaschiste, ardoise)

Les types de sols

Il ne faut pas confondre la terre et le sol. **Le sol est la couche superficielle de matière qui permet, entre autres, la croissance des végétaux.** En fait, le sol naît du mélange de certaines composantes de la lithosphère, de l'hydrosphère et de l'atmosphère. Le sol est un élément vital, car il subvient aux besoins des végétaux. Sans sa présence, la vie telle qu'on la connaît sur la Terre serait impossible. Le sol est également d'une importance capitale pour la survie de l'être humain. Sans sol, il ne peut y avoir ni récoltes ni élevages.

La formation du sol

La formation du sol est très ancienne. En fait, le sol s'est constitué à partir d'un roc intact appelée **roche-mère**. Deux processus ont permis sa formation : l'altération de la roche-mère et l'apport de matière organique par les êtres vivants.

L'altération correspond à l'effritement de la roche en raison de l'érosion. Celle-ci est causée, entre autres, par l'infiltration de l'eau dans les fissures de la roche-mère. Chaque fois que la température descend sous zéro, cette eau gèle. Puisque le volume de la glace est plus grand que le volume de la même masse d'eau liquide, **la glace exerce une pression sur les parois de la fissure, ce qui finit par briser la roche.** Les **acides** contenus dans l'eau contribuent également à la désagrégation de la roche-mère.

L'apport de matière organique résulte de l'accumulation de débris divers. Certains débris proviennent des végétaux : ce sont des feuilles, des fruits, des morceaux d'écorce, des racines mortes, etc. D'autres débris sont d'origine animale : des plumes, des poils, des excréments, des cadavres, etc. En se décomposant, ces débris forment l'**humus**. À cela s'ajoutent de nombreux microorganismes.

Roche-mère
Une épaisse couche de roche située sous le sol.

Acide
Une substance qui a un pH inférieur à 7. Le vinaigre et le citron sont des substances acides qui ont un goût aigre.

Humus
Une matière organique partiellement décomposée. Elle peut être d'origine animale ou végétale.

Le sol résulte donc en partie de la transformation de la roche-mère en fragments de grosseurs variables. La présence d'une certaine quantité d'humus et de microorganismes est également nécessaire à sa formation (*voir la figure 21*).

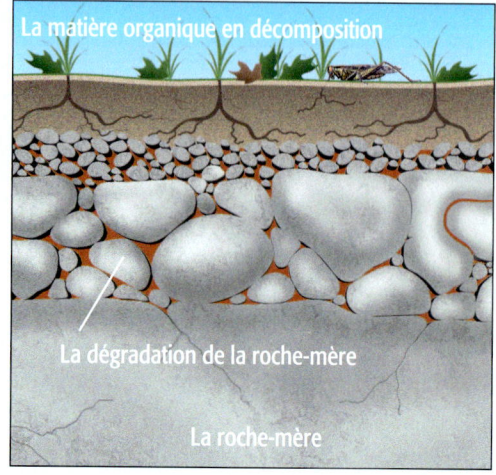

Figure 21 *La formation du sol*

Le profil du sol

Plus on creuse profondément dans le sol, plus les éléments qu'on y trouve sont gros. Habituellement, on remarque la présence de couches de composition et de structure différentes. Ce sont les **horizons** du sol.

Le profil du sol est généralement formé de trois horizons :

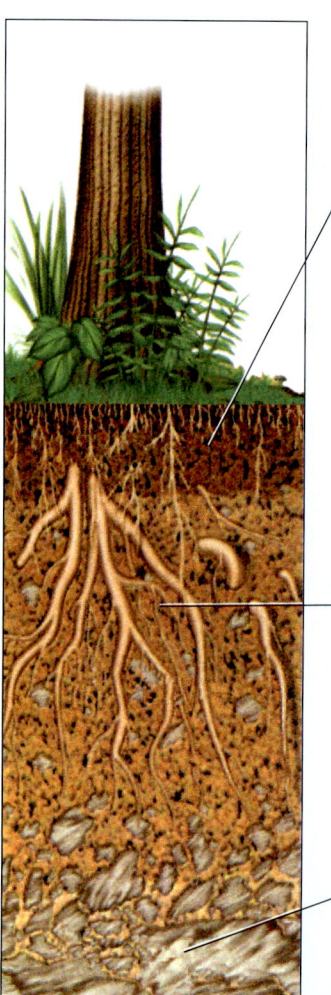

- L'**horizon A (ou litière)** se trouve en surface. C'est là que les débris de matières végétales et animales se transforment en humus. L'épaisseur de l'horizon A et la vitesse de décomposition de la matière organique influent sur la quantité d'humus. Cet horizon subit des modifications importantes causées par l'infiltration d'eau. Ainsi, l'horizon A est pauvre en minéraux parce que la pluie les entraîne vers l'horizon B. C'est ce qu'on appelle le **lessivage** ;

- L'**horizon B** est l'endroit où les minéraux lessivés dans la couche de surface s'accumulent. On y trouve donc peu de matière organique mais beaucoup de **minéraux**. La roche de cette couche est moins fragmentée que celle de l'horizon A ;

- L'**horizon C** (ou sous-sol) constitue la matière première des couches supérieures. C'est là que se trouvent la **roche-mère**, en partie dégradée, et les différents minéraux qui la composent.

Lessivage
Un processus au cours duquel une substance est dissoute puis entraînée par l'eau.

La texture et la structure du sol

La texture du sol dépend de la taille des particules qui le composent. La grosseur des particules varie du gravier jusqu'aux parties microscopiques de l'argile. Le sol est généralement un mélange de trois types de particules : le sable, le **limon** et l'argile.

Les sols les plus fertiles sont les limons argilosableux, qui sont composés d'argile et de sable. On les appelle aussi terre franche. Ils contiennent assez de particules fines pour retenir l'eau et pour que les minéraux y adhèrent. Ces sols sont faits d'environ :

Limon
Fines particules du sol entraînées par l'eau et le vent.

Micromètre (μm)
Une unité de mesure du système international (SI) équivalente à un millionième (10^{-6}) de mètre.

– un tiers de sable (particules de plus de 50 **micromètres**) ;

– un tiers de limon (particules de 2 micromètres à 50 micromètres) ;

– un tiers d'argile (particules de moins de 2 micromètres).

La structure du sol indique l'arrangement des éléments. Ceux-ci peuvent être disposés de façon lâche ou serrés les uns contre les autres. **La porosité du sol désigne le pourcentage d'espace libre dans un volume donné de sol.** La porosité est directement reliée à la structure d'un sol. Elle détermine la facilité avec laquelle le sol permet à l'eau et à l'air de circuler. Cette caractéristique physique rend le sol plus ou moins favorable au développement de la faune et de la flore. Certains sols possèdent des pores (ou espaces) très gros. Ils permettent ainsi une bonne circulation des gaz et de l'eau. D'autres sols possèdent des pores plus fins qui, comme des éponges, retiennent une partie de l'eau.

Les habitants du sol

Le sol abrite une quantité et une variété incroyables d'organismes vivants (*voir la figure 22*). Ces organismes vivants déterminent les propriétés du sol où ils se trouvent. Par exemple, les vers de terre aèrent le sol en le creusant. De plus, ils sécrètent une substance visqueuse (le mucus) qui maintient les particules de sol ensemble. Les **bactéries** transforment l'azote atmosphérique, ce qui permet aux plantes de l'assimiler facilement. Les racines des plantes extraient l'eau et les minéraux dissous dans le sol. De même, elles maintiennent le sol en place, diminuant ainsi les effets de l'érosion.

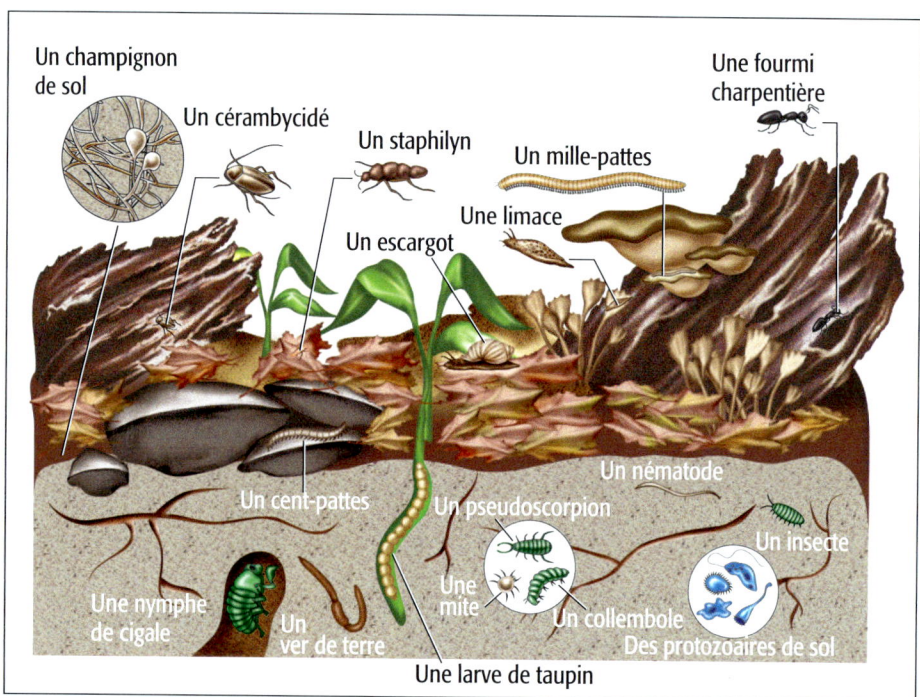

Figure 22 *Le sol abrite toute une communauté d'organismes : des bactéries, des champignons, des invertébrés (des insectes, des vers, etc.), des graines et des racines de toutes sortes.*

Le relief : l'évolution du paysage

Malgré sa stabilité relativement apparente, la Terre est un monde en perpétuel mouvement. Elle est animée par de puissantes forces. Ces forces proviennent de grandes différences de température créant des mouvements de convection et des **grandes pressions** qui règnent sous sa surface. Ces phénomènes engendrent des plissements, des soulèvements et des fractures de la croûte terrestre. Ils donnent à la lithosphère ses reliefs variés : les montagnes, les vallées, les plaines, etc. Le relief de la Terre change sans cesse à cause des forces souterraines.

De leur côté, les **vents**, l'**eau** et les **glaciers** combinent leur action pour modifier eux aussi le paysage. L'**érosion** agit sur les roches et les reliefs terrestres. Elle arrondit les sommets des montagnes. Elle creuse ou remplit les vallées et transporte des débris sur de longues distances.

L'être humain contribue également à transformer le relief. Il construit des routes, creuse des mines et bâtit des villes et des villages.

Nous expliquerons ces phénomènes plus en détail au cours de la section suivante.

Un paysage du Parc national de Torres del Paine, au Chili

Je vérifie ce que j'ai retenu*

1. Explique pourquoi la lithosphère est indispensable à la vie. Donne au moins deux raisons.

2. Quelle est la différence entre une roche et un minéral ?

3. *a)* Comment se forment les roches ignées ?

   b) Comment se forment les roches sédimentaires ?

   c) Comment se forment les roches métamorphiques ?

4. D'après toi, les échantillons suivants sont-ils des roches ignées, sédimentaires ou métamorphiques ?

   a) Une roche dont les minéraux sont disposés en couches.

   b) Une roche formée de très gros cristaux facilement visibles à l'œil nu.

   c) Une roche contenant des débris organiques.

   d) Une roche formée de cristaux de grosseurs variables. Les gros cristaux semblent figés dans une masse de cristaux plus petits.

5. Comment les géologues distinguent-ils la terre du sol ?

6. À l'aide d'un schéma, explique comment le cycle gel-dégel accélère l'effritement de la roche.

7. Le sol est formé de trois couches, nommées « horizon A », « horizon B » et « horizon C ». Indique quel horizon correspond à chacune des descriptions suivantes.

   a) Cet horizon est aussi appelé « litière ».

   b) Dans cet horizon, on trouve la roche-mère.

   c) On y trouve une accumulation de minéraux dissous, puis déposés.

8. La texture du sol dépend des particules qui le composent. Classe les types de sols suivants selon l'ordre croissant de la grosseur de leurs particules.

   a) Le sable

   b) Le gravier

   c) Le limon

   d) L'argile

9. Nomme deux facteurs capables de modifier le relief terrestre.

* La question 9 permet de vérifier les connaissances sur un concept abordé dans un module du Manuel A.

SECTION 2
Les phénomènes géologiques

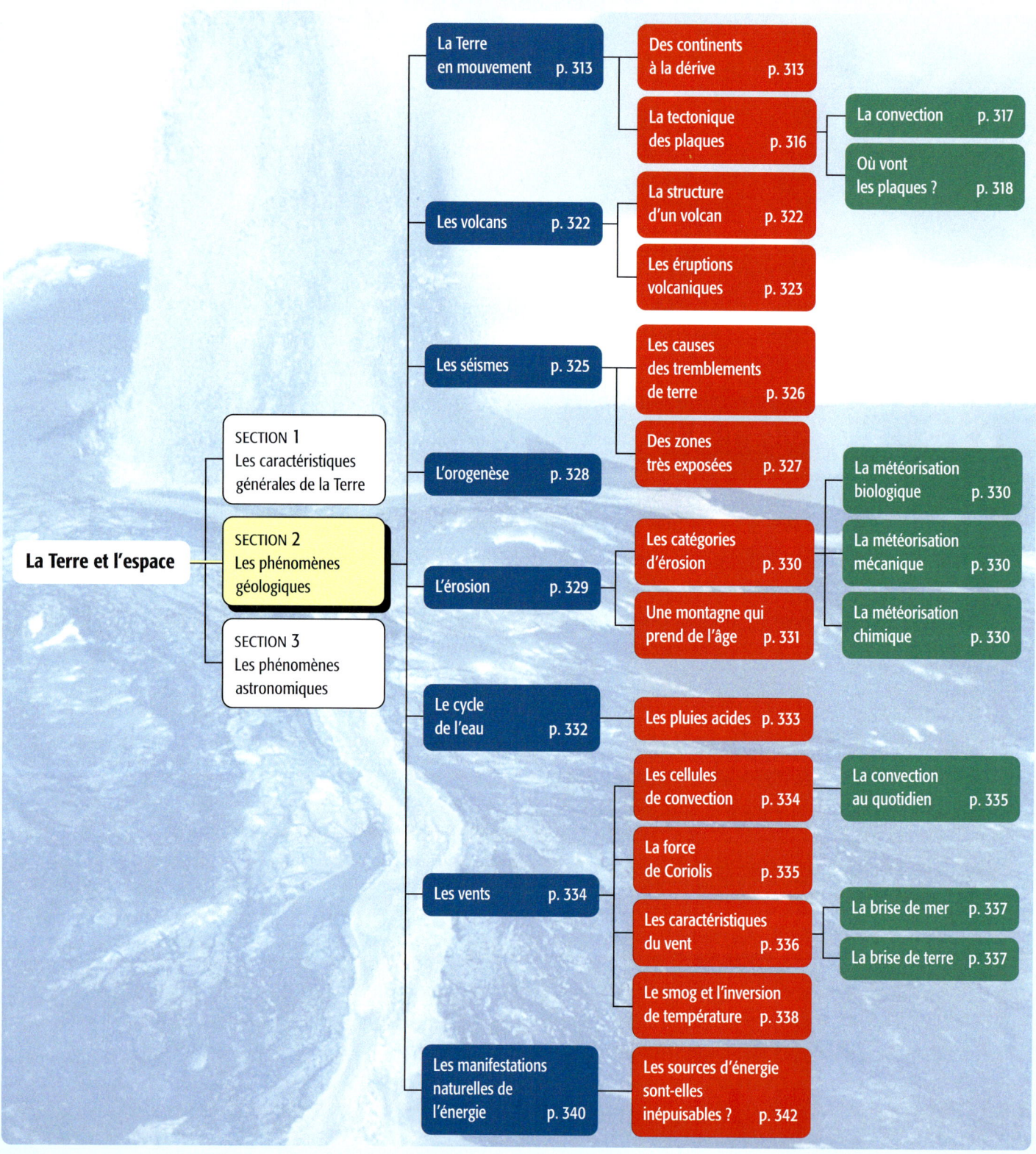

Survol

D'où viennent les montagnes ? Comment se forment les immenses rochers et les falaises abruptes ? Quelle force réveille les volcans et fait trembler le sol sous nos pieds ? Sous la mince couche de la croûte terrestre, la Terre cache de puissantes forces internes. Ces forces soulèvent, plissent et fracturent la croûte terrestre. Cette croûte se transforme continuellement. La Terre possède sa propre source d'énergie : son noyau interne. La chaleur du noyau est à l'origine de nombreux phénomènes tels la formation des montagnes, les tremblements de terre, les volcans et les tsunamis.

Mais il existe une autre source d'énergie dont dispose la planète entière : le Soleil. Celui-ci réchauffe l'air, l'eau et le sol durant le jour, et cette chaleur se dissipe durant la nuit. Ces fluctuations d'énergie sont à l'origine de nombreux autres phénomènes : l'érosion, le cycle de l'eau, les vents et les courants marins. Ces phénomènes contribuent eux aussi à modifier le paysage terrestre.

HISTOIRE SCIENTIFIQUE

Alfred Wegener est né en 1880 à Berlin, en Allemagne. En 1910, il a élaboré la théorie de la dérive des continents. Il a suggéré l'idée audacieuse qu'il y avait autrefois un super continent : la Pangée. Ce continent se serait fragmenté il y a environ 200 millions d'années pour donner les continents actuels. Toutefois, ce n'est que durant les années 1960 que la communauté scientifique a accepté cette idée.

La Terre en mouvement

À l'échelle humaine, les transformations de la croûte terrestre sont extrêmement lentes. C'est pourquoi elles sont longtemps passées inaperçues. Cependant, à l'échelle géologique, la Terre est une planète très active.

Des continents à la dérive

À première vue, le sol sur lequel tu marches semble tout à fait immobile. On a d'ailleurs longtemps cru que les continents, les montagnes et les océans n'avaient pas changé depuis la naissance de la planète. Cependant, au début du 20ᵉ siècle, Alfred Lothar Wegener, un météorologue et physicien allemand, a étudié certains indices surprenants. Ceux-ci l'ont amené à suggérer que les continents se déplaçaient.

Wegener a observé avec attention plusieurs **cartes géographiques**. Quelque chose l'intriguait : l'Amérique du Sud et l'Afrique de l'Ouest semblent s'emboîter presque parfaitement l'une dans l'autre (*voir la figure 23*). En fait, tous les continents semblent pouvoir s'assembler comme les morceaux d'un casse-tête. Cela voulait-il dire qu'ils avaient déjà été réunis ?

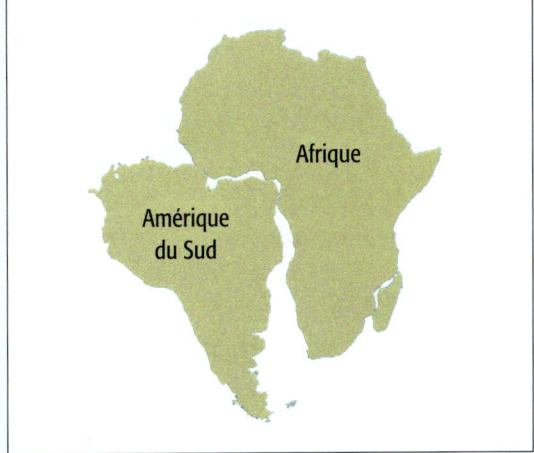

Figure 23 *L'Afrique et l'Amérique du Sud semblent pouvoir s'emboîter l'une dans l'autre.*

Wegener s'est également intéressé à la **composition rocheuse de plusieurs chaînes de montagnes**. Il a étudié entre autres les Appalaches, les Calédonides et les Mauritanides (*voir la figure 24*). Les Appalaches sont situées dans le sud du Québec et le nord-est des États-Unis. Les Calédonides se trouvent dans les îles britanniques, en Scandinavie et au Groenland. On trouve les Mauritanides dans le nord-ouest de l'Afrique. Wegener a constaté que ces trois chaînes montagneuses ont le même âge et la même composition rocheuse. Auraient-elles toutes trois déjà fait partie de la même chaîne de montagnes ?

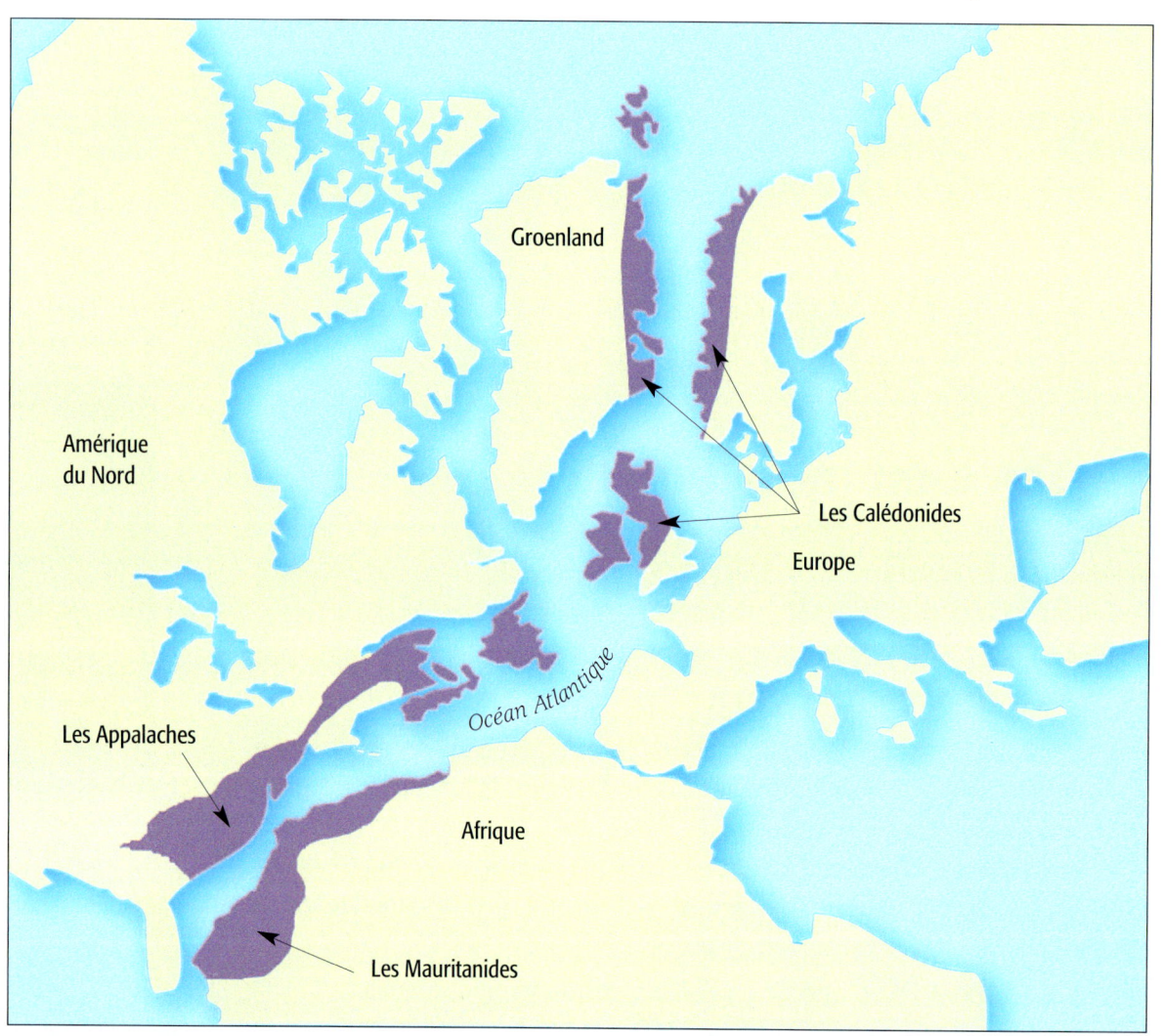

Figure 24 *Les Appalaches, les Mauritanides et les Calédonides ont le même âge et la même composition rocheuse. Sur cette carte, les continents ont été rapprochés pour illustrer comment ces formations rocheuses auraient pu faire partie de la même chaîne de montagnes à l'époque de la Pangée.*

Wegener a aussi examiné des **fossiles**. Ceux-ci lui ont fourni un autre indice. Le *Mesosaurus* est un petit reptile qui vivait dans l'eau douce il y a 260 millions d'années. On a trouvé des fossiles de *Mesosaurus* dans le sud de l'Afrique et au Brésil. Or ces deux régions sont aujourd'hui séparées par 3 000 km d'océan. Pourtant, le *Mesosaurus* n'a pas pu nager d'un continent à l'autre puisqu'il est incapable de vivre dans l'eau salée. De son côté, le *Lystrosaurus* est un petit reptile terrestre qui vivait il y a 240 millions d'années. Il semble avoir migré de l'Amérique du Sud vers l'Afrique. Mais il était incapable de nager. Comment a-t-il pu faire la traversée ? (*Voir la figure 25, à la page suivante.*)

Figure 25 *On a trouvé des fossiles de* Mesosaurus *et de* Lystrosaurus *des deux côtés de l'océan Atlantique.*

Wegener a réfléchi à tous les indices qu'il avait amassés. Il a avancé l'idée que les continents formaient autrefois un seul immense continent, la **Pangée**. Ce continent aurait existé il y a environ 220 millions d'années. Il baignait dans un océan unique, la **Panthalassa** (*voir la figure 26*). Puis, **ce supercontinent se serait fragmenté. Il se serait divisé en gros morceaux qui auraient dérivé jusqu'à leurs emplacements actuels**. Ces morceaux auraient formé les continents et les océans que nous connaissons. Wegener a appelé ce phénomène la dérive des continents.

Malheureusement, **Wegener n'a pas réussi à démontrer quelles forces causaient le mouvement des continents**. À l'époque, la communauté scientifique a donc refusé d'adopter ses idées.

Pangée
Mot d'origine grecque signifiant « toutes les terres ». Nom donné par Wegener à un immense continent formé de toutes les terres émergées.

Panthalassa
Mot d'origine grecque signifiant « toutes les mers ». Nom donné par Wegener à l'océan unique qui entourait la Pangée.

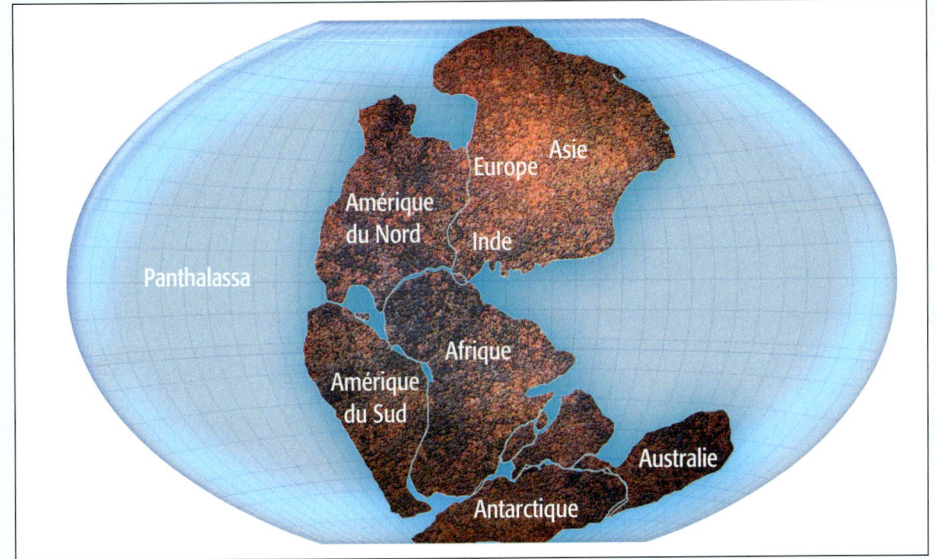

Figure 26 *Le supercontinent de Wegener, la Pangée, et son océan unique, la Panthalassa.*

La tectonique des plaques

Dans les années 1960, on a inventé le **sonar**. Cet appareil a permis de cartographier les fonds marins pour la première fois. Les géologues ont ainsi fait plusieurs découvertes importantes, dont les plateaux continentaux et les dorsales océaniques. Les **plateaux continentaux** sont le prolongement sous-marin des continents. Leurs contours s'emboîtent les uns dans les autres encore mieux que ceux des continents. Quant aux **dorsales océaniques**, ce sont de très longues chaînes de montagnes sous-marines. La dorsale médio-atlantique, par exemple, semble séparer l'océan Atlantique en deux parties égales (*voir la figure 27*).

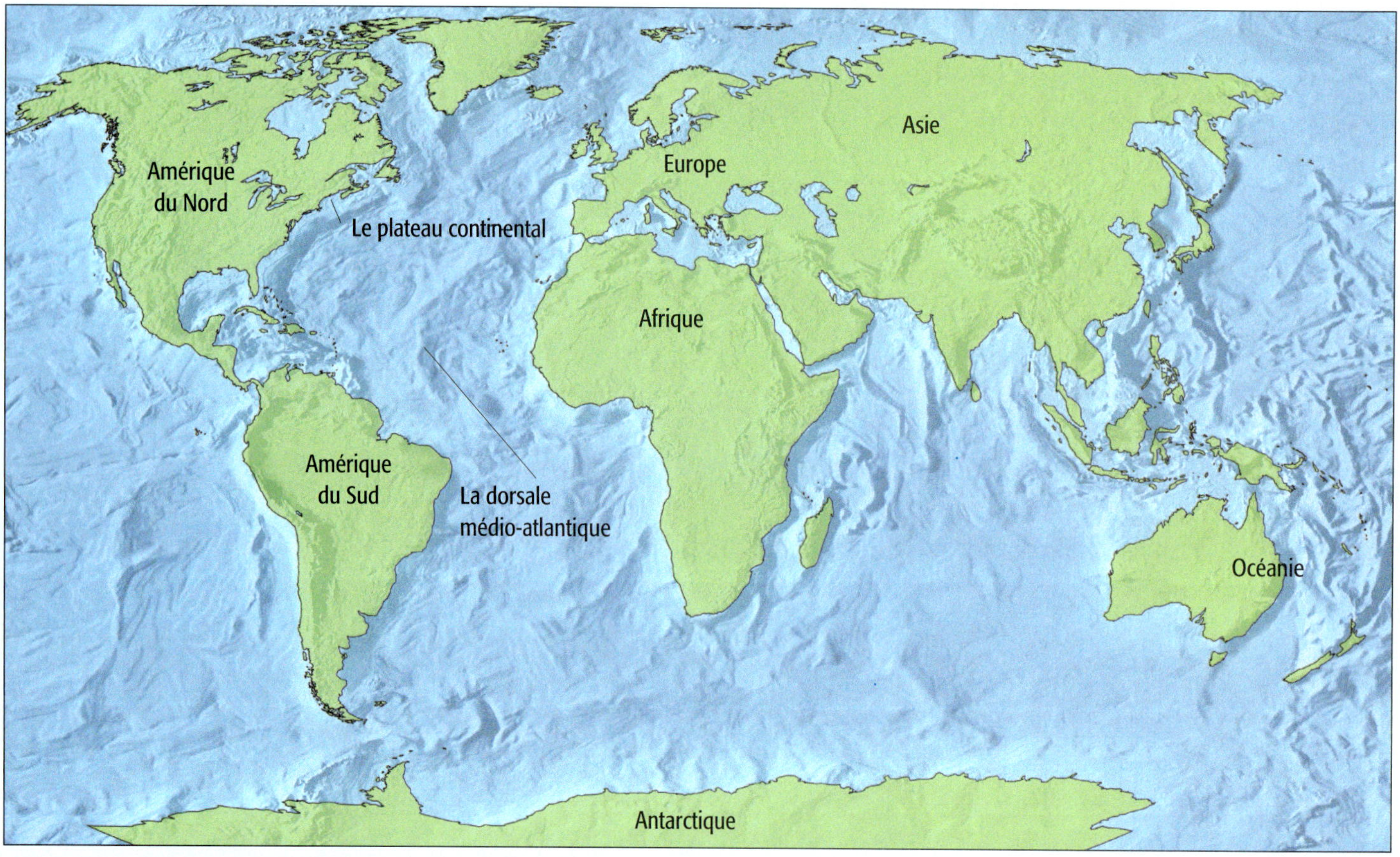

Figure 27 *Une carte du relief sous-marin*

John Tuzo Wilson

À la même époque, les scientifiques ont aussi découvert l'existence de l'asthénosphère, c'est-à-dire la partie supérieure du manteau terrestre (*voir la page 290*). Cette découverte a révélé que les continents flottent sur une couche de roches partiellement fondues. Il est donc possible d'imaginer qu'ils sont en mouvement.

John Tuzo Wilson (1908-1992) était un géophysicien canadien. En 1965, il modifia la théorie de la dérive des continents à la lumière de ces nouvelles découvertes. Il suggéra que **la croûte terrestre est divisée en grandes plaques rigides**. Ces plaques comprennent à la fois les continents et les reliefs sous-marins. De plus, **ces plaques bougent**. Ainsi, **les dorsales océaniques constituent en fait une frontière entre deux plaques qui s'éloignent l'une de l'autre**. Tout le long de la fissure créée par cet éloignement (zone de divergence), le magma remonte jusqu'à la surface et se solidifie rapidement. C'est pourquoi les dorsales sont des chaînes de montagnes très jeunes dont les roches sont d'origine volcanique. Wilson a donné le nom de **tectonique des plaques** à sa théorie (voir la figure 28, ci-dessous, et la figure 31, à la page suivante).

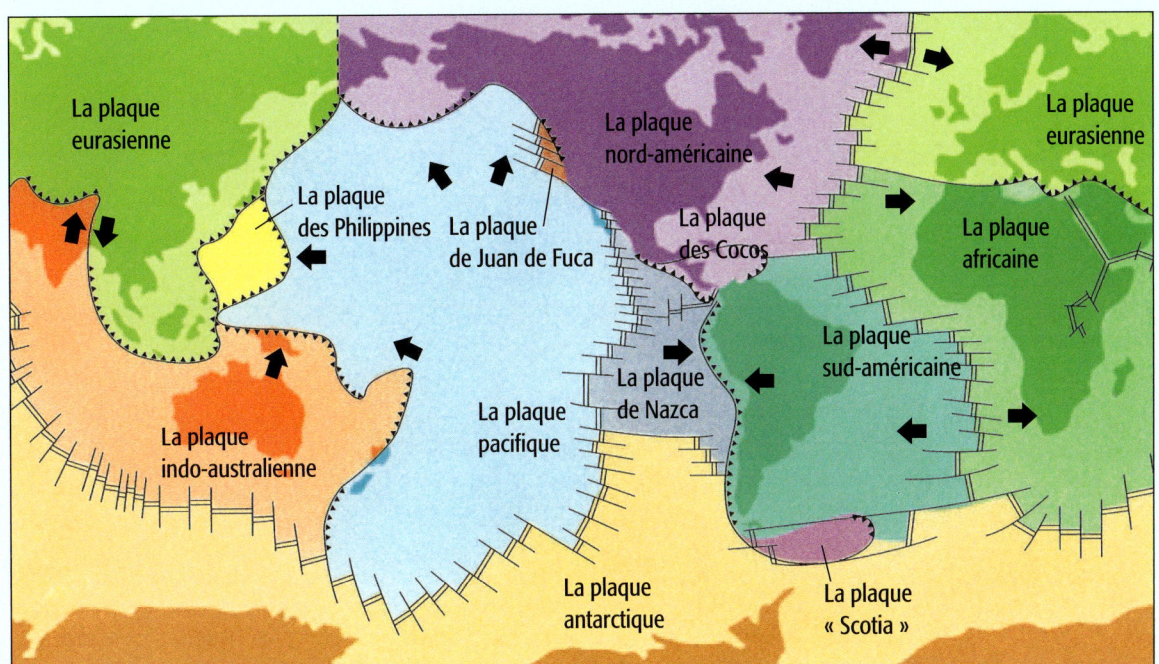

Figure 28 Selon la théorie de la tectonique des plaques, la croûte terrestre est divisée en sept grandes plaques et quelques plaques secondaires. Tu peux les voir sur la figure de même que la direction de leurs déplacements. Les continents sont des parties émergées de six de ces plaques.

- ══ Divergence
- ▲▲▲▲ Convergence
- ── Glissement
- ➡ Déplacement d'une plaque

La convection : la force motrice des plaques

Les scientifiques expliquent le mouvement des plaques à l'aide de la convection. Il y aurait des **courants de convection** dans le magma, sous la croûte terrestre. Le magma serait entraîné par ces courants. En fait, le magma se comporterait comme un repas qui mijote sur une cuisinière (voir la figure 29). Il reçoit de la chaleur provenant du noyau terrestre. La roche la plus chaude remonte, passant du manteau inférieur au manteau supérieur. Elle se déplace ensuite de façon horizontale, poussée par l'arrivée de nouvelle roche plus chaude. Pendant ce déplacement horizontal, la roche liquide entraîne la plaque qui se trouve au-dessus d'elle. C'est ainsi que bougent les énormes plaques qui se trouvent sous la croûte terrestre (voir la figure 30, à la page suivante).

Courant de convection

Un mouvement qui se produit dans un liquide ou un gaz lorsqu'il existe, entre autres, une différence de température à l'intérieur de cette substance.

Figure 29 On peut observer des mouvements de convection dans un liquide qui chauffe sur une cuisinière.

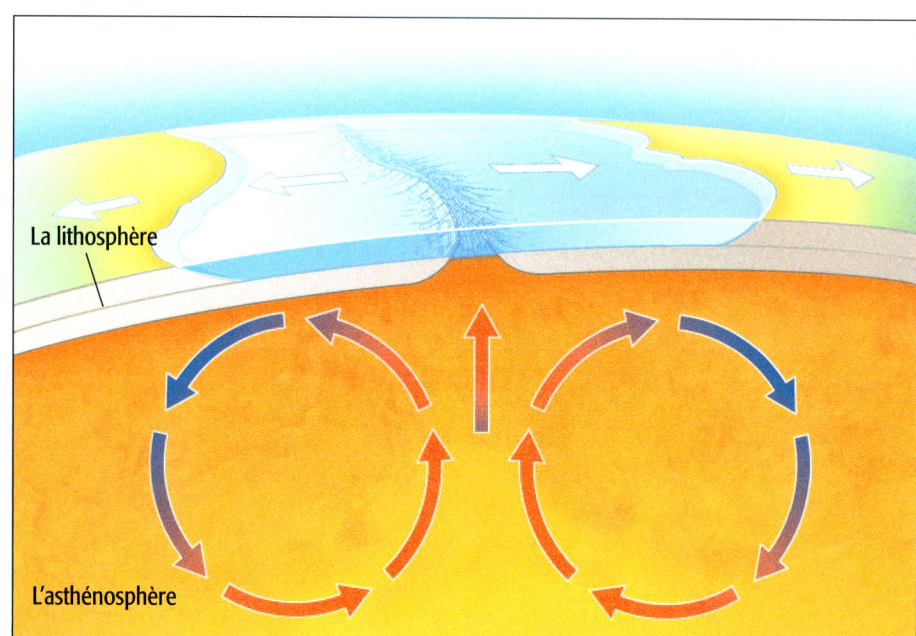

Figure 30 *Un courant de convection constitue un cycle complet. Pendant ce cycle, le magma se réchauffe, monte, se refroidit, puis redescend. Ce mouvement pousse la plaque qui se trouve au-dessus du magma.*

Où vont les plaques ?

Les plaques sont donc en mouvement, animées par les courants de convection du magma. **Les plaques se déplacent de 1 à 20 centimètres par année.** Par exemple, l'Amérique du Nord et l'Europe s'éloignent l'une de l'autre au rythme de deux centimètres par année. Cela peut te paraître lent, mais pense que ce mouvement se poursuit pendant des millions d'années. Les plaques peuvent donc finir par se déplacer de plusieurs milliers de kilomètres.

Lentement mais sûrement, **les plaques se rapprochent, s'éloignent ou glissent l'une contre l'autre** (*voir la figure 31*). Ces mouvements font subir d'énormes pressions à la croûte terrestre. Quand la pression devient trop forte, la croûte se plisse, se fracture ou se soulève. Autrement dit, des montagnes se forment, des tremblements de terre se produisent ou des volcans entrent en éruption. La plupart de ces phénomènes géologiques se produisent à la limite des plaques.

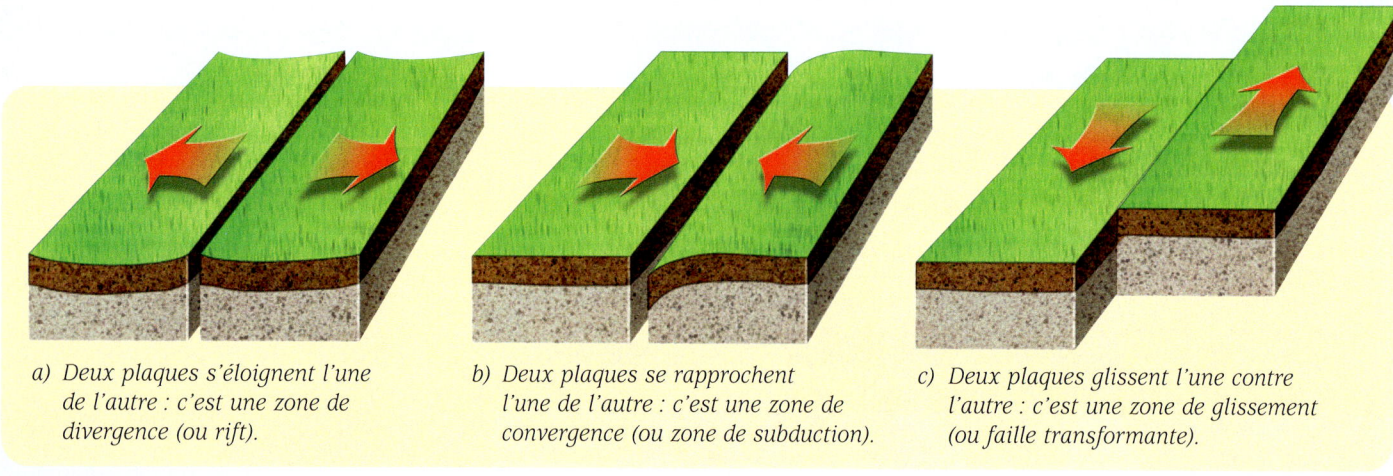

a) *Deux plaques s'éloignent l'une de l'autre : c'est une zone de divergence (ou rift).*

b) *Deux plaques se rapprochent l'une de l'autre : c'est une zone de convergence (ou zone de subduction).*

c) *Deux plaques glissent l'une contre l'autre : c'est une zone de glissement (ou faille transformante).*

Figure 31 *Les trois types de mouvements des plaques l'une par rapport à l'autre*

Lorsque deux plaques s'éloignent l'une de l'autre, une **faille** apparaît dans la croûte. Le magma peut s'infiltrer dans cette faille et former de la nouvelle croûte (*voir la figure 32*). C'est ce qui se produit le long des dorsales sous-marines.

Faille
Une fissure dans la croûte terrestre.

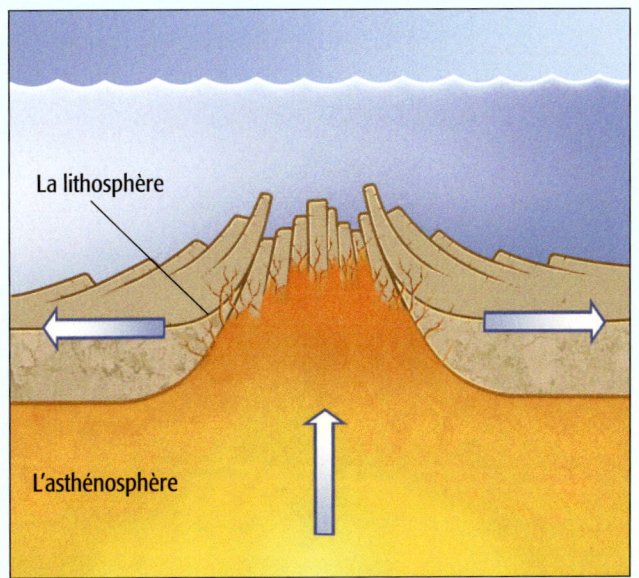

Figure 32 *L'éloignement des deux plaques crée une faille dans laquelle le magma peut s'infiltrer.*

FLASH… FLASH… FLASH…

De nombreux forages permettent de récolter des substances minérales, comme le pétrole. Ces forages ont une profondeur de quelques centaines de mètres. Le forage marin le plus profond se situe dans l'océan Pacifique. Il atteint une profondeur de 2,1 km. Sur la terre ferme, le forage le plus profond se trouve en Russie. Sa profondeur est d'environ 12,3 km. À cette profondeur, la température s'élève à 200 °C. On la mesure à l'aide de sondes situées le long des tiges des foreuses.

Mais la Terre est ronde et entièrement recouverte de croûte. Autrement dit, s'il se forme de la nouvelle croûte quelque part, il doit nécessairement en disparaître ailleurs. Cette disparition se produit lorsque deux plaques entrent en collision.

Prenons l'exemple de la plaque sud-américaine. Elle est poussée vers l'océan Pacifique parce que la dorsale médio-atlantique s'agrandit. Dans l'océan Pacifique se trouve la plaque de Nazca. Celle-ci est poussée vers le continent américain par la dorsale du Pacifique Est (*voir la figure 33*). Résultat ? La plaque de Nazca, plus mince, glisse lentement sous la plaque sud-américaine. À mesure qu'elle s'enfonce dans le manteau, la plaque de Nazca fond et se transforme en magma. Une partie de la croûte terrestre disparaît ainsi en étant recyclée dans le manteau.

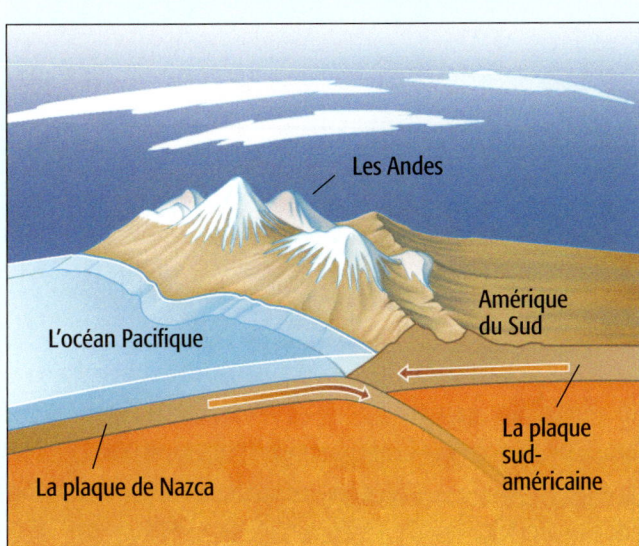

Figure 33 *La plaque de Nazca s'enfonce lentement sous la plaque sud-américaine.*

Fosse
Une cavité assez large et très profonde.

HISTOIRE SCIENTIFIQUE

Après avoir fait des études en économie, en histoire et en physique, **Jacques Piccard** (1922) a collaboré avec son père, l'ingénieur Auguste Piccard. Ensemble, ils ont construit un bathyscaphe, c'est-à-dire un engin pouvant plonger à de grandes profondeurs. En janvier 1960, il a atteint avec Don Walsh, un Américain, une profondeur de 10,9 km dans la fosse des Mariannes, au large du Japon. Ils ont découvert la flore et la faune des fosses abyssales, qui sont très différentes de celles qui se développent sous la lumière du soleil.

Lorsqu'une plaque s'enfonce sous une autre plaque, il se forme une **fosse** océanique. La plus profonde est la fosse des Mariannes dans l'océan Pacifique. Elle s'enfonce à plus de 11 km sous l'eau. Si la base de l'Everest se trouvait dans cette fosse, cette montagne serait submergée par 2 150 mètres d'eau. (*voir la figure 34*).

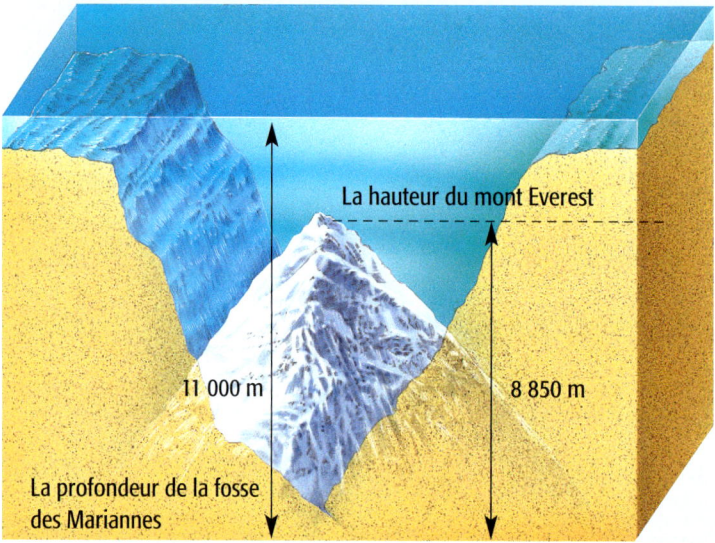

Figure 34 *La fosse océanique des Mariannes*

Parfois, deux plaques qui entrent en collision sont toutes deux trop épaisses pour que l'une s'enfonce sous l'autre. C'est le cas des collisions entre deux plaques continentales. La croûte terrestre se plisse alors et des montagnes surgissent du sol. La chaîne de montagnes de l'Himalaya résulte de la collision entre la plaque indo-australienne et la plaque eurasienne (*voir la figure 28, à la page 317*). L'Himalaya est actuellement en formation, car les forces à l'origine de cette collision agissent encore (*voir la figure 35*).

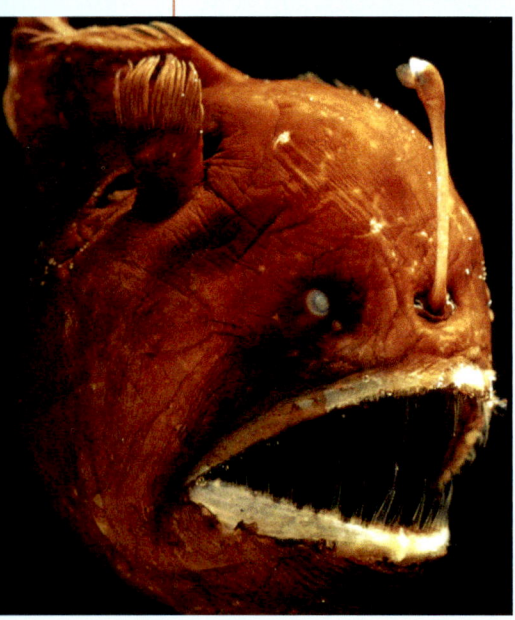

Figure 35 *L'Himalaya est une chaîne de montagnes en formation. Le mont Everest, qui fait 8 850 m, est considéré comme le plus haut sommet de la Terre.*

Les scientifiques prévoient que, dans 30 millions d'années, Los Angeles se retrouvera à la même latitude que San Francisco. On prévoit aussi que la Méditerranée se fermera progressivement. On pense également que la Turquie sera poussée vers l'ouest par l'Arabie qui, elle, se soudera à l'Europe centrale. De plus, l'Australie entrera peut-être en collision avec les îles de la Sonde (*voir la figure 36, à la page suivante*).

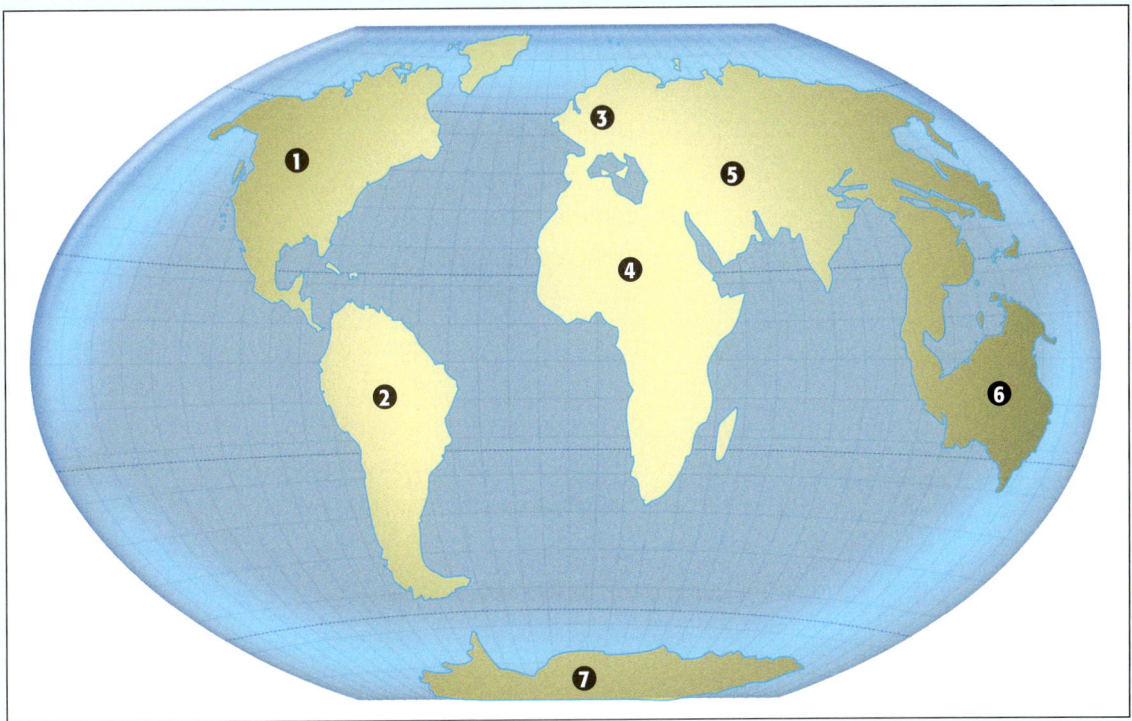

Figure 36 *Selon les scientifiques, les continents pourraient ressembler à ceci dans 30 millions d'années.*

- ❶ Amérique du Nord
- ❷ Amérique du Sud
- ❸ Europe
- ❹ Afrique
- ❺ Asie
- ❻ Océanie
- ❼ Antarctique

Je vérifie ce que j'ai retenu*

1. Alfred Wegener a émis l'idée que les continents se déplaçaient. Explique comment les éléments suivants lui ont permis d'arriver à cette conclusion.
   a) L'examen de différentes cartes géographiques.
   b) L'observation de l'âge et de la composition rocheuse de certaines chaînes de montagnes.
   c) L'étude de certains fossiles.

2. Pourquoi la communauté scientifique n'a-t-elle pas accepté les idées de Wegener ?

3. a) Qu'est-ce qu'un supercontinent ?
   b) Décris le supercontinent de Wegener.

4. L'invention du sonar a permis de cartographier les fonds sous-marins.
   a) Nomme deux découvertes faites au cours des années 1960 au sujet du relief sous-marin.
   b) Comment John Tuzo Wilson expliquait-il la formation des dorsales océaniques ?

5. a) Explique ce qu'est l'asthénosphère.
   b) En quoi la découverte de l'asthénosphère a-t-elle aidé Wilson à faire accepter sa théorie de la tectonique des plaques ?

6. Qu'est-ce qui distingue la dérive des continents de la tectonique des plaques ?

7. a) Selon les scientifiques, quel phénomène fait bouger les plaques tectoniques ?
   b) À quelle vitesse les plaques se déplacent-elles ?

8. a) Quels sont les trois types de mouvements des plaques ?
   b) Quel type de mouvement permet la formation de nouvelle croûte terrestre ? Décris ce processus.
   c) Quel type de mouvement entraîne la disparition d'une partie de la croûte terrestre ? Décris ce processus.

* Ces questions permettent de vérifier les connaissances sur des concepts abordés dans les modules du Manuel A.

Les volcans : la colère de Vulcain

Les volcans sont à la fois fascinants et effrayants. C'est probablement une des manifestations les plus spectaculaires du dynamisme interne de la Terre. Quand un volcan entre en **éruption**, la chaleur dégagée est intense. Dans de nombreux cas, le Soleil disparaît temporairement, masqué par des nuages de cendres suffocantes. Les coulées de lave menacent les populations avoisinantes (*voir la figure 37*).

Heureusement, la majorité des volcans de la Terre sont **éteints** ou en période de dormance. Cependant, il arrive parfois que la croûte terrestre se brise. Il se forme alors des ouvertures qui laissent échapper de la lave, de la fumée et des cendres. Un volcan se réveille et entre en activité. Partout dans le monde, des équipes de scientifiques tentent de prévoir les éruptions volcaniques. Leur but est de prévenir à temps les populations vivant à proximité.

La structure d'un volcan

Il existe divers types de volcans, mais la plupart d'entre eux ont des caractéristiques communes. La figure 38 présente les parties principales d'un volcan typique.

L'activité volcanique dépend souvent de la géographie du volcan et de ses environs, et du type de lave qui est expulsé. Des **éruptions** peuvent se déclencher à partir du **cratère** ou d'une fissure qui se trouve ailleurs. L'éruption ne se fait donc pas toujours au sommet du **cône volcanique**. Elle peut se produire sur les flancs du volcan ou même à une certaine distance du cône.

Éruption
L'écoulement en surface de matières volcaniques (lave, cendres, gaz carbonique, etc.) provenant des profondeurs.

Volcan éteint
Un volcan est éteint s'il a cessé d'être actif et que les scientifiques pensent qu'il ne se réveillera jamais.

Le mot **volcan** vient de Vulcain. Dans la mythologie romaine, Vulcain est le dieu du feu et du travail des métaux. On dit aussi que c'est le dieu des forgerons. Son nom signifie « volonté impérieuse et ardente ».

Figure 37 *L'éruption du mont Augustine, en Alaska, en 1986*

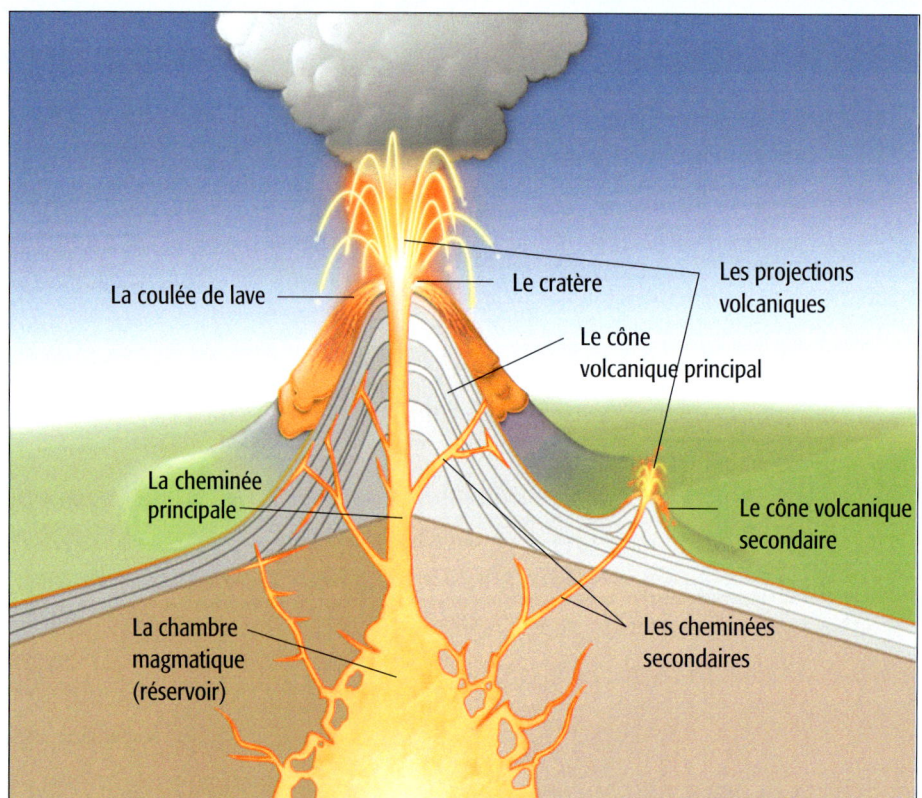

Figure 38 *La structure d'un volcan*

Les éruptions volcaniques

Il existe un lien entre les volcans et les plaques tectoniques. En effet, les collisions entre les plaques impliquent d'énormes quantités d'énergie. La croûte terrestre est souvent secouée par ces événements. Cela peut entraîner la formation de « montagnes de feu » aux endroits où la croûte présente des faiblesses.

Prenons l'exemple d'une plaque océanique qui s'enfonce sous une plaque continentale (*voir la figure 39*). **À mesure que la plaque océanique pénètre dans le manteau, elle fond et se transforme en magma.** Ce magma cherche à remonter vers la surface. Il se fraie un passage à travers les failles de la croûte. Parfois, de la lave refroidie à la suite d'une éruption ancienne joue le rôle d'un bouchon. Elle bloque le cratère du volcan. Alors, les roches fondues et les gaz provenant de l'intérieur de la Terre s'accumulent dans la chambre magmatique. La pression augmente. Quand la pression devient trop forte, elle fait sauter le bouchon. À ce moment, toute l'énergie remonte en surface avec force. Cela produit de violentes explosions, accompagnées de projections de **lave**, de roches, de cendres et de gaz carbonique.

Lave
Le magma qui jaillit d'un volcan en éruption. La lave apparaît sous forme de coulées de matières en fusion.

HISTOIRE SCIENTIFIQUE

Les volcanologues sont des scientifiques qui étudient la formation et l'activité des volcans. Les volcanologues **Katia** (1947-1991) et **Maurice Krafft** (1946-1991) travaillaient très près des volcans en éruption. C'est ainsi qu'ils ont produit des photos et des films impressionnants montrant l'activité volcanique. Ils ont également sauvé de nombreuses vies en aidant à évacuer les populations des zones dangereuses. Malheureusement, leur engouement pour l'étude des volcans a également causé leur mort, en 1991, lors de l'éruption d'un volcan sur l'île japonaise de Shimabara.

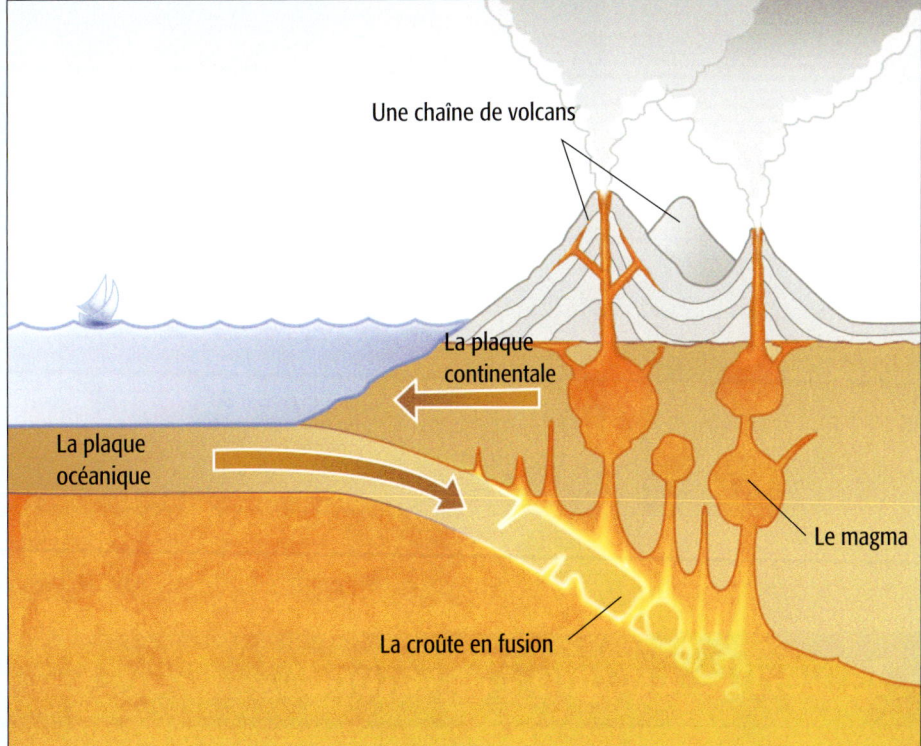

Figure 39 *Les endroits où la plaque océanique s'enfonce sous la plaque continentale sont propices à la formation de volcans.*

D'autres volcans se forment aux endroits où deux plaques tectoniques s'éloignent l'une de l'autre. Ils ne sont pas aussi violents que les précédents. En effet, la lave et les gaz sortent du cratère sans rencontrer de résistance. Ils s'écoulent ensuite lentement (*voir la figure 32, à la page 319*).

Les volcans ne sont pas uniquement destructeurs. Ils contribuent aussi à la transformation du relief et à la fertilisation des sols. De plus, on peut maintenant produire de l'électricité en utilisant l'énergie du magma. En Islande, le magma réchauffe les nappes d'eau souterraine. Cette eau chaude remonte à la surface sous forme de **geysers** (*voir la figure 40*). On utilise cette eau pour le chauffage et d'autres besoins quotidiens. L'Islande est en fait une partie émergée de la dorsale médio-atlantique.

Geyser
Un jet d'eau et de vapeur chauffées dans le sol et qui jaillit d'une fissure.

a) L'eau réchauffée par le magma bouillonne.

b) Le jet d'eau jaillit à intervalles plus ou moins réguliers.

Figure 40 *Deux geysers en Islande*

Je vérifie ce que j'ai retenu*

1. Comment la collision entre une plaque océanique et une plaque continentale peut-elle donner naissance à un volcan ?
2. Explique comment deux plaques qui s'éloignent peuvent donner naissance à un volcan.
3. Qu'est-ce qui distingue le magma de la lave ?

* Ces questions permettent de vérifier les connaissances sur des concepts abordés dans les modules du Manuel A.

Les séismes: quand la Terre tremble

Tremblement de terre, secousse tellurique, séisme. Ces termes décrivent tous le même phénomène : la croûte terrestre se met à bouger.

Ce mouvement est souvent causé par un contact entre deux plaques tectoniques. Au moment du contact, **le frottement entre les plaques produit des ondes de choc** plus ou moins intenses. Ces ondes de choc, qu'on appelle aussi **ondes sismiques**, peuvent anéantir des villes entières en quelques secondes (*voir la figure 41*).

Ondes sismiques
Des ondes qui se propagent dans le sol, dans toutes les directions à partir du point d'origine d'un séisme.

a) Après le séisme de 1995, des résidentes et des résidents de Dinar, en Turquie, constatent l'ampleur de la catastrophe.

b) L'effondrement d'une autoroute à Kobe, au Japon, après le séisme de 1995.

Figure 41 Un tremblement de terre peut causer d'énormes dégâts en quelques secondes seulement.

FLASH... FLASH... FLASH...

Au Québec, ce n'est pas le contact entre les plaques qui cause la plupart des tremblements de terre. Ces derniers sont généralement provoqués par des fractures, dont plusieurs résultent de l'impact des météorites. Depuis la fonte des glaces, il y a environ 10 000 ans, à la fin de la dernière période glaciaire, le continent se soulève graduellement. Chaque soulèvement produit des secousses telluriques dans les zones les plus faibles, c'est-à-dire celles qui sont le plus fortement fracturées. La région de Charlevoix est particulièrement sujette à ce type de tremblement de terre.

SECTION 2
Les phénomènes géologiques

Les causes des tremblements de terre

Les mouvements des plaques tectoniques peuvent déclencher des tremblements de terre. Les **sismologues** ont classé ces mouvements en trois catégories. D'abord, **deux plaques tectoniques peuvent entrer en collision**. Ensuite, les plaques peuvent **s'éloigner l'une de l'autre**. Finalement, elles peuvent **glisser l'une contre l'autre** (*voir le tableau 6*).

Sismologue
Une personne qui étudie les séismes et la propagation des ondes dans la croûte terrestre.

Tableau 6 *Les plaques tectoniques et les tremblements de terre*

Mouvements des plaques tectoniques	Illustration	Caractéristiques des tremblements de terre déclenchés par ce mouvement
Deux plaques tectoniques entrent en collision.		– La pression peut faire plisser la croûte terrestre (formation de montagnes). – Une des plaques peut s'enfoncer sous l'autre (formation de fosses océaniques). – Zone de séismes importants.
Deux plaques tectoniques s'éloignent l'une de l'autre.		– Le magma s'échappe par la faille entre les plaques. – Zone de séismes plutôt superficiels, causant peu de dégâts.
Deux plaques tectoniques glissent l'une contre l'autre.		– Les plaques se déplacent le long d'une faille. – Zone de séismes graves dus au frottement des plaques.

FLASH... FLASH... FLASH...

Le 26 décembre 2004, un séisme sous-marin d'une magnitude de 9,0 à l'échelle de Richter s'est déchaîné. Il a engendré un tsunami de 10 mètres de haut. Ce tsunami a frappé principalement l'Indonésie, le Sri Lanka, l'Inde et la Thaïlande. Le bilan des pertes humaines est catastrophique : plus de 230 000 victimes. Il s'agit d'un des cinq tremblements de terre les plus puissants jamais enregistrés. On pense que l'origine de ce séisme se trouve aux frontières de la plaque indo-australienne et de la plaque pacifique. La plaque supérieure se serait déplacée de 20 mètres vers le haut, soit la hauteur d'un immeuble de six étages. C'est ce déplacement qui a permis au tsunami de développer une telle énergie.

Les trois quarts de la surface terrestre sont recouverts d'eau. La plupart des tremblements de terre se produisent donc sous l'eau. Lorsque cela arrive, il se forme parfois d'énormes vagues qu'on appelle des **raz-de-marée**. On nomme aussi ces vagues des **tsunamis**, un mot japonais qui signifie « vague côtière ». **Ces vagues se propagent très rapidement. Lorsqu'elles atteignent le plateau continental, elles deviennent de plus en plus hautes. Et lorsqu'elles s'abattent sur la côte, elles peuvent avoir jusqu'à 30 mètres de haut.**

Des zones très exposées

Certaines régions du globe sont plus exposées que d'autres aux tremblements de terre. **Ces régions sont situées le long des plaques tectoniques**, dans les zones de grande activité volcanique. Ces zones sont la **ceinture de feu du Pacifique**, la **dorsale médio-atlantique**, le **contour méditerranéen** et la **ligne de fracture africaine**. La ceinture de feu est une série de volcans qui encerclent l'océan Pacifique. Ces volcans se trouvent à proximité des fosses océaniques (*voir les figures 42 et 43*).

FLASH... FLASH... FLASH...

Au cours des années 1960, plusieurs pays se sont munis de séismographes. L'utilisation de ces appareils a permis de situer avec précision les frontières des plaques tectoniques. C'est là que se produisent la plupart des tremblements de terre.

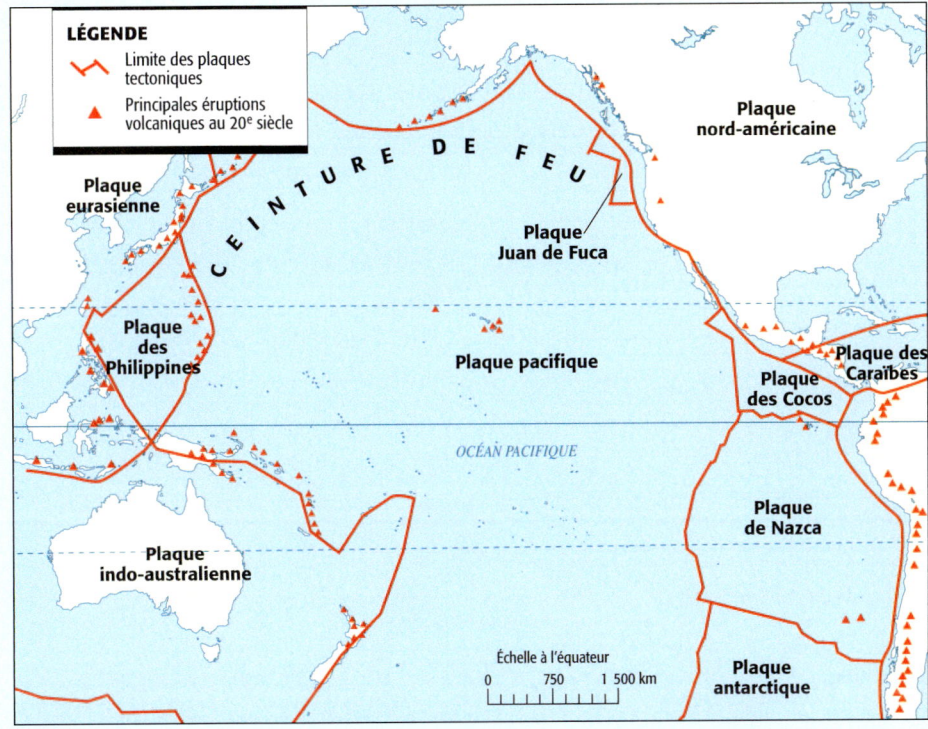

Figure 42 *Cette carte montre les volcans de la ceinture de feu du Pacifique.*

Figure 43 *Certaines villes sont situées tout près d'une faille. Elles sont donc plus exposées aux tremblements de terre. San Francisco, Los Angeles et San Diego sont construites le long de la faille de San Andreas, en Californie.*

Je vérifie ce que j'ai retenu*

1. Quel lien peux-tu faire entre la tectonique des plaques et les tremblements de terre ?
2. Que se passe-t-il quand un tremblement de terre a lieu sous l'eau ?
3. Une carte montrant l'emplacement des principaux volcans ressemblerait beaucoup à une autre carte indiquant l'emplacement des séismes les plus importants.

   a) Nomme au moins trois zones que ces deux cartes auraient en commun.

   b) Comment expliques-tu le lien entre l'emplacement des volcans et l'emplacement des tremblements de terre ?

   c) Quelles sont les caractéristiques des tremblements de terre déclenchés par les trois types de mouvements des plaques tectoniques ?

* Ces questions permettent de vérifier les connaissances sur des concepts abordés dans les modules du Manuel A.

L'orogenèse : la formation des montagnes

On sait aujourd'hui que la majorité des régions montagneuses les plus « jeunes » se trouvent dans des zones de collision entre les plaques tectoniques. C'est d'ailleurs en connaissant mieux le comportement des plaques qu'on a pu comprendre le processus de formation des montagnes. Ce processus se nomme orogenèse. Quand deux plaques continentales entrent en collision, la croûte terrestre se déforme (voir la figure 44). Elle se plisse et s'élève. Elle donne ainsi naissance à des chaînes de montagnes, comme l'Himalaya ou les Alpes.

Une montagne est un relief présentant des pentes raides et une altitude d'au moins 600 mètres. Le plus haut sommet de la Terre atteint 8 850 mètres. Il s'agit du mont Everest, qui se trouve dans l'Himalaya. Les montagnes sont des cibles faciles pour le vent, l'eau, la glace et plusieurs autres facteurs d'érosion. Ces facteurs agissent continuellement sur les montagnes et les transforment à leur tour.

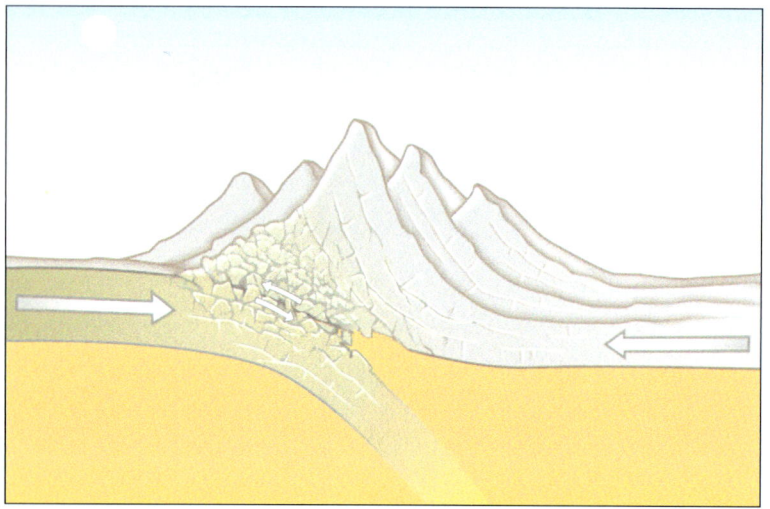

Figure 44 Au cours d'une collision entre deux plaques continentales, la croûte terrestre se plisse, donnant naissance à une chaîne de montagnes.

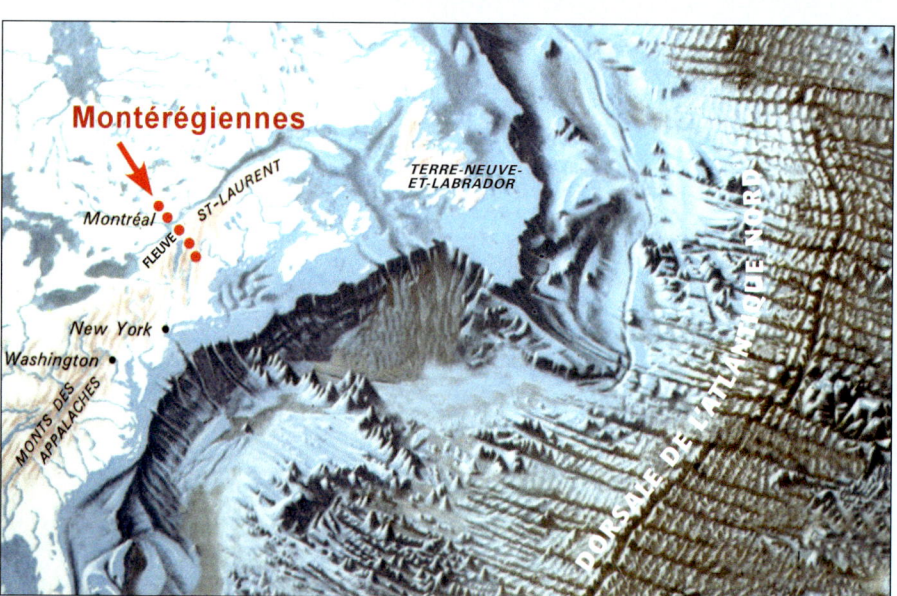

Le mont Royal, le mont Saint-Bruno et le mont Saint-Hilaire font partie des Montérégiennes. Les Montérégiennes ne sont pas des volcans. Elles se sont formées à la suite d'une intrusion de magma dans la partie supérieure de la croûte terrestre. L'érosion a progressivement fait disparaître le sol qui se trouvait autour et au-dessus de ce magma solidifié.

Je vérifie ce que j'ai retenu*

1. Qu'est-ce qui distingue une colline d'une montagne ?
2. Qu'est-ce qui distingue une montagne d'un volcan ?
3. Quel lien peux-tu faire entre la tectonique des plaques et la formation des montagnes ?

* Ces questions permettent de vérifier les connaissances sur des concepts abordés dans les modules du Manuel A.

L'érosion

Lorsque tu te promènes dans la nature, tu peux avoir l'impression que les paysages que tu vois ne changent jamais. Mais si tu pouvais faire une promenade tous les 5 000 ans, tu remarquerais d'énormes changements. Le déplacement des plaques tectoniques est à l'origine de plusieurs de ces modifications. Il existe cependant une autre **force qui transforme le relief terrestre : l'érosion**.

Les roches, malgré leur dureté, ne sont pas éternelles. Sous l'effet du vent, de l'eau et du gel, elles s'usent et se dégradent. L'érosion affaiblit et désagrège les roches. Les fragments de roches peuvent demeurer sur place ou être transportés par les glaciers, le vent et les cours d'eau. Ils se déposent ensuite sous forme de sédiments. **Le résultat de l'érosion est un aplanissement du relief.** En effet, l'érosion tend toujours à diminuer la hauteur des montagnes et à combler les vallées.

La figure 45 illustre les trois étapes de l'érosion :

1. La **météorisation**. Le ruissellement et le cycle gel-dégel fragmentent les roches en surface.
2. Le **transport**. Les fragments de roches sont emportés par le ruissellement de l'eau et le vent. L'érosion se poursuit par le pouvoir abrasif (qui use la matière) des fragments transportés par l'eau.
3. La **sédimentation**. Au terme de leurs déplacements, les fragments en suspension dans l'eau et ceux transportés par les glaciers ou par le vent s'accumulent et se compactent au fond de l'océan. Ils s'accumulent aussi dans les vallées et les plaines.

HISTOIRE SCIENTIFIQUE

James Hutton (1726-1797), médecin et chimiste agricole, est considéré comme le père de la géologie. La géologie est une science qui étudie la Terre, ses transformations et sa composition. Hutton a observé les changements des paysages, par exemple l'érosion du bord des fleuves et les éboulements de falaises. Il en a déduit qu'il a fallu des millions d'années pour obtenir le relief actuel de la Terre. Toutefois, ses contemporains ont contesté ses recherches, car ils estimaient que la Terre avait seulement 6 000 ans.

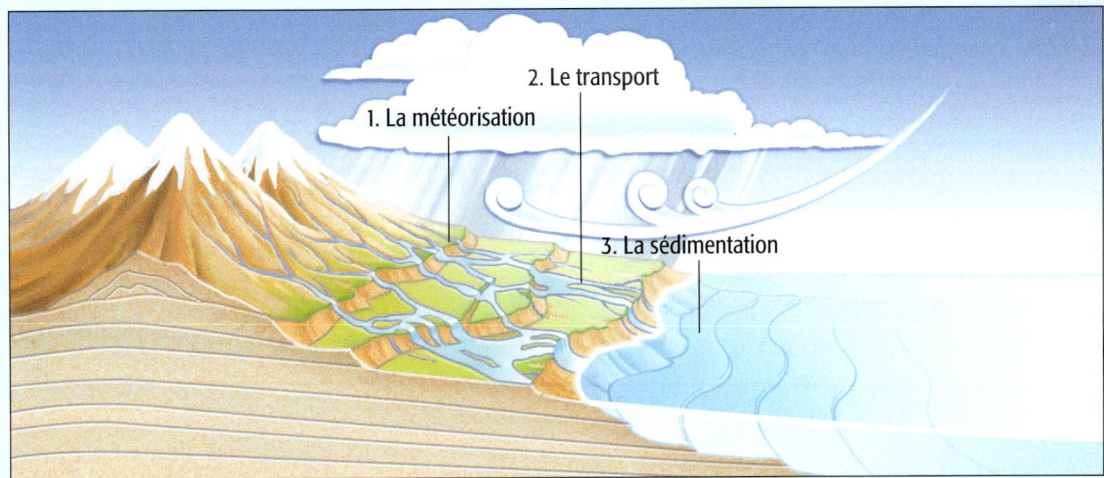

Figure 45 *Les trois étapes de l'érosion*

La météorisation se produit de différentes manières. Les principaux agents qui fragmentent les matériaux de surface sont l'**eau**, le **vent** et le **cycle gel-dégel**. L'eau peut agir sous forme liquide ou en tant que glace ou vapeur.

L'érosion est un phénomène naturel, mais son action peut être ralentie par certains facteurs. Par exemple, **les racines des végétaux retiennent le sol**. Elles le protègent ainsi de la dégradation causée par l'eau de ruissellement et les vents. Il faut donc éviter d'abattre les arbres qui poussent à flanc de montagne, car ils retiennent le sol et empêchent les glissements de terrain.

Les catégories d'érosion

Les roches qui composent la surface de la Terre subissent l'action de divers facteurs. La faune, la flore et le climat comptent parmi les facteurs d'érosion.

La météorisation biologique

Ce type de météorisation se fait par l'entremise des organismes vivants tels les animaux et les végétaux. En se décomposant, les organismes vivants libèrent des substances acides qui s'attaquent aux roches. De leur côté, les racines des arbres s'infiltrent dans les fissures des roches et finissent par les briser (*voir la figure 46*).

Figure 46 *Les racines des arbres peuvent causer la météorisation biologique.*

La météorisation mécanique

Ce type de météorisation est causé par des variations de température et de pression, ou encore par le vent et l'eau (*voir la figure 47*). C'est un processus physique qui fragmente la roche mais qui ne modifie pas sa composition chimique.

La météorisation chimique

La pluie devient parfois acide en raison de polluants présents dans l'air. Quand cette pluie acide tombe, elle modifie chimiquement certains minéraux du sol (comme le calcaire), ce qui détruit graduellement les roches (*voir la figure 48*).

Figure 47 *Les chutes Niagara sont situées à la frontière entre le Canada et les États-Unis. Chaque année, elles reculent de trois mètres parce que l'eau use la roche.*

Figure 48 *Les pluies acides altèrent la surface des monuments publics.*

Une montagne qui prend de l'âge

Contrairement à ce qu'on pourrait croire, les montagnes vieillissent. Bien sûr, c'est un vieillissement différent de celui de l'être humain. Mais les montagnes et les humains ont tout de même un point en commun : leur apparence dépend de leur âge. **Une jeune montagne présente un sommet élevé et pointu. Une montagne ancienne possède une forme arrondie** (*voir la figure 49*).

Les chaînes de montagnes les plus jeunes sont les Alpes, l'Himalaya, les Rocheuses, le Caucase et les Andes. Ce sont des montagnes au relief très marqué, avec des pentes abruptes et des sommets pointus. La majorité d'entre elles continuent de grandir parce que le déplacement des plaques tectoniques qui leur a donné naissance n'est pas terminé. Les Laurentides, les Appalaches et la Cordillère australienne sont de vieilles chaînes de montagnes. Elles ont une forme plus arrondie et plus plane, car elles subissent les effets de l'érosion depuis très longtemps. En fait, les Laurentides ont déjà été aussi élevées que l'Himalaya, il y a de cela des centaines de millions d'années.

a) Les Laurentides
b) Les Rocheuses

Figure 49 Les Laurentides sont formées de montagnes très vieilles : leurs sommets sont arrondis et peu élevés. Les Rocheuses sont beaucoup plus jeunes. Les sommets sont pointus et très élevés.

Je vérifie ce que j'ai retenu

1. a) De quoi aurait l'air le relief terrestre s'il était complètement érodé ?
   b) Est-il possible qu'un jour le relief soit complètement érodé ?
2. Nomme les trois étapes de l'érosion, puis décris-les.
3. Quels sont les principaux facteurs de la météorisation ?
4. Est-il possible de ralentir l'érosion ? Si oui, comment peut-on y arriver ?
5. a) Pourquoi les montagnes de l'Himalaya sont-elles de plus en plus hautes ?
   b) Pourquoi les Laurentides sont-elles de moins en moins hautes ?

Le cycle de l'eau

Examine un globe terrestre. Tu constates facilement que la couleur bleue domine. En effet, 75 % de la surface de la Terre est recouverte d'eau. Chaque jour, une grande quantité de molécules d'eau s'évaporent sous l'action des rayons du soleil. Cependant, la quantité totale d'eau sur la Terre et dans l'atmosphère demeure constante. C'est parce que l'eau est constamment recyclée. Toute l'eau qui s'évapore finit par retomber sur le sol sous forme de **précipitations** à un certain moment. **L'eau revient toujours à son point de départ grâce à des changements d'état successifs.** C'est ce qu'on appelle le cycle de l'eau (*voir la figure 50*).

L'eau suit un cycle : il n'y a donc pas de début ni de fin. L'eau voyage constamment entre les océans, l'atmosphère et la terre ferme. Cette circulation continuelle de l'eau se divise en quatre grandes étapes :

1. L'**évaporation** permet à l'eau liquide des océans et des autres étendues d'eau de se transformer en vapeur d'eau. L'eau liquide passe ainsi à l'état gazeux. Les organismes vivants, par la respiration et la transpiration, produisent aussi de la vapeur d'eau. Toute cette vapeur d'eau se retrouve dans l'atmosphère. L'évaporation et la transpiration sont deux formes d'**évapotranspiration**.
2. Quand la vapeur d'eau traverse une zone plus froide, elle redevient liquide. C'est la **condensation**, c'est-à-dire la formation de nuages. Les nuages sont composés de particules d'eau liquide ou solide. Ces gouttelettes se sont condensées sur des grains de poussière présents dans l'atmosphère.
3. Les minuscules gouttelettes d'eau qui forment les nuages grossissent peu à peu. Elles finissent par devenir trop lourdes pour se maintenir dans l'atmosphère. Elles retombent alors sur le sol sous forme de **précipitations**.
4. Ensuite, l'eau retourne dans les cours d'eau par **ruissellement** sur la surface terrestre. L'eau peut aussi s'écouler vers les cours d'eau de façon souterraine, par **infiltration**.

Précipitations
L'ensemble des formes que prend l'eau pour retourner au sol : pluie, neige, grêle, grésil, verglas et giboulée.

HISTOIRE SCIENTIFIQUE

Luke Howard (1722-1864) était un pharmacien britannique qui se passionnait pour la météorologie. Howard tenait un journal dans lequel il inscrivait des descriptions détaillées du temps. Ses notes nous fournissent de précieux renseignements sur la météo de son époque, bien avant l'existence des bulletins météo modernes. Dans les notes de son journal, on trouve la description de la forme des nuages et une estimation de leur altitude. Howard donna des noms latins aux nuages, par exemple, cirrus, stratus, cumulus et nimbus. Ces noms sont encore utilisés de nos jours.

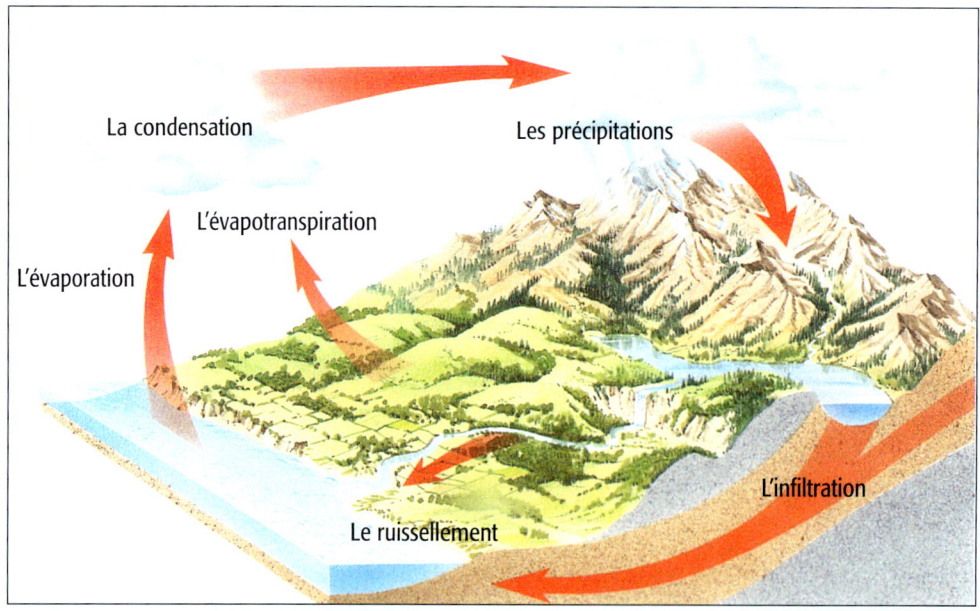

Figure 50 *L'eau se transforme continuellement. Elle passe de la surface de la Terre à l'atmosphère dans un cycle sans fin : le cycle de l'eau.*

Les pluies acides

Le cycle de l'eau permet de purifier l'eau de façon indirecte. En effet, la majeure partie de l'eau qui s'évapore provient des océans, qui sont salés. Pourtant, l'eau de pluie n'est pas salée : elle est douce. **Le processus d'évaporation-condensation sépare donc l'eau pure des substances qui y sont dissoutes.**

Au naturel, l'eau de pluie est légèrement acide à cause du gaz carbonique (CO_2) présent dans l'air. Cependant, cette acidité a fortement augmenté au cours du 20e siècle. Cela est dû aux nombreuses activités humaines qui ont perturbé le cycle naturel de l'eau. En effet, **divers polluants provenant des industries peuvent s'introduire dans le cycle de l'eau** à n'importe quelle étape. Ces polluants changent le pH de l'eau (voir L'univers matériel, à la page 186).

Des molécules de dioxyde de soufre (SO_2) et de divers oxydes d'azote (NO_x) s'échappent des usines. **Le dioxyde de soufre se mélange à la vapeur d'eau contenue dans l'air. Il se produit alors une réaction chimique qui donne de l'acide sulfurique (H_2SO_4).** C'est pourquoi l'eau devient plus acide. Par la suite, elle retombe au sol sous forme de précipitations acides (voir la figure 51). Les pluies acides sont très nocives pour les écosystèmes. Elles détériorent aussi les matériaux de construction. L'apparence des bâtiments et des monuments s'en trouve souvent modifiée.

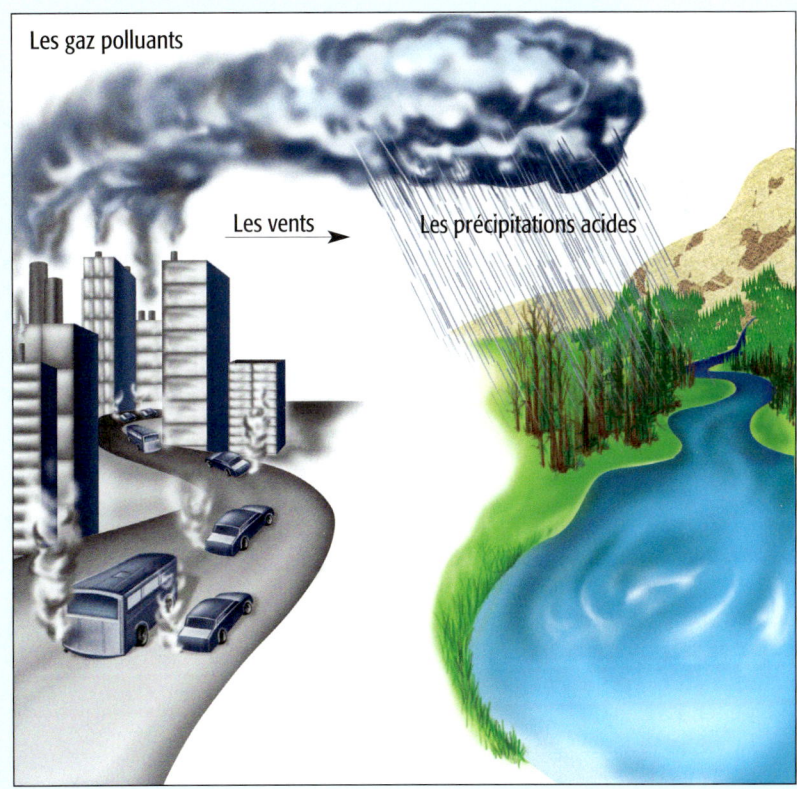

Figure 51 *Une fois que les pluies acides apparaissent, les gaz polluants font partie du cycle de l'eau.*

Je vérifie ce que j'ai retenu

1. Raconte le voyage d'une molécule d'eau. Commence ton récit au moment où la molécule s'échappe de l'océan par évaporation. Termine ton récit au moment où la molécule retourne dans l'océan.
2. Comment les activités des êtres vivants influent-elles sur le cycle de l'eau ?
3. Comment le cycle de l'eau purifie-t-il l'eau ?
4. Explique comment la pluie peut devenir acide.
5. Quelles sont les conséquences de l'acidification des précipitations ?

Dans la mythologie grecque, **Éole** est le dieu des vents. De son nom découle l'adjectif « éolien » et le nom « éolienne ».

Vent dominant
Le vent qui souffle le plus fréquemment dans une région donnée du globe.

FLASH... FLASH... FLASH...

Les cyclones sont des vents violents soufflant de façon circulaire autour d'un centre appelé « œil ». La plupart des cyclones naissent au-dessus des mers chaudes. Ils sont appelés « ouragan » dans la mer des Antilles et dans le golfe du Mexique, tandis qu'on les nomme « typhon » dans l'ouest du Pacifique. Pour distinguer les cyclones, on leur donne un prénom. Il existe six listes différentes de prénoms masculins et féminins. Chaque année, on utilise une liste différente. Lorsqu'un cyclone cause beaucoup de dégâts, on retire son prénom de la liste et on le remplace par un autre. L'année 2005 a été une année record avec 26 cyclones. Une fois la liste épuisée, il a fallu recourir aux lettres de l'alphabet grec pour nommer les cinq derniers cyclones.

Les vents : le choix d'Éole

L'air qui nous entoure est continuellement en mouvement. Pendant une chaude journée d'été, tu sais qu'il y a du vent à cause de la fraîcheur qu'il t'apporte. Parfois, en hiver, le vent te transperce à cause de la sensation de froid intense qu'il te fait ressentir.

Les **vents dominants** ne sont pas répartis uniformément à la surface du globe. Deux facteurs expliquent leur répartition particulière : le **réchauffement inégal de l'atmosphère** (les cellules de convection) et la **rotation de la Terre** (la force de Coriolis) [*voir la page suivante*].

Les cellules de convection

L'air est réchauffé de manière inégale à la surface de la Terre. Cela détermine la circulation générale des masses d'air (*voir la figure 52*). Prenons par exemple la région de l'équateur. À cet endroit, les rayons du soleil frappent directement le sol. Celui-ci absorbe l'énergie solaire. Cette énergie se dégage ensuite du sol sous forme de chaleur. L'air ambiant se réchauffe, augmente de volume et devient plus léger. Il s'élève en altitude. Cela crée une zone de basse pression (ou dépression) au niveau du sol. De l'air plus frais et donc plus lourd a tendance à venir remplacer l'air dans la zone de basse pression. Ainsi, **la masse d'air chaud et la masse d'air frais sont constamment en mouvement**. On appelle le mouvement en boucle de ces masses d'air des cellules de convection. C'est une façon d'expliquer la circulation atmosphérique globale.

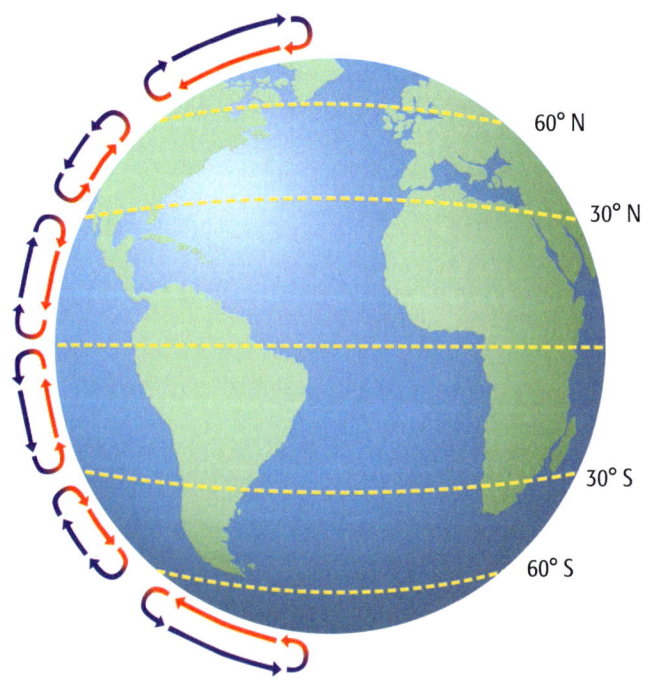

Figure 52 *Il y a six cellules de convection à la surface du globe.*

La convection au quotidien

La convection joue un rôle dans plusieurs phénomènes. Par exemple, les scientifiques croient que les courants de convection dans le magma contribuent aux mouvements des plaques tectoniques (*voir la page 317*). À plus petite échelle, **on utilise la convection dans les systèmes de chauffage des maisons** (*voir la figure 53*). On s'en sert aussi dans les fours et les cuisinières. C'est en partie à cause de la convection qu'on installe les systèmes de chauffage des maisons dans le sous-sol. L'air chaud s'élève et réchauffe le reste de la maison.

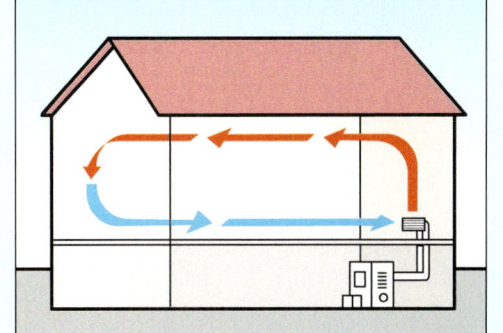

Figure 53 *Un courant de convection formé par un système de chauffage résidentiel*

La force de Coriolis

Lorsqu'on étudie les vents dominants, on doit aussi considérer la rotation de la Terre. La Terre tourne sur elle-même comme une toupie de l'ouest vers l'est. Cette rotation fait dévier les masses d'air présentes dans l'atmosphère soit vers la droite (dans l'hémisphère Nord), soit vers la gauche (dans l'hémisphère Sud). On a nommé cet effet la force de Coriolis. Gaspard Coriolis était un mathématicien et un physicien français. En 1835, il a montré que les mouvements de l'air changent de direction à cause de la rotation de la Terre. Ce déplacement donne naissance aux vents suivants :

- l'**alizé**, qui souffle de l'est vers l'ouest entre l'équateur et les tropiques ;
- le **vent d'ouest** dominant, qui souffle de l'ouest vers l'est aux latitudes moyennes ;
- le **vent d'est** polaire, qui est dévié vers l'ouest dans les régions polaires (*voir la figure 54*).

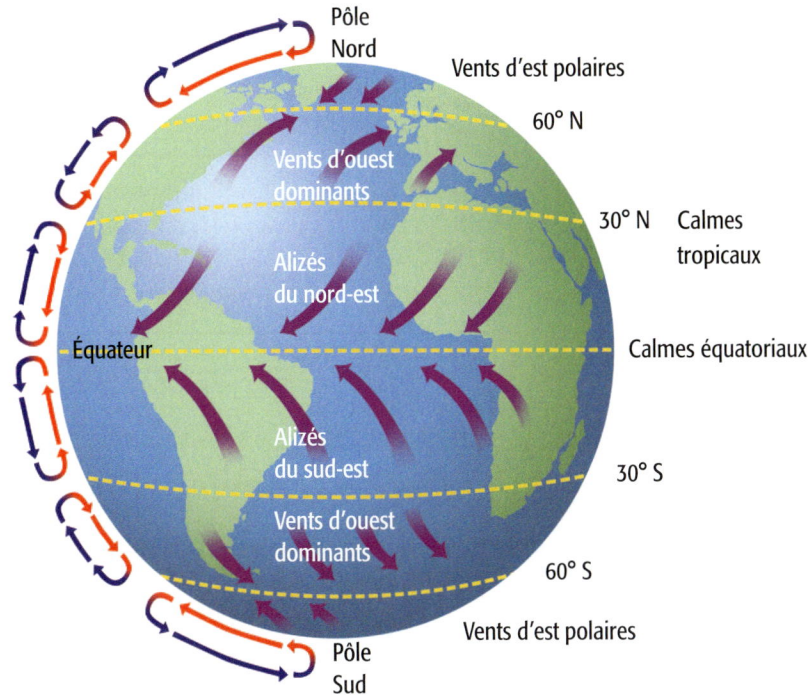

Figure 54 *La rotation de la Terre fait dévier les courants atmosphériques, ce qui engendre les vents dominants.*

Les caractéristiques du vent

Savais-tu qu'il existe des vents de toutes sortes qui soufflent aux quatre coins de la planète ? Certains sont doux, d'autres sont chauds ou froids. D'autres encore sont secs ou humides. Certains sont réputés pour transporter des poussières. On donne à tous ces vents des noms tels alizé, chinook, mistral, noroît, sirocco, zéphyr, etc. De façon générale, le vent peut être caractérisé par deux éléments : la direction et la vitesse.

On détermine la direction du vent à l'aide d'une girouette (*voir la figure 55*). La girouette pointe dans la direction d'où vient le vent (son origine). Quand elle pointe en direction du sud, cela indique que le vent vient du sud et qu'il se dirige vers le nord. Pour que la girouette fonctionne bien, sa partie arrière doit être plus large que sa partie avant. La girouette n'a pas toujours la forme d'une flèche. Elle est le plus souvent munie d'une rose des vents, qui indique les points cardinaux.

Figure 55 *Une girouette et sa rose des vents indiquent la direction du vent.*

On mesure la vitesse du vent à l'aide d'un anémomètre (*voir la figure 56*). On l'exprime en kilomètres/heure. On peut aussi estimer la vitesse du vent en interprétant l'effet du vent sur certains éléments de l'environnement à l'aide de l'échelle de Beaufort.

Figure 56 *Un anémomètre indique la vitesse du vent.*

Il existe un instrument qui indique à la fois la vitesse et la direction du vent. Il s'agit de la manche à air (*voir la figure 57*). On la trouve souvent en bordure des champs ou près des pistes d'atterrissage des petits aéroports.

Figure 57 *Une manche à air mesure à la fois la vitesse et la direction du vent.*

La brise de mer

As-tu déjà remarqué qu'il y a presque toujours une douce brise qui souffle au bord de la mer ? **Cette brise est créée par la différence de température entre l'air au-dessus de l'eau et l'air au-dessus de la terre. Par une belle journée ensoleillée, le sable se réchauffe plus rapidement que l'eau.** L'air au-dessus du sable est donc plus chaud que l'air au-dessus de la mer. Cet air chaud s'élève alors en altitude. Il est remplacé par l'air frais qui était auparavant au-dessus de la mer. Cet air frais sera à son tour réchauffé. Ce mouvement des masses d'air produit la brise. Cette brise souffle de la mer vers la terre. Comme on nomme les vents d'après leur point d'origine, on l'appelle « brise de mer ».

La brise de terre

Le sol se refroidit également plus rapidement que l'eau quand le soleil disparaît. Ainsi, la nuit, l'air au-dessus du sable est plus frais que l'air au-dessus de la mer, ce qui produit un vent qui souffle de la terre vers la mer. C'est ce qu'on appelle la « brise de terre ». La figure 58 permet de comparer la brise de mer et la brise de terre.

FLASH... FLASH... FLASH...

Les marins se servent du principe des brises pour aller en mer avec leurs bateaux à voile. Les équipages partent souvent avant le lever du soleil. Ils profitent ainsi de la brise de terre qui les pousse vers le large. Plus tard dans la journée, la brise de mer les aidera à rentrer au port.

◀ *La brise de mer est un vent qui souffle de la mer vers la terre durant le jour.*

▶ *La brise de terre est un vent qui souffle de la terre vers la mer durant la nuit.*

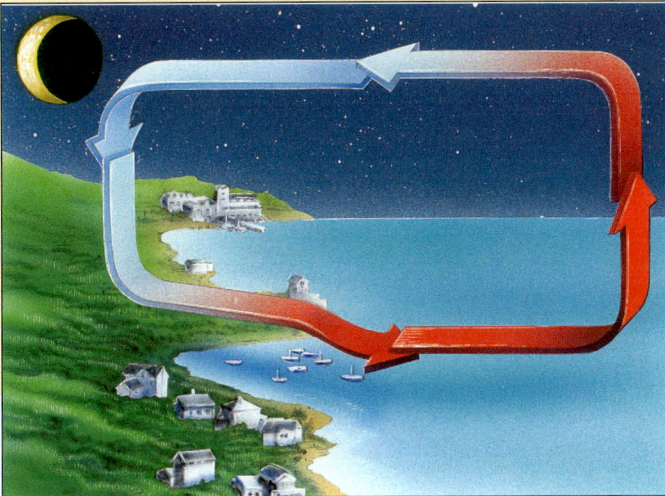

Figure 58 *La brise de mer et la brise de terre soufflent dans des directions opposées.*

Le smog et l'inversion de température

Le mot **smog** est formé à partir des mots anglais *smoke* (fumée) et *fog* (brouillard).

Normalement, plus on s'élève dans la troposhère, plus la température se refroidit. Mais ce n'est plus le cas lorsqu'une masse d'air froid se trouve sous une masse d'air chaud. **L'air froid, plus lourd, demeure près du sol. L'air chaud qui est au-dessus l'empêche de s'élever et de se disperser. Tout l'air devient donc stable : il ne bouge plus, ce qui est inhabituel. On est en présence du phénomène d'inversion de température** à basse altitude (*voir la figure 59*). Dans les zones industrielles, ce phénomène peut être dangereux. En effet, certains polluants atmosphériques peuvent demeurer emprisonnés dans la masse d'air froid qui se trouve au-dessus du sol. Ces substances peuvent être nuisibles pour l'environnement et les êtres vivants (*voir la figure 60, à la page suivante*).

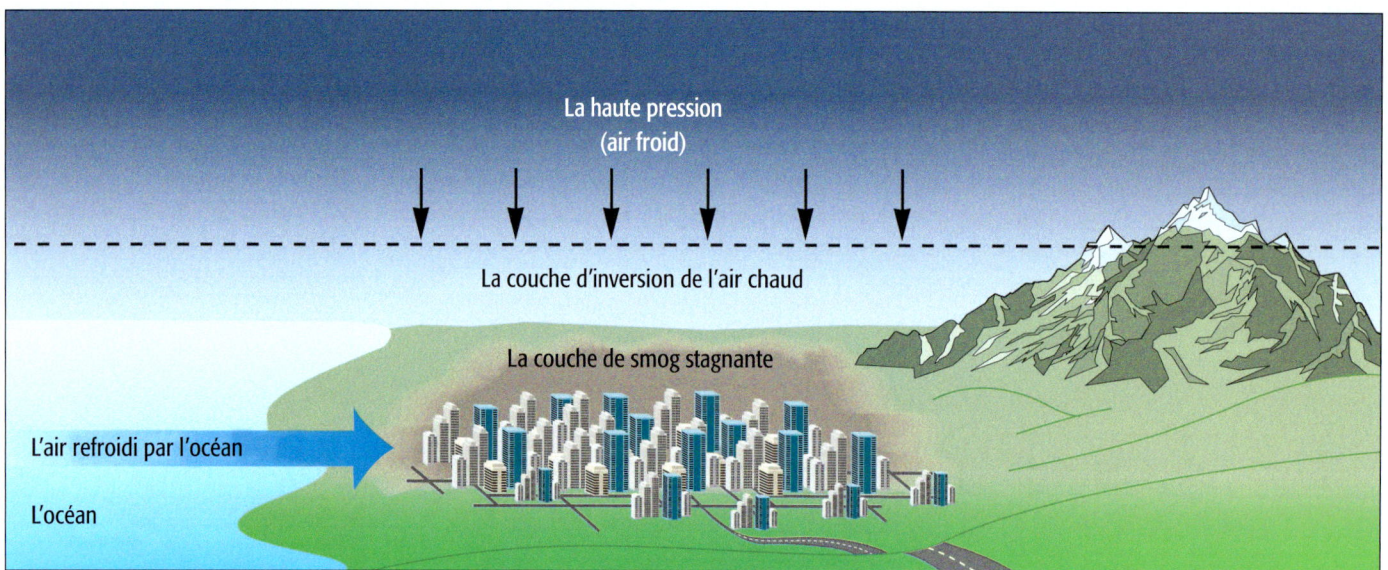

Figure 59 *Le phénomène d'inversion de température*

Quand il y a inversion de température, les polluants atmosphériques restent près du sol. Ils contaminent l'air que nous respirons. Parfois, ils s'associent à la vapeur d'eau. Ils forment alors un nuage de brouillard polluant qu'on appelle le **smog**.

En général, la Terre se réchauffe pendant la journée. La masse d'air froid et ses polluants finissent par se dissiper. Mais si le phénomène d'inversion de température se maintient, le brouillard créé par les particules de poussières emprisonnées dans la masse d'air froid peut s'épaissir. Cela peut causer de graves problèmes de pollution à long terme.

Figure 60 *La ville de Montréal sous un ciel clair (ci-dessus) et couverte de smog (à droite)*

Je vérifie ce que j'ai retenu

1. Quels sont les deux principaux facteurs qui expliquent la répartition des vents dominants sur notre planète ?

2. Trace le schéma d'une cellule de convection atmosphérique.

3. Quelle est la direction du vent dominant au Québec ?

4. Les pilotes d'avion doivent tenir compte de la force de Coriolis. D'après toi, dans quelle direction le vent facilitera-t-il un vol d'avion entre le Canada et la France : au départ (Montréal-Paris) ou au retour (Paris-Montréal) ? Pourquoi ?

5. *a)* Quel instrument permet de déterminer la direction du vent ?

   b) Quel instrument permet de mesurer la vitesse du vent ?

   c) À quoi sert une manche à air ?

6. La terre se réchauffe plus rapidement que l'eau. Elle se refroidit également plus vite que l'eau.

   a) Explique comment ces deux phénomènes conduisent à l'apparition des brises de mer et des brises de terre dans les régions côtières.

   b) Comment les marins se servent-ils des brises de mer et des brises de terre pour la navigation à voile ?

7. Décris les conditions météorologiques nécessaires à la formation du smog.

FLASH... FLASH... FLASH...

Les freins d'une automobile utilisent la force de frottement pour transformer l'énergie cinétique en énergie thermique. Lorsqu'un ou une automobiliste actionne les freins, ceux-ci deviennent chauds. Si l'automobiliste utilise de façon excessive les freins, ceux-ci peuvent devenir aussi rouges que l'élément chauffant d'une cuisinière. C'est pour cette raison qu'il est essentiel qu'il y ait un système de refroidissement pour les freins des automobiles.

▶ La « Balancing Rock », à Long Island, près de Tiverton, en Nouvelle-Écosse, est un spectaculaire exemple d'énergie potentielle emmagasinée dans un rocher.

Les manifestations naturelles de l'énergie

L'énergie se manifeste de façon naturelle dans notre environnement. Mais l'être humain peut aussi transformer de l'énergie de façon artificielle. L'énergie est différente de la matière parce qu'elle ne possède pas de masse et qu'elle n'occupe aucun volume. On l'étudie à travers ses effets sur la matière.

L'énergie peut prendre différentes formes. On distingue entre autres :
- l'énergie cinétique ;
- l'énergie chimique ;
- l'énergie potentielle ;
- l'énergie nucléaire ou atomique ;
- l'énergie thermique ;
- l'énergie rayonnante.

Pour améliorer son confort, l'être humain a tenté de reproduire ces formes d'énergie naturelles. Le tableau 7 décrit chacune de ces formes d'énergie. Il donne aussi des exemples de manifestations naturelles ou artificielles de chaque forme d'énergie.

Tableau 7 *Les formes d'énergie et leurs manifestations naturelles ou artificielles*

Forme d'énergie	Description	Exemples
Énergie potentielle	L'énergie emmagasinée dans un objet en raison de sa position au-dessus de la surface de la Terre.	*Manifestation naturelle* – Aussi longtemps qu'une roche au sommet d'une montagne ne bouge pas, elle possède de l'*énergie potentielle*. – Lorsque le vent la pousse et qu'elle descend la pente, la roche libère de l'*énergie cinétique*. – Plus la pente est haute, plus la quantité d'*énergie cinétique* libérée est grande. *Manifestations artificielles* – Les ascenseurs – L'énergie accumulée dans un ressort qu'on a comprimé
Énergie cinétique (ou de mouvement)	L'énergie d'un objet en mouvement.	
Énergie thermique (ou chaleur)	L'énergie générée par le mouvement (l'agitation) des particules qui composent la matière (*voir L'univers matériel, page 181*). – Plus l'agitation des particules est intense, plus l'énergie thermique est grande. – Plus l'agitation des particules est faible, plus l'objet est froid.	*Manifestation naturelle* – Les geysers et les sources d'eau chaude naturelles *Manifestation artificielle* Dans les pays nordiques, on produit de la chaleur en hiver grâce aux systèmes de chauffage.
Énergie chimique	L'énergie emmagasinée dans la matière. – Cette énergie est libérée quand des produits réagissent ensemble. Alors, des liens entre les atomes se brisent et il se forme de nouvelles substances.	*Manifestation naturelle* Au cours de la respiration cellulaire, les cellules des organismes vivants transforment les sucres et utilisent l'énergie ainsi libérée. *Manifestations artificielles* – Les feux d'artifice – Les sacs gonflables des voitures
Énergie nucléaire (ou énergie atomique)	L'énergie très puissante libérée quand les noyaux des atomes se désintègrent ou fusionnent. – Cette énergie est emmagasinée dans le noyau des atomes.	*Manifestations naturelles* De l'énergie nucléaire est produite dans le centre du Soleil par la fusion des noyaux d'hydrogène. Les autres étoiles produisent de l'énergie nucléaire de façon semblable. *Manifestations artificielles* – Les innovations dans le domaine de la médecine nucléaire – La bombe atomique
Énergie rayonnante (ou énergie lumineuse)	L'énergie transmise par la lumière (*voir la page 350*). – Elle peut être absorbée et réfléchie par des objets. – Une partie de cette énergie nous permet de voir les objets (c'est la lumière visible).	*Manifestations naturelles* – La lumière du soleil – Des animaux aussi petits que des lucioles fabriquent de la lumière. *Manifestations artificielles* – La lumière produite par l'électricité – Les fours à micro-ondes – Les téléphones portables

HISTOIRE SCIENTIFIQUE

Henri Becquerel (1852-1908) a découvert par hasard la radioactivité en mars 1896.

Marie Curie (1867-1934) a poursuivi les travaux de Becquerel avec son mari, Pierre Curie. Elle a découvert que le radium et le polonium étaient radioactifs. Henri Becquerel, Pierre Curie et Marie Curie se sont partagé le prix Nobel de physique, en 1903. Marie Curie fut la première femme à recevoir un prix Nobel. Elle en a d'ailleurs reçu un second, pour ses travaux en chimie, en 1911.

Les sources d'énergie sont-elles inépuisables ?

Les sources d'énergie sont des matières premières ou des phénomènes naturels. On classe les sources d'énergie selon qu'elles sont renouvelables ou non renouvelables. Les sources d'énergie non renouvelables, tels le pétrole ou le charbon, ne se régénèrent pas une fois utilisées. Les sources d'énergie renouvelables, tels le soleil ou le vent, ne peuvent pas s'épuiser. Il y en aura tant que le soleil sera là.

Dans leur gestion des ressources énergétiques, les êtres humains sont aux prises avec un problème majeur. Les réserves d'énergie non renouvelables diminuent tandis que leur consommation augmente. Certains scientifiques prévoient qu'en 2010 la demande de pétrole pourra dépasser la capacité des industries pétrolières de fournir ce combustible. En une centaine d'années, nous aurons réussi à épuiser le pétrole que la nature a mis 100 millions d'années à produire. Il faut donc encourager le développement et l'utilisation des énergies renouvelables. Les tableaux 8 et 9 présentent les différentes sources d'énergie renouvelables et non renouvelables.

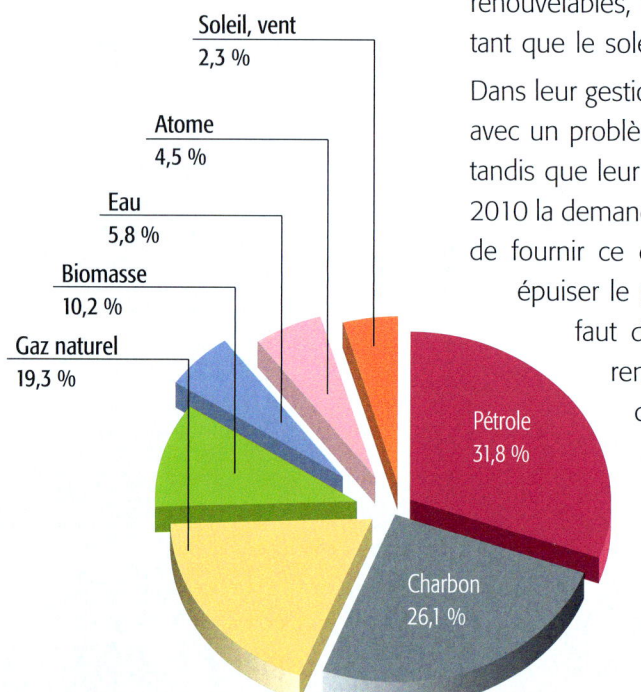

◀ *La consommation d'énergie selon les sources*

Tableau 8 *Les sources d'énergie non renouvelables*

Source d'énergie et description	Forme d'énergie	Avantages	Désavantages
Combustibles fossiles (charbon, pétrole, gaz naturel) – Les réserves sont difficiles à atteindre. – Les réserves sont réparties inégalement à la surface de la Terre.	Énergie thermique	Installations simples	– Cette énergie est plutôt polluante (la pollution varie selon le combustible utilisé). – Elle rend les précipitations acides. – Elle libère des gaz à effet de serre et contribue ainsi au réchauffement de la planète. – Elle utilise des ressources qui mettent des millions d'années à se former.
Uranium (entre autres) – L'uranium se trouve dans un grand nombre de roches mais en petites quantités. – L'exploitation est délicate et coûte très cher.	Énergie nucléaire	– Production d'une grande quantité d'énergie. – Cette énergie ne pollue pas l'atmosphère. – Cette énergie a des applications variées.	– Elle génère des déchets qui restent radioactifs pendant des milliers d'années. – Elle permet de concevoir des armes très destructrices.

Tableau 9 *Les sources d'énergie renouvelables*

Source d'énergie et description	Forme d'énergie	Avantages	Désavantages
Eau – Pression engendrée par une chute d'eau	Énergie potentielle (ou énergie hydraulique)	– Énergie peu polluante – Faibles coûts de fonctionnement – Source d'énergie très fiable – Les installations ont une longue durée de vie.	– Installations de grande taille – Coût élevé des installations – Les installations exigent qu'on inonde de grands espaces (pertes d'habitats). – La construction des installations nuit à la biodiversité et aux populations locales.
Vent – Force du vent	Énergie cinétique (ou énergie éolienne)	– Cette énergie a peu d'effets sur l'environnement. – On peut démonter les éoliennes, et le paysage retrouvera son allure initiale. – On peut installer des éoliennes aussi bien en mer que sur la terre.	– Il y a peu de régions où les vents sont assez forts et réguliers. – Cette source d'énergie est irrégulière, car le vent ne souffle pas toujours. – Les éoliennes sont exposées aux intempéries et peuvent tomber en panne. – On doit disposer de sources d'énergie d'appoint. – Les hauts mâts des éoliennes défigurent le paysage. – Les éoliennes peuvent causer des malaises aux personnes qui les regardent fixement.
Croûte terrestre – Extraction de la chaleur interne du sol – Geysers et sources d'eau chaude	Énergie thermique (ou énergie géothermique)	– Cette énergie ne contribue pas à la production de gaz à effet de serre. – Faibles coûts de fonctionnement – Cette énergie donne de l'air chaud l'hiver et de l'air frais l'été (pompe à chaleur).	– On peut utiliser cette énergie seulement dans certains endroits. – Coût élevé des installations – Cette énergie ne se transporte pas facilement.
Marée – Mouvement des marées	Énergie marémotrice	– Énergie toujours disponible – Cette énergie permet la conservation des ressources. – Faibles coûts de fonctionnement	– La construction des installations exige qu'on inonde de grands espaces (pertes d'habitats). – Les installations ne fonctionnent pas toute la journée.
Lumière – Énergie du Soleil – Lumière artificielle	Énergie rayonnante	– Cette énergie permet d'économiser les formes d'énergie non renouvelables. – Énergie non polluante – Faibles coûts de fonctionnement – De petites installations peuvent alimenter une piscine, un bateau, etc.	– Cette source d'énergie est irrégulière, car il ne fait pas toujours soleil. – On doit avoir des sources d'énergie d'appoint. – Faible rendement énergétique – Coûts de production élevés
Biomasse (bois, fumier, déchets agricoles, biogaz) – Valorisation des déchets	Énergie chimique	– Énergie renouvelable à l'infini – Cette énergie produit peu de gaz à effet de serre. – Valorisation des résidus forestiers, agricoles et urbains	La combustion du bois pourrait avoir plus d'effets négatifs sur l'environnement qu'on le prévoyait.

Je vérifie ce que j'ai retenu*

1. Indique si chacun des objets suivants est une source d'énergie potentielle, cinétique, thermique, chimique, nucléaire ou rayonnante.

   a) Des piles pour alimenter un appareil radio

   b) Une bombe atomique

   c) Une pomme dans un pommier

   d) Une rondelle de hockey qui glisse sur une patinoire

   e) Une pomme que l'on mange

   f) Un radiateur pour se réchauffer les pieds

2. Pourquoi dit-on que les combustibles fossiles sont des sources d'énergie non renouvelables ?

3. Les éoliennes et les panneaux solaires fournissent une énergie renouvelable. Pourquoi sont-ils si peu répandus ?

* Ces questions permettent de vérifier les connaissances sur des concepts abordés dans les modules du Manuel A

SECTION 3
Les phénomènes astronomiques

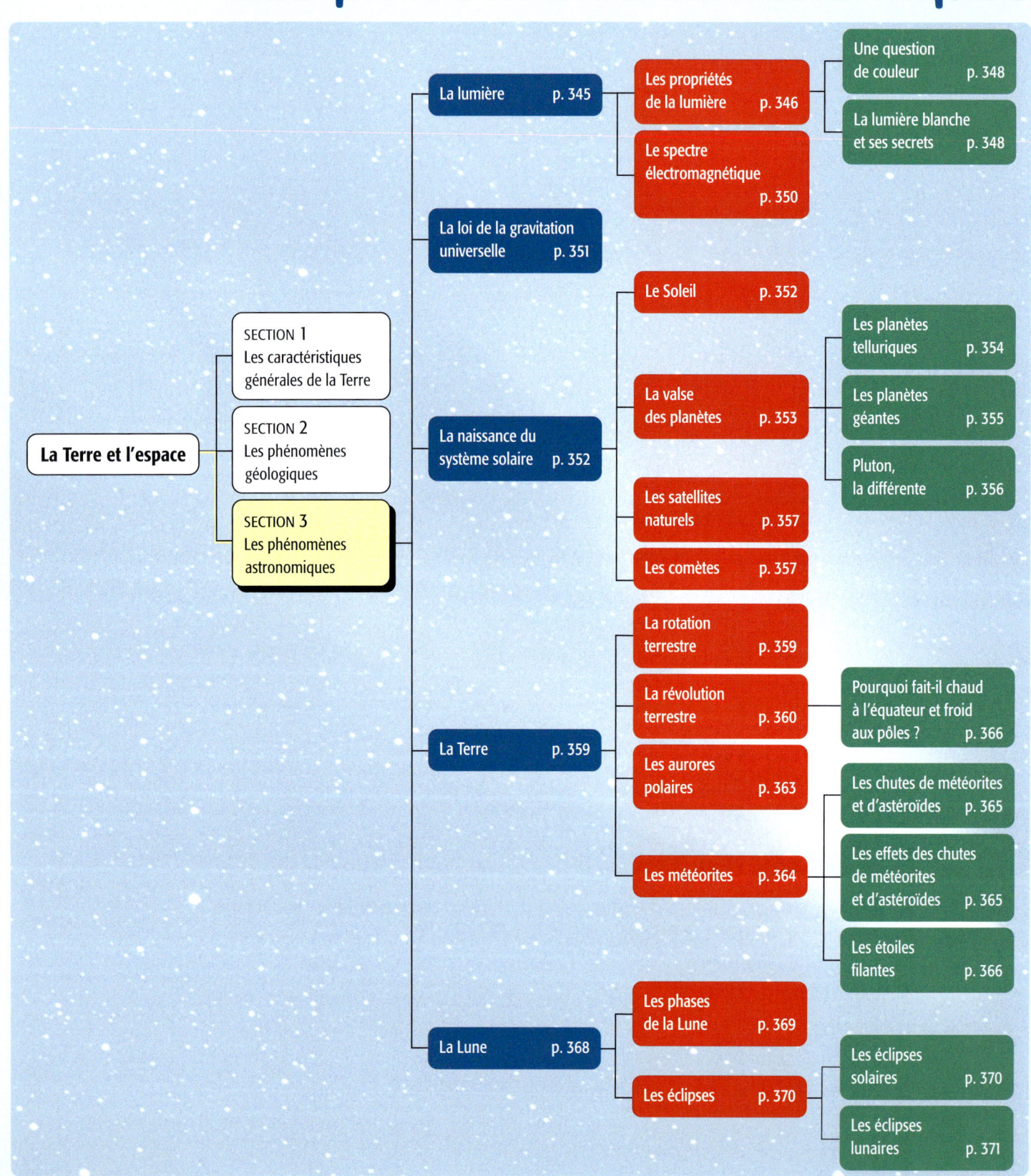

Survol

As-tu l'impression que le Soleil traverse le ciel durant le jour ? Penses-tu que, pendant la nuit, les étoiles se déplacent ? Tes sens peuvent te faire croire que la Terre est immobile et que c'est le ciel qui tourne. Pourtant, l'être humain vit sur une planète, la Terre, qui poursuit son chemin dans l'Univers tel un immense vaisseau spatial.

La lumière

Au centre de notre système solaire, il y a une grosse boule de gaz : le Soleil. Cette étoile émet une grande quantité d'énergie sous forme de rayonnements de toutes sortes. Une des formes de ce rayonnement te permet de voir les objets qui t'entourent : c'est la lumière solaire.

La lumière solaire est essentielle à la vie sur la Terre. Elle est absorbée par les plantes. Elle leur permet de fabriquer de la nourriture au cours de la photosynthèse (*voir L'univers vivant, à la page 284*). L'alternance du jour et de la nuit détermine les périodes de sommeil des humains et des animaux. Les variations de la durée du jour règlent plusieurs phénomènes, dont la migration et la reproduction de certains animaux.

La plus grande source de lumière naturelle est le Soleil. Cependant, **la Terre absorbe environ la moitié de la lumière solaire qu'elle reçoit.** Le reste est dispersé dans l'espace ou réfléchi par la surface terrestre (*voir la figure 61*).

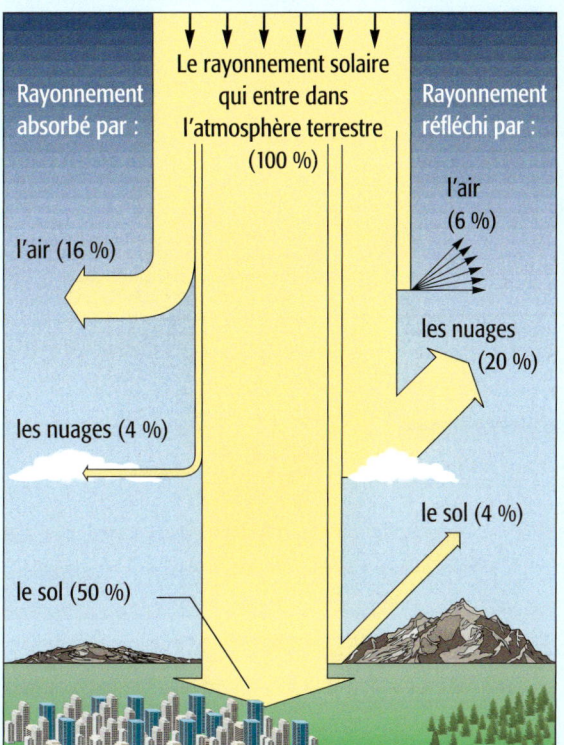

Figure 61 *Parmi tous les rayons solaires qui atteignent l'atmosphère, seulement la moitié se rend au sol et y est absorbée.*

HISTOIRE SCIENTIFIQUE

L'être humain est capable de fabriquer une lumière plus brillante que celle du soleil : la lumière laser. Un laser peut émettre suffisamment d'énergie pour percer le métal. Si on diminue sa puissance, on peut l'utiliser en médecine, par exemple, pour corriger la myopie. Dans le commerce, le laser sert à lire les codes à barres et, en électronique, il permet d'écouter les disques compacts. En 1960, Théodore H. Maiman (1927-), un ingénieur et physicien américain, a fabriqué le premier rayon laser. L'appareil de Maiman émettait un rayon au moyen d'éclairs produits par des tubes, comme ceux des flashs d'appareils photos. Ces éclairs passaient à travers une pierre précieuse, le rubis. L'appareil tout entier n'était pas plus long qu'une pile alcaline D.

Les propriétés de la lumière

La lumière est une forme d'énergie rayonnante. Elle peut être d'origine naturelle ou artificielle. **Le Soleil est la principale source de lumière naturelle.** L'être humain est capable de fabriquer des sources de lumière artificielle, par exemple les ampoules électriques. La plupart des objets qui nous entourent ne sont pas des sources de lumière. Ils ont cependant la capacité de réfléchir ou d'absorber la lumière qu'ils reçoivent.

Un objet qui absorbe la lumière emmagasine de l'énergie. Il peut ensuite émettre cette énergie sous une autre forme. L'énergie rayonnante de la lumière peut ainsi se transformer en énergie thermique (la chaleur), en énergie mécanique (le mouvement), en énergie électrique ou en énergie chimique (*voir le tableau 7, à la page 341, et L'univers technologique, à la page 398*). La quantité d'énergie qui peut être absorbée par un objet dépend de l'intensité de la lumière et de la nature de l'objet. **Plus l'intensité de la lumière est grande, plus la surface absorbera d'énergie.** Par exemple, par un bel après-midi d'été, en plein soleil, les balcons de métal de certains immeubles peuvent devenir très chauds au toucher. Par contre, dès que des nuages atténuent la lumière du soleil, ils refroidissent.

Au cinéma, lorsqu'une personne de grande taille vient s'asseoir devant toi, il y a une partie de l'écran qui est cachée. C'est parce que **la lumière voyage en ligne droite à partir de sa source** (*voir la figure 62*). Quand elle rencontre un obstacle, il peut se passer trois choses. La lumière peut être arrêtée par l'obstacle. Elle peut aussi le traverser presque complètement ou le traverser dans une faible mesure.

Figure 62 *Les objets et les personnes projettent une ombre parce que la lumière voyage en ligne droite. Elle ne peut pas contourner les obstacles qu'elle rencontre.*

Voici ce qui se produit dans chacun de ces trois cas :
- L'obstacle est **opaque**, c'est-à-dire qu'on ne peut pas voir à travers (par exemple une personne, un miroir, de la brique). Dans ce cas, la lumière ne passe pas du tout : elle est bloquée par l'obstacle. Derrière cet obstacle, une ombre se forme.
- L'obstacle est **transparent**, c'est-à-dire qu'on peut voir à travers (par exemple du verre, de l'air, de l'eau). Dans ce cas, la lumière traverse l'obstacle presque complètement.
- L'obstacle est **translucide**, c'est-à-dire qu'on ne voit pas ce qu'il y a de l'autre côté (par exemple du papier ciré, un tissu mince). Dans ce cas, la lumière traverse presque complètement l'obstacle. Une certaine quantité est absorbée (*voir la figure 63*).

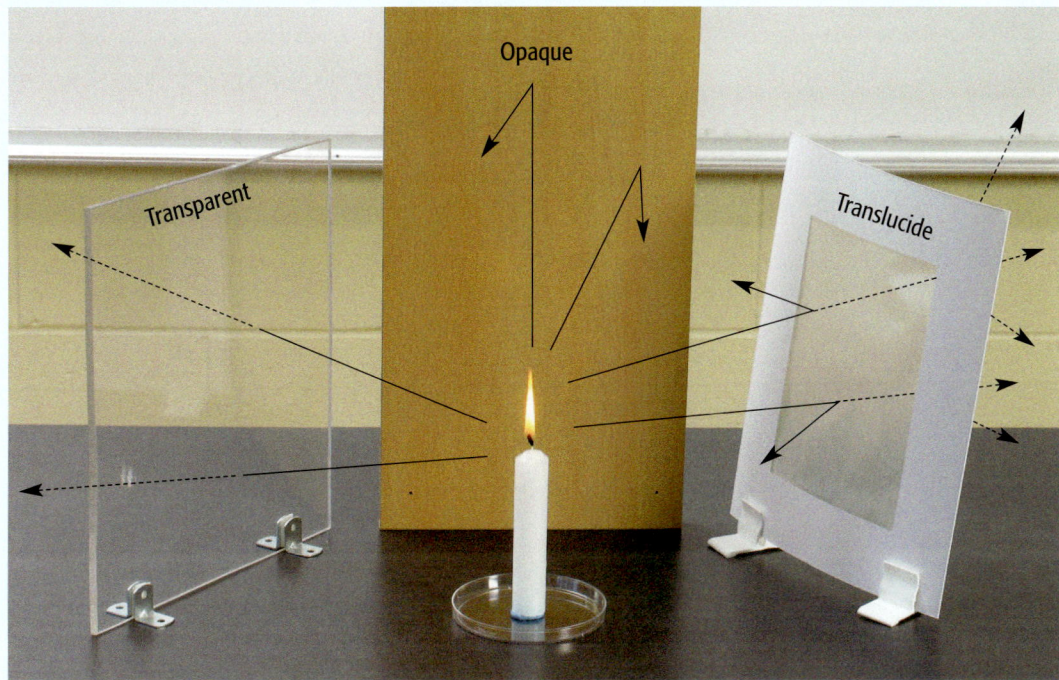

Figure 63 *Les surfaces absorbent et réfléchissent différemment la lumière.*

Dans le tableau 10, tu peux voir ce qui arrive à la lumière quand elle frappe différentes surfaces.

Tableau 10 *Le comportement de la lumière selon les types de surfaces*

Types de surfaces	Absorption	Réflexion
Opaques Rugueuses et sombres, par exemple un mur noir	Ces surfaces absorbent la plus grande partie de la lumière. Elles émettent la lumière absorbée sous une autre forme d'énergie, par exemple la chaleur.	Ces surfaces réfléchissent une petite partie de la lumière dans de multiples directions (dispersion de la lumière).
Lisses ou claires, par exemple un mur blanc ou un miroir	Ces surfaces absorbent une petite partie de la lumière.	Ces surfaces réfléchissent la plus grande partie de la lumière.
Transparentes	La lumière traverse presque complètement ces surfaces.	Ces surfaces réfléchissent une petite partie de la lumière.
Translucides	La lumière traverse presque complètement ces surfaces. Une certaine quantité est absorbée.	Ces surfaces réfléchissent la lumière en partie.

Une question de couleur

Qu'arrive-t-il à la lumière lorsqu'elle frappe un obstacle opaque ? Tous les objets opaques réfléchissent une partie de la lumière qui les frappe. Ils absorbent le reste.

Les objets de couleur foncée réfléchissent peu la lumière. Ils en absorbent la plus grande partie. Généralement, **ils émettent ensuite l'énergie absorbée sous forme de chaleur.** On appelle ce phénomène l'**effet de corps noir**. Cela explique pourquoi, en été, tu as plus chaud si tu portes des vêtements foncés. Tu peux aussi constater que l'asphalte devient très chaud en plein soleil. D'autre part, c'est aussi à cause de ce phénomène que les objets foncés sont difficiles à voir la nuit.

Les objets de couleur pâle réfléchissent la majeure partie de la lumière qui les frappe. Ils absorbent peu de lumière et en transforment donc peu en chaleur (*voir la figure 64*).

Figure 64 *Les couleurs foncées ont tendance à absorber la lumière. Les couleurs pâles vont plutôt réfléchir la lumière. La photo montre un lémur de Madagascar.*

La lumière blanche et ses secrets

La lumière solaire est blanche. Il existe aussi de la lumière blanche artificielle. Plusieurs personnes croient que la lumière blanche ne possède aucune couleur et qu'il faut lui ajouter quelque chose pour la colorer. Qu'en penses-tu ? Crois-tu qu'en faisant passer un faisceau de lumière blanche à travers un filtre rouge, tu lui donnes la couleur rouge ? Eh bien non, c'est faux !

En 1666, **Isaac Newton a démontré que la lumière blanche était en fait un mélange de différentes couleurs.** Newton a fait passer un faisceau de lumière blanche à travers un prisme triangulaire en verre. Il a alors remarqué que la lumière blanche se séparait en plusieurs faisceaux colorés de l'autre côté du prisme (*voir la figure 65, à la page suivante*). Il en a déduit que la couleur de la lumière blanche résultait du mélange de toutes les autres couleurs (*voir la figure 67, à la page suivante*).

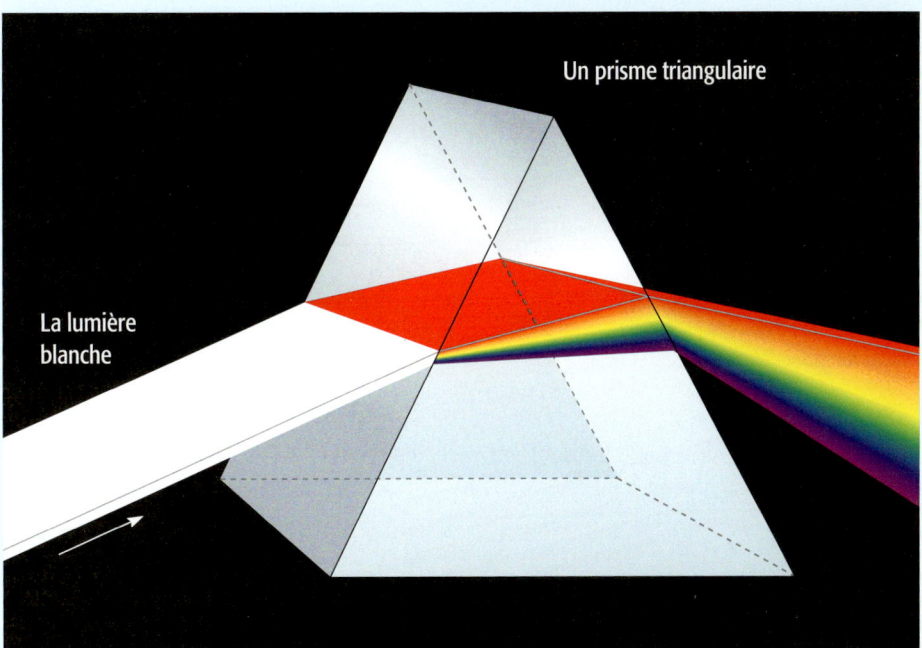

Figure 65 *Newton a utilisé un prisme triangulaire pour séparer la lumière blanche en différentes couleurs. Il a ainsi démontré que c'est l'addition de toutes ces couleurs qui produit la lumière blanche.*

Reprenons l'exemple du filtre rouge. En réalité, ce filtre n'ajoute pas la couleur rouge à la lumière blanche. Il bloque plutôt toutes les autres couleurs et ne laisse passer que le rouge. On peut donc dire qu'au lieu d'ajouter du rouge à la lumière blanche, le filtre enlève plutôt toutes les autres couleurs.

La série de couleurs contenue dans la lumière blanche s'appelle le **spectre visible des couleurs**. Dans le spectre visible, les couleurs passent du rouge à l'orange, au jaune, au vert, au bleu, à l'indigo, puis au violet. Comme tu peux le constater, ce sont les couleurs de l'arc-en-ciel (*voir la figure 66*).

Figure 66 *L'arc-en-ciel est un bon exemple du spectre visible des couleurs du soleil.*

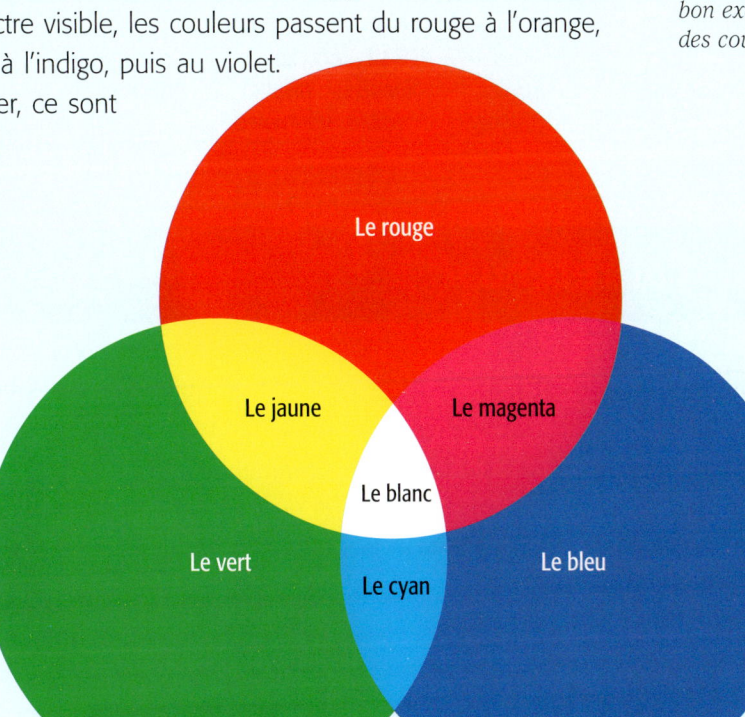

Figure 67 *Plus on ajoute de couleurs, plus la lumière est claire. Lorsque toutes les couleurs sont présentes, la lumière est blanche.*

SECTION 3
Les phénomènes astronomiques
349

Le spectre électromagnétique

La lumière visible n'est pas le seul rayonnement émis par le Soleil. Ce n'est qu'à la fin du 19e siècle que les scientifiques ont découvert ce phénomène. Ils ont appelé l'ensemble du rayonnement énergétique du Soleil le **spectre électromagnétique** (voir la figure 68). Parmi ce spectre, l'œil de l'être humain ne perçoit que la partie appelée **lumière visible**. Mais certains insectes peuvent voir les rayons ultraviolets et certains serpents perçoivent les rayons infrarouges. Le tableau 11 présente l'ensemble des différents rayonnements émis par le Soleil.

Tableau 11 *Le rayonnement émis par le Soleil*

Forme d'énergie	Caractéristiques
Ondes radio	Un rayonnement électromagnétique de très grande longueur d'onde. Ces ondes sont aussi produites par des nuages de gaz et des objets célestes relativement froids.
Micro-ondes	Un rayonnement de grande longueur d'onde.
Rayons infrarouges	Un rayonnement électromagnétique d'une longueur d'onde tout juste supérieure à celle de la lumière visible. L'être humain perçoit ce rayonnement comme de la chaleur.
Lumière visible	La partie du spectre que l'être humain peut voir.
Rayons ultraviolets	Un rayonnement électromagnétique d'une longueur d'onde tout juste inférieure à celle de la lumière visible. Les rayons ultraviolets (UV) peuvent causer le cancer de la peau.
Rayons X	Un rayonnement de courte longueur d'onde. Ces rayons sont produits par les gaz chauds des nuages et des étoiles, de même qu'autour des trous noirs.
Rayons gamma	Un rayonnement de très courte longueur d'onde. Ces rayons sont aussi émis par les objets célestes les plus énergétiques de l'Univers.

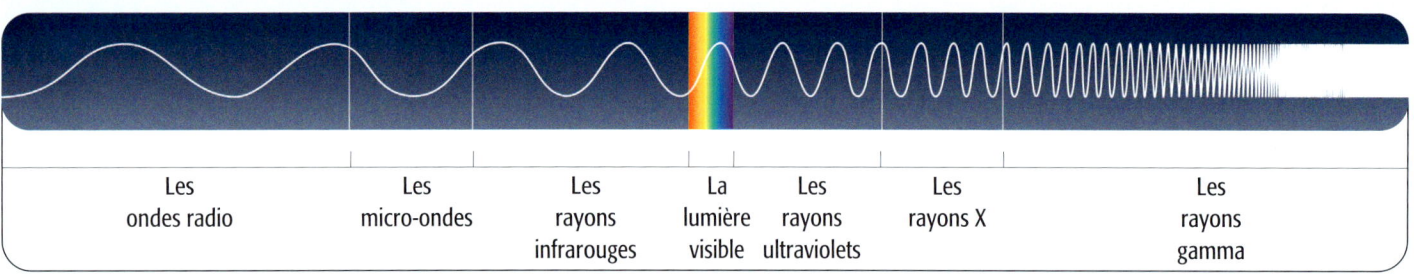

Figure 68 *Le spectre électromagnétique*

Je vérifie ce que j'ai retenu

1. Pourquoi dit-on que la lumière solaire est indispensable à la vie sur Terre ?

2. Deux personnes discutent. L'une affirme que s'il fait froid en hiver, c'est parce que les rayons du soleil sont plus faibles en hiver qu'en été. L'autre prétend que c'est plutôt parce que les rayons solaires sont réfléchis par la neige au lieu d'être absorbés par le sol. Quel est ton avis sur cette question ?

3. Quelle est la différence entre l'absorption de la lumière et la réflexion de la lumière ?

4. Qu'est-ce qu'une ombre ? Explique ta réponse à l'aide d'un schéma.

5. Comment t'y prendrais-tu pour démontrer que la couleur de la lumière blanche est en réalité un mélange de plusieurs couleurs ?

6. a) Qu'est-ce que le spectre électromagnétique ?
   b) Qu'est-ce qu'une lumière invisible ?
   c) Donne deux exemples de lumière invisible.

La loi de la gravitation universelle

Si tu tiens un objet dans ta main et que tu le laisses tomber, il tombe vers le sol. Isaac Newton a réussi à expliquer pourquoi il en est ainsi. En 1687, Newton a découvert comment une force invisible attire les objets vers le centre de la Terre. Il a élaboré la loi de la gravitation universelle (*voir la figure 69*). Selon cette loi, tous les objets de l'Univers s'attirent mutuellement. La grandeur de cette attraction dépend de la masse de ces objets et de la distance qui les sépare. Tous les objets qui ont une masse, si petite soit-elle, sont donc soumis à la gravité.

Sur la Terre, la gravité correspond au poids d'un objet. Le poids est la force d'attraction que la Terre exerce sur un objet. Attention ! Il ne faut pas confondre le poids et la masse. Le poids est une force qui agit sur un corps. Quant à la masse, c'est la quantité de matière contenue dans un corps (*voir L'univers matériel, à la page 178*).

La gravité se manifeste de différentes façons. C'est elle qui maintient la Terre en orbite autour du Soleil et c'est elle qui nous maintient au sol. C'est aussi elle qui regroupe les étoiles qui forment les galaxies. La gravité à la surface d'une planète (ou de ses satellites naturels, telle la Lune) dépend de la masse de cette planète et de son rayon. Par exemple, **à la surface de la Lune, la gravité est six fois plus faible que sur la Terre. Cela explique que les astronautes peuvent bondir comme des kangourous lorsqu'ils marchent sur la Lune.** En fait, leur poids y est six fois moins grand que sur la Terre, même si leur masse n'a pas changé.

HISTOIRE SCIENTIFIQUE

Issac Newton (1642-1727) était un mathématicien, un physicien, un astronome et un philosophe anglais. Il s'est interrogé sur la chute des objets au sol et le mouvement de la Lune. Il a démontré que la force gravitationnelle est responsable de ces deux phénomènes.

Figure 69 *La Terre est attirée vers la Lune, tout comme la Lune est attirée vers la Terre.*

FLASH... FLASH... FLASH...

Tous les objets sont attirés vers le sol. Cette attraction est causée par la force gravitationnelle de la Terre. Le philosophe grec Aristote (384-322 av. J.-C.) pensait que les corps lourds tombent plus vite que les corps légers. Ce fut d'ailleurs l'opinion des scientifiques jusqu'à ce que Galilée (1564-1642), un autre philosophe, décide de tenter l'expérience. On raconte qu'il aurait laissé tombé des boules de plomb, de bois et de papier du haut de la tour de Pise. Les trois objets auraient touché le sol en même temps. En effet, la force gravitationnelle est la même pour tous les objets, peu importe leur poids. Ils sont donc tous attirés vers la Terre à la même vitesse.

Je vérifie ce que j'ai retenu

1. La gravité dépend de deux facteurs. Lesquels ?
2. La Terre est attirée par la Lune. Vrai ou faux ? Explique ta réponse.

La naissance du système solaire

Il y a environ **cinq milliards d'années**, notre système solaire n'existait pas encore. À sa place, il y avait un immense **nuage de poussière et de gaz** (*voir la figure 70*). Ce nuage aurait commencé à s'aplatir et à tourner sur lui-même à la suite de l'explosion d'une grosse étoile à proximité. Une partie des débris provenant de cette explosion se serait agglutinée en une masse centrale. Cette masse a par la suite accumulé suffisamment de chaleur pour devenir une étoile. Notre Soleil venait de naître. **D'autres débris se sont regroupés ensuite pour former les planètes** de notre système solaire actuel. En même temps, d'autres débris ont constitué les satellites naturels des planètes, les comètes et les astéroïdes.

Astéroïde
Un petit objet céleste. Son diamètre ne mesure pas plus de quelques centaines de kilomètres.

Galaxie
Un regroupement d'étoiles et de différents astres. Le Soleil fait partie d'une galaxie appelée Voie lactée.

Figure 70 *Avant sa naissance, il y a environ cinq milliards d'années, notre système solaire était un immense nuage de poussière et de gaz.*

HISTOIRE SCIENTIFIQUE

Au début du 20e siècle, **Henrietta Leavitt** (1868-1921), une astronome américaine, a étudié les étoiles variables. Ces étoiles paraissent plus brillantes à certains moments qu'à d'autres. Les études d'Henrietta Leavitt lui ont permis de mesurer les distances entre ces étoiles et la Terre. Puisque les étoiles variables qu'elle étudiait faisaient partie d'une autre galaxie, les astronomes ont pu commencer à dresser une carte en trois dimensions de l'Univers.

Le Soleil

Le Soleil est l'étoile la plus proche de la Terre. C'est une énorme boule de gaz constituée principalement d'hydrogène (H) et d'hélium (He). Sa température est extrêmement élevée : 5 770 °C en surface et 15 millions de degrés Celsius au centre. Sa masse énorme est 333 000 fois plus grande que celle de la Terre. Sa gravité en surface est 28 fois plus importante que celle de la Terre. Malgré tout, le Soleil est une étoile ordinaire, semblable à de nombreuses étoiles de notre galaxie (*voir la figure 71*).

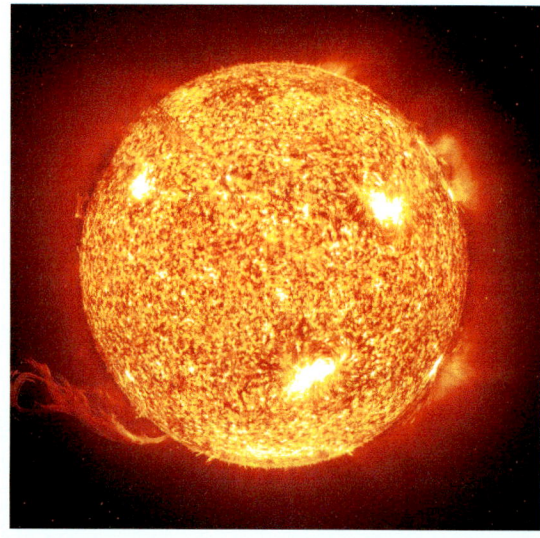

Figure 71 *Le Soleil est une étoile.*

Le Soleil se comporte comme un immense **réacteur nucléaire**. Son centre dégage une très grande quantité d'énergie et la température y atteint 15 millions de degrés Celsius. On estime que le Soleil a dépensé jusqu'à maintenant environ la moitié de ses réserves d'énergie. Autrement dit, dans environ cinq milliards d'années, les réserves d'hydrogène du Soleil commenceront à manquer. Le diamètre du Soleil augmentera alors jusqu'à englober la Terre. La température de notre planète atteindra plus de 2 000 °C et toute forme de vie disparaîtra. Puis, peu à peu, le Soleil se refroidira et s'éteindra.

Réacteur nucléaire
Un système dans lequel se produisent des réactions de fission nucléaire. La fission des atomes d'hydrogène est la principale source d'énergie du Soleil.

La valse des planètes

Notre système solaire est principalement formé par le Soleil et les neuf planètes qui gravitent autour de lui. Les satellites naturels, les comètes et les astéroïdes font également partie du système solaire. C'est à cause de la gravité que les neuf planètes suivent des trajectoires en forme d'ellipse (cercle légèrement aplati) autour du Soleil. Ces trajectoires s'appellent des orbites.

La **ceinture d'astéroïdes** qui se trouve entre Mars et Jupiter permet de séparer le système solaire en deux parties (*voir la figure 72*). La première partie est située entre le Soleil et la ceinture d'astéroïdes. Elle comprend les planètes denses et solides : Mercure, Vénus, la Terre et Mars. On les appelle les planètes telluriques. La seconde partie est située entre la ceinture d'astéroïdes et la limite extérieure du système solaire. Elle comporte les planètes géantes et gazeuses : Jupiter, Saturne, Uranus et Neptune. La lointaine Pluton échappe à cette classification, car elle possède des caractéristiques très différentes.

FLASH... FLASH... FLASH...

En décembre 1995, la NASA a lancé la sonde d'observation *Soho* qui est actuellement en orbite autour du Soleil. Au moyen d'une antenne-radio, *Soho* transmettra pendant plusieurs années de l'information, par exemple sur les éruptions de gaz et de plasma à la surface du Soleil ainsi que sur les vents solaires. Ces phénomènes peuvent provoquer des tempêtes magnétiques dans la haute atmosphère de la Terre. Ces tempêtes peuvent perturber, entre autres, la communication par téléphone cellulaire et la transmission par satellite d'émissions de télévision.

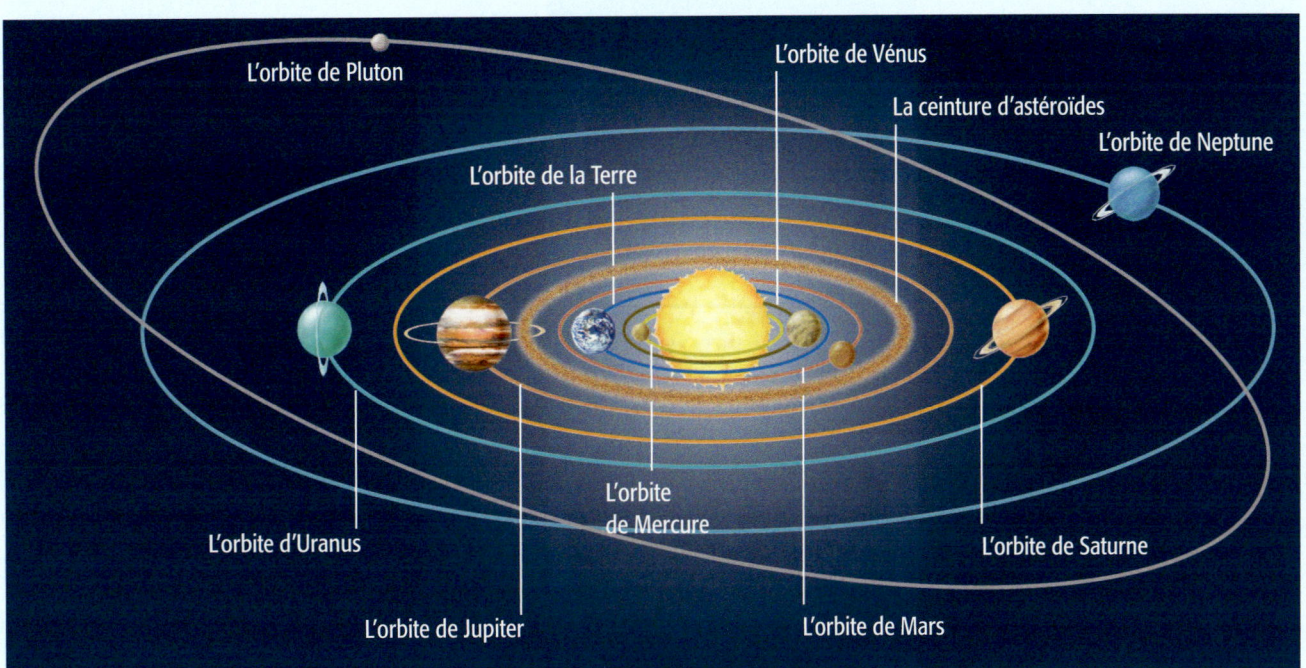

Figure 72 *Les orbites des neuf planètes du système solaire et la ceinture d'astéroïdes, entre Mars et Jupiter*

Le mot **tellurique** vient du latin *tellus*, qui signifie « terre ». Comme la Terre, les planètes telluriques sont formées de roches et non de gaz, une caractéristique des planètes géantes.

Les planètes telluriques

Les quatre planètes les plus proches du Soleil sont Mercure, Vénus, la Terre et Mars. Ce sont les planètes telluriques. Elles se ressemblent parce qu'elles sont petites, denses et composées principalement de roches (*voir le tableau 12*).

Tableau 12 *Les quatre planètes telluriques*

Planète	Caractéristiques
Mercure	C'est la seule planète qui ne possède pas d'atmosphère. Elle est trop petite et trop chaude pour retenir une atmosphère. Cela explique probablement qu'elle soit criblée de cratères produits par les météorites. En effet, ces derniers ne peuvent pas être détruits par le frottement de l'atmosphère avant d'atteindre sa surface.
Vénus	Elle possède une épaisse atmosphère composée de gaz carbonique, ce qui la soumet à un énorme effet de serre. La chaleur peut y atteindre 477 °C.
La Terre	C'est la plus grosse des planètes telluriques. La Terre est entourée d'une mince couche de gaz parsemée de nuages blancs. Elle est solide, mais 75 % de sa surface est recouverte d'eau. C'est la seule planète qui possède de l'eau liquide en surface. C'est aussi la seule planète connue qui présente des formes de vie. Selon une théorie, il semble que la Terre aurait continué à être bombardée par des météorites après sa formation. Une importante collision lui aurait fait perdre une énorme masse de débris. Ceux-ci se seraient regroupés pour former l'unique satellite naturel de la Terre : la Lune.
Mars	On la surnomme la planète rouge à cause de la rouille qui la recouvre. Sa température est basse (–63 °C en moyenne) et son atmosphère est composée à 95 % de gaz carbonique. On croit qu'il y a déjà eu sur Mars une importante activité volcanique et qu'il y a déjà eu de l'eau à sa surface. Elle a peut-être déjà connu des conditions favorables à la vie (les dernières explorations n'ont pas permis de le confirmer).

FLASH… FLASH… FLASH…

En 1609, Galilée a construit sa propre lunette astronomique. Il est le premier à avoir eu l'idée de s'en servir pour observer le ciel. Cette expérience lui a permis de découvrir de nombreux phénomènes fascinants : les anneaux de Saturne, les satellites de Jupiter, les phases de Vénus, les taches solaires, etc. L'observation des phases de Vénus, entre autres, a renforcé sa conviction que c'est la Terre qui tourne autour du Soleil, et non le contraire. Disposer d'outils précis aide à tirer de meilleures conclusions. En fait, chaque fois qu'on améliore la précision d'un instrument scientifique, de nouvelles découvertes sont au rendez-vous. Autrement dit, la technologie contribue au développement du savoir scientifique.

Les planètes géantes

Les planètes géantes sont très différentes des planètes telluriques. Les géantes gazeuses sont **Jupiter, Saturne, Uranus et Neptune**. Comme le Soleil, leur atmosphère est principalement composée de dihydrogène et d'hélium. Chose surprenante, ces planètes ne possèdent pas de surface solide. Comme elles n'ont pas de sol, aucun vaisseau spatial ne pourrait s'y poser (*voir le tableau 13*).

Tableau 13 *Les quatre planètes géantes*

Planète	Caractéristiques
Jupiter 	C'est la plus grosse planète du système solaire. Son diamètre est presque 11 fois plus grand que celui de la Terre. Elle est composée principalement de dihydrogène. Sa surface comporte des bandes gazeuses colorées qui se modifient sans cesse.
Saturne 	Elle est entourée d'immenses anneaux faits de roches et de glace. Comme Saturne est moins dense que l'eau, elle flotterait si on pouvait la plonger dans un immense océan. Elle est aussi très colorée.
Uranus 	La couleur bleu-vert de cette planète résulte de la composition gazeuse de son atmosphère. Celle-ci est faite de dihydrogène, d'hélium et de méthane. Uranus possède également de fins anneaux à base de carbone. Cette planète est invisible à l'œil nu. C'est la première à avoir été découverte à l'aide d'un télescope.
Neptune 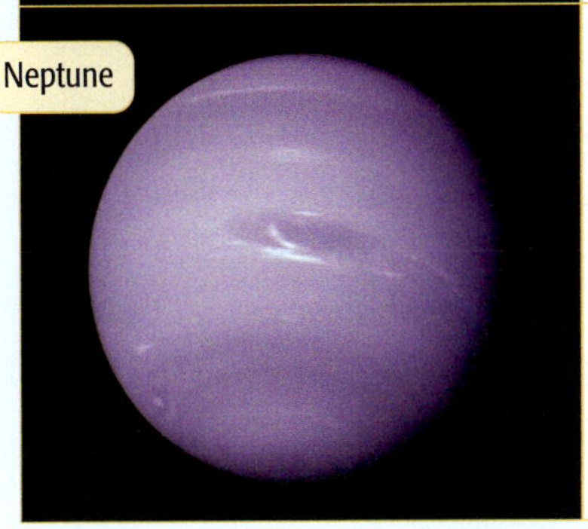	On dit souvent que c'est la jumelle d'Uranus. Elle possède cependant une atmosphère plus riche en méthane, ce qui lui donne l'apparence d'une grosse sphère bleue. C'est l'Allemand Johann Galle qui a découvert Neptune, en 1846.

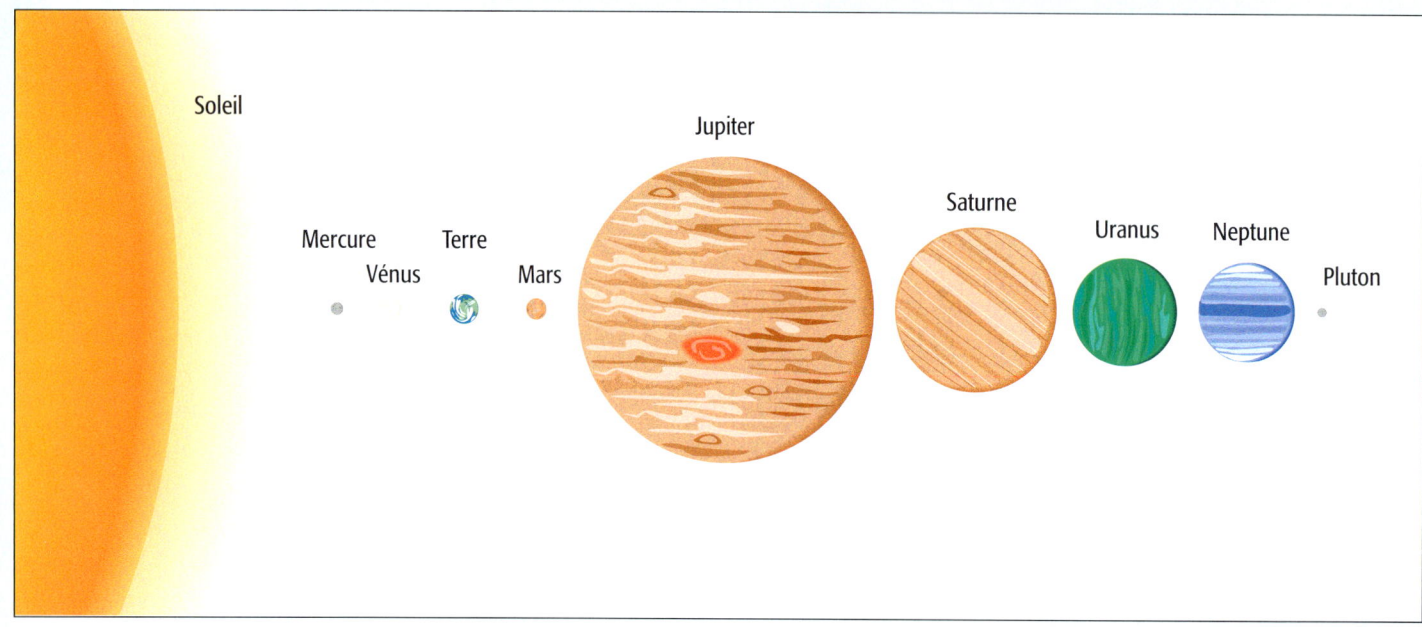

▲

Ce schéma montre la taille des neuf planètes du système solaire par rapport au Soleil. Les distances entre les planètes ne sont pas à l'échelle. Les anneaux des planètes géantes ne sont pas représentés.

Pluton, la différente

Pluton est la planète la plus éloignée du système solaire et la dernière qu'on a découverte (*voir la figure 73*). C'est un cas à part. Étant donné son éloignement, on connaît très peu de choses sur cette planète. On sait toutefois qu'elle est différente des autres planètes. On suppose qu'elle est constituée d'un mélange de roches, de glace et de gaz solidifiés. Elle est plus petite que la Lune et elle est très froide (−223 °C). Certains astronomes croient que Pluton est un gros astéroïde et non une planète.

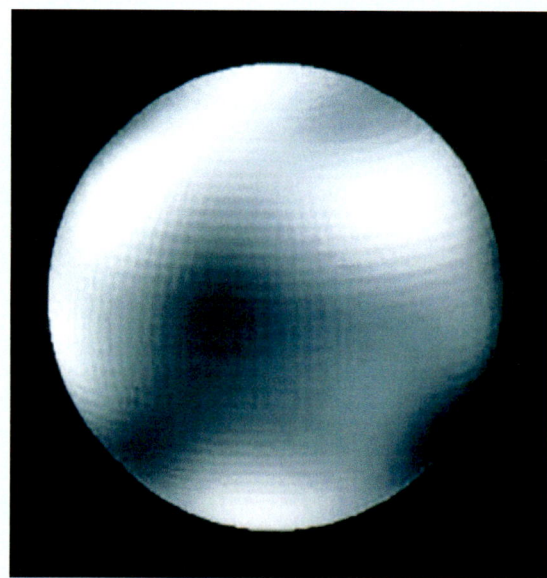

Figure 73 *La lointaine planète Pluton, photographiée par le téléscope spatial américain* Hubble

Le tableau 14 présente quelques caractéristiques des neuf planètes du système solaire.

Tableau 14 *Les planètes du système solaire*

Planète	Distance du Soleil (en millions de km)	Diamètre de l'équateur (en km)	Durée de la révolution (autour du Soleil)	Durée de la rotation (sur elle-même)	Température moyenne en surface (en °C)	Nombre de satellites*
Mercure	57,9	4 878	88 jours	59 jours	127	0
Vénus	108,2	12 102	224,7 jours	243 jours	462	0
Terre	149,6	12 756	365,3 jours	23,9 heures	15	1
Mars	227,9	6 794	687 jours	24,6 heures	−63	2
Jupiter	778,4	142 984	11,86 années	9,9 heures	−148	63
Saturne	1 427	120 536	29,46 années	10,6 heures	−178	46
Uranus	2 871	51 118	84 années	17 heures	−216	27
Neptune	4 498	49 532	165 années	16 heures	−214	13
Pluton	5 900	2 300	248 années	6,4 jours	−223	1

* Nombre de satellites connus au 1er septembre 2005

Les satellites naturels : les escortes des planètes

Un satellite naturel (aussi appelé lune) est un astre qui tourne autour d'une planète. Mercure et Vénus sont les seules planètes qui n'en possèdent pas. Jupiter est la planète qui possède le plus de satellites. Jupiter a les plus gros satellites, dont Ganymède, qui est plus gros que la planète Mercure. Pluton n'est que deux fois plus grosse que son satellite, Charron. C'est pourquoi on considère parfois le couple Pluton-Charron comme une planète double.

Les comètes

Une comète est une boule de neige, de glace, de roches et de poussières (*voir la figure 74, à la page suivante*). La plupart des comètes semblent résider dans une zone située au-delà de l'orbite de Pluton. Chaque comète suit sa propre orbite autour du Soleil. Cependant, certaines comètes ont une orbite en forme d'ovale très allongé qui les amène périodiquement très près du Soleil. Lorsqu'une telle comète est près du Soleil, la neige qu'elle contient se sublime (passe directement de l'état solide à l'état gazeux) et les gaz se dispersent autour du noyau. De plus, cela libère de la poussière qui s'échappe du noyau de la comète. Ce sont ces phénomènes qui provoquent la formation de la queue de la comète. Cette queue est poussée par le **vent solaire**. Elle s'étire donc toujours dans la direction opposée au Soleil, peu importe où la comète se trouve.

Vent solaire
Un courant de particules émises par le Soleil. Il est surtout composé de protons et d'électrons.

Figure 74 *Le schéma d'une comète*

Une comète produit une nouvelle queue chaque fois qu'elle passe près du Soleil. Comme les comètes perdent un peu de leur masse à chaque passage, elles ne durent pas éternellement. Après environ 1 000 passages, soit environ 100 000 ans, il ne reste plus de glace à évaporer. La comète n'est plus qu'une grosse roche.

Quand les comètes passent près du Soleil, elles laissent derrière elles une grande quantité de débris. La Terre passe parfois dans une zone contenant des débris laissés par une comète. Au contact de l'atmosphère terrestre, ces débris brûlent et se désagrègent. On voit alors dans le ciel des étoiles filantes. Lorsqu'il y en a beaucoup, on parle de pluie d'étoiles filantes (*voir la page 366*).

Je vérifie ce que j'ai retenu

1. *a)* Quel est l'âge estimé du système solaire ?
   b) Le Soleil a-t-il le même âge que la Terre ?
   c) Explique comment un nuage de poussière et de gaz aurait donné naissance au système solaire.
2. Quel élément chimique est le principal constituant du Soleil ?
3. Nomme les quatre planètes telluriques.
4. *a)* Nomme les quatre planètes géantes.
   b) Pourquoi dit-on que ces planètes sont des géantes gazeuses ?
5. Pourquoi Pluton est-elle dans une classe à part ?
6. Nomme la planète qui correspond à chacune des descriptions suivantes :
   a) C'est la plus grosse planète tellurique.
   b) Certains astronomes pensent que c'est un astéroïde et non une planète.
   c) Elle flotterait si on pouvait la plonger dans un immense océan.
   d) Le jour y est plus long que l'année.
   e) Cette planète n'a pas d'atmosphère.
   f) C'est elle qui possède le plus de satellites naturels.
   g) C'est la plus grosse planète du système solaire.
7. Comment se forme la queue des comètes ?
8. Quelle est l'origine des pluies d'étoiles filantes ?

La Terre

On a longtemps cru que la Terre était immobile et que c'était le Soleil qui tournait autour d'elle. On sait maintenant que c'est la Terre qui tourne autour du Soleil. On sait aussi que le Soleil est le centre du système solaire.

Le mouvement de la Terre autour du Soleil s'appelle la **révolution terrestre**. Ce mouvement est à l'origine de nombreux phénomènes tels que les changements de saisons.

Mais la Terre tourne également sur elle-même. C'est ce qu'on appelle la **rotation terrestre**. La rotation est à l'origine de l'alternance du jour et de la nuit.

La rotation terrestre : la ronde des jours et des nuits

Tu as sûrement déjà remarqué qu'au cours de la journée le soleil semble traverser le ciel. Le matin, le soleil apparaît vers l'est. À midi, il se trouve en direction du sud. Le soir, il se couche vers l'ouest. Cette illusion est à l'origine de la théorie selon laquelle la Terre aurait été le centre de l'Univers. En réalité, c'est la rotation de la Terre sur elle-même qui explique pourquoi le soleil se lève, monte dans le ciel, puis descend à l'**horizon** (*voir la figure 75*).

Horizon
La ligne circulaire imaginaire où le ciel et la terre (ou la mer) semblent se joindre.

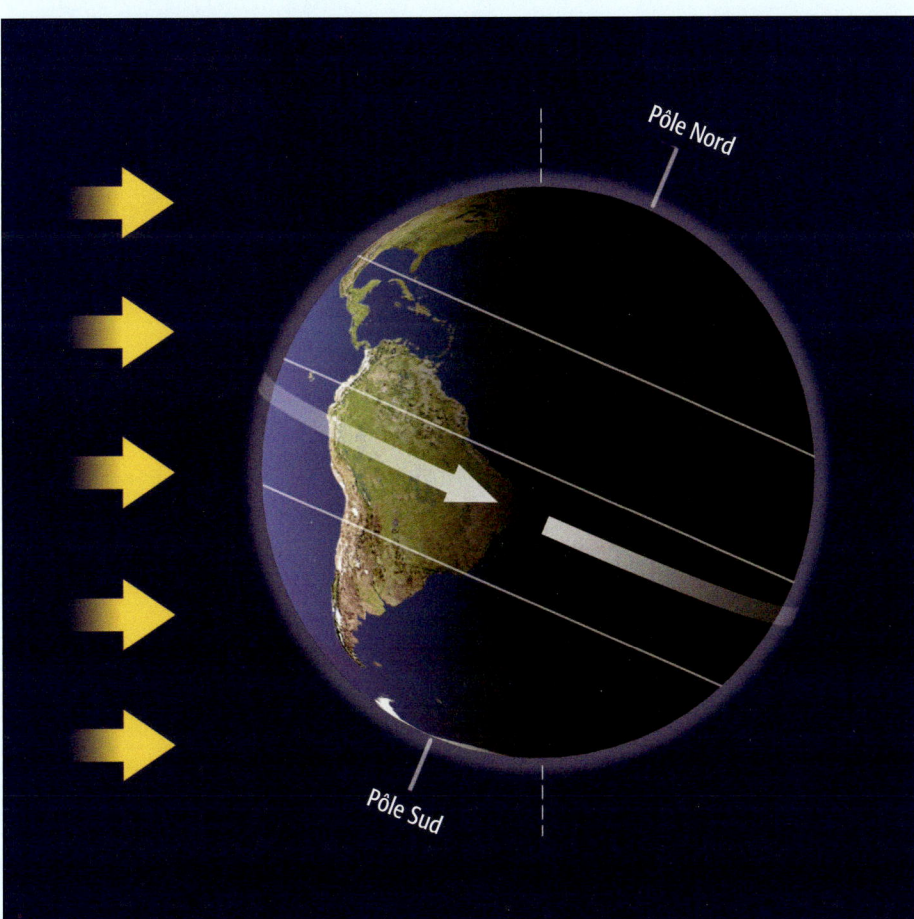

Figure 75 *L'alternance du jour et de la nuit est produite par la rotation de la Terre sur elle-même.*

La Terre tourne sur elle-même autour d'un axe incliné. Cet axe imaginaire passe par les deux pôles. Cette rotation s'effectue d'ouest en est sur une période de 24 heures (plus précisément 23 heures 56 minutes 4 secondes). La rotation se fait à une vitesse d'environ 1 700 km/h à l'équateur. Étant donné la forme sphérique de la Terre, la vitesse de rotation varie selon la **latitude**.

Ce mouvement de rotation entraîne l'alternance du jour et de la nuit. Comme la Terre est ronde et opaque, le Soleil ne peut en éclairer qu'un seul côté à la fois. Les deux hémisphères du globe ne se présentent pas au Soleil en même temps (*voir la figure 76*). Lorsque l'Amérique est plongée dans l'obscurité, il fait jour en Australie et vice-versa.

Latitude
Une façon d'indiquer la distance entre un point de la surface terrestre et l'équateur. On mesure la latitude en degrés (°). Les latitudes sont des lignes imaginaires qui divisent la Terre parallèlement à l'équateur.

Figure 76 *De l'espace, on peut observer les phases de la Terre.*

La révolution terrestre : le cycle des saisons

Comme toutes les planètes du système solaire, la Terre tourne autour du Soleil. Cette trajectoire s'appelle une orbite. Malgré sa très grande vitesse (environ 29,78 km/s), **il faut à la Terre 365 ¼ jours pour faire le tour du Soleil**. Cette période se nomme une **révolution** ou une **année solaire**.

L'année solaire est un peu plus longue que l'année civile (celle qu'indique le calendrier). Qu'arrive-t-il à ces quelques heures et minutes accumulées chaque année ? Voici comment on résout ce problème : tous les quatre ans, on ajoute une journée au calendrier, soit le 29 février. Ce qui donne une **année bissextile** de 366 jours.

À cause de l'inclinaison de l'axe de rotation de la Terre, **notre planète passe par quatre positions différentes durant l'année** (*voir la figure 77, à la page suivante*). **C'est ce qui divise l'année en quatre saisons.** Sur une partie de l'orbite, un hémisphère est légèrement incliné vers le Soleil. Six mois plus tard, c'est l'autre hémisphère qui se trouve incliné vers notre étoile.

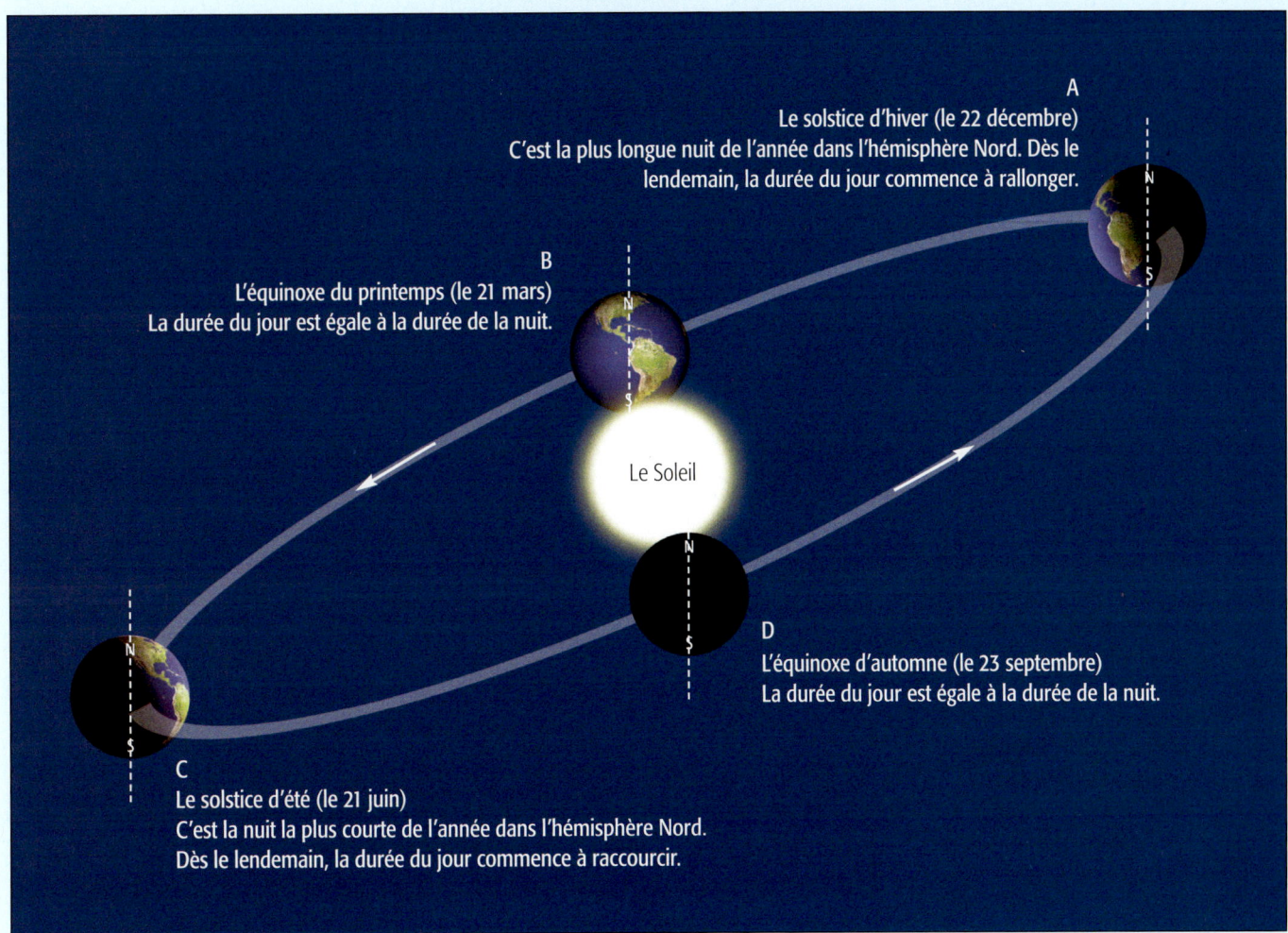

Figure 77 *L'alternance des saisons est causée par la révolution de la Terre autour du Soleil et par l'inclinaison de l'axe de rotation terrestre.*

La trajectoire apparente du Soleil dans le ciel atteint la position la plus éloignée de l'équateur céleste vers le nord, aux environs du 21 juin. C'est le **solstice d'été** dans l'hémisphère Nord. L'été commence. C'est le jour le plus long, mais aussi la nuit la plus courte. L'énergie rayonnante atteignant le sol est maximale.

La trajectoire apparente du Soleil atteint la position la plus éloignée de l'équateur céleste vers le sud, aux environs du 22 décembre. C'est le **solstice d'hiver** dans l'hémisphère Nord. L'hiver commence. C'est le jour le plus court, mais aussi la nuit la plus longue. L'énergie rayonnante atteignant le sol est minimale.

Lorsque la Terre se trouve entre les deux solstices, c'est le printemps ou l'automne. Pendant ces saisons, le jour et la nuit ont à peu près la même durée partout sur la planète. Les équinoxes se produisent le 21 mars et le 23 septembre. Ils marquent respectivement le début du printemps et de l'automne dans l'hémisphère Nord.

Le mot **solstice** vient des mots latins *sol* (soleil) et *stat* (s'arrêter), qui signifient « le soleil s'arrête ».

Le mot **équinoxe** vient des mots latins *aequus* (égal) et *nox* (nuit), qui indiquent que « le jour est égal à la nuit ».

SECTION 3 Les phénomènes astronomiques

HISTOIRE SCIENTIFIQUE

Le physicien français **Léon Foucault** a imaginé une expérience pour démontrer que la Terre tourne sur elle-même. Il a utilisé pour cela le pendule qui porte son nom. Un pendule est constitué d'une bille suspendue au bout d'un fil. Lorsqu'on donne une poussée à cette bille, elle exécute un mouvement de va-et-vient régulier. Si tu utilisais un pendule dans une voiture, tu constaterais qu'il oscille toujours de la même façon : il se moque des virages. En 1851, à Paris, Foucault a installé un immense pendule de 67 mètres de longueur sous le dôme du Panthéon. À chacun de ses mouvements, le pendule laissait une marque sur un tas de sable. Or les traces n'étaient jamais au même endroit. Elles se déplaçaient chaque fois de trois à quatre millimètres. Puisqu'un pendule bouge toujours dans le même axe, cela signifie que c'est la Terre qui tourne !

Pourquoi fait-il chaud à l'équateur et froid aux pôles ?

La chaleur produite au sol par la lumière du Soleil est plus concentrée, lorsque les rayons du Soleil touchent la surface de la Terre de façon perpendiculaire. Les rayons forment alors un angle droit avec la surface de la Terre. C'est le cas dans les régions équatoriales. Dans les régions polaires, les rayons du soleil touchent la terre de façon oblique. La chaleur produite par la lumière du soleil est donc moins concentrée (*voir la figure 78*).

C'est en janvier que la Terre passe le plus près du Soleil. C'est en juillet que la Terre est le plus loin du Soleil. Pourtant, en juillet, il fait plus chaud dans l'hémisphère Nord. Comment cela s'explique-t-il ? Tu as vu que l'axe de rotation de la Terre est incliné par rapport au plan de son orbite autour du Soleil. L'été, l'hémisphère Nord est incliné vers le Soleil. **L'hémisphère Nord reçoit donc les rayons du soleil plus directement que l'hémisphère Sud.** C'est pourquoi il fait plus chaud au Québec en été, bien que la Terre soit plus proche du Soleil en hiver.

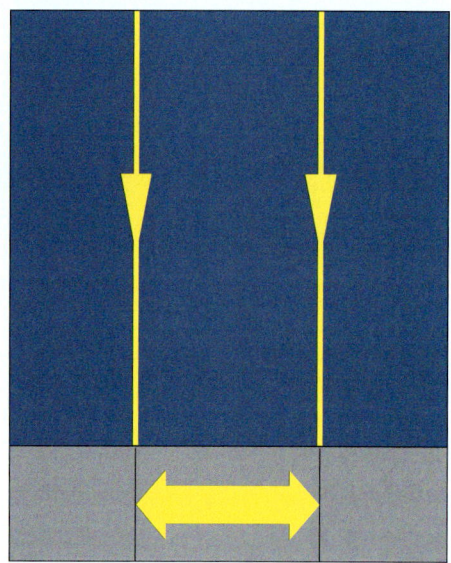 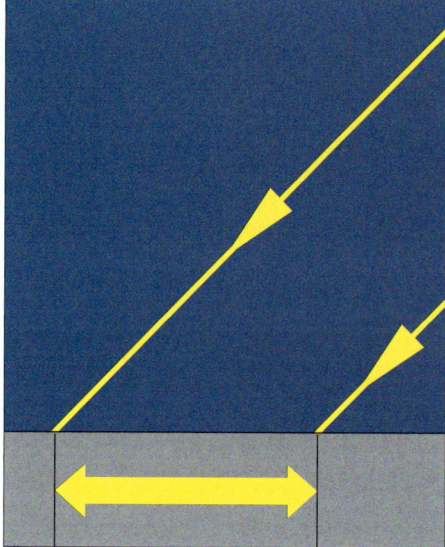

a) Les rayons solaires à l'équateur   b) Les rayons solaires au Québec

Figure 78 *Dans les deux cas, la même quantité de rayons solaires touche le sol. Cependant, les rayons obliques couvrent une plus grande surface.*

Les aurores polaires

Autrefois, les gens croyaient que les aurores polaires annonçaient des malheurs et des catastrophes. Aujourd'hui, on sait que **ce phénomène est causé par le vent solaire**. Lorsque les particules du vent solaire arrivent près de la Terre, elles sont déviées vers les pôles. C'est pourquoi on observe les aurores surtout dans les régions polaires. Il existe deux types d'aurores polaires : les **aurores boréales** apparaissent dans l'hémisphère Nord (*voir la figure 79*), tandis que les **aurores australes** se produisent dans l'hémisphère Sud.

L'arrivée des particules du vent solaire provoque l'excitation des particules de l'atmosphère terrestre. C'est ce qui déclenche les spectaculaires jeux de lumière des aurores polaires. Ce phénomène peut prendre des formes variées. On l'observe principalement sous la forme d'une lueur verte qui brille au-dessus de l'horizon. Parfois, l'intensité de la lueur augmente pour former un grand arc lumineux et des raies qui semblent clignoter. Il arrive aussi que ces rayons lumineux forment une couronne de lumière.

Figure 79 *Une aurore boréale dans le ciel étoilé de l'observatoire du mont Mégantic*

Les météorites

On appelle météorites les débris solides provenant du système solaire. Ces débris entrent violemment en contact avec l'atmosphère ou la surface des astres qui se trouvent sur leur passage. Chaque année, la Terre reçoit plus de 3 000 météorites venant de l'espace. Certaines de ces roches sont trop grosses pour brûler entièrement au contact de l'atmosphère. La plupart d'entre elles tombent dans les océans et on ne les récupère jamais. Cependant, il arrive qu'elles touchent la terre ferme.

En traversant l'atmosphère terrestre, les météorites subissent une à une les transformations suivantes :

1. ils sont chauffés en surface ;

2. ils fondent partiellement en surface (à cause de la friction avec l'air) ;

3. ils deviennent lumineux (plus ils sont gros, plus ils deviennent brillants) ;

4. ils se solidifient quand leur vitesse diminue.

Les débris qui entrent dans l'atmosphère terrestre peuvent avoir des tailles très différentes. Leur grosseur peut varier du grain de poussière au bloc de roche de plus d'une tonne.

Quand un débris pénètre dans l'atmosphère, ce qui lui arrive dépend de sa vitesse, de sa taille et des matériaux qui le composent :
- Les débris les plus petits brûlent dès leur entrée dans les hautes couches de l'atmosphère. Ils se désintègrent et forment les étoiles filantes.
- Les débris les plus gros et les plus rapides atteignent la surface de la Terre. Ils laissent parfois des traces au sol.

Pour atteindre la surface de la Terre, les météorites doivent traverser toutes les couches de l'atmosphère. Il est donc rare que cela se produise (*voir la figure 80*).

Figure 80 *La plupart des météorites se désagrègent au contact de l'atmosphère. Seuls quelques-uns sont suffisamment gros pour atteindre le sol et y creuser un cratère.*

Les chutes de météorites et d'astéroïdes

Dans le système solaire, on observe des impacts de météorites et d'astéroïdes sur la surface de toutes les planètes telluriques. Il y en a aussi sur tous les satellites naturels de ces planètes, y compris la Lune. La Terre n'est pas épargnée. La force de chaque collision dépend de la taille des météorites et des astéroïdes. Elle crée des ondes de choc autour du point d'impact, ce qui laisse parfois un cratère (*voir la figure 81*). Cependant, **le mouvement des plaques tectoniques et l'érosion ont effacé la plupart des cratères terrestres**.

Les effets des chutes de météorites et d'astéroïdes

Dans les premiers âges de la Terre, les chutes de météorites et d'astéroïdes ont pu laisser des molécules organiques sur le sol. Ces molécules sont peut-être à l'origine des premières traces de vie. Les météorites n'ont laissé que de légers dégâts, alors que les astéroïdes, de taille beaucoup plus grande, ont tout aussi bien pu détruire les formes de vie déjà existantes ou en modifier l'évolution.

Il y a environ 65 millions d'années, un astéroïde aurait heurté la Terre. On croit que cet événement a un lien avec l'extinction massive d'espèces vivantes qui a eu lieu à la même époque. Parmi ces espèces se trouvent les dinosaures (*voir la figure 82*).

Cet impact a eu lieu dans le Yucatan, au Mexique. Un astéroïde de grande taille (environ 10 km de largeur) aurait heurté la côte. Aussitôt, des montagnes de lave ont dû jaillir du cratère. En outre, des tonnes de poussière ont dû former un immense nuage noir dans toute l'atmosphère terrestre. La lumière du jour a probablement disparu pendant des mois ou même des années. Une pluie acide aurait détrempé le sol, entraînant la **disparition de nombreuses espèces vivantes**.

On pense que les dinosaures n'ont pas survécu à ce désastre, de même que la majorité des espèces vivantes. La disparition des dinosaures a cependant permis à d'autres espèces animales, comme les mammifères, de se développer. Les mammifères ont occupé les habitats laissés vacants par les dinosaures.

Figure 81 *Le cratère de Manicouagan, dans le nord du Québec, est un des plus grands du monde. Il fait environ 100 km de diamètre. On croit que l'astéroïde qui en est la cause avait au moins 5 km de diamètre. Cet impact est également associé à l'histoire de l'hydroélectricité au Québec, car ce cratère constitue le réservoir du barrage de Manic-5.*

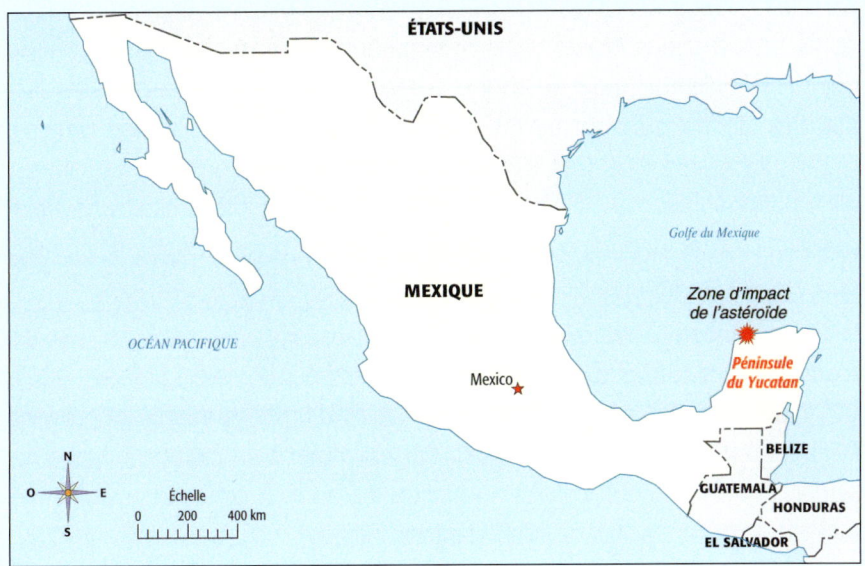

Figure 82 *L'impact qui aurait causé la disparition des dinosaures se serait produit au large du Yucatan, une péninsule du Mexique.*

Figure 83 *Une pluie d'étoiles filantes*

Les étoiles filantes

Par une nuit sans nuages, tu peux parfois observer des traits de lumière brillante dans le ciel (*voir la figure 83*). On les nomme étoiles filantes. Malgré leur nom, ce ne sont pas des étoiles mais des météorites ou des débris. Ceux-ci laissent des traces brillantes mais de courte durée dans le ciel. Ces traces sont produites par des débris qui font briller l'air lorsqu'ils entrent à grande vitesse dans l'atmosphère terrestre. **Ces débris proviennent des comètes.** En effet, quand elles passent près du Soleil, les comètes laissent derrière elles une traînée de poussière et de débris rocheux. Cette poussière et ces débris se transforment en pluie de météorites quand la Terre croise l'orbite des comètes.

La Terre rencontre chaque année plusieurs nuages de débris. Il est possible d'observer ces **pluies d'étoiles filantes** à des périodes bien précises de l'année. Ces pluies portent le nom de la constellation d'où elles semblent provenir (*voir le tableau 15, à la page suivante*). Par exemple, si le ciel est dégagé, les perséides sont facilement visibles autour du 12 août. À cette occasion, il n'est pas rare de voir jusqu'à 100 étoiles filantes à l'heure.

Tableau 15 *Les principales pluies d'étoiles filantes au cours d'une année*

Nom	Période	Nombre moyen d'étoiles filantes à l'heure	Constellation
Quadrantides	Du 1er au 6 janvier	40	Bouvier
Lyrides	Du 19 au 24 avril	15	Lyre
Aquarides	Du 1er au 8 mai	20	Verseau
Perséides	Du 25 juillet au 18 août	50	Persée
Orionides	Du 16 au 27 octobre	25	Orion
Léonides	Du 15 au 20 novembre	15	Lion
Géminides	Du 7 au 15 décembre	50	Gémeaux

Je vérifie ce que j'ai retenu

1. Quelle est la différence entre la rotation terrestre et la révolution terrestre ?

2. Réponds aux questions suivantes en te servant d'une lampe pour représenter le Soleil et d'un ballon pour représenter la Terre.
    a) Explique l'alternance du jour et de la nuit.
    b) Explique le mouvement apparent du Soleil dans le ciel.
    c) Explique l'alternance des saisons.
    d) Si la Terre n'était pas inclinée sur son axe, quelle conséquence cela aurait-il ?

3. Utilise une lampe pour représenter le Soleil. Explique comment des rayons perpendiculaires permettent de réchauffer davantage le sol que des rayons obliques.

4. a) Qu'est-ce que le vent solaire ?
    b) Quel est le lien entre le vent solaire et les aurores polaires ?

5. Explique les termes suivants : comète, astéroïde, météorite et étoile filante.

6. Pourquoi la surface de la Terre n'est-elle pas couverte de cratères, comme la surface de la Lune ? Donne au moins deux raisons qui expliquent ce phénomène.

7. « La disparition des dinosaures a permis l'apparition des êtres humains. » Que penses-tu de cette affirmation ?

La Lune

La Lune est située à environ 384 400 km de la Terre (*voir la figure 84*). Du point de vue astronomique, c'est très près. Depuis toujours, la Lune fascine l'être humain. Elle a fait l'objet de nombreux mythes et de mille et une légendes. Autrefois, certains peuples établissaient leur calendrier en fonction de la Lune. Encore aujourd'hui, plusieurs sociétés accordent une grande importance aux cycles lunaires.

La Lune n'émet pas de lumière. Elle semble lumineuse parce qu'**elle réfléchit les rayons du soleil.** Le jour, la Lune est souvent difficile à voir, parce que le soleil brille avec trop d'intensité. Lorsqu'on la regarde nuit après nuit, elle semble en perpétuelle transformation à cause de ses phases (*voir la figure 85*). Mais une chose ne change pas : la Lune nous montre toujours la même face. En effet, la Lune prend exactement le même temps pour tourner sur elle-même que pour faire le tour de la Terre. On appelle l'autre côté, celui qu'on ne voit jamais de la Terre, la face cachée de la Lune.

Figure 84 *La Lune nous présente toujours la même face.*

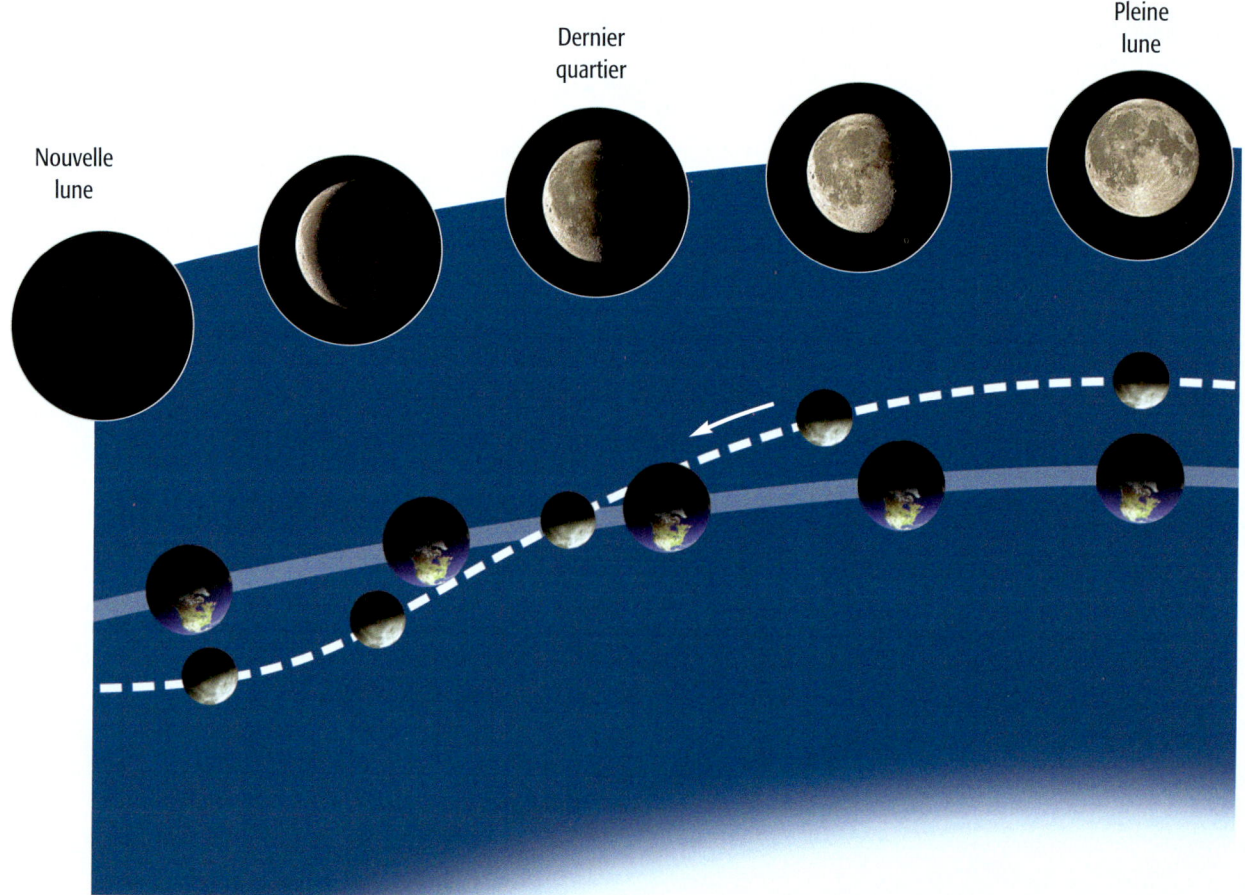

Les phases de la Lune

Quand on l'observe de la Terre, nuit après nuit, la Lune change d'aspect. Elle est parfois totalement ronde. À d'autres moments, on n'en voit qu'un petit croissant. C'est ce qu'on appelle les **phases lunaires**. Ces variations résultent d'un jeu d'ombre et de lumière orchestré par les différentes positions du Soleil, de la Terre et de la Lune.

Tu ne peux pas voir la Lune lorsqu'elle est située entre la Terre et le Soleil. C'est la période de la **nouvelle lune**. En fait, la Lune est toujours là, mais sa partie éclairée est tournée vers le Soleil. La partie de la Lune tournée vers la Terre n'est pas éclairée et est donc invisible. (*voir la figure 87, à la page 370*). Après deux ou trois jours, la Lune apparaît sous la forme d'un mince croissant lumineux. Ce croissant grossit et, après une semaine, la Lune présente la moitié de sa face éclairée. C'est le **premier quartier** de la Lune.

Lorsque la Lune a parcouru la moitié de son périple autour de la Terre, elle est à l'opposé du Soleil par rapport à la Terre. Sa face est complètement ronde et la partie éclairée est visible toute la nuit. C'est la **pleine lune**. Par la suite, on observe le **dernier quartier** de la Lune. Puis celle-ci disparaît progressivement, devenant à nouveau une **nouvelle lune**. Il s'écoule environ 29,5 jours entre deux nouvelles lunes. C'est la lunaison ou le mois lunaire. En résumé, la Lune croît pendant deux semaines, passant de la nouvelle lune à la pleine lune. Elle décroît ensuite pendant les deux semaines qui suivent.

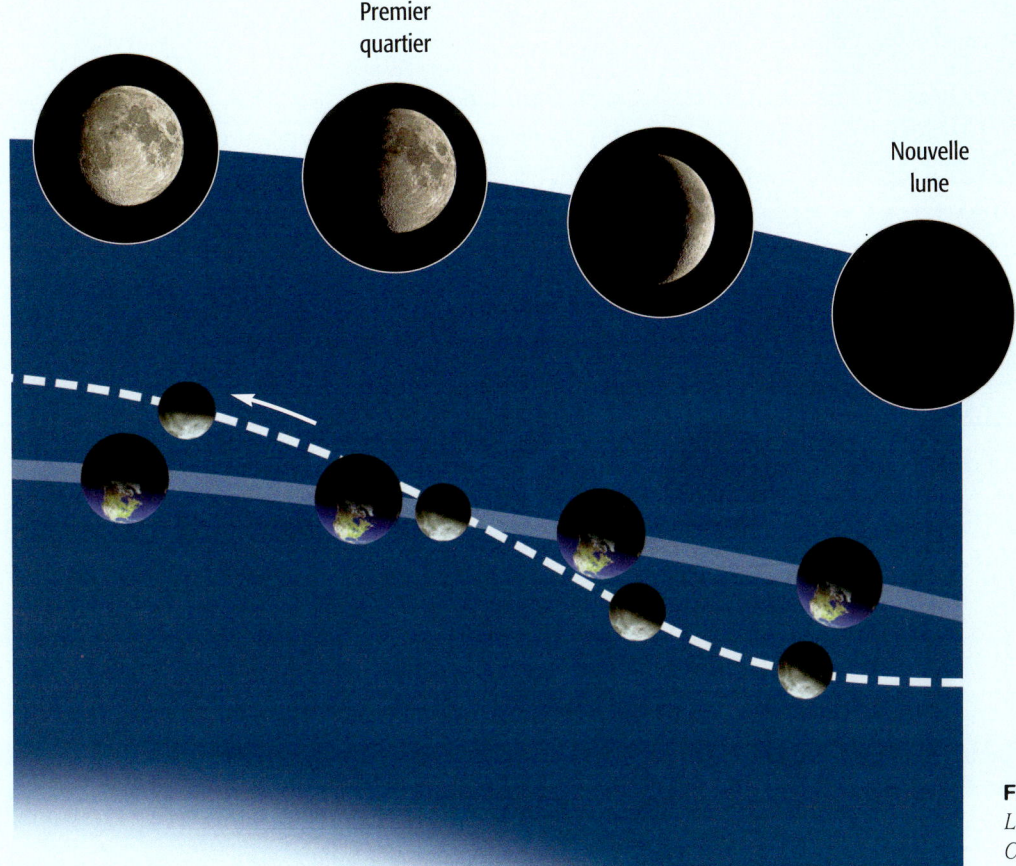

Figure 85
Les phases de la Lune. Cette figure doit se lire de droite à gauche.

Les éclipses

Lorsque tu regardes le Soleil et la Lune dans le ciel, tu as peut-être l'impression qu'ils ont la même taille. En réalité, la Lune est environ 400 fois plus petite que le Soleil. Mais comme elle est aussi 400 fois plus près de la Terre, les deux astres semblent avoir la même dimension. **Il arrive quelquefois que la Terre, la Lune et le Soleil soient parfaitement alignés dans l'espace.** On observe alors un phénomène impressionnant : une éclipse. Il y a des éclipses solaires et des éclipses lunaires.

Les éclipses solaires

Les éclipses solaires se produisent lorsque la Lune vient se placer exactement entre la Terre et le Soleil. La Lune recouvre alors le disque solaire : il fait nuit en plein jour. Les éclipses solaires peuvent être totales, partielles ou annulaires.

Une **éclipse totale** se produit lorsque la Lune couvre une surface un peu plus grande que le disque solaire. On observe à ce moment un disque noir qui a un contour lumineux : la couronne solaire. L'ombre projetée par la Lune couvre une petite surface de la Terre appelée zone d'ombre. Seules les personnes qui habitent cette petite région peuvent assister à une éclipse totale. Les personnes qui vivent dans les régions situées dans la zone de pénombre assistent à une **éclipse partielle** (*voir la figure 87*). Les éclipses du Soleil durent au maximum sept minutes, et on peut en observer quelques-unes chaque année. Une **éclipse annulaire** a lieu quand la Lune est trop loin de la Terre pour cacher entièrement le Soleil. Un mince anneau de lumière solaire demeure alors visible (*voir la figure 86*).

Figure 86 *Une éclipse annulaire du Soleil*

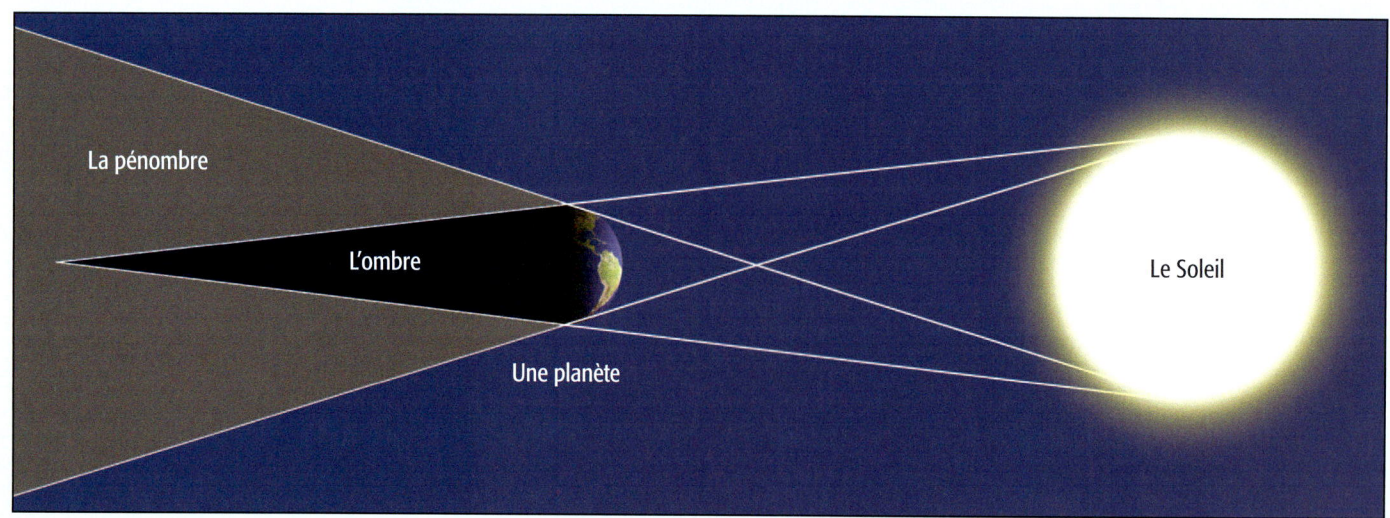

Figure 87 *La zone d'ombre est la région dans laquelle un objet cache complètement une source lumineuse. La zone de pénombre est la région dans laquelle un objet cache partiellement une source lumineuse.*

Les éclipses lunaires

Les éclipses lunaires se produisent quand la Terre se trouve exactement entre le Soleil et la Lune (*voir la figure 88*). La Lune est alors masquée par l'ombre de la Terre. Autrement dit, elle se trouve dans sa zone d'ombre. Il est plus facile de voir une éclipse lunaire qu'une éclipse solaire. En effet, toutes les personnes qui habitent l'hémisphère opposé au Soleil, c'est-à-dire du côté de la Terre où il fait nuit au moment de l'éclipse, peuvent voir une éclipse lunaire si le ciel est dégagé.

Au cours d'une éclipse lunaire totale, toute la Lune se trouve dans la zone d'ombre de la Terre. Ce genre d'éclipse peut durer plus d'une heure. Au cours des éclipses lunaires partielles, seule une partie du disque lunaire se trouve dans l'ombre terrestre. Les éclipses lunaires durent en moyenne trois heures. Il y en a au moins deux par année.

Figure 88 *Une éclipse lunaire*

HISTOIRE SCIENTIFIQUE

Galilée fut le premier à observer le ciel à l'aide d'une lunette astronomique en 1609. Mais les humains ont observé le ciel bien avant, à l'œil nu. En ces temps-là, personne ne connaissait les dangers que représentait le fait d'observer le Soleil sans utiliser de filtres. Tu dois savoir qu'il ne faut jamais regarder directement une éclipse solaire, qu'elle soit partielle ou totale. Il faut l'observer à travers un filtre, surtout si tu utilises un télescope ou une lunette d'approche. Quand il y a une éclipse, la luminosité est plus faible. On pourrait facilement regarder le Soleil sans cligner des yeux. Toutefois, les rayons ultraviolets peuvent quand même brûler la rétine de l'œil ou causer des lésions permanentes à la cornée.

Je vérifie ce que j'ai retenu

1. Utilise une lampe pour représenter le Soleil, un ballon pour représenter la Terre et une balle pour représenter la Lune. Simule et explique les phénomènes suivants.
    a) Les phases de la Lune
    b) La face cachée de la Lune
    c) Une éclipse solaire
    d) Une éclipse lunaire
2. Si tu habitais la Lune, pourrais-tu voir de temps à autre une éclipse de Terre ?
3. Explique ce qui distingue l'ombre de la pénombre.

L'UNIVERS TECHNOLOGIQUE

De la roue à la fusée

Autrefois, les gens se promenaient à pied ou à cheval. Maintenant, il y a des voitures, des avions, des trains et bien d'autres moyens de transport. C'est la même chose dans les maisons. Nous avons remplacé les bougies par les ampoules. Les gens possèdent des grille-pain, des fours à micro-ondes, des lave-vaisselle, etc.

Plusieurs de ces inventions augmentent notre confort et nous facilitent la vie. Bien souvent, elles ont été pensées par des ingénieures et des ingénieurs. Le travail de ces personnes consiste à concevoir, à analyser et à améliorer des systèmes et des procédés. Tu peux toi aussi comprendre le fonctionnement des objets qui t'entourent. Tu peux même en créer de nouveaux !

« L'univers technologique » te permettra d'explorer le fonctionnement des objets techniques.

L'univers technologique

- **SECTION 1** — L'ingénierie — p. 374
  - La démarche technologique — p. 376
  - Le cahier des charges — p. 378
  - Les schémas technologiques — p. 382
  - La gamme de fabrication — p. 385
  - La matière première, le matériau et le matériel — p. 386

- **SECTION 2** — Les systèmes technologiques — p. 388
  - Les systèmes — p. 389
  - Les fonctions mécaniques élémentaires — p. 392
  - Les transformations de l'énergie — p. 395

- **SECTION 3** — Les mouvements et les forces — p. 404
  - Les types de mouvements — p. 406
  - Les effets d'une force — p. 410
  - Les machines simples — p. 412
  - La transmission du mouvement — p. 419
  - La transformation du mouvement — p. 423

Voici ce que tu découvriras en lisant « **L'univers technologique** » :

- D'abord, dans la **section 1, « L'ingénierie »**, tu te familiariseras avec le travail de l'ingénieure et de l'ingénieur. Tu exploreras les différents outils dont cette personne dispose pour réaliser un projet. Tu verras que la communication verbale et écrite est très importante, car son travail se fait souvent en équipe. Tu découvriras que les ingénieures et les ingénieurs doivent préparer de nombreux schémas et documents.
- Ensuite, dans la **section 2, « Les systèmes technologiques »**, tu étudieras ce qu'est un système et quelles sont ses composantes. Tu verras que chaque système remplit une fonction précise. Tu exploreras différents exemples de systèmes technologiques.
- Finalement, dans la **section 3, « Les mouvements et les forces »**, tu découvriras les types de mouvements et leur origine. Tu verras aussi qu'il existe des mécanismes qui permettent de transmettre et de transformer les mouvements.

SECTION 1
L'ingénierie

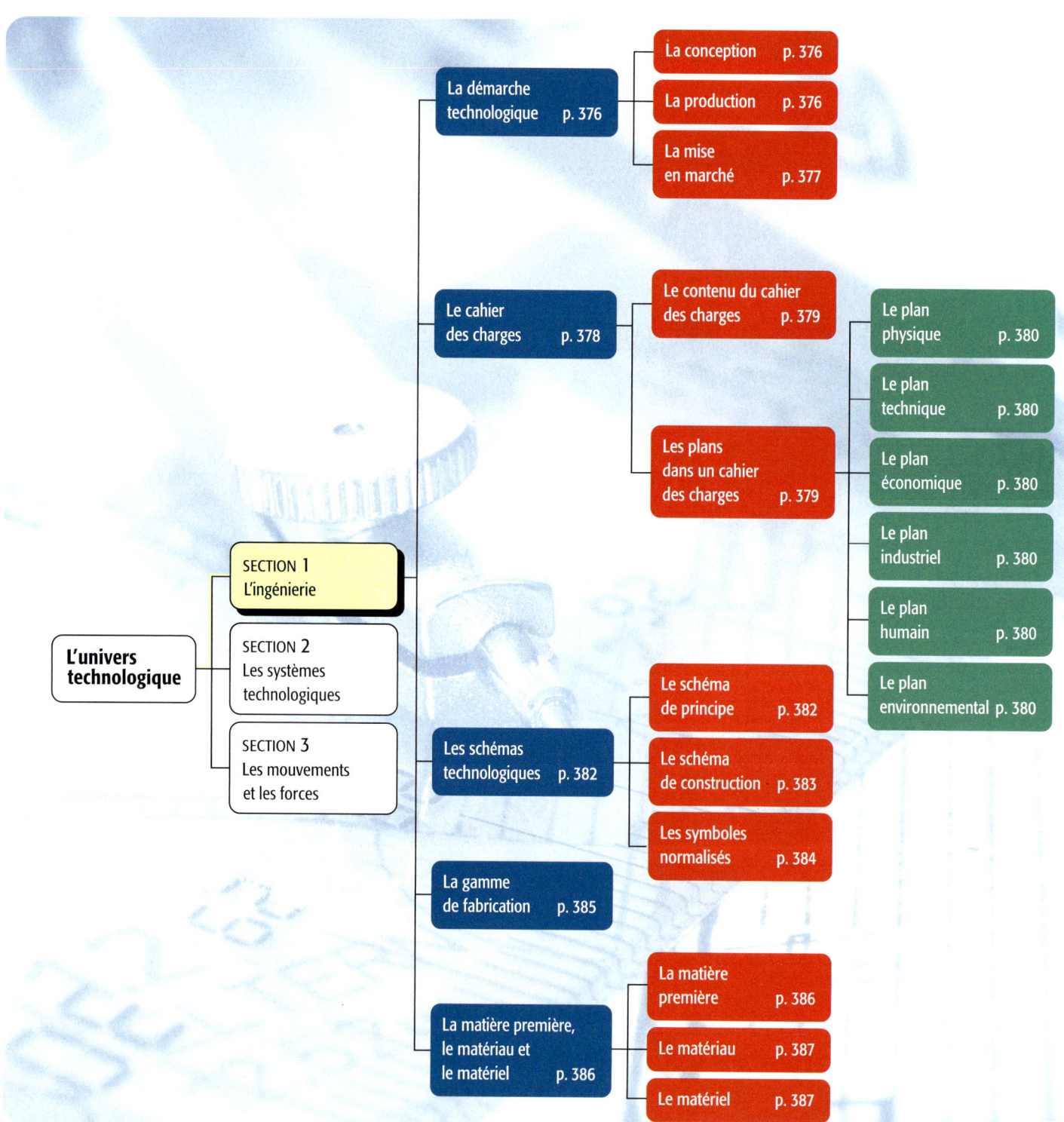

Survol

Tout au long de cette section, nous essaierons de comprendre les étapes de la démarche de l'ingénieure et de l'ingénieur. Pour nous aider dans cette tâche, quoi de mieux qu'un exemple ? Le projet de l'entreprise Vélo plus nous permettra d'illustrer concrètement notre propos.

Vélo plus est une entreprise qui conçoit, fabrique et vend des vélos. Pénélope dirige cette société. Elle a remarqué que la demande du public pour les vélos électriques est en croissance. Elle aimerait bien mettre au point un vélo muni d'un moteur électrique afin de répondre à la demande de sa clientèle. Malheureusement, Pénélope n'a pas de spécialiste des petits moteurs électriques au sein de son équipe. Elle décide donc de s'adresser à l'entreprise Électro moteur. Elle lui demandera de concevoir un moteur électrique adapté à un vélo (voir la figure 1).

HISTOIRE SCIENTIFIQUE

Jusqu'en 1949, les routes étaient rarement déneigées au Québec. **Joseph-Armand Bombardier** (1907-1964), un industriel québécois et un génie de la mécanique, a cherché un moyen pour faciliter le transport durant l'hiver. Après plusieurs essais, il a réalisé en 1935 un prototype qui pouvait transporter plusieurs personnes sur les routes enneigées. On nomma cette invention l'autoneige. Cependant, Bombardier souhaitait construire un véhicule plus petit qui ne transporterait qu'une personne. En 1959, il a fabriqué la première motoneige.

Figure 1 *Vélo plus et Électro moteur ont conclu une entente de partenariat.*

Le travail des ingénieures et des ingénieurs est en grande partie un travail d'équipe. On réunit plusieurs personnes dans ce qu'on appelle une équipe de projet. Chaque personne participe selon ses compétences. Parfois, certaines personnes ou entreprises ne collaborent au projet qu'au cours d'une étape en particulier. Dans notre exemple, Pénélope, son équipe et les gens d'Électro moteur travailleront ensemble pour concevoir un vélo électrique.

HISTOIRE SCIENTIFIQUE

En 1896, **Guglielmo Marconi**, un physicien italien, a breveté le premier système de communication sans fil. Quelques années plus tard, en 1901, Marconi a effectué la première communication transatlantique sans fil. Cette communication s'est déroulée entre le comté de Cornouailles, en Angleterre, et la province de Terre-Neuve-et-Labrador, au Canada, soit sur une distance de 3 380 km. Il a ainsi démontré que la propagation des ondes n'est pas affectée par la courbure de la Terre.

Gamme de fabrication
Un document qui décrit toutes les opérations nécessaires pour fabriquer un produit, l'ordre dans lequel ces opérations doivent être effectuées et le temps alloué à chacune des étapes.

Gamme de montage
Un document qui décrit les étapes d'assemblage du produit fini.

La démarche technologique

En industrie, la démarche technologique comporte trois phases : la conception, la production et la mise en marché (*voir la figure 2 à la page suivante*). Chacune de ces phases est essentielle. Ensemble, elles permettent de s'assurer que l'objet produit répond à un besoin, qu'il est fabriqué selon des normes et qu'il est distribué aux personnes qui en ont besoin au bon moment.

La conception

La conception comprend toutes les étapes qu'il faut franchir avant de fabriquer un objet. Tout projet dans le domaine de la technologie commence par l'identification d'un besoin et d'une clientèle cible. Par exemple, le personnel d'un bureau est incommodé par le bruit du système de climatisation. La direction cherche un moyen d'atténuer ce bruit. Elle engage une ingénieure pour résoudre ce problème.

Dans un premier temps, cette ingénieure doit bien comprendre le problème qu'on lui présente. Elle doit ensuite vérifier si ce problème a déjà été résolu par quelqu'un d'autre. Pour y arriver, elle examinera les produits déjà sur le marché. Cette étape s'appelle l'étude de marché. Si aucun des produits sur le marché ne convient, l'ingénieure se demandera si elle peut en modifier un ou en améliorer un. Sinon, elle devra concevoir elle-même une nouvelle solution.

Lorsque l'idée est trouvée, il faut la réaliser. Les étapes que notre ingénieure doit franchir sont maintenant : la rédaction d'un cahier des charges, la préparation d'un schéma de principe et d'un schéma de construction et, finalement, la fabrication d'un prototype. Ces étapes sont présentées en détail dans les pages qui suivent.

Il faut ensuite mettre à l'essai le prototype, c'est-à-dire vérifier s'il répond aux exigences du cahier des charges. Il faut aussi vérifier et corriger au besoin les schémas de principe et de construction. Enfin, lorsque le prototype est satisfaisant, il faut penser à faire une demande de brevet.

La production

Le moment est venu de passer à la fabrication. Les étapes à suivre sont :
- la préparation d'un dossier de fabrication (comprenant une **gamme de fabrication** et une **gamme de montage**) ;
- la fabrication (incluant la fabrication des pièces, l'assemblage, l'emballage et les différents contrôles de qualité, le respect des normes) ;
- la rédaction et la publication du mode d'emploi (pour la clientèle) et des guides d'entretien (pour les entreprises qui feront le service après-vente).

Les ingénieures et les ingénieurs participent surtout à la première de ces trois étapes. Nous l'expliquerons donc davantage dans les pages suivantes.

La mise en marché

La mise en marché permet de faire connaître l'objet que l'on vient de fabriquer aux personnes qui pourraient en avoir besoin. Elle permet aussi de le distribuer à celles qui sont prêtes à l'acheter. Il s'agit donc d'organiser la commercialisation du produit (fixer le prix de vente, faire la promotion, organiser la livraison, etc.).

Il faut également assurer l'entretien du produit tout au long de sa vie utile, c'est-à-dire former des personnes capables de le réparer, prévoir des points de service, produire des pièces de rechange, etc.

Finalement, il faut penser à la mise au rebut ou au recyclage du produit, lorsqu'il cessera d'être utilisé. Autrement dit, il faut s'assurer que le produit respectera les normes environnementales lorsqu'il sera jeté aux ordures, ou prévoir un mode de récupération s'il peut être recyclé.

Les étapes de la mise en marché ne sont pas réalisées par les ingénieures et les ingénieurs. Cependant, ceux-ci doivent les connaître pour en tenir compte lorsqu'ils conçoivent un objet.

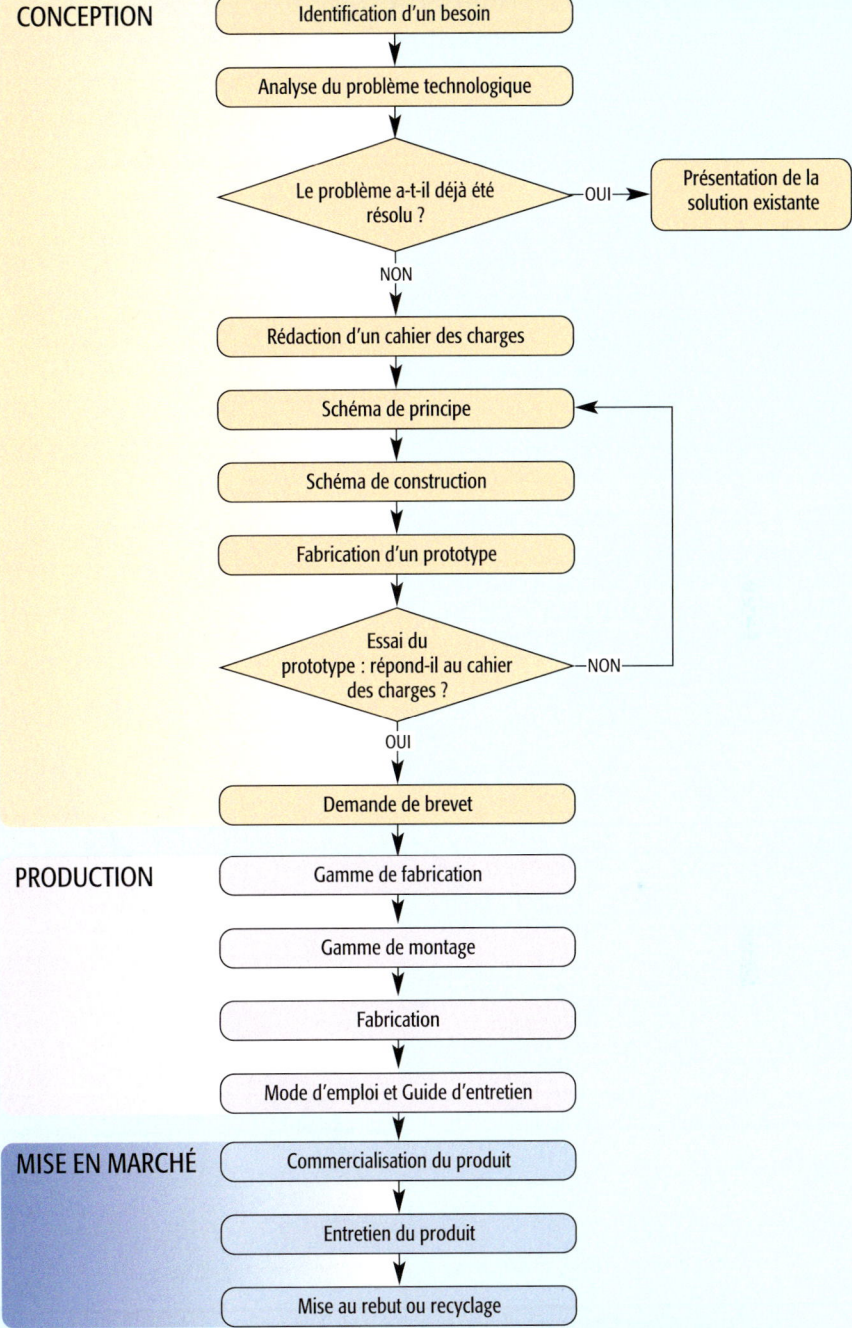

Figure 2 *Le schéma de la démarche technologique*

Je vérifie ce que j'ai retenu

1. La démarche technologique comporte trois phases. À quelle phase correspond chacune des actions suivantes ?
   a) Distribuer un produit aux personnes qui en ont besoin.
   b) Respecter des normes dans la fabrication d'un produit.
   c) S'assurer qu'un produit répond à un besoin.

2. Les ingénieures et les ingénieurs doivent connaître toutes les étapes de la démarche technologique. Par contre, ces personnes n'ont pas à participer à toutes ces étapes. Parmi les étapes présentées dans la figure 2, lesquelles exigent la participation des ingénieures et des ingénieurs ?

Le cahier des charges

Revenons au projet de l'entreprise Vélo plus. Ce n'est pas Pénélope et son équipe qui vont fabriquer le moteur du futur vélo électrique. On confiera plutôt ce mandat à l'entreprise Électro moteur. Cette dernière concevra et fabriquera un moteur pour l'entreprise Vélo plus. L'équipe de Pénélope doit préciser les caractéristiques du moteur qui sera installé sur son futur vélo. Elle doit le faire dans un document écrit qui sera remis à Électro moteur. Dans notre exemple, c'est la même entreprise qui concevra et fabriquera le moteur électrique. Il arrive cependant que la **conception** et la **fabrication** soient assurées par deux entreprises différentes.

Ce document écrit s'appelle le **cahier des charges** (*voir la figure 3*). **Ce cahier sert à définir et à préciser les demandes de l'entreprise. Il décrit les caractéristiques du produit désiré.** Le cahier des charges doit être produit au tout début d'un projet. Dans son cahier des charges, l'équipe de Pénélope devra exprimer ses besoins le plus clairement possible. Par exemple, elle pourrait exiger que le moteur ne pèse pas plus de 15 kg.

Conception
Une activité qui consiste à élaborer un projet dans le but de créer un produit. La ou les personnes qui se chargent de la conception ne sont pas nécessairement celles qui ont eu l'idée.

Fabrication
L'ensemble des opérations aboutissant à la construction d'un objet imaginé par des conceptrices ou des concepteurs.

HISTOIRE SCIENTIFIQUE

Léonard de Vinci (1452-1519) est bien connu pour ses nombreuses œuvres d'art. Mais il a également réalisé beaucoup de choses en tant que scientifique, ingénieur et inventeur. C'est ainsi qu'il a conçu de nombreuses machines. Par exemple, il a dessiné le prototype d'un scaphandre et de plusieurs engins volants. Même si ces machines ne fonctionnaient pas, elles se basaient sur des observations aérodynamiques justes et très avant-gardistes pour l'époque.

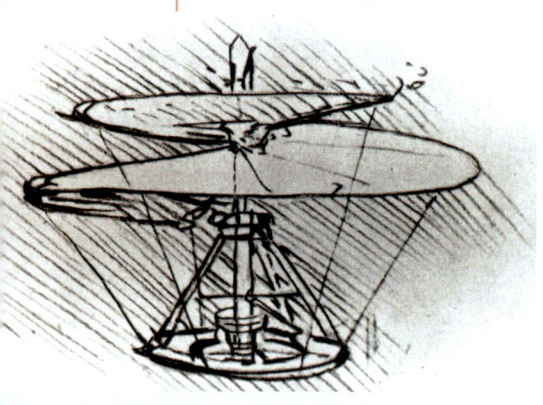

Figure 3 *Un exemple de cahier des charges utilisé en ingénierie*

Le contenu du cahier des charges

Quand on prépare un cahier des charges, on doit d'abord définir la fonction de l'objet. À quoi servira-t-il? Ensuite, on doit décrire le mieux possible cet objet en répondant aux questions suivantes:
- Quelles sont les contraintes de fabrication, d'utilisation et d'entretien?
- Quelles **normes** l'objet doit-il respecter?
- Quelles sont les caractéristiques de l'objet?
- Quels sont les coûts de fabrication?
- Quels sont les délais de fabrication de chacune des étapes?
- Quelle est la **faisabilité** du projet?

Les plans dans un cahier des charges

Les objets techniques ont tous une **durée de vie utile**. Cette vie commence au moment où l'objet est fabriqué et se termine lorsque l'objet cesse d'être utilisé. On doit alors s'en débarrasser. Quand Vélo plus construit un vélo électrique, elle ne pense pas seulement aux exigences liées à la construction. Elle doit aussi considérer tout ce qui peut survenir pendant la durée de vie utile du vélo.

Le cahier des charges doit tenir compte de tous les aspects de la situation. Il faut donc imaginer l'objet à concevoir de différents points de vue. Par exemple, il faut penser à la personne qui l'utilisera. Sur ce plan, un vélo électrique doit être confortable, facile à utiliser, agréable à conduire, etc. Vélo plus pourrait donc exiger que le moteur soit peu bruyant.

Il faut aussi penser à la résistance de l'objet. Comme un vélo est destiné à un usage extérieur, il doit résister à la pluie. Sur ce plan, Vélo plus devra donc exiger que le moteur soit étanche.

La figure 4 illustre les six plans à considérer lorsqu'on élabore un cahier des charges. Quatre plans concernent la fabrication et deux plans se rapportent à l'utilisation. Les éléments à prendre en compte dans chacun de ces plans sont décrits à la suite de la figure. Tu trouveras aussi un exemple de cahier des charges à la figure 5, page 381.

Normes
Un ensemble de règles établies par des spécialistes. Elles sont regroupées dans un document produit par un organisme national ou international. En technologie, les normes visent à garantir que le produit fabriqué atteint un niveau acceptable de performance et de qualité.

Faisabilité
Une étude de faisabilité sert à déterminer si un projet est réalisable. Elle tient compte de l'échéancier, des connaissances techniques, de la situation politique et financière, etc.

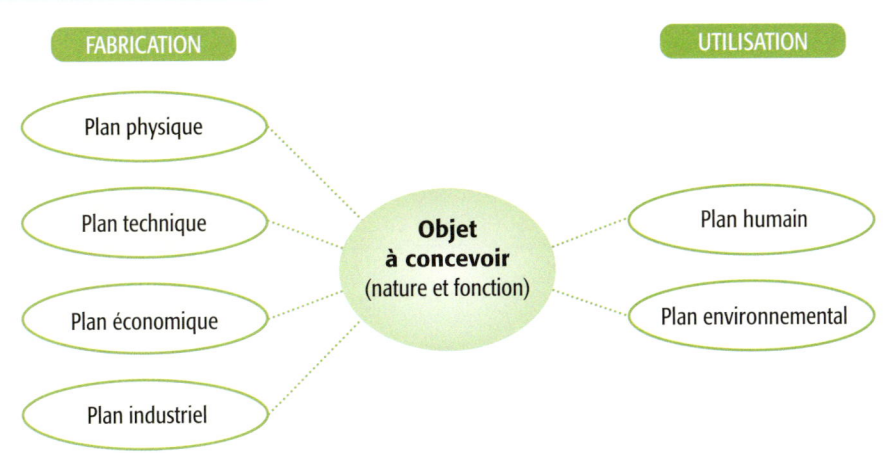

Figure 4 *Les six plans à considérer dans la rédaction d'un cahier des charges*

Le plan physique

Le plan physique concerne tous les éléments naturels (air, eau, sol) qui peuvent avoir un effet sur l'objet ou sur son utilisation. On doit préciser à la personne ou à l'entreprise qui conçoit l'objet les éléments naturels dont elle doit tenir compte. En effet, il faut s'assurer que le produit résistera à ces éléments. Par exemple, comme un vélo doit circuler à l'extérieur, il sera parfois exposé à la pluie. Il faut donc le construire avec un matériau qui résiste à la **rouille**. On peut aussi le recouvrir d'une peinture protectrice.

Le plan technique

Le plan technique comprend les facteurs qui influent sur le fonctionnement de l'objet à concevoir. Par exemple, Vélo plus doit spécifier la vitesse maximale que le vélo atteindra. L'entreprise doit aussi indiquer pendant combien de temps le moteur pourra fonctionner avant qu'on recharge la batterie.

Le plan économique

Le cahier des charges doit spécifier tous les coûts dont la conceptrice ou le concepteur devra tenir compte. Cela comprend les coûts de production, le prix de vente et tous les coûts d'entretien.

Le plan industriel

La personne ou l'entreprise qui conçoit le produit doit tenir compte de l'endroit où on le fabriquera. Il faut en effet considérer l'atelier de fabrication, l'outillage, la main-d'œuvre et les délais de fabrication. Par exemple, la fabrication de certains produits requiert une main-d'œuvre qualifiée. Si une entreprise ne dispose pas de cette main-d'œuvre, elle ne pourra pas atteindre ses objectifs de fabrication.

Le plan humain

Sur le plan humain, on tient compte des personnes qui utiliseront, entretiendront et répareront le produit. On doit donc concevoir et fabriquer un objet qui plaira et qui sera facile à entretenir. On se préoccupe aussi de l'aspect esthétique, de la sécurité et du confort.

Le plan environnemental

La personne ou l'entreprise qui conçoit le produit doit penser à ses effets sur l'environnement. Par exemple, de nos jours, on essaie de produire des automobiles moins polluantes. On se préoccupe aussi du potentiel de recyclage du produit à la fin de sa vie utile.

Rouille
Un composé brun-rouge qui résulte d'une réaction chimique entre l'oxygène de l'air et des matériaux contenant du fer. La rouille se produit dans un milieu humide.

FLASH… FLASH… FLASH…

Pour recevoir un brevet, une invention doit répondre à trois conditions. Premièrement, l'objet inventé doit être nouveau, c'est-à-dire qu'il ne doit pas exister un objet semblable dans le monde. Deuxièmement, il doit être utile, c'est-à-dire qu'il doit pouvoir être utilisé. Troisièmement, il doit constituer un apport inventif, c'est-à-dire qu'il doit être original pour toute personne qui connaît bien la technique en cause. C'est l'Office de la propriété intellectuelle du Canada (OPIC) qui est responsable des questions relatives aux brevets. Cet organisme a mis sur pied une banque de plus de 30 millions de brevets, dont 2,5 millions sont canadiens. À Stanstead au Québec, Marc Campagna a conçu dans son laboratoire de chimie un moteur non polluant.

Cahier des charges

Nature et fonction de l'objet
Construire un moteur électrique pour vélo qui permettra à une ou à un cycliste de se déplacer soit en pédalant, soit à l'aide du moteur.

Fabrication
Sur le plan **physique**, le moteur doit être :
- recouvert de matériaux résistants et adaptés au climat ;
- étanche.

Sur le plan **technique**, le moteur doit permettre au vélo :
- de rouler pendant 30 km avant d'être rechargé ;
- de rouler à une vitesse maximale de 35 km/h.

Sur le plan **économique**, le coût de fabrication du moteur ne doit pas dépasser 100 $.

Sur le plan **industriel**, le moteur devra :
- pouvoir être réparé dans les ateliers d'Électro moteur ou de Vélo plus ;
- fonctionner à l'aide d'une technologie bien connue par le personnel de ces deux ateliers.

Utilisation
Sur le plan **humain**, le moteur doit être :
- peu bruyant (maximum de 50 décibels) ;
- léger (maximum de 15 kg) ;
- facile à utiliser ;
- facile à entretenir ;
- sans danger.

Sur le plan **environnemental**, le moteur ne doit comporter aucune substance nocive pour l'environnement.

Les plans économique et industriel ne sont pas considérés dans les cahiers des charges présentés dans ce manuel, parce qu'ils ne s'appliquent pas vraiment à un contexte de fabrication en classe.

Figure 5 *Voici le cahier des charges préparé par Vélo plus à l'intention d'Électro moteur.*

Je vérifie ce que j'ai retenu

1. À quoi sert un cahier des charges ?
2. Explique ce que signifie l'expression « durée de vie utile ».
3. Imagine que tu travailles dans le domaine aérospatial. Tu fais partie d'une équipe qui conçoit un véhicule destiné à l'exploration de la planète Mars par une équipe d'astronautes. Pour chacun des six plans, donne un exemple de ce que pourrait contenir le cahier des charges pour la fabrication de ce véhicule.

Les schémas technologiques

On emploie les schémas technologiques pendant la phase de conception. Ces schémas permettent d'expliquer le fonctionnement et les éléments essentiels de l'objet qu'on veut construire. Il s'agit d'une façon rapide et simple de représenter un objet. Cette forme de représentation est surtout utilisée dans les étapes menant à la réalisation d'un **prototype**. Il existe plusieurs types de schémas technologiques. Nous étudierons ici le schéma de principe et le schéma de construction.

Prototype
Un des premiers exemplaires d'un objet ou d'un système. Il peut servir de modèle pour effectuer des tests ou pour la fabrication en série.

Le schéma de principe

Le schéma de principe décrit de façon simplifiée les éléments qui composent un objet ou un appareil, et il sert à en expliquer le fonctionnement. On le prépare au début de la phase de conception. Ce schéma précise uniquement les principes de fonctionnement et les objectifs de l'objet ou de l'appareil. La figure 6 présente une poignée de porte. La figure 7 te montre le schéma de principe de ce dispositif.

Le schéma de principe doit indiquer :
- la force utile développée par l'objet (on l'appelle aussi force d'action) ainsi que la direction dans laquelle on applique la force ;
- les principales composantes ;
- les mouvements en jeu, grâce à leurs **symboles normalisés** (*voir la page 384*).

Symbole normalisé
Un symbole reconnu par tous les gens qui travaillent en technologie.

Figure 6 *Une poignée de porte*

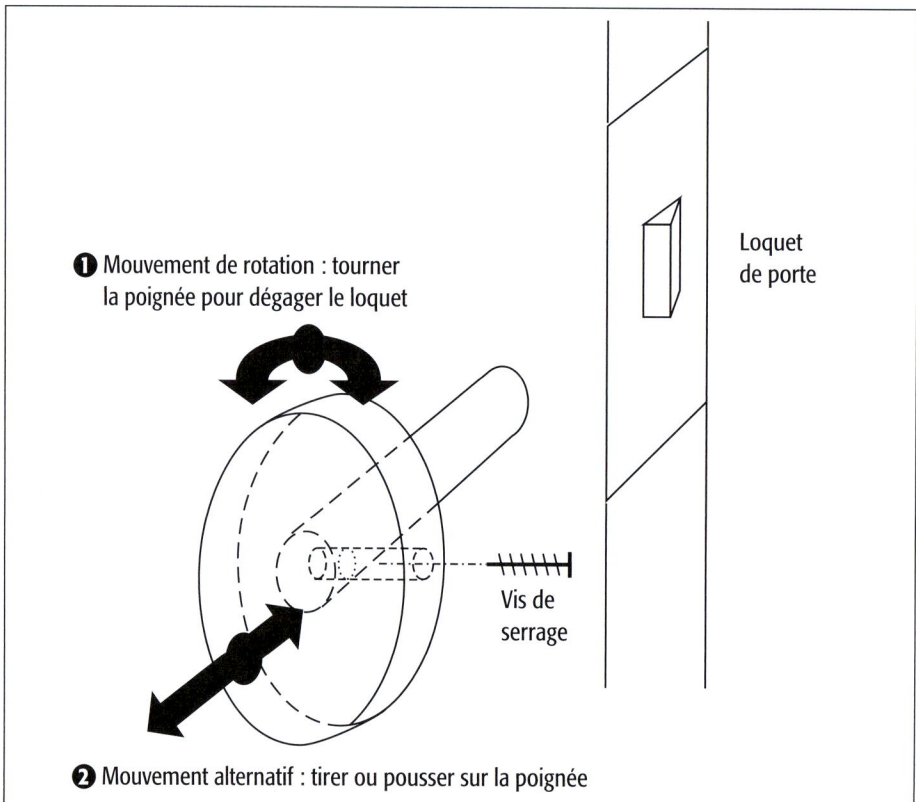

Figure 7 *Le schéma de principe d'une poignée de porte*

Le schéma de construction

On s'inspire du schéma de principe pour dessiner le schéma de construction. **Le schéma de construction montre la configuration exacte de l'objet** (*voir la figure 8*). C'est à partir de ce schéma qu'on pourra fabriquer l'objet.

Le schéma de construction comprend :
- les pièces qui participent directement à la fonction de l'objet ;
- les autres pièces ;
- les liaisons entre les pièces (*voir les pages 392 et 393*), grâce à leurs symboles normalisés (*voir la page 384*).

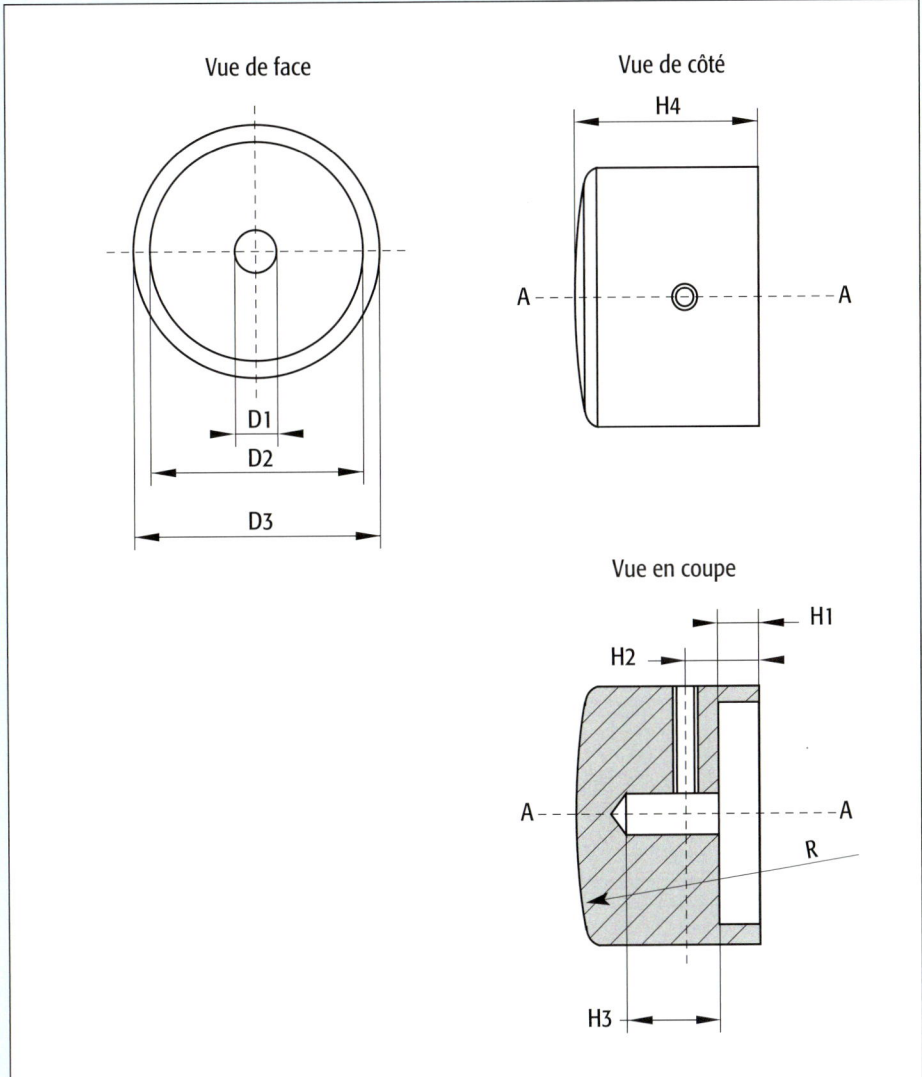

Symbole	Description	Dimension
D1	Diamètre de la poignée	6,6 cm
D2	Diamètre de la face de la poignée	5,5 cm
D3	Diamètre du pivot	1,1 cm
H1	Profondeur du cylindre	1,2 cm
H2	Distance du trou de vissage	2,0 cm
H3	Profondeur du réceptacle du pivot	2,5 cm
H4	Profondeur de la poignée	5,1 cm

Figure 8 *Le schéma de construction d'une poignée de porte*

Les symboles normalisés

Tu peux voir dans la figure 9 quelques symboles normalisés couramment utilisés dans la préparation des schémas technologiques. Ces symboles permettent d'indiquer rapidement les mouvements et les liaisons. Ils illustrent aussi les mécanismes de transmission ou de transformation du mouvement à l'œuvre dans un objet ou un appareil. Nous aborderons les concepts représentés par ces symboles dans la section 3, « Les mouvements et les forces » (*voir la page 404*).

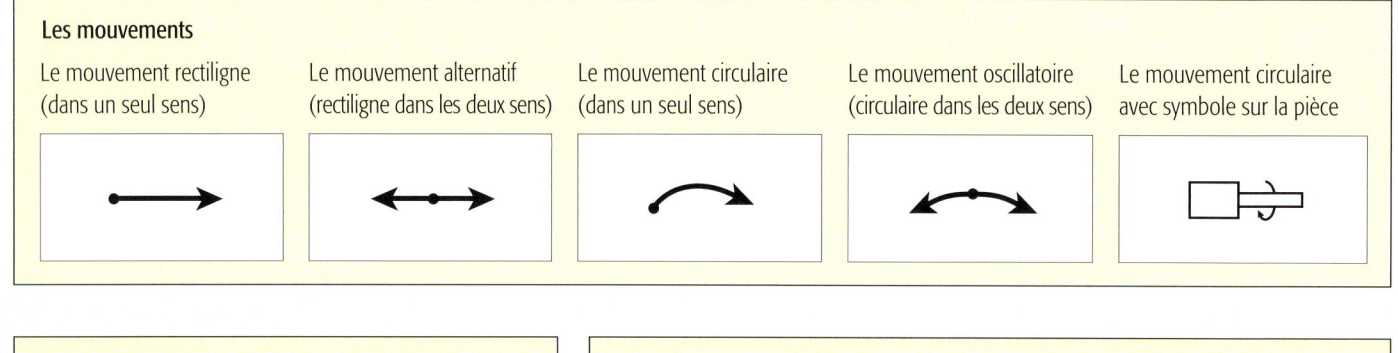

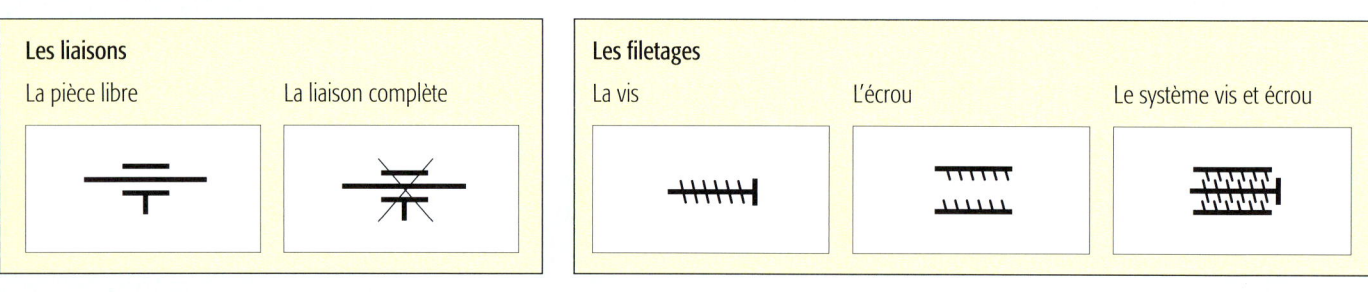

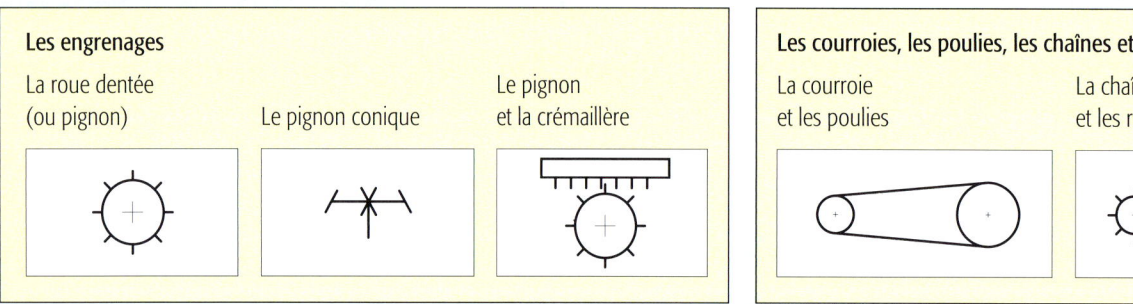

Figure 9 *Quelques symboles normalisés*

Je vérifie ce que j'ai retenu

1. Explique ce qui distingue le schéma de principe du schéma de construction.
2. Dans un schéma technologique, pourquoi utilise-t-on des symboles normalisés ?

La gamme de fabrication

Revenons à l'exemple de Vélo plus. Cette entreprise a demandé à Électro moteur de fabriquer un moteur électrique pour vélo. Électro moteur a maintenant terminé les plans du moteur. Elle peut donc passer à la phase de production.

Les personnes qui ont conçu le moteur doivent transmettre plusieurs renseignements importants aux spécialistes de la fabrication. Pour ce faire, elles leur remettront **un document qui indique toutes les étapes de fabrication** des pièces du moteur. Ce document s'appelle une **gamme de fabrication**. Ces personnes leur donnent aussi un document qui décrit toutes les étapes d'assemblage. Ce document s'appelle une gamme de montage. Ces deux documents sont un peu comme une recette. La personne qui fabrique les pièces suit à la lettre les étapes décrites dans la gamme de fabrication (*voir la figure 10*) et la gamme de montage. Quand on rédige ces gammes, on doit toujours supposer que la personne qui s'en servira ignore tout du projet. Il est donc très important de décrire clairement chaque étape.

La gamme de fabrication énumère tous les matériaux et les outils à utiliser. Elle indique dans quel ordre il faut réaliser chaque opération. Elle précise aussi combien il faudra de temps pour les réaliser. De plus, elle prévoit le nombre de travailleuses ou de travailleurs nécessaire pour chacune des étapes. Lorsque toutes les pièces sont prêtes, il faut les assembler. On utilise alors la gamme de montage, qui indique les étapes pour l'assemblage du produit fini.

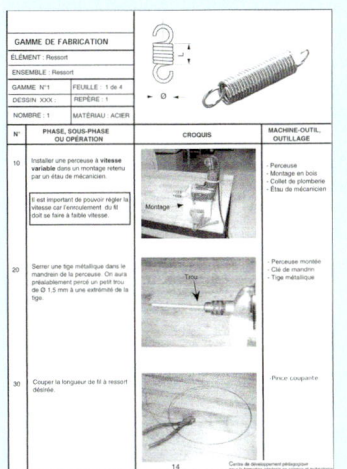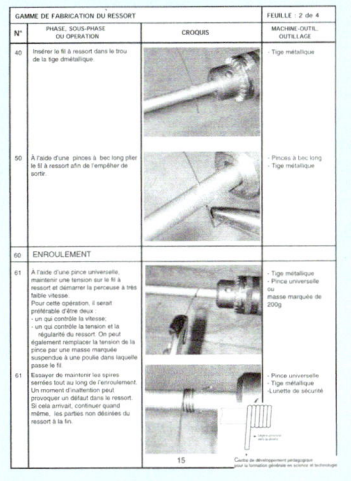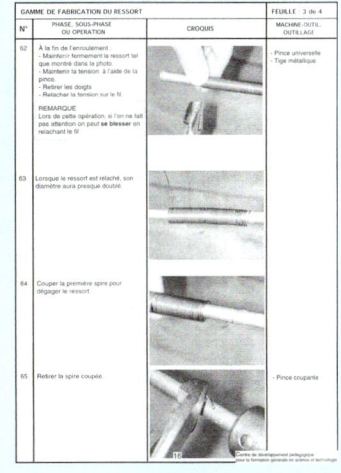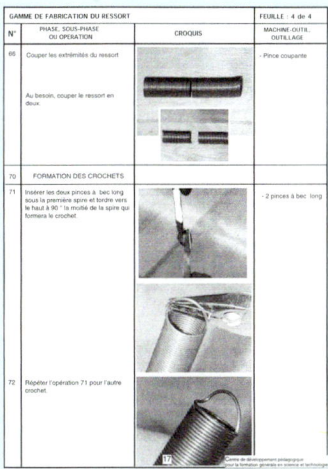

Figure 10 *Un exemple de gamme de fabrication : la fabrication d'un ressort*

Je vérifie ce que j'ai retenu

1. Quand on prépare une gamme de fabrication, pourquoi faut-il supposer que la personne qui s'en servira ignore tout du projet ?
2. Imagine que tu doives assembler les pièces d'une bibliothèque. Tu as en main un feuillet qui t'indique la liste de toutes les pièces, la liste des outils dont tu as besoin et la procédure complète d'assemblage. Que manque-t-il à ce feuillet pour qu'il s'agisse d'une véritable gamme de fabrication ?

La matière première, le matériau et le matériel : trois termes à ne pas confondre

Connais-tu la différence entre matière première, matériau et matériel ? À première vue, on pourrait penser que ces termes veulent tous dire la même chose. Pourtant, chacun a sa propre signification.

La matière première

Une matière première est une substance d'origine naturelle qui subit une transformation. Par exemple, les arbres sont des matières premières. On les coupe pour fabriquer des planches ou du papier. Le fer est la matière première qui permet de produire l'acier. On emploie l'acier dans diverses applications comme la construction des poutres ou des rails. La bauxite est la matière première qui permet d'obtenir l'aluminium. On se sert des matières premières dans presque tous les domaines de l'industrie et tous les secteurs d'activité. Une fois transformées, les matières premières deviennent des matériaux (*voir la figure 11*).

a) Des rails en acier (matériaux)

b) Du fer (matière première)

c) Des arbres (matière première)

d) Des madriers de bois (matériaux)

Figure 11 *Quelques matières premières et les matériaux qu'on peut en tirer*

Le matériau

On obtient un matériau en transformant une matière première. On peut ainsi l'utiliser pour fabriquer des appareils, des objets ou tout autre bien. Dans l'industrie, les matériaux sont des produits de base. La figure 12 te montre quelques grandes catégories de matériaux.

- Les métaux (p. ex. l'aluminium)
- La céramique
- Les polymères (p. ex. le plastique)
- La pierre et le béton
- Les textiles
- Les matériaux composites (p. ex. la fibre de verre)
- Le verre

Figure 12 *Quelques grandes catégories de matériaux*

Le matériel

Un matériel est un objet, un instrument, un outil ou une machine. On l'utilise pour extraire ou transformer des matières premières, ou pour fabriquer des produits. Un équipement peut donc faire partie du matériel (*voir la figure 13*).

Une balance — Un brûleur — Une paire de ciseaux

Figure 13 *Ces objets font généralement partie du matériel.*

Je vérifie ce que j'ai retenu

1. Quelle est la différence entre matière première, matériau et matériel ?
2. Pour chacun des exemples suivants, indique s'il s'agit d'une matière première, d'un matériau ou d'un matériel.
   - *a)* La laine d'un mouton
   - *b)* Du papier
   - *c)* Un niveau
   - *d)* Du pétrole
   - *e)* Une brique
   - *f)* Un crayon

SECTION 2
Les systèmes technologiques

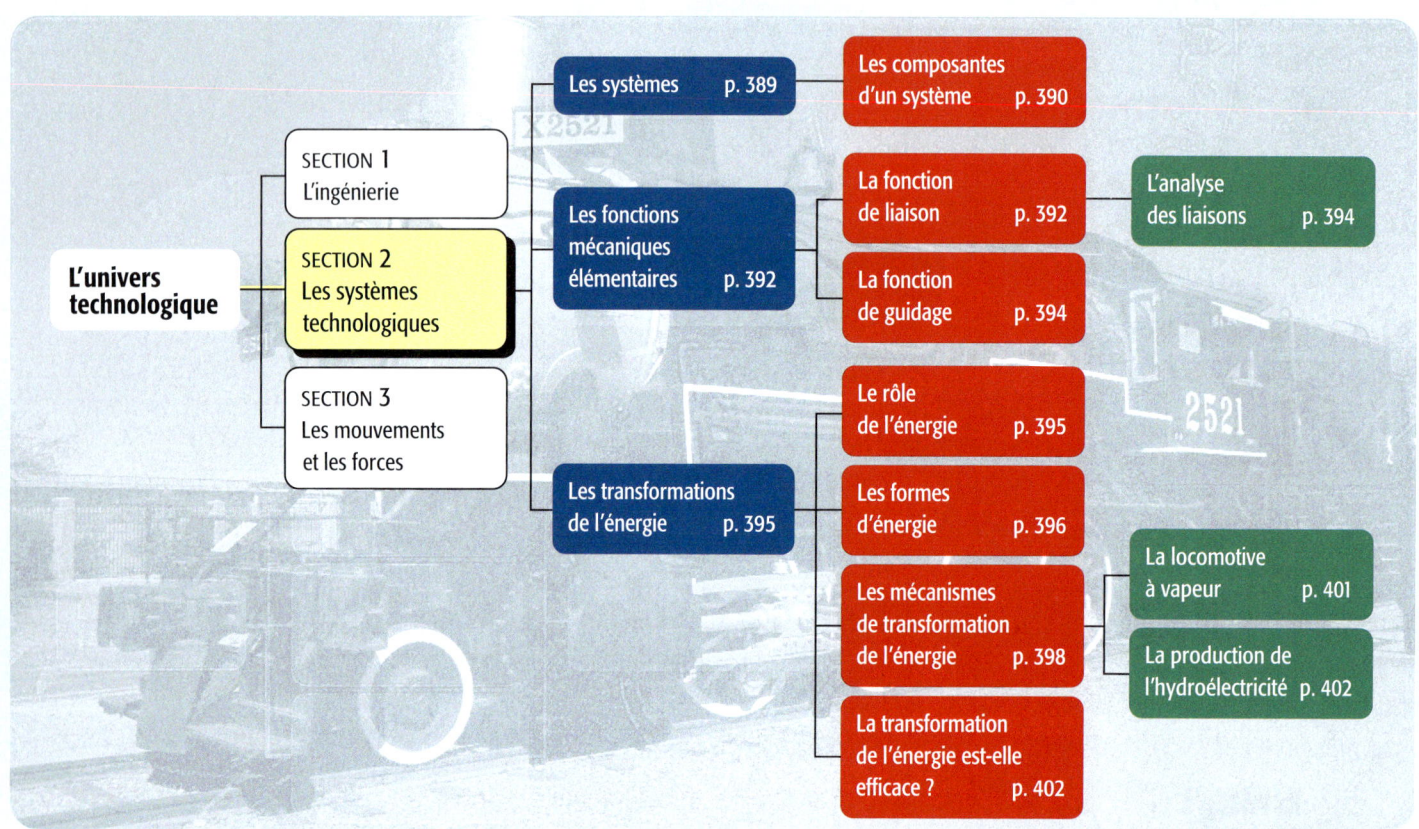

Survol

Nous avons vu dans la section précédente que les projets d'ingénierie peuvent être très variés. D'ailleurs, une meilleure connaissance des propriétés des matériaux ainsi que la mise au point de nouveaux matériaux élargissent sans cesse l'éventail des objets techniques que les ingénieures et les ingénieurs peuvent créer.

Les objets techniques accomplissent une fonction. Cela exige une interaction entre chacune des composantes de l'objet et entre l'objet et son milieu. Lorsqu'un objet technique transforme la matière ou l'énergie, on parle de système technologique. Par exemple, un moteur électrique pour vélo transforme l'énergie électrique en énergie cinétique capable de faire avancer un vélo.

Un système technologique est donc un ensemble composé des éléments suivants : des intrants (énergie ou matière de départ), un procédé de transformation et des extrants (énergie ou matière résultante). Un tel système est conçu pour accomplir une fonction précise. Très souvent, il existe également des mécanismes de contrôle qui vérifient si cette fonction est bien remplie.

Les systèmes

Une bicyclette est un système. **Un système est composé de plusieurs sous-systèmes.** Chaque sous-système a sa fonction propre, et les différents sous-systèmes sont en interaction. De plus, chaque sous-système comprend plusieurs pièces appelées composantes. La fonction principale d'une bicyclette est de supporter le poids d'une personne et de lui permettre de se déplacer. La figure 14 présente les différents sous-systèmes d'une bicyclette et leur fonction.

Système : La bicyclette

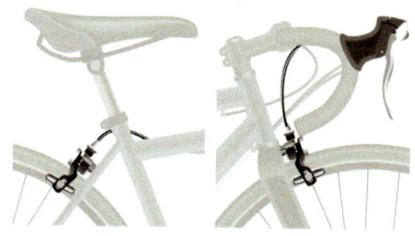

Sous-système : Freinage
Fonction : Assurer le freinage de la bicyclette

Sous-système : Éclairage
Fonction : Assurer l'éclairage avant et arrière à partir d'une source de courant autonome

Sous-système : Cadre
Fonction : Assurer la liaison des autres sous-systèmes et le maintien de la roue arrière

Sous-système : Selle
Fonction : Permettre au cycliste de s'asseoir

Sous-système : Roue
Fonction : Permettre le roulement de la bicyclette et amortir les chocs avec le sol

Sous-système : Transmission
Fonction : Assurer l'entraînement de la roue et le changement de vitesse

Sous-système : Direction
Fonction : Assurer le maintien de la roue avant et la conduite de la bicyclette

Figure 14 *Les sous-systèmes d'une bicyclette et leur fonction*

Les composantes d'un système

On utilise généralement des machines (ou systèmes technologiques) pour accomplir une tâche. Il faut normalement exercer une force pour mettre une machine en marche. Dans un système technologique, la force appliquée constitue l'un des intrants. **Les intrants, c'est tout ce qui entre dans le système. Tout ce qui sort du système est un extrant.** Les intrants peuvent être transformés ou non par le système. La tâche que la machine exécute constitue un procédé de transformation. Le résultat de ce procédé est un extrant.

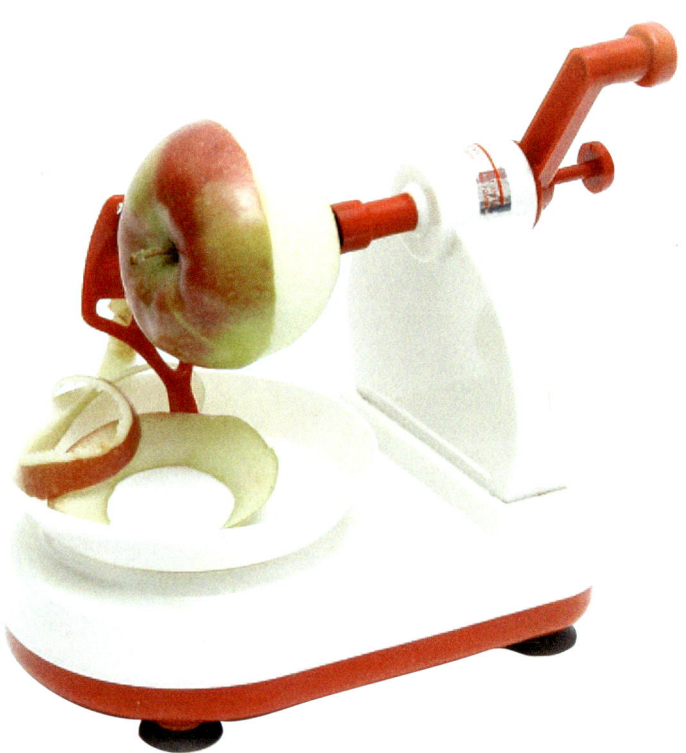

Figure 15 *Un système technologique : l'éplucheur de pommes*

Prenons par exemple un éplucheur de pommes. Cet appareil est un système technologique. La figure 15 illustre ce système et le tableau 1 (*à la page suivante*) présente ses intrants et ses extrants. La fonction de l'éplucheur est de peler des pommes. La pomme non pelée et la force nécessaire pour peler la pomme sont les deux intrants du système. La pomme pelée et les pelures sont les deux extrants du système.

L'appareil applique une force sur la pomme. Mais la personne qui utilise l'éplucheur exerce également une force. En effet, c'est elle qui doit mettre la pomme en place. Elle doit également vérifier si la pomme est bien installée dans l'appareil avant de l'actionner. Cette étape de vérification fait aussi partie des intrants du système. Dans ce cas-ci, la vérification est faite par l'utilisatrice ou l'utilisateur. Il existe cependant des systèmes où la vérification et le contrôle sont programmés. Ils se font automatiquement. C'est le cas des lave-vaisselle et des machines à laver (*voir la figure 16*).

Figure 16 *Sur le tableau de commande du lave-vaisselle, un signal lumineux indique l'étape en cours. Ce signal est un extrant du système, car il donne de l'information à la personne qui utilise l'appareil.*

Tableau 1 *Les intrants et les extrants de deux systèmes*

		Éplucheur de pommes	Lave-vaisselle
Intrants	Matières de départ	Pommes	Vaisselle sale Eau Détergent à vaisselle
	Mécanisme de vérification et de contrôle	Ajustement manuel de la pomme	Sélection d'un cycle de lavage automatique
	Source de l'énergie à fournir	Force musculaire	Électricité
Extrants	Matière résultante	Pommes pelées	Vaisselle propre
	Information donnée à la personne qui utilise l'appareil		Signal lumineux
	Déchets et résidus	Pelures de pommes	Eau usée
	Inconvénient		Bruit de fonctionnement du système

Le tableau 1 donne les intrants et les extrants des deux systèmes illustrés aux figures 15 et 16. L'éplucheur de pommes est un exemple de système technologique ayant une fonction précise : éplucher des pommes. Comme tu l'as vu, il y a dans ce système des intrants et des extrants ainsi que des composantes.

Dans un système, les mécanismes de transformation et de transmission du mouvement, de même que les machines simples, peuvent varier. Mais ils font toujours partie des composantes du système. **Bref, tout ce qui a un rôle dans le fonctionnement de l'objet technique constitue une composante.** S'il manque l'une des composantes, le système ne peut plus fonctionner correctement.

Je vérifie ce que j'ai retenu

1. Il existe plusieurs systèmes technologiques autour de toi. Pense à une bouilloire et réponds aux questions suivantes :
   a) Quelle est la fonction de ce système technologique ?
   b) Quels sont les intrants ?
   c) Quels sont les extrants ?
   d) Quel type d'énergie est nécessaire pour faire fonctionner ce système ?
   e) Que peuvent être les mécanismes de vérification et de contrôle de ce système ?

2. Dans chaque cas, indique si le système technologique transforme de la matière ou de l'énergie.
   a) Un moteur de voiture
   b) Un mélangeur électrique
   c) Une lampe de table
   d) Un grille-pain

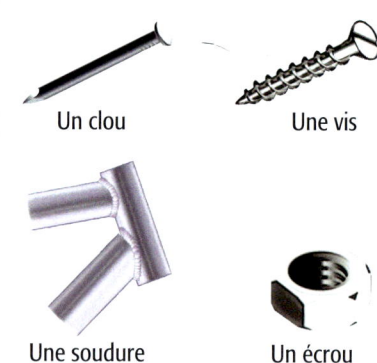

Figure 17 *Quelques exemples d'organes d'assemblage*

Organe
Un élément d'un système ayant une fonction précise.

Les fonctions mécaniques élémentaires

Le concept de fonction est fondamental en technologie. La fonction est le rôle joué par un objet, un système, un sous-système ou une pièce.

Il existe des fonctions mécaniques qu'on appelle fonctions mécaniques élémentaires. Ces fonctions sont à la base de la plupart des objets techniques. Les plus utilisées sont les fonctions de liaison et de guidage.

La fonction de liaison

La fonction de liaison est assurée par un **organe** d'assemblage qui relie deux pièces. La figure 17 te montre quelques organes d'assemblage.

Il peut y avoir une liaison entre deux pièces seulement ou entre plusieurs pièces. La liaison est toujours :
- directe ou indirecte ;
- rigide ou élastique ;
- démontable ou indémontable ;
- complète ou partielle.

Le tableau 2 décrit les huit types de liaisons possibles.

Tableau 2 *Les types de liaisons et leurs caractéristiques*

Type de liaison	Caractéristiques	Exemple
Liaison directe	Cette liaison assemble des pièces sans utiliser d'intermédiaire. Les pièces assemblées doivent avoir des formes complémentaires.	*Les blocs d'un jeu de construction s'emboîtent les uns dans les autres.*
Liaison indirecte	Cette liaison comporte un ou plusieurs organes d'assemblage. On ajoute de la matière, par exemple une autre pièce, afin de relier deux composantes.	*Une poignée fixée à une porte à l'aide de vis*
Liaison démontable	On peut séparer à volonté les pièces liées sans détériorer l'organe ou les surfaces de liaison.	*Un stylo et son capuchon*

Tableau 2 *Les types de liaisons et leurs caractéristiques (suite)*

Type de liaison	Caractéristiques	Exemple
Liaison indémontable	On ne peut pas séparer les pièces liées sans détériorer l'une d'elles ou l'organe d'assemblage.	*Un bateau fabriqué avec des allumettes collées*
Liaison rigide	Cette liaison, par opposition à la liaison élastique, ne permet aucun changement de position des éléments assemblés.	*Une table et ses quatre pieds*
Liaison élastique	L'organe de liaison s'aplatit ou s'étire pour permettre aux pièces de changer de position. Ces liaisons utilisent habituellement des ressorts ou des blocs de caoutchouc.	*Une suspension reliée à un vélo*
Liaison complète	Cette liaison ne permet pas aux pièces de bouger l'une par rapport à l'autre. Contrairement au cas de la liaison partielle, si l'une des pièces bouge, elle entraînera l'autre dans le même mouvement.	*Un manche fixé à la tête d'un marteau*
Liaison partielle	Dans cette liaison, l'une des pièces (la porte) peut bouger dans certaines directions sans que l'autre (le chambranle) ne se déplace.	*Une porte fixée à son chambranle*

L'analyse des liaisons

Un assemblage possède toujours quatre caractéristiques parmi les huit qui décrivent la liaison. Le tableau 3 décrit les caractéristiques d'un crochet mural (*voir la figure 18*).

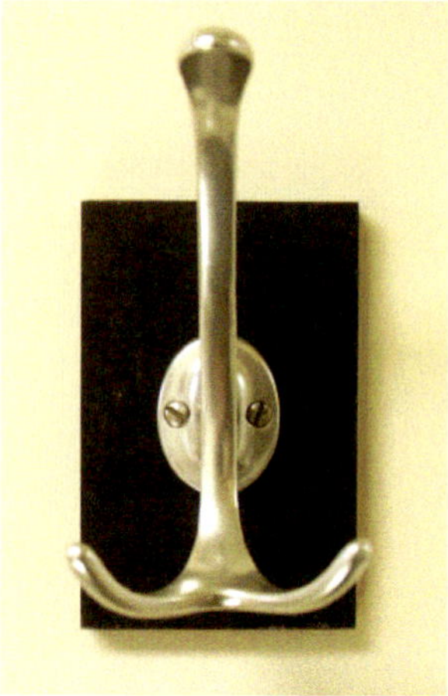

Tableau 3 *La liaison à l'aide d'un crochet mural*

Liaison	Explication
Directe ou indirecte ?	Le crochet doit être maintenu au mur par des vis. Il s'agit donc d'une liaison **indirecte**.
Démontable ou indémontable ?	On peut enlever les vis simplement avec un tournevis. Il s'agit donc d'une liaison **démontable**.
Rigide ou élastique ?	C'est une liaison **rigide**, car les vis ne permettent aucun mouvement du crochet par rapport au mur.
Complète ou partielle ?	La liaison est **complète** puisque ni le crochet ni le mur ne peuvent bouger.

Figure 18 *Un crochet mural*

La fonction de guidage

Dans le guidage, une ou plusieurs pièces permettent à un élément **de se déplacer d'une certaine façon**. On trouve le **guidage en rotation** et le **guidage en translation** (*voir le tableau 4*).

Tableau 4 *Les deux types de guidages et leurs caractéristiques*

Type de guidage	Caractéristiques	Exemple
Guidage en rotation	On permet seulement à une pièce un mouvement de rotation (circulaire ou oscillatoire). Ce genre de guidage utilise généralement des pièces de forme cylindrique.	 *Un support pour papier essuie-tout*
Guidage en translation	On permet seulement le mouvement en ligne droite (rectiligne ou alternatif). Ce genre de guidage utilise généralement des pièces en forme de prisme rectangulaire.	 *Un tiroir de bureau*

Je vérifie ce que j'ai retenu

1. Nomme deux objets techniques dont la fonction est d'assembler deux pièces.
2. Décris les quatre caractéristiques de la liaison produite dans chacun des cas suivants :
   a) Un contenant de crème glacée et son couvercle
   b) Une photo fixée sur un babillard avec une punaise
   c) Un autocollant collé dans un album
3. Nomme deux objets techniques dont la fonction est de guider une pièce.
4. Qu'est-ce qui distingue le guidage en rotation du guidage en translation ? Donne un exemple pour chacun.

Les transformations de l'énergie

Dans notre quotidien, nous utilisons de l'énergie sous plusieurs formes pour combler nos besoins. Par exemple, pour chauffer nos maisons, nous utilisons de l'énergie thermique tirée de l'électricité, du mazout, du gaz naturel, du bois, etc. Pour faire rouler nos voitures, nous employons l'énergie chimique fournie par l'essence, le diesel ou l'éthanol. Pour nous éclairer, nous utilisons l'énergie rayonnante d'une lampe, d'une chandelle ou d'une allumette.

Il existe de nombreuses formes d'énergie. De plus, il est possible de passer d'une forme à l'autre, c'est-à-dire de transformer l'énergie, ou de la convertir.

Le rôle de l'énergie

On emploie souvent le mot « énergie » dans le langage courant. Par exemple, tu peux dire qu'une personne déborde d'énergie, ou bien qu'elle n'a plus d'énergie. Par contre, ce mot a un sens particulier dans le domaine de la technologie.

En technologie, on définit l'énergie comme la capacité d'un système à effectuer un travail, par exemple faire bouger des objets (*pour la définition du travail, voir la page 417*). Il y a des manifestations de l'énergie partout autour de toi. Les rayons du soleil, qui illuminent et réchauffent la Terre, sont une forme d'énergie. L'électricité, qui fait fonctionner des appareils chez toi, est aussi une forme d'énergie.

HISTOIRE SCIENTIFIQUE

Les gens ont longtemps cru que la lumière provenait des yeux et illuminait les objets, nous permettant ainsi de les voir. Ce n'est que 1 000 ans après Jésus-Christ qu'un scientifique arabe, Alhazen (965-1039), a trouvé une explication de la provenance de l'énergie rayonnante. Il a découvert que la lumière provenait d'une source, par exemple le Soleil ou une bougie. Il a également étudié les lentilles et les miroirs. Ses recherches ont aidé des scientifiques à mettre au point des instruments d'optique, le microscope et le télescope.

Les formes d'énergie

Voici dix formes d'énergie différentes.

L'énergie potentielle

C'est l'énergie que possède un objet en raison de sa position au-dessus d'une surface. Une balle que tu tiens dans ta main a de l'énergie potentielle. Si tu la laisses tomber, son énergie potentielle se transformera en énergie cinétique et elle se dirigera vers le sol. L'énergie potentielle est une forme particulière d'**énergie mécanique**.

Énergie mécanique
Une énergie résultant de la somme de l'énergie potentielle et de l'énergie cinétique.

L'énergie élastique

C'est l'énergie que possède un objet lorsqu'on change sa forme en l'étirant ou en le comprimant. Un élastique étiré ou un ressort comprimé sont deux exemples d'objets qui emmagasinent de l'énergie élastique. Lorsqu'on cesse de leur appliquer une force, ces objets reprennent leur forme initiale. L'énergie élastique est une forme particulière d'énergie potentielle.

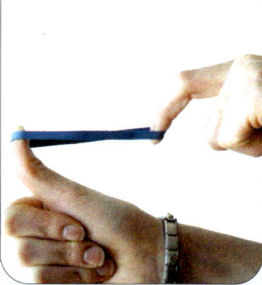

L'énergie cinétique

C'est l'énergie des objets en mouvement. Une bicyclette et une voiture qui roulent possèdent de l'énergie cinétique. C'est la même chose pour la balle qu'on lance. L'énergie cinétique est une forme particulière d'énergie mécanique.

L'énergie rayonnante

C'est une forme d'énergie qui te permet de voir les objets. En pénétrant dans tes yeux, elle déclenche la production de signaux particuliers. Ces signaux vont de tes yeux à ton cerveau. Ils te renseignent sur ce que tu vois. L'énergie rayonnante est une forme particulière d'énergie électromagnétique (*voir La Terre et l'espace, à la page 350*).

L'énergie électrique

Cette forme d'énergie sert à faire fonctionner des appareils tels que les téléviseurs et les ordinateurs. On l'utilise aussi pour alimenter les systèmes d'éclairage et certains systèmes de chauffage.

L'énergie magnétique

C'est l'énergie que possèdent les aimants en raison de leur position l'un par rapport à l'autre. Lorsque tu rapproches deux aimants de mêmes pôles l'un de l'autre (deux pôles sud ou deux pôles nord), ils se repoussent. Si tu places l'un près de l'autre deux aimants de pôles différents, ils s'attirent. L'énergie magnétique est une forme d'énergie potentielle parce qu'elle dépend de la position d'un objet.

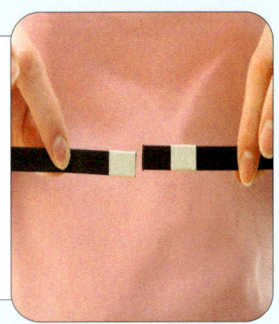

L'énergie thermique

Cette forme d'énergie est présente dans tous les objets. Lorsqu'un objet renferme beaucoup d'énergie thermique, il est chaud au toucher. S'il renferme très peu d'énergie thermique, il est froid au toucher (*voir L'univers matériel, à la page 181*).

L'énergie chimique

C'est la forme d'énergie qui se dégage au cours d'une **réaction chimique**. L'énergie chimique contenue dans l'essence fait tourner le moteur des voitures. Ton organisme utilise l'énergie chimique contenue dans les aliments. Cela te permet entre autres de bouger.

L'énergie nucléaire

C'est la forme d'énergie que possèdent les noyaux des atomes. Il faut des techniques spéciales pour libérer l'énergie nucléaire contenue dans des substances radioactives comme l'uranium.

L'énergie sonore

C'est l'énergie produite lorsque la matière vibre. Cette énergie fait bouger les osselets (petits os) de tes oreilles. Ces mouvements sont transmis à des cellules nerveuses puis au cerveau. Ce dernier te renseigne sur ce que tu entends.

Réaction chimique
Une réaction qui se produit lorsque des liens entre des atomes se brisent et qu'il se forme de nouvelles molécules.

HISTOIRE SCIENTIFIQUE

Le physicien nucléaire **Enrico Fermi** (1901-1954) a mis au point avec ses collaborateurs la « pile atomique ». C'est ainsi que le premier réacteur nucléaire a été nommé. Le 2 décembre 1942, le physicien et son équipe réussissent à faire fonctionner le premier réacteur nucléaire. Malheureusement, une de ses premières applications a été de servir à la fabrication de la bombe atomique. Même si l'énergie nucléaire possède un immense pouvoir de destruction, c'est aussi une source d'énergie, utilisée par de nombreux pays, pour produire de l'électricité.

Les mécanismes de transformation de l'énergie

Il est impossible de créer ou de détruire de l'énergie. L'énergie peut seulement être transformée, c'est-à-dire passer d'une forme à une autre. On parle alors de transformation de l'énergie, ou de conversion (voir L'univers matériel, à la page 194).

Il existe différentes façons de passer d'une forme d'énergie à une autre. On peut parfois transformer l'énergie de façon directe. Le tableau 5 présente ce type de transformation. Mais souvent, on ne peut pas passer directement à la forme d'énergie désirée. On doit utiliser des transformations intermédiaires. Nous verrons aux pages 401 et 402 deux exemples illustrant des transformations intermédiaires.

FLASH… FLASH… FLASH…

La Terre agit comme un énorme aimant. Cette énergie magnétique, appelée «champ magnétique terrestre» permettrait à de nombreux animaux migrateurs de s'orienter. À l'heure actuelle, les scientifiques s'interrogent sur la façon dont les animaux se servent de l'énergie magnétique de la Terre. Leurs recherches établissent cependant un lien entre cette énergie et de minuscules particules contenant du fer qui se trouveraient à l'intérieur ou près du cerveau des animaux effectuant de longues migrations.

Tableau 5 *Des transformations directes de l'énergie*

Forme d'énergie au départ	Forme d'énergie obtenue	Description	Illustration
Thermique	Cinétique	Le soleil réchauffe l'air. L'air chaud, plus léger, s'élève au-dessus de l'air froid. Ces courants d'air créent les vents.	
Rayonnante	Électrique	L'énergie rayonnante du soleil est captée par des panneaux solaires et transformée en courant électrique.	
Cinétique	Électrique	Les centrales marémotrices utilisent l'énergie cinétique des marées pour faire tourner des turbines et produire de l'électricité.	
		Les éoliennes sont de grands moulins à vent. L'énergie cinétique du vent fait tourner leurs pales et produit de l'électricité.	

Tableau 5 *Des transformations directes de l'énergie (suite)*

Forme d'énergie au départ	Forme d'énergie obtenue	Description	Illustration
Chimique	Cinétique	Tes muscles convertissent l'énergie chimique contenue dans la nourriture que tu manges en énergie musculaire (ou cinétique). Cela te permet de bouger.	
		Les moteurs utilisent l'énergie chimique contenue dans l'essence. Ils la transforment en énergie cinétique, ce qui fait rouler les voitures.	
Électrique	Chimique	Lorsque de l'énergie électrique est produite, il est possible de l'emmagasiner dans des piles. Au cours de cette opération, l'énergie électrique est transformée en énergie chimique.	
	Cinétique	Un batteur ou un malaxeur utilise l'énergie électrique pour exécuter un mouvement circulaire, ce qui mélange les aliments.	
	Thermique	Les systèmes de chauffage électriques de nos maisons s'alimentent en énergie électrique. Ils transforment cette énergie en chaleur (ou énergie thermique) pour nous garder au chaud l'hiver.	
	Rayonnante	Les ampoules transforment l'énergie électrique en énergie rayonnante pour nous éclairer.	

Tableau 5 *Des transformations directes de l'énergie (suite)*

Forme d'énergie au départ	Forme d'énergie obtenue	Description
Électrique (*suite*)	Sonore	Un poste de radio ou un téléviseur transforme l'énergie électrique en énergie sonore.
Potentielle	Cinétique	Lorsque les wagons des montagnes russes commencent à descendre une pente, leur énergie potentielle se transforme en énergie cinétique.
	Électrique	L'eau s'accumule dans les réservoirs situés en amont (avant) des barrages hydroélectriques. Lorsqu'elle est relâchée, son énergie potentielle peut être transformée en énergie cinétique. Les turbines transformeront cette dernière en électricité (*voir la figure 20, page 402*).
Élastique	Cinétique	Quand on relâche un élastique étiré, il retrouve sa forme dans un mouvement rapide.
Nucléaire	Thermique	Les centrales nucléaires utilisent l'énergie contenue dans le noyau des atomes pour chauffer de l'eau. On peut ensuite se servir de la vapeur obtenue pour produire de l'électricité.

La locomotive à vapeur

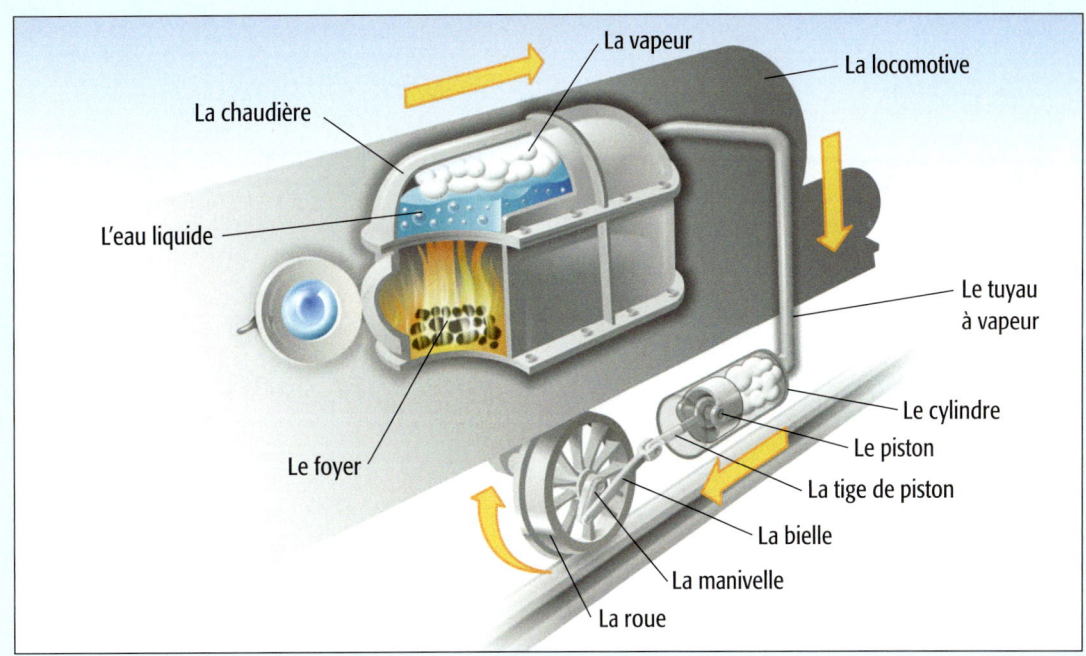

Figure 19
Les transformations de l'énergie dans la locomotive à vapeur

La locomotive à vapeur est une machine à vapeur qu'on utilisait autrefois. Cette locomotive est un système qui réalise plusieurs transformations d'énergie intermédiaires (*voir la figure 19*). Tout commence avec le charbon, une source d'énergie chimique. La combustion du charbon transforme son énergie chimique en énergie thermique. Cette énergie thermique sert à chauffer de l'eau et à produire de la vapeur. La vapeur actionne des pistons qui, en générant de l'énergie cinétique, font tourner les roues. Les pistons actionnent aussi un alternateur qui produit de l'électricité pour le chauffage et l'éclairage. L'énergie électrique excédentaire est emmagasinée dans des piles sous forme d'énergie chimique. Cette énergie chimique est conservée afin d'être reconvertie plus tard en lumière et en chaleur.

La production de l'hydroélectricité

L'eau des rivières ou des fleuves peut être retenue par un barrage. Elle emmagasine à ce moment de l'énergie potentielle. Quand l'eau est libérée, elle gagne de l'énergie cinétique. Son mouvement entraîne des turbines qui produisent de l'électricité. Celle-ci est transportée vers les maisons et les usines (*voir la figure 20*).

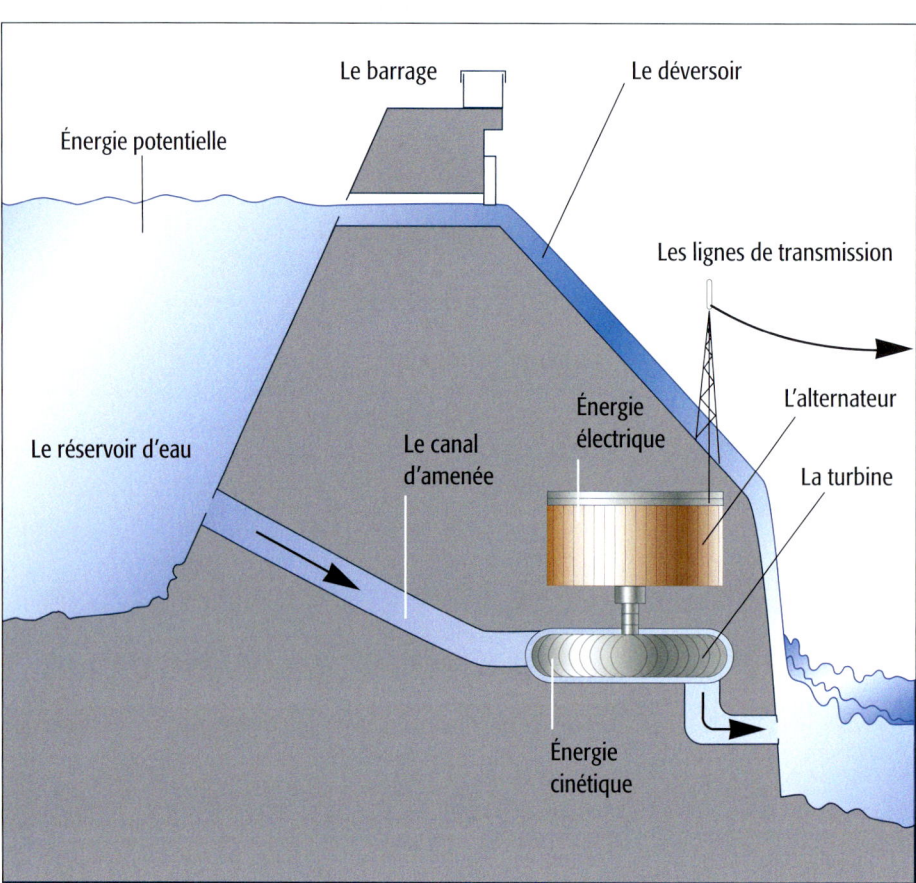

Le barrage Mercier, à Baskatong dans les Laurentides

Figure 20 *Des transformations énergétiques ont lieu quand on produit de l'hydroélectricité. La centrale hydroélectrique convertit l'énergie cinétique de l'eau en énergie électrique.*

La transformation de l'énergie est-elle efficace ?

Lorsque l'énergie passe d'une forme à l'autre, elle ne se transforme jamais entièrement. Pour déterminer l'efficacité ou le rendement d'un système énergétique, on calcule le pourcentage de l'énergie qui s'est réellement transformée dans la forme désirée. Si un système réussit à transformer la majeure partie de l'énergie, on dit qu'il est **efficace** ou qu'il a un **bon rendement**. Sinon, on dit qu'il est **inefficace** ou qu'il a un **mauvais rendement**.

L'énergie qui n'a pas pris la forme voulue n'est pas disparue. Elle a simplement pris une autre forme. En réalité, on ne peut ni détruire ni créer de l'énergie. Dans beaucoup de cas, l'énergie s'est dissipée sous forme de chaleur. C'est le cas par exemple des ampoules électriques, qui deviennent chaudes lorsqu'on les allume.

Tu as vu dans le tableau 5 (*voir la page 398*) que l'énergie rayonnante du soleil peut se transformer en énergie électrique. La figure 21 présente le rendement énergétique d'un panneau solaire. Actuellement, les panneaux solaires ont une efficacité d'environ 14 %. Cela signifie que 14 % de tous les rayons lumineux qui frappent les panneaux sont absorbés et transformés en électricité. Une partie des autres rayons est transformée en chaleur. Une autre partie ne subit aucune transformation. Autrement dit, les rayons sont réfléchis et retournent vers l'atmosphère. C'est une des raisons qui expliquent pourquoi on emploie peu les panneaux solaires : il faut installer beaucoup de panneaux pour obtenir une petite quantité d'énergie électrique.

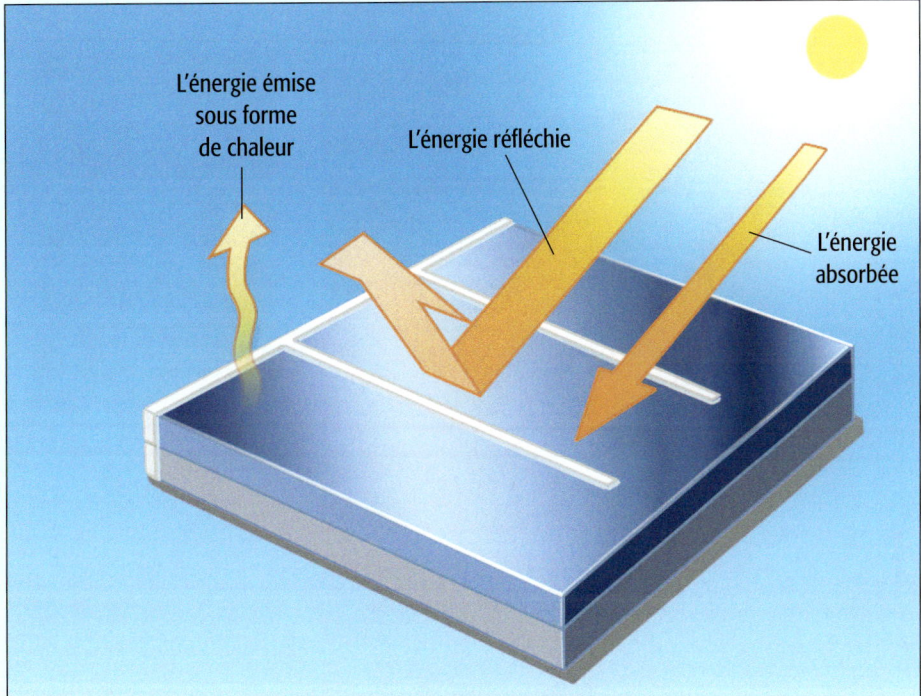

Figure 21 *Le rendement énergétique d'un panneau solaire*

Je vérifie ce que j'ai retenu

1. Que veut dire le mot « énergie » dans le domaine de la technologie ?
2. Nous avons présenté 10 formes d'énergie différentes : l'énergie potentielle, élastique, cinétique, rayonnante, électrique, magnétique, thermique, chimique, nucléaire et sonore. Pour chacune de ces formes d'énergie, donne un exemple de système technologique qui l'utilise ou qui la transforme.
3. Que signifie l'expression : « Il est impossible de créer ou de détruire de l'énergie » ?
4. Le moteur à combustion a pour fonction de transformer l'énergie chimique de l'essence en énergie cinétique capable de faire rouler une voiture. Pourquoi un tel moteur possède-t-il un système de refroidissement ?

SECTION 3
Les mouvements et les forces

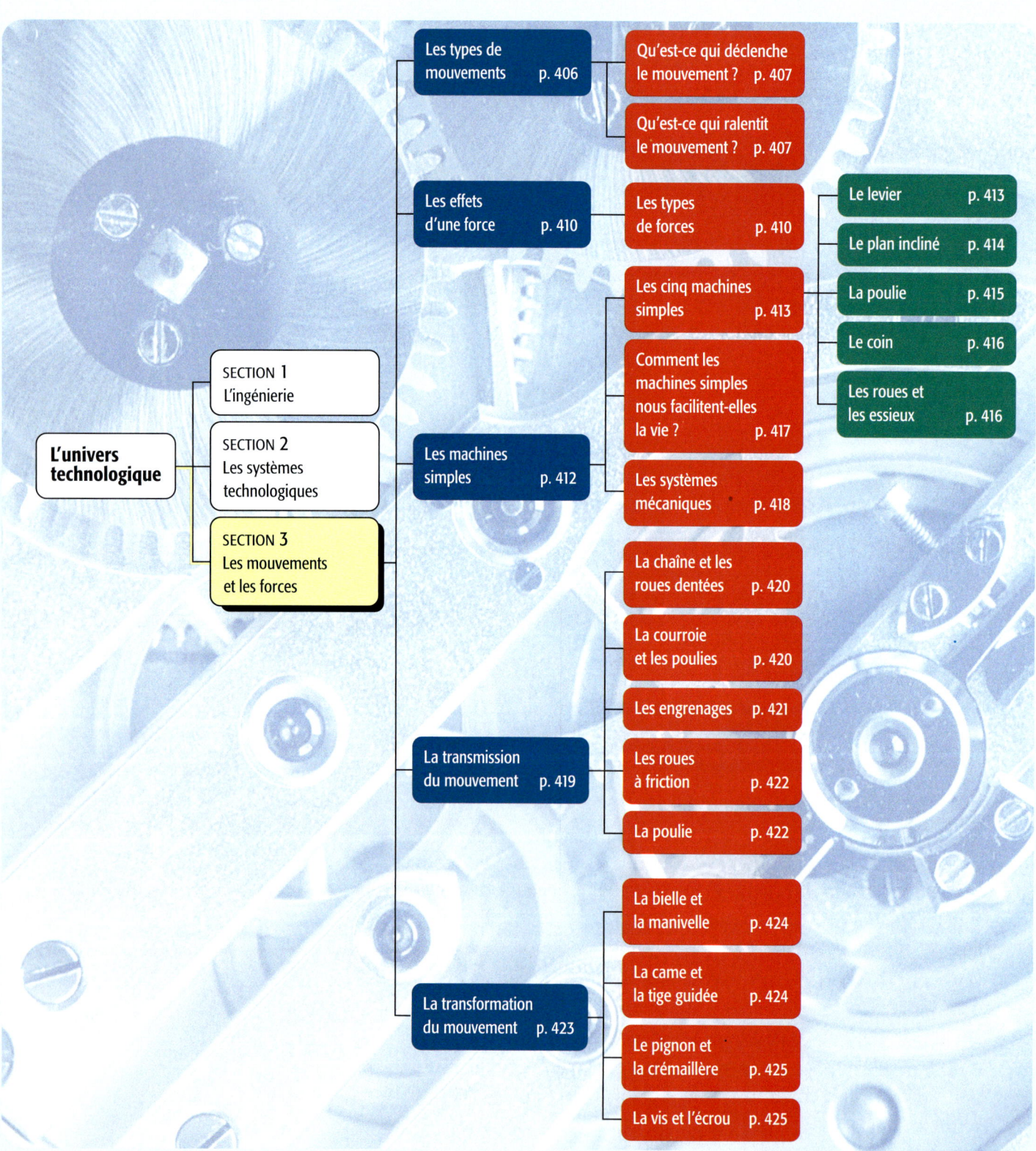

Survol

Au cours de la section précédente, nous avons commencé notre analyse des systèmes technologiques en étudiant leurs composantes, leurs fonctions et leurs mécanismes de contrôle.

Nous allons maintenant poursuivre cette étude en regardant de plus près les mouvements des systèmes mécaniques. Nous verrons que ces mouvements sont engendrés par des forces. En effet, une force peut mettre en mouvement une pièce ou modifier son mouvement. Cependant, une force mal dirigée ou trop intense peut aussi entraîner une déformation ou un bris.

Il suffit généralement de mettre en mouvement une première pièce pour obtenir le résultat recherché. En effet, un système technologique est un ensemble de machines simples capables de transmettre un mouvement d'une pièce à l'autre, de façon à s'assurer que le système accomplisse bien sa fonction. Nous verrons qu'il existe des mécanismes capables de transmettre le mouvement, et aussi des mécanismes capables de le transformer.

FLASH... FLASH... FLASH...

Dans un spectacle d'acrobates, on peut voir un système technologique en pleine action. En effet, les déplacements des trapèzes et des artistes du cirque représentent un jeu de mouvements et de forces. Imagine la force nécessaire pour transporter le corps d'un acrobate, qui passe des mains du porteur au second trapèze. Il faut plusieurs mois d'entraînement pour arriver à un équilibre des forces et des mouvements. Cet entraînement permettra aux trapézistes d'atteindre un haut niveau de perfection et ce, dans un cadre sécuritaire.

Les types de mouvements

Dans ta classe et dans la rue, il y a des personnes et des objets qui bougent et se déplacent. As-tu déjà essayé de compter le nombre de mouvements différents que tu peux observer dans une journée ? En fait, on peut ramener tous ces mouvements à seulement quatre types !

En effet, les scientifiques pensent que **tous les mouvements sont des combinaisons des quatre mouvements simples suivants** :

❶ le mouvement rectiligne ;
❷ le mouvement alternatif ;
❸ le mouvement circulaire ;
❹ le mouvement oscillatoire.

La figure 22 décrit ces mouvements simples et donne un exemple pour chacun.

❶ Un **mouvement rectiligne** décrit une ligne droite. Une planche à roulettes est un exemple de mouvement rectiligne.

❷ Un **mouvement alternatif** est un mouvement rectiligne qui s'effectue régulièrement dans un sens, puis dans l'autre. Un piston de trompette, par exemple, produit un mouvement alternatif.

❸ Un **mouvement circulaire** décrit une courbe ou un cercle. Lorsque tu fais un tour dans la grande roue d'un parc d'attractions, dans un carrousel ou dans un autre manège du même genre, tu fais l'expérience d'un mouvement circulaire.

❹ Un **mouvement oscillatoire** est un mouvement de va-et-vient autour d'un point central. Une balançoire effectue un mouvement circulaire dans un sens, puis dans l'autre.

Figure 22 *Les quatre types de mouvements simples*

Observe les êtres vivants ou les objets qui se déplacent. Tu te dis peut-être qu'ils n'effectuent pas seulement l'un des quatre types de mouvements simples. Cela est dû au fait que les mouvements peuvent se combiner. C'est le cas dans les systèmes mécaniques. Ceux-ci fonctionnent grâce aux différents mouvements de leurs parties. Ils comportent rarement un seul type de mouvement. Chaque mouvement a une fonction particulière.

Qu'est-ce qui déclenche le mouvement ?

Pour se déplacer sur son vélo, le garçon de la figure 23 doit fournir un effort. Il faut qu'il pédale. Il exerce donc une force pour avancer. **On peut dire qu'un mouvement ne peut se déclencher de lui-même. Il faut qu'une force le provoque.** Quand tu lâches un objet au-dessus du sol, il tombe. Qu'est-ce qui provoque ce mouvement ? C'est un type de force appelé **force gravitationnelle**.

Tu sais qu'on mesure les distances en mètres ou en kilomètres. Les forces, quant à elles, sont mesurées en **newtons**. On a adopté ce nom en l'honneur du savant et mathématicien Isaac Newton. Ce dernier a formulé la loi de la gravitation universelle (*voir La Terre et l'espace, à la page 355*). On peut mesurer une force à l'aide d'un appareil appelé **dynamomètre** (*voir la Boîte à outils, à la page 458*).

Force gravitationnelle
La force qui attire les objets vers le centre de la Terre. Plus la masse d'un objet est grande, plus cet objet est attiré fortement.

Qu'est-ce qui ralentit le mouvement ?

Reprenons l'exemple du garçon qui conduit sa bicyclette. Supposons qu'il donne quelques coups de pédales et qu'il cesse par la suite de pédaler. Le vélo continuera d'avancer pendant un certain temps, puis il s'immobilisera. Pourquoi le vélo s'arrête-t-il ? À cause du **frottement** de l'air, des pièces en mouvement de la bicyclette et du contact entre les pneus et le sol. En effet, l'asphalte de la rue entre en contact avec le caoutchouc des pneus, et ce frottement ralentit la bicyclette. Le frottement est donc une force qui s'oppose au mouvement (*voir la figure 23*).

Frottement
La force qui ralentit le mouvement de deux corps en contact.

Figure 23 *La force de frottement (flèche jaune) fait ralentir les roues de la bicyclette.*

SECTION 3
Les mouvements et les forces

Le type de sol est un facteur important dans le mouvement d'une bicyclette. En effet, les caractéristiques du sol ont un effet sur le frottement. As-tu déjà essayé de rouler en vélo sur l'herbe ou sur le sable ? Il est beaucoup plus difficile de pédaler sur ces surfaces que sur de l'asphalte. C'est parce que la force de frottement est plus grande. Il faut donc appliquer une force plus grande pour combattre cette force de frottement (voir la figure 24).

Figure 24 *La force de frottement (flèche jaune) que subit un vélo est beaucoup plus grande dans l'herbe que sur l'asphalte.*

Imagine une voiture qui file sur la route. Le contact entre les pneus et la chaussée cause du frottement et ralentit la voiture. Mais la résistance de l'air cause également du frottement. Plus la voiture a une forme carrée, plus la résistance que cause l'air est grande (voir la figure 25). C'est pourquoi il y a des personnes qui travaillent à donner un **profil aérodynamique** aux voitures. Ces dernières offrent ainsi moins de résistance à l'air.

Profil aérodynamique
Une forme conçue pour offrir le moins de résistance possible à l'air. On essaie de donner ce genre de profil aux voitures et aux avions.

Figure 25 *Un autobus subit une plus grande résistance de l'air qu'une voiture au profil aérodynamique.*

Le frottement n'est pas toujours nuisible ! Les vélos et les automobiles se servent du frottement pour freiner. Par exemple, lorsque tu actionnes les manettes de frein d'un vélo, les patins de frein (pièces de caoutchouc) viennent s'appuyer sur la roue et font ralentir le vélo par frottement. La figure 26 montre le mécanisme de freinage d'un vélo.

Figure 26 *C'est le frottement qui permet au vélo de s'arrêter.*

HISTOIRE SCIENTIFIQUE

L'aéroglisseur est un bateau dont le fond plat est muni d'un coussin d'air. Il a été conçu pour réduire le frottement de l'eau sur la coque et, par conséquent, pour se déplacer plus rapidement. Le bateau à coque s'enfonce dans l'eau et doit lutter contre la force de frottement de l'eau. De ce fait, son moteur consomme une grande quantité d'énergie. C'est en 1953 qu'un ingénieur anglais, **Christopher Cockerell** (1910-1999), invente un système de coussin d'air pour remplacer les coques rigides. En 1959, après de nombreux essais, Cockerell construit le premier aéroglisseur, qu'il avait appelé *hovercraft*.

Je vérifie ce que j'ai retenu

1. Nomme les quatre types de mouvements simples. Donne un exemple pour chacun.
2. Que faut-il faire pour déclencher un mouvement ?
3. *a)* Quelle est l'unité de mesure des forces ?
   b) Quel instrument permet de mesurer une force ?
4. Imagine que tu pousses une petite voiture sur le sol. Même si ta poussée est très forte, la voiture finira toujours par s'immobiliser. Explique pourquoi.
5. Pourquoi est-il plus difficile de pédaler à vélo sur de l'herbe que sur de l'asphalte ?
6. *a)* Explique comment la forme d'un oiseau l'aide à voler dans les airs.
   b) Explique comment la forme d'un poisson l'aide à nager dans l'eau.
   c) Explique comment la forme d'un ver de terre l'aide à se déplacer dans la terre.
7. Lorsqu'une navette spatiale atterrit, elle déploie une série de parachutes. Explique comment les parachutes aident la navette à freiner.

Les effets d'une force

Une force est une action mécanique qui peut mettre un objet en mouvement. Une force peut aussi modifier la vitesse ou la trajectoire d'un objet déjà en mouvement. De plus, une force peut déformer un objet.

Les types de forces

Lorsqu'on exerce une force sur un objet, on peut le mettre en mouvement ou modifier son mouvement. On peut aussi le déformer ou le briser. Par exemple, la force de frottement exercée par l'asphalte sur les pneus d'une voiture est une force de cisaillement, car le mouvement de la voiture et la force de frottement s'exercent en sens inverse l'un de l'autre. Par contre, la force de frottement exercée par la résistance de l'air est une force de compression : si la carrosserie et le pare-brise étaient moins résistants, ils auraient tendance à s'écraser. Le tableau 6 décrit les différents types de forces qu'on peut exercer sur les objets.

Tableau 6 *Les types de forces les plus courantes*

Type de force	Description	Schéma	Exemple
Force de flexion	En gymnastique, lorsque l'athlète appuie ou tire sur la barre, son poids applique une force de flexion. La barre a tendance à plier sous l'effet de cette force.		
Force de tension	Lorsqu'on tire dans une direction pour déplacer un objet, il s'agit d'une tension. Par exemple, une personne qui tire sur une corde exerce une tension sur cette corde.		
Force de compression	La compression est le contraire de la tension. C'est une force qu'on applique pour comprimer un objet. Par exemple, quand tu écrases une éponge, tu exerces une force de compression.		

Tableau 6 *Les types de forces les plus courantes (suite)*

Type de force	Description	Schéma	Exemple
Force de torsion	Lorsque tu visses ou dévisses un couvercle, tu appliques une force de torsion. Les deux objets, soit le couvercle et le pot, tournent dans le sens contraire.		
Force de cisaillement	Si on tire sur chaque extrémité d'une plaque de métal dans des directions opposées, celle-ci aura tendance à se briser. Elle se cisaillera ou se déchirera.		

Je vérifie ce que j'ai retenu

1. Nomme les cinq types de forces les plus courantes. Donne un exemple pour chaque type.
2. Quel est le type de force en jeu dans les situations suivantes ?
   a) Je prends un mouchoir dans une boîte de papiers-mouchoirs.
   b) Je m'assois sur une chaise.
   c) J'essore une serviette mouillée.
   d) Je déchire une feuille de papier.
   e) J'appuie sur une touche de ma calculatrice.

Les machines simples

Figure 27 *Une machine simple*

Les machines simples se retrouvent dans plusieurs objets qui font partie de ton quotidien. Elles permettent de soulever des objets ou de faciliter leur déplacement. La figure 28 présente les cinq types de machines simples :

① Le levier
② Le plan incliné
③ La poulie
④ Le coin
⑤ Les roues et les essieux

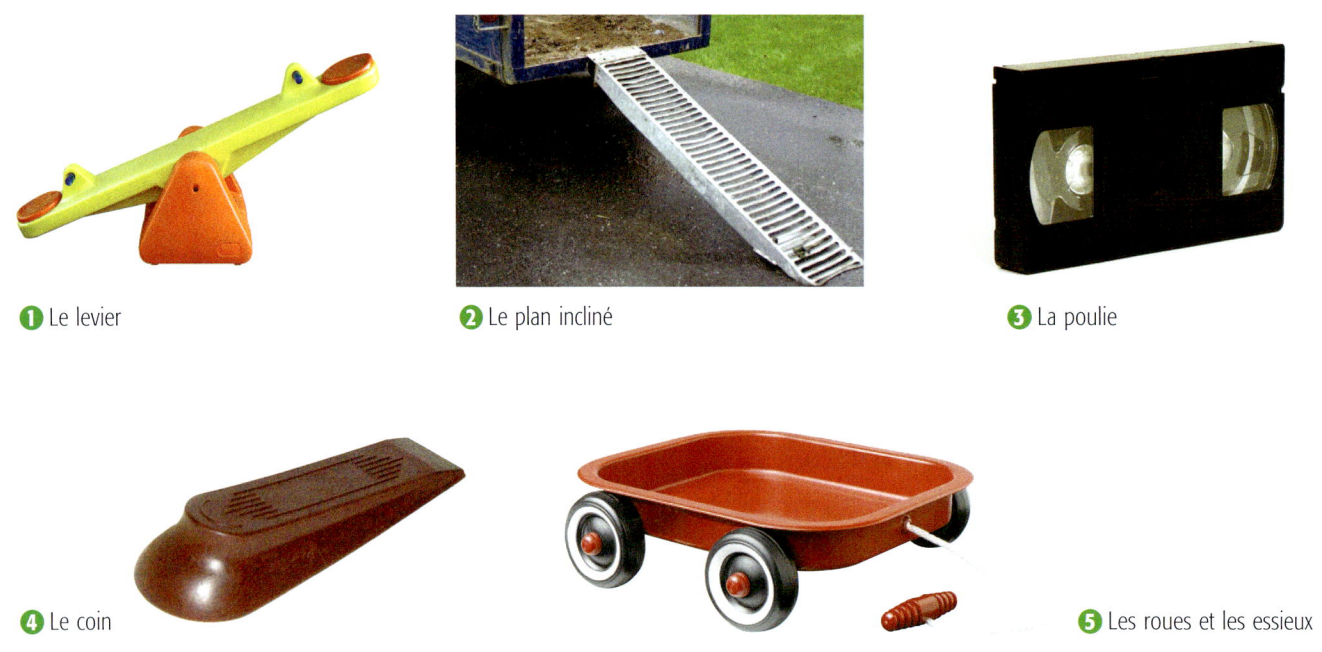

① Le levier   ② Le plan incliné   ③ La poulie

④ Le coin   ⑤ Les roues et les essieux

Figure 28 *Ces cinq types de machines simples peuvent nous aider à soulever ou à transporter des charges.*

Les cinq machines simples

Les machines simples exercent trois fonctions principales :
① elles transmettent des forces ;
② elles changent la direction d'une force ;
③ elles modifient l'intensité (la grandeur) d'une force.

Le levier

① Un ouvre-bouteille   ② Un marteau   ③ Un tournevis

Figure 29 *Ces trois objets peuvent servir de levier.*

Plusieurs objets fonctionnent sur le principe du levier (*voir la figure 29*). Dans un levier, une tige mobile repose sur un point d'appui qu'on appelle **pivot** (*voir la figure 30*). À une extrémité de la tige mobile se trouve la **charge**. C'est ce qu'il faut soulever ou déplacer. On applique une force à l'autre extrémité de la tige mobile. Un levier possède donc trois composantes : le pivot, la charge et la force. La partie de la tige située entre le pivot et la force est le **bras de levier**. La partie de la tige comprise entre le pivot et la charge se nomme le **bras de charge**.

> **HISTOIRE SCIENTIFIQUE**
>
> **Archimède** (287-212 av. J.-C.) était un savant et mathématicien grec. Il a étudié les forces et leur utilisation dans les machines simples, comme la poulie et le levier. On lui prête souvent cette phrase célèbre : « Donnez-moi un levier et je soulèverai le monde. » En utilisant le principe du levier, il a conçu la catapulte. Cette machine de guerre permet de lancer d'énormes roches sur des cibles choisies.

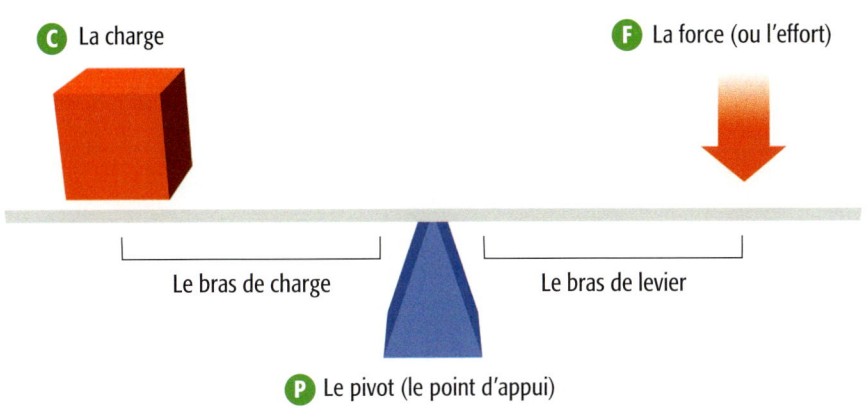

Figure 30 *Le schéma d'un levier*

Il existe d'autres types de leviers que celui de la figure 30. En effet, on peut changer la position d'une des composantes du levier. En déplaçant le pivot, la charge ou la force, on obtient trois types de leviers (*voir la figure 31, à la page suivante*).

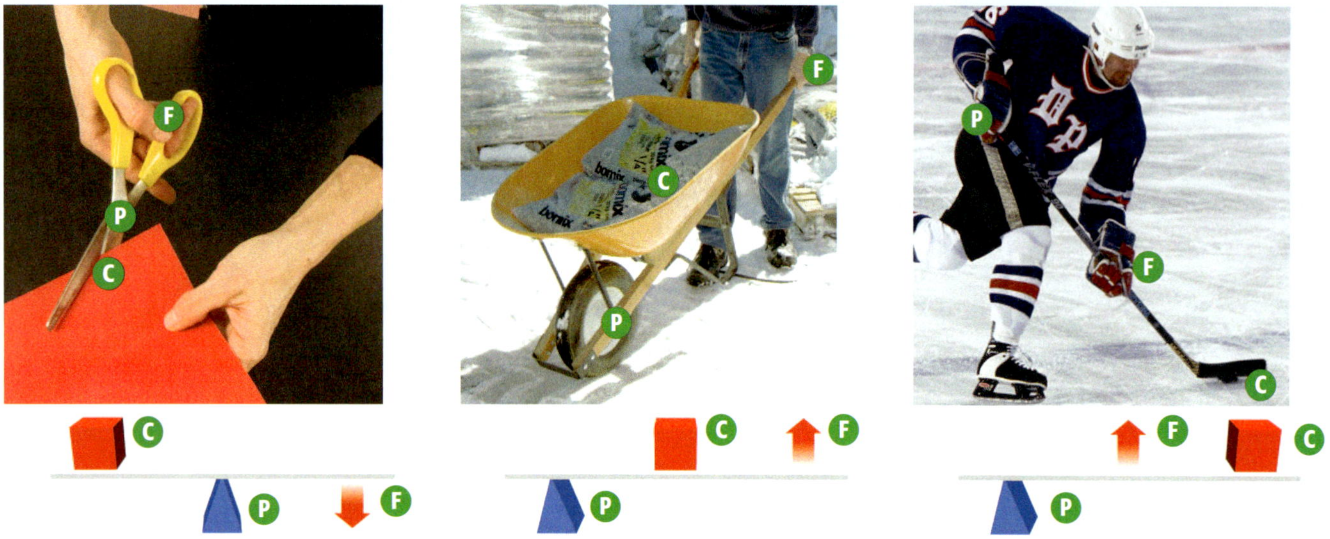

▲ **Le levier inter-appui.** Dans ce type de levier, le pivot se situe entre la force et la charge. Une paire de ciseaux en est un exemple. On utilise un levier inter-appui dans les travaux qui demandent de la force ou de la précision.

▲ **Le levier inter-résistant.** Ce type de levier exerce toujours une force plus grande sur la charge que la force fournie. La charge se situe entre la force et le pivot. Une brouette est un exemple de ce type de levier.

▲ **Le levier inter-moteur.** La force s'exerce entre le pivot et la charge. Avec ce type de levier, on doit exercer sur le levier une force plus grande que celle que le levier exerce sur la charge. Cependant, on peut déplacer la charge très rapidement. C'est exactement ce que fait une joueuse ou un joueur de hockey qui frappe une rondelle.

C La charge   **F** La force   **P** Le pivot

Figure 31 *Trois types de leviers*

Le plan incliné

Le plan incliné possède une pente. Cette pente réduit la force que l'on doit exercer pour soulever une charge ou un objet. En fait, le plan incliné permet d'exercer la force dans une direction différente. Au lieu de soulever l'objet, on le pousse. Cela requiert moins de force. C'est la même chose lorsqu'on monte une côte. Quand la pente est faible, elle est plus facile à monter. Par contre, la distance à parcourir pour s'élever à une hauteur donnée est plus grande. Quand la pente est abrupte, il faut déployer plus de force pour monter, mais la distance à parcourir pour atteindre la même hauteur est plus courte (*voir la figure 32*).

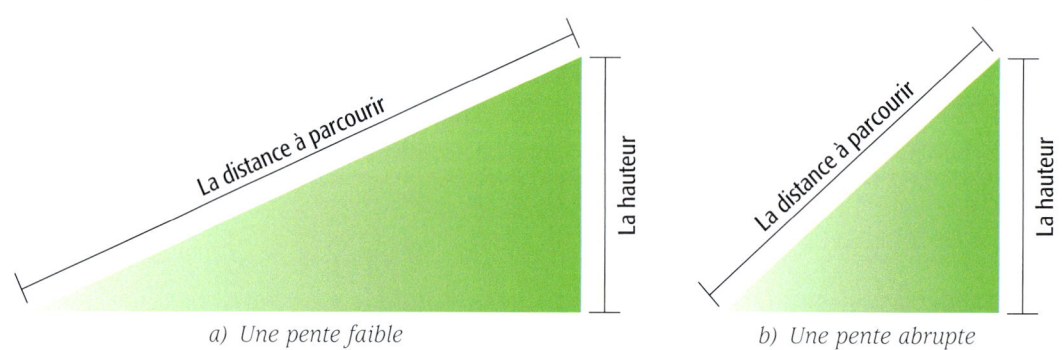

a) Une pente faible   *b) Une pente abrupte*

Figure 32 *La valeur de la pente influe sur la distance à parcourir pour atteindre une hauteur donnée.*

La poulie

La poulie est une autre machine simple qui nous aide à soulever des charges. Une poulie est composée d'une roue munie d'une corde ou d'une chaîne. La corde ou la chaîne s'insère dans la **gorge** de la roue. Il existe deux types de poulies : la poulie fixe et la poulie mobile (aussi appelée poulie folle) [*voir la figure 33*].

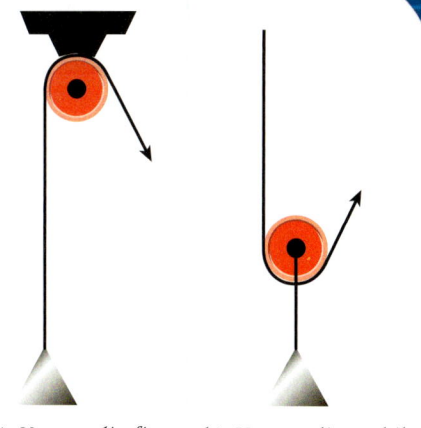

a) Une poulie fixe   b) Une poulie mobile

Figure 33 *Les deux types de poulies*

La poulie fixe ne diminue pas la force nécessaire pour effectuer un travail. Elle permet seulement de changer la direction de cette force. Par exemple, lorsque tu tires le cordon d'un store vénitien vers le bas, le store remonte. Seule la direction de la force change. La force exercée par ton bras est égale à la force appliquée sur le store (*voir la figure 34*).

Figure 34 *Un store vénitien est muni d'une poulie fixe.*

Gorge (d'une poulie)
La partie creuse et étroite de la poulie dans laquelle passe la corde ou la chaîne.

Pour diminuer la force nécessaire pour effectuer un travail, on utilise une poulie mobile. Une extrémité de la corde est fixée au plafond. La charge est reliée directement à la poulie. La charge et la poulie suivent donc le même mouvement. La force est exercée vers le haut, soit dans la même direction que la charge et la poulie. Cependant, cette force équivaut à la moitié de la force qu'il aurait fallu exercer sans la poulie. Cela s'explique par le fait que la corde fixée au plafond supporte la moitié de la charge.

Il est possible de combiner plusieurs poulies mobiles. Ainsi, on diminue encore plus la force nécessaire pour déplacer une charge. On peut aussi combiner une poulie fixe et une poulie mobile. Ce système s'appelle **palan**. Il offre les avantages des deux types de poulies : la force est exercée vers le bas, et elle n'est que la moitié de celle qui serait nécessaire sans les deux poulies (*voir la figure 35*). Les pompes qu'on emploie pour remonter le pétrole à la surface sont munies de palans (*voir la figure 36*).

Figure 35 *Un palan est un système qui combine les poulies fixes et les poulies mobiles.*

Figure 36 *Cette pompe à pétrole comprend plusieurs poulies et un levier. Ces machines élèvent et abaissent les soupapes des pompes afin de faire monter le pétrole à la surface.*

HISTOIRE SCIENTIFIQUE

L'invention de la roue, comme celle de l'écriture, du travail des métaux, de l'agriculture et de l'élevage, représente une innovation majeure dans l'histoire de l'humanité. La première roue aurait fait son apparition en Mésopotamie au cours du 4e millénaire av. J.-C. Ce sont des potiers qui, les premiers, auraient conçu une roue pour faciliter la production d'objets en argile. À cette époque, les humains se déplaçaient principalement à pied et, plus rarement, sur des radeaux ou des pirogues. Des gens ont donc eu l'idée d'adapter la roue à des chariots rudimentaires. Cette nouvelle utilisation de la roue révolutionna le transport des gens et des marchandises. Aujourd'hui encore, la roue joue un rôle important dans la plupart des moyens de transport. Son rôle est également primordial dans la conception de nombreuses machines simples, tels la poulie, le treuil, la grue et l'engrenage.

Essieu
Une longue tige dont les extrémités entrent dans une ou plusieurs roues.

Le coin

Le coin est en général un prisme triangulaire. On l'utilise pour exercer une force sur un objet. Par exemple, le coin peut être utile pour décoller deux pièces l'une de l'autre. Pour cela, on insère la partie la plus fine du coin entre les deux pièces. On peut ensuite exercer une force pour séparer les pièces. La hache est un exemple de coin (*voir la figure 37*).

Les coins peuvent aider à saisir des objets qu'on doit soulever. En glissant un coin sous un objet, on libère un espace pour placer ses doigts. Plus le coin est long et plus sa pente est faible, moins il est nécessaire de déployer de force. Cependant, il faut pousser le coin sur une plus grande distance.

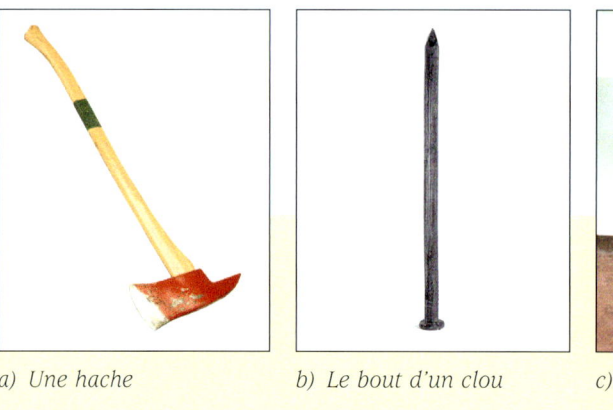

a) Une hache   b) Le bout d'un clou   c) Un coin pour soulever un meuble

Figure 37 *Quelques exemples de coins*

Les roues et les essieux

La machine simple composée de roues et d'**essieux** est très utilisée dans la vie de tous les jours. Par exemple, tu peux traîner une boîte directement sur le sol. Mais ce sera beaucoup plus facile si tu la mets dans un chariot et si tu pousses celui-ci. Les roues d'une bicyclette ou d'une automobile, les treuils et les moulins à vent sont des exemples de machines utilisant le principe de la roue et de l'essieu (*voir la figure 38*).

Figure 38 *Le treuil est une application de machine simple composée de roues et d'essieux.*

Comment les machines simples nous facilitent-elles la vie ?

Grâce aux machines simples, on a besoin de moins de force pour effectuer un travail. Pour mieux comprendre, examinons plus en détail le concept de travail. Dans le domaine de la science et de la technologie, le mot « travail » a un sens particulier. **Le travail est le résultat qu'on obtient lorsqu'on exerce une force sur un objet et qu'on le déplace sur une certaine distance.** Supposons que ton sac à dos se trouve par terre. Si tu le prends et que tu le déposes sur ton bureau, on peut dire que tu as effectué un travail sur ton sac. Tu as tiré ton sac vers le haut, et le sac s'est déplacé vers le haut. C'est la même chose pour les machines simples dont on a parlé jusqu'à présent. Elles peuvent aussi accomplir un travail.

Figure 39 *Des leviers sont utilisés pour déplacer un arbre.*

La figure 39 donne un exemple de travail fait par un levier. Chaque homme effectue un travail puisqu'il applique une force sur le levier. L'énergie des hommes est transférée à l'arbre. Le levier se déplace dans la direction de cette force. Le levier fait aussi un travail. Il applique une force sur la charge et la déplace vers le haut. Ainsi, les objets et les machines, comme les gens, peuvent effectuer du travail.

> La définition du travail en science et technologie est la suivante :
>
> **travail = force appliquée × distance**

Rappelle-toi que le travail est le résultat que l'on obtient. En effet, le travail est toujours le même, qu'on utilise ou non une machine simple. Par exemple, tu peux soulever une charge d'une hauteur de deux mètres en la portant dans tes bras. Dans ce cas, tes bras fournissent la totalité de la force nécessaire. Mais tu peux aussi déplacer cette charge à l'aide d'un plan incliné. Cette fois, la force exercée par tes bras est plus faible, mais la distance à parcourir est plus grande. Dans les deux cas, le résultat est le même. Le travail est donc le même.

Reprenons l'exemple de la poulie. La figure 33, à la page 415, montre une poulie fixe et une poulie mobile. Chaque poulie mobile diminue de moitié la force nécessaire pour soulever une charge. Voyons ce qui se passe à l'aide d'un exemple. On désire soulever une charge. Avec une poulie mobile, la force exercée pour soulever cette charge est de trois newtons au lieu de six newtons. Par contre, pour soulever la charge, il faut tirer la corde sur quatre mètres au lieu de deux mètres. La force multipliée par la distance (dans un cas 3 N x 4 m et, dans l'autre cas, 6 N x 2 m) donne bel et bien la même quantité de travail, soit 12 joules.

Les systèmes mécaniques : des machines simples combinées

On peut combiner deux ou plusieurs machines simples. On obtient alors un **système mécanique**. Les systèmes mécaniques effectuent un travail, comme les machines simples. Ils permettent souvent d'obtenir un **gain mécanique** encore plus grand. Autrement dit, ils peuvent déplacer des charges encore plus facilement qu'une seule machine simple. La figure 40 montre un exemple de système mécanique.

Gain mécanique
Le rapport entre la force requise pour déplacer une charge sans aide et la force nécessaire pour la déplacer à l'aide d'une machine simple ou d'un système mécanique.

Figure 40 *Ce manège constitue un système mécanique. Il est formé de plusieurs machines simples combinées.*

Je vérifie ce que j'ai retenu

1. Nomme les cinq machines simples. Donne un exemple pour chacune.

2. Archimède est un savant grec qui a vécu au 3e siècle avant Jésus-Christ. Il aurait dit un jour : « Donnez-moi un point fixe et un levier et je soulèverai le monde. » D'après toi, que voulait-il dire par là ?

3. Retourne voir la figure 27, à la page 412. Quelle machine simple est utilisée pour puiser de l'eau ?

4. *a)* Décris ce qu'est un palan.
   b) Quelle est l'utilité d'un palan ?

5. Comment définit-on le mot « travail » en science et technologie ?

6. Comment une machine simple peut-elle diminuer la force nécessaire pour accomplir un travail ? Réponds à l'aide d'un exemple.

7. *a)* Qu'est-ce qu'un système mécanique ?
   b) Qu'est-ce qu'un gain mécanique ?

La transmission du mouvement

On peut combiner les machines simples pour former des systèmes mécaniques. **Ces systèmes servent à transmettre un mouvement d'un objet à un autre grâce à différents mécanismes** (*voir la figure 41*). Ces mécanismes transmettent les quatre types de mouvements : rectiligne, alternatif, circulaire et oscillatoire (*voir la figure 22, à la page 406*).

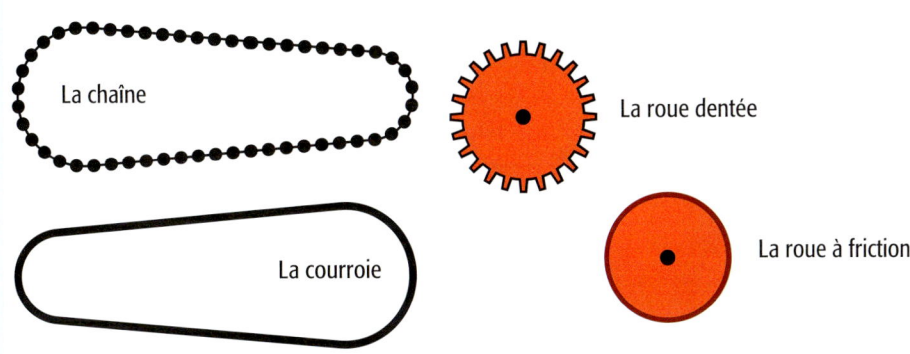

Figure 41 *Il existe diverses façons d'assembler ces objets pour obtenir des mécanismes de transmission du mouvement.*

Parmi les différents **mécanismes de transmission du mouvement**, en voici cinq très répandus :

❶ La chaîne et les roues dentées

❷ La courroie et les poulies

❸ Les engrenages

❹ Les roues à friction

❺ La poulie

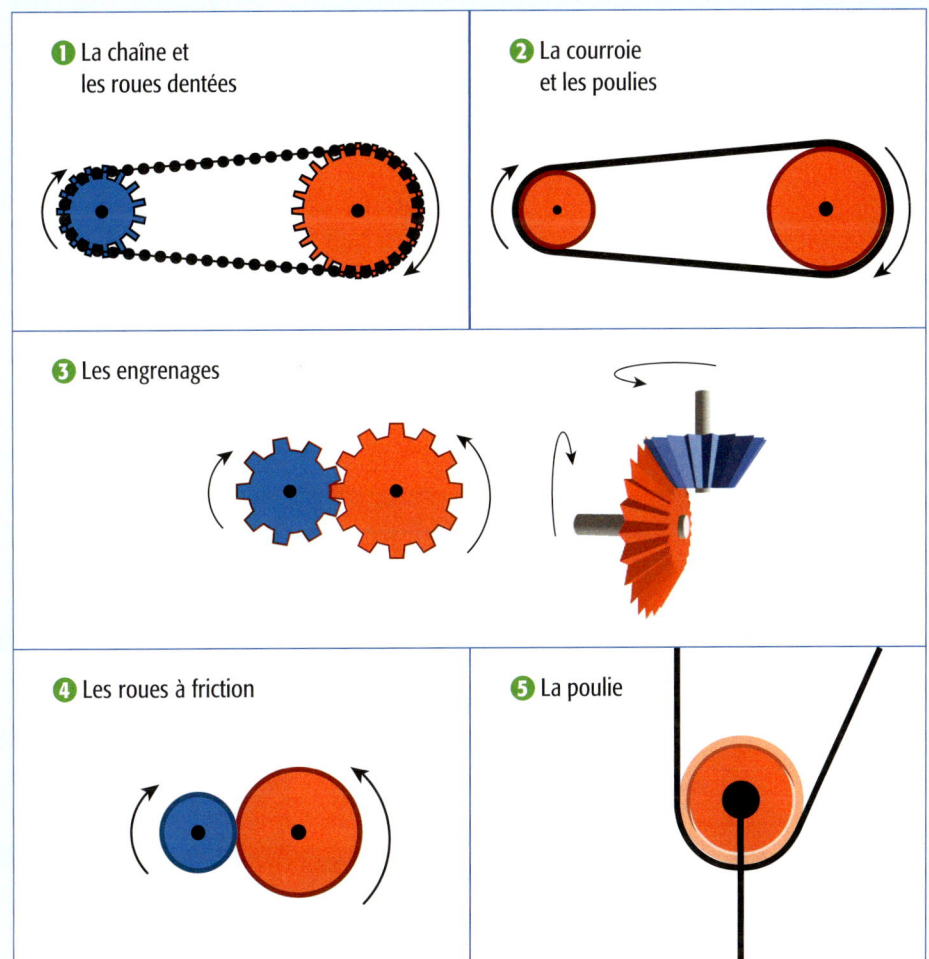

SECTION 3
Les mouvements et les forces 419

La chaîne et les roues dentées

Lorsque tu roules à vélo, tu pousses sur les pédales. Tu exerces en fait une force sur un levier : ce levier, c'est le pédalier. Celui-ci fait le lien entre les plateaux (les roues dentées à l'avant) et les pédales. Une chaîne transmet cette force à la roue arrière, grâce à une autre roue dentée, appelée pignon (voir la figure 42). Si ton vélo possède plusieurs pignons sur la roue arrière, tu peux changer de vitesse. Lorsque tu changes de vitesse, le dérailleur arrière déplace la chaîne sur un pignon différent. À chaque vitesse correspond une combinaison différente entre la chaîne, un plateau et un pignon. Cela explique pourquoi il est plus ou moins facile de pédaler.

Figure 42 *Par l'intermédiaire de la chaîne, la force de tes jambes est transmise à la roue arrière.*

La courroie et les poulies

La courroie fonctionne selon le même principe que la chaîne. Mais, au lieu de s'appuyer sur une roue dentée, la courroie s'insère dans la gorge d'une poulie. Le mouvement est transmis d'une poulie à l'autre de la même façon. Lorsqu'on fait tourner une poulie, la courroie suit ce mouvement et entraîne avec elle la seconde poulie. Cette dernière se met à tourner dans le même sens que la première poulie (voir la figure 43).

Figure 43 *Une corde à linge fonctionne grâce au mécanisme de la courroie et des poulies.*

Les engrenages

On utilise également les roues dentées dans un autre mécanisme de transmission du mouvement bien connu : l'engrenage. L'engrenage est composé d'au moins deux roues dentées qui tournent en s'appuyant l'une sur l'autre. Les deux roues d'un engrenage tournent en sens inverse l'une de l'autre.

Dans un engrenage, les roues ne sont pas nécessairement toutes de la même taille. Lorsque les roues sont de tailles différentes, la petite roue tourne plus rapidement que la grande. La petite roue peut donc effectuer plusieurs tours pendant que la grande en fait un seul.

Figure 44 *La transmission du mouvement dans le mécanisme d'engrenage d'une horloge*

Une horloge est un mécanisme comprenant des engrenages munis de roues dentées de différentes tailles (*voir la figure 44*). Les roues dentées servent à déplacer les aiguilles de façon qu'elles donnent toujours l'heure précise. En fait, ce mécanisme garantit que l'aiguille des minutes fait 60 tours pendant que l'aiguille des heures en fait un seul.

Il existe des systèmes d'engrenages avec des roues droites, comme dans la figure 44. La figure 45 montre des engrenages composés de roues coniques. Ce type d'engrenage permet de transmettre un mouvement de rotation dans un autre plan. Le mouvement subit alors un virage à angle droit.

Figure 45 *La chignole : un engrenage muni de roues coniques. La chignole sert à percer des trous.*

Les roues à friction

Les roues à friction ressemblent à des engrenages. La différence, c'est qu'elles n'ont pas de dents. Comme ces roues se touchent, le mouvement circulaire de l'une entraîne l'autre par frottement. Comme les roues dentées, les roues à friction tournent en sens inverse l'une de l'autre (voir la figure 46).

La poulie

La poulie est un mécanisme qui permet de transmettre des mouvements rectilignes. C'est une machine simple que nous avons vue précédemment (voir la page 415). Si l'on tire sur la corde de la poulie de façon rectiligne, la charge s'élève également en suivant une trajectoire rectiligne. Les dispositifs de levage tels que les grues fonctionnent de cette façon (voir la figure 47).

Figure 46 *Une presse à imprimer utilise plusieurs rouleaux qui fonctionnent comme des roues à friction.*

Figure 47 *Une grue déplace des objets lourds selon une trajectoire rectiligne.*

Je vérifie ce que j'ai retenu

1. a) Quel type de mouvement une roue dentée transmet-elle ?
   b) Quel type de mouvement une poulie transmet-elle ?
2. Nomme le mécanisme de transmission du mouvement qui :
   a) utilise deux roues dentées qui tournent dans le même sens ;
   b) transmet un mouvement de rotation dans un autre plan ;
   c) fait fonctionner une corde à linge ;
   d) utilise deux roues dentées tournant en sens inverse ;
   e) change la direction d'une force.

La transformation du mouvement

Nous avons expliqué au début de cette section qu'il existe quatre types de mouvements : rectiligne, alternatif, circulaire et oscillatoire (*voir la page 406*). Certains mécanismes permettent de passer d'un type de mouvement à un autre. Ces mécanismes transforment le mouvement.

Parmi les différents **mécanismes de transformation du mouvement**, en voici quatre couramment utilisés :

❶ La bielle et la manivelle

❷ La came et la tige guidée

❸ Le pignon et la crémaillère

❹ La vis et l'écrou

La bielle et la manivelle

La bielle et la manivelle transforment le mouvement circulaire en mouvement alternatif.

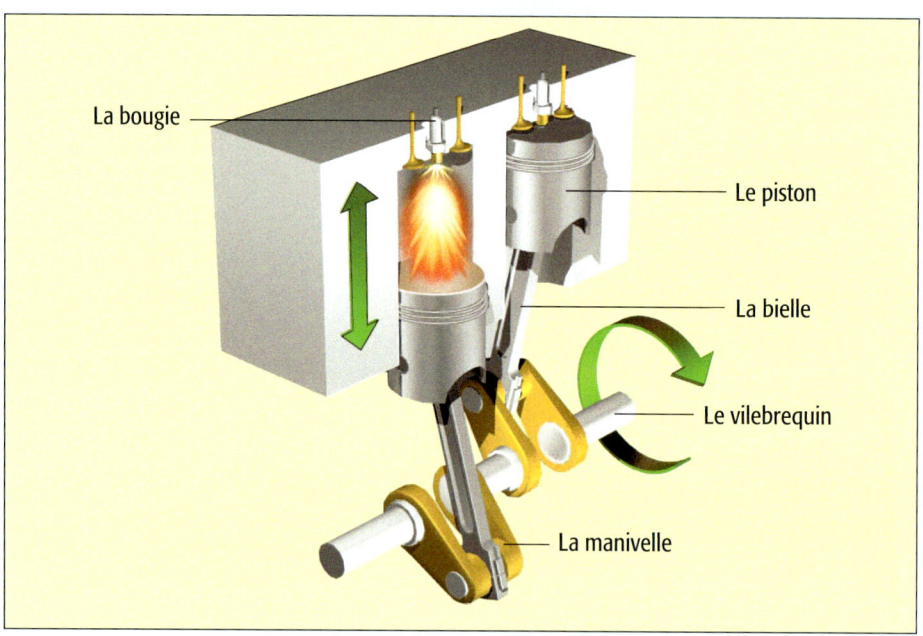

Figure 48 *Les composantes d'un moteur à combustion*

Dans un moteur à combustion, un piston comprime un mélange d'air et d'essence dans un cylindre. Ensuite, une bougie produit une étincelle qui provoque l'explosion de ce mélange. L'explosion repousse le piston, ce qui fait bouger la bielle vers le bas. Le mouvement consécutif de la manivelle va faire tourner le villebrequin, qui entraînera à son tour l'autre bielle vers le haut. Cela va comprimer l'air et l'essence introduits dans l'autre cylindre, où une étincelle provoquera une explosion.

La came et la tige guidée

La came et la tige guidée permettent de transformer un mouvement circulaire en mouvement alternatif. Une came est une roue qui n'est pas tout à fait circulaire. Elle a plutôt la forme d'un œuf. La tige guidée est une tige qui s'appuie sur la came. La tige glisse sur la came qui tourne. Quand la tige se trouve sur la partie renflée de la came, elle s'éloigne. Elle se rapproche de nouveau quand elle glisse sur le reste de la came. La tige a donc un mouvement alternatif. On utilise par exemple ce mécanisme dans les moteurs des voitures et dans les machines à vapeur. La figure 49 illustre un système composé d'une came et d'une tige guidée.

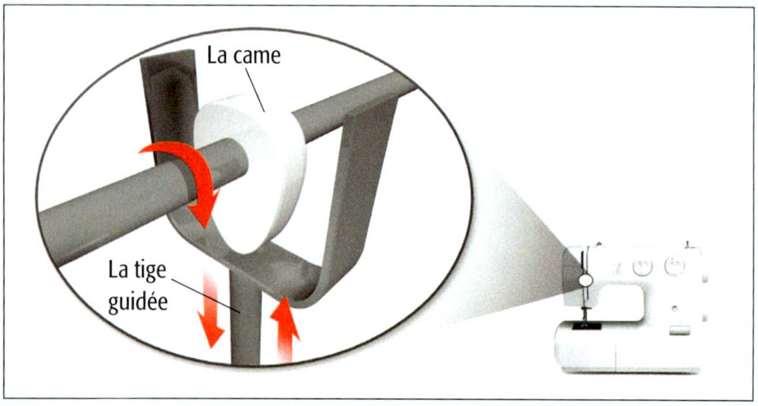

Figure 49 *Dans une machine à coudre, une came et une tige guidée permettent à l'aiguille de décrire un mouvement de haut en bas.*

Le pignon et la crémaillère

On utilise fréquemment le pignon et la crémaillère pour transformer le mouvement. Ce mécanisme change le mouvement circulaire en mouvement rectiligne. Il est composé d'une roue dentée (le pignon) qui tourne sur une barre dentée (la crémaillère). La figure 50 donne un exemple de ce mécanisme.

On emploie une crémaillère dans le système de direction des automobiles. Observe la figure 51. Le pignon est fixé à une tige. Comme cette tige est reliée au volant, le pignon effectue les mêmes mouvements circulaires que le volant. Les dents de la roue du pignon entrent dans les espaces qui séparent les dents de la crémaillère. Quand le pignon tourne, la barre dentée se déplace vers la gauche ou vers la droite. Elle transmet ainsi son mouvement à l'essieu, ce qui change la direction des roues avant de la voiture.

Figure 50 *Ce tire-bouchon à leviers est un système comprenant deux pignons et une crémaillère.*

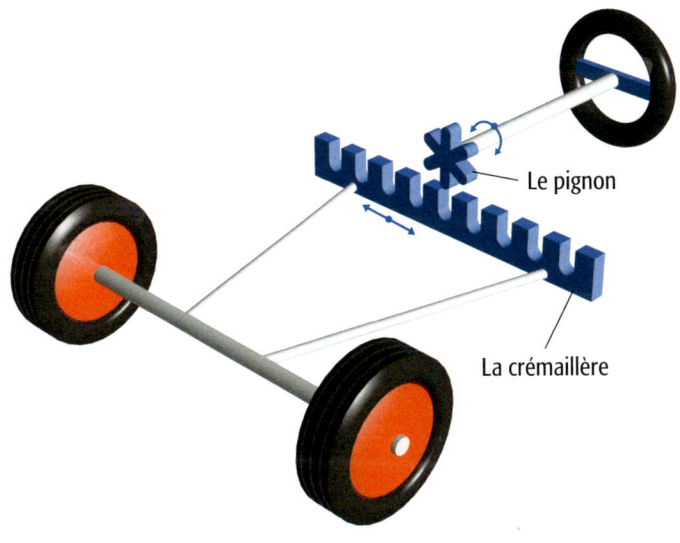

Figure 51 *La crémaillère d'une automobile*

La vis et l'écrou

Le mécanisme de la vis et de l'écrou transforme le mouvement circulaire en mouvement rectiligne. Lorsque la vis (ou le boulon) tourne, l'écrou se déplace le long de la vis dans un sens ou dans l'autre (*voir la figure 52*).

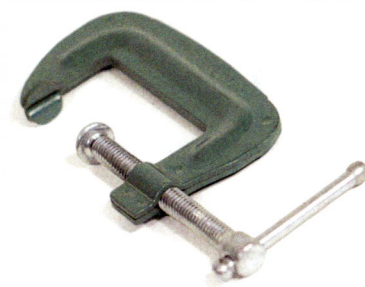

Figure 52 *La serre en C fonctionne avec le système de la vis et de l'écrou. Ce mécanisme peut exercer une grande force.*

Je vérifie ce que j'ai retenu

1. Nomme le mécanisme de transformation du mouvement qui :
   a) est composé d'une roue dentée et d'une barre dentée ;
   b) possède une roue qui a la forme d'un œuf.

2. Pour chaque exemple, indique s'il s'agit d'un mécanisme de transmission du mouvement ou d'un mécanisme de transformation du mouvement.
   a) Une cassette vidéo
   b) Un tire-bouchon à leviers
   c) Une corde à linge
   d) Un étau

La boîte à outils

OUTIL 1 — **Comment travailler en toute sécurité** 428
    Consignes de sécurité générales 428
    Consignes de sécurité au laboratoire 428
    Consignes de sécurité en matière d'électricité 429

OUTIL 2 — **Comment appliquer la démarche expérimentale** 430
    La démarche scientifique et la résolution de problèmes 430
    La démarche expérimentale 430

OUTIL 3 — **Comment appliquer la démarche technologique** 433
    La conception d'objets techniques 433
    L'analyse d'objets techniques 434

OUTIL 4 — **Comment mener une recherche documentaire** 436
    La recherche documentaire 436
    La recherche dans Internet 437

OUTIL 5 — **Comment communiquer efficacement** 438
    La communication orale 438
    La communication à l'aide de supports visuels 439

OUTIL 6 — **Comment présenter des résultats scientifiques** 440
    Le tableau 440
    Le plan cartésien 441
    Le diagramme à bandes 442
    L'histogramme 443
    Le diagramme linéaire 444
    Le diagramme circulaire 445

OUTIL 7	**Comment tracer des schémas** 446
	Les symboles graphiques en technologie 448
	Les instruments de géométrie 449

OUTIL 8	**Comment concevoir un modèle** 450

OUTIL 9	**Comment représenter un objet à échelle réduite** 451

OUTIL 10	**Comment utiliser les instruments d'observation** 452
	La loupe 452
	Le microscope optique 453
	Le binoculaire 455

OUTIL 11	**Comment se servir des instruments de mesure** 457
	La balance 457
	Le dynamomètre 458
	Le cylindre gradué 459
	Le thermomètre 460

OUTIL 12	**Comment utiliser des instruments de technologie** ... 461
	La scie à dos et la boîte à onglets 461
	La chignole 461
	La perceuse 462
	La riveteuse 462
	La clé à molette 463
	Le pistolet à colle chaude 463

OUTIL 1

Comment travailler en toute sécurité

Tu dois observer certaines consignes de sécurité pendant les activités d'expérimentation et de technologie. Familiarise-toi d'abord avec les consignes de sécurité ci-dessous. Ton enseignante ou ton enseignant t'informera des consignes de sécurité spécifiques que tu dois respecter dans ton école.

Consignes de sécurité générales

1. Au début de l'année, informe ton enseignante ou ton enseignant des allergies ou des problèmes de santé qui pourraient avoir une incidence sur ton travail en classe. Indique-lui aussi si tu portes des lentilles cornéennes ou des prothèses auditives.

2. Écoute attentivement les instructions qu'on te donne avant chaque laboratoire.

3. Obtiens l'approbation de ton enseignante ou de ton enseignant avant de commencer une expérience dont tu as élaboré toi-même le protocole.

4. Manipule le matériel mis à ta disposition avec soin.

5. Protège tes manuels et tes cahiers des éclaboussures et des dégâts.

6. Avertis immédiatement ton enseignante ou ton enseignant de toute blessure ou de tout bris, même s'ils te semblent sans gravité.

Consignes de sécurité au laboratoire

1. Consulte la liste des symboles de sécurité et des symboles de danger du SIMDUT dans le tableau 1, à la page suivante.

2. Assure-toi d'avoir bien compris les consignes de sécurité avant de commencer une expérience.

3. Porte un sarrau ou un tablier lorsque tu dois utiliser des produits salissants ou corrosifs.

4. Ne laisse jamais une expérience en cours sans surveillance.

5. Garde toujours ton aire de travail propre et en ordre, pour éviter tout accident.

6. Ne mâche pas de gomme, ne mange pas et ne bois pas au laboratoire.

7. Attache tes cheveux s'ils sont longs.

8. Ne goûte à aucune substance. Ne respire aucune substance directement. Utilise la technique illustrée à la figure 1 pour sentir une substance.

9. Repère l'endroit où se trouvent l'extincteur, la couverture ininflammable, la douche de secours, la trousse de premiers soins, le lave-yeux et l'alarme d'incendie les plus proches. Apprends à te servir de chacun de ces objets

Figure 1 *Voici comment sentir une substance en toute sécurité au laboratoire : ne place pas la substance directement sous ton nez ; éloigne-la un peu ; puis, envoie les vapeurs vers tes narines avec ta main.*

Les symboles de danger du SIMDUT

Le SIMDUT, c'est le **S**ystème d'**i**nformation sur les **m**atières **d**angereuses **u**tilisées au **t**ravail. On emploie les symboles de danger du SIMDUT partout au Canada pour identifier les substances dangereuses. Ces substances se trouvent dans les lieux de travail, les écoles, etc. Ce sont par exemple les produits ménagers ou les solvants. Tu as sûrement déjà vu quelques-uns de ces symboles. Consulte le tableau 1 pour bien les connaître. Tu pourras ainsi prendre les précautions nécessaires lorsque tu manipuleras des substances dangereuses.

Tableau 1 *Les symboles de danger du SIMDUT*

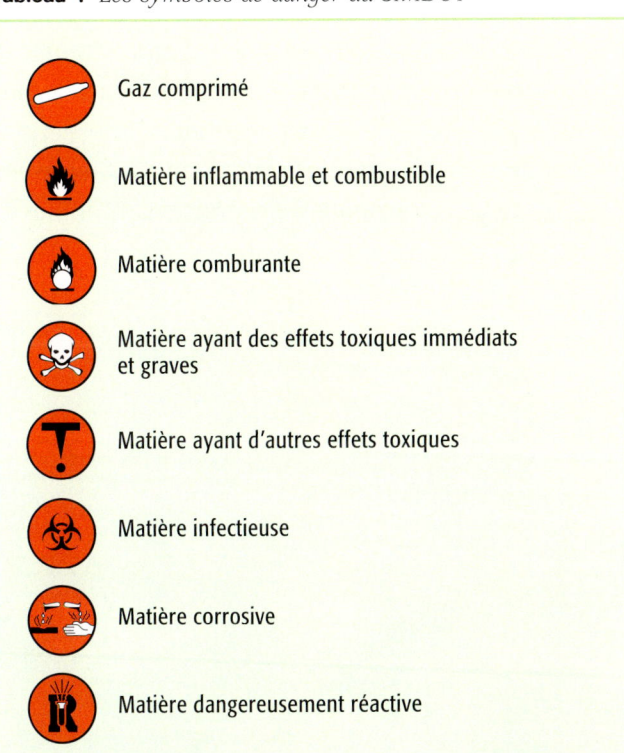

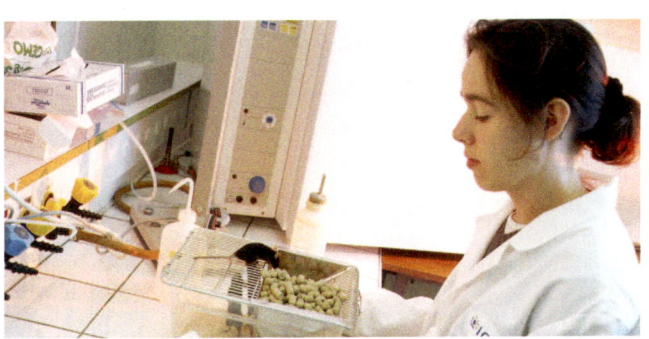

Les symboles de sécurité

Le tableau 2 présente la liste des symboles de sécurité qui se trouvent dans ton manuel. Assure-toi de bien connaître leur signification avant de commencer une activité ou une expérience.

Tableau 2 *Les symboles de sécurité*

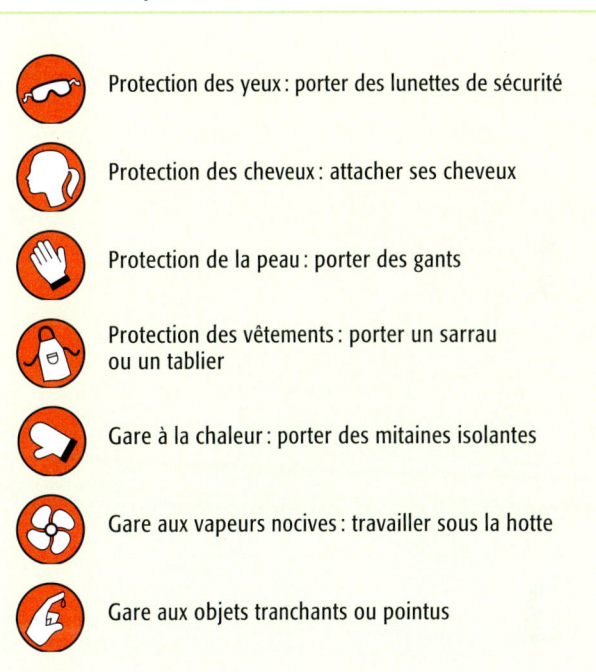

Consignes de sécurité en matière d'électricité

1. Ne touche à aucun appareil électrique lorsque tes mains ou tes pieds sont nus et humides.

2. Ne laisse pas les fils électriques traîner par terre.

3. Éteins et débranche les appareils qui produisent de la chaleur, comme la plaque chauffante, dès que tu t'en éloignes. Ne laisse pas ces appareils électriques branchés inutilement.

4. Ne change pas une ampoule sans d'abord débrancher l'appareil.

5. Ne touche jamais un fil électrique découvert tombé sur le sol : tu risquerais de t'électrocuter.

OUTIL 2

Comment appliquer la démarche expérimentale

La démarche scientifique et la résolution de problèmes

La science a pour objectif de décrire, d'expliquer et de prédire des phénomènes. Pour résoudre un problème, les scientifiques utilisent une méthode qui structure leur façon de penser et d'agir : la **démarche scientifique**. Le premier souci des scientifiques est d'établir des liens entre le problème à résoudre et les phénomènes connus. Autrement dit, ils doivent vérifier si une théorie déjà acceptée par la communauté scientifique peut expliquer ce problème. Sinon, ils doivent réfléchir afin de modifier les théories existantes ou en créer de nouvelles.

Quand on élabore une nouvelle théorie, il faut souvent déduire certains liens entre le problème à résoudre et d'autres phénomènes pour formuler une explication temporaire. C'est la **déduction hypothétique**. Parfois, il faut prédire ce qui va se passer. C'est la **prédiction hypothétique**. Dans chaque cas, les scientifiques doivent vérifier leurs explications et leurs prédictions à l'aide d'expériences. C'est la **démarche expérimentale**, qui fait partie de la démarche scientifique.

En classe, tu appliqueras des théories déjà acceptées aux problèmes que tu auras à résoudre. Par ta façon de penser et d'agir, tu apprendras donc toi aussi à utiliser la démarche scientifique.

La démarche expérimentale

Cette démarche se divise en cinq sections. Toutefois, tu ne dois pas nécessairement les suivre dans l'ordre. Tu n'as pas non plus à suivre toutes les sections chaque fois que tu veux résoudre un problème. Au besoin, tu peux revenir en arrière pour modifier ta démarche.

Exemple d'observation :
J'observe que l'asphalte devient très chaud lorsqu'il fait soleil.

J'observe

Tu t'intéresses à un phénomène ou on te soumet un problème à résoudre. Tes **cinq sens** te permettent d'effectuer des observations. Tu peux aussi employer des **instruments qui prolongent tes sens**, comme le microscope ou le télescope.

Tes observations peuvent comporter ou non des mesures. S'il y a des mesures, ce seront des **observations quantitatives**. S'il n'y a pas de mesures, ce seront des observations qualitatives. Par exemple : « J'ai vu la neige fondre » est une **observation qualitative**. « J'ai observé que la neige était entièrement fondue après une heure » est une observation quantitative.

> **Observation quantitative**
> Une observation qui porte sur des quantités qui peuvent être exprimées à l'aide de valeurs numériques.
>
> **Observation qualitative**
> Une observation qui porte sur la qualité, la forme, les propriétés, et qui ne peut pas être exprimée à l'aide de valeurs numériques.

Je me questionne

Souvent, tes observations t'amènent à te poser des questions. Si tu crois que tu en es capable, tu peux déduire une explication avant de faire ta vérification expérimentale. Tu peux aussi formuler une prédiction concernant la réponse à ta question. Cette prédiction est hypothétique, incertaine et temporaire. Elle devra être confirmée ou démentie par ta vérification expérimentale.

> Exemple de questionnement :
> « Est-ce qu'un revêtement foncé devient plus chaud qu'un revêtement pâle lorsqu'ils sont exposés au soleil ? »
>
> Exemple de déduction hypothétique :
> « Je crois que le revêtement foncé deviendra plus chaud que le revêtement pâle. »

Je précise mes variables

Tu réalises une expérience pour répondre à une question. Il est important que tu précises d'abord les facteurs que tu vas contrôler pour que tes résultats soient valables.

> Exemples de variables :
> - « Je dois utiliser deux revêtements de couleurs différentes : un pâle et un foncé. » (La variable est la couleur du revêtement.)
> - « Je dois exposer les deux revêtements à la même source lumineuse, pendant le même temps. » (La variable est la durée de l'exposition à la source lumineuse.)

J'expérimente

Tu dois établir les étapes de l'expérience à réaliser. C'est ce plan de travail qu'on appelle le **protocole expérimental**. Ton protocole doit être assez clair pour qu'une autre personne puisse reproduire la même expérience (*voir la figure 2, à la page suivante*).

> **Protocole expérimental**
> Une description des conditions et du déroulement d'une expérience.

Tu dois donc :

1. choisir le matériel et les matériaux dont tu auras besoin ;

2. préparer un protocole qui indique clairement toutes les étapes à suivre et qui numérote ces étapes. Ce protocole doit tenir compte des consignes de sécurité à respecter au laboratoire ;

3. t'assurer d'utiliser tout le matériel de ta liste ;

4. t'assurer de respecter et de contrôler toutes les variables choisies ;

5. réaliser ton expérience en respectant les règles de sécurité, s'il y a lieu ;

6. prendre en note toutes les données recueillies.

Protocole

1. Installer le carton blanc sous une lampe, à 30 cm de l'ampoule.
2. Installer le carton noir sous l'autre lampe, à 30 cm de l'ampoule.
3. Noter la température initiale des deux thermomètres.
4. Glisser un thermomètre sous chaque carton.
5. Allumer les lampes.
6. Attendre 20 minutes.
7. Noter la température finale des deux thermomètres.
8. Ranger le matériel.

Matériel
- Un carton blanc de 30 cm x 22 cm
- Un carton noir de 30 cm x 22 cm
- Deux thermomètres
- Deux lampes de table munies d'ampoules de 100 W

la question de départ (*voir la section « Je me questionne », à la page 431*). Tu dois aussi pouvoir tirer toutes les conclusions possibles de ton expérience.

S'il y a lieu, vérifie si ta prédiction est conforme aux résultats que tu as obtenus. Il est important d'analyser tes résultats avec objectivité, même lorsque ceux-ci te déçoivent et ne correspondent pas à tes attentes.

Tu peux discuter de tes résultats et de tes conclusions avec les autres élèves de la classe. Tu peux aussi présenter ta démarche complète dans un rapport de laboratoire écrit ou oral.

Au besoin, modifie ton protocole afin de faire mieux la prochaine fois. Tu peux aussi apporter des changements si tu te poses d'autres questions à la suite de ton expérience.

Figure 2 *Exemple de protocole expérimental, de liste de matériel et de montage expérimental*

J'analyse mes résultats et je les présente

Tu dois classer, analyser et présenter tes résultats de manière appropriée (*voir l'outil 5, à la page 438*). Les résultats sont constitués de l'ensemble de tes observations. Les valeurs que tu as calculées à partir de ces observations font aussi partie des résultats. Tu dois analyser tes résultats de façon à répondre à

Exemple de présentation des résultats :
Variation de la température sous les cartons

	Thermomètre sous le carton blanc	Thermomètre sous le carton noir
Température initiale (°C)	22	22
Température finale (°C)	26	31
Variation de la température	+ 4	+ 9

Exemple d'interprétation des résultats :

Cette expérience a révélé qu'un carton noir devient plus chaud qu'un carton blanc lorsqu'on l'expose à la lumière. Je conclus donc que la déduction hypothétique selon laquelle un revêtement foncé devient plus chaud au soleil qu'un revêtement pâle est valide. La preuve en est que la température sous le carton noir a augmenté de 9 °C tandis que celle sous le carton blanc n'a augmenté que de 4 °C.

Exemple d'autre questionnement :

« Que se passerait-il si j'exposais les cartons à la chaleur plus longtemps ? »

OUTIL 3

Comment appliquer la démarche technologique

Il existe différentes manières de résoudre un problème technologique. Toutes ces manières font partie d'une méthode qu'on nomme « la démarche technologique ». Cette démarche peut viser la conception ou l'analyse d'objets techniques.

La conception d'objets techniques

La démarche de conception d'un objet technique comporte neuf étapes. Cette démarche n'est pas linéaire. Au besoin, tu peux modifier l'ordre des étapes et revenir en arrière.

1. Trouve une idée de conception

C'est l'étape où tu découvres l'existence d'un **besoin à combler pour une clientèle cible**. Par exemple, tu constates qu'on pourrait employer l'eau de pluie pour répondre aux besoins domestiques en eau. Mais il n'existe aucun appareil pour recueillir cette eau. Tu décides donc de construire un capteur de pluie. Pour trouver ton idée de conception, fais un remue-méninges. Dresse la liste de toutes tes idées.

2. Analyse chacun des scénarios

Analyse chacune des idées que tu as trouvées au cours de ton remue-méninges afin d'en choisir une.

Par exemple, le scénario choisi pour fabriquer ton capteur de pluie doit tenir compte des moyens dont tu disposes (matériel, budget, temps, etc.). Cette analyse te permettra de planifier ton travail de façon efficace.

3. Dresse l'inventaire des ressources disponibles

Pour concevoir ton objet technique, tu devras dresser la **liste des matériaux et du matériel** nécessaires. Pour ton capteur de pluie, regarde autour de toi, à la maison ou dans le garage. Ces lieux peuvent contenir des objets et des matériaux que ta famille n'utilise plus. Tu peux donc les recycler.

4. Trace un schéma de principe

En ingénierie, avant de fabriquer un **prototype**, on trace un schéma de principe. Tu devras faire de même pour représenter la solution que tu as adoptée pour ton capteur de pluie. Tu pourras d'abord dessiner un croquis, puis un schéma de principe et, finalement, modifier ton schéma en cours de route en fonction des améliorations que tu apporteras à ton objet. Le schéma de principe explique comment fonctionne un prototype.

5. Établis un schéma de construction

Le schéma de construction montre la configuration de l'objet. Il doit permettre de le fabriquer. Il doit être réalisé dans les premières étapes de la conception. Détaille le plus possible le schéma de construction de ton capteur de pluie. Indique aussi la provenance de chacune des pièces de ton prototype.

> **Prototype**
> Un des premiers exemplaires d'un objet ou d'un système. Il peut servir de modèle pour effectuer des tests ou pour la fabrication en série.

6. Élabore une gamme de fabrication

Tente de prévoir les étapes que tu devras suivre pour construire ton prototype. La gamme de fabrication te permet de mettre de l'ordre dans tes idées. Elle énumère précisément les matériaux et les outils que tu dois utiliser. De plus, elle décrit l'**ordre des opérations à effectuer** pour la construction de ton prototype. Élabore, dans l'ordre, les étapes que tu devras suivre pour construire ton capteur de pluie. Quand tu auras commencé à construire ton objet, tu pourras modifier ta gamme de fabrication. Apporte des changements à ta gamme selon la réalité de la situation et les difficultés que tu éprouves en cours de route.

7. Réalise ton objet technique

Te voici à l'étape de la **construction** de ton capteur de pluie. Suis ton schéma de construction et ta gamme de fabrication. Si tu y apportes des modifications, prends soin de les noter et de les expliquer. Procède ensuite à la **mise à l'essai** de ton prototype.

8. Fais la mise en marché de ton objet technique

C'est à cette étape que tu présentes ton produit de façon à le mettre en valeur. Conçois et réalise un emballage, si cela est nécessaire. Rédige le mode d'emploi et le guide d'entretien. Cette étape est essentielle lorsqu'on veut faire la mise en marché d'un produit et le vendre.

9. Fais un retour sur ta démarche technologique

Tu peux faire un retour sur ta démarche à n'importe quel moment. Propose des améliorations à ton prototype si tu le juges nécessaire. Note des indications à cet effet dans ton schéma de construction. Tu tiendras compte de ces indications lorsque tu élaboreras ta gamme de fabrication.

L'analyse d'objets techniques

La démarche d'analyse des objets techniques permet de répondre aux trois questions suivantes :

- À quoi sert l'objet technique ?
- Comment fonctionne-t-il ?
- Comment est-il construit ?

1. À quoi sert l'objet technique ?

Au cours de cette première étape, tu dois préciser la fonction de ton objet, c'est-à-dire son rôle. Prenons l'exemple d'un pince-notes (*voir la figure 3*). Tu l'utilises pour retenir des feuilles ensemble. La fonction du pince-notes en tant qu'objet technique est donc de réunir plusieurs feuilles.

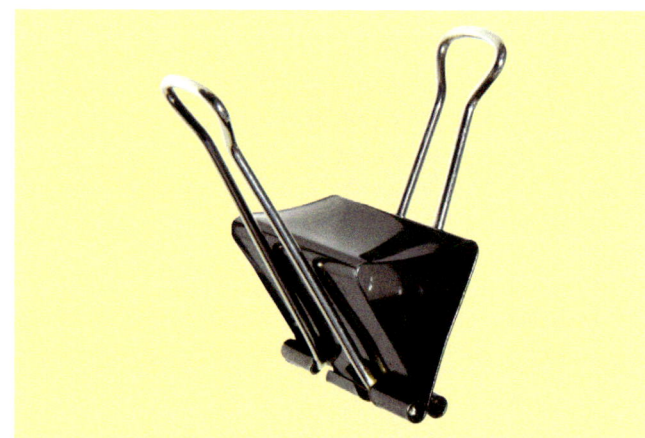

Figure 3 *Un pince-notes*

2. Comment fonctionne l'objet technique ?

Lorsque tu précises comment fonctionne un objet, tu dois décrire :

- le rôle de chacune des parties qui composent l'objet ;
- les principes scientifiques qui expliquent le fonctionnement de l'objet ;
- les forces qui sont appliquées sur les différentes parties de l'objet.

Dans le cas du pince-notes, un système de levier permet l'ouverture des pinces. Lorsque tu appliques une force avec tes doigts, tu relâches la pression des mâchoires sur les feuilles de papier. Lorsque tu cesses d'appliquer la force, les mâchoires exercent de nouveau une pression suffisante pour maintenir les feuilles ensemble. La figure 4 illustre l'axe de rotation, les bras de levier et les points d'application de la force.

3. Comment l'objet technique est-il construit ?

Tu dois analyser la forme et les dimensions des pièces qui composent ton objet. Tu dois aussi expliquer le choix des matériaux utilisés. C'est souvent sous la forme d'un schéma de construction que tu présenteras ton analyse (*voir la figure 5*).

Regarde de plus près ton pince-notes. Tu constates qu'il est fabriqué avec un métal rigide et robuste. Tu vois aussi que la forme de la pince te permet d'exercer facilement une pression avec tes doigts. En outre, tu t'aperçois qu'il y a un lien entre la partie sur laquelle tu appuies et la partie qui retient les feuilles. La pince en acier trempé joue un rôle de liaison qui facilite le mouvement de retour.

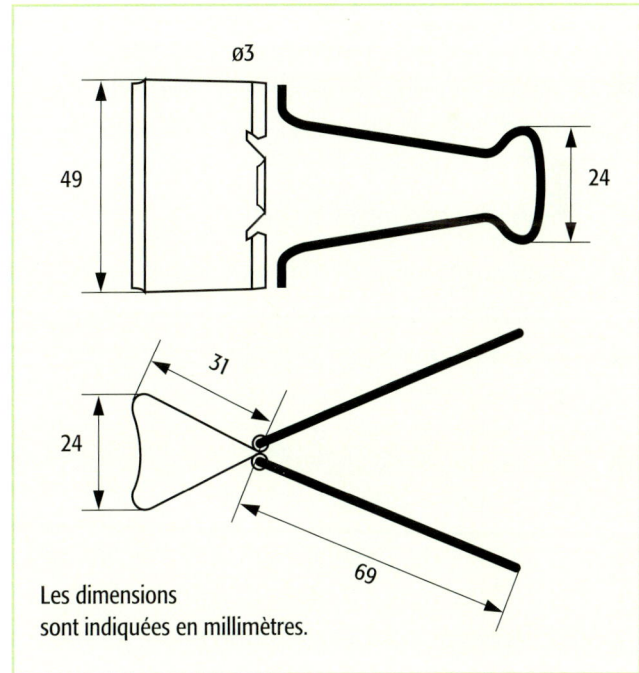

Figure 5 *Le schéma de construction d'un pince-notes*

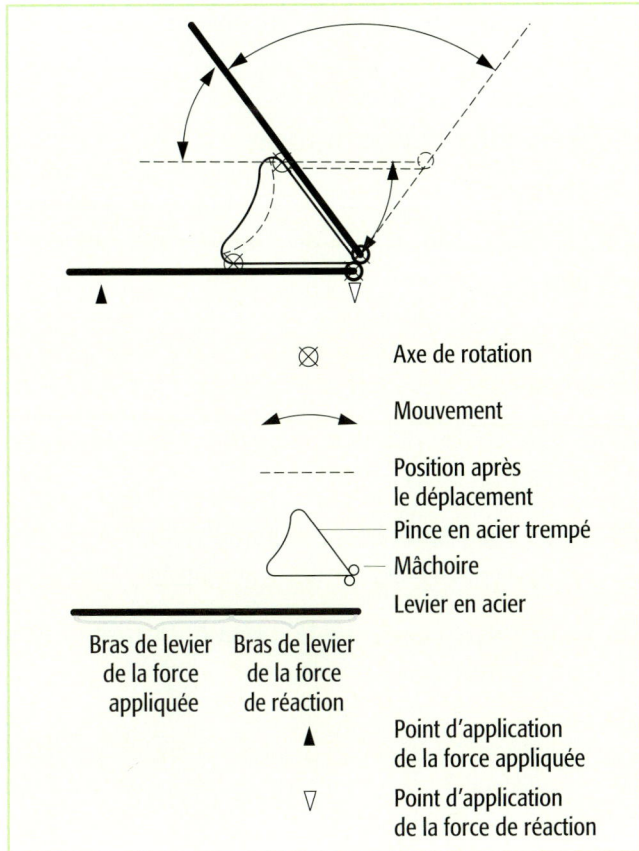

Figure 4 *Le schéma de principe du pince-notes*

Quand tu examines des objets techniques, tu développes ton esprit d'analyse. Tu apprends à regarder les objets de tous les jours autrement. Ainsi, tu amélioreras éventuellement ces objets ou tu t'en inspireras pour tes nouvelles conceptions technologiques.

OUTIL 4

Comment mener une recherche documentaire

La recherche documentaire

La recherche documentaire permet d'obtenir de l'information sur des sujets variés. Tu peux ensuite te servir des résultats obtenus pour résoudre un problème d'ordre scientifique ou technologique. Lors d'une recherche, tu présentes habituellement l'information que tu as recueillie sous forme écrite, visuelle ou orale. Tu peux bien sûr utiliser une combinaison de ces formes. Voici quelques conseils pour effectuer une recherche documentaire, traiter l'information et la présenter.

J'effectue une recherche documentaire

1. Assure-toi de bien comprendre le but de la recherche à effectuer.
2. Délimite ton sujet en te posant une ou plusieurs questions de départ. Ta recherche doit te permettre de répondre à ces questions.
3. Dresse un échéancier de travail.
4. Cherche d'abord de l'information générale en consultant des encyclopédies.
5. Choisis à la bibliothèque des livres pertinents pour ta recherche.
6. Cherche de l'information dans Internet à l'aide de mots clés.
7. Sélectionne des documents et des sites pertinents et crédibles (voir « Évaluer la fiabilité d'une page ou d'un site », à la page suivante).
8. Choisis les extraits dont tu as besoin en faisant un survol de ta documentation.
9. Prépare des fiches de lecture pour résumer ce que tu as appris.
10. Note bien toutes tes références sur tes fiches afin de pouvoir les citer dans ta bibliographie.
11. Modifie tes questions de départ au besoin.
12. Si c'est nécessaire, consulte des personnes expertes en la matière.

Je traite l'information

Tu dois classer l'information que tu as réunie pour pouvoir la communiquer. Pour y arriver, relis attentivement tes notes de lecture et classe-les par sujets.

Je présente l'information

Tu as mis en ordre l'information que tu as recueillie. Tu dois ensuite la présenter dans un texte ou sous une autre forme.

Pour y arriver :

1. prépare un plan aussi détaillé que possible ;
2. rédige un brouillon de ton texte (introduction, développement et conclusion) ;
3. divise ton texte en paragraphes (une idée par paragraphe) et insère des sous-titres ;
4. vérifie la qualité de la langue (orthographe, syntaxe, etc.) ;
5. mets ton texte au propre ;
6. prépare ta table des matières en te servant de ton plan ;
7. prépare ta bibliographie à l'aide de tes notes.

La recherche dans Internet

Des outils de recherche

Pour chercher dans Internet, tu peux utiliser plusieurs stratégies. Par exemple, si tu veux explorer un sujet, utilise différents outils de recherche, comme les répertoires de sites et les moteurs de recherche. Pour effectuer une recherche efficace, les mots clés sont très importants.

Le choix des mots clés

Utilise des termes précis afin de limiter les résultats de ta recherche. Explore la fonction « recherche avancée » de ton moteur de recherche. Des symboles t'aideront à limiter encore davantage les résultats. Voici quelques symboles parfois utilisés.

+	Signifie « ET ». Tu obtiendras moins de pages, car ta recherche sera plus précise. Exemple : **tarte + sucre**
−	Signifie « SAUF ». Le moteur de recherche trouvera des pages contenant le premier mot, mais pas le second. Exemple : **tarte − sucre**
« »	Le moteur de recherche trouvera uniquement des pages contenant tous les mots dans l'ordre indiqué. Exemple : **« moteur à explosion »**

Évaluer la fiabilité d'une page ou d'un site

Lorsque tu cherches dans Internet, garde en tête que l'information que tu trouves n'est pas toujours fiable. Aurais-tu à l'idée de demander des renseignements à des gens qui ne te semblent pas dignes de confiance ? Sûrement pas ! Dans Internet, tu dois faire attention à la fiabilité de ta source d'information.

Voici des questions qui peuvent t'aider à évaluer la fiabilité d'un site Web :

1. La personne ou l'organisation qui a créé le site est-elle clairement identifiée ?
2. L'adresse Internet est-elle simple, courte et facilement identifiable ? Les adresses se terminant par « .org », « .gouv.qc.ca », « .gc.ca » ou « .edu » sont généralement fiables.
3. Le contenu du site est-il clair et accessible ?
4. L'information semble-t-elle exacte et objective ?
5. L'information est-elle bien structurée ?
6. Le contenu du site est-il rédigé dans un bon français ?
7. Le site comporte-t-il de la publicité ? Si oui, cela peut vouloir dire que l'organisme ou la personne qui présente l'information sur le site n'a pas les moyens financiers de la faire valider par des expertes ou des experts.
8. Les références sont-elles citées ?
9. Les dates de création et de mise à jour sont-elles disponibles ?

OUTIL 5

Comment communiquer efficacement

La communication est à la base de tes échanges avec les gens qui t'entourent. Elle te permet de transmettre tes idées, de même que les résultats de tes recherches documentaires ou de tes expérimentations, et de connaître ceux des autres. Dans cet outil, nous nous concentrerons sur :

- la communication orale (dans un exposé) ;
- la communication à l'aide de supports visuels (dans une affiche).

La communication orale

Voici certaines règles à suivre pour que la communication orale soit efficace.

La préparation

1. Structure ta présentation de la manière suivante :

   a) Prépare l'introduction :
   - commence par capter l'attention de l'auditoire ; par exemple, avec une anecdote, une réflexion, une question, etc. ;
   - annonce le sujet et le but de l'exposé ;
   - présente le plan de l'exposé.

   b) Développe ton sujet en respectant ton plan et en faisant des liens entre ses différentes parties.

   c) Dans ta conclusion, résume les grandes lignes de l'exposé.

   d) Prévois du temps pour répondre aux questions de l'auditoire ou pour poser toi-même des questions.

2. Pour garder ton naturel, n'apprends pas ton texte par cœur.

3. Prépare-toi en répétant ta présentation quelques fois ou en t'enregistrant. Essaie de prévoir les questions qu'on pourrait te poser et trouve les réponses.

4. Prévois des fiches aide-mémoire numérotées. N'y inscris que les grandes lignes (des mots clés, des expressions).

5. Assure-toi de respecter le temps alloué à ta présentation.

6. Apporte tout le matériel nécessaire à l'école la veille de ta présentation.

La présentation

1. Chasse le trac (respire profondément, fais une pause entre deux phrases).

2. Fais preuve de **concision** et de clarté dans tes propos.

3. Parle assez fort pour que les élèves assis à la dernière rangée puissent t'entendre.

4. Parle à une vitesse moyenne et articule correctement.

5. Adopte un ton expressif.

6. Ne te déplace pas trop. Évite les tics de langage (euh, OK, etc.) et les mouvements répétitifs.

7. Regarde l'auditoire en entier, pas seulement les adultes ou tes camarades.

8. Exprime-toi avec tout ton corps (avec des gestes, ton regard, ta voix), sans toutefois exagérer.

9. Tiens-toi debout face à l'auditoire.

> **Concision**
> La qualité d'un texte ou d'un discours qui exprime beaucoup en peu de mots.

Autres conseils

1. Explique les mots difficiles en rapport avec ton sujet.
2. Appuie tes propos par des éléments visuels clairs (*voir la section ci-dessous*).
3. Échange avec l'auditoire (pose des questions, distribue de la documentation, etc.).
4. Parle plus lentement quand tu donnes une explication difficile.
5. Utilise l'humour ou présente tes idées de manière originale, mais ne t'éloigne pas du sujet.

La communication à l'aide de supports visuels

Dans une présentation, tu peux avoir recours aux supports visuels. Ceux-ci peuvent te permettre de capter l'attention de l'auditoire et de communiquer des explications difficiles. Les éléments visuels t'aideront si tu manques d'espace au tableau. Ils te permettront de donner plus d'information tout en respectant ta limite de temps. De même, avec des moyens visuels, tu pourras orienter l'attention de l'auditoire ailleurs que sur toi si tu es timide. Les supports visuels peuvent prendre différentes formes : des affiches, des maquettes, des diapositives, des transparents, une présentation à l'ordinateur, etc. Si tu conçois des éléments visuels, respecte les règles suivantes :

1. Ne mets pas trop d'information sur une affiche. Écris les idées principales et les mots clés. Évite les phrases très longues.
2. Assure-toi que l'information est visible pour l'ensemble de l'auditoire. Vérifie si tout demeure clair et lisible à la suite des photocopies, des réductions, etc.
3. Limite le nombre et les dimensions des affiches.
4. Pendant ton exposé, utilise l'ensemble des éléments visuels que tu as préparés.
5. Écris ton texte à l'aide de couleurs vives qui contrastent avec le fond.
6. Retire les éléments visuels lorsque tu n'en as plus besoin. L'auditoire prêtera ainsi attention à la suite de l'exposé.
7. Numérote tes éléments visuels selon l'ordre d'utilisation et mets un titre sur chacun.
8. Fais au moins une répétition avec tous tes éléments visuels.

OUTIL 6

Comment présenter des résultats scientifiques

Les données scientifiques sont souvent présentées sous forme de tableaux et de diagrammes parce qu'elles sont ainsi plus faciles à lire et à interpréter. Les scientifiques préparent des tableaux et des diagrammes lorsqu'ils veulent présenter leurs résultats à d'autres scientifiques. Dans cet outil, tu apprendras à construire des tableaux, des plans cartésiens, des diagrammes à bandes, des histogrammes, des diagrammes linéaires et des diagrammes circulaires.

Le tableau

En science, il faut souvent recueillir des données et les analyser. Dans un tableau, on peut disposer des données et des renseignements en colonnes et en rangées. L'information est ainsi plus facile à analyser. Cette disposition permet souvent d'interpréter l'évolution d'une situation et d'en tirer des conclusions. Le tableau sert aussi d'outil de base pour consigner des données que tu peux ensuite représenter dans un plan cartésien, un diagramme ou un histogramme.

Voici les étapes à suivre pour construire un tableau :

1. Détermine le nombre de catégories de données. Ce nombre t'indiquera le nombre de colonnes requises.
2. Partage l'espace en autant de colonnes que tu as de catégories de données.
3. Dans le haut de chaque colonne, inscris le nom de la catégorie. Si cela est nécessaire, indique l'unité de mesure entre parenthèses.
4. Remplis ton tableau à l'aide des données recueillies.
5. Donne un titre à ton tableau. Numérote-le s'il y a lieu.

Le tableau 3 te donne un exemple. Il contient les données recueillies par Mélanie à Sept-Îles pendant la semaine débutant le dimanche 9 juillet. Mélanie a noté les observations suivantes dans son carnet :

Dimanche : 23 °C, vent du sud-est
Lundi : 18 °C, vent de l'est
Mardi : 10 °C, vent du nord-est
Mercredi : 8 °C, vent du nord
Jeudi : 9 °C, aucun vent
Vendredi : 18 °C, vent du sud-est
Samedi : 19 °C, vent du sud-est

Tableau 3 *Le relevé météorologique de la semaine du 9 au 15 juillet, à Sept-Îles*

Jour	Température (°C)	Direction du vent
Dimanche (9 juillet)	23	Sud-est
Lundi (10 juillet)	18	Est
Mardi (11 juillet)	10	Nord-est
Mercredi (12 juillet)	8	Nord
Jeudi (13 juillet)	9	Aucun vent
Vendredi (14 juillet)	18	Sud-est
Samedi (15 juillet)	19	Sud-est

Le plan cartésien

Le **plan cartésien** permet de voir la variation ou la distribution d'une variable par rapport à une ou plusieurs autres **variables**. Tu peux représenter dans un plan cartésien les résultats recueillis au cours d'une expérience, d'une enquête, d'un travail de recherche, etc. Cette représentation permet :

- d'observer des tendances dans la variation ou la distribution des résultats ;
- d'établir des relations entre les différentes variables.

Pour tracer un graphique dans un plan cartésien, tu dois connaître certains termes. L'exemple de la figure 6 t'indique ce que ces termes représentent. Le tableau 4 contient les données qui ont servi à tracer le graphique dans ce plan cartésien.

> **Plan cartésien**
> Un diagramme comprenant deux axes perpendiculaires et permettant de représenter des données à l'aide de coordonnées.
>
> **Variable**
> Une quantité qui peut prendre différentes valeurs.

Tableau 4 *La consommation moyenne d'eau en fonction de la durée d'utilisation d'un boyau d'arrosage*

Temps (min)	2	4	6	8	10	12	14	16	18
Quantité d'eau (L)	20	40	60	80	100	120	140	160	180

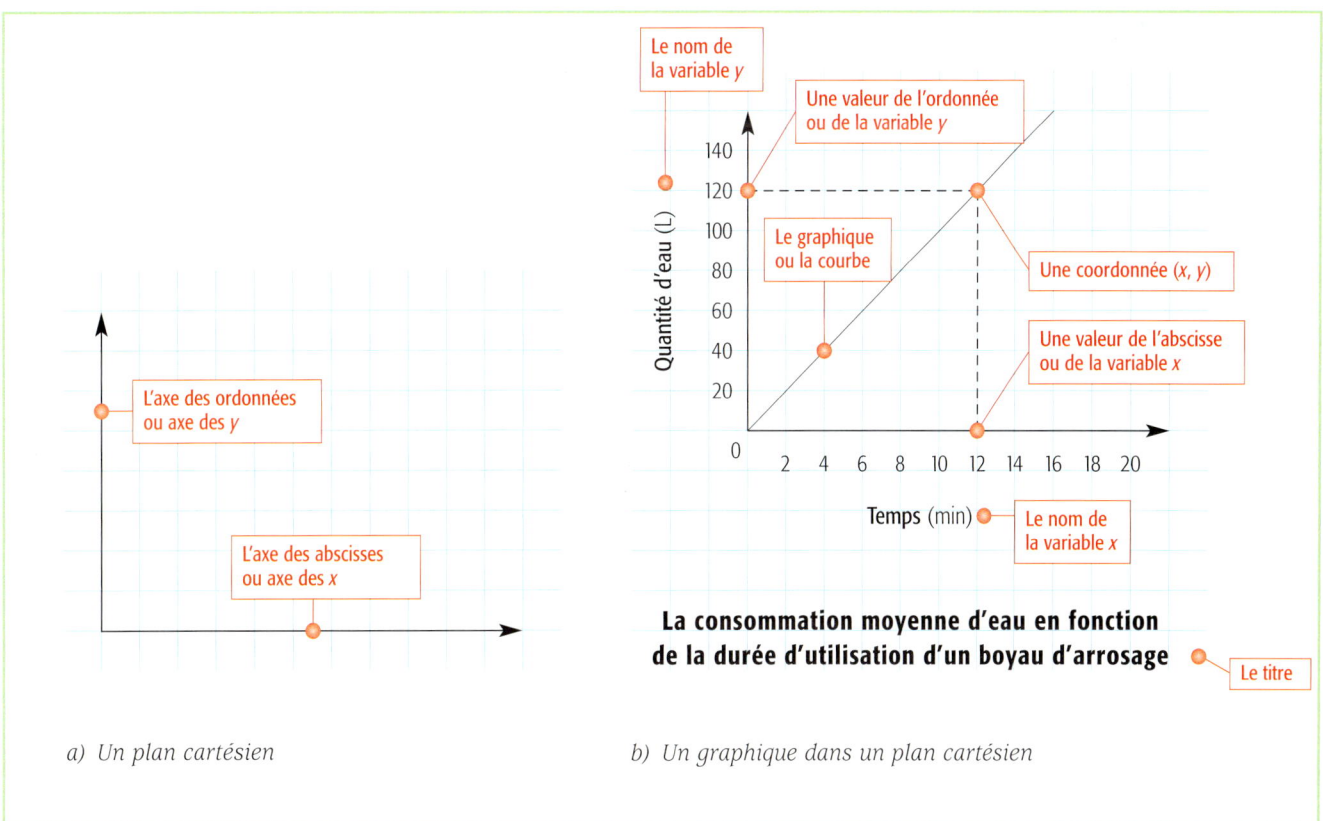

a) Un plan cartésien

b) Un graphique dans un plan cartésien

Figure 6 *Les parties d'un plan cartésien*

Le diagramme à bandes

On utilise le diagramme à bandes pour comparer le nombre d'éléments appartenant à chacune des catégories d'un ensemble. Il permet par exemple de représenter le nombre d'élèves de l'école faisant partie de chacune des équipes sportives. Tu peux décider de tracer tes bandes horizontalement ou verticalement.

Voici les étapes à suivre pour tracer un diagramme à bandes verticales :

1 Trace l'axe des **abscisses** et l'axe des **ordonnées** sur une feuille de papier quadrillé.

2 Sur l'axe des abscisses, choisis une échelle qui te permettra de représenter toutes tes catégories. Dessine sur l'axe autant de bandes de même largeur que tu as de catégories à représenter. Assure-toi d'espacer uniformément tes bandes.

3 Inscris le nom de chaque catégorie.

4 Sur l'axe des ordonnées, choisis une échelle qui te permettra de représenter tous les éléments de la catégorie qui en contient le plus. Trace ton échelle sur l'axe.

5 Donne à chacune de tes bandes la hauteur qui correspond au nombre d'éléments de la catégorie représentée.

6 Indique les noms des variables. S'il y a des unités de mesure, inscris-les entre parenthèses, à côté du nom des variables.

7 Indique le titre du diagramme. Numérote-le si tu dois faire plusieurs représentations graphiques.

À partir des données du tableau 5, on a construit le diagramme à bandes de la figure 7.

Abscisse
Une valeur de la variable qu'on représente sur l'axe horizontal. Cette variable peut aussi être appelée « variable *x* ».

Ordonnée
Une valeur de la variable qu'on représente sur l'axe vertical. Cette variable peut aussi être appelée « variable *y* ».

Tableau 5 *Le nombre d'élèves de l'école faisant partie des équipes sportives*

Équipe sportive	Nombre d'élèves
Basketball	34
Volleyball	23
Natation	48
Plongeon	12
Badminton	24
Soccer	68

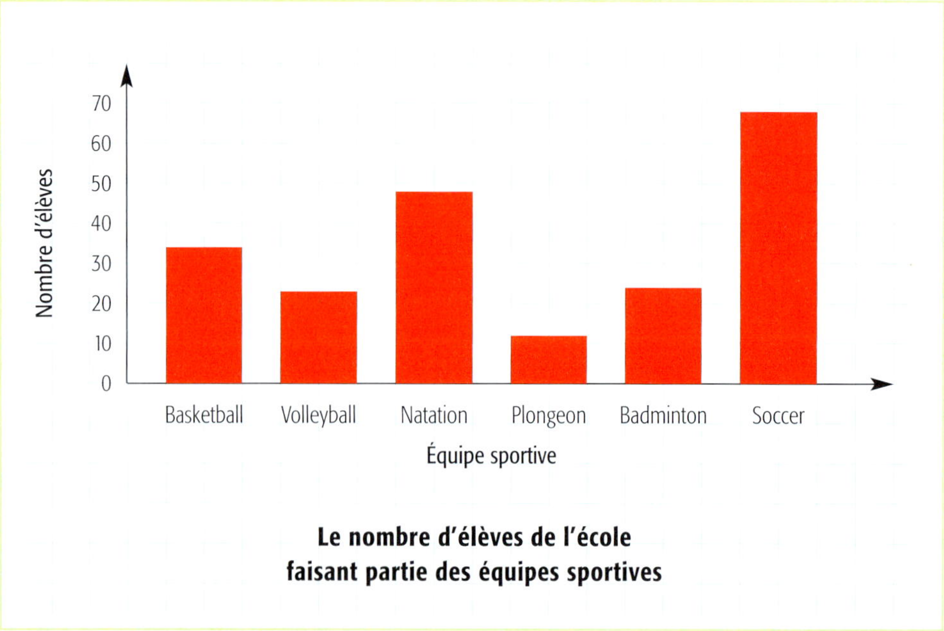

Le nombre d'élèves de l'école faisant partie des équipes sportives

Figure 7 *Un diagramme à bandes*

L'histogramme

L'histogramme représente graphiquement le nombre d'éléments dans chaque catégorie d'une **variable continue** (*voir la figure 8*).

Voici les étapes à suivre pour tracer un histogramme :

1. Trace l'axe des abscisses et l'axe des ordonnées sur une feuille de papier quadrillé.

2. Sur l'axe des abscisses, choisis une échelle qui te permettra de représenter toutes tes catégories. Dessine sur l'axe autant de bandes de même largeur que tu as de catégories à représenter. Assure-toi de ne laisser aucun espace entre tes bandes.

3. Inscris le nom de chaque catégorie.

4. Sur l'axe des ordonnées, choisis une échelle qui te permettra de représenter tous les éléments de la catégorie qui en contient le plus. Trace ton échelle sur l'axe.

5. Donne à chacune de tes bandes la hauteur qui correspond au nombre d'éléments de la catégorie représentée.

6. Indique les noms des variables. S'il y a des unités de mesure, inscris-les entre parenthèses, à côté du nom des variables.

7. Indique le titre du diagramme. Numérote-le si tu dois faire plusieurs représentations graphiques.

À partir des données du tableau 6, on a tracé l'histogramme de la figure 8.

> **Variable continue**
> Une variable qui peut prendre n'importe quelle valeur dans un intervalle donné. Par exemple, la taille des élèves.

Tableau 6 *La répartition des personnes fréquentant la clinique médicale selon l'âge*

Âge des personnes	Nombre de personnes
Moins de 10 ans	1375
De 10 à 19 ans	875
De 20 à 29 ans	720
De 30 à 39 ans	814
De 40 à 49 ans	925
De 50 à 59 ans	1210
De 60 à 69 ans	1530
De 70 à 79 ans	1470
De 80 à 89 ans	652
90 ans et plus	125

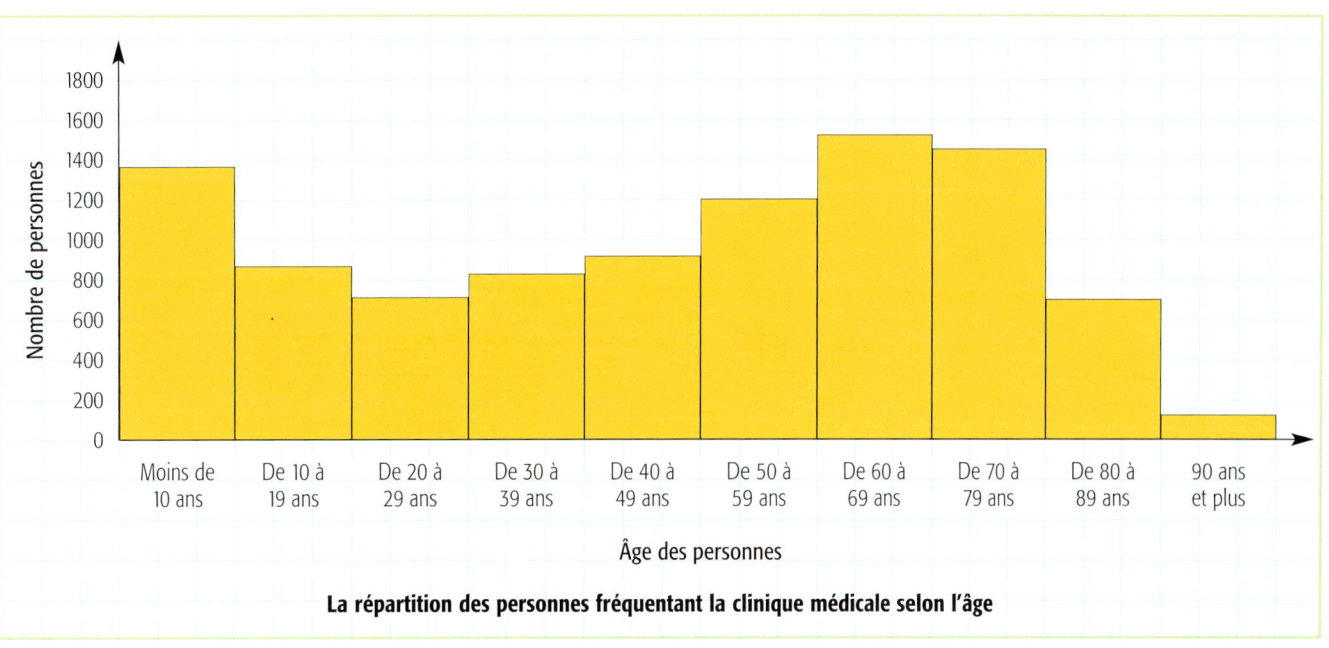

La répartition des personnes fréquentant la clinique médicale selon l'âge

Figure 8 *Un histogramme*

Le diagramme linéaire

Avec le diagramme linéaire (aussi appelé diagramme à ligne brisée), on représente une variable continue qui change en fonction d'une autre variable.

Voici les étapes à suivre pour construire un diagramme linéaire :

1 Trace l'axe des abscisses et l'axe des ordonnées sur une feuille de papier quadrillé.

2 Sur l'axe des abscisses, choisis une échelle qui te permettra de représenter toutes les valeurs de la variable continue. Trace ton échelle sur l'axe.

3 Sur l'axe des ordonnées, choisis une échelle qui te permettra de représenter toutes les valeurs de l'autre variable. Trace ton échelle sur l'axe.

4 Trace les points représentant chacune des coordonnées.

5 Relie les points par une courbe (*voir la figure 9*). S'il y a un très grand nombre de points, trace la courbe de façon qu'il y ait un nombre à peu près égal de points de chaque côté. C'est ce qu'on appelle la courbe la mieux ajustée (*voir la figure 10*).

6 Indique les noms des variables. S'il y a des unités de mesure, inscris-les entre parenthèses, à côté du nom des variables.

7 Indique le titre du diagramme. Numérote-le si tu dois faire plusieurs représentations graphiques.

À partir des données du tableau 7, on a construit le diagramme linéaire de la figure 9.

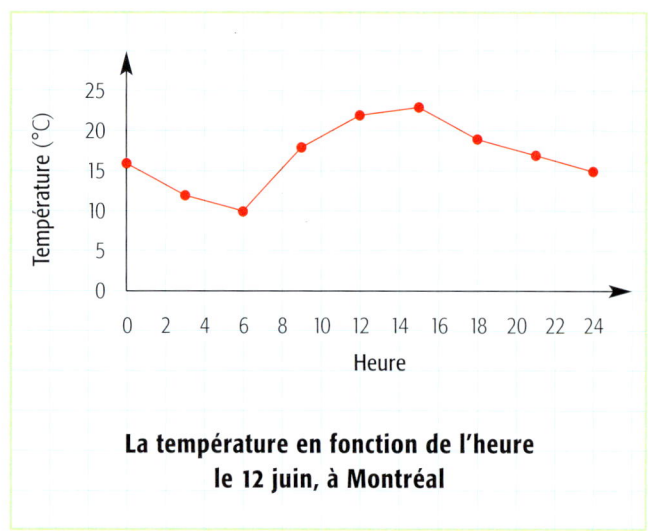

Figure 9 *Un diagramme linéaire*

Tableau 7 *La température en fonction de l'heure le 12 juin, à Montréal*

Heure	Température
0 h (minuit le 12 juin)	16 °C
3 h	12 °C
6 h	10 °C
9 h	18 °C
12 h	22 °C
15 h	23 °C
18 h	19 °C
21 h	17 °C
24 h (minuit le 13 juin)	15 °C

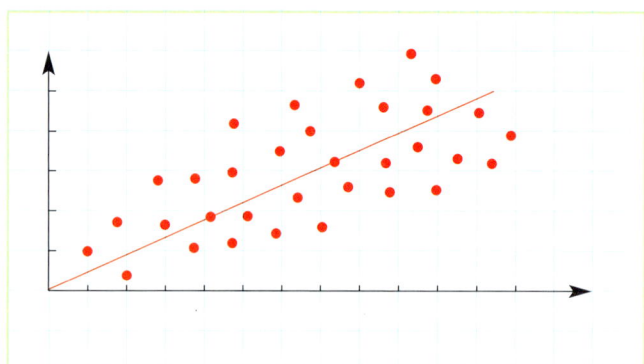

Figure 10 *La courbe la mieux ajustée*

Le diagramme circulaire

Le diagramme circulaire permet de diviser un groupe en sous-groupes en fonction d'un critère particulier. On désigne chaque sous-groupe par un secteur. Plus le nombre d'éléments représentés par un secteur est élevé, plus l'angle de ce secteur sera grand. Voici les étapes à suivre pour tracer un diagramme circulaire :

1 Calcule le pourcentage représentant le nombre d'éléments de chaque catégorie par rapport au nombre total d'éléments. Utilise la formule suivante :

$$\text{Pourcentage} = \frac{\text{Nombre d'éléments de la catégorie}}{\text{Nombre total d'éléments}} \times 100\ \%$$

Exemple de calcul (tiré des données du tableau 8) :

$$\text{Pourcentage} = \frac{9}{(9 + 15 + 3 + 3)} \times 100\ \% = \frac{9}{30} \times 100\ \% = 30\ \%$$

Donc, 30 % des élèves se rendent à l'école en marchant.

2 Calcule l'angle de chaque secteur qui représente une catégorie par rapport à l'ensemble. Sers-toi de la formule suivante :

$$\text{Angle} = \frac{\text{Pourcentage}}{100} \times 360°$$

Exemple de calcul (tiré des données du tableau 8) :

$$\text{Angle} = \frac{30}{100} \times 360° = 108°$$

3 Trace un grand cercle sur une feuille avec un compas.

4 Indique le centre du cercle par une petite croix.

5 Trace un rayon joignant le centre du cercle au point de la circonférence placé directement au-dessus du centre.

6 À partir de ce premier rayon, trace les autres rayons dans le sens des aiguilles d'une montre. Attribue aux secteurs les angles calculés à l'étape 2 et indiqués dans le tableau 8.

Tableau 8 *La manière dont les élèves se rendent à l'école*

Manière	Nombre d'élèves	Pourcentage	Angle
Marche	9	30 %	108°
Autobus	15	50 %	180°
Automobile	3	10 %	36°
Autres	3	10 %	36°

7 Colorie chacun des secteurs d'une couleur différente.

8 Établis la légende de ton diagramme circulaire. La légende indique à quel sous-groupe chaque couleur est associée. Tu peux dresser la liste des couleurs et leur signification à côté du diagramme (*voir le diagramme sur la figure 11a*). Tu peux aussi identifier chacun des secteurs avec un trait (*voir le diagramme sur la figure 11b*).

9 Inscris le titre du diagramme circulaire.

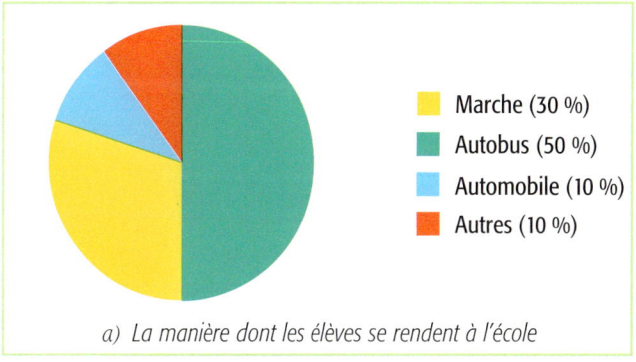

a) *La manière dont les élèves se rendent à l'école*

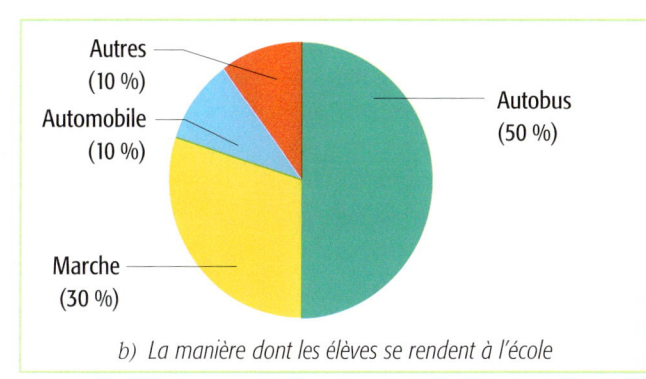

b) *La manière dont les élèves se rendent à l'école*

Figure 11 *Deux diagrammes circulaires*

OUTIL 7

Comment tracer des schémas

Il est souvent difficile de décrire un objet technique par un texte. C'est pourquoi tu as avantage à compléter ta description avec un schéma (*voir la figure 12*).

Les projections orthogonales sont fréquemment utilisées pour représenter des objets en trois dimensions. Chaque image d'une projection orthogonale correspond à un angle de vue de 90° par rapport aux autres images (*voir la figure 13a*). Les trois schémas d'un avion de la figure 13b sont en fait des projections orthogonales.

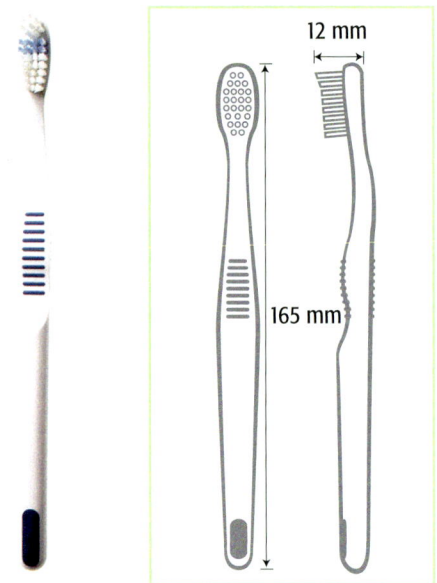

Figure 12 *Un objet technique et son schéma de construction*

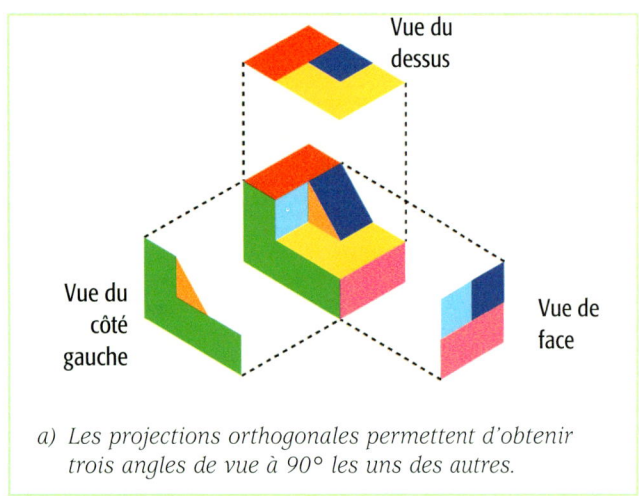

a) *Les projections orthogonales permettent d'obtenir trois angles de vue à 90° les uns des autres.*

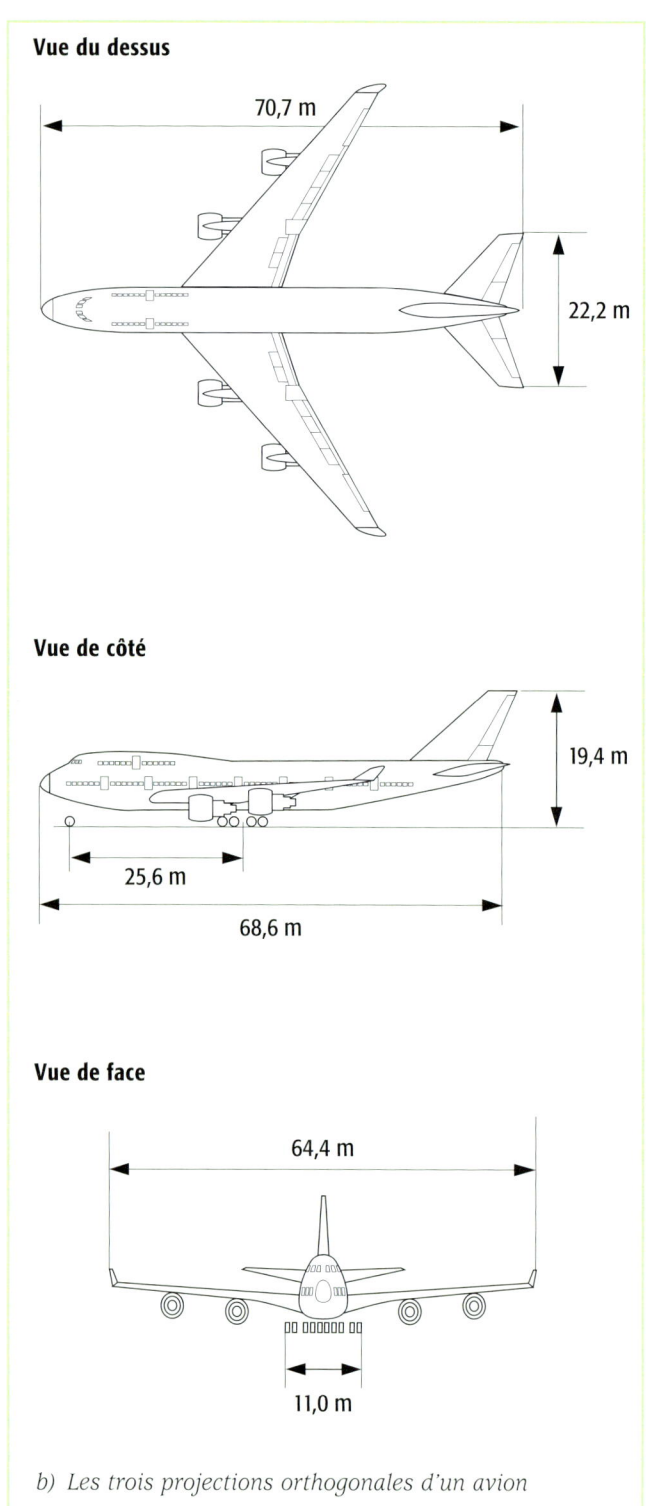

b) *Les trois projections orthogonales d'un avion*

Figure 13 *La représentation d'un objet à l'aide des projections orthogonales*

Voici les étapes à suivre pour tracer un schéma :

1. Observe bien l'objet à dessiner.
2. Détermine ce qu'il est important de représenter sur ton schéma.
3. Dessine seulement les éléments utiles de l'objet.
4. Si c'est nécessaire, dessine l'objet vu de différents angles.
5. S'il est essentiel de montrer l'intérieur de l'objet, dessine une coupe. Pour y arriver, imagine que tu coupes l'objet en deux. Trace ensuite ce que tu verrais (*voir la figure 17, à la page suivante*).
6. Annote ton schéma. Indique des renseignements utiles : le nom des pièces de l'objet, les dimensions, les différents points de vue, etc.
7. Donne un titre à ton schéma.

On a dessiné le schéma technique de la figure 14 pour aider Lia à meubler sa chambre à coucher. Remarque que seuls les détails utiles sont indiqués.

On peut aussi représenter des phénomènes ou le fonctionnement d'appareils par des schémas. Dans ce cas, il est primordial de se limiter aux détails importants. Par exemple, le schéma de la figure 15 représente le cycle de l'azote.

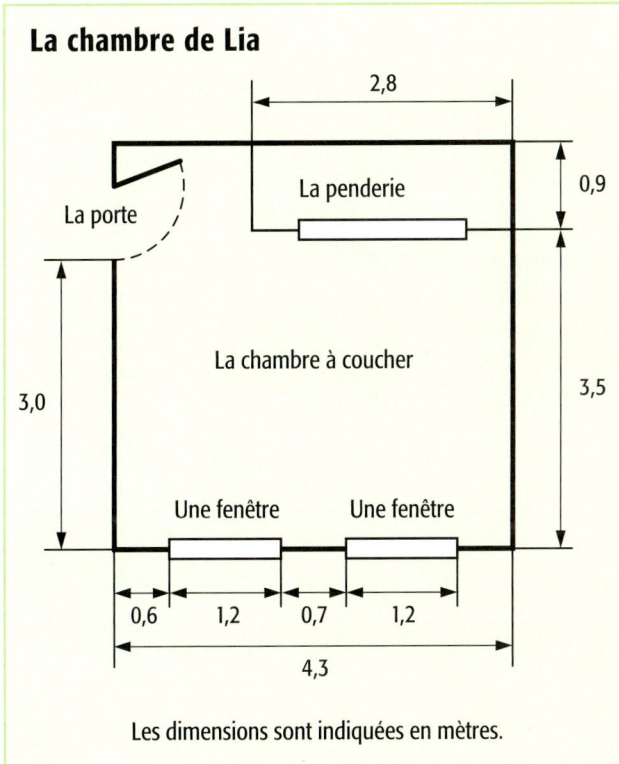

Figure 14 *Le schéma technique de la chambre de Lia*

Matériel dont tu auras besoin pour tracer un schéma :
- Une feuille de papier blanc
- Un crayon ou un porte-mine
- Une gomme à effacer
- Un ensemble de géométrie comprenant un compas, une règle, des équerres et un rapporteur d'angles

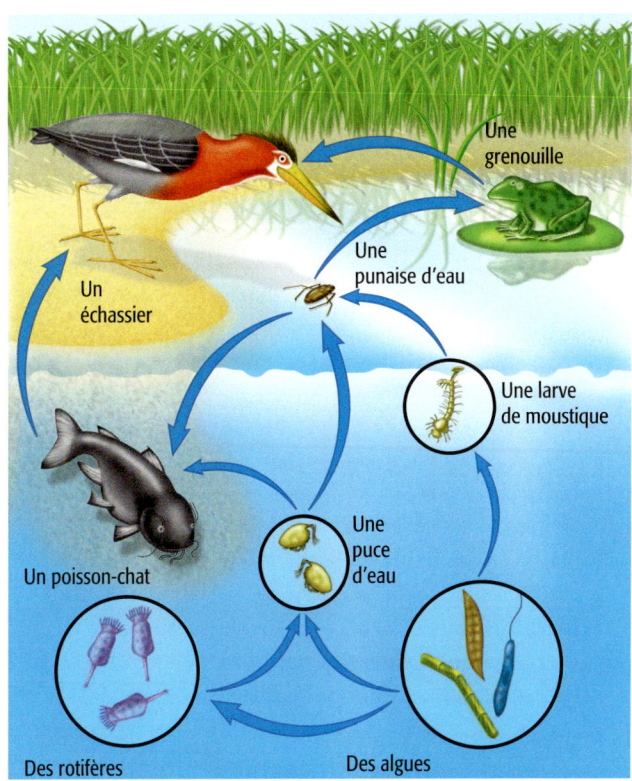

Figure 15 *Un schéma du réseau alimentaire de quelques habitants d'un marais*

Les symboles graphiques en technologie

Rappelle-toi que, si tu veux tracer un schéma clair, tu dois indiquer seulement les données essentielles. Tu dois aussi respecter certaines conventions qui facilitent le traçage et la lecture. Il existe de nombreux symboles pour représenter les différents éléments d'un dessin technique. La figure 16 en présente quelques-uns.

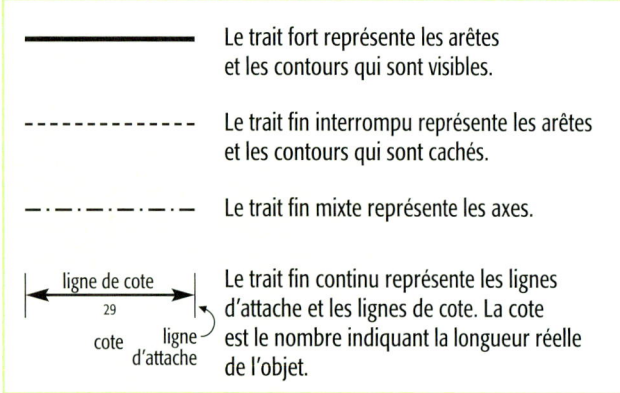

Figure 16 *Les différents traits en dessin technique*

On utilise des hachures entourées d'un trait pour représenter les coupes. Les coupes permettent de voir l'intérieur d'un objet. La figure 17 te donne deux exemples comprenant des coupes. Le premier illustre une pièce de bois traversée par deux trous. Le second montre deux pièces de métal jointes par une vis et un écrou.

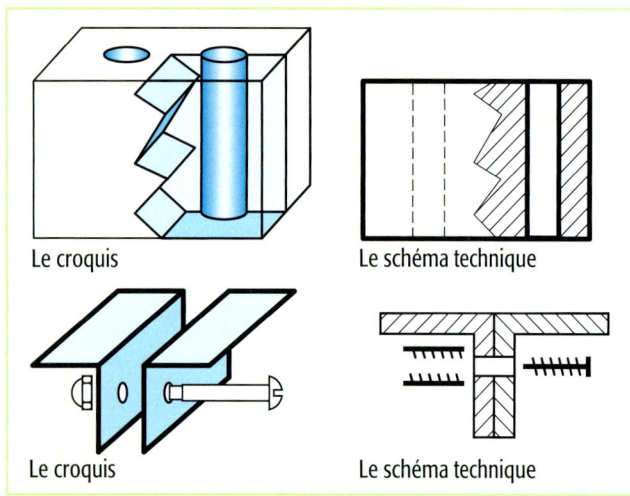

Figure 17 *Deux exemples de coupes*

Le symbole Ø indique la mesure du diamètre d'un cercle. Ainsi, pour tracer le cercle ci-dessous, on se sert d'un compas dont l'ouverture correspond à la moitié du diamètre, soit 13 mm.

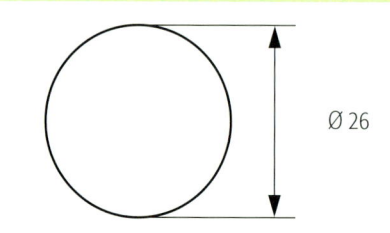

Le symbole R indique le rayon d'une courbe. Par exemple, dans la figure 18, le rayon correspond à l'ouverture du compas qui permet de tracer cette courbe. Le rayon correspond donc à la moitié du diamètre.

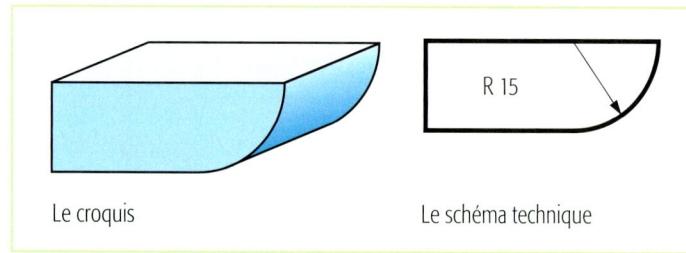

Figure 18 *Le traçage d'une courbe*

La figure 19 montre comment tu peux représenter, avec un schéma technique, un bloc de bois percé d'un trou.

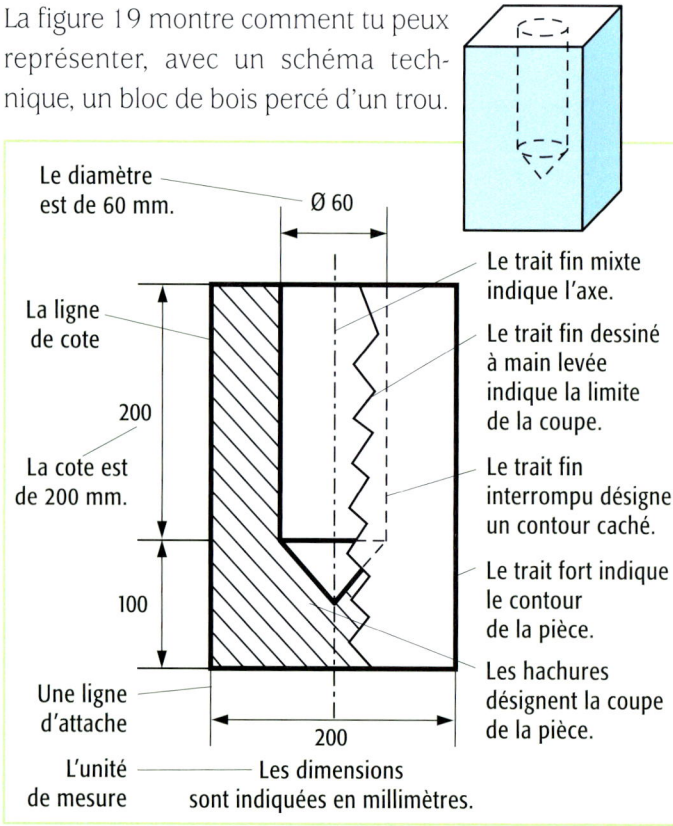

Figure 19 *Le vocabulaire utilisé en dessin technique*

Les instruments de géométrie

Les instruments de géométrie et l'ordinateur sont les principaux outils de la dessinatrice ou du dessinateur technique. Tu sais probablement déjà comment te servir d'un compas et d'un rapporteur d'angles. Voici donc un résumé de ce que ces outils permettent de faire.

Le compas

Un compas sert à tracer des cercles et des arcs de cercle.

Le rapporteur d'angles

Un rapporteur d'angles est utilisé pour mesurer et tracer des angles (*voir la figure 20*).

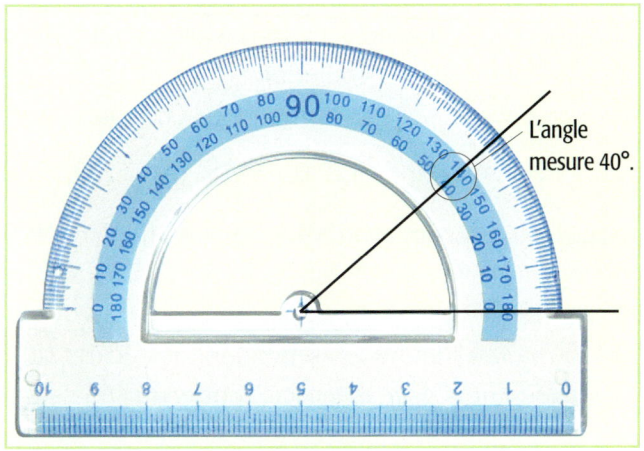

Figure 20 *Un rapporteur d'angles*

Les équerres à dessin

Les équerres permettent de tracer des angles de 30°, de 45°, de 60° et de 90°. Tu peux aussi t'en servir pour dessiner des droites parallèles (*voir la figure 21*).

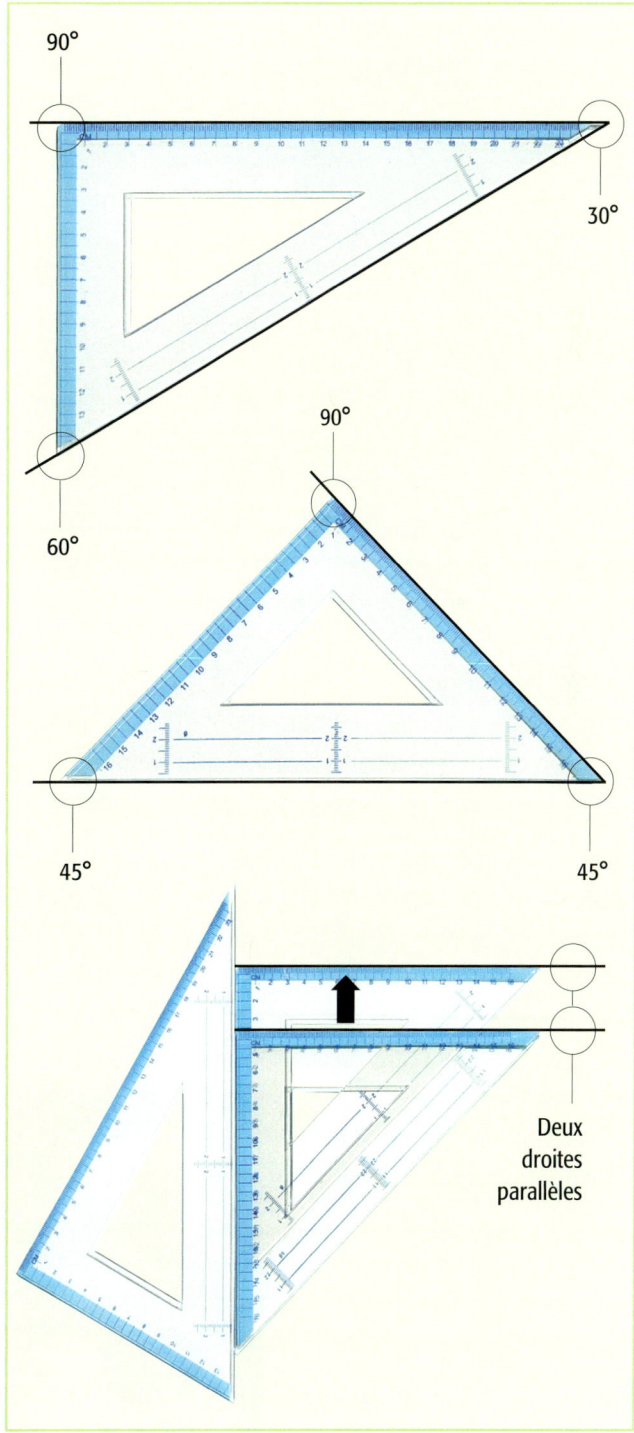

Figure 21 *Des équerres à dessin de différents formats*

OUTIL 8

Comment concevoir un modèle

Un modèle est une représentation simplifiée d'un phénomène ou d'un concept. On construit des modèles pour différentes raisons. C'est pourquoi il en existe plusieurs sortes (le modèle proprement dit, la maquette, la formule mathématique, etc).

Voici quelques raisons pour lesquelles on conçoit des modèles :

- Certains objets sont trop coûteux pour qu'on s'en serve au stade de l'expérimentation. Par exemple : un avion.
- Certaines expériences sont impossibles à réaliser. Par exemple : l'explosion d'un volcan.
- Certaines structures, comme celle de l'atome, sont trop petites pour qu'on puisse les voir. On construit donc un modèle atomique.
- Les modèles peuvent fournir une information assez précise pour certaines activités. Ainsi, le rythme cardiaque qu'il faut maintenir quand on s'entraîne est calculé à l'aide d'une formule mathématique.
- Certains modèles permettent de faire des prédictions avant que les phénomènes ne se produisent. Par exemple : les prévisions météorologiques.

Lorsqu'on construit un modèle, on tient compte seulement des caractéristiques qu'on veut analyser. Supposons que tu désires vérifier les conditions de flottabilité avant de construire un bateau. Tu pourrais façonner une coque avec de la pâte à modeler, comme l'illustre la figure 22. Il n'est pas nécessaire de construire une maquette du bateau pour étudier dans quelles conditions il flottera.

Figure 22
Une expérience sur la flottabilité

Parfois, le modèle doit être une **construction de l'objet à échelle réduite, c'est-à-dire une maquette**. Par exemple, pour étudier la résistance d'un pont, on peut en construire une maquette (*voir la figure 23*). On peut ensuite placer cette maquette dans un bassin d'eau, afin d'étudier l'effet des courants et des vagues.

Figure 23 *Une maquette de pont*

Un modèle peut aussi être une formule mathématique. Prenons l'exemple d'une personne qui fait du conditionnement physique. Pour s'entraîner efficacement, elle doit connaître son rythme cardiaque maximal. On peut obtenir cette information simplement avec la formule mathématique suivante :

$$\text{Fréquence cardiaque maximale} = 220 - \text{âge}$$

Ainsi, si tu as 14 ans, la fréquence maximale à laquelle ton cœur devrait battre quand tu fais de l'exercice est de 206 battements par minute :

$$\text{Fréquence cardiaque maximale} = 220 - 14 = 206$$

Rappelle-toi qu'un modèle demeure une approximation de la réalité. Ainsi, la fréquence cardiaque maximale de deux personnes du même âge n'est pas tout à fait identique. Cependant, les écarts sont généralement négligeables. Par contre, un athlète qui se prépare pour les Jeux olympiques aura avantage à employer un modèle plus précis.

OUTIL 9

Comment représenter un objet à échelle réduite

La fusée *Ariane 5* mesure environ 45 mètres de haut (*voir la figure 24*). Imagine que tu dois construire une maquette de cette fusée de 18 cm de haut. Quelle sera l'échelle de ta construction ?

Figure 24 *À gauche, la fusée* Ariane 5. *À droite, une maquette à échelle réduite de cette fusée.*

Rapport
Le quotient de deux grandeurs que l'on compare.

Construire un objet à échelle réduite, c'est respecter toujours le même **rapport** entre la mesure d'une pièce dans l'objet réel et la mesure de la pièce correspondante dans la maquette. Autrement dit, dans le cas de la fusée *Ariane 5*, tu devras respecter le rapport « 45 m correspond à 18 cm » pour toutes les pièces de ta maquette.

$$45 \text{ m} \triangleq 18 \text{ cm}$$

Voyons un exemple. Quelle dimension dois-tu donner dans ta maquette à une pièce qui mesure un mètre dans la fusée réelle ? Cette question revient à dire : « Par quel nombre faut-il diviser 45 m pour obtenir 1 m ? » La réponse est 45. Tu dois donc diviser par 45 la hauteur de la vraie fusée et celle de ta maquette. Tu obtiendras l'**échelle de ta maquette**.

L'échelle de la maquette

Maintenant, comment peux-tu savoir de quelle longueur sera le réservoir de la fusée dans ta maquette ? Le vrai réservoir mesure huit mètres. Pour obtenir la longueur du réservoir de ta maquette, multiplie par 8 chaque nombre de l'échelle. Le réservoir de ta maquette devrait mesurer 3,2 cm de long.

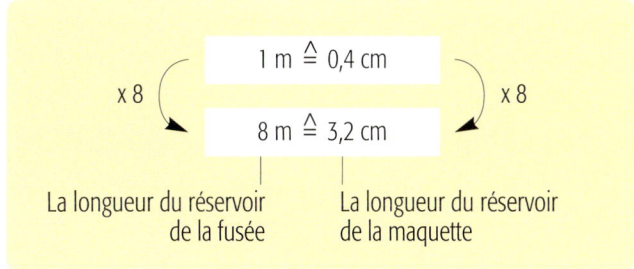

La longueur du réservoir de la fusée — La longueur du réservoir de la maquette

OUTIL 10

Comment utiliser les instruments d'observation

Les instruments d'observation servent de prolongement à tes sens. Ils te permettent de distinguer des éléments importants qui peuvent t'aider à résoudre des problèmes scientifiques et technologiques. Dans le présent outil, tu te familiariseras avec le fonctionnement de trois instruments : la loupe, le microscope optique et le binoculaire.

La loupe

Ses caractéristiques

- Une loupe est une lentille biconvexe. Dans ce type de lentille, les bords sont plus minces que le centre. La lentille de la loupe peut être en verre ou en plastique (*voir la figure 25*).
- Plus la lentille de la loupe est bombée, plus le grossissement est grand.
- Le grossissement d'une loupe varie entre 2 fois et 20 fois.

Comment utiliser la loupe

La loupe est souvent utile pour examiner plus en détail un timbre, un échantillon de roche ou un insecte, par exemple. Voici comment l'utiliser :

1. Place la loupe le plus près possible de ton œil.
2. Déplace ensuite l'objet que tu observes. Rapproche-le de la loupe jusqu'à ce que son image soit nette.

Figure 25 *Dans une lentille biconvexe, les bords sont plus minces que le centre.*

Le microscope optique

Ses composantes

Le microscope est utilisé en particulier pour grossir les objets qui sont trop petits pour être visibles à l'œil nu. Pour utiliser un microscope, tu dois connaître ses différentes composantes ainsi que leurs fonctions (*voir la figure 26*).

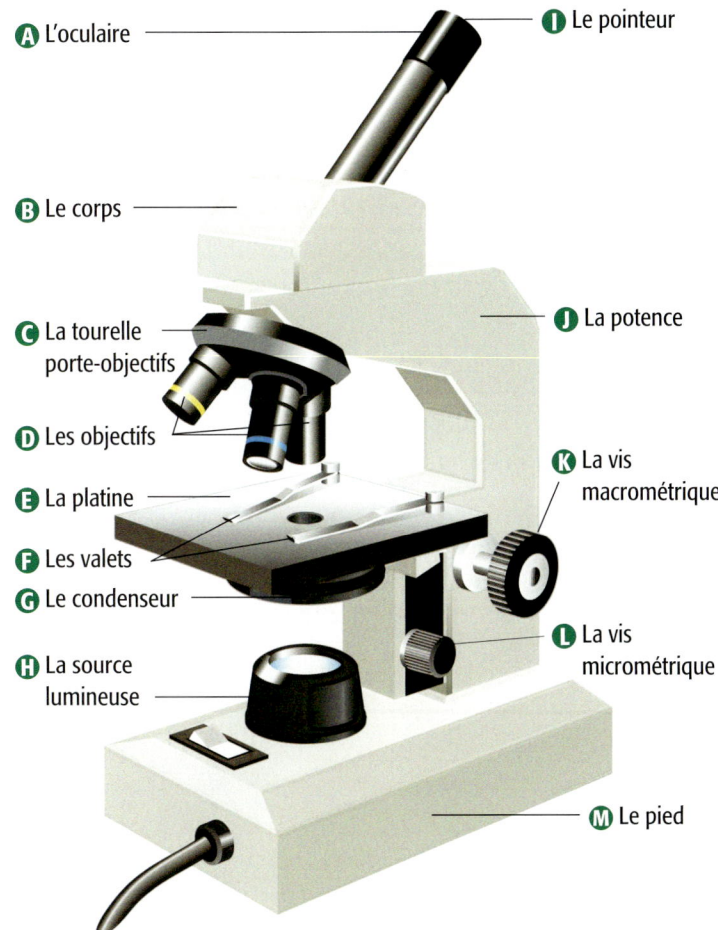

Figure 26 *Les différentes composantes d'un microscope*

A L'oculaire
C'est par l'oculaire que tu regardes. Dans la plupart des microscopes, l'oculaire grossit l'objet 10 fois (10×).

B Le corps
Le corps est composé de l'oculaire et des objectifs.

C La tourelle porte-objectifs
Ce disque pivotant porte les objectifs. On le fait tourner pour changer d'objectif.

D Les objectifs
Les objectifs grossissent l'objet examiné. Chaque objectif offre un grossissement différent. En général, un microscope optique est muni de quatre objectifs qui grossissent 4×, 10×, 40× et 100×. On calcule le grossissement en multipliant le chiffre indiqué sur l'oculaire (par exemple 10×) par celui inscrit sur l'objectif (par exemple 4×). Dans cet exemple, un objet paraîtra 40 fois plus gros au microscope qu'à l'œil nu.

E La platine
On dépose la lame sur la platine. Une ouverture au centre de la platine permet à la lumière de traverser la lame.

F Les valets
Les valets maintiennent la lame en place sur la platine.

G Le condenseur
Il dirige la lumière de la lampe vers l'objet examiné. Il comprend le diaphragme, qui détermine la quantité de lumière nécessaire pour examiner l'objet.

H La source lumineuse
Elle émet la lumière qui éclaire l'objet examiné.

I Le pointeur
C'est la flèche qui se trouve dans l'oculaire. Elle permet de pointer un endroit précis dans le champ de vision.

J La potence
La potence relie le pied au corps.

K La vis macrométrique
Cette vis permet de faire une première mise au point de l'image.

L La vis micrométrique
Cette vis plus petite permet de faire une mise au point plus précise de l'image. On l'utilise après avoir fait une première mise au point avec la vis macrométrique.

M Le pied
Le pied supporte le microscope.

Comment utiliser le microscope optique

1. Transporte toujours le microscope avec tes deux mains, de façon à le maintenir droit. L'une de tes mains devrait tenir fermement la potence. Ton autre main devrait soutenir le pied (*voir la figure 27*).

2. Branche l'appareil et assure-toi que la source lumineuse fonctionne.

3. Vérifie la propreté des lentilles en regardant dans l'oculaire. Si c'est nécessaire, nettoie les lentilles et la source lumineuse avec du papier à lentille.

4. À l'aide de la vis macrométrique, abaisse complètement la platine.

5. Place la lame sur la platine. Fixe-la sous les valets.

6. Vérifie l'ouverture du diaphragme et ajuste-la si c'est nécessaire.

7. À l'aide de la tourelle porte-objectifs, mets en place le plus petit objectif pour commencer.

8. Remonte très lentement la platine à l'aide de la vis macrométrique. Il ne doit pas y avoir de contact entre l'objectif et la lame.

9. Abaisse ensuite la platine jusqu'à ce que tu obtiennes l'image la plus nette possible (elle sera légèrement brouillée).

10. **Ne touche plus à la vis macrométrique.**

11. Sers-toi de la vis micrométrique pour obtenir une image plus nette.

12. Centre l'objet observé à l'aide du chariot mobile avant de passer au prochain objectif.

13. Dessine ce que tu vois au microscope.

14. Pour augmenter le grossissement, tu dois passer à l'objectif suivant. Fais ensuite la mise au point à l'aide de la vis micrométrique sans abaisser la platine.

15. Une fois le travail terminé, abaisse la platine et replace l'objectif au grossissement le plus faible. Retire aussi la lame.

16. Débranche ton appareil en tirant sur la fiche et non sur le cordon.

17. Nettoie le matériel (lentilles, objectif, lame, etc.) et range-le.

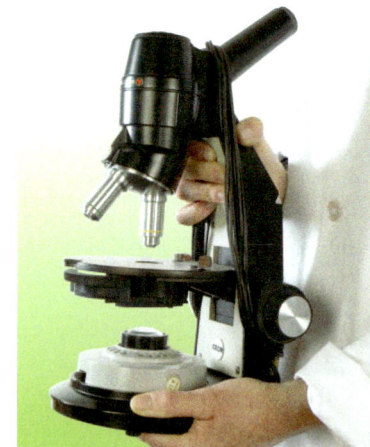

Figure 27 *Voici comment on doit transporter un microscope.*

Le binoculaire

Ses composantes

Le binoculaire est utile pour obtenir une image agrandie des objets visibles à l'œil nu (*voir la figure 28*). De plus, **cette image est en relief, car tu observes avec tes deux yeux à travers deux oculaires**. Un binoculaire peut grossir un objet jusqu'à 50 fois. On calcule le grossissement en multipliant le nombre indiqué sur l'oculaire (par exemple 10X) par celui inscrit sur l'objectif (par exemple 5X). Dans cet exemple, le grossissement est de 50X.

A Le bouton de la crémaillère
Ce bouton permet de monter et de descendre la tête du binoculaire.

B La lampe
La lampe doit être allumée si on veut faire une observation.

C La potence
La potence relie la tête au pied.

D L'interrupteur
L'interrupteur sert à mettre en marche le binoculaire.

E Le pied
Le pied supporte la plaque optique.

F Les oculaires
C'est l'endroit où tu regardes.

G Les tubes optiques
Les tubes optiques permettent un premier grossissement.

H La tête du binoculaire
C'est la partie qui relie les tubes optiques à l'objectif.

I L'objectif
L'objectif grossit l'objet à observer.

J La plaque optique ou platine
La plaque optique reçoit l'objet que tu veux observer.

K Les valets
Les lames métalliques qui servent à maintenir la lame en place.

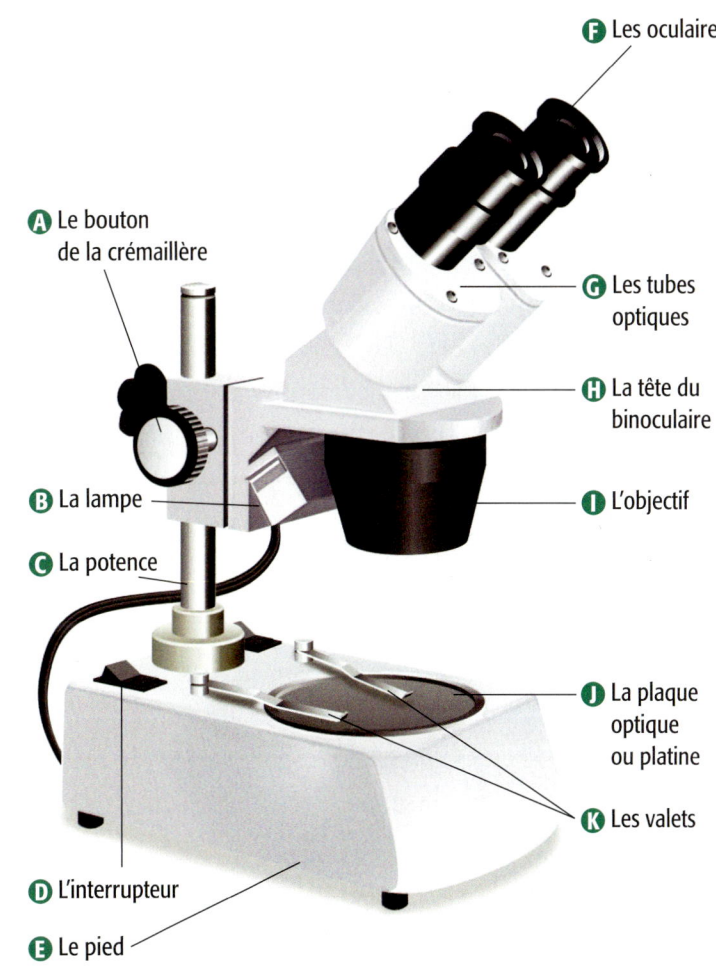

Figure 28 *Les différentes composantes d'un binoculaire*

Comment utiliser le binoculaire

1. Transporte toujours le binoculaire en le tenant avec tes deux mains, de façon à le maintenir droit. L'une de tes mains devrait tenir fermement la potence. Ton autre main devrait soutenir le pied.

2. Branche l'appareil, ouvre l'interrupteur et assure-toi que la lampe fonctionne.

3. Vérifie la propreté des lentilles en regardant dans les oculaires. Si c'est nécessaire, nettoie les lentilles et la source lumineuse avec du papier à lentille.

4. Choisis la couleur de la platine sur laquelle tu placeras l'objet à observer. La platine claire convient à un objet sombre et la platine sombre convient à un objet clair. Place l'objet à observer sur la platine choisie.

5. Éclaire bien l'objet à observer en positionnant la lampe correctement.

6. Adapte l'écartement des oculaires à tes yeux en les faisant pivoter sur les côtés.

7. Fais la mise au point pour obtenir une image nette. Procède en regardant uniquement dans l'oculaire non réglable et en tournant le bouton de la crémaillère.

8. En regardant avec les deux yeux, fais la mise au point pour obtenir une image en relief. Tourne ensuite l'oculaire réglable jusqu'à ce qu'il y ait une seule image, nette et en relief.

9. Débranche l'appareil en tirant sur la fiche et non sur le cordon.

10. Nettoie le matériel (lentilles, objectif, lame, etc.) et range-le.

▲ Une étoile de mer

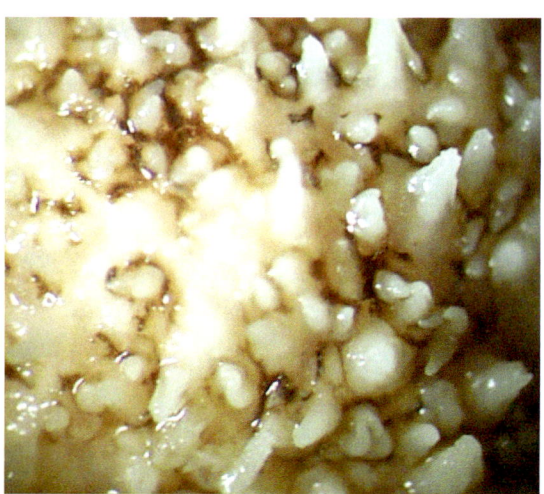

▲ Une portion de l'étoile de mer grossie 32X

OUTIL 11

Comment se servir des instruments de mesure

Les instruments de mesure permettent de recueillir de l'information sur divers objets. Mais tu dois les utiliser de façon appropriée pour obtenir des mesures précises. Dans cet outil, tu apprendras à te servir d'une balance, d'un dynamomètre, d'un cylindre gradué et d'un thermomètre.

La balance

La balance de laboratoire est un instrument permettant de **mesurer la masse d'un objet**, généralement en grammes (*voir la figure 29*). Voici la marche à suivre pour utiliser une balance à trois fléaux :

1 Tu dois d'abord calibrer la balance de la façon suivante :
   a) dépose la balance sur une surface horizontale et stable ;
   b) place les curseurs des trois fléaux à 0 ;
   c) vérifie si l'aiguille est bien alignée sur le 0 ;
   d) si c'est nécessaire, tourne la molette pour aligner l'aiguille sur le 0.

2 Pour effectuer une pesée, procède de la façon suivante :
   a) place l'objet sur le plateau ;
   b) déplace le curseur des centaines sur la graduation la plus à droite possible sans que le repère de l'aiguille descende sous le 0 ;
   c) déplace le curseur des dizaines sur la coche la plus à droite possible sans que le repère de l'aiguille descende sous le 0 ;
   d) avec un stylo ou une spatule, déplace le curseur des unités jusqu'à ce que l'aiguille s'aligne avec le 0 ;
   e) note la masse obtenue en additionnant les valeurs indiquées sur chaque échelle.

Les étapes précédentes te permettent d'obtenir la masse d'un objet solide. Pour connaître la masse d'un liquide ou d'une substance que tu ne peux pas placer directement sur le plateau d'une balance, tu devras effectuer deux pesées :

1 Effectue la pesée d'un contenant vide et propre.

2 Effectue la pesée du contenant et de la substance dont tu veux connaître la masse.

3 Calcule la masse de la substance de la façon suivante :

| Masse de la substance | = | Masse du contenant plein | − | Masse du contenant vide |

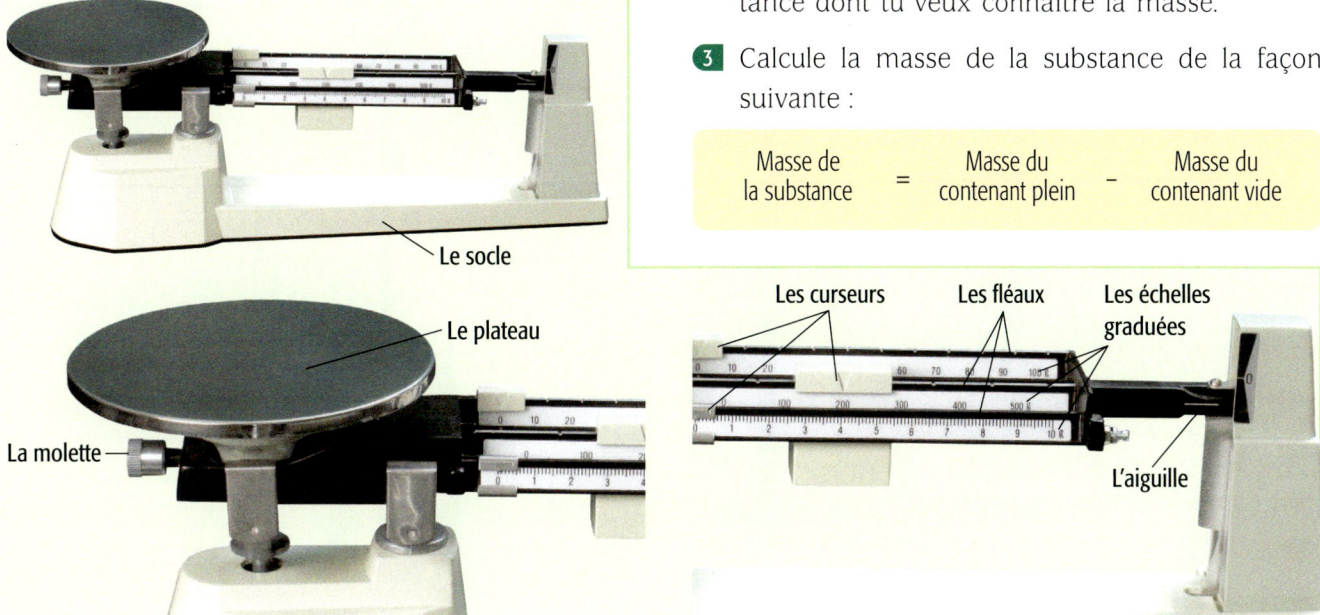

Figure 29 *Les composantes d'une balance à trois fléaux*

Le dynamomètre

Pour mesurer la grandeur ou l'intensité d'une force à l'aide d'un dynamomètre (*voir la figure 30*), effectue les opérations suivantes :

1 Calibre le dynamomètre :
   a) suspends le dynamomètre ;
   b) vérifie si le repère est bien aligné sur le 0 ;
   c) ajuste la molette si c'est nécessaire.

2 Effectue la mesure de la force :
   a) fixe au crochet du dynamomètre l'objet dont tu désires connaître la force ;
   b) lis la force en observant la position du repère sur les graduations en newtons.

Figure 30 *Les composantes d'un dynamomètre*

Le cylindre gradué

Mesurer le volume d'un objet ou d'un liquide consiste à déterminer l'espace qu'il occupe. Lorsque cet objet est un solide, par exemple une pierre, on mesure généralement le volume en centimètres cubes (cm^3). S'il s'agit d'un liquide, par exemple la quantité de lait dans un verre, on utilise habituellement des litres (L) ou des millilitres (mL). Note que $1\ mL = 1\ cm^3$. En général, on utilise un cylindre gradué pour mesurer le volume d'un liquide. Pour faire une lecture précise, les yeux doivent être à la hauteur du **ménisque** (*voir la figure 31*).

Mesurer le volume d'un solide par déplacement d'eau

Tu peux mesurer le volume d'un solide de forme irrégulière (comme un caillou) avec un cylindre gradué. Voici comment procéder :

1. Note le volume du liquide. Dans l'exemple de la figure 32, le volume du liquide est de 50 mL.
2. Incline le cylindre gradué et fais glisser le caillou sur la paroi. Note de nouveau le volume. À la figure 32, l'ajout du caillou a fait passer le volume à 62 mL.
3. La différence entre les deux mesures indique le volume de ton solide. Dans ce cas, le caillou occupe un volume de 12 mL (62 − 50 = 12 mL) ou 12 cm^3.

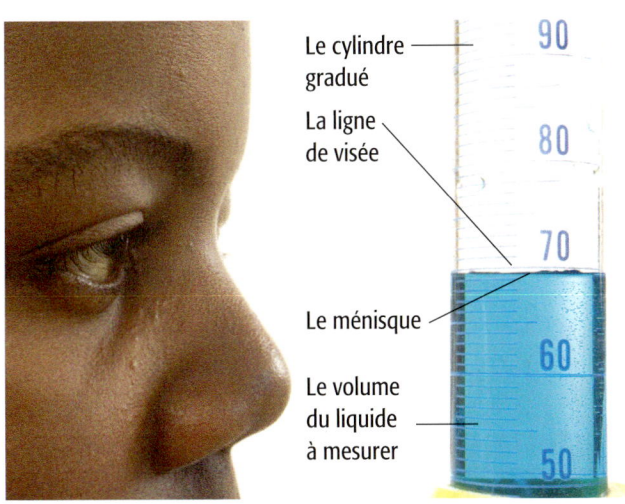

Figure 31 *Une lecture à la hauteur du ménisque*

> **Ménisque**
> La courbe formée par un liquide lorsqu'il rencontre la paroi d'un contenant.

Mesurer le volume d'un liquide

Pour mesurer le volume d'un liquide, suis les étapes suivantes :

1. Verse le liquide dans un cylindre gradué.
2. Dépose le cylindre gradué sur une surface horizontale et stable, comme une table.
3. Place ton œil à la même hauteur que le haut de la colonne de liquide.
4. Note la mesure au centre du ménisque, c'est-à-dire au point le plus bas.

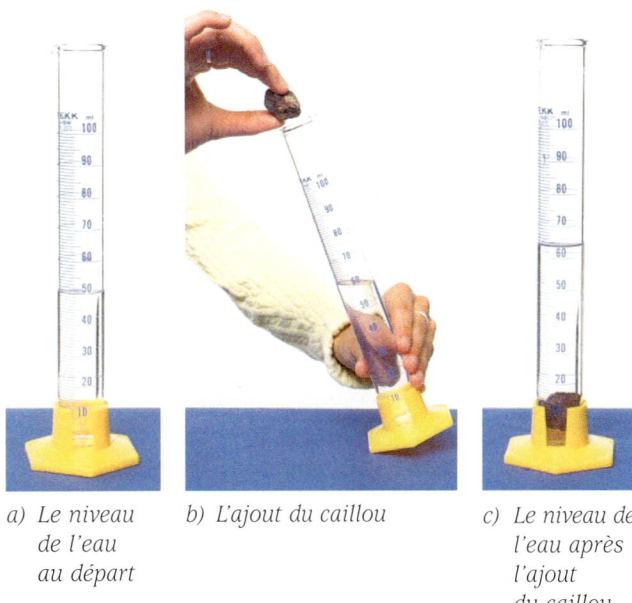

a) Le niveau de l'eau au départ

b) L'ajout du caillou

c) Le niveau de l'eau après l'ajout du caillou

Figure 32 *Le volume du caillou équivaut à la différence entre les niveaux du liquide avant et après l'immersion du caillou.*

La méthode du vase à trop-plein

Tu veux mesurer le volume d'un solide de forme irrégulière ? Tu peux utiliser le vase à trop-plein (*voir la figure 33*). Il permet d'obtenir des mesures plus précises que le cylindre gradué. Voici les étapes à suivre :

1. Remplis d'eau un vase à trop-plein et recouvre le bec avec ton doigt.

2. Dépose le vase à trop-plein sur une surface plane et enlève ton doigt du bec.

3. Place le cylindre gradué en dessous du bec. Il pourra ainsi recevoir l'eau déplacée.

4. Dépose délicatement l'objet dont tu veux mesurer le volume dans le vase à trop-plein. Assure-toi que tes doigts ne touchent pas l'eau.

5. Recueille dans un cylindre gradué l'eau déplacée par l'objet.

6. Mesure le volume de l'eau contenue dans le cylindre gradué. La quantité d'eau déplacée par l'objet correspond à son volume.

Figure 33 *La mesure à l'aide d'un vase à trop-plein*

Le thermomètre

On mesure la température à l'aide d'un thermomètre (*voir la figure 34*). Lorsqu'une substance est chaude, sa température est élevée. Lorsqu'une substance est froide, sa température est peu élevée. Au laboratoire de ton école, tu utiliseras probablement un thermomètre à alcool.

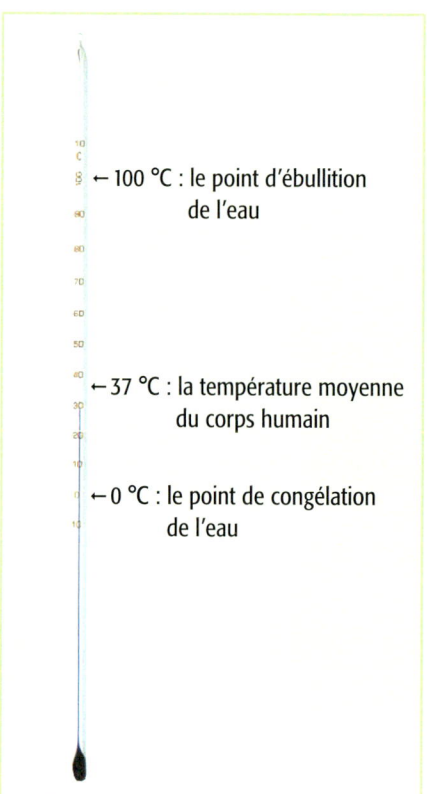

Figure 34 *Un thermomètre*

Voici quelques précautions à prendre lorsque tu te sers d'un thermomètre :

1. Manipule le thermomètre avec précaution. Comme il est en verre, il peut se casser facilement. S'il contient du mercure, ne jette pas le mercure dans l'évier ou la poubelle : ce métal est toxique. Ne tiens pas le thermomètre par le réservoir.

2. N'utilise jamais un thermomètre pour agiter une substance.

3. Ne laisse pas un thermomètre toucher les parois du contenant dans lequel il se trouve.

OUTIL 12

Comment utiliser des instruments de technologie

Pour réaliser les activités à caractère technologique, tu dois être capable d'utiliser correctement certains outils. Les indications ci-dessous t'aideront à utiliser prudemment les outils suivants :
- la scie à dos et la boîte à onglets ;
- la chignole ;
- la perceuse ;
- la riveteuse ;
- la clé à molette ;
- le pistolet à colle chaude.

Porte toujours des lunettes de sécurité lorsque tu manipules des outils.

La scie à dos et la boîte à onglets

Avec la scie à dos et la boîte à onglets, tu peux couper des pièces de bois à 45° ou à 90°. De telles coupes te permettent de fabriquer des plinthes (bandes de bois au bas d'un mur) ou des encadrements. Fais attention aux objets tranchants.

Voici comment tu dois utiliser la scie à dos et la boîte à onglets :

1. Marque le **point de coupe** avec un crayon à mine.
2. Appuie la pièce de bois dans le coin de la boîte à onglets le plus éloigné de toi.
3. Aligne la marque du point de coupe avec les fentes de la boîte de façon à couper dans le **rebut**.
4. Place la scie dans les fentes.
5. Débute avec de petits coups de scie vers l'avant. Continue avec un mouvement de va-et-vient.

La chignole

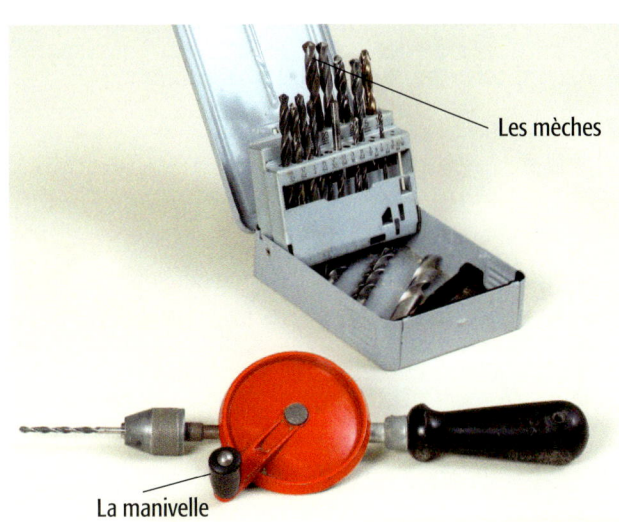

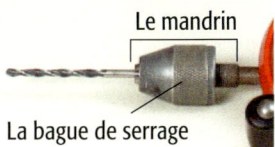

Figure 35 *Les parties d'une chignole*

La chignole est une perceuse manuelle actionnée par une manivelle (*voir la figure 35*). Elle permet de percer des trous de 1/32 pouce à 1/4 pouce (de 0,8 mm à 6 mm) dans le bois, le métal et les matières plastiques.

Voici comment utiliser la chignole :

1. Choisis la mèche appropriée.
2. Place la mèche dans le mandrin.
3. Tourne la bague de serrage pour immobiliser la mèche.
4. Perce un trou de départ avec un **pointeau**.
5. Place la mèche dans le trou de départ.
6. Tourne la manivelle.
7. Pour ne pas briser la mèche, applique une pression seulement lorsque la chignole descend ou monte.

Point de coupe
L'endroit où on veut scier une pièce de bois.

Rebut
La partie d'une pièce de bois que l'on ne veut pas conserver.

Pointeau
Une tige métallique pointue utilisée pour marquer le centre d'un trou que l'on veut percer.

La perceuse

La perceuse permet de faire des trous dans le bois, le métal et les matières plastiques (*voir la figure 36*). Utilise la perceuse en respectant les étapes suivantes :

1. Assure-toi que l'appareil est débranché.
2. Choisis la mèche appropriée.
3. Place la mèche dans le mandrin.
4. Tourne la bague de serrage pour immobiliser complètement la mèche.
5. Perce un trou de départ avec un pointeau.
6. Place la mèche dans le trou de départ.
7. Branche l'appareil et appuie sur la gâchette en appliquant une pression.

Figure 36
Les parties d'une perceuse

La riveteuse

La riveteuse permet d'assembler deux pièces de métal sans les souder (*voir la figure 37*). Voici comment tu dois utiliser la riveteuse :

1. Immobilise les pièces à **riveter** à l'aide d'un étau ou d'une serre en C.
2. Dans les pièces, perce un trou dont le diamètre est légèrement supérieur à celui du rivet (par exemple, 4,5 mm pour un rivet de 4 mm).
3. Enfonce le mandrin du rivet dans la tête de la riveteuse. Serre légèrement la poignée pour que le rivet ne tombe pas.
4. Enfonce le rivet dans le trou.
5. Serre la poignée jusqu'à ce que le mandrin se brise.
6. Relâche la poignée et jette le mandrin.

Riveter
Assembler deux feuilles de matériaux (métal, plastique, etc.) à l'aide d'un ou de plusieurs rivets.

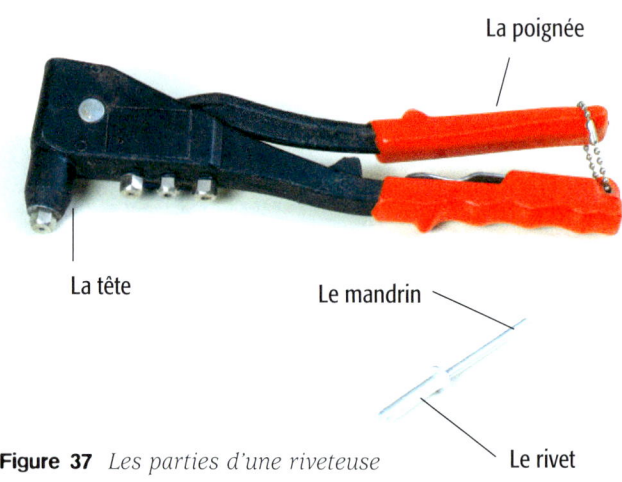

Figure 37 *Les parties d'une riveteuse*

La clé à molette

La clé à molette permet de serrer et de desserrer des écrous et des boulons (*voir la figure 38*). Voici comment on utilise cet outil :

1. Place l'écrou ou la tête du boulon entre les mâchoires de la clé à molette.

2. Tourne la molette pour régler les mâchoires. Celles-ci doivent s'ajuster à la taille de l'écrou ou à celle de la tête du boulon.

3. Tourne la clé dans le sens des aiguilles d'une montre pour serrer. Tourne dans le sens contraire pour desserrer.

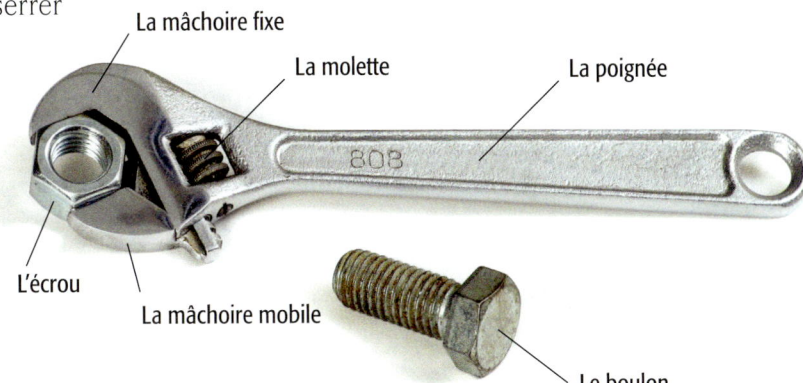

Figure 38 *Les parties d'une clé à molette*

Le pistolet à colle chaude

Un pistolet à colle chaude permet d'assembler rapidement et solidement des surfaces (*voir la figure 39*). Il est pratique pour coller des pièces difficiles à maintenir en place. Il peut coller le métal, le bois, la céramique, la porcelaine, le carton, le cuir, le polystyrène et les tissus. Voici comment on utilise le pistolet à colle chaude :

1. Mets un bâton de colle dans le pistolet.

2. Branche le pistolet et laisse-le chauffer pendant cinq minutes. Attention ! L'embout du pistolet et la colle peuvent devenir très chauds.

3. Applique la colle sur les surfaces à assembler en appuyant sur la gâchette.

4. Mets les pièces en position.

5. Applique une légère pression le temps que la colle durcisse.

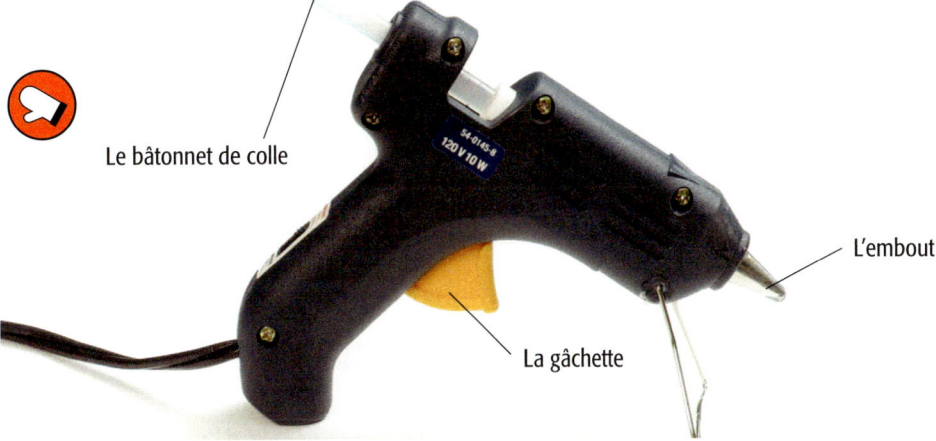

Figure 39 *Les parties d'un pistolet à colle chaude*

Glossaire et index

A

Abeille, 8, 9
Abris des animaux, 11
Abscisse : Une valeur de la variable qu'on représente sur l'axe horizontal. Cette variable est aussi appelée « variable *x* ». 441-444
Abysse : Un endroit où l'océan est extrêmement profond. On appelle aussi l'abysse une « fosse sous-marine ». 292, 320
Acide : Une substance qui a un pH inférieur à 7. Le vinaigre et le citron sont des substances acides qui ont un goût aigre. 183, 307
    sulfurique, 333
Acidification (des précipitations) : La diminution du pH des précipitations au-dessous de 5,6, ce qui les rend acides. 330, 333
Acidité. *Voir* Acide(s)
Adaptation(s) : Une modification physique ou comportementale qui permet à une espèce de survivre dans son milieu. 225
    des insectes
        comportementales, 15, 20
        physiques, 7, 8, 9, 15, 20
    hivernale des arbres, 35
    réussie, 215
ADN, 97
    humain, 98, 122
Adolescence, 99, 122, 271
    besoins énergétiques à l'–, 109
    croissance à l'–, 109
    et la puberté, 99, 122
Agriculture, 130
Aiguilles d'une feuille, 34
Aimant droit : Un aimant qui a la forme d'un barreau. Il existe aussi des aimants en forme de fer à cheval, de cercle, etc. 30
    pôles d'un –, 30
Air : Le mélange des gaz qui entourent le globe terrestre. L'air est surtout composé d'azote et d'oxygène. 293
    constituants de l'–, 293
    dans le sol, 128
    humidité de l'–, 58
    masse d' – chaud, 58
    mouvement de l'–, 87
    pur, 293
    stabilité de l'–, 338
Alambic, 150
Alimentation, 104, 109
    changements chimiques et physiques lors de l'–, 107, 108, 109, 110, 122

Aliments, 115
Alizés, 335
Allergies alimentaires, 115
Aluminium, 291
Amidon, 107, 110
Amphibiens, 10
Anatomie : L'étude de la forme et de la disposition des organes des êtres humains, des animaux ou des végétaux. 219
Ancêtre fossile : Un être vivant qui a vécu il y a très longtemps et dont on a découvert les restes ou les empreintes de la totalité ou d'une partie du corps. 219, 305
Angiosperme, 243
Animaux
    abris des –, 11
    de la forêt, 28
        menaces pesant sur les –, 28, 40
Année solaire, 360
Appareil buccal des insectes, 8
Appareil digestif humain, 109, 110, 112, 115, 122
Arbre(s), 22
    adaptation hivernale, 35
    avantages des –, 24
    branches de l'–, 34
    caractéristiques des –, 25
    climat adapté aux –, 35
    conifères, 34
    cycle annuel des –, 35
    cycle de vie des –, 34
    espèces d'–, 25
    et la photopériode, 28
    feuilles des –, 34
    feuillus, 34
    fruits de l'–, 34, 35
    germination des graines d'–, 35
    identification des –, 33, 34
    nom des gamètes des –, 35
    nom des organes reproducteurs des –, 35
    nourriture de l'–, 36
    parasites et autres bestioles, 35
    parties des –, 34
        rôles, 35
    plante vivace et ligneuse, 34
    sève, 36
    sol adapté aux –, 35
    stades de développement, 35
    tiges de l'–, 34, 35
    usages des –, 24
Arbre généalogique, 217
Arc-en-ciel, 349
Arthropodes, 7, 10
Astéroïde : Un petit objet céleste. Son diamètre ne mesure pas plus de quelques centaines de kilomètres. 352

Asthénosphère : La couche sur laquelle flottent les plaques tectoniques. Cette couche se compose de roches solides contenant parfois un peu de liquide. 316
Atmosphère : L'enveloppe gazeuse qui entoure la Terre. 51, 55, 292
    mouvements de l'–, 55, 56
    simulateur des –, 56
Atome : La plus petite unité de matière. 203-204, 209
Aurore polaire boréale : Un phénomène lumineux qui apparaît dans le ciel de l'hémisphère Nord. 295, 363
Axe
    de rotation, 435
    de la Terre, 362
    des abscisses, 441-444
    des ordonnées, 441-444

B

Bactérie : Un organisme unicellulaire dépourvu de noyau, par exemple l'*Escherichia coli*. 116, 122, 218
Balance, 457
Barrages hydroélectriques, 400
Base : Une substance ayant un pH supérieur à 7. Le bicarbonate de sodium est une substance basique qui a un goût amer. 107, 183, 187
Basicité : La qualité d'une substance dont le pH est supérieur à 7. *Voir* Base
Bateau
    coque, 81, 87
    direction du –, 87
    et le frottement de l'eau, 83
    et le vent, 81, 82
    flottabilité, 85
    mât, 83
    quille, 81
    redressement d'un – après un chavirement, 85-87
    stabilité d'un –, 81
Bicyclette, 44, 63
    composantes d'une –
        chaîne, 69, 87
        dérailleur, 68, 69
        freins, 68
        guidon, 68
        jantes 68
        levier, 68
        pédalier, 69, 87
        pignons, 68, 69, 87
        plateaux, 68, 69
        rayons, 68

roues, 68, 87
selle, 68
système de propulsion d'une –, 69
extrants, 69
fonctionnement, 74
intrants, 69
liaisons, 69
Bielle et manivelle, 423, 424
Binoculaire, 455-456
Biomasse, 343
Biosphère, 291, 292
Biotechnologie, 113
mise en conserve, 113
pasteurisation, 113
Boîte à onglets, 461
Boussole, 29
aimant de la –, 30
fonctionnement de la –, 29, 30
Brevet, 380
demande de –, 377
Brise
de mer, 337
de terre, 337

Cadence : En cyclisme, c'est le nombre de tours de pédalier par minute. 71, 87
Cahier des charges : L'ensemble des spécifications, des besoins et des objectifs reliés à un projet. 31, 32, 114, 376, 378, 379, 381
Calcium, 299
Came et tige guidée, 423, 424
Caractéristiques du vivant : Ce qui distingue les organismes constitués d'une ou de plusieurs cellules. Ces cellules sont capables d'organiser des réactions chimiques utiles à leur survie et de se reproduire. 277
Caractéristiques physiques d'un terrarium semi-aquatique, 13
absorption des odeurs, 13
camouflage des animaux, 13
circulation de l'air et de l'eau, 13
composition du sol, 13
croissance des plantes, 13
Carnivore : Qui se nourrit d'animaux. 232
Cataracte : Une maladie de l'œil au cours de laquelle le cristallin devient totalement ou en partie opaque. Cela empêche la lumière de passer. 296
Catastrophes naturelles, 46
Ceinture
d'astéroïdes, 353
de feu du Pacifique, 327

Cellule(s) : L'unité de base des vivants. 109, 110, 111
animales, 96
de convection, 334
de l'appareil digestif humain, 110, 111, 112
matériel génétique de la –, 97
membrane de la –, 112
noyau de la –, 97
olfactives, 159, 160
reproductrices, 122
sexuelles, 96
végétales, 96
Cellule de convection : Le mouvement en boucle de la masse d'air chaud et de la masse d'air frais qui est contenue dans l'atmosphère. 334
Centrales
marémotrices, 398
nucléaires, 400
Centrifugation : Un procédé qui consiste à séparer les constituants d'un mélange à l'aide d'un mouvement de rotation rapide. 148
Chaîne(s), 384, 419, 420
alimentaire, 232
dans un terrarium semi-aquatique, 21
de montagnes, 317, 331
et les précipitations, 58
Chaleur, 306
Champ magnétique terrestre, 290
Champignon : Un organisme qui se nourrit de matière organique (donc incapable d'effectuer la photosynthèse) et qui se reproduit au moyen de spores, par exemple les levures et les moisissures. 218
Changements chimiques : Ces changements provoquent l'apparition de nouvelles substances qui possèdent leurs propres propriétés. 193, 194
Changements climatiques
dessèchement, 72
inondations, 72
Changements physiques : Ces changements sont des changements d'état de la matière. Dans de tels changements, les particules de la substance restent les mêmes. 191
Chignole, 461
Chlorofluorocarbones (CFC), 296
Chromatographie, 39, 40
Chromosome : Une structure qui renferme l'ADN d'une cellule. Les chromosomes contiennent tous les caractères génétiques d'un individu. Chez les animaux et les végétaux, les chromosomes sont situés dans le noyau. 97, 236-237

Cisaillement, force de –, 411
Clé à molette, 463
Clé d'identification, 6
des insectes, 6
des invertébrés, 6
Clientèle cible, 161, 167, 376, 432
Climat, 52
adapté aux arbres, 35
Clonage, 98
Cohésion : La force qui maintient ensemble les particules d'une substance. 59
Coin, 412, 416
Comète : Un corps céleste composé de glace et de roches. Elle décrit une orbite très allongée autour du Soleil et elle est suivie d'une traînée lumineuse. 357
Communication
à l'aide de supports visuels, 439
orale, 438-439
Compas, 445, 449
Compost : Un mélange de substances organiques et minérales ressemblant à de la terre noire. Le compost résulte de la décomposition des résidus végétaux et animaux. 134, 190
Compression, force de –, 410
Conception : Une activité qui consiste à élaborer un projet dans le but de créer un produit. La ou les personnes qui se chargent de la conception ne sont pas nécessairement celles qui en ont eu l'idée. 376, 378
Concision : La qualité d'un texte ou d'un discours qui exprime beaucoup en peu de mots. 438
Condensation : Le passage de l'eau de l'état gazeux à l'état liquide ou solide. La rosée, le givre et la pluie en sont des exemples. 53, 54, 87, 89, 332
Condom, 122
Conduction, 135
Conifères, 34, 243, 247
Conservation de la masse : La masse des substances qui subissent une transformation est toujours égale à la masse des substances qui en résultent. 194
Consommateurs, 19, 232, 233
carnivores, 19, 232, 233
herbivores, 19, 232, 233
omnivores, 19, 232, 233
Contraception : Les moyens ou les méthodes pour empêcher la fécondation d'un ovule par un spermatozoïde ou, s'il y a eu fécondation, la nidation de l'œuf fécondé. 116, 120, 121, 122, 272-273

Coque : La surface extérieure d'un bateau et sa charpente. On y fixe des équipements tels le mât, la quille et le gouvernail. 81
Cordon ombilical, 263
Corrosion : Une réaction chimique provoquant la destruction progressive d'un objet. Par exemple, l'oxygène et le fer réagissent ensemble pour provoquer la rouille en présence d'air ou d'eau. 89
Couche(s)
    d'ozone, 296
    de l'atmosphère, 294, 295, 364
Courant de convection : Un mouvement qui se produit dans un liquide ou un gaz lorsqu'il existe, entre autres, une différence de température à l'intérieur de cette substance. 317, 318
Courroies, 384, 419, 420
Cycle
    annuel des arbres, 35
    de l'eau. *Voir* Cycle de l'eau
    de vie. *Voir* Cycle de vie
    des jours et des nuits, 359
    des saisons, 361
    menstruel, 261
Cycle de l'eau : La circulation de l'eau dans l'atmosphère et la terre. Cette circulation est entraînée principalement par l'évaporation, la condensation et les précipitations. 48, 62, 87, 332, 333
Cycle de vie : L'ensemble des stades de développement d'une espèce, de la conception à la mort. 16, 17, 34, 99, 100
    des petits animaux dans un terrarium semi-aquatique, 11, 13-15
Cylindre gradué, 459-460

Décantation : Une méthode qui permet de séparer un mélange hétérogène qui présente des couches afin d'obtenir des substances distinctes. 150, 199
Déclinaison magnétique, 30
Décomposeurs, 233
Déforestation, 24
Degré d'acidité ou de basicité, 185
    et le pH, 186
Démarche
    expérimentale, 430-432
    scientifique, 430
    technologique, 88, 125, 162, 164, 166, 167, 376, 433, 434

Dérailleur : La composante d'une bicyclette qui permet à la chaîne de passer d'un pignon à un autre ou d'un plateau à un autre. 68, 69
    fonction mécanique élémentaire des –, 69
Dérive des continents, 315
Désertification, 44
Déshydrateur, 113
Dessèchement, 72
Développement : La distance parcourue par une bicyclette lorsque le pédalier fait un tour complet. 69
Développement humain, stades du –
    adolescence, 122
    âge adulte, 122
    enfance, 122
    petite enfance, 122
Diagramme(s)
    à bandes, 442
    à ligne brisée, 444
    circulaire, 445
    linéaire, 20, 444
Diazote, 136, 293
Diffusion : Le mouvement des particules lorsqu'elles se déplacent d'une région où elles sont concentrées vers une région où elles sont moins concentrées. 111, 112, 122, 282
Digestion, 107, 109, 110, 122
Dioxygène, 293
Dissolution : Quand deux ou plusieurs substances se mélangent pour former une solution, on dit qu'il y a dissolution. 197
    soluté, 197
    solvant, 197
Distillat, 163, 164, 201
Distillation, 150, 162, 163, 200
    mélange homogène, 201
    résidu, 201
Diurne : Qui est actif le jour. 11
Dorsale(s), 316
    du Pacifique Est, 319
    médio-atlantique, 319, 324, 327
Drainage : Une méthode qui facilite l'écoulement de l'eau en excès dans un sol. 132, 133
Dynamomètre : Un appareil qui mesure la force appliquée. 79, 407, 458

Eau : À 25 °C, l'eau est un liquide incolore transparent, sans goût ni odeur, dont chaque molécule est formée de deux atomes d'hydrogène et d'un atome d'oxygène. La formule chimique de l'eau est H_2O. 136, 291, 298, 299
    changements physiques de l'–, 49
        condensation, 53, 54
        évaporation, 49, 54, 61
        transpiration, 49, 61
    cycle de l'–, 48, 62
    dans l'atmosphère, 61
    dans le sol, 128
    de Cologne, 165
    douce, 88, 299, 300
    infiltration d'–, 61
    mouvements de l'–, 48
        dans le sol, 59
    pluie, 61
    point de congélation de l'–, 52
    poussée de l'–, 80
    ruissellement de l'–, 61
    salée, 88
    souterraine, 60
    vapeur d'–, 53
Eau potable : Une eau qui ne présente pas de risques pour la santé des gens. Sa qualité est garantie par les normes. 300, 301
Échelle, 442, 450
Éclipse : C'est ce qui se produit lorsqu'un corps céleste masque un astre et que ce dernier n'est momentanément plus observable. 370
    lunaire, 371
    solaire, 370
Écosystème(s), 2, 5, 10, 22, 28
    en miniature, 4
    érablière, 28
    forêt, 22
Écosystème semi-aquatique : Un ensemble écologique formé par un rivage et une étendue d'eau peu profonde, de même que tous les êtres vivants qui y habitent. 5, 10
    animaux adaptés à un –, 10
        amphibiens, 10
        arthropodes, 10
        identification des –, 15
        mollusques, 10
        reptiles, 10
        vers, 10
Effet de corps noir, 348
Effet de serre : L'emprisonnement de la chaleur par l'atmosphère entre le sol et les nuages. Ce phénomène naturel est amplifié par des gaz polluants présents dans l'atmosphère. 73, 354
Électrons, 204
Élément : Tous les atomes qui ont le même nombre de protons. 209, 210
Embryon, 242, 250-251, 262, 263

Énergie : C'est ce qui est utilisé pour produire un travail. Par exemple, la nourriture fournit aux humains de l'énergie pour s'activer. L'énergie se mesure en joules dans le système international d'unités. 71, 346, 395
  cinétique (ou de mouvement), 340, 341, 396
  élastique, 396
  formes d'–, 341, 395, 396
  lumineuse, 396
  magnétique, 397
  manifestations de l'–, 395
  naturelle, 340
  non renouvelable, 342
  potentielle, 340, 341, 396
  renouvelable, 342, 343
  solaire, 350
  sonore, 397
  transformations de l'–, 395, 398, 401

Énergie chimique : Une énergie dégagée par la transformation de la matière. 340, 341, 346, 397

Énergie électrique : Une énergie produite par un courant électrique. 346, 396

Énergie mécanique : Une énergie résultant de la somme de l'énergie potentielle et de l'énergie cinétique. 346, 396

Énergie nucléaire (ou atomique) : Une énergie provenant des réactions qui se produisent dans le noyau de l'atome. 340, 341, 342, 397

Énergie rayonnante : Une énergie résultant de la somme de l'énergie potentielle et de l'énergie cinétique. 340, 341

Énergie thermique (ou chaleur) : Une énergie qui se manifeste sous forme de chaleur. 340, 341, 342, 343, 346, 397

Engrenages, 384, 419, 421
Environnement, 44
  conséquences de nos gestes sur l'–, 48
Équerres à dessin, 449
Équilibre énergétique, 106

Érosion : L'usure que l'eau, le vent et certaines interventions humaines font subir aux roches et aux sols. 310, 329, 330, 365
  agents de fragmentation des matériaux de surface, 329
  étapes de l'–, 329
  facteurs d'–, 330
  météorisation, 329
  sédimentation, 329
  transport, 329

Éruption : L'écoulement en surface de matières volcaniques (lave, cendres, gaz carbonique, etc.) provenant des profondeurs. 322, 323

Espèce(s) : Un groupe d'individus semblables qui peuvent se reproduire entre eux et dont les petits peuvent également se reproduire. 216, 218
  évolution des –, 95, 97, 122
  Homo, 95
  Homo sapiens, 94, 95
  humaine, 94, 95
  mammifères, 95
  perpétuation des –, 96
  reproduction des –, 122
  sélection naturelle des –, 122

Essieu : Une longue tige dont les extrémités entrent dans une ou plusieurs roues. 412, 416

États de la matière : Les trois formes que peuvent prendre les substances sur Terre : solide, liquide et gazeuse. 175-177

Étoile : Un gros astre qui produit de la lumière. Notre Soleil est une étoile. 295, 358, 366

Être(s) vivant(s)
  adaptés à un terrarium semi-aquatique, 10, 11, 15, 17, 18
  classes des –, 222
  de la forêt, 28
  invertébrés, 222
  microscopiques, 18
    dans le sol, 128
  pluricellulaires, 18
  unicellulaires, 18
  vertébrés, 222

Étude de marché, 161, 169, 376

Évaporation : Le processus par lequel l'eau passe de l'état liquide à l'état gazeux. 49, 87, 89, 332

Évapotranspiration, 332

Évolution : L'ensemble des transformations subies par une forme de vie au fil des générations. 96, 215, 235
  de l'espèce humaine, 95
  des espèces, 97
  et la sélection naturelle, 235
  et les dinosaures, 95

Extrant : Un élément qui est produit par un système (vivant ou non vivant) et qui en sort. 69, 390

F

Fabrication : L'ensemble des opérations aboutissant à la construction d'un objet imaginé par des conceptrices ou des concepteurs. 376, 378

Faille : Une fissure dans la croûte terrestre. 319

Faisabilité : Une étude de faisabilité sert à déterminer si un projet est réalisable. Elle tient compte de l'échéancier, des connaissances techniques, de la situation politique et financière, etc. 379

Famille
  des canidés, 215
  des félidés, 215

Fécondation : L'union d'une cellule mâle (spermatozoïde) et d'une cellule femelle (ovule) afin de former un nouvel individu. 252
  externe, 253
  interne, 254

Fer, 291
Feuille(s)
  aiguilles d'une –, 34
  des arbres, 34
  couleur, 38
  parties de la –, 34
    écailles, 34
    limbe, 34
    lobes, 34, 220
    nervures, 220
    pétiole, 220
    rameau, 34
    sinus, 34
  photosynthèse, 36
  pigment vert, 38

Feuillus, 34
Filtrat, 199

Filtration : Une méthode qui permet de séparer les différentes substances d'un mélange hétérogène. 199

Filtre, 199
Fleurs, 150
  de l'arbre, 34
  étamines des –, 231
  extraction de l'essence des –, 150, 167, 168
  pistil des –, 231
  pollen des –, 231

Flottabilité : La capacité d'un objet à flotter. La flottabilité résulte de l'effet de deux forces : le poids de l'objet (force dirigée vers le bas) et la poussée de l'eau sur l'objet (force dirigée vers le haut). 77, 85
  rapport $\frac{masse}{volume}$, 77, 87

Fonction(s) mécanique(s) élémentaire(s), 69
  de guidage, 392
  de liaison, 392

Force : C'est ce qui permet, par exemple, de déformer un ressort ou de lancer une balle. Lorsqu'on pousse ou qu'on tire un objet, on applique une force. L'unité de mesure de la force est le newton (N). 79, 408, 435, 458
- de cisaillement, 411
- de compression, 410
- de Coriolis, 335

Force gravitationnelle : La force qui attire les objets vers le centre de la Terre. Plus la masse d'un objet est grande, plus cet objet est attiré fortement. 407

Forêt(s), 22
- avantages de la –, 24
- boréale ou taïga, 26
- du monde, 25-27
- êtres vivants de la –, 28
- incendies de –, 40
- méditerranéenne, 27
- menaces pesant sur la –, 24, 40
- orientation dans la –, 29
- savane arborée, 27
- tempérée, 26
- tropicale et subtropicale, 26
- usages de la –, 24

Formules chimiques
- atomes, 210
- éléments, 210
- molécules, 210

Fosse : Une cavité assez large et très profonde. 320
- des Mariannes, 320
- océanique, 292, 320

Fossile : Une empreinte ou un reste d'animal ou de plante préservés dans la croûte terrestre. 305

Fréquence cardiaque, 70
- maximale, 71, 87

Friction (atmosphérique) : La résistance au mouvement causée par les molécules d'air. 295

Frottement : La force qui ralentit le mouvement de deux corps en contact. 407, 408

Gain mécanique : La différence entre la force requise pour déplacer une charge sans aide et la force nécessaire pour la déplacer à l'aide d'une machine simple ou d'un système mécanique. 418

Galaxie : Un regroupement d'étoiles et de différents astres. Le Soleil fait partie d'une galaxie appelée Voie lactée. 352

Galet : Une roche usée, polie par le frottement de l'eau, et que les vagues déposent sur le rivage. 305

Galilée, 371

Gamète : Une cellule reproductrice, mâle (spermatozoïde) ou femelle (ovule) qui peut s'unir à une autre cellule semblable du sexe opposé, par le processus de la fécondation. 96, 245
- des arbres, 35

Gamme de fabrication : Un document qui décrit toutes les opérations nécessaires pour fabriquer un produit, l'ordre dans lequel ces opérations doivent être effectuées et le temps alloué pour chacune des étapes. 88, 113, 376, 385, 434

Gamme de montage, 376, 385

Gastrula, 263

Gaz
- à effet de serre, 342, 343
- carbonique, 73, 293, 333
- mortel, 159
- propane, 160

Gène : Un segment d'ADN déterminant un caractère génétique particulier. 97, 122, 236-237
- clonage d'un – animal, 98

Genre, 218

Géologue : Une personne qui effectue des recherches sur la nature et l'histoire de la croûte terrestre. Elle étudie la composition et la structure de la Terre. Elle analyse aussi les roches, les minéraux et les fossiles de plantes et d'animaux. 290

Germination des graines, 35

Geyser : Un jet d'eau et de vapeur chauffées dans le sol et qui jaillit d'une fissure. 324

Glace, 80

Glacier : Une accumulation de neige transformée en glace qui descend lentement dans une vallée. 299

Glucose, 136

Gorge (d'une poulie) : La partie creuse et étroite de la poulie dans laquelle passe la corde ou la chaîne. 384, 412, 415, 419, 420, 422

Graine(s), 245-246
- cotylédon, 242
- de l'arbre, 35
  - dispersion des –, 35
- embryon, 242
- tégument, 242

Gravité : La force exercée par un objet sur un autre objet. Cette force dépend de la masse des objets et de la distance qui les sépare. 351

Grossesse : La période durant laquelle la femme porte son bébé, de la fécondation à l'accouchement. 100, 120, 262-268
- bouton embryonnaire, 262
- cordon ombilical, 263
- embryon, 262, 263
- gastrula, 263
- placenta, 263
- sac amniotique, 263
- trimestres de –, 264-266

Guidage : L'ensemble des dispositifs qui obligent un organe mobile à suivre un mouvement donné.
- en rotation, 394
- en translation, 394

Guide alimentaire canadien, 105, 122
- activité physique, 106
- aliments, 106
- boissons, 106
- équilibre énergétique, 106
- étiquettes nutritionnelles, 106
- groupes alimentaires, 105
- huiles et graisses, 106
- poids santé, 106
- portions, 105
- pyramides du –, 106

Gymnospermes, 243

Habitat : Le milieu où vit une espèce particulière. 215, 224
- des animaux de la forêt, 28
- des petits animaux dans un terrarium semi-aquatique, 11, 13, 15
- naturel, 232
- tourbières, 228

Hectare : Une unité de mesure de la superficie équivalant à 10 km². 26

Herbier : Une collection de plantes séchées, aplaties et classées qu'on peut conserver et étudier. 33, 35

Herbivore : Qui se nourrit de végétaux. 232

Histogramme, 443

Horizon : La ligne circulaire imaginaire où le ciel et la terre (ou la mer) semblent se joindre. 359

Horizon A, B et C, 308

Hormones sexuelles, 258
- œstrogènes, 258
- progestérone, 258
- testostérone, 258

Huile essentielle : Une huile obtenue par la distillation des substances aromatiques d'une plante. 143, 150

Humidité, 49, 58
- du sol, 128

Humus : Une matière organique partiellement décomposée. Elle peut être d'origine animale ou végétale. 134, 307, 308
    sels minéraux contenus dans l'–, 134
Hydroélectricité, production d'–, 402
Hydrogène, 204
Hydrosphère : L'ensemble des eaux du globe terrestre (solide, liquide et gazeuse). 292, 298
Hypophyse : Une glande située à la base du cerveau. Chez l'être humain, elle a environ la taille d'un pois. 258
Hypothalamus : Cette région située à la base du cerveau est responsable de plusieurs fonctions comme la faim, la soif et les émotions. 160

Impacts météoritiques. *Voir* Météorite(s)
Incendies de forêts, 40
Infections transmissibles sexuellement (ITS), 116
Infiltration, 332
Ingénieures et ingénieurs, 375
Inondations, 44, 49, 72
Insectes, 4, 6
    adaptations
        comportementales des –, 15, 20
        physiques des –, 7, 8, 9, 15, 20
    caractéristiques des –, 7, 15
    corps des –, 7, 8, 9, 15
    cycle de vie des –, 15, 16
    dans un terrarium, 4, 10, 15
    fossilisés, 6
    métamorphose des –. *Voir* Métamorphose
    mue des –, 16
    niche écologique des –, 15
    nom des –, 15
Instruments
    d'observation, 452-456
    de géométrie, 449
    de mesure, 457-460
Interrelation : Une relation étroite entre deux éléments du même milieu. Ces éléments peuvent être vivants ou non vivants. 19
    des êtres non vivants dans un terrarium semi-aquatique, 19
    des êtres vivants
        dans la forêt, 28
        dans un terrarium semi-aquatique, 19, 20
Intrant : Un élément qui entre dans un système (vivant ou non vivant) et qui influe sur son fonctionnement ou sur sa vie. 69, 109, 390

Invention, 75
    et le besoin, 88
Inversion de température, 338
Invertébrés, 6, 7, 250
    arthropodes, 7, 10

Jupiter, 353, 355

Kinésiologue : Une personne qui veille à promouvoir des habitudes de vie saines et à prévenir les problèmes de santé. Ce spécialiste prescrit par exemple des activités physiques pour améliorer et maintenir la santé et la performance physique. 71

Laboratoire, sécurité au –, 428-429
Larve : Le stade qui précède la transformation en adulte de certains animaux, comme les amphibiens et les insectes. 16, 253
Latitude : Une façon d'indiquer la distance entre un point de la surface terrestre et l'équateur. On mesure la latitude en degrés (°). Les latitudes sont des lignes imaginaires qui divisent la Terre parallèlement à l'équateur. 360
Lave : Le magma qui jaillit d'un volcan en éruption. La lave apparaît sous forme de coulées de matières en fusion. 323
Lessivage : Un processus au cours duquel une substance est dissoute puis entraînée par l'eau. 308
Levier, 65-68, 412, 435
    bras de –, 66, 87
    charge du –, 66, 87
    composantes du –, 413
    effort, 66
    gain mécanique du –, 65, 67
    inter-appui, 414
    inter-moteur, 414
    inter-résistant, 66, 414
    pivot, 66, 413, 414
    simulateur d'un –, 66
Liaison : L'ensemble des dispositifs qui maintiennent ensemble deux composantes d'un objet. 69, 384
    complète, 392, 393
    démontable, 392

    directe, 393
    élastique, 393
    indémontable, 393
    indirecte, 393
    partielle, 393
    rigide, 393
Ligne de fracture africaine, 327
Ligneuse : Une substance ligneuse est compacte et fibreuse. Cette substance forme la racine, la tige et les branches de certains végétaux dont les arbres et les arbustes. 34
Limon : Fines particules du sol entraînées par l'eau et le vent. 309
Lithosphère : La couche rigide à la surface de la Terre. Elle a une épaisseur d'environ 70 kilomètres sous les océans et d'environ 150 kilomètres sous les continents. 292, 302
Loi de la gravitation universelle, 351
Loupe, 452
Lumière : La partie du rayonnement électromagnétique que les yeux peuvent percevoir. 136, 345-350
    blanche, 348
    en tant que forme d'énergie, 346
    et obstacle opaque, transparent ou translucide, 347
    réaction de la – à différentes surfaces, 347
    solaire, 345
    visible, 350
Lune, 365, 368

M

Macération, 162
Machine(s) simple(s) : Un système mécanique qui permet de transmettre directement une force. Les cinq machines simples sont le levier, le plan incliné, la poulie, le coin et les roues et les essieux. 69, 405, 417
    fonctions principales des –, 413
    types de –, 412
Magma : De la roche liquide dans la croûte terrestre. Lorsqu'elle atteint la surface, on l'appelle de la lave. 303, 304, 317, 324
Maladie(s) transmissible(s) sexuellement (MTS) : Une maladie contagieuse qui peut se transmettre par contact sexuel, généralement par une personne déjà contaminée. On parle aussi d'infection transmissible sexuellement (ITS). 116, 118, 119, 121, 122, 274-275
    prévention des –, 118, 119, 122

Mammifère(s), 95
   premier – transgénique, 98
Mangeoire d'oiseaux, 31
Maquette, 450-451
Mars, 353, 354
Masse : Un indice de la quantité de matière qu'une substance renferme. 175, 351
   balance, 179
   d'air
      chaud, 58, 334
      frais, 334
   de l'eau, 52
   kilogramme, 179
   système international d'unités (SI), 178
Matériau(x) : Une matière qui entre dans la fabrication d'un objet. 113, 168, 386, 387
   combustibles, 140, 168
   de construction, 140, 168
Matériel : L'ensemble des objets et des outils nécessaires à une activité. 113, 386, 387
Matière première : Une matière d'origine naturelle qui subit une transformation artisanale ou industrielle. 386
Matières organiques, 128
Mécanismes, 384
   de contrôle, 388
   de transformation du mouvement, 423
   de transmission du mouvement, 419, 420
Mélange(s) : Une substance qui contient au moins deux sortes de particules. Il existe des mélanges homogènes et des mélanges hétérogènes. 195
   aspect des –, 145, 151
   composition des –, 145
   constituants des –, 149, 151, 168
   gazeux, 144
   hétérogènes, 146, 147, 148, 168, 195, 196, 199
   homogènes, 146, 147, 168, 195, 196
   liquides, 144
   naturels, 142, 162, 168
   préparation des –, 144
   propriétés des –, 151
   séparation des –, 149, 151
   solides, 144
   synthétique, 151, 162, 168
   types de –, 149
   usages des –, 151
Ménisque : La courbe formée par un liquide lorsqu'il rencontre la paroi d'un contenant. 459
Mercure, 353, 354

Métamorphose : Un changement de forme, de nature ou de structure chez un animal. C'est une transformation tellement importante que ce dernier n'est plus reconnaissable. 16
   complète des insectes, 16
   incomplète des insectes, 16
Météorisation, 329
   biologique, 330
   chimique, 330
   mécanique, 330
Météorite(s) : Un fragment de roche ou de glace qui provient de l'espace. Un météorite, dont la grosseur peut varier du grain de poussière au bloc de roches de plus d'une tonne, peut atteindre la Terre à une très grande vitesse (impact météoritique). 292, 295, 364, 365, 366
   impacts météoritiques, 365
   pluie de –, 366
Micromètre (mm) : Une unité de mesure du système international (SI) équivalente à un millionième (10^{-6}) de mètre. 309
Micro-ondes : Des ondes invisibles variant de 1 mm à quelques dizaines de centimètres. 350
Microorganisme, 116, 118, 277
Microscope, 453-454
Minerai : Une substance tirée du sous-sol, qui contient un minéral en quantité suffisante pour qu'on puisse en tirer profit. 138
Minéral (minéraux), 128, 138, 139, 140, 168, 302, 305, 306
   industriels, 140, 168
   métalliques, 140, 168
Mines, 139
Mise en marché, 376
Modèle : Une façon de représenter les relations entre les différents éléments d'un système. Il peut s'agir d'une maquette, d'un prototype, d'une formule mathématique, etc. Un modèle permet aussi de faire des prédictions. 450
Modification physique ou comportementale, 183, 215, 225
Moisissures, 218
Molécule : Un assemblage de deux ou plusieurs atomes. Par exemple, la molécule d'eau et faite de deux atomes d'hydrogène et d'un atome d'oxygène, de là l'appellation H_2O. 203, 209
Monoxyde de carbone, 159
Montagnes, vieillissement des –, 331
Mouvement(s) : Le déplacement d'un corps.

alternatif, 406, 419, 423, 424
atmosphériques, 55, 56
circulaire, 406, 419, 423, 424
de l'air, 87
oscillatoire, 406, 419, 423
rectiligne, 406, 419, 423
transformation du –, 384, 423
transmission du –, 419, 420
types de –, 406-409, 419, 423
Mue : Un phénomène pendant lequel certains animaux renouvellent leur carapace, leur squelette externe, leurs cornes, leur plumage, leur poil, etc. La mue peut se produire à différents moments au cours du cycle de vie, selon les animaux. 16
Muqueuse : La couche de cellules qui tapisse la paroi intérieure du tube digestif et des voies respiratoires. Ces cellules sécrètent du mucus, ce qui lubrifie la paroi et la garde humide. 296

Naissance, 100
Nappe phréatique : Une étendue d'eau souterraine, formée par l'infiltration des eaux de pluie, qui peut alimenter des puits, des sources et des cours d'eau. 60
Nécrophage : Qui se nourrit d'animaux morts. 232-233
Neutrons, 204
Neptune, 353, 355
Newtons, 407, 458
Nez, 154, 160
   fosses nasales, 160
   orgue, 154
   sens olfactif, 154
Niche écologique : L'ensemble des rapports d'une espèce avec les êtres vivants et son milieu. 15, 28, 232, 234
Nocturne : Qui est actif la nuit. 11
Nord
   géographique, 30
   magnétique, 30
Normes : Un ensemble de règles établies par des spécialistes. Elle sont regroupées dans un document produit par un organisme national ou international. En technologie, les normes visent à garantir que le produit fabriqué atteint un niveau acceptable de performance et de qualité. 376, 379
Numéro atomique, 207
Nutriments : Les particules dont se nourrissent les cellules. Elles résultent de la digestion des aliments. 280

Objet technique, 433, 434
  à échelle réduite, 451
  analyse d'un –, 434
  conception d'un –, 376, 378
  construction d'un –, 435
  fonctionnement d'un –, 435
  vie utile d'un –, 379
Observation qualitative : Une observation qui porte sur la qualité, la forme, les propriétés, et qui ne peut pas être exprimée à l'aide de valeurs numériques. 431
Observation quantitative : Une observation qui porte sur des quantités qui peuvent être exprimées à l'aide de valeurs numériques. 431
Odeurs, 156, 157, 159
  famille d'–, 157
  perception des –, 160
  production des –, 166
Odorat, 154, 160
  efficacité de l'–, 159
  fin, 156
  sens de l'–, 160
Œstrogènes, 258
Œufs, 16, 255
Oiseaux, mangeoire d'–, 31, 32
  caractéristiques, 31, 32
  construction, 31, 32
  espèces d'–, 31
  habitudes alimentaires des –, 31
  installation, 31, 32
  nourriture, 31, 32
Ondes radio, 350
Ondes sismiques : Des ondes qui se propagent dans le sol, dans toutes les directions à partir du point d'origine d'un séisme. 325
Orbite : La trajectoire que suit un astre autour d'un objet céleste. 353, 357, 360
Ordonnée : Une valeur de la variable qu'on représente sur l'axe vertical. Cette variable est aussi appelée « variable y ». 442
Organe : Un élément d'un système ayant une fonction précise. 392
  d'assemblage, 392
Organe reproducteur : Une structure qui permet à un individu de se reproduire. 244, 256
  des arbres, 35
  humain, 99, 122
Orogenèse : L'ensemble des mouvements de la croûte terrestre qui conduisent à la formation des montagnes. 328

Osmose : Le passage de l'eau à travers une membrane qui ne laisse passer que certaines substances d'un milieu moins concentré en soluté vers un milieu plus concentré. 111, 112, 122, 282-283
Ouragan, 49
Oxydes d'azote, 333
Oxygène, 291
Ozone, 293

Palan, 415
Pangée : Un mot d'origine grecque signifiant « toutes les terres ». Nom donné par Wegener à un immense continent formé de toutes les terres émergées. 315
Panthalassa : Un mot d'origine grecque signifiant « toutes les mers ». Nom donné par Wegener à l'océan unique qui entourait la Pangée. 315
Papier
  filtre, 199
  pH, 188
  quadrillé, 442-444
  tournesol, 186
Parfum(s), 124, 125, 142, 147, 168, 169
  changement d'odeur du –, 165
  conception du –, 125, 161
  créateurs de –, 154, 161
    nez, 154
  et l'alcool, 142, 165
  et les fleurs, 126
  et les plantes odorantes, 126
  familles de –, 158, 161
  mise en marché du –, 125, 169
  naissance d'un –, 164
  orgue à –, 165
  production du –, 125, 142, 167, 169
Pasteurisation : Un procédé qui consiste à détruire, par chauffage, les bactéries nuisibles pouvant se trouver dans un liquide, par exemple le lait. 113, 114
Perceuse, 462
Pergélisol : La partie du sol qui reste gelée toute l'année dans les régions froides. 131
Période de révolution : Le temps que met un astre à faire le tour complet de son orbite. 360
Période de rotation : Le temps que met un astre à faire un tour complet sur lui-même. 360

Pétrole : Un combustible fossile liquide provenant de la décomposition de végétaux et d'animaux morts depuis des millions d'années. Ce processus requiert des conditions bien particulières. 342
pH, 17, 20, 186-188
  des précipitations, 330, 333
  du sol, 128, 131, 135, 141, 168
    et la capacité de conduction, 135
  mètre, 17, 188
Phases lunaires, 369
Photopériode : La durée de la période de luminosité par rapport à la période d'obscurité. La photopériode varie selon la latitude et la saison. Elle règle la période d'activité des êtres vivants. 28
Photosynthèse : Le processus qui permet aux plantes de fabriquer leur propre nourriture à partir de l'énergie solaire, de l'eau et du gaz carbonique. 36, 37, 345
Pierre
  de collection, 140
  précieuse, 140
  semi-précieuse, 140
Pigment : Une matière présente dans divers tissus ou organes et qui leur donne une coloration. 38
Pignon et crémaillère, 423, 425
Pistolet à colle chaude, 463
Placenta, 263
Plan cartésien : Un diagramme comprenant deux axes perpendiculaires et permettant de représenter des données à l'aide de coordonnées. 441
Plan incliné, 412, 414
Planète : Un objet céleste qui tourne autour d'une étoile. Une planète ne produit pas de lumière. 357
  géante, 355
  tellurique, 354
Plante(s), 36, 126, 141
  circulation de l'eau dans la –, 36, 37
  croissance des –, 36, 37
  et la photosynthèse, 36, 37, 136, 141
  huiles parfumées contenues dans les –, 150
  transpiration des –, 36, 37
Plante épiphyte : Une plante qui pousse sur une autre plante sans lui nuire. 229
Plaque(s) tectonique(s) : Une plaque de croûte terrestre qui flotte sur l'asthénosphère. 316, 318, 319, 320, 323, 325, 326, 327, 328, 365
  de Nazca, 319
  eurasienne, 320

indo-australienne, 320
    mouvements des –, 318
    Voir aussi Tectonique des plaques
Plateaux continentaux, 316
Pluie(s), 61
    acide(s), 330, 333
    de météorites, 366
Pluton, 353, 356
Poids, 79
    d'un bécher, 79
    d'un objet, 351
    dynamomètre, 79
    santé, 106
Point
    d'ébullition, 188, 460
    de congélation, 52, 460
    de fusion, 188
Point de coupe : L'endroit où l'on veut scier une pièce de bois. 461
Pointeau : Une tige métallique pointue utilisée pour marquer le centre d'un trou que l'on veut percer. 461
Pôles d'un aimant droit, 30
Polluants atmosphériques, 338
Population : Tous les individus d'une même espèce partageant le même habitat au même moment. 214, 234
Porosité : Le pourcentage d'espace libre dans un volume donné de sol. 128
    du sol, 129
Potassium, 136, 299
Poulie, 384, 412, 419, 420, 422
    fixe, 415
    mobile, 415
Précipitations : L'ensemble des formes que prend l'eau pour retourner au sol : pluie, neige, grêle, grésil ou verglas. 55, 57, 332
    diminution du pH des –, 330, 333, 334
    effet d'une chaîne de montagnes sur les –, 58
Pression : La force exercée sur une surface. Par exemple, lorsque tu pousses sur ton crayon pour écrire, tu appliques une pression sur le papier. 182, 306
Principe d'Archimède, 79
Procédé(s) de séparation des mélanges, 149, 150, 151, 152, 153, 162, 163, 168
Producteurs, 19, 233, 376
Profil aérodynamique : Une forme conçue pour offrir le moins de résistance possible à l'air. On essaie de donner ce genre de profil aux voitures et aux avions. 408
Propriété : L'information qu'on utilise pour décrire une substance. 175, 188, 346

Propriété caractéristique : Une propriété qui permet d'identifier une substance ou un objet, d'en déterminer l'utilité et d'en prévoir les effets sur l'environnement. 175, 188
Propulsion, système de –, 69, 74
Protiste : Un organisme unicellulaire possédant un noyau. Quelques-uns peuvent effectuer la photosynthèse (certaines algues) et d'autres se nourrissent de matière organique (l'amibe). 218
Protocole expérimental : Une description des conditions et du déroulement d'une expérience. 431
Protons, 204
Prototype : Un des premiers exemplaires d'un objet ou d'un système. Il peut servir de modèle pour effectuer des tests ou pour la fabrication en série. 376, 382, 433
Puberté : Une étape du développement sexuel où un ensemble de modifications préparent le corps humain à la reproduction. 99
    adolescence et la –, 99, 122
    changements physiques et psychologiques à la –, 99

Q

Quille : La pièce place et lourde fixée sous un voilier. 81

R

Rapport : Le quotient de deux grandeurs que l'on compare. 451
    de laboratoire, 432
    de recherche, 21
    $\frac{masse}{volume}$, 77
Rapporteur d'angles, 449
Rayons
    gamma, 350
    infrarouges, 350
    solaires, 362, 368
Rayons ultraviolets (ou rayons UV) : Une partie invisible du rayonnement provenant du Soleil. La couche d'ozone empêche les rayons UV d'atteindre la surface de la Terre. 295, 296
Raz-de-marée, 326
Réacteur nucléaire : Un système dans lequel se produisent des réactions de fission nucléaire. La fission des

atomes d'hydrogène est la principale source d'énergie du Soleil. 353
Réaction chimique : Une réaction qui se produit lorsque des liens entre des atomes se brisent et qu'il se forme de nouvelles molécules. 397
Rebut : La partie d'une pièce de bois que l'on ne veut pas conserver. 461
Réchauffement de la planète, 44, 51, 52
    conséquences du –, 44
Recherche documentaire, 436
    dans Internet, 437
Réflexion et absorption de la lumière, 347
Relation sexuelle, 119
Relief : La forme de la surface terrestre. Le relief est formé de creux et de bosses. 310
Rendement énergétique, 402
Reproduction : Une activité vitale qui permet à des individus de produire d'autres individus de leur espèce. 215, 237, 240, 241, 242, 243, 247-258
Reproduction asexuée : Un mode de reproduction sans fécondation : un seul individu produit d'autres individus semblables à lui. 240, 241
Reproduction sexuée : Un mode de reproduction nécessitant la fécondation : union d'un gamète mâle et d'un gamète femelle. 215, 237, 240, 242, 243, 247-258
Reptiles, 10
Résidus, 199
Respiration cellulaire : La production d'énergie par la consommation de nutriments organiques en présence d'oxygène. La respiration cellulaire libère du gaz carbonique et de l'eau. 109, 110, 111, 284
Ressource non renouvelable : Une ressource naturelle présente en quantité limitée. Elle ne se régénère pas une fois utilisée. Par exemple : le pétrole. 342
Ressource renouvelable : Une ressource naturelle qui ne s'épuise pas si elle est bien gérée. Par exemple : la forêt. 22
Ressources énergétiques, 342
Révolution : Le mouvement décrit par un astre qui tourne autour d'un autre astre. 359
    terrestre, 359, 360
Riveter : Assembler deux feuilles de matériaux (métal, plastique, etc.) à l'aide d'un ou de plusieurs rivets. 462
Riveteuse, 462
Roche-mère : Une épaisse couche de roche située sous le sol. 307, 308

Roches, 128, 302
   formation des –, 137
   ignées, 137, 168, 303, 304
      extrusives (ou volcaniques), 304
      intrusives (ou plutoniques), 304
   métamorphiques, 137, 168, 303, 306
   porphyriques, 304
   processus de formation des –, 307
   propriétés des –, 137
   sédimentaires, 137, 168
   types de – 137, 138
Rotation, 394
   terrestre, 359
Roues
   à friction, 419, 422
   dentées, 384, 419, 420
   et essieux, 412, 416
Rouille : Un composé brun-rouge qui résulte d'une réaction chimique entre l'oxygène de l'air et des matériaux contenant du fer. La rouille se produit dans un milieu humide. 380
Ruissellement, 332

S

Saisons : 360-362
Salive, 107, 108, 110, 122
   acide, 108
   basique, 108
Satellites naturels : Un astre qui tourne autour d'une planète. 357
Saturne, 353, 355
Schéma de construction : Une forme de dessin technique qui indique comment construire un objet en montrant le détail de chaque pièce et de ses liaisons. 88, 113, 376, 383, 433
Schéma de principe : Une forme de dessin technique qui représente le fonctionnement d'un objet ou d'un système. 88, 113, 376, 382, 433
Schémas techniques (ou technologiques), 382, 383, 446-449
Scie à dos, 461
Sécurité
   au laboratoire, 428-429
   en matière d'électricité, 429
   générale, 428
Sédimentation, 329
Sédiments : Des matériaux qui se déposent en couches. Ils proviennent de l'érosion du sol ou de l'accumulation de matière organique. 303
Sels minéraux : Les sels présents dans le sol, dans l'eau et dans la matière organique. 134, 298, 299
Séparation des mélanges, 149, 151, 168, 198

Sève, 36
SIMDUT, 429
Sismologue : Une personne qui étudie les séismes et la propagation des ondes dans la croûte terrestre. 326
Smog, 338
Sol, 126, 307
   acide, 128
   adapté aux arbres, 35
   altération du –, 307
   apport de matière organique dans le –, 307
   classification des types de –.
   cohésion, 59
   composition du –, 128, 130, 141, 168
      air, 128
      débris de plantes et d'animaux morts, 128
      eau, 128
      êtres vivants microscopiques, 128, 168
      matières organiques, 128, 168
      particules de minéraux et de roches, 128, 141, 168
   drainage du –, 132, 141, 168
   eau contenue dans le –, 59
   et la croissance des plantes, 168
   et les plantes qui y poussent, 126, 141
   habitants du –, 310
   horizons du –, 308
   minéral, 128, 140
   organique, 128
   propriétés du –, 129, 135, 136
      couleur, 128, 131
      humidité, 128
      pH, 128, 131, 135, 141, 168
      porosité, 129, 309
      sécheresse, 128
      structure, 128, 129, 131, 141, 168, 309
      taille des particules qui le composent, 128
      texture, 128, 129, 131, 141, 168, 313
   relief du –, 59
   répartition des –, 131
   sableux, 128
   sécheresse du –, 128
   types de –, 59, 126, 141
   usages du –, 168
   utilisation du –, 130
Soleil, 313, 352
Solstice
   d'été, 361
   d'hiver, 361
Soluté : La partie d'un mélange qui est dissoute. 196, 197

Solution : Un mélange homogène contenant deux ou plusieurs substances. 148, 196
Solvant : La partie d'un mélange qui dissout les autres substances. 196, 197
Sous-sol, composition du – 140
Spectre
   électromagnétique du Soleil, 350
   visible des couleurs, 349
Spores, 242
Stades du développement humain : Les étapes du développement humain entre la naissance et la mort, c'est-à-dire la petite enfance, l'enfance, l'adolescence et l'âge adulte. 100, 101, 269-271
Structure du sol, 128, 129, 131, 141, 168, 309
Substance pure : Une substance qui ne contient qu'une sorte de particules. 142, 195
Substance soluble : Une substance dont les particules ont la capacité de se séparer jusqu'à ce qu'elles soient uniformément réparties dans une autre substance. Par exemple, le sucre est soluble dans l'eau. 196
Symbiose : Une association entre deux organismes vivants qui est profitable à chacun d'eux. 229
Symbole normalisé : Un symbole reconnu par tous les gens qui travaillent en technologie. 382, 384
Symboles
   chimiques, 208
   graphiques, 448
Système : L'ensemble des composantes d'un objet ou d'une machine. Leurs fonctions sont différentes mais leur but est le même. 389, 390
   mécanique, 418
   reproducteur chez l'humain, 99
   sous-système, 389
   technologique, 388, 405
Système solaire : L'ensemble formé du Soleil et de tous les objets célestes qui subissent son effet gravitationnel. 352, 353, 357

T

Tableau périodique : Un tableau qui représente tous les éléments naturels et artificiels connus à ce jour. 205-207
Taxonomie : Une science qui classifie les vivants selon les caractères qu'ils ont en commun, des plus généraux (les règnes) aux plus particuliers (les espèces). 215, 217, 218

Tectonique des plaques, 290, 316, 317
Température : Une mesure de l'intensité de la chaleur dégagée par un objet ou une matière. 49, 55, 57, 175
    en altitude, 55
    en degrés Celsius, 181
    mondiale moyenne, 51
    moyenne, 87
    thermomètre, 181
    variations de –, 87
Température ambiante : La température de l'environnement. Dans une pièce, cette température est d'environ 20 °C. 176
Terrarium : Une installation dans laquelle on reproduit un écosystème afin d'y élever de petits êtres vivants. 4, 5
    semi-aquatique, 10
        caractéristiques physiques d'un –, 13, 17, 19
        composantes des éléments d'un –, 19
        êtres vivants microscopiques dans un –, 18
        insectes dans un –, 4, 10
        interrelations des êtres vivants et non vivants dans un –, 17, 19, 20
        niche écologique des êtres vivants dans un –, 17
        petits animaux dans un –, 10, 11, 15, 17
        température dans un –, 17, 20
Terre, 353, 354
    âge de la –, 95
    couches internes de la –, 290
    croûte, 290
    manteau, 290
    noire, 134, 190
    noyau de la –, 290
    structure interne de la –, 290
    types de sols sur la –, 307

Théorie scientifique : Un ensemble d'idées et de connaissances servant à expliquer un phénomène. Ce phénomène doit être observé par de nombreux scientifiques au cours de plusieurs expériences. 430
Thermomètre, 460
Tirant d'air : La hauteur d'un bateau au-dessus du niveau de l'eau. 86
Tirant d'eau : La hauteur d'un bateau en dessous du niveau de l'eau. 86
Transformation, 69
    du mouvement, 69, 384, 423
Translation, 394
Transpiration : La libération de vapeur d'eau par un être vivant. 36, 37, 49
Travail : Le résultat qu'on obtient lorsqu'on exerce une force sur un objet et qu'on le déplace sur une certaine distance. 417
Tremblement de terre : Une vibration soudaine de la croûte terrestre. Elle est souvent causée par le frottement entre deux plaques tectoniques ou par le mouvement du magma sous un volcan. 325-327
Troposphère, 56
Tsunami : Une vague isolée et très haute d'origine sismique ou volcanique. Cette vague, qu'on appelle aussi un raz-de-marée, pénètre loin dans les terres. 289, 326
Types de sols. *Voir* Sol.

U-V

Unités de mesure, 440, 443-444
Uranus, 353, 355
Valeurs, 441-444
Vapeur d'eau, 73, 87, 293
Variable : Une quantité qui peut prendre différentes valeurs. 431-432, 441, 443

x, 441-444
y, 442
Variable continue : Une variable qui peut prendre n'importe quelle valeur dans un intervalle donné. Par exemple, la taille des élèves. 443
Vase à trop-plein, 79, 460
Végétaux de la forêt, 28
Vélo, 63
    composantes du –, 68
    voir aussi Bicyclette
Vent, 49, 55, 82, 85, 87, 336, 337
    direction du –, 336
    vitesse du –, 336
Vent dominant : Le vent qui souffle le plus fréquemment dans une région donnée du globe. 334, 335
Vent solaire : Un courant de particules émises par le Soleil. Il est surtout composé de protons et d'électrons. 357
Vénus, 353, 354
Vertébrés, 250
Vis et écrou, 423, 425
Vivace : Une plante vivace vit plus de deux ans. 34
Voie lactée, 352
Volcan : Une structure habituellement conique où de la lave et des gaz chauds atteignent la surface de la croûte terrestre. 322, 323
Volcan éteint : Un volcan est éteint s'il a cessé d'être actif et que les scientifiques pensent qu'il ne se réveillera jamais. 322
Volume : L'espace occupé par un objet. 175
    liquide, 180
    solide, 180

Y-Z

Yeux des insectes, 9
Zygote, 250

Sources

LÉGENDE h : haut b : bas c : centre g : gauche d : droite

PHOTOS

COUVERTURE • hg (mante religieuse) : Stuart Westmorland/Getty Images ; hd (échangeur) : PhotoDisc ; bg (aurore polaire) : CP Photo ; bd (iceberg) : Corbis

PAGES DE GARDE • Arto Dokouzian et Michel Verreault

MODULE 1 • p. 2hg : A. Riedmiller/Alpha Presse • p. 2bg : © Theo Allofs/Zefa/Corbis • p. 2bd : Steve Vowles/SPL/Publiphoto • p. 4bg : Réal D. Carbonneau/Images du Québec • p. 4bc : AP/Wide World Photos • p. 4bd : Jean-Claude Teyssier/Alpha Presse • p. 6h : © Layne Kennedy/Corbis • p. 6c (cent-pattes) : Dorling Kindersley ; (fourmi) : Johner Images/Getty Images ; (cloporte) : Hans Pfletschinger/Alpha Presse ; (araignée) : James Gerholdt/Alpha Presse ; (faucheux) : Bill Beatty/Visuals Unlimited ; (mille-pattes) : Colin Keates/Dorling Kindersley/Getty Images. • p. 7 : Patrice Halley/Alpha Presse • p. 8 (sauterelle) : Jean-Claude Teyssier/Alpha Presse ; (moustique) : Jean-Claude Teyssier/Alpha Presse ; (papillon) Jean-Claude Teyssier/Alpha Presse ; (mouche) : Jean-Claude Teyssier/Alpha Presse ; (abeille) : Jean-Claude Teyssier/Alpha Presse. • p. 9g : S. Nishinaga/SPL/Publiphoto • p. 9d : David Scharf/Alpha Presse • p. 10 : Gracieuseté du Biodôme de Montréal • p. 11 : Janicke Morissette/Le bureau officiel • p. 12 : © Pierre Holtz/Reuters/Corbis • p. 14 : © Dung Vo Trung/Corbis Sygma • p. 15 : © Ralph A. Clevenger/Corbis • p. 16 : Jean-Claude Teyssier/Alpha Presse • p. 17 : Jean-Claude Teyssier/Alpha Presse • p. 18 : Janicke Morissette/Le bureau officiel • p. 19 : © BIOS Martin Gilles/Alpha Presse • p. 20hg : Manfred Danegger/Alpha Presse • p. 20b : Jean-Claude Teyssier/Alpha Presse • p. 22 : © Eddy Risch/EPA/Corbis • p. 24g : AP Photo/Sophia Paris, UN Minustah • p. 24d : Serge Clément/Publiphoto • p. 25 : Johann Schumacher/Alpha Presse • p. 26 (forêt tropicale) : Klein/Alpha Presse ; (forêt tempérée) : Charles Martel ; (forêt boréale) : PhotoDisc. • p. 27 (savane arborée) : © Eddi Boehnke/Zefa/Corbis ; (forêt méditerranéenne) : Markus Dlouhy/Alpha Presse. • p. 28 : Marc-Aurèle Fortin, *Sous les ormes*, Musée Marc-Aurèle Fortin/Sodart 2006 • p. 29h : AKG-Images • p. 29bg : Adam Hart-Davis/SPL/Publiphoto • p. 29 bd : The Art Archive/South Australia Art Gallery • p. 31h : Collection Musée national des Beaux-Arts du Québec • p. 31b : Joel Sartore/Getty Images • p. 32h : Sidamon-Pesson/BIOS/Alpha Presse • p. 32b : Janicke Morissette/Le bureau officiel • p. 33 : Nuance Photo • p. 34 (feuille d'érable) : PhotoDisc ; (rameau d'épinette) : PhotoDisc. • p. 35h : Frédéric Back/Archives Radio-Canada • p. 35 b : P. Psaila/SPL/Publiphoto • p. 36hd : AKG-Images • p. 36g : Terre de chez nous • p. 37 : Janicke Morissette/Le bureau officiel • p. 38 : Corel • p. 39hg : Janicke Morissette/Le bureau officiel • p. 39d : Larry MacDougal/Alpha Presse • p. 40hd : Janicke Morissette/Le bureau officiel • p. 40g : © Collection/Publiphoto • p. 40b : PhotoDisc • p. 41h : © Rex Features (2005) • p. 41bd : Bibliothèque des arts décoratifs, Paris, France/Archives Charmet/Bridgeman Art Library • p. 42 : Steve Vowles/SPL/Publiphoto • p. 43 : Michael Melford/Getty Images

MODULE 2 • p. 44hg : Bill Ross/Corbis • p. 45hg : P Photo/EFE, Esteban Cobo • p. 45cg : Robert McGouey/Search4stock • p. 45cd : BAGAN MAUNG/UNEP/Alpha Presse • p. 46hg : CP PHOTO/The Telegram-Joe Gibbons • p. 46hc : CP PHOTO/Jacques Boissinot • p. 46hd : UNEP/Alpha Presse • p. 47cd : Steve Wilkings/Corbis • p. 48hd : Archives Hydro-Québec • p. 48cg : © Theo Allofs/CORBIS • p. 49cg : Gay Bumgarner/Getty Images • p. 49cc : Linda Armstrong/Shutterstock • p. 49bd : AP Photo/David J. Phillip • p. 50cc et cd : Janicke Morrissette/Le Bureau officiel • p. 50cg : Pierre Charbonneau photographe • p. 51bg : CP PHOTO • p. 51bd : AP Photo • p. 52cg : Theo Allofs/BIOS/Alpha Presse • p. 53hg : Igor Karon/Istockphoto • p. 53cg : William A. Bake/Corbis • p. 53cd : Ingram Publishing/SuperStock • p. 54c : Janicke Morrissette/Le Bureau officiel • p. 54g : Bruce Dale/Getty Images • p. 55c : A. T. Willett/Getty Images • p. 56c : Janicke Morrissette/Le Bureau officiel • p. 57h : Yves Marcoux/Publiphoto • p. 57ch : Duncan McNicol/Getty Images • p. 57cc : John Arnold/SuperStock • p. 59hg : Bruce Chambers/Orange County register/Corbis • p. 60cd : Janicke Morrissette/Le Bureau officiel • p. 60cg : Mark Edwards/Still Pictures/Alpha Presse • p. 62bd : AP Photo/Tim Tadder • p. 62cg : Jörg Böthling/agenda/GA • p. 63cg : Getty Images • p. 63cc : © Macduff Everton/CORBIS • p. 63cd : Oldrich Karasek/Alpha Presse • p. 64b : © Bill Ross/CORBIS • p. 65c : Pierre Charbonneau, photographe • p. 67bg : Jose Luis Pelaez, Inc/Corbis • p. 67cd : © Stockdisc/SuperStock • p. 67bd : Janicke Morrissette/Le Bureau officiel • p. 70cg : Kelly Cline/Istockphoto • p. 70hc : © Tom Stewart/CORBIS • p. 71h : © Joan Glase/SuperStock • p. 71b : John Kelly/Getty Images • p. 72g : © Alexander Hubrich/zefa/Corbis • p. 72c : F. Ardito/UNEP/Alpha Presse • p. 72d : © Patrick Bruchet/Paris Match – Gamma/PONOPRESSE • p. 74d : © Newmann/zefa/Corbis • p. 74g : Andrée Lavallée-Trân • p. 75bg : © W.A. Sharman ; Milepost 92 _/CORBIS • p. 75bc : © William Manning/CORBIS • p. 75bd : P. G. Adam/Publiphoto • p. 76h : Musée du vélo de Cormatin (France) • p. 76g : Pierre Rousseau • p. 76d : © Pierre Perrin/Sygma/Corbis • p. 77hg : Archives nationales du Canada : C-008486 • p. 78h : Janicke Morrissette/Le Bureau officiel • p. 78g : © Steve Kaufman/CORBIS • p. 80hg : © Galen Rowell/CORBIS • p. 80cg : © Garneau/Prevost/SuperStock • p. 80cd : Janicke Morrissette/Le Bureau officiel • p. 81hg : Matt Tilghman/Istockphoto • p. 81bd : Succession Gerry Roofs • p. 82bg : Droits réservés • p. 82cd : Janicke Morrissette/Le Bureau officiel • p. 83hg : Simon Voorwinde/Shutterstock • p. 83bd : © Erwin Christian Suchard/zefa/Corbis • p. 84c : Janicke Morrissette/Le Bureau officiel • p. 85bd : © The Mariners' Museum/CORBIS • p. 86bd : Centre d'archives et de documentation du Musée maritime de Charlevoix • p. 86hg : Janicke Morrissette/Le Bureau officiel • p. 86cg : © CORBIS SYGMA • p. 88d : Janicke Morrissette/Le Bureau officiel

MODULE 3 • p. 90hg : © Matthias Kulka/Corbis • p. 90bg : © Lisa M. McGeady/CORBIS • p. 90bd : © Kevin Dodge/Corbis • p. 93 : © S. Hammid/zefa/Corbis • p. 94d : Larry St. Pierre/Shutterstock • p. 95hd : Polygone Studio • p. 95b, de g à d : Claire Ting/SPL/PUBLIPHOTO ; Jégou/PUBLIPHOTO ; Jégou/PUBLIPHOTO • p. 96d : F.Leroy/Biocosmos/SPL/PUBLIPHOTO • p. 97c : Janicke Morrissette/Le Bureau officiel • p. 97d : SPL/PUBLIPHOTO • p. 98g : Makoto Iwafuji/Eurelios/SPL/PUBLIPHOTO • p. 98b : © Digital Art/CORBIS • p. 99b : © Lilian Perez/zefa/Corbis • p. 100 (fœtus) : Dr G. Moscoso/SPL/PUBLIPHOTO ; (bébé) : © Whiskey Tango/CORBIS ; (enfant) : © Royalty-Free/Corbis ; (adolescent) : © Bohemian Nomad Picturemakers/Corbis ; (adulte et personne âgée) : © Royalty-Free/Corbis • p. 101hg : Royalty-Free/Getty Images • p. 102h : © Ariel Skelley/CORBIS • p. 103bd : Corel • p. 104hd : Pierre Charbonneau photographe • p. 104cg : © Nathan Benn/CORBIS • p. 105h : © Gabe Palmer/CORBIS • p. 105d : © photocuisine/Corbis • p. 106 : © Envision/Corbis • p. 107d : Angus Plummer/Istockphoto • p. 108h : Janicke Morrissette/Le Bureau officiel • p. 109b : Maxx Images • p. 110h : Jacques Perrault • p. 111b : Janicke Morrissette/Le Bureau officiel • p. 112g : Maximilian Stock Ltd/SPL/PUBLIPHOTO • p. 112bd : © Kevin & Betty Collins/Visuals Unlimited • p. 113c : Droits réservés • p. 114bg : Janicke Morrissette/Le Bureau officiel • p. 114cg : SPL/PUBLIPHOTO • p. 115hc : © Jose Luis Pelaez, Inc./CORBIS • p. 116h, de g à d : JAMES CAVALLINI/BSIP/Alpha Presse ; CNRI/SPL/PUBLIPHOTO ; Cath Wadforth/SPL/PUBLIPHOTO • p. 117g : Megapress/O'Neill • p. 118h : VEM/BSIP/Alpha Presse • p. 119b : Janicke Morrissette/Le Bureau officiel • p. 119d : akg-images • p. 120g : Charles Gullung/Getty Images • p. 121d : P. Goetgheluck/SPL/PUBLIPHOTO • p. 121b : © Dennis MacDonald/Alamy • p. 123hg : © Frank Barylko/JDD – Gamma/PONOPRESSE

MODULE 4 • p. 124hg (roses) : © photocuisine/Corbis • p. 124hg (pétales de roses) : © Owen Franken/CORBIS • p. 124b : akg-images/Erich Lessing • p. 125d : Faculté de Pharmacie, Paris, France, Archives Charmet/The Bridgeman Art Library International • p. 126b (lavande et héliotrope) : Matt Alexander/BIOS/Alpha Presse • p. 126 (coléus) : Jean-Claude Teyssier/Alpha Presse • p. 127bd : © Royalty-Free/Corbis • p. 128h, de g à d : Danis Derics/Shutterstock ; © Nevada Wier/CORBIS ; megapress.ca/Mauritius • p. 129hg : Janicke Morrissette/Le Bureau officiel • p. 130h, de g à d : Wendy Kaveney Photography/Shutterstock ; Premium/Firstlight ; © Raymond Gehman/CORBIS • p. 132b : Janicke Morrissette/Le Bureau officiel • p. 133b : © Patrice Latron/Corbis • p. 136hd : © Richard Hamilton Smith/CORBIS • p. 136bg : Stéphanie Colvey • p. 137hg : Danilo Donadoni/Maxx images • p. 137cd : Markus Dlouhy/Alpha Presse • p. 137bd : Lynda Richardson/Alpha Presse • p. 138hd : Musée minéralogique de Thetford Mines • p. 139 (or) : © Ken Lucas/Visuals Unlimited • p. 139 (cuivre) : © Mark A. Schneider/Visuals Unlimited • p. 140cd, de g à d : George Diebold Photography/Getty Images ; © José Manuel Sanchis Calvete/CORBIS ; Musée minéralogique de Thetford Mines • p. 140bg : Gayo/BIOS/Alpha Presse • p. 141d : Janicke Morrissette/Le Bureau officiel • p. 142h, de g à d : The National Trust Photolibrary/Alamy ; Stéphanie Colvey • p. 143b : Matt Meadows/Alpha Presse • p. 144c : Janicke Morrissette/Le Bureau officiel • p. 145hd : © Ariel Skelley/CORBIS • p. 145b : Paul Poplis/Getty Images • p. 146h : Megapress.ca/Philiptchenko • p. 146bd : Janicke Morrissette/Le Bureau officiel • p. 147d : Stéphanie Colvey • p. 148cg : Danijel Micka/Istockphoto • p. 148bd (vinaigrette et jus de pamplemousse) : Stéphanie Colvey • p. 148 (mayonnaise) : Suzannah Skelton/Istockphoto • p. 149d : Janicke Morrissette/Le Bureau officiel • p. 150hg : akg-images • p. 150hd et bg : © Julio Donoso/CORBIS SYGMA • p. 151hd : Janicke Morrissette/Le Bureau officiel • p. 151bg : Pierre Dunnigan/Alpha Presse • p. 151bc : Lori Sparkia/Shutterstock • p. 151bd : megapress.ca/Bilderberg • p. 152bg : Merrill Dyck/Istockphoto • p. 152bd : Janicke Morrissette/Le Bureau officiel • p. 153cd : Vanessa Vick/Photo Researchers/PUBLIPHOTO • p. 153bg : Brian Yarvin/Alpha Presse • p. 154bg : François Gohier/PHONE/Alpha presse • p. 154bd : © Charles Gupton/CORBIS • p. 155bd : © Wolfgang Kaehler/CORBIS • 156hd : © Roy Morsch/CORBIS • p. 156bg : © Michael Porsche/CORBIS • p. 157c : Janicke Morrissette/Le Bureau officiel • p. 158g : © Barnabas Bosshart/CORBIS • p. 158d (agrumes) : © Ed Young/Alamy ; (jasmin) : Matt Alexandre/Bios/Alpha Presse ; (vétivier) : Henri Veiller/Jacana/Hachette Photos ; (vanillier) : Dominique Halleux/Bios/Alpha Presse ; (lavande) : KLEIN/Alpha Presse ; (mousse de chêne) : Matt Alexander/Bios/Alpha Presse ; (peaux en cuir) : Warren E. Simpson/Shutterstock • p. 159h : CC Studio/SPL/PUBLIPHOTO • p. 159bg : © PATRICE LATRON/Corbis • p. 159bd : Coast Distribution System Canada • p. 160g : © Royalty-Free/Corbis • p. 161hg : Nuance Photo • p. 162bd : Janicke Morrissette/Le Bureau officiel • p. 163c : Janicke Morrissette/Le Bureau officiel • p. 164bg : Janicke Morrissette/Le Bureau officiel • p. 165h : © Jean-Pierre Amet/CORBIS SYGMA • p. 165bd : megapress.ca/Bilderberg • p. 166hd : megapress.ca/Bilderberg • p. 166b : Gilles Bassignac/Gamma/Ponopresse • p. 167cd : Elena Ray/Shutterstock • p. 169cg : Royalty-Free/Alamy ; CP PHOTO

L'UNIVERS MATÉRIEL • p. 170-171 : (mante religieuse) : Stuart Westmorland/Getty Images ; (échangeur) : PhotoDisc ; (aurore polaire) : CP Photo ; (iceberg) : Corbis• p. 172g : Corbis • p. 173hg : © James Sparshatt/CORBIS • p. 173cd : © PhotoCuisine/Corbis • p. 173bd : © William Taufic/CORBIS • p. 174 : © Layne Kennedy/CORBIS • p. 175g : Nuance photo • p. 176hg et bg : Arto Dokouzian • p. 177hd : Arto Dokouzian • p. 177bd : Pekka Parviainien/SPL/PUBLIPHOTO • p. 179 (automobile, motocylette, tranche de pain) : Nuance photo • p. 179 (femme debout, citron, trombone, pilule) : Photodisc • p. 179 (timbre) : Société canadienne des postes, 1999. Reproduit avec permission • p. 179bc : Caméléon • p. 180bd (3 photos) : Arto Dokouzian • p. 181hg : Photodisc • p. 181hc : Search4Stock • p. 181cg et cd : Nuance photo • p. 184hg : JEREMY BURGESS/SPL/Publiphoto • p. 184cd : Photo de Denis Chabot/Québec en images • p. 185hd : Nuance photo • p. 185bg et bc : Arthur Hill/Visuals Unlimited • p. 186g : akg-images • p. 186d : Arto Dokouzian • p. 188hd : Arto Dokouzian • p. 188cg : ANDREW LAMBERT PHOTOGRAPHY/SPL/Publiphoto • p. 189hd : Nuance photo • p. 190h : Photo Raymond Robillard • p. 193hd : John Weise/Istockphoto • p. 193c, de g à d : © David Michael Zimmerman/CORBIS ; Corel Disque ; STEVE ALLEN/SPL/Publiphoto ; © Kelly-Mooney Photography/CORBIS • p. 194cg : AKG Images • p. 194bd : PERESUNEP/Alpha Presse • p. 195hd : Arto Dokouzian • p. 195bd : © The British Museum/Hip-Topfoto/PONOPRESSE • p. 196hg : AP/Wide World Photos • p. 196hc : Corel Disque • p. 197bd : AP Photo/Koji Sasahara • p. 198b : Arto Dokouzian • p. 199hd et bd : Arto Dokouzian • p. 200cg : BERANGER/BSIP/Alpha Presse • p. 200bd : Arto Dokouzian • p. 201cd : © Greg Smith/CORBIS • p. 203bg : Arto Dokouzian • p. 204cg : SHEILA TERRY/SPL/PUBLIPHOTO • p. 205h : © Bettmann/CORBIS • p. 205bd : akg-images • p. 209bd : akg-images • p. 211d (John Dalton et Joseph John Thomson) : SPL/Publiphoto ; p. 211d (Ernest Rutherford et Niels Bohr) : akg-images ; p. 211d (James Chadwick) : A. B. BROWN/SPL/Publiphoto

L'UNIVERS VIVANT • p. 213hg : Photo de Pierre François Beaudry/Images du Québec • p. 213hc : SPL/Publiphoto • p. 213hd : Andrew Syred/SPL/Publiphoto • p. 213cg : Corel Disque • p. 213cd : W. Ervin/SPL/Publiphoto • p. 214 : PhotoDisc • p. 215 (chat, lion, tigre, loup) : PhotoDisc • p. 215 (renard) : J. Lepore/Photo Researchers/PUBLIPHOTO • p. 215 (chien) : © M. Botzek/zefa/Corbis • p. 216hg : © Craig Tuttle/CORBIS • p. 216hd : © Strauss/Curtis/CORBIS • p. 216cg : © D. Robert & Lorri Franz/CORBIS • p. 216bd : © Stephen Frink/CORBIS • p. 217 : Alinari/Art Resource, NY • p. 218b, de g à d : Corel

Disque; Photo de Hélène S. Dubois/Images du Québec; Corel Disque; © Douglas P. Wilson; Frank Lane Picture Agency/CORBIS; Hybrid Medical animation/SPL/Publiphoto • p. 219c, de g à d: © Ralph A. Clevenger/CORBIS; Corel Disque; N. Kurzenko/SPL/ Publiphoto; © Charles Mauzy/CORBIS • p. 220bg: S. Terry/SPL/Publiphoto • p. 221bd: Jardin botanique de Montréal • p. 222cg, de h en b: © Brandon D. Cole/CORBIS; Ed Reschke/Peter Arnold/Alpha Presse; Norbert Wu/Peter Arnold/Alpha Presse; Photo Gayle P. Clement • p. 222cd, de h en b: Fred Bavendam/BIOS/Alpha Presse; G. Douwma/SPL/ Publiphoto • p. 222bc: W. Erwin/SPL/Publiphoto • p. 222bd: G. Douwma/SPL/Publiphoto • p. 223hg, de h en b: M.O. Scubazoo/SPL/Publiphoto; V. Aubrey/SPL/Publiphoto; Luiz C. Marigo/Peter Arnold/Alpha Presse • p. 223hd, de h en b: Corel Disque; Cyril Ruoso/Bios/ Alpha Presse • p. 224cg: Zoo sauvage de St-Félicien • p. 224bg, de g à d: Photo de Jean-Marie Dubois/Images du Québec; © Maxx Images; Visuals Unlimited/Science • p. 225hg: Photo Heiko Wittenborn • p. 225bg et bd: Roylaty free/Corbis; Corel Disque • p. 226g, de h en b: Jean-Claude Teyssier/Alpha Presse; Hanson Carroll/Peter Arnold/Alpha Presse; R. Andrew Odum/Peter Arnold/Alpha Presse; John Cancalosi/Peter Arnold/Alpha Presse; Émile Barbelette/BIOS/Alpha Presse; Peter Frischmuth/Argus/Alpha Presse • p. 228cg: Hans Pfetschinger/Peter Arnold/Alpha Presse • p. 228c, de h en b: © O. Alamany & E. Vicens/CORBIS; © Lynda Richardson/CORBIS; Cal Vornberger/Peter Arnold/Alpha Presse; Nigel G. Dennis/NHPA; Corel Disque • p. 229g, de h en b: © Tom Bean/CORBIS; Corel Disque; © Robert Gill; Papilio/CORBIS; Corel Disque • p. 230h, de g à d: Mayet Jean/Bios/ Alpha Presse; A. Riedmiller/Das Fotoarchiv/Alpha Presse; © Maxx images; © Roy Morsch/ CORBIS • p. 230cg: Tiré du livre *The Way of the Wolf*; Photo: L. David Mech • p. 230cd: © Tom J. Ulrich/Visuals Unlimited • p. 230b, de g à d: © Sea world, Inc/Corbis; © Joe McDonald/Visuals Unlimited; Carl R. Sams II/Alpha Presse; © Farrell Grehan/CORBIS • p. 231h, de g à d: Photo de Pierre François Beaudry/Images du Québec; D. Shaw/SPL/ Publiphoto; Jardin botanique de Montréal; Corel Disque • p. 232b, de g à d: Collection personnelle J. Beauchamp; PhotoDisc; Corel Disque • p. 233d: John Cancalosi/Alpha Presse • p. 234hg: Guy Germain, Photographies d'oiseaux © www.mesange.com • p. 235 cd et bd: akg-images; Rob & Ann Simpson/Visuals Unlimited • p. 238-239: SIU/Peter Arnold/Alpha Presse • p. 240gh et gb: Nuance Photo • p. 241hg: © David Muench/ CORBIS • p. 241hd: Jean-Claude Teyssier/Alpha Presse • p. 242hg: © Royalty-Free/Corbis • p. 242b, de g à d: © Ralph A. Clevenger/CORBIS; Mary Marin/Istockphoto; J. Burgess/SPL/ Publiphoto; John Howard/SPL/Publiphoto; The Picture Store/SPL/Publiphoto • p. 243hg: Corel Disque • p. 243 hd: Musto/SPL/Publiphoto • p. 243bg: © CORBIS • p. 243 bd: N. Cornellier/Jardin botanique de Montréal • p. 244bc: S. Nishinaga/SPL/Publiphoto • p. 244bd: Steve Hopkin/Ardea London • p. 246cg: J. Zipp/Photoresearchers/Publiphoto • p. 246cd: Valan Photos • p. 246bg: Jardin botanique de Montréal • p. 246bd: Photo de Jean-Claude Dechevis/Images du Québec • p. 247hc: M.F. Merlet/SPL/Publiphoto • p. 247hd: M. Nimmo/SPL/Publiphoto • p. 248g: Mary Marin/Istockphoto • p. 248cd: © Pat Jerrold; Photo Éric Walravens • p. 248bd: © Terry W. Eggers/CORBIS • p. 250cg: C.V. Angelo/Photoresearchers/Publiphoto • p. 250cd: T Branch/Photoresearchers/ Publiphoto • p. 252h: SIU/Peter Arnold/Alpha Presse • p. 252bg: Jeff Foott/UNEP/Alpha Presse • p. 252bd: T. Clutter/Photoreshearchers/publiphoto • p. 253h: Valan Photos • p. 255c: Michael Durham/Visuals Unlimited • p. 255bd: AP Photo/PA • p. 256h: Manfred Danegger/NHPA • p. 256cg: Gerard Lacz/Peter Arnold/Alpha Presse • p. 257cg, de h en b: © Roger De La Harpe; Gallo Images/CORBIS; Bios/Alpha Presse • p. 257d: © Rick Gomez/ CORBIS • p. 262hg: DR GERALD SCHATTEN/SPL/Publiphoto • p. 266gh et gb: Dominique Duval/BSIP/Alpha Presse • p. 270hd et cd: Collection personnelle J. Beauchamp • p. 270cg: Collection personnelle R. Henri; p. 270cc: Collection personnelle M. Champagne • p. 270bc et bd: PhotoDisc • p. 271bd: © Ronnie Kaufman/CORBIS • p. 272bc: M. Fermariello/SPL/Publiphoto • p. 272bd: © CHOR SOKUNTHEA/Reuters/Corbis • p. 273 h, de g à d: C. Molloy/SPL/Publiphoto; (diaphragme et spermicides): G. Parker/SPL/ Publiphoto; Saturn Stills/SPL/Publiphoto • p. 273bg: Astrid & Hanns Frieder Michler/SPL/ Publiphoto • p. 273bc: Gusto/SPL/PUBLIPHOTO • p. 276h: Paul Schulte/Université du Nevada • p. 276gc: Marilyn Kazmers/Alpha Presse • p. 276gb: Manfred Kage/Alpha Presse • p. 277, de a) à f): © Clouds Hill Imaging Ltd./CORBIS; © Jim Zuckerman/CORBIS; Paul Schulte/Université du Nevada; © Lester V. Bergman/CORBIS; Clouds Hill Imaging Ltd./CORBIS; A. Syred/SPL/Publiphoto • p. 278cg: St-Mary's Hospital Medical School/SPL/ PUBLIPHOTO • p. 279bd: SPL/PUBLIPHOTO • p. 280bg: © Eleanor Thompson/CORBIS • p. 280bc: Wilkinson/Valan Photos • p. 281 (5 photos): Arto Dokouzian • p. 283 (2 photos): Arto Dokouzian

La terre et l'espace • p. 286cg: CP Photo • p. 287, de h en b: Corel Disque; T.Kinsbergen/SPL/PUBLIPHOTO; Weatherstock/Alpha Presse • p. 288: © Peter Adams/zefa/ Corbis • p. 289bg: akg-images/Bibl. Amiens Métropole • p. 291b, de g à d: Seitre/Bios/ Alpha Presse; Corel Disque; Jean-Michel Labat/Bios/Alpha Presse; ALEXIS ROSENFELD/ SPL/Publiphoto • p. 293bd: © DiMaggio/Kalish/CORBIS • p. 296c: NASA • p. 297bd: Barry Williams/Getty Images • p. 299bg: Corel Disque • p. 300g: Collection personnelle J. Beauchamp • p. 300d: MARK EDWARDS/Alpha Presse • p. 301c: ANDREW DAVIES/ Alpha Presse • p. 302hg: Collection personnelle J. Beauchamp • p. 302b (quartz): LAWRENCE LAWRY/SPL/Publiphoto; (mica, feldspath, granite, hornblende): Musée minéralogique et minier de Thetford Mines • p. 304c (3 photos): Arto Dokouzian • p. 305c (3 photos) et bg: Arto Dokouzian • p. 306c (3 photos): Musée minéralogique et minier de Thetford Mines • p. 306bg: Arto Dokouzian • p. 306bd: Musée minéralogique et minier de Thetford Mines • p. 309g (3 photos): Musée minéralogique et minier de Thetford Mines • p. 311hg: © Francesc Muntada/CORBIS • p. 312: Weatherstock/Alpha Presse • p. 313cg: Bettmann/CORBIS • p. 316bg: Ontario Science Centre/Centre des sciences de l'Ontario • p. 319cd: Francoise De Mulder/Roger Viollet/Getty Images • p. 320b: DAVID WOODFALL/WWI/Alpha Presse • p. 321bd: Norbert Wu /Alpha Presse • p. 322bg: Steve Kaufman/Alpha Presse • p. 323bd: © MK Krafft – CRI Nancy Lorraine • p. 324hg: © Nik Wheeler/CORBIS • p. 324c: SIMON FRASER/SPL/Publiphoto • p. 325hd: © Tom Wagner/CORBIS SABA • p. 325cg: AP/Wide World Photos • p. 325bd: © Yann Arthus-Bertrand/CORBIS • p. 326bg: AP/Wide World Photos • p. 327hd: Zephyr/SPL/ Publiphoto • p. 329d: SPL/PUBLIPHOTO • p. 330hd: Images du Québec/Photo de Martin Guérin • p. 330cg: © Steve Vidler/SuperStock • p. 330bd: © Alan Towse; Ecoscene/ CORBIS • p. 331cg et cd: P. G. Adam/Publiphoto • p. 332cg: PhotoDisc • p. 334bg: © NOAA/Corbis • p. 336hg: Nuance photo • p. 336cd: Markus Dlouhy/Alpha Presse • p. 336bc: © Matthias Kulka/CORBIS • p. 337d: © Neil Rabinowitz/CORBIS • p. 339hg: Roderick Chen/Search4Stock • p. 339cd: Megapress • p. 340g: © Erika Koch/zefa/Corbis • p. 340d: Daryl Benson/Masterfile • p. 341d: akg-images • p. 344: © Dennis di Cicco/ CORBIS • p. 345bd: Jochen Tack/Alpha Presse • p. 348c: Peter Steyn/Ardea London Ltd • p. 349d: DUNCAN SHAW/SPL/Publiphoto • p. 351hd: © Bettmann/CORBIS • p. 351bg: NASA • p. 352cd: NASA • p. 352bg: Harvard College Observatory/SPL/Publiphoto • p. 352bc: GoodShot/SuperStock • p. 354bg: Gustavo Tomsich/Corbis • p. 354c, de h en b: D. van Ravenswaay/SPL/Publiphoto; NASA/SPL/Publiphoto; PLANETARY VISIONS LTD/SPL/Publiphoto; SPACE TELESCOPE SCIENCE INSTITUTE/NASA/SPL/Publiphoto • p. 355g, de h en b: NASA/SPL/Publiphoto; SPACE TELESCOPE SCIENCE INSTITUTE/ NASA/SPL/Publiphoto; SPACE TELESCOPE SCIENCE INSTITUTE/NASA/SPL/Publiphoto; NASA • p. 356bd: SPACE TELESCOPE SCIENCE INSTITUTE/NASA/SPL/Publiphoto • p. 360d: SPL/Publiphoto • p. 363g: Sébastien Gauthier • p. 365cd: Digital image © 1996 CORBIS; Original image courtesy of NASA/CORBIS • p. 366hd: TONY & DAPHNE HALLAS/SPL/ Publiphoto • p. 368hg: ECKHARD SLAWIK/SPL/Publiphoto • p. 368-369b: ECKHARD SLAWIK/SPL/Publiphoto • p. 370cd: Dennis Di Cicco/Alpha Presse • p. 371cg: ECKHARD SLAWIK/SPL/Publiphoto • p. 371d: SPL/Publiphoto

L'univers technologique • p. 372: PhotoDisc • p. 373h (2 photos): © Georgina Bowater/CORBIS • p. 373c (2 photos): © AMET JEAN PIERRE/CORBIS SYGMA • p. 373b: © Royalty-Free/CORBIS • p. 375bd: Musée Joseph-Armand Bombardier • p. 376g: S.Terry/SPL/PUBLIPHOTO • p. 378: Frank Ungrad/Shutterstock • p. 378d: Nuance Photo • p. 379bd: akg-images • p. 380bg: © POULIN PIERRE PAUL/CORBIS SYGMA • p. 382bg: © Jefferson Hayman/CORBIS • p. 385: Arto Dokouzian • p. 386 (conifères): PhotoDisc • p. 386 (planche de bois): Nuance Photo • p. 386 (minerai de fer): © James L. Amos/ CORBIS • p. 386 (poutres d'acier): PhotoDisc • p. 387 (cannettes): Alcan • p. 387 (bouteille de plastique): Nuance Photo • p. 387 (casque protecteur): Search4Stock • p. 387 (pot en verre et bol en céramique): Nuance Photo • p. 387 (foyer de pierres): Search4Stock • p. 387 (manteau): Nuance Photo • p. 387c: Arto Dokouzian • p. 388: © Richard Cummins/CORBIS • p. 390cd: Nuance Photo • p. 390b: Search4Stock • p. 393h (bateau) • p. 394hg: Kevin Herrin/Istock Photo • p. 396bg: The Art Archive/ University Library Istanbul/Dagli Orti • p. 396d (photos 1 et 2): Nuance Photo • p. 396d (photo 3): Search4Stock • p. 396d (photos 4 et 5): Nuance Photo • p. 397c, de h en b: Nuance Photo; Search4Stock; Nuance Photo; PhotoDisc; Nuance Photo • p. 397bd: E. Wallis/SPL/PUBLIPHOTO • p. 398g: © Chase Swift/CORBIS • p. 401hg: © Richard Cummins/CORBIS • p. 402g: J.Claude Hurni/PUBLIPHOTO • p. 404: PhotoDisc • p. 405b: David Madison/Getty Images • p. 406cg: Search4Stock • p. 406bg: © Adam Woolfitt/ CORBIS • p. 406cd: Corel disque • p. 406bd: Search4Stock • p. 407cb: Search4Stock • p. 408hd, bg et bd: Search4Stock • p. 408cg: © Jack Fields/CORBIS • p. 409hg: Search4Stock • p. 410cd, de h en b: © Duomo/CORBIS; © Ronnie Kaufman/CORBIS; Nuance Photo • p. 411hd, de h en b: Nuance Photo; Quincaillerie Delorimier/Nuance Photo • p. 411d: Mode Images/Firstlight • p. 412hg: © Carl & Ann Purcell/CORBIS • p. 412b, de g à d (photos 1 à 4): Search4Stock; (photo 5): PhotoDisc • p. 413h, de g à d: Search4Stock • p. 414hg: Janicke Morrissette/Le bureau officiel • p. 414hc: Nuance Photo • p. 414hd: © Duomo/CORBIS • p. 415cg: Nuance Photo • p. 415bd: cRoyalty-Free/ CORBIS • p. 416cg: © Photo Collection Alexander Alland, Sr./CORBIS • p. 416cd, de g à d: PhotoDisc; Search4Stock; Arto Dokouzian • p. 416b: Search4Stock • p. 417cd: Search4Stock • p. 418c: La Ronde • p. 420cd: La Ronde • p. 420b: Nuance Photo • p. 421hd: PhotoDisc • p. 421bc: Nuance Photo • p. 422hg: Nuance Photo • p. 422cd: Search4Stock • p. 423: © Catherine Karnow/CORBIS • p. 425hd et bd: Search4Stock

La boîte à outils • p. 426-427: Arto Dokouzian et Michel Verreault • p. 428bd: Arto Dokouzian • p. 429bd: Beranger/BSIP/Alpha Presse • p. 430b: © Gregg Otto/Visuals Unlimited • p. 432cg: Arto Dokouzian • p. 433hg: Janicke Morrissette/Le bureau officiel • p. 434d: Nuance Photo • p. 436hd: Arto Dokouzian • p. 437hd: Arto Dokouzian • p. 439b: Search4Stock • p. 446cg: Search4Stock • p. 449cg: Arto Dokouzian • p. 449bg et d: Nuance Photo • p. 450bg: Arto Dokouzian • p. 450hd: © H. J. Martin/CORBIS • p. 451 (fusée et maquette): Agence spatiale européenne • p. 452bg et cd: Arto Dokouzian • p. 452bd: megapress.ca/Bilderberg • p. 454hg et bd: Janicke Morissette/Le bureau officiel • p. 456hd: Arto Dokouzian • p. 456bd: Courtoisie de Éric Guadagno, Université de Montréal • p. 457 (3 photos): Arto Dokouzian • p. 458d: Janicke Morrissette/Le bureau officiel • p. 459cg: Janicke Morissette/Le bureau officiel • p. 459bg (3 photos): Arto Dokouzian • p. 460bg et cd: Arto Dokouzian • p. 461cg et hd: Arto Dokouzian • p. 462c et bd: Arto Dokouzian • p. 463hd et bg: Arto Dokouzian

CARTES ET ILLUSTRATIONS

Julie Benoît, cartographe: p. 26-27, 58b, 73, 131, 139, 298, 313bd, 314, 315b, 316c, 321hg, 327bg, 327hg, 365b • *Stéphane Bourelle*: p. 227, 236, 254b, 255hg, 258b, 263h, 264b, 265h, 269b, 271h • *Pierre-André Bourque*: p. 328bd • Collectif (*AMID Studios, Kevin Cheng, Crowle Art Group, François Escamel, Dave McKay, Mike Opsahl , Dave Maziersky, NSV Productions, Dusan Petricic, Cynthia Watada*): p. 204d, 208g, 211g • *Arto Dokouzian*: p. 183hd, 195b, 261hd et c, 291hd, 293hd, 295hd, 298c, 299g, 303c, 342g, 347c, 358hg, 359bg, 361h, 362d, 368-369b, 370b, 382d, 383g, 384c, 413bg, 414, 415, 419, 420, 425, 429cg et cd, 435bg et bd, 446g, 448 • *Robert Dolbec*: p. 335hd, 375cg • *Michel Grant*: p. 439 • *Imageering Scientificand Technical Artworks Inc/Pronk & Associates*: p. 176, 177, 181, 191hd, 192g, 196, 197hd et bg, 241b, 244h, 247b, 249h, 251h, 253b, 268, 294hg, 306, 308hd et bc, 310cd, 318b 3 ill., 320h, 326c 3 ill., 332bd, 333c, 334bd, 335bg, 337g 2 ill., 338c, 315h, 317h, 318b, 345cb, 349h et b, 350c, 353b, 356h, 402d, 447g • *Bertrand Lachance*: p. 8, 9, 30, 68, 69, 184, 187b, 220, 221, 317b, 389, 392hg et d, 393c, 394g, 398d, 399c, 400d, 423 (4 illustrations), 453, 455 • *Dany Lavoie*: p. 182, 205c, 216bd, 237hg • *Dave McKay*: p. 401c. • *Stéphane Morin*: p. 209g, 210hg, 213c, 424, 446g • *Marc Tellier*: p. 7, 13, 16, 58h, 61, 66, 89, 150, 160cd, 200, 318h, 319h et b, 322bd, 323g, 328hg, 329b, 403cg • Tiré d'*Omniscience 7*, p. 338, © 2001, Chenelière/McGraw-Hill: p. 290bd, 292c • Tiré de *Life Science* par Lucy Daniel, © 1997, Glencoe/McGraw-Hill: p. 183bd, 245, 254hg, 259h, 260d, 262c, 273bd (2 dernières illustrations) • Tiré de Mader, *Inquiry into Life*, 8e éd., © The McGraw-Hill Companies Inc.: p. 263b • Tiré de Starr, *Biology: The Unity and Diversity of Life*, 6e éd., © Wadsworth Publishing: p. 267 • *Jean-François Vachon*: p. 346, 364b

Répartition des concepts prescrits pour le 1er cycle

L'encyclo	Manuel A (1re année)	Page où le concept est abordé (Manuel A)	Manuel B (2e année)	Page où le concept est abordé (Manuel B)	Programme de science et technologie
L'UNIVERS MATÉRIEL, p. 172					**UNIVERS MATÉRIEL**
SECTION 1 *Les propriétés de la matière, p. 174*					*Propriétés*
Les propriétés non caractéristiques de la matière, p. 175	< ● ○ < ○	58 (mod. 2) 146, 149 (mod. 4) 153 (mod. 4)	↻	128 à 131, 134 à 138 (mod. 4)	Propriétés
Les états de la matière, p. 176	< ○ ● < ○ ○	59, 60 (mod. 2) 61 (mod. 2) 148 (mod. 4) 149 (mod. 4)	+ < ↻	36 (mod. 1) 49, 50, 58 (mod. 2)	États de la matière
Les solides, p. 176	○ < ○ ●	45 (mod. 1) 59, 60 (mod. 2) 61 (mod. 2)	↻	53 (mod. 2)	
Les liquides, p. 176	○ < ○ ●	45, 46, 47 (mod. 1) 59, 60 (mod. 2) 61 (mod. 2)	↻	49, 50, 53, 54, 77 à 80 (mod. 2)	
Les gaz, p. 177	< ○ ●	59, 60 (mod. 2) 61 (mod. 2)	↻ +	49, 50, 53, 54, 73 (mod. 2) 160 (mod. 4)	
La théorie particulaire, p. 177	+	59, 60 (mod. 2)			
La masse, p. 178	○ < ● ○	11 (mod. 1) 65, 66 (mod. 2) 143, 149 (mod. 4)	< ↻ + ↻	52, 57, 77, 78 (mod. 2) 78, 80 (mod. 2) 140 (mod. 4)	Masse
Le volume, p. 180	< ○ < ●	33, 34 (mod. 1) 65 (mod. 2)	< ↻ + ↻	51, 52, 77, 78 (mod. 2) 78 (mod. 2) 129, 132, 133 (mod. 4)	Volume
La température, p. 180	○ ○ < ● < ○ +	33, 34 (mod. 1) 59, 60 (mod. 2) 61 (mod. 2) 103, 104 (mod. 3) 158 (mod. 4)	+ ↻ < ↻ ↻	36 (mod. 1) 49 à 56, 72, 73 (mod. 2) 58 (mod. 2) 149, 162, 163 (mod. 4)	Température
L'échelle Celsius, p. 181	< ○ < ○ +	61 (mod. 2) 103, 104 (mod. 3) 158 (mod. 4)			
La température et la pression atmosphérique, p. 182	+	61 (mod. 2)	↻	58 (mod. 2)	
La température et la théorie particulaire, p. 183	+ +	61 (mod. 2) 158 (mod. 4)			
Les acides et les bases, p. 183	< ● < ○ ○ ○	69 (mod. 2) 103, 104 (mod. 3) 117, 122 (mod. 3) 146, 151 (mod. 4)	+ < ○ < ↻	(explo. 3, mod. 1) 107 à 110 (mod. 3)	Acidité/basicité
Mesurer le degré d'acidité ou de basicité, p. 185	< ● < ○	69 (mod. 2) 103, 104 (mod. 3)	↻ + < ○ +	24 (mod. 1) (explo. 3, mod. 1) 135 (mod. 4)	
Le papier tournesol, p. 186	< ● < ○	69 (mod. 2) 103, 104 (mod. 3)	+ < ○ < ↻	(explo. 3, mod. 1) 107 à 110 (mod. 3)	
Le pH, p. 186	< ● < ○	69 (mod. 2) 103, 104 (mod. 3)	< ○ < ↻ ↻	17 (mod. 1) 128, 129, 134, 135 (mod. 4) 131, 136 (mod. 4)	
D'un degré d'acidité à l'autre, p. 187	< ● < ○	69 (mod. 2) 103, 104 (mod. 3)	< ○ < ↻ ↻	17 (mod. 1) 128, 129, 134, 135 (mod. 4) 131, 136 (mod. 4)	
Le papier pH universel, p. 188	+ < ○	69 (mod. 2) 103, 104 (mod. 3)	< ○ < ● ●	17 (mod. 1) 128, 129 (mod. 4) 134, 135 (mod. 4)	
Le pH mètre, p. 188	+ < ○	69 (mod. 2) 103, 104 (mod. 3)	< ○	17 (mod. 1)	

Légende < Un boomerang renvoyant à ce concept apparaît dans l'activité d'un module

○ Sensibilisation | ● Apprentissage systématique | + Enrichissement | ↻ Réinvestissement (manuel B seulement)

Les activités synthèses et les projets de module sont des occasions de réinvestir les concepts abordés au cours d'une exploration ou d'un module.

Répartition des concepts prescrits pour le 1er cycle (suite)

L'encyclo	Manuel A (1re année)	Page où le concept est abordé (Manuel A)	Manuel B (2e année)	Page où le concept est abordé (Manuel B)	Programme de science et technologie
Les propriétés caractéristiques de la matière, p. 188	< ○ ●	58 (mod. 2) 65 (mod. 2)	< ↻ ↻	149 (mod. 4) 126 à 136, 150, 151 (mod. 4)	Propriétés caractéristiques
Le point de fusion, p. 188	< ● ●	59 (mod. 2) 61 (mod. 2)			
Le point d'ébullition, p. 188	< ● ●	59 (mod. 2) 61 (mod. 2)	< ↻ ↻	149 (mod. 4) 150, 151 (mod. 4)	
SECTION 2 Les transformations de la matière, p. 190	< ●	147 (mod. 4)			**Transformations**
Les changements physiques, p. 191	< ○ < ● < ● ●	59 (mod. 2) 61 (mod. 2) 147, 153 (mod. 4) 149 (mod. 4)	< ↻ < ●	49, 50 (mod. 2) 107 à 110 (mod. 3)	Changement physique
Les changements d'état et la théorie particulaire, p. 192	+	61 (mod. 2)			
Les changements chimiques, p. 193	< ● ●	147, 153 (mod. 4) 149 (mod. 4)	< ●	107 à 110 (mod. 3)	Changement chimique
La conservation de la masse, p. 194	○ < ● ●	142, 164 (mod. 4) 145 (mod. 4) 146, 149, 154 (mod. 4)	+ ● ↻	(explo. 3, mod. 1) 48 (mod. 2)	Conservation de la matière
Les substances pures et les mélanges, p. 195			● < ●	142, 148 à 151, 162 à 164 (mod. 4) 144 à 147 (mod. 4)	Mélanges
Les mélanges, p. 196	○	70 (mod. 2)	● < ●	142, 148 à 151, 162 à 164 (mod. 4) 144 à 147 (mod. 4)	
Les solutions, p. 196	○	70 (mod. 2)	< ● < ●	142, 148 à 151, 162 à 164 (mod. 4) 144 à 147 (mod. 4)	Solutions
La dissolution, p. 197	< ●	63 (mod. 2)			
La séparation des mélanges, p. 198	< ○	94 (mod. 2)	● + < ●	142, 148, 150 à 151, 162, 163 (mod. 4) 148 (mod. 4) 149 (mod. 4)	Séparation des mélanges
La sédimentation, p. 198			● < ●	142, 148, 150 à 151, 162, 163 (mod. 4) 149 (mod. 4)	
La décantation, p. 199			● < ●	142, 148, 150 à 151, 162, 163 (mod. 4) 149 (mod. 4)	
La filtration, p. 199	< ○	94 (mod. 2)	● < ●	142, 148, 150 à 151, 162, 163 (mod. 4) 149 (mod. 4)	
La distillation, p. 200			● < ●	142, 148, 150 à 151, 162, 163 (mod. 4) 149, 162, 163 (mod. 4)	
SECTION 3 L'organisation de la matière, p. 202	< ○	67 (mod. 2)			**Organisation**
L'atome, p. 203	< ● ● ○ +	67 (mod. 2) 68 (mod. 2) 148 (mod. 4) 158 (mod. 4)			Atome
La théorie atomique, p. 204	< +	68 (mod. 2)			
Les éléments, p. 204	< ●	67 (mod. 2)			Élément
Le tableau périodique, p. 205	< ●	68 (mod. 2)			Tableau périodique
Les symboles chimiques, p. 208	< ●	68 (mod. 2)			Élément
La molécule, p. 209	< ● ● < ○ ○	67 (mod. 2) 68 (mod. 2) 132 (mod. 3) 148, 150, 153 (mod. 4)	< ● ↻	38 à 40 (mod. 1) 107 à 112 (mod. 3)	Molécule
Les formules chimiques, p. 210	< ● ●	67 (mod. 2) 68 (mod. 2)			
Le modèle atomique dans le temps, p. 211	< +	68 (mod. 2)			Atome
L'UNIVERS VIVANT, p. 212					**UNIVERS VIVANT**
SECTION 1 La diversité de la vie, p. 214	< ○	118 (mod. 3)			**Diversité de la vie**
Les espèces, p. 216	< ○ ○ ● < ● ●	74 (mod. 2) 75, 79 (mod. 2) 83, 84 (mod. 2) 100, 116, 118 (mod. 3) 125, 127 (mod. 3)	○ < ● ● < ↻ +	6 à 9, 15 (mod. 1) 33, 34 (mod. 1) 35 (mod. 1) 94, 95 (mod. 3) 94 (mod. 3)	Espèce

Légende   < Un boomerang renvoyant à ce concept apparaît dans l'activité d'un module
○ Sensibilisation | ● Apprentissage systématique | + Enrichissement | ↻ Réinvestissement (manuel B seulement)
Les activités synthèses et les projets de module sont des occasions de réinvestir les concepts abordés au cours d'une exploration ou d'un module.

L'encyclo	Manuel A (1ʳᵉ année)	Page où le concept est abordé (Manuel A)	Manuel B (2ᵉ année)	Page où le concept est abordé (Manuel B)	Programme de science et technologie
La taxonomie, p. 217	< ●	118 (mod. 3)	○ < ○ ●	6, 15, 28 (mod. 1) 10 à 12 (mod. 1) 33, 34, 35 (mod. 1)	Taxonomie
Les noms scientifiques, p. 218	< ●	118 (mod. 3)	○ < ○ ●	6, 15, 28 (mod. 1) 10 à 12 (mod. 1) 33, 34, 35 (mod. 1)	
Le règne végétal, p. 219	< ○	100 (mod. 3)	○ < ○ ●	6, 15, 28 (mod. 1) 10 à 12 (mod. 1) 33, 34, 35 (mod. 1)	
La famille de l'érable, p. 220			○ < ○ ●	6, 15, 28 (mod. 1) 10 à 12 (mod. 1) 33, 34, 35 (mod. 1)	
Le règne animal, p. 222	< ●	118 (mod. 3)	○ < ○ ●	6, 15, 28 (mod. 1) 10 à 12 (mod. 1) 33, 34, 35 (mod. 1)	
L'habitat, p. 224	< ○ < ○ < ○ < ● ● ○ ○	74 (mod. 2) 100 (mod. 3) 106, 107 (mod. 3) 116, 127 (mod. 3) 117, 122 (mod. 3) 129 (mod. 3) 159, 160 (mod. 4)	< ● ● + < ●	10 à 12 (mod. 1) 13 à 15, 17, 25 à 27, 31, 32 (mod. 1) (explo. 3, mod. 1)	Habitat
Les adaptations, p. 225	○ < ○ < ● < ○ < ●	79, 81 (mod. 2) 83, 84 (mod. 2) 116 (mod. 3) 133 (mod. 3) 164 (mod. 4)	● ○ < ● + < ● ↻	6 à 9, 15 à 17, 19, 20, 25 à 27, 31, 32, 38 à 40 (mod. 1) 10 à 12 (mod. 1) 35 (mod. 1) (explo. 3, mod. 1) 99 (mod. 3)	Adaptations physiques et comportementales
Les adaptations liées au climat, p. 225	< ○ < ● < ● < ●	79 (mod. 2) 83, 84 (mod. 2) 116 (mod. 3) 164 (mod. 4)	● + < ● ↻	7, 25 à 27, 31, 32, 38 à 40 (mod. 1) (explo. 3, mod. 1) 128, 136 (mod. 4)	
Les adaptations liées aux déplacements, p. 226	< ○ < ● < ●	79 (mod. 2) 83 (mod. 2) 116 (mod. 3)	● + < ● ●	9 (mod. 1) (explo. 3, mod. 1) 71 (mod. 2)	
Les adaptations liées à l'alimentation, p. 227	< ○ < ● < ●	79 (mod. 2) 83, 84 (mod. 2) 108, 116 (mod. 3)	● + < ● + < ●	8, 19, 20, 31, 32 (mod. 1) 32 (mod. 1) 35 (mod. 1) (explo. 3, mod. 1)	
Les adaptations liées à la communication, p. 230	< ○ < ● < ●	79 (mod. 2) 83, 84 (mod. 2) 116 (mod. 3)	● + < ● ↻	19, 20 (mod. 1) (explo. 3, mod. 1) 156, 159, 160 (mod. 4)	
Les adaptations liées à la reproduction, p. 231	< ○ < ● < ●	79 (mod. 2) 83, 84 (mod. 2) 108, 116 (mod. 3)	● + < ● ↻	7, 19, 20 (mod. 1) (explo. 3, mod. 1) 99 (mod. 3)	
Les niches écologiques, p. 232	○ < ○ ○ < ○ < ○	74 (mod. 2) 78 (mod. 2) 79 (mod. 2) 116 (mod. 3) 145 (mod. 4)	< ● ● +	10 à 14, 17, 19, 20, 28 (mod. 1) 15, 16 (mod. 1) 32 (mod. 1)	Niche écologique
Le rôle des espèces dans les chaînes alimentaires, p. 232	< ○ ○ < ○ < ○	78 (mod. 2) 79 (mod. 2) 116 (mod. 3) 145 (mod. 4)	< ● ●	10 à 14, 17, 19, 20, 28 (mod. 1) 15, 16 (mod. 1)	
Les producteurs, p. 233	< ○ ○ < ○ < ○	78 (mod. 2) 79 (mod. 2) 116 (mod. 3) 145 (mod. 4)	< ● ●	10 à 14, 17, 19, 20, 28 (mod. 1) 15, 16 (mod. 1)	
Les consommateurs, p. 233	< ○ ○ < ○ < ○	78 (mod. 2) 79 (mod. 2) 116 (mod. 3) 145 (mod. 4)	< ● ●	10 à 14, 17, 19, 20, 28 (mod. 1) 15, 16 (mod. 1)	
Les décomposeurs, p. 233	< ○ ○ < ○ < ○	78 (mod. 2) 79 (mod. 2) 116 (mod. 3) 145 (mod. 4)	< ● ●	10 à 14, 17, 19, 20, 28 (mod. 1) 15, 16 (mod. 1)	

Répartition des concepts prescrits pour le 1er cycle (suite)

L'encyclo	Manuel A (1re année)	Page où le concept est abordé (Manuel A)	Manuel B (2e année)	Page où le concept est abordé (Manuel B)	Programme de science et technologie
La niche écologique, p. 234	< ○ ○ < ○ < ○	78 (mod. 2) 79 (mod. 2) 116 (mod. 3) 145 (mod. 4)	< ● ●	10 à 14, 17, 19, 20, 28 (mod. 1) 15, 16 (mod. 1)	Niche écologique
Une population, p. 234	○	123 (mod. 3)	< ○	28 (mod. 1)	Population
L'évolution, p. 235	○ ● < ○ < ○ < ● ●	79 (mod. 2) 83, 84 (mod. 2) 102 (mod. 3) 106, 107 (mod. 3) 118 (mod. 3) 133 (mod. 3)	+ < ○ < ○ +	(explo. 3, mod. 1) 94, 95 (mod. 3) 94 (mod. 3)	Évolution
La sélection naturelle, p. 235	< ○ < ○ < ● ●	102 (mod. 3) 106, 107 (mod. 3) 118 (mod. 3) 133 (mod. 3)	+ < ○ < ↻ +	(explo. 3, mod. 1) 94, 95 (mod. 3) 94 (mod. 3)	
La mutation des gènes, p. 236	< ○	106, 107 (mod. 3)	< ●	94 (mod. 3)	
Les chromosomes et les gènes, p. 236	< ○ ○	119 (mod. 3) 120 (mod. 3)	< ● + ○	97, 98 (mod. 3) 98 (mod. 3) 100 (mod. 3)	Gènes et chromosomes
Un plan pour la vie, p. 236	< ○ ○	119 (mod. 3) 120 (mod. 3)	< ● + ○	97, 98 (mod. 3) 98 (mod. 3) 100 (mod. 3)	
Des yeux bleus ou des yeux bruns?, p. 237			< ● + ○	97, 98 (mod. 3) 98 (mod. 3) 100 (mod. 3)	
SECTION 2 La reproduction des êtres vivants, p. 238					**Perpétuation des espèces**
La reproduction asexuée ou sexuée, p. 240	< ●	112 (mod. 3)	< ●	35 (mod. 1)	Reproduction asexuée ou sexuée
La reproduction chez les végétaux, p. 240	< ●	108 (mod. 3)	< ●	35 (mod. 1)	Modes de reproduction chez les végétaux
La reproduction asexuée, p. 241	< ●	108 (mod. 3)	< ●	35 (mod. 1)	Reproduction asexuée ou sexuée
La reproduction sexuée, p. 242	< ●	108 (mod. 3)	< ●	35 (mod. 1)	
La reproduction chez les plantes à fleurs, p. 244	< ●	108 (mod. 3)	< ●	35 (mod. 1)	Gamètes et Organes reproducteurs
La pollinisation et la fécondation, p. 244	< ●	108 (mod. 3)	< ●	35 (mod. 1)	Fécondation
Le développement de la graine, p. 245	< ●	108 (mod. 3)	< ●	35 (mod. 1)	Mode de reproduction chez les végétaux
La dispersion des graines, p. 246	< ●	108 (mod. 3)	< ●	35 (mod. 1)	
La reproduction chez les conifères, p. 247	< ●	108 (mod. 3)	< ●	35 (mod. 1)	Gamètes et Organes reproducteurs
La reproduction chez les plantes à spores, p. 248	< ●	108 (mod. 3)	< ●	35 (mod. 1)	
La reproduction chez les animaux, p. 250	< ●	116 (mod. 3)	< ● ○ < ↻	15 (mod. 1) 92 (mod. 3) 94 (mod. 3)	Modes de reproduction chez les animaux
La reproduction asexuée, p. 250	< ●	116 (mod. 3)	< ● ○ ● < ↻	15 (mod. 1) 17 (mod. 1) 19, 20 (mod. 1) 94 (mod. 3)	Reproduction asexuée ou sexuée
La reproduction sexuée, p. 250	< ●	116 (mod. 3)	< ● ○ ● < ↻	15 (mod. 1) 17 (mod. 1) 19, 20 (mod. 1) 94 (mod. 3)	
L'accouplement, p. 251	< ●	116 (mod. 3)	< ● ○ ● < ↻	15 (mod. 1) 17 (mod. 1) 19, 20 (mod. 1) 94 (mod. 3)	
La fécondation, p. 252	< ●	116 (mod. 3)	< ● ○ ● ○ ●	15 (mod. 1) 17 (mod. 1) 19, 20 (mod. 1) 92 (mod. 3) 100 (mod. 3)	Fécondation
Les modes de fécondation, p. 252	< ●	116 (mod. 3)	< ● ○ ● ○ ●	15 (mod. 1) 17 (mod. 1) 19, 20 (mod. 1) 92 (mod. 3) 100 (mod. 3)	

Légende   < Un boomerang renvoyant à ce concept apparaît dans l'activité d'un module
○ Sensibilisation | ● Apprentissage systématique | + Enrichissement | ↻ Réinvestissement (manuel B seulement)
Les activités synthèses et les projets de module sont des occasions de réinvestir les concepts abordés au cours d'une exploration ou d'un module.

L'encyclo	Manuel A (1ʳᵉ année)	Page où le concept est abordé (Manuel A)	Manuel B (2ᵉ année)	Page où le concept est abordé (Manuel B)	Programme de science et technologie
La fécondation externe, p. 253	< ●	116 (mod. 3)	< ● ○ ● ○ ●	15 (mod. 1) 17 (mod. 1) 19, 20 (mod. 1) 92 (mod. 3) 100 (mod. 3)	Fécondation
La fécondation interne, p. 254	< ●	116 (mod. 3)	< ● ○ ● ○ ●	15 (mod. 1) 17 (mod. 1) 19, 20 (mod. 1) 92 (mod. 3) 100 (mod. 3)	
Les hermaphrodites, p. 256	< ●	116 (mod. 3)	< ● ○ ● < ↻	15 (mod. 1) 17 (mod. 1) 19, 20 (mod. 1) 94 (mod. 3)	Reproduction asexuée ou sexuée
La reproduction chez les êtres humains, p. 257			< ●	99 (mod. 3)	Modes de reproduction chez les animaux
Le système reproducteur, p. 258			○ < ●	92 (mod. 3) 99 (mod. 3)	Gamètes et Organes reproducteurs
La puberté, p. 258			< ●	99 (mod. 3)	
L'appareil reproducteur de l'homme, p. 259			< ●	99 (mod. 3)	
L'appareil reproducteur de la femme, p. 260			< ●	99 (mod. 3)	
Le cycle mentruel, p. 261			< ●	99 (mod. 3)	
La grossesse, p. 262			○ < ●	92 (mod. 3) 100 (mod. 3)	Grossesse
L'embryon et le placenta, p. 263			○ < ●	92 (mod. 3) 100 (mod. 3)	
De l'embryon au fœtus, p. 264			○ < ●	92 (mod. 3) 100 (mod. 3)	
Le premier trimestre, p. 265			○ < ●	92 (mod. 3) 100 (mod. 3)	
Le deuxième trimestre, p. 266			○ < ●	92 (mod. 3) 100 (mod. 3)	
Le troisième trimestre, p. 266			○ < ●	92 (mod. 3) 100 (mod. 3)	
Les risques de la gestation, p. 267	○	132 (mod. 3)	○ < ●	92 (mod. 3) 100 (mod. 3)	
La naissance, p. 268			○ < ●	92 (mod. 3) 100 (mod. 3)	
Les stades du développement humain, p. 269			< ● + + ↻	100 (mod. 3) 100 (mod. 3) 105, 106 (mod. 3)	Stades du développement humain
Les proportions du corps changent, p. 269			< ● + ↻	100 (mod. 3) 105, 106 (mod. 3)	
Le bébé devient un enfant, p. 270			< ● +	100 (mod. 3) 105, 106 (mod. 3)	
L'adolescence et la puberté, p. 271			< ● + ↻	99, 100 (mod. 3) 105, 106 (mod. 3)	
Le vieillissement, p. 271			< ● + +	100 (mod. 3) 100 (mod. 3) 105, 106 (mod. 3)	
Planifier les naissances, p. 272			○ < ●	116 (mod. 3) 120 (mod. 3)	Moyens empêchant la fixation du zygote dans l'utérus et Contraception
La contraception, p. 272			○ + < ●	116 (mod. 3) 118 (mod. 3) 120 (mod. 3)	
Les maladies transmissibles sexuellement, p. 274			○ < ● + ●	116 (mod. 3) 118 (mod. 3) 118 (mod. 3) 119 (mod. 3)	Maladies transmises sexuellement
SECTION 3 *Le maintien de la vie, p. 276*					**Maintien de la vie**
Les caractéristiques du vivant, p. 277	< ●	119 (mod. 3)	● < ● ↻	18 (mod. 1) 36, 37 (mod. 1) 96 à 98 (mod. 3)	Caractéristiques du vivant

Répartition des concepts prescrits pour le 1er cycle (suite)

L'encyclo	Manuel A (1re année)	Page où le concept est abordé (Manuel A)	Manuel B (2e année)	Page où le concept est abordé (Manuel B)	Programme de science et technologie
La cellule, p. 277	< ●	109, 119 (mod. 3)	● < ↻ ○	18 (mod. 1) 96 (mod. 3) 97, 98 (mod. 3)	Cellules végétales et animales
Les cellules végétales et animales, p. 278	< ●	109, 119 (mod. 3)	< ● < ↻ ○	18 (mod. 1) 96 (mod. 3) 97, 98 (mod. 3)	Cellules végétales et animales et Constituants cellulaires visibles au microscope
Comment fonctionne la cellule ?, p. 280	< ● ○	120, 121, 130, 131 (mod. 3) 133 (mod. 3)	○ < ● < ↻	24 (mod. 1) 36, 37 (mod. 1) 111, 112 (mod. 3)	Cellules végétales et animales
Les intrants et les extrants, p. 280	< ○ < ● < ●	85 (mod. 2) 120, 121, 130, 131 (mod. 3) 148 (mod. 4)	○ < ● < ↻	24 (mod. 1) 36, 37 (mod. 1) 111, 112 (mod. 3)	Intrants et extrants (énergie, nutriments, déchets)
Les échanges entre la cellule et son milieu, p. 280	< ●	120, 121, 130, 131 (mod. 3)	○ < ● < ↻	24 (mod. 1) 36, 37 (mod. 1) 111, 112 (mod. 3)	
La diffusion, p. 281	< ●	120, 121, 130, 131 (mod. 3)	+ < ↻	36 (mod. 1) 111, 112 (mod. 3)	Osmose et diffusion
L'osmose, p. 282	< ●	120, 121, 130, 131 (mod. 3)	+ < ↻	36 (mod. 1) 111, 112 (mod. 3)	
Deux fonctions vitales de la cellule, p. 284	< ○ < ●	106, 107 (mod. 3) 130, 131 (mod. 3)	○ < ● < ↻	24 (mod. 1) 36, 37 (mod. 1) 111, 112 (mod. 3)	Photosynthèse et respiration
La photosynthèse, p. 284	< ○	106, 107 (mod. 3)	○ + < ● ○	24 (mod. 1) 36 (mod. 1) 36, 37 (mod. 1) 38, 39 (mod. 1)	
La respiration cellulaire, p. 285	< ○ < ●	106, 107 (mod. 3) 130, 131 (mod. 3)	○ < ● ○ < ● < ↻	24 (mod. 1) 36, 37 (mod. 1) 38, 39 (mod. 1) 109 (mod. 3) 111, 112 (mod. 3)	

LA TERRE ET L'ESPACE, p. 286 — TERRE ET ESPACE

SECTION 1 Les caractéristiques générales de la Terre, p. 288 — *Caractéristiques générales de la Terre*

L'encyclo	Manuel A	Page (Manuel A)	Manuel B	Page (Manuel B)	Programme
La structure interne de la Terre, p. 290	< ●	41 (mod. 1)			Structure interne de la Terre
La biosphère, p. 291	< ○ ○	38 (mod. 1) 74, 76, 77 (mod. 2)			
L'atmosphère, p. 292	○ ○ < ○	103, 104 (mod. 3) 149 (mod. 4) 161 (mod. 4)	●	49 à 52, 55, 56, 61, 73 (mod. 2)	Atmosphère
La composition de l'atmosphère, p. 293	< ○ ○ ○	103, 104 (mod. 3) 117, 122, 125, 127, 129, 130 (mod. 3) 150, 161 (mod. 4)	○ < ● + < ● + ○	24 (mod. 1) 36, 37 (mod. 1) (explo. 3, mod. 1) (explo. 3, mod. 1)	Air (composition)
Les couches de l'atmosphère, p. 294	< ○	15 (mod. 1)	< ● ●	55, 56 (mod. 2) 57, 58 (mod. 2)	Couches de l'atmosphère
La troposphère, p. 294	< ○	15 (mod. 1)	● < ● +	55, 56 (mod. 2) 57, 58 (mod. 2) 57 (mod. 2)	
La stratosphère, p. 295	< ○	15 (mod. 1)			
La mésosphère, p. 295	< ○	15 (mod. 1)			
La thermosphère, p. 295	< ○	15 (mod. 1)			
Un trou dans la couche d'ozone, p. 296	< +	104 (mod. 3)			
L'hydrosphère, p. 298	+ < ●	57 (mod. 2) 87 (mod. 2)	+ < ○ < ↻	(explo. 3, mod. 1) 48 (mod. 2)	Hydrosphère
L'eau douce, p. 300	+ ○ < ●	57 (mod. 2) 87 (mod. 2) 89, 93 (mod. 2)	+ < ↻	(explo. 3, mod. 1) 88, 89 (mod. 2)	Eau (répartition)
L'eau potable, p. 300	+ ○ < ● ○ ○ < ●	57, 58 (mod. 2) 87 (mod. 2) 89, 93 (mod. 2) 117, 122 (mod. 3) 148 (mod. 4) 151, 152 (mod. 4)	+ < ○ < ↻ ↻	(explo. 3, mod. 1) 59, 60 (mod. 2) 88, 89 (mod. 2)	

Légende   < Un boomerang renvoyant à ce concept apparaît dans l'activité d'un module
○ Sensibilisation | ● Apprentissage systématique | + Enrichissement | ↻ Réinvestissement (manuel B seulement)
Les activités synthèses et les projets de module sont des occasions de réinvestir les concepts abordés au cours d'une exploration ou d'un module.

L'encyclo	Manuel A (1re année)	Page où le concept est abordé (Manuel A)	Manuel B (2e année)	Page où le concept est abordé (Manuel B)	Programme de science et technologie
La lithosphère, p. 302	< ●	41 (mod. 1)	●	131, 137 à 140 (mod. 4)	Lithosphère
Est-ce une roche ou un minéral?, p. 302			● +	130, 131, 137 à 140 (mod. 4) 137 (mod. 4)	Types de roches (minéraux de base)
Comment les roches se forment-elles?, p. 303			< ● +	137 (mod. 4) 137 (mod. 4)	
Les roches ignées, p. 304			< ● +	137 (mod. 4) 137 (mod. 4)	
Les roches sédimentaires, p. 305			< ● +	137 (mod. 4) 137 (mod. 4)	
Les roches métamorphiques, p. 306			< ● +	137 (mod. 4) 137 (mod. 4)	
Les types de sols, p. 307	< ○ < ●	103, 104, 108 (mod. 3) 151 (mod. 4)	< ● ● < ●	13, 14 (mod. 1) 126, 132 à 136 (mod. 4) 128 à 131 (mod. 4)	Types de sols
La formation du sol, p. 307	< ●	103 (mod. 3)	< ● ● < ●	13, 14 (mod. 1) 126, 132 à 136 (mod. 4) 128 à 131 (mod. 4)	
Le profil du sol, p. 308			< ● ● < ●	13, 14 (mod. 1) 126, 132 à 136 (mod. 4) 128 à 131 (mod. 4)	
La texture et la structure du sol, p. 309	< ●	151 (mod. 4)	< ● ↻ < ↻	13, 14 (mod. 1) 126, 132 à 136 (mod. 4) 128 à 131 (mod. 4)	
Les habitants du sol, p. 310	< ○	148 (mod. 4)	< ● ● < ●	13, 14 (mod. 1) 126, 132 à 136 (mod. 4) 128 à 131 (mod. 4)	
Le relief, p. 310	< ●	42 (mod. 1)			Relief
SECTION 2 Les phénomènes géologiques, p. 312					**Phénomènes géologiques et géophysiques**
La Terre en mouvement, p. 313	< ●	40 (mod. 1)			Plaque tectonique
Des continents à la dérive, p. 313	< ●	40 (mod. 1)			
La tectonique des plaques, p. 316	< ● < ●	41 (mod. 1) 42, 43 (mod. 1)			
La convection, p. 317	< ●	42, 43 (mod. 1)			
Où vont les plaques?, p. 318	< ●	42, 43 (mod. 1)			
Les volcans, p. 322	< ●	46, 47 (mod. 1)			Volcan
La structure d'un volcan, p. 322	< ●	46, 47 (mod. 1)			
Les éruptions volcaniques, p. 323	< ●	46, 47 (mod. 1)			
Les séismes, p. 325	< ○	41 (mod. 1)			Tremblements de terre
Les causes des tremblements de terre, p. 326	< ●	48 (mod. 1)			
Des zones très exposées, p. 327	< ●	41, 48 (mod. 1)			
L'orogenèse, p. 328	< ●	41, 44-46 (mod. 1)			Orogenèse
L'érosion, p. 329	< ●	46, 47 (mod. 1)	< ○	25 (mod. 1)	Érosion
Les catégories d'érosion, p. 330	< ○	46, 47 (mod. 1)			
La météorisation biologique, p. 330	< ○	46, 47 (mod. 1)			
La météorisation mécanique, p. 330	< ○	46, 47 (mod. 1)			
La météorisation chimique, p. 330	< ○	46, 47 (mod. 1)			
Une montagne qui prend de l'âge, p. 331	< ○	46, 47 (mod. 1)			
Le cycle de l'eau, p. 332	○	159 (mod. 4)	+ < ● < ●	(explo. 3, mod. 1) 48 (mod. 2)	Cycle de l'eau
Les pluies acides, p. 333	+ < ● +	69 (mod. 2) 103, 104 (mod. 3) 160 (mod. 4)	↻ + < ↻	24 (mod. 1) (explo. 3, mod. 1)	
Les vents, p. 334	○	159, 166 (mod. 4)	● < ● +	49, 50, 81, 82 (mod. 2) 55, 56 (mod. 2) 83 (mod. 2)	Vents
Les cellules de convection, p. 334			●	55, 56 (mod. 2)	
La convection au quotidien, p. 335			●	55, 56 (mod. 2)	
La force de Coriolis, p. 335	+	160 (mod. 4)	+	55, 56 (mod. 2)	
Les caractéristiques du vent, p. 336			●	49, 50, 55, 56 (mod. 2)	

Répartition des concepts prescrits pour le 1er cycle (suite)

L'encyclo	Manuel A (1re année)	Page où le concept est abordé (Manuel A)	Manuel B (2e année)	Page où le concept est abordé (Manuel B)	Programme de science et technologie
La brise de mer, p. 337			< +	55, 56 (mod. 2)	Vents
La brise de terre, p. 337			< +	55, 56 (mod. 2)	
Le smog et l'inversion de température, p. 338	O	127 (mod. 3)			
Les manifestations naturelles de l'énergie, p. 340	< ● ●	158 (mod. 4) 159 (mod. 4)			Manifestations naturelles de l'énergie
Les sources d'énergie sont-elles inépuisables?, p. 342	< ●	159 (mod. 4)			Ressources énergétiques renouvelables et non renouvelables
SECTION 3 Les phénomènes astronomiques, p. 344					**Phénomènes astronomiques**
La lumière, p. 345	< O O < ●	15, 25, 31 (mod. 1) 159, 166 (mod. 4) 161 (mod. 4)	● < ●	50, 88, 89 (mod. 2) 73 (mod. 2)	Lumière (propriétés)
Les propriétés de la lumière, p. 346	< O	15, 25, 31 (mod. 1)	● < ●	50 (mod. 2) 73 (mod. 2)	
Une question de couleur, p. 348	< O	15, 25, 31 (mod. 1)	< ●	73 (mod. 2)	
La lumière blanche et ses secrets, p. 348	< O	15, 25, 31 (mod. 1)	< ●	73 (mod. 2)	
Le spectre électromagnétique, p. 350	+	31 (mod. 1)	< ●	73 (mod. 2)	
La loi de la gravitation universelle, p. 351	< ● ●	7 (mod. 1) 10-12 (mod. 1)	< ↺ +	79, 80 (mod. 2) 78, 80 (mod. 2)	Gravitation universelle (étude qualitative)
La naissance du système solaire, p. 352	< ● ●	23, 31 (mod. 1) 25 (mod. 1)	+	29 (mod. 1)	Système solaire
Le Soleil, p. 352	< ●	30 (mod. 1)			
La valse des planètes, p. 353	< ●	15 (mod. 1)			
Les planètes telluriques, p. 354	< ●	15 (mod. 1)			
Les planètes géantes, p. 355	< ●	15 (mod. 1)			
Pluton, la différente, p. 356	< ●	15 (mod. 1)			
Les satellites naturels, p. 357	< ●	15 (mod. 1)			
Les comètes, p. 357	+ < ●	13 (mod. 1) 15 (mod. 1)			Comètes
La Terre, p. 359	< ●	15 (mod. 1)	+	29 (mod. 1)	Cycle du jour et de la nuit
La rotation terrestre, p. 359	< ●	15 (mod. 1)	+	29 (mod. 1)	
La révolution terrestre, p. 360	< ●	15 (mod. 1)			Saisons
Pourquoi fait-il chaud à l'équateur […], p. 362	< ●	15 (mod. 1)			
Les aurores polaires, p. 363	< ●	15, 48 (mod. 1)			Aurores boréales
Les météorites, p. 364	< ●	15, 48 (mod. 1)			Impacts météoritiques
Les chutes de météorites, p. 365	< ●	38, 48 (mod. 1)			
Les effets des chutes de météorites, p. 365	< ●	48 (mod. 1)			
Les étoiles filantes, p. 366	< ●	48 (mod. 1)			
La Lune, p. 368	< ● +	15 (mod. 1) 22 (mod. 1)			Phases de la Lune
Les phases de la Lune, p. 369	< ●	15 (mod. 1)			
Les éclipses, p. 370	< ●	48 (mod. 1)			Éclipses
Les éclipses solaires, p. 370	< ●	48 (mod. 1)			
Les éclipses lunaires, p. 371	< ●	48 (mod. 1)			
L'UNIVERS TECHNOLOGIQUE, p. 372					**UNIVERS TECHNOLOGIQUE**
SECTION 1 L'ingénierie, p. 374					**Ingénierie**
La démarche technologique, p. 376	● ● ●	92, 94 (mod. 2) 105 (mod. 3) 170 à 172 (mod. 4)	● ● < ●	85, 86, 88, 89 (mod. 2) 125, 161 à 164, 167, 169 (mod. 4) 166 (mod. 4)	
La conception, p. 376	● ● ●	92, 94 (mod. 2) 105 (mod. 3) 170 à 172 (mod. 4)	● ● < ●	85, 86, 88, 89 (mod. 2) 125, 161 à 164, 167, 169 (mod. 4) 166 (mod. 4)	
La production, p. 376	● ● ●	92, 94 (mod. 2) 105 (mod. 3) 170 à 172 (mod. 4)	● < ●	125, 167, 169 (mod. 4) 166 (mod. 4)	
La mise en marché, p. 377			● < ●	125, 169 (mod. 4) 166 (mod. 4)	

Légende < Un boomerang renvoyant à ce concept apparaît dans l'activité d'un module
○ Sensibilisation | ● Apprentissage systématique | + Enrichissement | ↻ Réinvestissement (manuel B seulement)
Les activités synthèses et les projets de module sont des occasions de réinvestir les concepts abordés au cours d'une exploration ou d'un module.

L'encyclo	Manuel A (1re année)	Page où le concept est abordé (Manuel A)	Manuel B (2e année)	Page où le concept est abordé (Manuel B)	Programme de science et technologie
Le cahier des charges, p. 378	● ● ● ●	51 (mod. 1) 92, 94 (mod. 2) 105, 128 (mod. 3) 167, 171 (mod. 4)	+ ● ● ●	11 (mod. 1) 31, 32 (mod. 1) 86, 89 (mod. 2) 113, 114 (mod. 3)	Cahier des charges
Le contenu du cahier des charges, p. 379	● ● ● ●	51 (mod. 1) 92, 94 (mod. 2) 105, 128 (mod. 3) 167, 171 (mod. 4)	+ ● ● ●	11 (mod. 1) 31, 32 (mod. 1) 86, 89 (mod. 2) 113, 114 (mod. 3)	
Les plans dans un cahier des charges, p. 379	● ● ● ●	51 (mod. 1) 92, 94 (mod. 2) 105, 128 (mod. 3) 167, 171 (mod. 4)	+ ● ● ●	11 (mod. 1) 31, 32 (mod. 1) 86, 89 (mod. 2) 113, 114 (mod. 3)	
Le plan physique, p. 380	● ● ● ●	51 (mod. 1) 92, 94 (mod. 2) 105, 128 (mod. 3) 167, 171 (mod. 4)	+ ● ● ●	11 (mod. 1) 31, 32 (mod. 1) 86, 89 (mod. 2) 113, 114 (mod. 3)	
Le plan technique, p. 380	● ● ● ●	51 (mod. 1) 92, 94 (mod. 2) 105, 128 (mod. 3) 167, 171 (mod. 4)	+ ● ● ●	11 (mod. 1) 31, 32 (mod. 1) 86, 89 (mod. 2) 113, 114 (mod. 3)	
Le plan économique p. 380			+	11 (mod. 1)	
Le plan industriel, p. 380			+	11 (mod. 1)	
Le plan humain, p. 380	● ● ● ●	51 (mod. 1) 92, 94 (mod. 2) 105, 128 (mod. 3) 167, 171 (mod. 4)	+ ● ● ●	11 (mod. 1) 31, 32 (mod. 1) 86, 89 (mod. 2) 113, 114 (mod. 3)	
Le plan environnemental, p. 380	● ● ● ●	51 (mod. 1) 92, 94 (mod. 2) 105, 128 (mod. 3) 167, 171 (mod. 4)	+ ● ● ●	11 (mod. 1) 31, 32 (mod. 1) 86, 89 (mod. 2) 113, 114 (mod. 3)	
Les schémas technologiques, p. 382	< ○	10 (mod. 1)			Schéma de principe et Schéma de construction
Le schéma de principe, p. 382	< ○ < ○ < ● < ● < ●	10 (mod. 1) 92 (mod. 2) 94 (mod. 2) 128 (mod. 3) 166 (mod. 4)	< ● ● < ●	29 (mod. 1) 68, 69, 85 (mod. 2) 88 (mod. 2) 113 (mod. 3)	Schéma de principe
Le schéma de construction, p. 383	< ○ < ○ < ● < ● < ●	10, 21 (mod. 1) 92 (mod. 2) 94 (mod. 2) 105 (mod. 3) 170 (mod. 4)	< ● < ● ● ●	31 (mod. 1) 85 (mod. 2) 88 (mod. 2) 113 (mod. 3)	Schéma de construction
Les symboles normalisés, p. 384	< ○ < ○ < ○ < ● < ●	10, 21 (mod. 1) 92 (mod. 2) 94 (mod. 2) 105, 128 (mod. 3) 166, 170 (mod. 4)	< ● ● ●	68, 69, 85 (mod. 2) 88 (mod. 2) 113 (mod. 3)	Schéma de principe et Schéma de construction
La gamme de fabrication, 385	< ○ < ○	21 (mod. 1) 105 (mod. 3)	< ● ● < ● < ●	83 à 85 (mod. 2) 88 (mod. 2) 113 (mod. 3) 166 (mod. 4)	Gamme de fabrication
La matière première, le matériau et le matériel, p. 386			● ●	113 (mod. 3) 158, 162, 163, 165, 166 (mod. 4)	Matière première, Matériau et Matériel
La matière première, p. 386	○ < ●	140 (mod. 4) 144, 153, 170 (mod. 4)	●	158, 162, 163, 165, 166 (mod. 4)	Matière première
Le matériau, p. 387	○ < ○ < ○ < ● < ● ○ < ●	10 (mod. 1) 21 (mod. 1) 92 (mod. 2) 94 (mod. 2) 105, 128 (mod. 3) 153, 164 (mod. 4) 166, 170 (mod. 4)	● ● ●	85, 86, 89 (mod. 2) 113 (mod. 3) 166 (mod. 4)	Matériau
Le matériel p. 387	< ○ < ○ < ● < ● < ●	21 (mod. 1) 92 (mod. 2) 94 (mod. 2) 105, 128 (mod. 3) 166, 170 (mod. 4)	● ● ●	85 (mod. 2) 113 (mod. 3) 166 (mod. 4)	Matériel

Répartition des concepts prescrits pour le 1er cycle

Légende   < Un boomerang renvoyant à ce concept apparaît dans l'activité d'un module
○ Sensibilisation | ● Apprentissage systématique | + Enrichissement | ↻ Réinvestissement (manuel B seulement)
Les activités synthèses et les projets de module sont des occasions de réinvestir les concepts abordés au cours d'une exploration ou d'un module.

L'encyclo	Manuel A (1re année)	Page où le concept est abordé (Manuel A)	Manuel B (2e année)	Page où le concept est abordé (Manuel B)	Programme de science et technologie
SECTION 2 Les systèmes technologiques, p. 388	< ●	150 (mod. 4)	< ●	68, 69 (mod. 2)	**Systèmes technologiques**
Les systèmes, p. 389	< ○ < ● ●	85 (mod. 2) 150, 159 (mod. 4) 153, 162 (mod. 4)	+ < ● + < ● < ● +	(explo. 3, mod. 1) 50 (mod. 2) 68, 69 (mod. 2) 113 (mod. 3) 113 (mod. 3)	Système (fonction globale, intrants, procédés, extrants, contrôle)
Les composantes d'un système, p. 390	< ○ < ● ●	85 (mod. 2) 150, 159 (mod. 4) 153, 162, 166 (mod. 4)	+ < ● < ● < ● +	(explo. 3, mod. 1) 68, 69 (mod. 2) 113 (mod. 3) 113 (mod. 3)	Composantes d'un système
Les fonctions mécaniques élémentaires, p. 392			< ●	68, 69, 81, 82 (mod. 2)	Fonctions mécaniques élémentaires (liaison, guidage)
La fonction de liaison, p. 392			< ●	68, 69, 81, 82 (mod. 2)	
L'analyse des liaisons, p. 394			< ●	68, 69, 81, 82 (mod. 2)	
La fonction de guidage, p. 394			< ●	68, 69, 81, 82 (mod. 2)	
Les transformations de l'énergie, p. 395	< ● ●	159 (mod. 4) 162, 166 (mod. 4)	+ < ● ↻	(explo. 3, mod. 1) 65 à 71 (mod. 2)	Transformations de l'énergie
Le rôle de l'énergie, p. 395	< ●	158, 159 (mod. 4)	↻	65 à 71 (mod. 2)	
Les formes d'énergie, p. 396	< ●	158, 159 (mod. 4)	↻	65 à 71 (mod. 2)	
Les mécanismes de transformation de l'énergie, p. 398	< ●	159 (mod. 4)	↻ +	65 à 71 (mod. 2) 70 (mod. 2)	
La locomotive à vapeur, p. 401	< ●	159 (mod. 4)			
La production de l'hydroélectricité, p. 402	+	159 (mod. 4)			
La transformation de l'énergie est-elle efficace?, p. 402	< ●	164 (mod. 4)			
SECTION 3 Les mouvements et les forces, p. 404					**Forces et mouvements**
Les types de mouvement, p. 406			● +	65 à 69 (mod. 2) 69 (mod. 2)	Types de mouvement
Qu'est-ce qui déclenche le mouvement?, p. 407			●	65 à 69 (mod. 2)	
Qu'est-ce qui ralentit le mouvement?, p. 407			●	65 à 69 (mod. 2)	
Les effets d'une force, p. 410	< ○	8, 9 (mod. 1)	● < ●	65 à 69 (mod. 2) 79, 80 (mod. 2)	Effets d'une force
Les types de forces, p. 410					
Les machines simples, p. 412					Machines simples
Les cinq machines simples, p. 413					
Le levier, p. 413			< ● + ●	65 à 67 (mod. 2) 67 (mod. 2) 68, 69 (mod. 2)	
Le plan incliné, p. 414	< ○	10 (mod. 1)			
La poulie, p. 415					
Le coin, p. 416					
Les roues et les essieux, p. 416			●	65 à 67 (mod. 2)	
Comment les machines simples […], p. 417			< ●	65 à 67 (mod. 2)	
Les systèmes mécaniques, p. 418			< ●	65 à 67 (mod. 2)	
La transmission du mouvement, p. 419			● < ●	68, 69 (mod. 2) 81, 82 (mod. 2)	Mécanismes de transmission du mouvement
La chaîne et les roues dentées, p. 420			● < ●	68, 69 (mod. 2) 81, 82 (mod. 2)	
La courroie et les poulies, p. 420			● < ●	68, 69 (mod. 2) 81, 82 (mod. 2)	
Les engrenages, p. 421			● < ●	68, 69 (mod. 2) 81, 82 (mod. 2)	
Les roues à friction, p. 422			< ●	81, 82 (mod. 2)	
La poulie, p. 422			< ●	81, 82 (mod. 2)	
La transformation du mouvement, p. 423			●	68, 69 (mod. 2)	Mécanismes de transformation du mouvement
La bielle et la manivelle, p. 424			< ●	68, 69 (mod. 2)	
La came et la tige guidée, p. 424					
Le pignon et la crémaillère, p. 425					
La vis et l'écrou, p. 425			●	65 à 67 (mod. 2)	

Instruments et outils de technologie

■ **Sécurité**

Lunettes de sécurité

■ **Mesure et dessin**

Compas

Équerre
(pour tracer des angles
à 30, 60 et 90 degrés)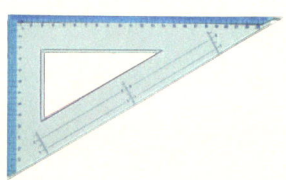

Équerre
(pour tracer des angles
à 45 et 90 degrés)

Équerre à combinaison

Ruban à mesurer

Rapporteur d'angles

■ **Assemblage**

Clé à molette, écrou et boulon

Pince universelle et
pince multiprises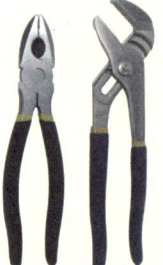

Pince à ressort

Pistolet à colle chaude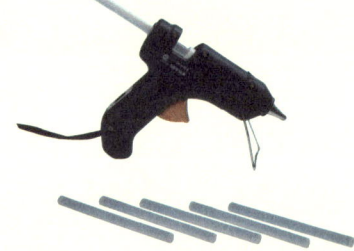

Bâtonnets de colle

Riveteuse, mandarin et rivet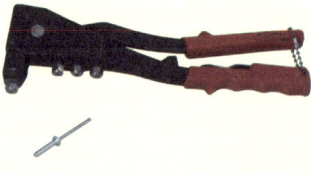

Tournevis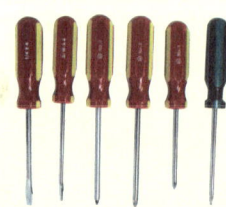